教育部高职高专规划教材

精细化工生产技术

第二版

刘德峥　黄艳芹　赵昊昱　王　颖　主编

化学工业出版社

·北京·

本书主要介绍了精细化工产品的基本作用原理、应用性能和发展趋势、合成路线和生产技术。主要内容包括：精细化工产品的分类、生产特性、发展趋势，表面活性剂，合成材料加工用化学品，农用化学品，石油化学品，水处理（剂）化学品，涂料，黏合剂，医药化学品，食品添加剂，工业与民用洗涤剂，信息材料，绿色精细化工与节能减排技术。另外，本书还以附录的形式介绍了国内外一些有关精细化学品的重要期刊、网址及文献检索系统。本书注重观念更新、知识创新和技术创新，倡导环境保护和绿色精细化工节能减排技术，突出已经成熟的精细化工生产技术；内容丰富，取材新颖，资料翔实；突出基本理论和基本技能的联系，实用性强。

本书可作为高职高专院校应用化工技术、精细化学品生产技术类专业的教材，也可作为化学工程与工艺、应用化学等相近专业的选修或必修教材；还可供从事化学、化工、精细化工的生产、科研人员阅读参考。

图书在版编目（CIP）数据

精细化工生产技术/刘德峥等主编. —2版. —北京：化学工业出版社，2011.9（2023.7重印）
教育部高职高专规划教材
ISBN 978-7-122-12016-8

Ⅰ.精… Ⅱ.刘… Ⅲ.精细加工-化工产品-生产技术-高等职业教育-教材 Ⅳ.TQ072

中国版本图书馆CIP数据核字（2011）第152477号

责任编辑：蔡洪伟 　　　　　　　　　　　　　文字编辑：刘莉珺
责任校对：宋　夏　　　　　　　　　　　　　装帧设计：刘丽华

出版发行：化学工业出版社（北京市东城区青年湖南街13号　邮政编码100011）
印　　刷：北京云浩印刷有限责任公司
装　　订：三河市振勇印装有限公司
787mm×1092mm　1/16　印张20¾　字数724千字　2023年7月北京第2版第12次印刷

购书咨询：010-64518888　　　　　　　　　　售后服务：010-64518899
网　　址：http://www.cip.com.cn
凡购买本书，如有缺损质量问题，本社销售中心负责调换。

定　价：45.00元　　　　　　　　　　　　　　　　　　　版权所有　违者必究

第二版前言

本书第一版自 2004 年出版以来，承蒙广大读者的厚爱和关心，7 年间印刷了 8 次，在国内高校及精细化工行业产生了较大的影响。7 年来，国内外精细化工发展较快，精细化工新产品、新技术、新工艺不断涌现，第一版的一些内容已经难以满足读者及专业知识教育和专业技能训练的需要。为了更好地适应高等职业教育及精细化工的进展，力求与时俱进，作者对第一版进行了较为全面的修订。在保持第一版教材原有风格和定位的基础上，对多数章节重新进行了编写，删除了一些不适宜的理论知识和落后的工艺路线；并对如下方面进行了较大修改：突出了生产原理与生产技术，增加了一些常用精细化工产品的生产工艺流程图；精简了部分章节内容，同时增加了医药化学品、涂料生产设备与涂料生产过程、水性涂料、绿色精细化工与节能减排技术以及国内外一些有关精细化学品的重要期刊与网址等一些新的章节内容。

本次修订注重观念更新、知识创新和技术创新，倡导环境保护和绿色精细化工节能技术，突出已经成熟的精细化工生产技术；内容丰富，取材新颖，资料翔实；特色鲜明，既适合国情，又跟踪时代，具有较强的前瞻性；突出基本理论和基本技能的联系，实用性强。本书在编写上结合精细化工产品的生产实例，重点讲述它们的生产原理、原料消耗、工艺过程、主要操作技术和产品的性能用途等，为学生毕业后从事精细化工产品的生产和新品种的开发奠定必要的理论和技术基础；同时也希望能为相关工厂企业的工程技术人员开展技术工作提供参考。

本书共分 13 章，由刘德峥、黄艳芹、赵昊昱、王颖主编。参加修订、编写的具体分工如下：第一章、第四章和第七章由刘德峥编写；第二章由黄艳芹编写；第三章由王颖编写；第五章由商亚非编写；第六章由黄艳芹、王颖、商亚非和李东哲编写；第八章由贾若凌编写；第九章由赵昊昱编写；第十章由李东哲编写；第十一章由蒋晓帆编写；第十二章由李丽编写，第十三章及附录由樊亚娟编写。在编写过程中，张引沁、陈群、孙毓韬、蒋涛、马金花、刘桂云、任明真等参与了部分资料的汇总、整理工作。全书由刘德峥统编定稿。

本书的编著参阅了大量相关著作和文献，在此谨向相关作者深表感谢。同时，对参与第一版教材编写的其他作者致谢。在第二版教材的编写过程中得到了学院各级领导以及有关专家教授的大力支持和热情帮助与指导，并得到了化学工业出版社的积极支持和帮助，在此一并致谢！

由于作者水平所限，书中不妥之处在所难免，敬请专家、读者批评指正。

编 者
2011 年 6 月

第一版前言

根据教育部的《高职高专教育人才培养目标及规格》和《高职高专教育专门课课程基本要求》文件精神，为适应 21 世纪化工类高职教育内容和课程体系改革而编写了本教材，其主要特点如下。

1. 本教材是在大学高职类无机化学、分析化学、物理化学、有机化学、化工原理和化学反应过程及设备课程的基础上编写的化工类专业课教材。教材内容采用启发式教学，由浅入深，将精细有机合成化学与精细化工生产工艺紧密结合，在相应的产品生产技术实例中，介绍了磺化、硫酸化、乙氧基化、酯化、卤化、氧化、重氮化、偶合等单元反应的基本原理和影响因素，适宜地加强基础，注重培养学生综合运用所学基础知识，提高分析问题、解决生产实际问题和开发创新的能力。

2. 教材编写中注意结合生产实际，介绍国内外近年来工业生产的最新进展。为了突出成熟的生产技术，选用了有可靠数据的传统生产工艺。但在编写过程中发现，对于具体的新工艺，在专著以及期刊和专利报道中常常对关键性的技术做了保护性回避措施。编者限于水平，为了避免误导，一般仅介绍其基本内容。总之，尽量体现精细化工的新知识、新技术、新工艺和新方法，使读者对具有应用前景的实用技术有较多了解。

3. 在每章之前有学习目的与要求，每章之末附有复习思考题，以便于读者自学和理解并初步掌握精细化学品生产所必需的基本知识、基本理论和基本技术，为学生从事精细化学品生产或参与开发奠定良好基础。

4. 本书附有一定量的参考文献，必要时读者可参阅相关文献，也可以从这些文献中追溯到更多的资料文献。

本书由刘德峥和田铁牛担任主编，其中第一、四、七、八章由河北医药职业技术学院田铁牛编写；第十、十一、十二章由常州工程职业技术学院陈群编写；第二、三、五、六、九章由刘德峥编写；在编写过程中李彩云、沈群、刘兴勤、任明真、李东哲和商亚飞等老师参与了部分汇总、整理的案头编写工作。本书稿由常州工程职业技术学院陈炳和主审、薛叙明参审，他们对本书从内容到章节排均提出了许多宝贵的修改意见；化学工业出版社教材出版中心的编辑们为本书的顺利出版也给予了很大支持和帮助，在此一并表示衷心感谢。

应该指出，虽说在本书出版之前，主编就编写过精细化工讲义，后来又出版了《精细化工生产工艺学》教材。但是，由于精细化工产品涉及众多应用领域，品种繁多，理论研究、生产技术和应用技术发展迅速，文献资料极多，组织编写一本涉及多行业且知识面很宽、又要突出生产技术的教材，实感力不从心。限于作者水平，时间仓促，书中定有疏漏和不妥之处，诚恳欢迎广大读者给予批评指教，以使本教材不断得到完善。

编　者
2003 年 12 月

目 录

第一章 绪论 ………………………………… 1
　第一节 精细化学工业产品的范畴、定义及分类 …………………………… 1
　第二节 精细化学工业的特点 …………… 1
　　一、精细化学工业产品的生产特性 …… 1
　　二、精细化学工业产品的商业特性 …… 2
　　三、精细化学工业产品的经济特性 …… 3
　　四、精细化学工业产品的研究与开发特性 … 3
　第三节 发展精细化学工业的战略意义 …… 4
　　一、精细化学工业在国民经济发展中的重要作用 ………………………… 4
　　二、发展精细化学工业的意义 ………… 5
　第四节 精细化学工业发展的重点 ……… 5
　　一、走发展绿色精细化学工业的道路 … 6
　　二、掌握先进的科学知识，优先发展关键技术 ……………………………… 6
　　三、以技术开发为基础，创制新的精细化学工业产品 …………………… 7
　　四、加快高素质的精细化学工业专业技术人才的培养 …………………… 7
　复习思考题 ………………………………… 8

第二章 表面活性剂 ………………………… 9
　第一节 特点及分类 ……………………… 9
　　一、表面活性剂的特点 ………………… 9
　　二、表面活性剂的分类 ………………… 9
　第二节 表面活性剂的亲油基原料 ……… 11
　　一、脂肪醇 ……………………………… 11
　　二、脂肪胺 ……………………………… 11
　　三、脂肪酸甲酯 ………………………… 11
　　四、脂肪酸 ……………………………… 11
　　五、直链烷基苯 ………………………… 12
　　六、烷基苯酚 …………………………… 12
　　七、环氧乙烷 …………………………… 12
　　八、环氧丙烷 …………………………… 12
　第三节 磺化和硫酸化与阴离子表面活性剂的生产技术 …………………… 12
　　一、磺化反应 …………………………… 13
　　二、硫酸化 ……………………………… 15
　　三、主要品种及生产工艺 ……………… 16
　　四、阴离子表面活性剂生产技术 ……… 20
　第四节 乙氧基化与非离子表面活性剂的生产技术 ……………………… 27
　　一、乙氧基化反应 ……………………… 28
　　二、聚氧乙烯类非离子表面活性剂 …… 30
　　三、脂肪酸多元醇酯类非离子表面活性剂 ………………………………… 33
　　四、蔗糖脂肪酸酯 ……………………… 35
　　五、烷基糖苷（APG） ………………… 36
　第五节 阳离子型表面活性剂的生产 …… 37
　　一、脂肪胺盐型阳离子表面活性剂 …… 37
　　二、季铵盐阳离子表面活性剂 ………… 38
　　三、氧化叔胺 …………………………… 40
　第六节 两性表面活性剂的合成 ………… 41
　　一、咪唑啉羟酸盐 ……………………… 41
　　二、烷基甜菜碱 ………………………… 42
　第七节 特殊类型表面活性剂 …………… 42
　　一、氟碳表面活性剂 …………………… 42
　　二、含硅表面活性剂 …………………… 43
　　三、生物表面活性剂 …………………… 43
　复习思考题 ………………………………… 44

第三章 合成材料加工用化学品 …………… 45
　第一节 概述 ……………………………… 45
　　一、助剂的定义和分类 ………………… 45
　　二、助剂在合成材料加工过程中的功用 … 46
　第二节 增塑剂 …………………………… 46
　　一、增塑机理及结构与性能 …………… 46
　　二、增塑剂的主要品种 ………………… 47
　　三、增塑剂生产中的酯化反应过程与酯化催化剂 …………………………… 48
　　四、邻苯二甲酸酯的生产技术 ………… 50
　　五、脂肪族二元酸酯类的生产技术 …… 53
　第三节 阻燃剂 …………………………… 55
　　一、阻燃机理 …………………………… 56
　　二、阻燃剂的主要品种 ………………… 56
　　三、阻燃剂的生产技术 ………………… 58
　第四节 抗氧剂 …………………………… 60
　　一、抗氧剂的主要品种 ………………… 60
　　二、抗氧剂的生产技术 ………………… 64
　第五节 硫化体系助剂 …………………… 66
　　一、交联剂 ……………………………… 66
　　二、硫化促进剂 ………………………… 67
　　三、硫化促进剂生产技术 ……………… 68
　第六节 热稳定剂和光稳定剂 …………… 70
　　一、热稳定剂 …………………………… 70

二、光稳定剂 …………………………… 71
　第七节　其他合成材料助剂 ………………… 73
　　一、发泡剂 ……………………………… 73
　　二、润滑剂 ……………………………… 74
　　三、抗静电剂 …………………………… 75
　复习思考题 ………………………………… 76

第四章　农用化学品
　第一节　概述 ………………………………… 77
　　一、农药及其在国民经济中的地位 …… 77
　　二、农药的分类 ………………………… 77
　　三、农药剂型与加工 …………………… 77
　　四、农药的发展趋势 …………………… 78
　第二节　杀虫剂和昆虫调节剂 ……………… 78
　　一、杀虫剂主要类别 …………………… 79
　　二、昆虫生长调节剂 …………………… 81
　　三、重要杀虫剂的生产 ………………… 82
　第三节　杀菌剂 ……………………………… 85
　　一、杀菌剂主要类别 …………………… 85
　　二、杀菌剂的基本结构 ………………… 86
　　三、重要杀菌剂的生产 ………………… 86
　　四、生物杀菌剂 ………………………… 88
　第四节　除草剂与植物生长调节剂 ………… 91
　　一、除草剂 ……………………………… 91
　　二、植物生长调节剂 …………………… 95
　复习思考题 ………………………………… 97

第五章　石油化学品
　第一节　油田化学品 ………………………… 98
　　一、钻井泥浆处理剂 …………………… 98
　　二、油气开采添加剂 …………………… 102
　　三、强化采油用添加剂 ………………… 104
　　四、油气集输用添加剂 ………………… 105
　第二节　石油炼制用化学品 ………………… 108
　　一、石油炼制催化剂 …………………… 108
　　二、溶剂 ………………………………… 108
　　三、其他化学品 ………………………… 109
　第三节　石油产品添加剂 …………………… 109
　　一、石油燃料添加剂 …………………… 109
　　二、润滑油添加剂 ……………………… 112
　　三、润滑脂添加剂 ……………………… 114
　第四节　典型产品的生产技术 ……………… 114
　　一、泥浆处理剂 ………………………… 114
　　二、聚α-烯烃降凝剂 …………………… 116
　　三、石油燃料添加剂 …………………… 116
　　四、润滑脂及其生产技术 ……………… 117
　复习思考题 ………………………………… 122

第六章　水处理（剂）化学品
　第一节　概述 ………………………………… 123
　第二节　凝聚剂和絮凝剂 …………………… 123

　　一、凝聚剂及其生产技术 ……………… 124
　　二、絮凝剂及其生产 …………………… 127
　第三节　阻垢剂及阻垢分散剂 ……………… 135
　　一、膦酸型阻垢剂的生产技术 ………… 135
　　二、羧基膦酸型阻垢分散剂的生产技术 … 137
　　三、聚合物阻垢分散剂的生产技术 …… 138
　第四节　杀菌灭藻剂 ………………………… 141
　　一、氧化型杀菌灭藻剂 ………………… 142
　　二、非氧化型杀菌灭藻剂 ……………… 144
　复习思考题 ………………………………… 146

第七章　涂料
　第一节　概述 ………………………………… 147
　　一、涂料的作用与分类 ………………… 147
　　二、涂料的分类 ………………………… 148
　　三、涂料的性能与应用 ………………… 149
　　四、涂料的发展趋势 …………………… 149
　第二节　涂料成膜物树脂——醇酸树脂的
　　　　　生产 ………………………………… 150
　　一、概述 ………………………………… 150
　　二、醇酸树脂的分类 …………………… 150
　　三、醇酸树脂的有关化学反应 ………… 150
　　四、醇酸树脂的性质和配方计算 ……… 150
　　五、醇酸树脂的生产 …………………… 151
　　六、醇酸树脂的应用 …………………… 154
　　七、醇酸树脂的改性 …………………… 154
　第三节　涂料成膜物树脂——丙烯酸树脂的
　　　　　生产 ………………………………… 155
　　一、概述 ………………………………… 155
　　二、丙烯酸（酯）及甲基丙烯酸（酯）
　　　　单体 ………………………………… 155
　　三、丙烯酸树脂的配方设计 …………… 155
　　四、溶剂型丙烯酸树脂的生产 ………… 157
　　五、水性丙烯酸树脂的生产 …………… 160
　　六、辐射固化丙烯酸酯涂料的生产 …… 164
　第四节　涂料成膜物树脂——聚氨酯树脂的
　　　　　生产 ………………………………… 166
　　一、概述 ………………………………… 166
　　二、异氰酸酯预聚物结构设计与生产 … 168
　　三、聚氨酯的固化反应与聚氨酯涂料 … 170
　　四、水性涂料与水性聚氨酯 …………… 171
　第五节　涂料生产设备与涂料生产过程 …… 173
　　一、概述 ………………………………… 173
　　二、色漆配方制订程序 ………………… 174
　　三、颜料的分散及稳定 ………………… 176
　　四、涂料生产设备 ……………………… 179
　　五、涂料生产工艺过程 ………………… 180
　　六、涂料质量检验与性能测试 ………… 183
　复习思考题 ………………………………… 184

第八章 黏合剂 ……186
第一节 概述 ……186
一、黏合剂及其分类 ……186
二、黏合剂的组成 ……186
三、粘接的基本原理 ……187
四、黏合剂工业的发展趋势 ……187
第二节 合成树脂黏合剂 ……188
一、热固性树脂黏合剂 ……188
二、热塑性树脂黏合剂 ……194
第三节 橡胶黏合剂 ……197
一、氯丁橡胶黏合剂 ……198
二、丁腈橡胶黏合剂 ……199
三、丁苯橡胶黏合剂 ……200
第四节 特种黏合剂 ……201
一、压敏胶 ……201
二、热熔胶 ……201
三、厌氧胶 ……202
复习思考题 ……203

第九章 医药化学品 ……205
第一节 概述 ……205
一、医药化学品的定义、范畴及分类 ……205
二、医药化学品的发展趋势 ……206
第二节 医药中间体制备开发基本知识和基本原理 ……206
一、药效动力学 ……206
二、药物结构和药理活性 ……206
三、医药中间体开发的基本过程 ……207
四、药物生产小试工艺优化、中试放大研究，确定工业化生产工艺 ……207
第三节 药物中间体合成工艺实例分析 ……211
一、抗精神病药物阿立哌唑的生产工艺研究 ……211
二、抗凝血药物氯吡格雷的生产工艺研究 ……214
三、喹诺酮类抗菌药物加替沙星的生产工艺研究 ……217
四、解热镇痛药对乙酰氨基酚（扑热息痛）的生产工艺研究 ……220
五、咪唑类抗菌药物伏立康唑的生产工艺研究 ……223
六、治疗高血压和心绞痛药物苯磺酸氨氯地平的生产工艺研究 ……226
七、抗消化系统溃疡药奥美拉唑的生产工艺研究 ……228
八、降血糖药物格列吡嗪的生产工艺研究 ……230
复习思考题 ……233

第十章 食品添加剂 ……234
第一节 概述 ……234
一、食品添加剂的定义 ……234
二、食品添加剂的分类 ……234
三、对生产和使用食品添加剂的要求和管理 ……234
四、食品添加剂的使用标准 ……235
五、食品添加剂的发展趋势 ……235
六、高新技术在食品添加剂生产中的应用 ……235
第二节 防腐剂 ……236
一、对羟基苯甲酸酯类 ……236
二、山梨酸及其盐 ……237
第三节 抗氧化剂 ……239
一、丁基羟基茴香醚 ……239
二、维生素E混合物 ……239
三、茶多酚 ……240
第四节 调味剂 ……241
一、酸味剂 ……241
二、甜味剂 ……245
三、增味剂 ……247
第五节 乳化剂 ……248
一、蔗糖脂肪酸酯 ……248
二、山梨醇酐脂肪酸酯 ……249
三、大豆磷脂 ……250
第六节 其他食品添加剂生产技术简介 ……252
一、食用色素 ……252
二、增稠剂 ……253
复习思考题 ……254

第十一章 工业与民用洗涤剂 ……256
第一节 洗涤作用 ……256
第二节 洗涤剂的主要组成 ……256
一、表面活性剂的协同效应 ……257
二、洗涤助剂 ……257
第三节 洗涤剂的配方设计 ……259
一、粉状衣物洗涤剂配方 ……259
二、液体洗涤剂配方 ……261
三、家庭日用品洗涤剂配方 ……263
四、工业用清洗剂配方 ……266
第四节 洗涤剂的生产技术 ……271
一、液体洗涤剂的生产技术 ……271
二、粉状洗涤剂的生产技术 ……273
三、浆状合成洗涤剂的生产工艺 ……277
四、洗涤剂的分析方法 ……279
复习思考题 ……279

第十二章 信息材料 ……280
第一节 概述 ……280
一、信息材料与信息功能器件 ……280
二、信息材料的应用 ……282

第二节 微电子芯片技术材料 …… 282
 一、元素半导体材料 …… 282
 二、化合物半导体材料 …… 283
 三、固熔体半导体材料 …… 283
 四、集成电路互连材料 …… 284
第三节 信息传感材料 …… 284
 一、力敏传感材料 …… 284
 二、热敏传感材料 …… 284
 三、光学传感材料 …… 285
 四、磁敏传感材料 …… 285
 五、光纤传感材料 …… 285
第四节 信息存储材料 …… 285
 一、磁存储（记录）材料 …… 285
 二、光存储材料 …… 286
第五节 信息显示材料 …… 286
 一、液晶显示材料 …… 287
 二、常用发光材料及其制备方法 …… 288
复习思考题 …… 290

第十三章 绿色精细化学工业与节能减排技术 …… 291
第一节 概述 …… 291
 一、精细化学工业现状 …… 291
 二、可持续发展的绿色精细化学工业 …… 292

第二节 绿色精细化学工业与技术 …… 292
 一、绿色精细化学工业的研究内容 …… 292
 二、绿色精细化学工业原则 …… 293
 三、绿色精细化学工业的评价指标 …… 294
 四、精细化学工业生产中的绿色技术 …… 295
 五、精细化学工业绿色生产实例 …… 300
第三节 精细化学工业生产中的绿色节能减排技术 …… 301
 一、我国三废排放和治理现状 …… 301
 二、精细化学工业生产中的节能减排技术 …… 301
 三、精细化学工业生产中的节能减排实例 …… 302
复习思考题 …… 307

附录一 精细化学工业产品与化学工业相关重要中文期刊 …… 308
附录二 国内、国际精细化学与化工相关网址 …… 317
附录三 国际精细化学与化工文献重要检索系统 …… 319
参考文献 …… 320

第一章 绪 论

学习目的与要求
- 掌握理解精细化学品的范畴、定义和分类。
- 理解精细化工的特点。
- 了解其在国民经济中的地位、发展重点。

第一节 精细化学工业产品的范畴、定义及分类

精细化学工业是生产精细化学品的工业,简称精细化工。精细化工生产过程与一般化工生产不同,它是由化学合成(或从天然物质中分离、提取)、制剂加工和商品化等三个部分组成。我国和日本把产量小、组成小、组成明确,可按规格说明书进行小批量生产和小包装销售的化学品,以及产量小,经过加工配制、具有专门功能,既能按其规格说明书又可根据其使用效果进行小批量生产和小包装销售的化学品,统称为精细化学品。而欧美一些国家把前者称为精细化学品,后者称为专用化学品。精细化学品又名精细化工产品。

如何对精细化工产品进行分类,目前国内外也存在着不同的观点。但是,目前世界上较为统一的分类原则是以产品的功能来进行分类。

我国的精细化工产品分为 11 大类,即农药、染料、涂料(包括油漆和油墨)、颜料、试剂和高纯物、信息用化学品(包括感光材料、磁记录材料等能接受电磁波的化学品)、食品和饲料添加剂、胶黏剂、催化剂和各种助剂、化学药品(原料药)和日用化学品、高分子聚合物中的功能高分子材料(包括功能膜、偏光材料等)。其中助剂又包括印染助剂,塑料助剂,橡胶助剂,水处理剂,纤维抽丝用油剂,有机抽提剂,高分子聚合物添加剂,表面活性剂,皮革助剂,农药用助剂,油田用化学品,混凝土用添加剂,机械、冶金用助剂,油田添加剂,炭黑,吸附剂,电子工业专用化学品,纸张用添加剂,以及其他助剂等 19 类。

第二节 精细化学工业的特点

精细化工产品作为商品,在研究与开发、生产、交换、分配和消费过程中有其内在规律,它与通用化工产品或大宗化学品有明显区别。

一、精细化学工业产品的生产特性

精细化工产品的质与量的两个基本特性表现在特定功能、专用性质和品种多、批量小。由此决定了精细化工产品的生产特性。其生产过程不同于通用化工产品,而是由化学合成、制剂(剂型)、标准化(商业化)三个生产环节组成。在每一个生产过程中又派生多种多样化学、物理、生理、技术和经济的要求和考虑,这就导致了精细化工是高技术密集的产业。

1. 综合生产流程和多功能生产装置

多数精细化工产品需要由基本原料出发,经过深度加工才能制得,因而生产流程一般较长,工序较多。由于这些产品的社会需求量不大,故往往采用间歇式装置生产。虽然精细化工产品品种繁多,但从化学合成角度来看,其单元反应主要是卤化、磺化和硫酸化、硝化和亚硝化、还原(加氢)、氧化、重氮化和重氮盐的反应、氨基化、烃化、酰化、水解、缩合、环合、聚合反应等十几种,尤其是一些同系列产品,其合成单元反应及所采用的生产过程和设备,有很多相似之处。近年来,许多生产工厂广泛采用多品种综合生产流程,设计和制造用途广、多功能的生产装置。也就是说,一套流程装置可以经常改变生产品种的牌号,使其具有相当大的适应性,以适应精细化工产品多品种、小批量的特点。精细化工最合理的设计方案是按单元反应和单元分离操作为组合单元,组成单元型的生产装置。这种生产方式可以生产同系列或不同系列产品。此种生产方式不仅灵活性强,且可构成专业化反应。精细化工产品的生产,通常以间歇反应为主,采用批量生产。这种生产方式提高了生产效益和劳动生产率,收到了明显的经济效益,但同时对生产管理和操作人员的素质,却提出了更高的要求。

2. 制剂加工技术

精细化工产品中除少数直接上市外，一般都需要加工成各种剂型的制剂。由于精细化工产品繁多，应用范围广，其生产过程复杂，且具有一定的保密性，一般不予公开，也很难向别的公司、企业购买，完全靠本企业进行研究开发。现代科学技术的飞速发展，为精细化工产品的商品化制剂加工技术提供充分的理论基础和试验研究的先进手段，并为商品化制剂加工提供各种性能优异的原材料，从而使商品化制剂加工技术的发展达到新的水平。精细化工产品的剂型是多种多样的，根据应用要求，可加工成粉剂、可湿剂、粒剂、乳剂、液体等。例如药物制剂学已从单纯的加工工艺发展到以物理药剂学和生物药剂学为理论基础、各种剂型为主要内容的专门学科；药物片剂出现了双层片、多层片、包心片、微囊片和薄膜包衣片等品种；注射剂中开发了静脉注射乳剂；而药物前体制剂技术、固体分散法、微囊与分子包含等新技术迅速发展，出现了各种复方制剂及高效、速效、长效制剂。

3. 大量采用复配技术

为了使精细化工产品具有特定功能，满足各种专门用途的需要，许多通过精细化学合成得到的产品，不仅要加工成多种剂型，而且必须加入多种其他化学试剂进行复配。由于应用对象的特殊性，很难采用单一的化合物来满足实践要求，于是配方的研究便成为决定性的因素。例如，在合成纤维纺织用的油剂中，要求合成纤维纺织油剂应具备以下特性：平滑、抗静电、有集束或抱合作用，热稳定性好，挥发性低，对金属无腐蚀性，可洗性好等。由于合成纤维的形式及品种不同，如长丝或短丝，加工的方式不同，如高速纺或低速纺，则所用的油剂也不同。为了满足上述各种要求，合成油剂都是多组分的复配产品。其成分以润滑油及表面活性剂为主，配以抗静电剂等助剂。有时配方中会涉及 10 多种组分。又如金属清洗剂，组分中要求有溶剂、除锈剂等。其他如化妆品，常用的脂肪醇不过是很少的几种，而由其复配衍生出来的商品，则是数以千计。表面活性剂、工业与民用洗涤剂、黏合剂、涂料、油墨、染料、农药、油田化学品等门类的产品，情况也类似。有时为了使用户应用方便安全，也可将单一产品加工成复合组分商品，如液体染料就是为了印染工业避免粉尘污染环境和便于自动化计量而提出的，它们的组分主要是分散剂、防沉淀剂、防冻剂、防腐剂等。

因此，经过剂型加工和复配技术所制成的商品数目，远远超过由化学合成而得到的单一产品数目。利用复配技术所推出的产品，具有增效、改性和扩大应用范围等功能，其性能往往超过结构单一的产品。因此在精细化工生产中配方通常是技术关键，也是专利保护的对象。掌握复配技术是使产品具有市场竞争能力的极为重要的措施。但这也是目前我国精细化工发展的一个薄弱环节，必须给予高度重视。

4. 商品标准化技术

商品标准化技术是使产品达到商品标准化的加工方法，或称后处理。例如，染料商品的后处理包括打浆、添加助剂、粉碎、干燥、拼混与包装。不同的染料及剂型有不同的加工技术。水溶性染料通常采用先干燥后粉碎工艺，原染料滤饼经干燥、粉碎、筛分成粉料，测定其强度，然后加规定数量的无水硫酸钠或食盐等填料和尿素、磷酸氢二钠稳定剂复配，使达到标准强度的商品染料。非水溶性染料加工通常先采用湿状研磨粉碎工艺，然后湿状复配、混合干燥，即可得到标准化的商品染料。

二、精细化学工业产品的商业特性

1. 技术的保密性和专利的垄断性

精细化工产品是既按规格说明书，又按设计的特定功能和专用性质生产和销售的化学品，商品性很强，同时用户对产品的选择很严格，而且同类产品的市场竞争十分激烈。值得注意的是占精细化工产品份额很大的专用化学品多数是复配型的加工产品，其配方和加工技术都成为生产厂商拥有的非公开性的技术机密。目前，市场上流通的专用化学品为保护其知识产权，仅有部分产品进行专利登记，在转让专利许可证的技术贸易中，其软件所占比重远比通用化工产品高。名牌产品和新开发的产品，在回收全部投资和获取巨额利润前，从不出让其专利许可证。另一部分则不申请专利，而是作为技术秘密，由开发单位作为内部控制和独占。如美国的可口可乐公司，其分装销售网遍及世界，而原液的配方仅为少数几个人所掌握，从不扩散。技术的垄断构成了市场的排他性。

2. 重视市场，适应市场需求

市场经济中，商品的供给与需求，商品的交换都是通过市场实现的。精细化工产品是根据其性能及使用效果销售的商品，其主要的销售方式是推销，因此精细化工产品的生产很大程度上从属于市场，要对已经生产产品或拟开发产品做近期乃至中长期的深入的市场分析和预测。市场调查的主要内容包括发现和寻求市场需要的新产品；开发新产品和现有产品的新用途；对现有及潜在市场的规模、价格、价格需求弹性做出符合实际的估计；预测市场的增长率；调查用户的意见和竞争对手的动态。综合分析市场状况，提出改进生产和开发的建议；对市场销售策略进行调整等。

3. 重视应用技术和技术服务

精细化学品商品繁多，已由通用型向专用型发展，商品性强，用户对商品选择性很高，市场竞争非常激烈。因而应用技术和技术服务是组织精细化工生产的两个重要环节。各生产单位非常重视应用研究，如瑞士的汽巴-加基公司从事塑料助剂合成研究的为25人，而做应用研究工作的为67人。应用研究主要有四个方面的任务：①进行加工技术的研究，提出最佳配方和工艺条件，开拓应用领域；②进行技术服务，指导用户正确使用，并把使用过程中发生的问题反馈回来，不断进行改进；③培训用户人员掌握加工应用技术；④编制各种应用技术资料，这样，生产单位就能根据用户需要，不断开发新产品，开拓应用新领域，产品也更趋专用化，真正做到"量体裁衣"。

为此，精细化工的生产单位应在技术开发的同时，积极开发应用技术和开展技术服务工作，不断开拓市场，提高市场信誉；还要十分注意及时把市场信息反馈到生产计划中去，从而提高企业的经济效益。国外所有精细化工产品的生产企业极其重视技术开发和应用技术、技术服务这些环节间的协调，反映在技术人员配备比例上，技术开发、生产经营管理（不包括工人）和产品销售（包括技术服务）大致为2∶1∶3。这一点很值得我们借鉴。

三、精细化学工业产品的经济特性

经验表明，搞经济建设，发展社会生产力，一要靠科学技术的进步，二要注意提高经济效益，两者是保证国民经济以较高速度持续发展的决定因素。这就对化学工程技术者提出了新的更高的要求，要求我们处理问题时，不仅技术上先进、合理，还要从资源、市场、成本、利润等经济方面加以考虑，努力使自己成为既懂技术，又懂经济，既有科学思维，又有经济头脑，能对技术方案中与经济有关的各种因素进行综合分析、判断和决策的新型工程技术人才。生产精细化工产品可以获得较高的经济效益已为实践所证明。概括起来，可从以下三方面加以阐明。

1. 投资效率高

投资效率主要是针对固定资产而言的。精细化工产品一般产量较少，装置规模也较小，大多数采用间歇生产方式，其通用性强，与连续化生产的大型装置相比较，具有投资少，见效快的特点，也就是说投资效率高。投资效率（％）＝（附加价值/固定资产）×100％。

2. 附加价值高

产值是以货币计算和表示产品数量的指标。一种产品的产值是其年产量与产品单价的乘积，即产值＝单价×年产量。附加价值增值是指在产品的产值中扣去原材料费、税金、设备和厂房的折旧费后，剩余部分的价值。这部分价值是指当产品从原材料开始经加工至产品的过程中新增加的价值，它包括利润、工人劳动、动力消耗以及技术开发等费用，所以称为附加价值。附加值高可以反映出产品加工中所需的劳动，技术利用情况以及利润是否高等。精细化工产品的附加值与销售额的比率在化学工业的各大部门中是最高的，而从整个精细化工工业的一些部门来看，附加值最高的是医药行业。

3. 利润率高

企业生产成果补偿生产耗费以后的盈余，即产品销售收入扣除生产成本以后的余额，就是利润。利润是企业职工为社会创造的新增价值，是实际用于满足社会需要的收入，故又称纯收入。在市场经济中，任何一个厂商，总是会追求利润的最大化。据有关资料介绍，精细化工产品的利润率高于20％。

四、精细化学工业产品的研究与开发特性

精细化工产品的研究包含两个层次，一是为科学技术的进步而进行的基础研究，二是为发现产品或寻找工艺过程的工程技术或商业目的应用研究。开发是将研究成果应用于产品的生产，其目的是证实研究成果经济上的可能性或所需要的工程技术。

1. 研究与开发难度大

可持续发展战略是全球经济发展的热点，化学工业在可持续发展战略中肩负着重要的责任。化学工业不仅是能源消耗大、废弃物量大的产业部门，也是技术创新快、发展潜力大的产业。因此，世界各国精细化学工业的发展都将可持续发展作为主题，并且特别重视环保和安全技术，逐渐从"末端处理"转变为"生产全过程控制"。随着科学技术的发展和人民生活水平的提高，许多国家对化学物质的安全性要求越来越高，对精细化工产品新品种登记注册的审查日趋严格。因此，要研究开发比现有品种应用性能更好，更有商业竞争力的新品种的难度加大，研究开发的时间加长，费用增高，而研究成功率却下降。

研究开发是指从制定具体研究目标开始直到技术成熟进行投产前的一段过程。在确定开发目标后,通常需要经过大量合成筛选,从数千个甚至上万个不同结构的化合物中寻找出适合于预定目标的新品种来。这种方法尽管不合理,却仍为各国化学家们采用。其原因在于目前对千变万化的应用性能要求还缺乏完整的结构与性能关系的理论指导。按目前统计,开发一种新药约需10～12年,耗资达2.31亿美元。如果按化学工业的各个部门统计,医药上的研究开发投资最高,可达年销售额的14%;对一般精细化工产品来说,研究开发投资占年销售的6%～7%则是正常现象。而精细化工产品的开发成功率都很低,如在染料的专利开发中,经常成功率在0.1%～0.2%。

2. 技术密集度高

精细化工产品的产量小、品种多,产品的更新换代快,市场寿命短,技术专利性强,市场竞争激烈。精细化工是综合性较强的技术密集性工业。要生产一个优质的精细化工产品,除了化学合成之外,还必须考虑如何使其商品化,这就要求多门学科知识的互相配合及综合运用。就化学合成而言,由于步骤多,工序长,影响质量及收率的因素很多,而且每一个生产步骤都要涉及生产控制和质量鉴定。因此,要想获得高质量、高收率、且性能稳定的产品,就需要掌握先进的技术和进行科学管理。另外,同类精细化工产品之间的相互竞争是十分激烈的。为了提高自身的竞争能力,必须坚持不懈地开展科学研究,注意采用新技术、新工艺和新设备,及时掌握国内外情报,搞好信息储备。

因此,一个精细化学品的研究开发,要从市场调查、产品合成、应用研究、市场开发、技术服务等各方面进行综合考虑和实施,就需要解决一系列的技术问题,渗透着多方面的技术、知识、经验和手段。按目前统计,精细化工产品技术开发成功率低、时间长、费用大,不言而喻,其结果必须导致技术垄断性强,销售利润高。

就技术密集度而言,化学工业是高技术密集指数工业,精细化工又是化学工业中的高技术密集指数工业。技术密集还表现为情报密集、信息快。由于精细化工产品是根据具体应用对象而设计的,它们的要求经常会发生变化,一旦有新的要求提出来,就必须立即按照新要求来重新设计化合物结构,或对原有的结构进行改造,其结果就会推出新产品。另外,大量的基础研究产生的新化学品也需要寻求新的用途。为此,有些大化学公司已经开始采用新型计算机信息处理技术对国际化学界研制的各种新化合物进行储存、分类以及功能检索,以便达到快速设计和筛选的要求。技术密集这一特点还反映在精细化工产品的生产中是技术保密性强,专利垄断性强。这是世界上各个精细化工公司的共同特点。他们通过自己的技术开发部拥有的技术进行生产,并以此为手段在国内及国际市场上进行激烈竞争。因此,一个具体品种的市场寿命往往很短。例如,新药的市场寿命通常仅有3～4年。在这种激烈竞争而又不断改进的形势下,专利权的保护是非常重要的。我国已实行专利法,这对精细化工产品的研究开发、生产和销售无疑会起到十分重要的作用。

3. 质量标准高

精细化工产品的质量要求很高,对不同种类精细化工产品和在不同领域的应用,表现为不同的质量标准。首先是纯度要求高,如信息用化学品的高纯物其含量在99.99%～99.9999%。其次是要求性能稳定和寿命长。另外是功能性要求高,这是评价精细化工产品质量的重要标志之一。如医药、农药、香料的生物活性;染料、颜料、压敏色素、荧光增白剂、紫外线吸收剂、感光色素、指示剂、激光色素等的光学性能。

第三节 发展精细化学工业的战略意义

一、精细化学工业在国民经济发展中的重要作用

精细化工与工农业、国防、人民生活和尖端科学技术都有着极为密切的关系。农业是国民经济的命脉,无公害农药、高效兽药、饮料添加剂、微量元素肥料等精细化工产品在农、林、牧、渔业的发展中起着重要作用。精细化工工业与轻工业人民生活休戚相关,例如,精细化学工业生产的表面活性剂,大量用于家用洗涤剂、纺织印染行业、发酵酿造和食品工业;再如,与人民生活密切相关的精细化工产品还有医药、水处理剂、香料和香精、化妆品、涂料、食品添加剂和保鲜剂、感光材料等。此外,在轻工业当中还有制革工业所用的鞣剂、加脂剂、涂饰剂等;造纸工业需要的增白剂、补强剂、防水剂等,印染工业用的各类染料及其助剂,如匀染剂、柔软剂、阻燃剂、硬挺整理剂、防水吸湿整理剂等。

火炸药工业是巩固国防和发展国民经济的重要工业部门之一,其生产工艺及设备与染料工业、制药工业等类似,应属于精细化工。

高科技领域一般是指当代科学、技术和工程的前沿,而精细化工是当代高科技领域中不可缺少的重要组

成部分。我国"863计划"确定的7个高技术领域是新材料技术、能源技术、信息技术、激光技术、航天技术、生物技术、自动化技术。这些高技术与精细化工都有着密切的相互促进发展的关系。信息材料具体是指微电子芯片技术材料、半导体激光器材料、信息传感材料、信息存储材料（信息记录材料）、信息显示材料、信息处理材料，它们均为信息用化学品。

精细化工与能源技术关系十分密切，当金属氢化物分解时，从外界吸收热量起储热作用，同时释放出氢可供给氢气用户，当氢气和金属结合成金属氢化物时，起储氢作用，同时向外界释放热量，供给热量用户。航天和新材料技术的开发更离不开精细化工产品。运载火箭、人造卫星、宇宙飞船、航天飞机、太空站等，大量采用耐超高温、低温的蜂窝结构，泡沫塑料、高强高模的复合材料、密封材料等，这些材料的制备和连接都离不开耐高低温、抗离子辐射、高真空下不挥发的高性能黏合剂。另一方面，自动化技术、生物技术、激光技术等有关的工业改革，需要精细化学工业提供具有特殊光学、电学、磁学特性以及适用生物体的新型材料。

二、发展精细化学工业的意义

精细化工是现代化学工业的重要组成部分，是发展高新技术的重要基础，也是衡量一个国家的科学技术发展和综合实力的重要标志之一。因此，世界各国都把精细化工作为化学工业发展的战略重点之一。

可以用下面的比率表示化工产品的精细率：精细化工产值率（精细化工率）＝精细化工产品的总值/化工产品的总值×100%，发展精细化工产品已成为发达国家生产经营发展的战略重心。美国精细化工产值率已由20世纪70年代的40%上升为现在的60%，德国由38.4%上升为65%，日本为60%左右。

近20年来，我国的精细化工发展较快，基本上形成了结构布局合理、门类比较齐全，规模不断发展的精细化工体系。精细化工产品品种达3万余种，不仅传统的染料、农药、涂料等精细化工产品在国际上具有一定的影响，而且食品添加剂、饲料添加剂、胶黏剂、表面活性剂、信息用化学品、油田化学品等新兴领域的精细化学品也较大程度地满足了国民经济建设和社会发展的需要。但是，我国精细化工产值率还比较小，仅有45%左右，致使石化工业和各项工业中所需的高档精细化学品有相当数量需要进口，每年需消耗数十亿美元的外汇。由于我国的精细化工还不发达，又严重地影响我们的出口和创汇。我们许多产品由于精加工不够，在国际市场上无竞争力，这不能不引起我们的重视。

进入21世纪以来，各国在高科技领域的发展上竞争激烈，因此我们必须有紧迫感和危机感，必须大力加快精细化工的发展，争取高技术的优势，使我国精细化工在世界新科技发展中占有重要的地位。这对我国国民经济的发展，提高科学技术水平，增强产品的国际竞争力，提高社会和经济效益都具有重要的现实意义和深远的战略意义。

第四节 精细化学工业发展的重点

2010年，我国化学工业产值已达5.23万亿元，超越美国，跃居世界第一。"十一五"是我国涂料行业超常规发展的五年，产量从2005年的383万吨增长至2009年的755万吨，成为世界第一大涂料生产和消费大国。

进入21世纪，人类面临着许多前所未有的挑战；环境恶化、气候变暖威胁着人类健康和安全，能源资源短缺制约着人类社会的发展，化学和化学工业仍然是解决这些问题的有效手段。

当前，以绿色、智能和可持续发展为主要标志的新兴产业飞速发展。许多国家将创新提到战略层面，作为后危机时代实现可持续发展的战略选择。但目前我国化学领域高质量、原创性的研究成果仍然比较少，化学工业的自主创新能力有待提高。我们要立足创新型国家建设，遵循科学规律，激励原始创新，促进交叉融合，重视推广应用，努力实现从化学和化学工业大国向强国的迈进。

一是要以促进学科交叉为突破口，着力提升原始创新能力。要瞄准世界的科学前沿，立足国家战略需求，前瞻布局，促进化学、生物化学、计算机科学与工程学科的交叉融合，重视应用研究与基础研究的相互衔接与促进，大力推动化学学科的全面发展，力争取得高水平的原创性成果。

二是要把掌握核心关键技术作为主攻方向。要围绕制约产业、提升产品自主创新能力的关键技术、核心技术和共性技术，组织开展联合攻关，力争取得一大批原始创新成果和具有自主知识产权的技术；要积极运用化学研究新手段，改造提升传统产业，切实解决当前过渡依赖资源投入、产能过剩和环境污染等问题，实现绿色、低碳生产，发挥化学在创造新物质方面的独特作用，引领新能源、新材料、电子信息、生物医药等战略性新兴产业发展；还要发展以化学为基础的合成药物和农用化学品，为保障人民健康和提升生活质量提供技术支撑。

三是要把培养创新人才作为关键举措，着力加强人才建设，为化学化工事业发展提供强大的人才支持。

为了实现从化学和化工大国向强国迈进的目标，必须加快我国绿色高新精细化工的发展，应以如下四个方面为重点。

一、走发展绿色精细化学工业的道路

目前，国内溶剂型涂料占52.1%，有机溶剂用量在产品中占50%以上，加上涂装过程中使用的稀释剂，每年约有350万吨的有机溶剂在涂料使用后挥发至大气中，既造成大气污染，又浪费大量资源。因此，"节能减排"是时代基本要求；坚持人与环境和谐发展，全面推进涂料水性化和高固体分化。大力发展水性建筑涂料、水性木器涂料、水性防腐涂料、水性汽车涂料等，全力解决水性木器涂料和水性防腐涂料中的技术关键，借以推动水性工业涂料的大发展。

随着全球矿产资源的日渐枯竭和生态环境的日益恶化，人们对化学工业发展的历程正在进行深刻的反思，导致绿色化学及其带来的产业革命在全世界迅速崛起。绿色化学是20世纪90年代出现的具有明确的社会需求和科学目标的新兴交叉学科，成为当今国际化学化工研究的前沿领域，是实现经济和社会可持续发展的新科学和新技术，已成为世界各国政府、科技界和企业最关注的热点。

绿色化学研究的目标就是运用化学原理和新化工技术，以"原子经济性"为基本原则，从源头上减少或消除化学工业对环境的污染，从根本上实现化学工业的"绿色化"，走资源—环保—经济—社会协调发展的道路。

落实节约资源和保护环境基本国策，建设低投入、高产出，低消耗、少排放，能循环、可持续的国民经济体系和资源节约型、环境友好型社会。因此，发展绿色精细化工具有重要的战略意义，是时代发展的要求，也是我国化学工业可持续发展的必然选择！

二、掌握先进的科学知识，优先发展关键技术

国外实践证明，当今发展精细化工一要建立在石油化工的基础上，二要掌握先进的科学技术，开发新品种，形成产品化成套技术。采取"结合国情，突出重点，择优发展，讲究效益"的发展战略，对于推动精细化工行业技术进步有着重要作用的关键技术要优先发展。

1. 绿色合成技术和新催化技术

精细化工品种多，更新换代快，合成工艺精细，技术密集度高，专一性强。加快发展绿色精细化工，必须优先发展绿色合成技术。60%以上的化学品，90%的化学合成工艺均与催化有着密切的联系，具有优势的催化技术可成为当代化学工业发展的强劲推动力。例如，新型催化技术是实现高原子经济性反应、减少废物排放的关键。不对称催化合成已成为合成手性药、香料、手性功能材料等精细化工品的关键技术。又如生物工程技术具有清洁高效、高选择性，可避免使用贵金属催化剂和有机溶剂，反应产物易于分离纯化、能耗低。应用生物工程技术可以将廉价的生物质资源转化为化工中间体和精细化工品。电化学合成技术尤其是有机电化学合成是发展绿色精细化工必不可少的，因为有机电化学合成反应无需有毒或危险的氧化剂和还原剂，"电子"就是清洁的反应试剂，通过改变电极电位合成不同的有机化学品，反应在常温下进行。例如对氨苯采用硝基苯进行电化学合成，比以对硝基氯苯为原料的化学合成法来说，是一个清洁高效的绿色合成过程。

新型催化技术的重点是开发能促进石油化工发展的膜催化剂、稀土络合催化剂、沸石择形催化剂、固体超强酸催化剂等，发展与精细化工新产品开发密切相关的相转移催化技术，立体定向合成技术、固定化酶发酵技术等特种技术。开发出若干具有高活性、高选择性、立体定向、稳定性好、寿命长的高效催化剂和相应的催化技术。

2. 新型分离技术

分离是化工生产过程中关键技术，是获得高质量、高纯度化工产品的重要手段。开发工业规模的组分分离，特别是不稳定化合物及功能性物质的高效精密分离技术的研究，对精细化工产品的开发与生产至关重要。积极开展精细蒸馏技术在香精行业的应用；开展无机膜分离技术在超强气体、饮用水、制药、石油化工等领域的应用开发；重点开发超临界萃取分离技术，研究用超临界萃取分离技术制取出口创汇率极高的天然植物提取物，如天然色素、天然香油、中草药有效成分等；着重发展高效结晶技术和变压吸附技术等。

3. 增效复配技术

发达国家化工产品数量与商品数量之比为1∶20，我国目前仅为1∶1.5，不仅品种数量少，而且质量差。关键的原因之一是复配增效技术落后。由于应用对象的特殊性，很难采用单一的化合物来满足用户的要

求，于是配方以及复配技术的研究就成为产品好坏的决定性因素，因而加强增效复配的应用基础研究及应用技术研究是当务之急。

4. 精细加工技术

精细加工是化学工业，特别是精细化工行业的共性关键技术。我国现有精细化工产品多数品种牌号单一，产品质量差，配套性差。高、精、尖和专用品种少，导致此现状主要是精细加工技术水平较低。近期应重点发展超真空技术，定向合成技术，表面处理和改性技术、插层化学技术，超细微体技术、纳米技术、造粒技术、超细合成技术、超化物质的加工与纯化技术等。

5. 新型节能减排技术和环保技术

化学工业发展迅速，在繁荣经济、提高人民生活水平的同时，也给环境带来了污染，并造成资源的削减。随着资源和能源的大量消耗，环境污染日趋严重。节约资源、保护环境、维护生态平衡是在经济发展同时必须考虑的战略任务。

实施节能技术和环保技术是提高精细化学工业整体竞争力和可持续发展的重要措施。近期在大力开发和推广清洁生产工艺的同时，重点发展用于废水处理的膜技术、生化技术、吸附技术、萃取技术；烟气脱 S、脱 NO_x 及挥发性有机化合物（VOC）处理新工艺。在节能方面重点开发和推广高效燃烧技术、冷凝水回收技术、高效蒸发和喷雾干燥技术、热管技术、热泵技术等。

为了实现节能减排的目的，必须在工业生产中采用清洁工艺，减少污染物排放直至零排放；大力发展处理废弃物的绿色工艺，即对生产、消费化工产品过程中的废弃污染物处理完全化，不伴生新的污染物，杜绝污染物在不同介质中转移；对目前技术难以实现零排放的污染物，想方设法变废为宝；对无法资源化处理的污染物，使其从有毒转化为无毒，有害变无害。

6. 电子信息技术

国家在确立的电子信息产业技术进步和技术改造投资方向中，明确将电子级多晶硅材料、高性能磁性材料、电子功能陶瓷材料、锂离子电池高性能/低成本正负极材料、高性能膜材料等研发和产业化列为电子信息产业项目实施条目；全国精细化工行业负责人认为，"十二五"期间，战略性新兴产业的快速发展将为精细化工行业带来新的机遇；具体来讲，战略性新兴产业有新一代通信网络、新型平板显示、高性能集成电路和高端软件等，精细化工企业需要关注的领域包括集成电路用材料、密封测试用材料、光盘材料、液晶显示器材料、办公自动化设备用材料，以及含氟电子化学品等。

用现代电子技术、计算机技术、传感技术和自动控制技术改造精细化学工业，是促进精细化学工业技术进步，提高行业整体竞争力的有效途径。近期重点发展计算机在线控制、故障诊断、仿真、集成制造、分子设计及企业资源计划管理和电子商务等方面的应用。

三、以技术开发为基础，创制新的精细化学工业产品

利用新的科学成果进行技术开发，创造新型结构的功能性化学物质，经过应用和市场开发使其成为商品，推向市场。也可以利用已有化学结构的产品，采用化学改性、新的加工技术等多种方法改进其性能，开发生产新产品、新牌号。

涂料行业要重点发展水性涂料、粉末涂料、高固体分涂料、辐射固化涂料等环境友好型产品，以及建筑、桥梁、航空、汽车、船舶、重防腐等专用涂料，推广溶剂型涂料全封闭式一体化生产工艺。

水处理剂行业要重点发展聚丙烯酰胺、聚天冬氨酸、壳聚糖等高性能、环保型水处理剂。食品添加剂行业要重点发展仿生态、安全型添加剂。表面活性剂行业要重点发展高性能含氟、含硅表面活性剂和脂肪酸类、葡萄糖类等天然产物为原料的表面活性剂。

鼓励发展高性能环保型阻燃剂、高性能环保型橡胶和塑料助剂，高性能环保型皮革化学品，高性能环保型石油化学品及高性能环保型造纸化学品。

四、加快高素质的精细化学工业专业技术人才的培养

科技是实现社会主义现代化的关键，教育是基础，人才是根本。加快高素质的专业人才的培养，是大力发展绿色高新精细化工，实现化学工业战略转移的极其重要的任务。从工业特点比较，精细化学工业具有高技术、多品种、小批量、更新快等特点，从产品特点比较，与一般的基本化工产品不同，精细化工产品自身主要是一种多学科交叉的化学品。由于具有较强的商品性，受市场需求的直接制约。因此，作为一项产品，不仅需要不断地进行技术开发，同时还应努力于产品的应用和市场开发。应用开发的跨度越大，产品的生命力和竞争力也就越强。由上述可知，精细化学工业的专业技术人才必须具有下列素质：专业基础理论扎实、专业知识面宽、理论联系实际的能力强、勇于探索、不断充实和提高、创新能力强；思维敏捷、适应市场变

化、随机应变能力强；努力使其成为既懂技术，又懂经济，既有科学思维，又有经济头脑，并能对技术方案中与经济有关的各种因素进行综合分析、判断和决策的新型高级应用型人才。

复习思考题

1. 哪些化工产品可以称为精细化工产品？
2. 我国精细化工产品分为哪几类？各类具体指的是什么？
3. 精细化工产品的研究与开发特性是什么？
4. 精细化工产品的生产特性是什么？
5. 为什么说在精细化工生产中配方通常是技术关键，也是专利保护的对象？
6. 精细化工产品的商业特性是什么？
7. 精细化工产品的经济特性是什么？
8. 发展精细化工的战略意义是什么？
9. 精细化工应优先发展哪些关键技术？
10. 为什么说精细化工产品的开发成功率都很低？
11. 要实现从化学和化学工业大国向强国的迈进，应从哪些方面去努力？

第二章 表面活性剂

学习目的与要求
- 掌握表面活性剂是一种具有双亲结构的有机化合物，具有亲水、亲油的性质，能起乳化、分散、润湿、增溶、起泡、消泡、洗涤等作用，广泛应用于洗涤剂、纺织、皮革、农药、化妆品、食品、金属加工等工业部门。
- 理解磺化反应、硫酸化反应、乙氧基化反应的基本原理和影响因素以及理解阴离子表面活性剂及非离子表面活性剂主要类别及典型品种的结构、性质、生产工艺及主要的操作技术。
- 了解表面活性剂的特点和分类。

表面活性剂是一种具有双亲结构的有机化合物，至少含有两种极性、亲液性迥然不同的基团部分。它在加入量很少时即能大大降低溶液表面张力，改变体系界面状态，从而产生润湿、乳化、起泡以及增溶等一系列作用，可用来改进工艺、提高质量，增产节约效显著，有"工业味精"之美称，广泛应用于洗涤剂、纺织、皮革、造纸、塑料、选矿、食品、化工、金属加工、采油、建筑、化妆品、农药等工业。它是精细化工产品中产量较大的门类之一，已经形成了一个独立的工业生产部门。

第一节 特点及分类

表面活性物质，是指能使其溶液表面张力降低的物质。然而，习惯上只是把那些溶入少量就能显著降低溶液表面张力、改变体系界面状态的物质，称为表面活性剂。

一、表面活性剂的特点

表面活性剂只有溶于水或有机溶剂后才能发挥其特性。因此，表面活性剂的性能是相对其溶液而言应具有如下特点。

(1) 双亲性 由于表面活性剂的分子结构中同时含有亲油性的非极性基团和亲水性的极性基团，因而使表面活性剂既具有亲油性又有亲水性的双亲性。

(2) 溶解性 表面活性剂至少应溶于液相中的某一相。

(3) 表面吸附性 表面活性剂的溶解，使溶液的表面自由能降低，产生表面吸附。当吸附达到平衡时，表面活性剂在溶液内部的质量浓度小于溶液表面的质量浓度。

(4) 界面定向排列 吸附在界面上的表面活性剂分子，能定向排列成单分子膜，覆盖于界面中。

(5) 形成胶束 表面活性剂溶于水，并达到一定浓度时，表面张力、渗透压、电导率等溶液性质发生急剧的变化。此时，表面活性剂的分子会产生凝聚而生成胶束，开始出现这种变化的极限质量浓度称为临界胶束浓度（cmc）。cmc 可以作为表面活性剂表面活性的一种量度。溶液的物理性质在 cmc 处有一转折点，说明溶液的本体性质与表面现象有相互关联。cmc 越小，则表面活性剂形成胶束的浓度越低，在表面的饱和吸附浓度越低，也即表面活性剂的吸附效力越高，表面活性越好。

(6) 多功能性 表面活性剂在其溶液中显示多种功能。如能降低表面张力，具有发泡、消泡、分散、乳化、湿润、洗涤、抗静电、增溶、杀菌等。有时也可以表现为单一功能。

二、表面活性剂的分类

表面活性剂的品种约有 6000 多种，分类的方法也不一致。最常用的分类方法是根据表面活性剂在水溶液中能否解离出离子和解离出什么样的离子来分类。凡是在水溶液中能电离成离子的叫离子型表面活性剂，按照离子所带的电荷不同，又分为阴离子型、阳离子型及两性离子型表面活性剂。在水溶液中不能电离，只能以分子状态存在的叫非离子型表面活性剂。

1. 阴离子型表面活性剂

这类表面活性剂在水溶液中能解离出带负电荷的亲水性原子团，按其亲水基不同又可分为以下几类。

(1) 羧酸盐类　化学结构通式为 RCH_2COOM，多为金属盐，可以是钠、钾或铵盐，也可以是胺盐和吗啉盐，用作洗涤剂和乳化剂。

(2) 磺酸盐类　化学结构通式为 $RC_6H_5SO_3Na$，主要是直链烷基苯磺酸盐，用作洗涤剂、乳化剂、起泡剂、润湿剂、渗透剂等。

(3) 硫酸酯盐类　化学结构通式为 $R—OSO_3M$，可以是钠、钾、铵或三乙醇胺盐，用作洗涤剂、乳化剂和起泡剂。

(4) 磷酸酯盐　化学结构式为 $RO-\underset{\underset{OM}{|}}{\overset{\overset{OR}{|}}{P}}=O$，$RO-\underset{\underset{OM}{|}}{\overset{\overset{OM}{|}}{P}}=O$，用作乳化剂、抗静电剂、抗蚀剂和润滑剂等。

2. 阳离子型表面活性剂

这类表面活性剂在水溶液中能解离出带正电荷的亲水性原子团，按亲水基又可分为以下两类。

(1) 胺盐类　化学结构通式为 $R—NH_2·HCl$，还可分为伯胺盐类（$R—NH_2·HCl$）、仲胺盐类[$R—NH(CH_3)·HCl$]，叔胺盐类[$R—N(CH_3)_2·HCl$]，用作缓蚀剂、防结块剂、浮选剂、柔软剂等。

(2) 季铵盐类　化学结构通式为 $R—N^+(CH_3)_3Cl^-$，用作柔软剂、杀菌剂、抗静电剂、水质稳定剂、染色助剂等。

3. 两性离子型表面活性剂

该类表面活性剂在他的分子中同时含有可溶于水的正电荷基团和负电荷基团。在酸性溶液中，正电荷基团呈阳离子性质，显示阳离子型表面活性剂性质；在碱性溶液中，则负电荷基团呈阴离子性质，表现出阴离子型表面活性剂性质；而在中性溶液中呈非离子性质。又可以分为以下几类。

(1) 氨基酸类　化学结构通式为 $RNHCH_2CH_2COONa$，用作发泡剂、洗涤剂等。

(2) 甜菜碱类　化学结构通式为 $RN^+(CH_3)_2CH_2COO^-$，用作洗涤剂、发泡剂等。

(3) 咪唑啉类　化学结构通式为 $R-C\underset{\underset{CH_3CH_2CH_2\ CH_2COO^-}{}}{\overset{N-CH_2}{\underset{N^+-CH_2}{\Big|}}}$，用作洗发香波和皮肤的清洁剂、柔软剂和抗电静剂等。

(4) 氧化胺类　化学结构通式为 $R_1-\underset{\underset{R_3}{|}}{\overset{\overset{R_2}{|}}{N}}\rightarrow O$，用作发泡剂、稳定剂等。

4. 非离子型表面活性剂

该类表面活性剂溶于水后不解离成离子，因而不带电荷，但同样具有亲水性和亲油性。按其亲水基结构又可分为以下几类。

(1) 聚氧乙烯醚类　化学结构通式为 $R—O\!-\!\!\!\!-\!\!(CH_2CH_2O)_n\!\!-\!\!H$，其亲水基为氧乙烯基 $-\!\!(CH_2CH_2O)_n\!\!-\!$，用作洗涤剂、润湿剂、分散剂、乳化剂、纺织染整助剂等。

(2) 多元醇酯类　化学结构通式为 $\begin{matrix}H_2COOR\\ HC-OH\\ H_2C-OH\end{matrix}$，用作乳化剂、纤维油剂等。

(3) 醚酯类　为多元醇脂肪酸酯的氧乙烯醚，化学结构通式为 $R—COOR'\!-\!\!(OCH_2CH_2)_n\!\!-\!OH$，用作洗涤剂、润湿剂、分散剂、乳化剂等。

(4) 醇酰胺类　化学结构通式为 $R—CONH—R'—OH$，用作泡沫稳定剂、增稠剂、洗涤剂等。

5. 特殊类型表面活性剂

(1) 元素表面活性剂　主要为含氟表面活性剂、含硅表面活性剂、含硫表面活性剂和含硼表面活性剂。含氟表面活性剂的化学结构特点是亲油基碳氢链中的氢被氟所取代，用作灭火剂、电镀液添加剂、消泡剂、纤维表面处理剂、润湿剂、乳化剂等；含硅表面活性剂化学结构特点是亲油基为硅烷或硅氧烷，用作润湿剂、抗静电剂、消泡剂、柔软剂、杀菌剂、羊毛防缩整理剂，也用于化妆品生产中；含硫表面活性剂的分子中含有 $—\!\!\overset{\overset{|}{}}{S}{}^+\!\!—$、$—\!\!\overset{\overset{O}{\|}}{S}\!\!—$ 等极性基团，其表面活性优良，杀菌力强，刺激性小，是很好的杀菌剂、钙皂分散

剂等；含硼表面活性剂的亲油基中含有元素硼，其无毒、无腐蚀性，具有杀菌性及阻燃性。

(2) 聚合物表面活性剂　聚合物表面活性剂的特点是分子中含有重复的亲水基和亲油基结构单元，广泛用作分散剂、增稠剂、絮凝剂、助洗剂、乳化剂等。

(3) 生物表面活性剂　生物表面活性剂可分为糖脂系、酰基肽系、脂肪酸系、磷脂系、高分子系，糖脂系生物表面活性剂的亲水基为糖，酰基肽系的亲水基为低缩氨酸，脂肪酸系的亲水基为羧酸基，磷脂系的亲水基为磷酸基，高分子系生物表面活性剂是生物聚合体。生物表面活性剂用于食品、医药、化妆品、医疗、生物化学、石油、环境保护等领域。

(4) 冠醚表面活性剂　冠醚表面活性剂的化学结构特点是亲油基上连接有环状聚醚，用作相转移催化剂、金属离子萃取剂、离子选择电极、液膜分离剂及合成保鲜剂等。

(5) 反应性表面活性剂　反应性表面活性剂的化学结构特点是一端为反应性基团，如乙烯基或烯丙基，另一端为亲水基。用于乳液聚合、接枝聚合、复合材料中以提高产品性能，并赋予产品亲水、抗电、防污等性能。

第二节　表面活性剂的亲油基原料

表面活性剂是由亲油基和亲水基两部分构成，因而其合成主要包括亲油基的制备及亲水基的引入两部分。

一、脂肪醇

脂肪醇是合成醇系表面活性剂的主要原料，按原料来源不同又可分为合成醇和天然醇。以石油为原料时，只能制得饱和脂肪醇，当要制备不饱和脂肪醇时，则天然油脂将是唯一的原料来源。

天然醇也叫还原醇，由油脂或脂肪酸还原所得。现在从天然资源生产脂肪醇最好的方法是酯交换法。酯交换指的是将一种容易制得的醇与酯或与酸相反应制得所需的酯，最常用的酯交换是酯-醇交换法，其次是酯-酸交换法。

二、脂肪胺

以天然脂肪酸为原料生产高碳脂肪胺，主要工业生产方法为两步法：首先由脂肪酸和氨制取脂肪腈，然后在镍催化剂存在下加氢还原腈制得伯胺，反应条件为150℃、1.38MPa，伯胺收率达85%，反应式如下：

$$RCOOH \underset{}{\overset{NH_3}{\rightleftharpoons}} RCOONH_4 \underset{+H_2O}{\overset{-H_2O}{\rightleftharpoons}} RCONH_2 \underset{+H_2O}{\overset{-H_2O}{\rightleftharpoons}} RC\equiv N \overset{H_2}{\longrightarrow} RCH_2NH_2 \qquad (2-1)$$

反应中可能有仲胺和叔胺生成。为提高伯胺收率，反应混合物中可加入氨、仲胺或无机碱，它们有抑制仲胺生成的可能。有专利报道，在130~140℃、氨的分压为2.06MPa、总压为3.43MPa、以莱尼镍为催化剂时，腈加氢制伯胺的收率可达96%以上。

三、脂肪酸甲酯

脂肪酸甲酯可由脂肪酸与甲醇直接酯化或天然油脂与甲醇交换而得，这两种反应都是平衡反应，采用过量甲醇有利于甲酯产物的生成。然而，脂肪酸的直接酯化只有在无法获得相应的脂肪酸甘油三酯的情况下才使用。

脂肪酸甲酯主要用于生产脂肪醇、酯同系物、烷醇酰胺、α-磺基脂肪酸甲酯、糖酯及其他衍生物。

四、脂肪酸

脂肪酸也是合成表面活性剂的主要原料，其中以C_{12}~C_{18}的脂肪酸最为重要。脂肪酸可由天然油脂制取，也可由石蜡氧化等工艺来合成。合成脂肪酸的特征是含有奇碳脂肪酸和支链脂肪酸，但无不饱和脂肪酸。

油脂作为一种天然可再生资源与石油产品相比显示了良好的生态性，既无支链又无环结构的直链脂肪酸分子，始终是生产表面活性剂的优质原料。目前，国际上先进的油脂水解技术为连续无催化剂法，分为单塔高压法和多塔中压法两种，其反应机理相同，主要区别在于反应条件及物料的加热方式上。水解反应式如下：

$$\begin{array}{l} CH_2OOCR \\ | \\ CHOOCR + 3H_2O \longrightarrow \\ | \\ CH_2OOCR \end{array} \begin{array}{l} CH_2OH \\ | \\ CHOH + 3RCOOH \\ | \\ CH_2OH \end{array} \qquad (2-2)$$

五、直链烷基苯

直链烷基苯是合成阴离子表面活性剂直链烷基苯磺酸钠的重要原料，其合成根据烷基化剂的不同有两种工艺路线。一种工艺是以直链氯代烷与苯在催化剂无水 $AlCl_3$ 作用下反应，反应结束后除去催化剂，然后用稀碱溶液除去副产物盐酸，再进行减压蒸馏得到十二烷基苯，其反应式如下：

$$CH_3(CH_2)_{10}CH_2Cl + \langle\text{苯}\rangle \longrightarrow C_{12}H_{25}\langle\text{苯}\rangle + HCl \tag{2-3}$$

另一种工艺是以直链烯烃与苯在催化剂 HF 作用下反应：

$$CH_3(CH_2)_9CH=CH_2 + \langle\text{苯}\rangle \longrightarrow C_{12}H_{25}\langle\text{苯}\rangle \tag{2-4}$$

反应结束后用氢氧化钠溶液洗涤，去除催化剂，将过量的苯蒸馏回收，再将残留物分馏，得十二烷基苯。这种缩合工艺反应平稳，易于控制，反应速度快，副反应少，且无泥脚处理及三废污染，是优先发展的缩合工艺。

六、烷基苯酚

烷基苯酚可以由丙烯、丁烯的齐聚物与酚反应来制取，其中最主要的是壬基苯酚。壬基苯酚的生产过程是以苯酚和壬烯为原料，在酸性催化剂存在下进行烷基化反应。反应中壬基主要进入邻、对位，为提高对位壬基酚的生产效率，降低生产成本，改善产品色泽，必须有高性能的烷基化反应催化剂。

目前，国内外生产壬基酚使用的催化剂主要有分子筛、活性白土、三氟化硼、阳离子交换树脂催化剂。例如，在连续化装置中采用阳离子交换树脂或改性离子交换树脂催化剂工艺法，壬基烯转化率为92%～98%，壬基酚收率为93%～94%（以壬烯计）。

七、环氧乙烷

环氧乙烷是生产聚醚型表面活性剂的主要原料。目前，工业上主要采用在银催化剂上的直接氧化法，其反应式如下：

$$CH_2=CH_2 + \frac{1}{2}O_2 \xrightarrow{Ag} CH_2\overset{O}{-\!\!-}CH_2 - 105 kJ/mol \tag{2-5}$$

可以采用空气或氧气作为氧化剂，目前采用氧气的装置居多，这样还可以避免循环气中有大量的氮气，氧化反应的条件为250～300℃、1～2MPa，当乙烯转化率为8%～10%时，生成环氧乙烷的选择性为67%～70%。上述反应是伴随有比乙烯燃烧更强烈的放热反应，即环氧乙烷的进一步氧化反应。因此，该法的主要问题是实现生产规模的大型化和把反应中产生的热量有效地移走。

八、环氧丙烷

工业上采用空气液相氧化法，将异丁烷氧化得到叔丁基过氧化氢和叔丁醇，然后用过氧化氢作环氧化剂，将丙烯环氧化转变成环氧丙烷，反应式如下：

$$2(CH_3)_3CH + \frac{3}{2}O_2 \longrightarrow (CH_3)_3C-O-OH + (CH_3)_3C-OH \tag{2-6}$$

$$H_3C-CH=CH_2 + (CH_3)_3C-O-OH \longrightarrow CH_3-CH\overset{O}{-\!\!-}CH_2 + (CH_3)_3C-OH \tag{2-7}$$

所用的环氧化催化剂是 Mo、V、Ti 或其他重金属的化合物或络合物，叔丁醇为溶剂，在90～130℃、1.5～6.3MPa下进行环氧化。当丙烯的转化率为10%时，选择性为90%。这种间接环氧化法是生产环氧乙烷和环氧丙烷的重要方法之一。副产的叔丁醇也有重要用途。

第三节　磺化和硫酸化与阴离子表面活性剂的生产技术

阴离子表面活性剂中亲水基的引入方法有直接连接和间接连接两种。所谓直接连接就是用亲油基物料与无机试剂直接反应，例如，烷基苯、烯烃、脂肪酸的三氧化硫磺化，烷烃的磺化、氯化或磺氧化，油脂的皂化，烯烃和硫酸、亚硫酸、亚硫酸二酯的加成，脂肪酸、硫酸和磷酸的酯化等。所谓间接连接就是利用两个官能团以上的多功能、高反应性化合物使亲油基与亲水基相连接。间接连接的方式，在实际应用的表面活性剂中例子非常多。主要的连接剂有含活性的不饱和基、卤素、环状化合物，还有多元醇、二胺等。

目前阴离子表面活性剂的主要类别还是磺酸盐及硫酸酯盐。因此讨论磺化反应和硫酸化反应，即研究磺酸基和硫酸基的引入方法和影响因素，对阴离子表面活性的生产操作是极为重要的。

一、磺化反应

向有机化合物分子中的碳原子上引入磺基（—SO_3H）的反应称作"磺化"，生成的产物是磺酸（R—SO_3H，R 表示烃基）、磺酸盐（R—SO_3M；M 表示 NH_4 或金属离子）或磺酰氯（R—SO_2Cl）。

在芳环上引入磺基的主要目的有：①使产品具有水溶性、表面活性，或对纤维具有亲和力；②将磺基转变为其他基团，例如羟基、氨基、氰基、氯基等，从而制得一系列有机中间体或精细化工产品；③利用磺基的可水解性，例如，为了某些反应易于进行，先在芳环上引入磺基，在完成特定反应后，再将磺基水解掉。

芳磺酸是不挥发的无色结晶，固所含结晶水不同，熔点也不同。芳磺酸的吸水很强，很难制成无水纯品。大多数芳磺酸都易溶于水，但不溶于非极性或极性小的有机溶剂。芳磺酸的铵盐和各种金属盐类，包括钠盐、钾盐、钙盐、钡盐和铅盐在水中都有一定的溶解度。通常将芳磺酸以铵盐、钠盐或钾盐的形式从水溶液中盐析出来。

磺化产物中最重要的是阴离子表面活性剂，特别是洗涤剂，例如十二烷基苯磺酸钠。许多芳磺酸衍生物是制备染料、医药、农药等的中间体，在精细有机合成工业中，占有十分重要的地位。

（一）磺化剂

工业生产中常用的磺化剂是硫酸、发烟硫酸、三氧化硫、氯磺酸和氨基磺酸，有时也用到亚硫酸盐等。工业硫酸有两种规格，一种含 H_2SO_4 约 92.5%（质量分数，以下同）(熔点 $-27 \sim -3.5 ℃$)，另一种含 H_2SO_4 约 98%(熔点 $-7 \sim -1.8 ℃$)。工业发烟硫酸也有两种规格，一种含游离 SO_3 约 20%(熔点 $-10 \sim 2.5 ℃$)，另一种含游离 SO_3 约 65%(熔点 $0.35 \sim 5 ℃$)。这四种规格的硫酸在常温下都是液体，运输、储存和使用都比较方便。

三氧化硫在常压的沸点是 44.8 ℃，固态三氧化硫有 α、β、γ 和 δ 四种晶型，其熔点分别为 62.3 ℃、32.5 ℃、16.8 ℃ 和 95 ℃。γ 型在常温为液态，它是环状三聚体和单分子 SO_3 的混合物，α、β 和 δ 型都是链式多聚体。液态的 γ 型不稳定，特别是有微量水存在时容易转变为 α 型和 β 型。为了防止液态的 γ 型在低于 32.5 ℃ 时转变为固态 β 型，可在液态三氧化硫中加入少量稳定剂。常用的稳定剂可以是硼酐、硫酸二甲酯、二苯砜和四氯化碳等。

（二）芳环上的取代磺化

在工业生产中，芳环上取代磺化的主要方法有：①过量硫酸磺化法；②三氧化硫磺化法；③氯磺酸磺化法；④共沸去水磺化法；⑤芳伯胺的烘焙磺化法。

1. 反应历程

芳烃的磺化主要是用硫酸、发烟硫酸或三氧化硫来进行，用这些磺化剂进行的磺化反应是典型的亲电取代反应。它们的进攻质点都是亲电试剂，其来源可以认为是磺化剂自身的不同离解方式。

从发烟硫酸的联合散射光谱可以看出，除 SO_3 以外，还含有 $H_2S_2O_7$、$H_2S_3O_{10}$ 和 $H_2S_4O_{13}$ 等质点，它们分别相当于含 SO_3 45%、62% 和 71%（质量分数）的发烟硫酸。在 100% 硫酸中加入 SO_3 时，导电度增加，说明在发烟硫酸中可能按下式生成离子。

$$SO_3 + 2H_2SO_4 \rightleftharpoons H_3SO_4^+ + HS_2O_7^- \quad (2\text{-}8)$$

$$2SO_3 + 2H_2SO_4 \rightleftharpoons 2H_2S_2O_7 \rightleftharpoons H_3S_2O_7^+ + H_2S_2O_7^- \quad (2\text{-}9)$$

从 100% 硫酸（18.66mol/L，20℃）的联合散射光谱看出，它含有约 0.027mol/L 的 HSO_4^-，这可能是按下式离解生成的。

$$2H_2SO_4 \rightleftharpoons H_3SO_4^+ + HSO_4^- \quad (2\text{-}10)$$

$$3H_2SO_4 \rightleftharpoons H_2S_2O_7 + H_3O^+ + HSO_4^- \quad (2\text{-}11)$$

上式说明，约有质量分数 0.29%～0.43% 的硫酸发生了离解，而有 99.6%～99.7% 的硫酸是以缔合分子态存在的，其缔合程度随温度的升高而减小。上式中 $H_3SO_4^+$ 和 $H_2S_2O_7$ 分别相当于 $SO_3 \cdot H_3O^+$ 和 $SO_3 \cdot H_2SO_4$。

在 100% 硫酸中加入少量水时，水和硫酸几乎完全按下式离解。

$$H_2O + H_2SO_4 \rightleftharpoons H_3O^+ + HSO_4^- \quad (2\text{-}12)$$

式(2-12)说明在 100% 硫酸中加入少量水时，由于生成了 H_3O^+ 和 HSO_4^-，它们使式(2-10)和式(2-11)的平衡左移，使 $H_3SO_4^+$ 和 $H_2S_2O_7$ 的浓度下降，加入的水越多，$H_3SO_4^+$ 和 $H_2S_2O_7$ 的浓度越低。当硫酸质量分数降低到 84.48% 时，它相当于 $H_2SO_4 \cdot H_2O$。

磺化是亲电取代反应，SO_3 分子中硫原子的电负性为 2.4，比氧原子的电负性 3.5 小，所以硫原子带有部分正电荷而成为亲电试剂。可以预料，在发烟硫酸中和浓硫酸中各种亲电性质点的亲电性的次序是：SO_3 > $3SO_3 \cdot H_2SO_4$（即 $H_2S_4O_{13}$）> $2SO_3 \cdot H_2SO_4$（即 $H_2S_3O_{10}$）> $SO_3 \cdot H_2SO_4$（即 $H_2S_2O_7$）> $SO_3 \cdot H_3^+O$（即 $H_3SO_4^+$）> $SO_3 \cdot H_2O$（即 H_2SO_4）。

上述亲电质点都可能参加磺化反应，但是它们的磺化活性则差别很大。

2. 磺化反应影响因素

(1) 被磺化物结构的影响　磺化反应是典型的亲电取代反应，因此，被磺化的芳环上电子云密度的高低，将直接影响磺化反应的难易。一般认为，芳环上有供电子基团时，反应速度加快，易于磺化；相反，芳环上有吸电子基团时，反应速度减慢，较难磺化。此外，磺酸基所占空间的体积较大，在磺化反应过程中，有比较明显的空间效应。因此，不同被磺化物，由于空间效应的影响，生成异构产物的组成比例不同。

(2) 磺化剂的影响　不同种类磺化剂的反应情况和反应能力都不同。因此，磺化剂对磺化反应有较大的影响。例如，用硫酸磺化与用三氧化硫或发烟硫酸磺化差别较大，前者生成水，是可逆反应；后者不生成水，反应不可逆。用硫酸磺化时，硫酸浓度的影响也十分明显。由于反应生成水，酸的作用能力随生成水量的增加明显下降。从动力学研究中也可以看出，反应速度随水的增多明显降低；当酸的浓度下降到一个确定的数值时，磺化反应可以认为已经停止。现在工业生产中磺化剂种类及用量的选择，主要通过实验或经验决定。

对于不同磺化剂在磺化过程中的影响和差别，见表 2-1。

表 2-1　不同磺化剂对反应的影响

对比项目	硫酸	氯磺酸	发烟硫酸	三氧化硫
沸点/℃	290~317	151~150		45
在卤代烃中的溶解度	极低	低	部分	混溶
磺化速度	慢	较快	较快	瞬间完成
磺化转化率	达到平衡，不完全	较完全	较完全	定量转化
磺化热效应	反应时要加热	一般	一般	放热量大，需冷却
磺化物黏度	低	一般	一般	特别黏稠
副反应	少	少	少	多
产生废酸量	大	较少	较少	无
反应器容积	大	大	一般	很小

(3) 磺化物的水解　以硫酸为磺化剂的反应是一个可逆反应，即磺化产物在较稀的硫酸存在下，又可以发生水解反应：

$$ArH + H_2SO_4 \rightleftharpoons ArSO_3H + H_2O \tag{2-13}$$

影响水解反应的因素是多方面的，当然，H_3^+O 浓度越高，一般水解越快。因此，水解反应都是在磺化反应后期生成水量较多时发生。

(4) 反应温度和时间的影响　反应温度的高低直接影响磺化反应的速度。一般反应温度低时反应速度慢，反应时间长；反应温度高则速度快，反应时间短。另外，反应温度还会影响磺酸基进入芳环的位置，影响异构物生成的比例。反应温度的升高，也会促进反应速度加快，特别是对砜生成明显有利。例如，在苯的磺化过程中，温度升高时，生成的产品容易与原料苯进一步生成砜。

(5) 搅拌的影响　在磺化反应中，良好地搅拌可以加速有机物在酸相中的溶解，提高传热、传质效率，防止局部过热，提高反应速率，有利于反应的顺利进行。

3. 磺化生产工艺

(1) 用过量硫酸磺化　用过量硫酸磺化是以硫酸为反应介质，反应在液相进行，在生产上常称"液相磺化"。

(2) 三氧化硫磺化法　无论使用硫酸或是发烟硫酸进行磺化，都生成大量的废酸，无法回收循环利用，给三废处理带来许多困难。使用三氧化硫磺化，不生成水，直接生成芳磺酸。以三氧化硫为磺化剂，有以下几个特点：①不生成水，无大量废酸；②磺化能力强，反应快；③用量省，接近理论量，成本低。有资料表明，在烷基苯的磺化过程中，用三氧化硫为磺化剂比用硫酸为磺化剂，成本几乎可以降低一半；④反应生成的产品质量高，杂质少；⑤由于反应速度快，磺化能在几秒内迅速完成，所以反应设备的生产效率高。目前世界各国合成十二烷基苯磺酸的生产，都是采用这种方法。

但是，三氧化硫非常活泼，应注意防止或减少发生多磺化、砜的生成、氧化和树脂化等副反应。用高浓度的气态三氧化硫直接磺化时，除了磺化反应热以外，还释放三氧化硫气体的液化热，反应过于激烈，故生产上极少采用。工业上采用的三氧化硫磺化法主要有三种，即液态三氧化硫磺化法、三氧化硫-溶剂磺化法和三氧化硫-空气混合物磺化法。

① 液态三氧化硫磺化法　用液态三氧化硫磺化时反应激烈，只适用于稳定的、不活泼的芳香族化合物的磺化，而且要求被磺化物和磺化产物在反应温度下是不太黏稠的液体，液态三氧化硫磺化法的优点是：不产生废硫酸、后处理简单、产品收率高。缺点是副产的砜类比过量发烟硫酸磺化法多，小规模生产时，要自己将质量分数 20%～25%发烟硫酸加热至高温，蒸出三氧化硫气体，冷凝成液体，为了防止液态三氧化硫凝固堵管，液态三氧化硫的贮槽、计量槽、操作管线、阀门和液面计等都应安放在简易暖房中，暖房外的管线应伴有水蒸气管保持 40～60℃。为了防止三氧化硫汽化逸出，贮槽和计量槽均应密闭带压操作。小企业为了简化操作，将从发烟硫酸中蒸出的三氧化硫气体先经过装有硼酐稳定剂的管子，然后冷凝成液态，直接滴入磺化反应器中，但三氧化硫的用量难以准确控制。由于液态三氧化硫磺化工艺复杂，国内只有少数企业用于硝基苯、对硝基氯苯和对硝基甲苯的一磺化。

② 三氧化硫-溶剂磺化法　三氧化硫能溶于二氯甲烷、1,2-二氯乙烷、石油醚、液体石蜡和液体二氧化硫等惰性溶剂中，溶解度可在质量分数 25%以上，用这种三氧化硫溶液作磺化剂，反应温和，温度容易控制，有利于抑制副反应，可用于被磺化物和磺化产物都是固态的低温磺化过程。例如萘的低温二磺化制萘-1,5-二磺酸。考虑到三氧化硫的价格比发烟硫酸贵得多，而且还要消耗有机溶剂，所以三氧化硫-溶剂磺化法的应用受到很大限制。

③ 三氧化硫-空气混合物磺化法　三氧化硫-空气混合物是一种温和的磺化剂。它可以由干燥空气通入发烟硫酸而配得。但是在大规模生产时将硫黄和干燥空气在炉中燃烧，先得到含 SO_2 3%～7%体积分数的混合物，然后将它降温到 420～440℃，再经过含五氧化二钒的固体催化剂，而得到含 SO_3 4%～8%体积分数的混合气体。所用硫黄是由天然气法制得的质量纯度 99.9%工业硫黄。所用干燥空气是由环境空气先冷却至 0～2℃脱去大部分水，再经硅胶干燥而得，露点达 $-60℃$，含 H_2O 0.01g/m³。这种磺化剂已用于十二烷基苯的磺化以代替发烟硫酸磺化法，并用于其他阴离子表面活性剂的生产。

用三氧化硫-空气混合物磺化法生产十二烷基苯磺酸，其反应历程包括磺化和老化两步反应。

$$R\text{—}C_6H_5 + 2SO_3 \xrightarrow{\text{磺化}} R\text{—}C_6H_4\text{—}SO_2\text{—}O\text{—}SO_3H \quad (2\text{-}14)$$
$$\text{焦磺酸}$$

$$R\text{—}C_6H_4\text{—}SO_2\text{—}O\text{—}SO_3H + R\text{—}C_6H_5 \xrightarrow{\text{老化}} 2R\text{—}C_6H_4SO_3H \quad (2\text{-}15)$$

磺化反应的特点是强烈放热，反应速度极快，可在几秒钟内完成，有可能发生多磺化，生成砜、氧化、树脂化等副反应。老化反应是慢速的放热反应，老化时间约需 30min。因此，两步反应要在不同的反应器中进行。因为苯环上有长碳链的烷基，使十二烷基苯磺酸在反应条件下呈液态，并具有适当的流动性。

二、硫酸化

在有机分子中的氧原子上引入—SO_3H 或在碳原子上引入—OSO_3H 的反应叫"硫酸化"。生成的产物可以是单烷基硫酸酯（ALK—O—SO_2—O—H），也可以是二烷基硫酸酯（ALK—O—SO_2—O—ALK；ALK 表示烷基）。

脂肪醇及烯烃与硫酸进行酯化，是一类很重要的反应。高碳醇的硫酸单酯的钠盐是一类重要的阴离子表面活性剂，它们除主要作洗涤剂外，还广泛作乳化剂、破乳剂、渗透剂、润湿剂、增溶剂、防锈剂、分散剂等，都是精细化工中十分重要的产品。

高碳醇和高碳烷基酚的聚氧乙烯醚的酸性硫酸单酯是一类性能良好的阴离子表面活性剂。

1. 烯烃的硫酸化

烯烃与过量的浓硫酸或发烟硫酸反应时，不是发生取代磺化反应，而是发生硫酸化反应，得到的产品主要是一仲烷基酸性硫酸酯和二仲烷基硫酸酯。

长链烯烃（C_{12}～C_{18}）的硫酸化，可以制取性能良好的硫酸酯型表面活性剂，如典型产品梯波尔（Teepol）。它是由石蜡高温解聚所得 C_{12}～C_{18} 的 α-烯烃经硫酸化后的产品。一般用于制液体洗涤剂。

$$R\text{—}CH\!=\!CH_2 + H_2SO_4 \xrightleftharpoons{10\sim20℃} R\text{—}\underset{\underset{OSO_3H}{|}}{CH}\text{—}CH_3 \quad (2\text{-}16)$$

$$\underset{\underset{OSO_3H}{|}}{R-CH-CH_3} + NaOH \longrightarrow \underset{\underset{OSO_3Na}{|}}{R-CH-CH_3} \qquad (2-17)$$

一些不饱和的脂肪酸酯如果含有醇羟基（如蓖麻油），在与硫酸反应时，主要是醇羟基的硫酸化反应。如果不含羟基的脂肪酸酯类（如油酸丁酯）与硫酸的反应，也属烯烃的硫酸化反应，也能制取性能优异的阴离子表面活性剂。如磺化油 AH 就是油酸丁酯硫酸化而成。

$$CH_3(CH_2)_7CH=CH(CH_2)_7COOH + C_4H_9OH \xrightarrow[回流]{H_2SO_4}$$
油酸
$$CH_3(CH_2)_7CH=CH(CH_2)_7COOC_4H_9 + H_2O \qquad (2-18)$$
油酸丁酯

$$CH_3(CH_2)_7CH=CH(CH_2)_7COOC_4H_9 + H_2SO_4 \xrightarrow{0\sim 5℃} \underset{\underset{OSO_3H}{|}}{CH_3(CH_2)_7CH(CH_2)_8COOC_4H_9} \quad 磺化油 AH \qquad (2-19)$$

2. 脂肪醇的硫酸化

高碳脂肪醇的硫酸单酯的钠盐是一类重要的阴离子表面活性剂，高碳醇硫酸化的反应剂可以是硫酸、氯磺酸、氨基磺酸或三氧化硫，现在工业上都采用三氧化硫-空气混合物作反应剂，其反应历程包括两个步骤：

$$R-OH + 2SO_3 \xrightarrow[极快]{硫酸化} R-O-SO_2-O-SO_3H \qquad (2-20)$$

$$R-O-SO_2-SO_3H + R-OH \xrightarrow[稍慢]{老化} 2R-OSO_3H \qquad (2-21)$$

第一步硫酸化是快速的强烈放热反应，考虑到硫酸单酯对热不稳定，温度高时会分解为原料醇以及生成二烷基硫酸酯、二烷基醚、异构醇和烯烃等副产物，硫酸化和老化的反应温度都不能太高。用降膜反应器时，其主要反应条件是：

SO_3-空气混合物中 SO_3 体积分数	4%～7%
SO_3/醇（摩尔比）	(1.02～1.03)∶1
C_{12} 醇的进料温度/℃	约30（略高于醇的熔点）
硫酸化温度/℃	
$C_{12}\sim C_{14}$ 醇	35～40
$C_{16}\sim C_{18}$ 醇	45～55

老化时间只需要 1min，所以实际上并不需要单独的老化反应器，从降膜反应器流出的反应液经过一定长度的管道后，即可直接进行中和。

不饱和高碳脂肪醇用 SO_3-空气混合物在降膜反应器中进行硫酸化，硫酸化收率约 92%，双键保留率约 95%。

3. 聚氧乙烯醚的硫酸化

高碳脂肪醇和高碳烷基酚的聚氧乙烯醚的酸性硫酸单酯是一类性能良好的阴离子表面活性剂。所用聚氧乙烯醚是由高碳醇或高碳烷基酚与环氧乙烷的 O-烷化制得的，它们都含有伯醇基，它们的硫酸化的化学反应和工艺过程与高碳脂肪醇的硫酸化基本相似。

$$R-O(CH_2CH_2O)_nCH_2CH_2-O-H + 2SO_3 \xrightarrow[快速]{硫酸化} \underset{\underset{SO_3^-}{|}}{R-\overset{+}{O}(CH_2CH_2O)_nCH_2CH_2-O-SO_3H} \qquad (2-22)$$

$$\underset{\underset{SO_3^-}{|}}{R-\overset{+}{O}(CH_2CH_2O)_nCH_2CH_2-O-SO_3H} + R-O(CH_2CH_2O)_nCH_2CH_2OH \xrightarrow[稍慢]{老化}$$

$$2R-O(CH_2CH_2O)_nCH_2CH_2-O-SO_3H \qquad (2-23)$$

R 代表高碳烷基或高碳烷基芳基；n 一般为 1～3。

三、主要品种及生产工艺

（一）脂肪醇聚烷氧基醚羧酸盐

脂肪醇聚烷氧基醚羧酸盐的典型代表是脂肪醇聚氧乙烯醚羧酸盐，它的分子式是 $R(OC_2H_4)_nOCH_2COOM$，R 是 $C_{10}\sim C_{18}$ 烷基或烷基芳基，n 是大于 1 的整数，它是非离子表面活性剂脂肪醇聚氧乙烯醚进行阴离子化后的产品。

脂肪醇聚氧乙烯醚羧酸盐的制备是在粉状 NaOH 的存在下，将等摩尔的氯乙酸加至脂肪醇聚氧乙烯醚内，在 50～55℃下搅拌进行反应。

$$R(OC_2H_4)_nOH + ClCH_2COOH \xrightarrow{NaOH} R(OC_2H_4)_nOCH_2COONa + NaCl \qquad (2-24)$$

脂肪醇聚氧乙烯醚羧酸盐的碱稳定性、润湿、去污力良好，是纺织工业的良好助剂，用于棉花与羊毛的漂煮、洗净。它也是制备化妆品的良好表面活性剂。

（二）酰基氨基酸盐

酰基氨基酸盐主要是酰基肌氨酸盐与酰基多肽。N-酰基氨基酸的碱金属盐有良好的润湿、去污、发泡、分散性，在硬水中对钙离子稳定。N-酰基肌氨酸盐结构式是：$R-CONCH_2COO^- M^+$ 中 N 上连有 CH_3，R 是 $C_9\sim C_{17}$ 烃基。将肌氨酸钠水溶液在碱性介质中，pH 控制在 10.5、温度为 50℃条件下与酰氯反应，可制得 N-酰基肌氨酸钠，反应式如下：

$$CH_3NHCH_2COONa + C_{11}H_{23}COCl + NaOH \longrightarrow C_{11}H_{23}CON(CH_3)CH_2COONa + NaCl + H_2O \qquad (2-25)$$

椰油酸、油酸、棕榈酸与硬脂酸的酰氯常用于生产各种 N-酰基肌氨酸盐。N-酰基肌胺酸盐兼有脂肪醇硫酸盐与肥皂的优良性能，去污力强，对人的皮肤与头发的亲和性好，可用于化妆品的配方。酰基肌氨酸盐还是润滑脂的增稠剂、金属电镀的添加剂。

酰基多肽有良好的去污、分散、发泡与抗硬水性能，对羊毛亲和，是纺织工业的优良助剂；对皮肤既有亲和又有护肤作用，可用于化妆品制备；它也是良好的乳化剂。

（三）磺酸盐

磺酸盐类表面活性剂是产量最大应用最广的阴离子表面活性剂，包括烷基苯磺酸盐、烷基磺酸盐、烯基磺酸盐、高级脂肪酸酯 α-磺酸盐、琥珀酸酯磺酸盐、脂肪酰胺烷基磺酸盐、脂肪酰乙氧基磺酸盐、木质素磺酸盐、石油磺酸盐和萘系磺酸盐等。

磺酸盐表面活性剂的亲油基可以是长链烃基以及含有酯、醚、酰胺基的烃基，其亲水基磺酸的 C—S 键对氧化和水解都比较稳定，在硬水中不易生成钙、镁磺酸盐沉淀物。它是生产洗涤剂的主要原料，并广泛用作渗透剂、润湿剂、防锈剂等工业助剂。

1. 烷基苯磺酸盐

烷基苯磺酸钠到目前为止仍然是生产量最大的阴离子表面活性剂，约占阴离子表面活性剂总量的 90%左右。烷基苯磺酸钠的分子式为 $C_nH_{2n+1}-C_6H_4-SO_3Na$，它的亲油基为烷基苯（$C_nH_{2n+1}-C_6H_4$），亲水基为磺酸盐（$-SO_3Na$）。烷基苯磺酸钠是我国洗涤剂活性物的主要成分，洗涤性能优良，去污力强，泡沫稳定性及起泡力均良好。

烷基苯磺酸钠是一种乳白色的流动性浆状物，经纯化后它可形成六角形或斜方形薄片状晶体。从分子结构式看出，它由亲油基烷基苯和亲水基磺酸钠组成了两亲分子。通常烷基苯磺酸钠不是单一的化合物，是多种异构体的混合物，如烷基碳原子数，烷基链支化度，苯环在烷基链上的位置和磺酸基在苯环上的位置不同，使得产物变得极为复杂。不同结构的烷基苯磺酸钠其性能不同。

烷基苯磺酸钠的结构以 $C_{11}\sim C_{13}$ 的直链烷基，苯环连接在第 3、4 碳原子上，磺酸基为对位其洗涤性最好。

烷基苯磺酸钠的工业生产过程包括烷基苯的生产、烷基苯的磺化和烷基苯磺酸的中和三部分。

2. α-烯烃磺酸盐（AOS）的生产

α-烯烃磺酸盐（AOS）具有生物降解性好，在硬水中去污、起泡性好以及对皮肤刺激性小等优点；并且生产工艺流程短，化工原料用得较少。AOS 主要组成是由 55%～60% 的烯基磺酸盐、25%～30% 的羟基磺酸盐和 5%～10% 的二磺酸盐所组成。其性能与碳链长度、双键位置、各组分的比例、杂质含量等因素有关。

单一碳链 AOS 当 $C_{11}\sim C_{12}$ 时，具有较高的溶解度；$C_{15}\sim C_{17}$ 具有较低的表面张力，而 C_{12} 以上具有较好的去污性、起泡性及润湿性，尤以 C_{13} 为最佳。

AOS 的工业生产有高碳 α-烯烃磺化和水解两个主要反应过程。

由磺化反应机理可知，高碳 α-烯烃磺化反应可生成多种不同位置的异构体，因而 AOS 的组成是很复杂的。其反应式如下：

$$R-CH_2CH=CH_2 \xrightarrow{SO_3} \begin{cases} RCHCH_2CH_2SO_2 \\ \quad\underset{\text{1,3-磺酸内酯}}{\underbrace{}} \xrightarrow{NaOH} RCH(OH)CH_2CH_2SO_3Na \\ RCH=CHCH_2SO_3H \xrightarrow{NaOH} RCH=CHCH_2SO_3Na \end{cases} \quad (2-26)$$

（1）磺化和老化的主要反应条件 α-烯烃和三氧化硫的反应速度较快，据测定为烷基苯磺化的100倍，可在瞬间完成，所以要用低浓度的三氧化硫。磺化的放热量为209kJ/mol，因此磺化设备需有良好的传热性能。由1,2-磺酸内酯转变为烯烃磺酸和1,3-磺酸内酯等产物的反应都是慢速反应，亦称老化反应，磺化液在30℃经3～5min老化，1,2-磺酸内酯就完全消失。老化时间长会生成较多难水解的1,4-磺酸内酯。α-烯烃用三氧化硫-空气混合物磺化可以采用多管降膜磺化器，这时磺化和老化的反应条件大致如下：

SO_3 在进料气体中的体积分数	2.5%～4.0%
SO_3/烯烃（摩尔比）	(1.06～1.08)∶1
液膜冷却水温度/℃	约15
老化温度/℃	30～35
老化时间/min	3～10

老化后产物的质量分数组成大致如下：

烯烃磺酸	约30%
1,3-磺酸内酯（包括少量1,4-磺酸内酯）	约50%
二聚磺酸内酯	约10%
烯烃二磺酸和磺酸内酯磺酸	约10%

（2）老化液的中和与水解 由于磺酸内酯不溶于水，没有表面活性，因此老化液要用氢氧化钠水溶液中和，并在约150℃左右进行水解，这时各种磺酸内酯都水解成烯烃磺酸和羟基烷基磺酸。水解后，产物中约含烯烃磺酸钠55%～60%，羟基烷基磺酸钠25%～30%和烯烃二磺酸二钠5%～10%（均为质量分数）。

3. 脂肪酰胺磺酸盐

脂肪酰胺磺酸盐分子式可表示为$RCONH-SO_3Na$，分子中的磺酸基是通过羟基磺酸盐及其相应的中间体引入的。此类阴离子表面活性剂的典型品种是N-油酰基-N-甲基牛磺酸钠，商品名为依捷邦 T（Igepon T），国产商品名为净洗剂209，其化学式为：$C_{17}H_{33}CONCH_2CH_2SO_3Na$，它是一个较好的阴离子表面活性
$\qquad\qquad\qquad\qquad\qquad\qquad\quad |$
$\qquad\qquad\qquad\qquad\qquad\qquad\ CH_3$
剂。它在酸性、碱性、硬水、金属盐和氧化剂溶液中都比较稳定。它有优异的去污、渗透、乳化和扩散能力，泡沫丰富稳定，易生物降解，使毛织物和化纤织物洗涤后变得柔软和有光泽，手感好。它的去污力在电解质存在时尤为明显。

生产净洗剂209的主要原料为油酸、三氯化磷、甲胺、环氧乙烷及亚硫酸氢钠，其化学反应式如下：

$$CH_2-CH_2 + NaHSO_3 \longrightarrow HOCH_2CH_2SO_3Na \qquad (2-27)$$
$$\underset{O}{\underbrace{}}$$

$$CH_3NH_2 + HOCH_2CH_2SO_3Na \longrightarrow CH_3NHCH_2CH_2SO_3Na \qquad (2-28)$$

$$3C_{17}H_{33}COOH + PCl_3 \longrightarrow 3C_{17}H_{33}COCl + H_3PO_3 \qquad (2-29)$$

$$C_{17}H_{33}COCl + CH_3NHCH_2CH_2SO_3Na \longrightarrow C_{17}H_{33}CONCH_2CH_2SO_3Na \qquad (2-30)$$
$$\qquad\qquad\qquad\qquad\qquad\qquad\qquad\qquad\qquad\qquad\quad |$$
$$\qquad\qquad\qquad\qquad\qquad\qquad\qquad\qquad\qquad\quad CH_3$$

其生产操作过程如下。

（1）羟乙基磺酸钠的制备 将2200kg（1635L）亚硫酸氢钠（质量分数为38%）的水溶液加入搪瓷反应釜中，用600L水稀释，加热至70℃。用氮气排除空气后，用氮气压入360kg环氧乙烷，反应釜内压力不超过26.7kPa，保持温度在70～80℃；反应至终点后，在110℃保温1.5h。

（2）甲基牛磺酸的制备 有间歇和连续法两种生产工艺。连续法是将质量分数为35%的羟乙基磺酸钠水溶液和质量分数为25%的甲胺水溶液按1∶10的摩尔比混合后，用高压泵送入由Cr-Mo不锈钢管制成的氨化反应器中。氨化反应采用较高配比，可抑制$CH_3N(CH_2CH_2SO_3Na)_2$的生成和使CH_3NH_2保持较高的浓度。物料在管内温度保持260℃左右，压力在18～22MPa之间，反应物连续流至常压薄膜蒸发器。除去未反应的甲胺，得淡黄色质量分数约25%～30%的甲基牛磺酸水溶液。

(3) 油酰氯的制备 一般为间歇操作,在搪瓷反应釜中加入干燥脱水后的油酸,在50℃搅拌下加入三氯化磷,加入量约为油酸量的20%~25%(按摩尔比约2∶1)。加完后,在55℃左右搅拌保温0.5h。然后放置过夜,分层,产物为透明褐色油状物,相对密度为0.93。

(4) 油酰氯和N-甲基磺酸钠的缩合 其操作可间歇或连续进行。连续法操作的油酰氯水解量少,产品质量好,设备利用率也高,其生产工艺流程见图2-1。

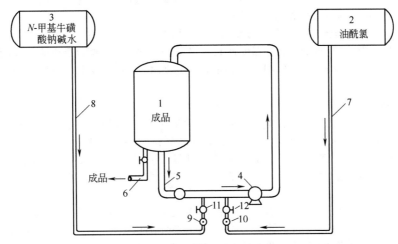

图2-1 油酰氯和N-甲基牛磺酸连续缩合工艺流程

1—贮槽;2—油酰氯贮罐;3—N-甲基牛磺酸钠、碱及水贮罐;4—循环泵;5—循环物料导管;6—成品导管;7—油酰氯导管;8—N-甲基牛磺酸钠、碱及水导管;9—N-甲基牛磺酸钠、碱及水流量计;10—油酰氯流量计;11—N-甲基牛磺酸钠、碱及水控制阀;12—油酰氯控制阀

缩合投料摩尔比按N-甲基牛磺酸钠∶油酰氯∶氢氧化钠=1∶1∶(1.25~1.30),以质量分数为10%左右的N-甲基牛磺酸钠碱溶液和油酰氯按上述配比连续经泵混合反应,控制反应温度为60~80℃,可得到质量分数为20%左右的产品溶液,pH为8左右。N-甲基牛磺酸钠的转化率可达90%以上。

国产商品净洗剂209,其活性含量≥20%,不皂化物≤2%,脂肪酸皂≤2%,无机盐≤5%,酸碱值(5%溶液)7~8。

4. 烷基萘磺酸盐

烷基萘磺酸盐具有良好的渗透及分散能力,在纺织印染、橡胶工业、造纸工业及色淀工业中用作润湿剂和分散剂。烷基萘磺酸盐的烷基碳链不宜太长,否则不仅溶解性能要降低,而且不能在低温下使用;烷基数一般为1~2个(异丙基、丁基、异丁基),也可以有3个。

目前,该类产品中,广泛应用的品种为二异丁基萘磺酸钠(商品名为渗透剂BX,俗名拉开粉)。丁醇与萘和硫酸可以同时发生烷基化和磺化反应:

$$\text{萘} + 2C_4H_9OH + H_2SO_4 \longrightarrow \text{萘}(SO_3H)(C_4H_9)_2 + 3H_2O \tag{2-31}$$

生产操作过程:在搪瓷反应釜内加入丁醇,在搅拌下加入精萘,然后在40~45℃下慢慢地加入规定量的硫酸,升温至50~55℃,并在此温度下保温数小时。反应结束后,静置分层,分去下层废酸。上层磺化产物稀释后,加碱中和,中和温度不超过60℃,pH控制为7~8,料液蒸发至干,磨粉,即得成品。

5. 萘系磺酸甲醛缩合物

萘系磺酸甲醛缩合物的表面活性低,是一类重要的分散剂,大量地用于固-液分散体系,如用于煤-水燃料浆,用量为0.3%~0.5%,就可大大降低煤-水浆的黏度;也可提高水泥浆的流动度,还可以用作染色助剂和不溶性染料的分散剂。

该类产品的结构通式如下:

$$\text{NaO}_3\text{S—萘(R)—[CH}_2\text{—萘(R)(SO}_3\text{Na)]}_n\text{—CH}_2\text{—萘(R)(SO}_3\text{Na)}$$

式中 R 可以是—H、—CH$_3$、—OH、—CH$_2$—〇 等。

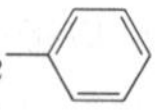

此类产品生产的主要操作过程为芳核上的磺化及芳烃磺酸和甲醛的缩合。现以商品分散剂 NNO 为例，其生产操作条件如下：

（1）磺化　将精萘投入搪瓷反应釜内，加热熔融，搅拌并升温至 135℃，按萘：硫酸的摩尔比为 1：1.3 向釜内加入质量分数为 98% 的硫酸。再升温至 160℃，以使磺化的主要产物为 β-萘磺酸，保温反应数小时，反应完毕，冷却，并调整磺化液总酸度为 27% 左右。

（2）缩合　磺化物降温至 95~100℃，按摩尔比萘：甲醛为 1：0.8 左右，一次投入质量分数 37% 甲醛，密闭反应釜，在压力为 0.15~0.20MPa、温度为 130℃ 左右反应数小时。缩合反应结束，物料放至中和桶，用质量分数为 30% 的液碱及石灰调整 pH 至 8 左右，放料吸滤，滤液蒸发至干，磨粉，即为分散剂 NNO 成品。

（四）硫酸酯盐

硫酸酯盐类是由醇或烯烃与硫酸、发烟硫酸、三氧化硫或氯磺酸作用，再经中和得到的一类阴离子表面活性剂。其通式可表示为 R—OSO$_3$M，由化学结构式可以看出，硫酸盐与磺酸盐的区别是：硫酸酯盐亲水基是通过氧原子即 C—O—S 键与亲油基连接，而磺酸盐则是通过 C—S 键直接连接。由于氧原子的存在使硫酸酯盐的溶解性能比磺酸盐更好，但是 C—O—S 键比 C—S 键更易水解，在酸性介质中，硫酸酯盐易发生水解。

硫酸酯盐是重要的阴离子表面活性剂，其亲油基可以是 C_{10}~C_{18} 烃基、烷基聚氧乙烯基、烷基酚聚氧乙烯基、甘油单酯基等。它的生物降解性好，并有良好的表面活性，但在酸性条件下不宜长期保存。近年来随着不少国家要求合成洗涤剂的生物降解性好且需限磷配方，脂肪醇聚氧乙烯硫酸盐与脂肪醇硫酸盐得到较快发展。

1. 脂肪醇硫酸盐（AS）

脂肪醇硫酸盐（AS）是硫酸的半酯盐，其通式是 ROSO$_3$M，R 是 C_{12}~C_{18} 的烃基，C_{12}~C_{14} 的醇最理想；M 为碱金属、铵或有机胺盐，如二乙醇胺或三乙醇胺。

常用的脂肪醇硫酸化剂是氯磺酸、氨基磺酸与三氧化硫，为了取得色泽浅、纯度高的硫酸酯盐，三氧化硫膜式硫酸化技术被广泛用于生产。采用膜反应器，三氧化硫体积分数为 4%，平均反应温度为 34℃，三氧化硫与脂肪醇的摩尔比为 1：1.05，反应转化率可达 99%。硫酸化后应立即进行中和，中和温度低于 50℃，在中和过程中必须避免缺碱或局部缺碱。脂肪醇硫酸盐可经喷雾干燥而制成粉状产品。市场供应的商品有质量分数在 25%~40% 之间的浆状物与质量分数＞90% 的粉状或片状物。

脂肪醇硫酸盐有良好的去污、乳化、分散、润湿、泡沫性能，在硬水中稳定，是生产合成洗涤剂、洗发香波、地毯香波、化妆品的主要表面活性剂，也可以作纺织工业用助剂和聚合反应的乳化剂。

2. 脂肪醇聚氧乙烯醚硫酸盐（AES）

脂肪醇聚氧乙烯醚硫酸盐（AES）是近 15 年来发展较快的硫酸酯盐，其通式为 RO(CH$_2$CH$_2$O)$_n$SO$_3$M，R 是 C_{12}~C_{18} 烃基，通常是 C_{12}~C_{14} 烃基，聚合度 $n=3$，M 为钠、钾、铵或胺盐。由化学式可以看出，脂肪醇聚氧乙烯醚硫酸盐与脂肪醇硫酸盐不同，其亲水基团是由—SO$_3$M 和聚氧乙烯醚中的—O—基两部分组成，因而具有更优越的溶解性和表面活性。

脂肪醇聚氧乙烯醚的膜式三氧化硫硫酸化是工业生产上常用的生产工艺，反应操作条件为：温度 35~50℃，三氧化硫体积分数为 3%~4%，三氧化硫与醇醚的摩尔比为 1.04：1，转化率可达 97%。硫酸化后的产物需经中和，中和过程主要由泵和热交换器组成，泵使大量中和物料循环，并使酯与碱在循环物料中得到充分的混合，中和反应热由热交换器连续移去，产品 pH 控制在 7~8。也可以采用两步中和的工艺，即首先中和 90%~95%，然后再经第二步中和而达到较高的转化率。

脂肪醇聚氧乙烯醚硫酸盐常以质量分数在 30%~60% 之间的溶液出售。椰子醇聚氧乙烯醚硫酸钠（或钾、铵、钙与镁）盐是在室温下自由流动的质量分数为 30% 的清液，加入少量电解质可生成高黏度的溶液。脂肪醇聚氧乙烯醚硫酸盐大量用于制备液体洗涤剂、洗发香波、餐具洗涤剂，也可用于乳胶发泡剂、纺织工业助剂与聚合反应的乳化剂。

四、阴离子表面活性剂生产技术

（一）直链烷基苯磺酸钠（LAS）

1. 直链烷基苯的磺化

将烷基苯磺化制取烷基苯磺酸是直链烷基苯磺酸钠表面活性剂生产过程中的重要一环。当烷基苯引进亲水性的磺酸基，再与碱中和生成直链烷基苯磺酸钠后，就随之具有既亲水又亲油的双亲性，使其成为一种优良的表面活性剂。

(1) 用发烟硫酸生产直链烷基苯 用发烟硫酸连续磺化直链烷基苯的生产操作过程如图2-2所示。

直链烷基苯和发烟硫酸从高位槽分别经过流量计，按一定比例和循环物料一起进入磺化反应泵（不锈钢泵）4内，在泵内两相充分地混合，基本上完成反应。反应物大部分经过冷却器循环回流，回流比控制在1/20～1/25，反应温度保持在35～45℃。另一部分经盘管式老化器6进一步完成磺化反应，然后送去中和或分酸。磺化率一般在98%以上，酸烃质量比为(1.1～1.2):1，老化时间为5～10min。

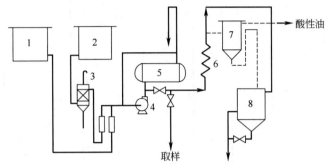

图 2-2 泵式发烟硫酸磺化（包括分油）工艺流程
1—烷基苯高位槽；2—发烟硫酸高位槽；3—发烟硫酸过滤器；4—磺化反应泵；
5—冷却器；6—盘管式老化器；7—分油器；8—混酸贮槽

用发烟硫酸进行磺化，常采用过量硫酸；因此，为提高直链烷基苯磺酸的含量，除去杂质，提高产品质量，从磺化产物中分去废酸是必要的。分酸原理利用了硫酸比磺酸易溶于水的性质，通过往磺化产物中加入少量水来降低硫酸和磺酸的互溶性，并借其相对密度差而分离。分酸的好坏和磺化产物中硫酸的质量分数有关，当硫酸质量分数为76%～78%时，两者互溶度最小。温度对分酸也有很大影响，随着温度上升，磺酸和硫酸间的相对密度差加大，但温度太高会导致磺酸的二次反应及磺酸色泽的加深。因此，分酸的工艺条件为：温度50～55℃，磺酸中和值160～170mgNaOH/g，废酸中和值620～638mgNaOH/g，相应的废酸质量分数为76%～78%。

(2) 用三氧化硫磺化生产直链烷基苯磺酸 与发烟硫酸磺化比较，三氧化硫磺化具有反应不生成水、无废酸产生、反应速度快、装置适应性强、产品质量高等优点，故应用日益增多。

三氧化硫连续磺化生产过程主要包括：空气干燥、三氧化硫制取和三氧化硫磺化的工艺流程与设备3个大部分。

① 空气干燥 在洗涤剂生产工厂，多数采用燃硫法来制取三氧化硫，即在过量的空气存在下，硫黄直接燃烧成二氧化硫，再经催化剂作用转化为三氧化硫。燃烧和转化以及磺化工序均需压力和流量稳定的干燥空气。

空气干燥的程度决定于空气带入系统水分的多少，脱水的不良，不但影响三氧化硫的发生，而且会使磺化质量低劣。因此作为磺化反应用的空气，要求其露点在-40℃以下，国际上先进装置的露点可达到-60℃以下。

空气脱水干燥方法有冷却法、吸收法、吸附法或几种方法结合使用。目前，采用较多也较为经济的是冷却干燥与吸附干燥相结合的方法。即首先经过冷却脱水，除去空气中大部分水分，余下少量水分通过吸附剂硅胶（或氧化铝）吸附除去，最后得到露点在-40℃以下的干燥空气，供给燃硫、转化、磺化之用。

② 三氧化硫制取过程 首先将固体、硫黄在150℃左右熔融，过滤，送入燃硫炉燃烧，在600～800℃下与空气中的氧反应生成二氧化硫。炉气冷却至420～430℃进入转化器，在五氧化二钒催化下，二氧化硫与氧转化为三氧化硫。进入系统的空气所含微量水经冷却，会与三氧化硫形成酸雾，必须经过玻璃纤维静电除雾器除去，否则将影响磺化操作及产品质量。由于磺化装置对三氧化硫要求较严，生产操作要求稳定，否则也会影响磺化操作及产品质量，因此在开停车时必须有一套制酸装置，随时引出不稳定的三氧化硫气体。

③ 三氧化硫磺化的工艺流程与设备 三氧化硫磺化为气-液反应，反应速度快，放热量大，磺化物料黏度可达1200mPa·s，三氧化硫用量接近理论量，生产上磺化剂与烃的摩尔比为(1.03～1.05):1。为了易于

控制反应，避免生成砜、多磺酸及发生氧化、焦化等副反应，三氧化硫常被干燥空气稀释为体积分数3%～5%，反应温度则控制在30～50℃，温度不宜太高。此反应属瞬间完成的气-液相反应，扩散速度为控制因素，因此，强化设备的传质及传热效果是必要的。

用于三氧化硫磺化的设备及工艺流程有多釜串联及膜式反应器两种。

多釜串联的连续化工工艺流程如图2-3所示。

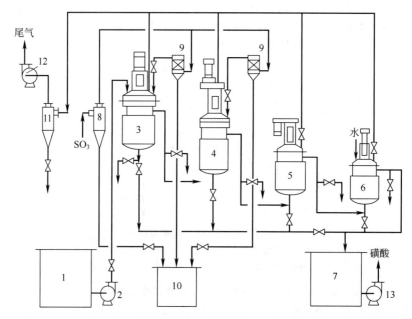

图2-3 多釜串联三氧化硫连续磺化生产工艺流程

1—烷基苯贮槽；2—烷基苯输送泵；3—1号磺化反应釜；4—2号磺化反应釜；5—老化釜；
6—加水罐；7—磺酸贮罐；8—三氧化硫雾滴分离器；9—三氧化硫过滤器；10—酸滴暂存罐；
11—尾气分离器；12—尾气风机；13—磺酸输送泵

磺化系统由多个反应釜串联排列而成，反应釜一般有3～5个，其大小和个数由生产能力确定，反应釜之间有一定的位差，以阶梯形式排列，反应按溢流置换的原理连续进行。直链烷基苯通过计量泵进入第一釜，然后依次溢流至下一釜中。三氧化硫和空气按一定比例从各个反应釜底部的分布器通入，通入量以第一釜为最多，并依次减少，使大部分反应在物料黏度较低的第一釜中完成。第一釜控制操作温度为55℃，停留时间约8min。

与多釜串联磺化系统相比，膜式磺化器是三氧化硫连续磺化装置中应用最多的反应装置。膜式磺化是将有机原料用分布器均匀分布于直立管壁四周，呈现液膜状，自上而下流动。三氧化硫与有机原料在膜式相遇而发生反应，至下端出口处反应基本完全。所以，在膜式磺化器中，有机原料的磺化率自上而下逐渐提高，膜上物料黏度越来越大，三氧化硫气体浓度越来越低。

在膜式反应系统中，有机物料与三氧化硫同向流动，因此反应速度极快，物料停留时间也极短，仅有几秒钟，物料几乎没有返混现象，副反应及过磺化的机会很少。由于三氧化硫磺化属瞬间完成的气-液反应，总的反应速度取决于三氧化硫分子至有机物料表面的扩散速度。所以，扩散距离、气流速度、气液分配的均匀程度、传热速率等是影响反应的重要因素。

膜式反应器，有升膜、降膜、单膜、双膜等多种形式，现以降膜磺化反应器为例说明。降膜反应器分单膜多管和双膜隙缝式两种类型。单膜多管磺化反应器是由许多根直立的管子组合在一起，共用一个冷却夹套。反应管内径为8～18mm，管长0.8～5m，反应管内通入用空气稀释体积分数约3%～5%的三氧化硫气体，气速在20～80m/s。气流在通过管内时扩散至有机物料液膜，发生磺化反应，液膜下降至管的出口时，反应基本完成。图2-4为意大利的Mazzoni公司多管式薄膜磺化反应器示意图。

双膜式缝隙式磺化反应器由两个同心的不锈钢圆筒构成，并有内外冷却水夹套。两圆筒环隙的所有表面均被流动的反应物所覆盖。反应段高度一般在5m以上，空气和三氧化硫混合气体通过环形空间的气速为12～90m/s，三氧化硫体积分数为4%左右。整个反应器分为三部分：顶部为分配部分，用以分配物料形成液膜；

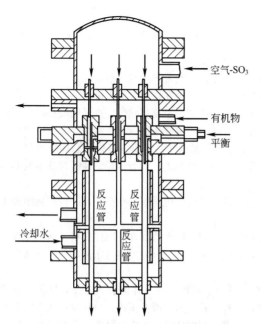

图 2-4 Mazzoni 多管式薄膜磺化反应器示意　　图 2-5 双膜式缝式磺化反应器示意

中间反应部分，物料在环形空间完成反应；底部尾气分离部分，反应产物磺酸与尾气在此分离。其结构简图如图 2-5 所示。

以三氧化硫为磺化剂的膜式反应器，不仅可以生产直链烷基苯磺酸钠（LAS），也可以生产 α-烯烃磺酸盐（AOS）、脂肪醇硫酸盐（AS）、脂肪醇醚硫酸盐（AES）等阴离子表面活性剂。因而，可以得到比较通用的生产工艺流程，如图 2-6 所示。

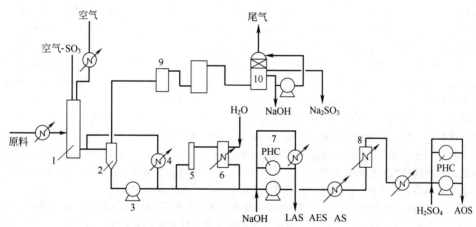

图 2-6 膜式反应器生产磺化或硫酸化产物工艺流程
1—磺化器；2—分离器；3—循环泵；4—冷却器；5—老化器；6—水化器；
7—中和器；8—水解器；9—除雾器；10—吸收塔

进入磺化器的三氧化硫体积分数为 3%～5%，温度 40℃ 左右，原料直链烷基苯（或脂肪醇、脂肪醇醚、α-烯烃）由供料泵送入磺化器 1，沿磺化器进行反应，磺化反应可在瞬间完成。磺化产物经循环泵 3、冷却器 4 之后，部分回到反应器的底部，用于磺酸的急冷，部分反应产物被送入老化器 5、水化器 6，然后经中和器 7 就可以得直链烷基苯磺酸钠（LAS），或脂肪醇硫酸盐（AS）及脂肪醇醚硫酸盐（AES）。若要生产 α-烯烃磺酸盐（AOS），则经过中和后的物料还需通过水解器 8，将酯水解，然后用硫酸调整产品的 pH 值。尾气经除雾器 9 除去酸雾，再经吸收后放空。

2. 直链烷基苯磺酸的中和

直链烷基苯磺酸中和部分包含如下两个反应：

$$R-\phenyl-SO_3H + NaOH \longrightarrow R-\phenyl-SO_3Na + H_2O \tag{2-32}$$

$$H_2SO_4 + 2NaOH \longrightarrow Na_2SO_4 + H_2O \tag{2-33}$$

直链烷基苯磺酸与碱中和的反应与一般的酸碱中和反应有所不同，它是一个复杂的胶体化学反应。由于直链烷基苯磺酸黏度很大，在强烈的搅拌下，磺酸被粉碎成微粒，反应是在粒子界面上进行的。生成物在搅拌作用下移去，新的碱分子在磺酸粒子表面进行中和；照此下去，磺酸粒子逐步减少，直至磺酸和碱全部作用，成为一均相的胶体。中和产物，工业上俗称单体，它是由直链烷基苯磺酸钠（称为活性组分或有效物）、无机盐（如硫酸钠、氯化钠等）、不皂化物和大量水组成。单体中除水以外的物质含量称为总固体含量。不皂化物是指不与氢氧化钠反应的物质，主要是不溶于水、无洗涤能力的油类，如石蜡烃，高级烷基苯及其衍生物、砜等。

工业生产中，中和工序对产品的性能和酸碱性、活性物含量、黏度、色泽等影响很大，严格控制中和工序的工艺参数及操作指标是非常重要的。

(1) 影响中和工序及单体质量的因素　单体应为均质料液，色白，流动性好，总固体含量及活性物含量在一定范围内。因此，必须控制中和温度、工艺水加入量、酸碱的配比、混合与搅拌等条件，并尽量减少某些因素对单体质量的影响，以满足配料对单体的要求。

① 中和温度　中和温度对中和反应本身影响不大，它的影响主要反映在单体的表现黏度，即表现在单体的流动性。温度对单体黏度的影响和对一般流体的影响不一样。在一定温度范围内，单体黏度随温度升高而降低，但超过一定温度后，由于单体的表面活性及胶溶性，随着温度的升高，它的黏度又不断升高，温度越高，流动性越差。

中和温度太高，会发生局部过热，使单体颜色变坏。因此，在中和反应过程中，温度必须控制在40～50℃，连续中和稍高点如50℃左右，半连续中和可低些如35～45℃。在保证单体流动性的前提下，应尽可能降低温度，以防止着色。为此，必须考虑中和系统有足够的冷却面积，能够把反应热移走，以保证维持所需的中和温度。

② pH值的影响　在中和反应中，应控制单体的pH值在7～10。这是因为酸性介质对设备有腐蚀作用，酸对碱中的碳酸盐有分解作用。分解产物中的二氧化碳会使单体发松，甚至造成溢釜现象；同时由于中和反应在酸性介质中的反应不均匀性，也使单体结构发松。另外，操作中出现忽酸忽碱现象，更易使单体发生变色，影响产品质量。所以，中和过程中一定要严格控制pH值。

③ 工艺水的加入量　中和时，需要加入工艺水。加水的目的是调节单体的稀稠度，并使中和反应均匀、完全。为保证单体总固体含量高，相对密度大，一般应尽量少加水。但是，单体过于稠厚也会使酸碱混合不均匀，搅拌效果不良，反应效果不好，流动性差，因此必须控制加水适量。

④ 搅拌的作用　根据磺酸中和反应的特点，良好的搅拌能使酸碱充分接触并移走反应热，这是十分重要的。中和反应时，碱水是连续相而酸是分散相，磺酸分散状况取决于搅拌作用的强弱。分散成粒状的磺酸和氢氧化钠在酸粒子表面发生反应，生成的胶状物质也借助于搅拌从酸滴表面及时移去，使反应继续进行直至最后完成。因此搅拌既有粉碎和分散磺酸液滴的作用，又有将液滴表面的生成物及时移去的作用。在中和过程中，若单体稠厚，又无良好的搅拌，就容易发生磺酸结团，或出现单体反酸现象。

⑤ 无机盐的影响　单体中所含的无机盐大部分是硫酸钠（俗称芒硝）和氯化钠，氯化钠的量很少。硫酸钠是硫酸与氢氧化钠中和的产物，磺酸中的硫酸量决定了单体中硫酸钠的含量。硫酸钠对单体的流动性有很大的作用。由于硫酸钠是一种无机电解质，而直链烷基苯磺酸钠是一种具有胶体属性的表面活性剂，所以在单体中，硫酸钠具有凝结和去水作用，使胶体结构变得紧密，使单体流动性变好。当总固体含量一定时，硫酸钠含量越高，单体流动性越好。因此，生产工厂常在中和操作过程中加入一些硫酸钠溶液。但是，过量的硫酸钠使总固体含量增加，在有效物一定的情况下，又使单体变稠，流动性变差。此外，如果硫酸钠过多，当温度低于30℃时，由于硫酸钠的溶解度急剧下降，硫酸钠就会饱和结晶析出，造成输送管道堵塞。因此，硫酸钠的加入必须适量。

⑥ 磺酸中有机杂质的影响　直链烷基苯磺酸中的有机杂质有两类：一类是未磺化油，另一类是各种副反应或二次反应产物。这些不皂化物的存在使单体发松、发黏，流动性也差，严重者在成型喷雾干燥时使粉粒呈锯末状，密度小，易潮解。

直链烷基苯，在合成过程中以及磺化中所发生的各种副反应和二次反应产物，绝大多数都是一些着色物质，它们的存在会使单体色泽加深。在间歇式中和或半连续中和生产高档洗衣粉时，在调整釜内需要加入次氯酸钠将单体漂白，加入量为单体质量的1%～2%。漂白后的单体在配料前必须用大苏打（$Na_2S_2O_3$）还原。如不被还原，单体中残留的次氯酸钠（NaOCl）会与配料时加入的荧光增白剂发生反应，变成紫色，非但破坏增白剂效果，并且使洗衣粉色泽变红，影响销售和使用。

(2) 中和生产工艺及设备 直链烷基苯磺酸中和的操作方式有间歇中和、半连续中和及连续中和三种。间歇中和是在一耐腐蚀的中和釜中进行，中和釜为一敞开式的反应器，内有搅拌器，导流筒，冷却盘管，冷却夹套等。操作时，先在中和釜内放入一定数量的碱和水，在不断搅拌的情况下逐步分散加入烷基苯磺酸，当温度升至30℃后，以冷却水冷却；pH值至7～8时放料；反应温度控制在30℃左右。间歇中和时，前釜要为后釜留部分单体，以使反应加快均匀。所谓半连续中和是指进料中和为连续，pH调整和出料是间歇的。它是由一个中和釜和1～2个调整釜组成。烷基苯磺酸和氢氧化钠在中和釜内反应，然后溢流至调整釜，在调整釜内将单体pH值调至7～8后放料。连续中和是目前较先进的一种操作方式。连续中和的形式很多，但大部分是采取主浴（泵）式连续中和。中和反应是在泵内进行的，以大量的物料循环使系统内各点均质化。根据循环方式又可分为外循环和内循环两种。

① 主浴式外循环连续中和其装置是由循环泵、均化泵（中和泵）和冷却器组成的。从水解器来的磺酸进入均化泵的同时，碱液和工艺水分别以一定流量在管道内稀释，稀释的碱液与从循环泵出来的中和料浆混合后也进入均化泵，在入口处磺酸与氢氧化钠立即中和，并在均化泵内充分混合，完成中和反应。从均化泵出来的中和料浆经pH测量仪后，进入冷却器，除去反应产生的热量，控制温度为50～60℃。冷却器出来的中和料浆大部分用循环泵送到均化泵入口，进行循环，以稀释中和热量，小部分通过单体贮罐旁路出料。中和碱液的质量分数约为12%，系统压力2～8MPa，中和料浆循环比约20:1。

② 主浴式内循环连续中和也称塔式中和，或称闪激式中和；其生产工艺流程见图2-7。

中和器3为一个内外管组成的套管设备（内管 ϕ100mm×4800mm，外管 ϕ200mm×4000mm），外管外有夹套冷却。在内管底部装有轴流式循环泵的叶轮，下面装有磺酸水碱液的注入管。两只注入管上有蒸汽冲洗装置，以防止管路堵塞。内管上部装有折流板，可用于调节其高度。套管上部为蒸发室，它和分离器相连，由蒸汽喷射泵抽真空，残压为5.3kPa。整个操作均采用自动控制。磺酸

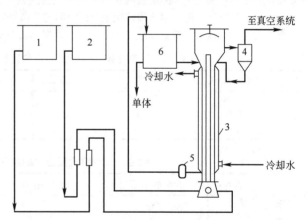

图2-7 主浴式内循环连续中和生产工艺流程
1—磺酸高位槽；2—碱液高位槽；3—中和反应器；4—分离器；
5—出料齿轮泵；6—单体贮罐

和烧碱分别经转子流量计（或比例泵）计量后从中和器底部进入反应系统，随即和轴泵从外管流下的单体混合，借助泵叶片的剧烈搅拌及物料在内管的湍流运动使物料充分混合，并进行反应。单体从内管顶部喷入真空蒸发室，冲击在折流板上，分散形成薄膜，借助喷射泵形成的真空使单体部分水分闪激蒸发，从而使单体得到冷却和浓缩。由于真空脱气的作用，也使单体大部分从外管回到中和器底部，小部分从外管下侧处由齿轮泵5抽出，送往单体贮罐6。总固体含量控制在55%左右。中和温度控制在50～55℃，反应热主要靠水分蒸发带走，部分热量靠外管夹套冷却水冷却移走。

(二) 硫酸酯盐

脂肪醇硫酸盐在水中的溶解度随碳链长度的增加而降低；偶数碳硫酸盐较奇数碳硫酸盐的溶解度好；钾盐比钠盐溶解度差，铵盐、三乙醇的胺盐的溶解性较钠盐好。脂肪醇硫酸盐的临界胶束浓度随憎水基链增长而降低；硫酸基在碳链中的位置越靠近中间者CMC越大，以C_{14}烷基硫酸钠为例，硫酸基在第一个碳原子上者，与其在第七个碳原子上者，CMC相差近4倍。

脂肪醇硫酸盐的洗涤力以C_{14}～C_{18}醇硫酸盐对棉织物的洗涤力为最好，C_{11}和C_{12}的洗涤力较差，C_{13}醇硫酸盐居中。脂肪醇硫酸盐的发泡力以C_{15}为最好，大于或小于C_{15}者，其发泡力均下降，且钠盐的发泡力优于三乙醇胺盐。脂肪醇硫酸盐和脂肪醇聚氧乙烯醚硫酸盐的生物降解性明显优于直链烷基苯磺酸盐，脂肪醇硫酸盐的生物降解性最佳，醇醚硫酸盐次之。

脂肪醇硫酸盐和脂肪醇聚氧乙烯醚硫酸盐，由于其优良的洗涤、发泡、钙皂分散、润湿和生物降解等性能，在香波、合成香皂、浴液、牙膏、剃须膏等化妆品配方中是重要的组分；也是轻垢洗涤剂、重垢洗涤剂、餐具洗涤剂、硬表面清洁剂等洗涤剂配方的重要组分。

1. 影响因素

用三氧化硫作硫酸化试剂，可对伯醇和脂肪醇聚氧乙烯醚进行硫酸化制取硫酸酯盐类阴离子表面活性剂。伯醇硫酸化机理包含一步瞬间完成和强烈放热的初级反应和一步速度稍慢的次级反应；

$$ROH + 2SO_3 \xrightarrow{\text{很快}} ROSO_2OSO_3H \tag{2-34}$$

$$ROSO_2OSO_3H + ROH \xrightarrow{\text{稍慢}} \underset{\text{烷基硫酸单酯}}{2ROSO_3H} \tag{2-35}$$

该反应是强放热反应，其反应热焓值为 $\Delta H = -150 \text{kJ/mol}$。硫酸化反应一个重要特点是生成的酸性硫酸单酯的热不稳定性。上述硫酸单酯全发生一些副反应，如分解为原料醇及生成二烷基硫酸酯（$ROSO_2OR$）、烷基醚（ROR）、异醇的烯烃等等的混合物。由于酸性硫酸单酯的热不稳定性，硫酸化反应的温度不要太高，硫酸化后最好立即中和，以防止副产物的生成而影响产物色泽和质量。

用三氧化硫硫酸化转化率高，产品含盐量最低、色泽、质量好。由于此反应速度快，放热量大，所以，磺化反应器要具有良好的传热及传质条件，以保证物料在整个反应过程中按所需比例分配。三氧化硫硫酸化设备比较复杂，需要适当的膜式反应器，操作也比较困难。三氧化硫硫酸化对伯醇比较适宜，对仲醇易发生脱水反应，不易顺利发生仲醇的硫酸化。采用膜式反应器，在 SO_3 体积分数为 4%，平均反应温度为 34℃ 条件下，SO_3 与脂肪醇的摩尔比和转化率及色泽间的关系见表 2-2。

在工业 Ballestra 多管膜式反应中得到的收率数据见表 2-3。

表 2-2 三氧化硫、脂肪醇的摩尔比和转化率、色泽间的关系

三氧化硫/脂肪醇（摩尔比）	转化率/%	Klett 色泽,5%	三氧化硫/脂肪醇（摩尔比）	转化率/%	Klett 色泽,5%
0.5	50	2.3	1.03	98	8.72
0.9	90	3.5	1.05	99	20.88
1.0	97	5.7	1.06	99.3	40.60

表 2-3 工业膜式反应器的反应收率和产品色泽

原料	反应收率/%	Na_2SO_4/%	Klett 色泽	物态活性物/%
$C_{12} \sim C_{18}$ 醇	98.5	1.0	20	75%浆状
	99	1.5	40	
$C_{16} \sim C_{18}$ 醇	97.5	1.0	20	30%浆状
	98	1.5	40	

脂肪醇聚氧乙烯醚用三氧化硫的硫酸化工艺和上述情况基本相同，温度为 35~50℃，摩尔比为 1.04:1，三氧化硫体积分数为 3%~4%，转化率可达 97%。

硫酸化后的产品需要经过中和反应，中和反应可能导致脂肪醇硫酸盐或脂肪醇醚硫酸盐的水解，它会严重影响产品的质量。据报道，十二醇硫酸盐在酸性条件下的水解速度常数为 5.4×10^{-4}/min，由于硫酸酯在酸性介质中不稳定，因此硫酸化后应立即进行中和，并且中和过程必须避免缺碱或局部缺碱，反应温度不宜高于 50℃。

中和过程主要由泵和热交换器组成，泵使大量的中和物料循环，并使酯和碱在循环物料中得到充分的混合，碱的加入量由 pH 计连续控制，产品 pH 值控制在 7~8.5。中和反应热由热交换器连续移去。也可采用两步中和的工艺，即首先中和 90%~95%，然后再经第二步中和而达到较高的转化率。

为保证产品具有较高的储存稳定性，在第二步中和时加入适量的磷酸二氢钠，使其和氢氧化钠形成 NaH_2PO_4-Na_2HPO_4 的缓冲体系，这样既易于调节中和时的 pH 值，又可保证储存时 pH 值的稳定。

脂肪醇硫酸盐可以经过喷雾干燥而制成粉状产品，如常用的十二烷基硫酸钠。而脂肪醇聚氧乙烯醚硫酸盐则以液体形式存在。

2. 烷基硫酸酯盐生产流程

十二烷基硫酸酯盐是一种阴离子表面活性剂。现今的工业生产，广泛使用三氧化硫与十二醇进行硫酸化，生产工艺过程如图 2-8 所示。十二醇和含有大量干燥空气的三氧化硫气体连续通入降膜式反应器 1。反

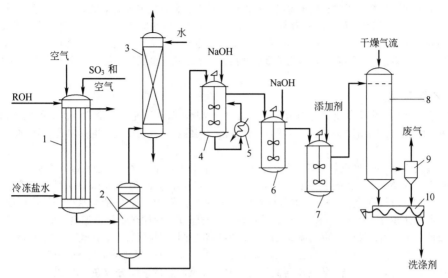

图 2-8　生产烷基硫酸酯盐工艺流程
1—降膜式反应器；2—分离器；3—吸收器；4,6—中和器；5—冷却器；
7—混合器；8—喷雾干燥器；9—旋风分离器；10—螺旋输送器

应物在分离器 2 中进行气液分离。气体引入吸收器 3，吸收未反应的三氧化硫气体。生成的烷基硫酸酯用氢氧化钠中和，同时搅拌进行外循环冷却，中和后的烷基硫酸酯的钠盐，进入到混合器中，添加其他添加剂（磷酸盐、焦磷酸盐、碳酸钠、漂白剂、羟甲基纤维素等）。然后，经过喷雾干燥得到粉状去污剂，包装成商品。

第四节　乙氧基化与非离子表面活性剂的生产技术

非离子表面活性剂不同于离子型表面活性剂，它的亲水基在水中不电离，是由含氧基团组成的，主要是醚基和羟基，其他含氧基有羟酸酯与酰氨基。非离子型表面活性剂的亲水基是由醚基氧原子及羟基与水的氢原子很快形成氢键，酯及酰胺虽然也能形成氢键，但不如醚基及羟基。这种氢键作用使非离子型表面活性剂溶解于水。但是，由于醚基和羟基的亲水性较弱，只靠一个醚基或羟基结合是不能将很大的亲油基溶解于水的。要达到一定的亲水性，就必须有几个醚基和羟基。醚基和羟基越多，亲水性越强；反之，亲水性越弱。因此，根据亲油基碳链的长短和结构的差异，以及亲水基的数目，可以人为地控制非离子型表面活性剂的性质与用途，其亲油基由含活泼氢的亲油性化合物如脂肪醇、烷基酚、脂肪酸、脂肪胺等提供，其亲水基由含能和水形成氢键的醚基、羟基的化合物如环氧乙烷、多元醇、乙醇胺等提供。

非离子型表面活性剂，特别是含有醚基或酯基时，其在水中的溶解度随温度的升高而降低，开始是澄清透明的溶液，当加热到一定温度，溶液就变浑浊，溶液开始呈现浑浊时的温度叫做浊点。这是非离子型表面活性剂区别于离子型表面活性剂的一个特点。溶液之所以受热变浑浊，是水分子与醚基、酯基之间的氢键因温度升高而逐渐断裂，使非离子型表面活性剂的溶解度降低。当亲油基相同时，加成的环氧乙烷分子数越多，亲水性越大，浊点越高。反之，加成的环氧乙烷数相同时，亲油基的碳原子数越多，疏水性越大，浊点越低。因此，可以用浊点来衡量非离子型表面活性剂的亲水性。

聚氧乙烯类非离子表面活性剂是由含活泼氢的亲油性化合物与多个环氧乙烷加成的含有聚氧乙烯基的化合物。根据亲油基的种类不同，主要品种有脂肪醇聚氧乙烯醚、烷基酚聚氧乙烯醚、脂肪醇聚氧乙烯酯、聚氧乙烯烷基胺、聚氧乙烯烷基酰胺等。聚氧乙烯类是非离子型表面活性剂中品种最多、产量最大、应用最广的一类。多元醇类是脂肪酸与多元醇生成的多元醇部分酯，主要品种有乙二醇酯、甘油酯、失水山梨醇酯、蔗糖酯等，此类表面活性剂的亲水性比较差，为提高其亲水性，将多元醇部分酯聚氧乙烯化，生成的化合物具有很好的亲水性。聚醚类（嵌段共聚）是以聚环氧丙烷部分作亲油基，聚氧乙烯部分作亲水基的一类高分子非离子型表面活性剂。烷醇酰胺类是由脂肪酸与乙醇胺缩合形成的醇酰胺类化合物，乙醇胺可以是单乙醇胺，也可以是二乙醇胺；也可以将醇酰胺进一步乙氧基化，以提高其亲水性能和表面活性。

非离子型表面活性剂由于没有离子解离，在酸性、碱性及金属盐类溶液中稳定，可以与阴、阳或两性离子型表面活性混配，其 HLB 值可以人为地调整，低浓度时表面活性良好，而且泡沫低、毒性低。它主要用来配制农药乳化剂，也可以作纺织业、印染业和合成纤维生产的助剂和油剂，原油脱水的破乳剂，民用及工业清洗剂。目前，就世界范围而言，非离子型表面活性剂的增长速度最快，已超过阴离子型表面活性剂而跃居首位。

一、乙氧基化反应

非离子表面活性剂中最主要的类别为聚氧乙烯型，因此，深入研究和讨论含活泼氢的化合物（如脂肪醇、脂肪酸、脂肪胺、脂肪酰胺、烷基酚等）与环氧乙烷间的乙氧基化反应（也称加成聚合反应）具有极为重要的意义。

环氧乙烷（EO）是生产聚氧乙烯型非离子表面活性剂的主要原料之一，它是带有乙醚气味的无色透明液体，相对密度（10.7℃）为 892，折射率（7℃）为 1.3597，沸点（1.0×10^5 Pa）为 10.7℃，凝固点为 -112.5℃，闪点（开杯）为 17.8℃，其气体在空气中着火点为 429℃；它能与水以任何比例混合，易燃，空气中环氧乙烷体积分数在 3%～100% 时会引起爆炸，把环氧乙烷加热到分解温度（571℃），甚至在无空气存在的条件下也会引起爆炸。防止环氧乙烷爆炸的可靠办法是用氮气、二氧化碳、甲烷等气体将其稀释至爆炸极限以下。环氧乙烷在氮气中的爆炸下限体积分数为 75%，在二氧化碳中的爆炸下限体积分数为 82%，在甲烷中体积分数为 85%。当环氧乙烷与氮气混合时，环氧乙烷的体积分数在 75% 以下就不会发生爆炸；为安全起见，一般不超过 65%。如果稀释气体中含有空气时，会使爆炸下限降低，因此装满环氧乙烷的容器必须认真地排除其中的空气。

浓环氧乙烷对人的呼吸道和眼睛有强烈的刺激作用。对于干燥皮肤来说，无水环氧乙烷不会造成伤害，含有质量分数 40%～80% 的环氧乙烷水溶液会引起皮肤灼伤或疱疹。大量环氧乙烷吸入体内会引起中毒，出现恶心、呕吐、头痛、腹泻、呼吸困难等症状。环氧乙烷对人有麻醉作用，同时还有不良的副反应。因此，环氧乙烷在生产、贮运和使用过程中，必须采取预防措施。

（一）乙氧基化的反应机理

环氧乙烷是三元环醚，因环的张力很大，所以反应活性很强，在酸、碱甚至中性条件下环氧乙烷的 C—O 键都容易断裂。乙氧基化可在碱性或酸性催化剂存在下进行，工业上常用的是碱性催化剂，反应分两步，首先是环氧乙烷与具有酸性羟基的脂肪醇、烷基酚、脂肪酸形成单氧乙烯加成物，然后进一步与环氧乙烷反应生成聚氧乙烯加成物，其反应式如下：

$$ROH + KOH \rightleftharpoons ROK + H_2O \tag{2-36}$$

$$ROK \rightleftharpoons RO^- + K^+ \tag{2-37}$$

$$RO^- + CH_2\!\!-\!\!\!\underset{O}{\underset{|}{CH_2}} \xrightarrow{\text{慢}} ROCH_2CH_2O^- \tag{2-38}$$

$$ROH + ROCH_2CH_2O^- \xrightarrow{\text{快}} ROCH_2CH_2OH + RO^- \tag{2-39}$$

$$ROCH_2CH_2O^- + CH_2\!\!-\!\!\!\underset{O}{\underset{|}{CH_2}} \xrightarrow{\text{快}} ROCH_2CH_2OCH_2CH_2O^- \tag{2-40}$$

反应式(2-38)是决定反应速率的，不同的亲油基反应速率按伯醇、苯酚、羧酸顺序减弱。但苯酚与羧酸的酸性要比伯醇大，全部单氧乙烯化后，反应式(2-40)才开始。而伯醇都不同，反应式(2-38)尚未完成时，反应式(2-40)已开始。

（二）环氧乙烷加成物的聚合度分布

由环氧乙烷和活泼氢加成的聚氧乙烯醚类表面活性剂，由于加成反应是逐级反应，故生成不同聚合度的产物。聚合度分布不同的产品，其性能也有显著的差别。

1.酚类、羧酸与环氧乙烷加成物的分布

在碱催化条件下，反应按如下平衡：

$$RXH + RXCH_2CH_2O^- \rightleftharpoons RX^- + RXCH_2CH_2OH \tag{2-41}$$

其平衡常数

$$k = \frac{[RX^-][RXCH_2CH_2OH]}{[RXH][RXCH_2CH_2O^-]} \tag{2-42}$$

由于酚类和羧酸的酸性远大于环氧乙烷加成物，所以平衡向右移动，质子交换反应的平衡常数很高。酚类和羧酸在过量环氧乙烷的存在下,所有活泼氢化合物均全部与环氧乙烷首先加成为单氧乙烯加成物,然后才开始进一步聚合反应,因此,该类化合物的加成产物中,游离原料的含量很少,产物的相对分子质量分布较窄。

2.醇类与环氧乙烷加成物的分布

在碱催化条件下,也有如下的平衡:

$$RXH + RXCH_2CH_2O^- \rightleftharpoons RX^- + RXCH_2CH_2OH \qquad (2-43)$$

由于 RXH 和 $RXCH_2CH_2OH$ 的酸度近乎相等,质子交换反应的平衡常数接近1,反应各阶段的阴离子都可和环氧乙烷作用,这意味着全部原料完全参与反应前,就已发生链的增长反应,因此,在反应产物中留有较多的原料,其相对分子质量分布较宽。采用碱性较弱的碱或碱土氢氧化物作催化剂,可以得到分布窄得多的产物。目前,用得较多的碱土金属有钡、钙、锶、镁等。

(三)乙氧基化的影响因素

1.反应物结构的影响

(1)脂肪醇同系物中,反应速率一般随碳链长度增加而降低,且按其羟基的位置不同,反应速度的排序为伯醇＞仲醇＞叔醇。仲醇、叔醇的反应性低于其乙氧基加成产物,因此它们的乙氧基化产物相对分子质量分布较伯醇宽。

(2)按醇、酚、酸的乙氧基加成反应速度,则伯醇＞酚＞羧酸,这是共轭碱随其酸度增加亲核性降低的缘故。由于酸、酚的反应速度比伯醇慢,所以表现为酸、酚的乙氧基化有诱导期,而伯醇则没有。

(3)取代酚有取代基对反应速度也有影响,其次序为 $CH_3O—>CH_3—>H>Br>—NO_2$,如苯酚比对硝基苯酚的反应速度要快 17 倍。

2.催化剂的影响

工业上常用碱性催化剂,如金属钠、甲醇钠、氢氧化钾、碳酸钾、碳酸钠、醋酸钠等,当采用195～200℃反应温度时,前 4 种催化剂活性相近,后 3 种则较低;若温度降低,后 3 种催化剂则无催化活性,氢氧化钠的活性也显著低于前 3 种。显然,碱性催化剂的碱性越强,则其效率也越高。一般情况下,催化剂浓度增高,反应速率加快,且在低浓度时,反应速率随浓度增高的增加高于高浓度时。通常情况下,催化剂金属钠、甲醇钠、氢氧化钠、氢氧化钾的投入量为醇质量的 0.1%～0.5%。

3.温度

乙氧基化反应的加成速度随温度的提高而加快,但不呈线性关系,即在同一温度的增值下,高温区的反应速率的增加大于低温区。反应温度通常在 130～180℃。

4.压力

按质量作用定律,压力对反应速率会有影响。环氧乙烷的压力和其浓度成正比,随压力增加反应速度增加。为了缩短反应时间,可在 0.05～0.5MPa 压力下反应。

(四)乙氧基化工艺过程

各种不同的聚氧乙烯类非离子表面活性剂的乙氧基化工艺过程大致相同,目前采用的工艺过程有:用搅拌器混合的间歇操作法、循环混合的间歇操作法和 Press 乙氧基化操作法。

1.用搅拌器混合的间歇操作法

乙氧基化反应釜配置有搅拌器,操作转速为 90～120r/min。操作时,先向反应釜内投入含活泼氢化合物的原料,启动搅拌器,边搅拌边加入预先配好的质量分数为 50% 的碱催化剂,加热至 100℃,同时抽真空,至无水分馏出后关闭真空阀。充入氮气,再抽真空,然后将计量的环氧乙烷液体用氮气压入反应釜,压入速度根据反应要求的压力和温度来调节。一般情况下表压为 0.15～0.20MPa,但必须低于环氧乙烷贮罐内的压力(否则是极危险的)。当环氧乙烷加完后,继续搅拌直至反应釜压力不下降为止。反应结束后,将反应物冷却至 100℃以下,用氮气将其压入漂白釜内,用冰醋酸中和至微酸性,加入反应物总质量的 1% 双氧水进行漂白,于 70～90℃缓缓滴加,保温半小时后冷却出料,可得到高黏度液体成品。

2.循环混合的间歇操作法

用反应物料的循环来取代搅拌器,其工艺流程如图 2-9 所示。

起始原料和催化剂在原料计量槽中加热到150～160℃经干燥后,经循环泵 4 和循环物料一起进入反应釜 3 中的文丘里管式的喷出装置 6,在此装置中,借助循环物料喷出的速度,形成真空,抽入气相的环氧乙烷,在喷管中得到混合和反应,然后喷入反应釜 3 中,反应温度保持在 150～175℃。热量通过反应釜 3 的外加蛇管及循环系统的热交换器 5 进行传递。当按计量所需环氧乙烷全部加完后,反应产物就可送入成品贮罐

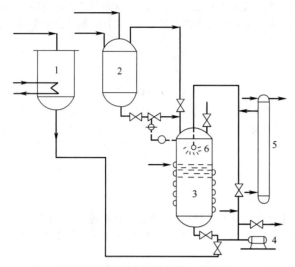

图 2-9 循环式间歇操作工艺流程
1—疏水原料计量槽；2—环氧乙烷计量槽；3—反应釜；
4—循环泵；5—热交换器；6—文丘里管

中。此操作法物料混合较好，故反应速度较快，设备生产能力较大，温度较宜控制，产品质量较好。

3. Press 乙氧基化操作法

该法是由意大利 Press 工业公司推出的全新的乙氧基化工艺，由于采用原料液相向环氧乙烷气相分布的方式，从而获得很高的反应速度；并且液相中溶解的环氧化物浓度很低，操作十分安全，聚乙二醇副产物也大大减少。该操作方法是：将原料送到预热器，在此加入催化剂，在真空下加热脱除水分。系统内的空气用氮气置换，然后将环氧乙烷送入气液接触反应器中，在高压下呈雾状并充满整个反应器上部空间。脱除水分的物料由输送泵送入反应器的喷嘴管中，通过管子上的许多小孔向外喷出液滴，小液滴立即与雾状的环氧化物反应；反应器内压力保持在 0.29~0.49MPa，温度 100~120℃。经过老化阶段后，反应物送到中和冷却器中进行后处理。由于该法反应速度快，所以产品色泽好，一般不需要漂白处理，产品相对分子质量分布较窄，产品质量好。

二、聚氧乙烯类非离子表面活性剂

（一）脂肪醇聚氧乙烯醚的生产

脂肪醇聚氧乙烯醚具有低泡、能用于低温洗涤及有较好的生物降解性，使它得到广泛的应用和迅速的发展。

脂肪醇聚氧乙烯醚的通式为 $RO(CH_2CH_2O)_nH$，亲油基 R 可以来自天然脂肪醇、合成 C_{12}~C_{18} 伯醇与仲醇。脂肪醇聚氧乙烯醚的物理形态，从液态到蜡状固体，随着乙氧基的增加，黏度增加，油脂气味减轻，相对密度从低于 1 增至 1.2 以上，水溶性增加。含 1~5mol 的 EO 的产品是油溶性的，EO 增至 7~10，能在水中分散或溶解。要使它在室温下易溶于水，乙氧基含量需达到 65%~70%。温度升高时在水中溶解度降低。

脂肪醇聚氧乙烯醚粗略地可以认为是由如下两个反应阶段完成的：

$$ROH + CH_2\!\!-\!\!CH_2 \xrightarrow{NaOH} ROCH_2CH_2OH \tag{2-44}$$

$$ROCH_2CH_2OH + n\,CH_2\!\!-\!\!CH_2 \xrightarrow{NaOH} RO(CH_2CH_2O)_nH \tag{2-45}$$

此两个反应阶段具有不同的反应速度。第一阶段反应速率略慢，当形成一加成物（$ROCH_2CH_2OH$）后，反应速率迅速增长。

一般情况下，生产操作时先将固体氢氧化钠配成质量分数 5% 左右的水溶液，加入原料醇中，催化剂用量为脂肪醇质量的 0.1%~0.5%，在真空下将原料和催化剂脱水；在 135~140℃、压力为 0.1~0.2MPa 下，与环氧乙烷进行氧乙基化反应，环氧乙烷的投入量由制取聚合物的相对分子质量决定。环氧乙烷的开环反应为放热反应，每摩尔放热 92kJ。因此，操作时应注意控制反应温度；温度过高，产品色泽较深，但在反应激发阶段，温度可以略高一些。脱水操作必须严格控制，水的存在会导致副产聚乙二醇，它的含量增大会使产品的表面活性降低。商品聚氧乙烯醚中一般所含聚乙二醇约为 2.5%。

另外，应控制原料环氧乙烷中杂质醛的含量，如含有质量分数 0.01% 的乙醛，就可能使产品色泽加深。

1. 间歇搅拌釜式生产

现以产品 EmulporO（商品名）为例，介绍脂肪醇聚氧乙烯醚的生产操作条件：先将 512kg 鲸蜡醇与 2.5kg 催化剂氢氧化钠投入反应釜中，控制真空度在 13.3kPa 以下，加热至 120℃，使其完全脱水。再利用氮气置换反应釜内空气 3 次，然后升温至 150~160℃，在 0.3MPa 压力下，边搅拌边加入 2500kg 液体环氧乙烷。因环氧乙烷的开环反应为放热反应，此时需要冷却，以控制反应温度，加料速度为100～200L/h，加完环氧乙烷，然后冷却至90～100℃，放料入贮罐。

2. 间歇循环式生产

采用间歇循环式乙氧基化装置生产脂肪醇聚氧乙烯醚或酚醚产品的带控制点生产工艺流程图见图2-10。

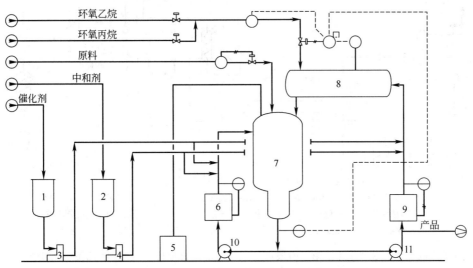

图2-10 间歇循环式乙氧基化生产工艺流程
1—催化剂罐；2—中和罐；3,4—计量泵；5—真空系统；6,9—冷却及加热系统；
7—主反应釜；8—气液接触器；10,11—料液循环泵

操作时先将脂肪醇或烷基酚及催化剂送入反应釜7，在真空下加热脱水，然后充入氮气；开启循环泵10及11，使物料在气液接触器及主反应釜中循环。环氧乙烷或环氧丙烷由气液接触器顶部送入，随即气化，与雾状喷入的疏水原料立即进行反应，反应生成热由热交换器9、6系统传出，以控制反应温度。环氧乙烷或环氧丙烷加入达预定量时，进料阀自动关闭，物料继续循环一定时间，直至环氧乙烷或环氧丙烷充分反应，当达较低残余压力时，反应结束。然后真空下脱除游离的环氧乙烷，并加入中和剂进行中和。反应温度：醇醚生产采用150～160℃；酚醚为160～180℃，压力为0.4～0.5MPa；若采用环氧丙烷加成时温度为115～120℃，压力为0.5～0.6MPa。按此循环式操作，物料混合较好，反应速度较快，设备生产能力较大，环氧乙烷的反应速率为1m³反应器容积≥1200kg/h，由于传热及传质较好，产品质量也较好。此设备每批可制得的最高加合数为醇：EO＝1：50。

3. 连续管式乙氧基化生产

连续管式乙氧基化生产脂肪醇聚氧乙烯醚带控制点工艺流程见图2-11。

图2-11中11为立管式反应器，此反应器可形成湍流区，使两相间达到最大接触，具有良好的传质效果，也有较好的传热效果，温度较易控制，自反应器上部至底部的再循环，也强化了反应器的传质、传热效果。此工艺所需反应时间短，产品质量好。

美国联合碳化物公司也有乙氧基化管式反应器专利，反应器前部为264根5.5m长、直径为16mm的钢管，后部为58根5.5m长、直径为25.4mm的钢管。前部为预热区和反应区，后部则为消化区。前、后部管子全部密封在水浴中，由此水浴维持反应室的温度为120～140℃。原料脂肪醇由前部管端泵入，环氧乙烷则沿管长分批由喷嘴送入。

脂肪醇聚氧乙烯醚有良好的乳化、润湿、分散、增溶、去污性能，大量用于合成洗涤剂制备，是配制洗衣粉、液体洗涤剂的重要原料，也广泛用于纺织品加工、化妆品配制、金属清洗、乳液聚合等方面。

（二）烷基酚聚氧乙烯醚的生产

烷基酚聚氧乙烯醚的结构式为$RC_6H_4O(CH_2CH_2O)_nH$，R可以是辛基、壬基或十二烷基，n约为4～25或更大。它在酸、碱溶液中稳定，不受次氯酸盐、过氧化物等氧化剂的影响，不易水解，成本也较低，但生物降解度较差。

烷基酚聚氧乙烯醚的合成可以分为两个阶段，第一阶段为烷基酚与等摩尔环氧乙烷的加成，直至烷基酚

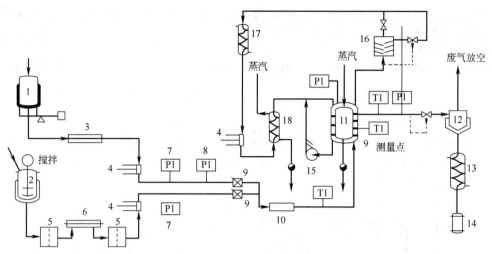

图 2-11 连续管式乙氧基化带控制点生产工艺流程
1—环氧乙烷贮罐；2—原料贮罐；3—盐水冷却器；4—计量泵；5—过滤器；6—计量装置；
7—压力控制阀；8—流量计；9—止逆阀；10—混合室；11—反应器；12—气液分离器；
13—冷凝器；14—接受器；15—循环泵；16—液滴分离器；17—冷凝器；18—换热器

全部转化成单一的加成物后，才开始第二阶段即环氧乙烷的聚合反应。这是由烷基酚的酸度所决定的，因此，烷基酚醚产物中，几乎没有未反应的酚存在，其聚合度也较脂肪醇醚为窄。其反应过程如下：

$$RC_6H_5OH + CH_2\text{—}CH_2 \xrightarrow{k_1} RC_6H_4OCH_2CH_2OH \underset{O}{} \tag{2-46}$$

$$RC_6H_4OCH_2CH_2OH + (n-1)CH_2\text{—}CH_2 \xrightarrow{k_2} RC_6H_4O(CH_2CH_2O)_nH \underset{O}{} \tag{2-47}$$

这里的 $k_1=0.37$，$k_2=0.44$，因此两步的反应速率有明显的差别。

烷基酚和环氧乙烷加成条件及生产工艺类似于脂肪醇醚的合成。间歇生产操作条件为：反应温度(170±30)℃，反应压力 0.15～0.30MPa，催化剂为氢氧化钠或氢氧化钾，其用量为烷基酚质量的 0.1%～0.5%。同样，在压入环氧乙烷以前应用氮气置换设备内的空气，反应后可用酸进行中和，漂白，或用活性炭脱色。也可用管式反应器进行连续化操作，环氧乙烷应多点引入反应器，操作温度为 120～180℃，压力为 3MPa 左右。按烷基碳链不同及加成乙氧基单元多少之异，可以生产一系列不同的烷基酚聚氧乙烯醚化合物。

（三）脂肪酸聚氧乙烯酯的生产

由于脂肪酸来源广而丰富，成本较低，并且脂肪酸聚氧乙烯酯具有低泡和生物降解性好的特点，而得到广泛的使用。

脂肪酸聚氧乙烯酯的结构式为 $RCOO(CH_2CH_2O)_nH$，R 主要是 $C_{12}\sim C_{18}$ 天然脂肪酸与硫酸盐纸浆的副产物妥尔油或松香酸，$n=1\sim 8$，是油溶性的，$n=12\sim 15$ 则从水分散性转变到水溶性。它的黏度随环氧乙烷加合数 n 的增加而增大，但随温度的升高而降低；它在酸、碱液中敏感易水解，在碱液中皂化为脂肪酸皂与聚乙烯乙二醇，但松香酸聚氧乙烯在碱性中是稳定的。

脂肪酸与环氧乙烷的加成反应和酚类相似，第一阶段生成 1mol 的环氧乙烷单酯，速度较慢，当转入第二阶段后聚合反应迅速进行：

$$RCOOH + CH_2\text{—}CH_2 \xrightarrow{NaOH} RCOOCH_2CH_2OH \underset{O}{} \tag{2-48}$$

$$RCOOCH_2CH_2OH + (n-1)CH_2\text{—}CH_2 \xrightarrow{NaOH} RCOO(CH_2CH_2O)_nH \underset{O}{} \tag{2-49}$$

$$2RCOO(CH_2CH_2O)_nH \rightleftharpoons RCOO(CH_2CH_2O)_nOCR + HO(CH_2CH_2O)_nH \tag{2-50}$$

生成的产品是脂肪酸聚氧乙烯单酯、双酯与聚乙烯乙二醇的混合物，它们之间的比例决定于反应物料的比例与反应条件。脂肪酸聚氧乙烯酯的生产条件类似醇醚和酚醚，可采用氢氧化钠或氢氧化钾作催化剂；当催化剂和原料酸一起脱水后，应用氮气置换反应釜及管道内的空气，然后再压入环氧乙烷，反应温度一般为180～200℃，反应压力为0.2～0.3MPa，反应结束后冷却出料，精制。

脂肪酸聚氧乙烯酯也可以通过脂肪酸和聚乙二醇的酯来生产，以等物质量比脂肪酸与聚乙二醇在酸性催化剂下酯化可得到脂肪酸聚氧乙烯单酯为主的产品，其反应式如下：

$$RCOOH+HO(CH_2CH_2O)_nH \rightleftharpoons RCOO(CH_2CH_2O)_nH+H_2O \tag{2-51}$$

催化剂一般用浓硫酸、苯磺酸或聚苯乙烯磺酸类阴离子交换树脂。为使此反应获得较高转化率，必须及时排除反应生成的水。对以上两种方法得到的产品都需要脱色、脱臭处理以提高其质量。脂肪酸聚氧乙烯酯产品可以是液体、浆状物或蜡状物。

三、脂肪酸多元醇酯类非离子表面活性剂

脂肪酸多元醇酯简称羟酸酯，是多元酸的部分脂肪酸酯，它的亲油基是脂肪酸的烃基，而多元醇的未反应羟基与氧结合的酯基给分子以亲水性。它溶于芳烃溶剂与矿物油，是W/O与O/W的良好乳化剂；但泡沫性能差，在酸、碱液中易水解。

脂肪酸多元醇酯具有良好乳化性、分散性、润滑性和增溶性，因而广泛用于食品、医药、化妆品、纺织印染、金属加工等工业。

（一）脂肪酸甘油酯

脂肪酸甘油酯为脂肪酸多元醇酯的典型品种，可用作多元醇脂肪酸酯研究的基础。脂肪酸甘油酯可以由甘油和脂肪酸直接酯化而得到单酯、双酯和三酯的混合物，其组成随条件的变化而不同。饱和甘油酯（单、双）为浅色固体，熔点在25～85℃。单酯熔点高于相应的双酯，不饱和酯室温下为液体，具有相应脂肪酸的气味。

脂肪酸甘油单酯与双酯是良好的乳化剂、增溶剂、润滑剂、可塑剂，它在食品工业中用作面包、糕点、焙烤食品的添加剂，可使面包等焙烤食品保鲜，增强食品的可塑性；还用于食用香精油、化妆品精油的良好乳化剂与增溶剂。它与阴离子表面活性剂配伍，可作食品加工的乳化剂、防锈剂与润滑剂。

1. 酯交换法生产

脂肪酸甘油酯工业上常用油脂和甘油的酯交换反应来制取。其化学反应式如下：

$$\begin{array}{c} RCOO-CH_2 \\ RCOO-CH \\ RCOO-CH_2 \end{array} + \begin{array}{c} CH_2-OH \\ CH-OH \\ CH_2-OH \end{array} \longrightarrow \begin{array}{c} RCOOCH_2 \\ CH-OH \\ CH_2OH \end{array} \tag{2-52}$$

油脂与甘油在碱性催化剂存在下加热到180～250℃反应，催化剂可采用氢氧化钠、氢氧化钾、甲醇钠、碳酸钠、碳酸钾、磷酸钠等。反应中，甘油用量一般为油脂质量的25%～40%，催化剂用量为0.05%～0.2%。例如，椰子油和油脂质量为25%的甘油，在0.1%氢氧化钠存在下，于180℃反应6h，可得到质量分数45.2%的单酯、44.1%双酯及10.7%的三酯。为了得到高含量的单酯产品，可采用分子蒸馏，则单酯含量可达90%以上。

由于，甘油分解为可逆反应，因此，加热时，单酯会部分歧化成甘油、双酯及三酯。例如，在无催化剂存在下，180℃加热硬脂酸单甘油酯3h，单酯含量只有37.5%；当有0.4%对甲苯磺酸存在时，歧化后单酯含量为24.6%。当温度提高到205℃时，单酯歧化更快。因此，在生产甘油单酯时，反应结束后，必须尽快地中和催化剂，并迅速地冷却反应混合物，以免单酯歧化。反应过程中，应有过量的甘油保持回流，但在反应后，也应迅速移除。

2. 直接酯化法生产

脂肪酸甘油酯也可用脂肪酸和甘油直接酯化来生产。其化学反应式如下：

$$RCOOH + \begin{array}{c} CH_2OH \\ CHOH \\ CH_2OH \end{array} \longrightarrow \begin{array}{c} RCOOCH_2 \\ CHOH \\ CH_2OH \end{array} + H_2O \tag{2-53}$$

所得的产物中，也是单酯、双酯及三酯的混合物。其组成的比例，按投入反应器中原料的配比、催化剂、反应温度和时间的不同，可以得到不同质量比例的单酯、双酯和三酯的混合物。

将等摩尔的硬脂酸与甘油投入反应器中，以碱为主催化剂，在250℃下反应2.5～3h，可以得到大致等量的单酯和双酯、少量的三酯、游离脂肪酸及甘油。甘油过量可以得到较高比例的单酯，若用甘油和单酯作

反应介质,则可得到质量分数80%的单酯。采用减压操作,及时排除反应生成的水也有利于单酯生成及减少未参与反应的脂肪酸。

3.间歇式酯化装置

脂肪酸甘油单酯的生产方法可用酯交换、直接酯化、共沸酯化及醇解法,对于不同的原料脂肪酸和醇,可采用适应性广的间歇式酯化装置,其装置工艺流程见图2-12。

(二) 失水山梨醇脂肪酸酯及其衍生物

1.失水山梨醇脂肪酸酯

失水山梨醇脂肪酸酯是羟酸酯表面活性剂中的重要类别,它的单、双、三酯均为商品,商品名为Span(斯盘)。

山梨醇可由葡萄糖加氢制得,是不含醛基而有6个羟基的多元酸,因此对热和氧具有较好的稳定性,是生产多元醇酯表面活性剂的重要原料。

山梨醇在少量硫酸、140℃下,生成1,4-失水山梨醇或1,4,3,6-二失水山梨醇,生成何种产物,取决于加热持续的时间。反应式如下:

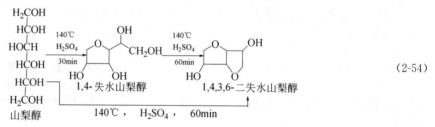

(2-54)

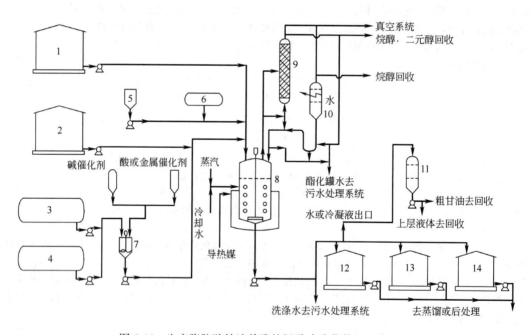

图2-12 生产脂肪酸甘油单酯的间歇式酯化装置工艺流程

1—脂肪酸贮罐;2—油贮罐;3、4—不同醇的贮罐;5—催化剂中和罐;6—共沸剂贮罐;7—混合器;8—酯化釜;
9—回流冷凝器;10—共沸混合物分离器;11—甘油分离器;12~14—不同产品酯贮罐

失水山梨醇脂肪酸酯可由山梨醇和脂肪酸直接酯化反应制得。在反应过程中,既发生分子内的失水形成醚键,也同时发生酯化反应,得到失水山梨醇酯。通常在山梨醇酯化过程中反应温度越高,内醚化的程度也越高。失水山梨醇酯的生产,可用碱性催化剂,也可用酸性催化剂;一般用碱性催化剂如氢氧化钠,其用量为原料质量的0.05%,量很少,实际上起作用的催化剂是脂肪酸钠盐,氧化铝或乙酸钠也可作酯化催化剂,酯化反应温度采用200~250℃。合成失水山梨醇酯所用的脂肪酸包括:月桂酸、豆蔻酸、棕榈酸、油酸、硬脂酸、亚麻子脂肪酸、牛油酸等。

失水山梨醇油酸和单月桂酸酯为浅黄色液体，棕榈酸酯和硬脂酸酯为浅棕色固体。它们一般不溶于水，但溶于矿物油及植物油。它们是亲油性乳化剂、增溶剂、柔软剂及纤维润滑剂，可用于合成纤维生产及化妆品生产。失水山梨醇酯低毒、无刺激，且有利于人们的消化，因而也广泛用于食物、饮料及医药方面的乳化及增溶。

失水山梨醇酯按其引入的脂肪酸的不同，酯化深度也有所不同，可得到具有不同HLB值的品种。也可以通过酯交换来生产失水山梨醇酯。例如，以亚麻仁油和山梨醇为原料，其摩尔原料比为1：2，以用醇钠为催化剂，在230～240℃条件进行酯交换反应，可制得亚麻仁单甘油酯及山梨醇单亚麻仁酯的混合物。

2. 失水山梨醇脂肪酸酯聚氧乙烯醚

失水山梨醇脂肪酸酯不溶于水，在许多情况下限制了它的应用，但如果与其他水溶性表面活性剂复配，具有良好的乳化力。尤其与失水山梨醇脂肪酸酯的聚氧乙烯醚复配最为有效。失水山梨醇脂肪酸酯聚氧乙烯醚是重要的多元醇聚氧乙烯醚羧酸酯，这类产品的商品名为Tween（吐温）。失水山梨醇的单酯、双酯、三酯上加成60～100mol环氧乙烷后，产品的水溶性和分散性较好，HLB值在10～17范围内。HLB值在9～14的产品，亲水性较小，分散力较弱。HLB值在15以上者分散力较小，亲水性较强。失水山梨醇脂肪酸酯聚氧乙烯醚是乳化剂、增溶剂、抗静电剂、润滑剂，应用于纺织工业、食品加工和化妆品制备，与脂肪酸甘油酯、失水山梨醇脂肪酸酯混合使用，可以改善HLB值，使其具有良好的乳化性能。

失水山梨醇酯在催化剂甲醇钠的存在下，于130～170℃通入环氧乙烷进行乙氧基化反应环氧乙烷不仅加成到醇的羟基上，而且由于酰基转移作用也嵌入到酯键里；在反应过程中，酯基经过酯转移到聚氧乙烯基尾端重新排列。由于这些原因，失水山梨醇脂肪酸酯聚氧乙烯醚是比失水山梨醇脂肪酸酯更复杂的混合物。

四、蔗糖脂肪酸酯

蔗糖脂肪酸酯是糖基脂肪酸酯（简称糖酯）的一种。糖基脂肪酸酯的糖源有：葡萄糖、蔗糖、棉籽糖、木糖等。脂肪酸可为：月桂酸、棕榈酸、硬脂酸、油酸、蓖麻酸等。糖酯中具有8个以上羟基的产品（如蔗糖酯），其水溶性良好，乳化分散性强，生物降解完全，去污性能优良，对人体无毒、无刺激性，可供食品及医药用乳化剂。

生产蔗糖酯的原料是蔗糖和脂肪酸酯。合成蔗糖酯主要为酯交换反应，生产方法则很多，有溶剂法、微乳化法及无溶剂法等。酯交换反应可以是蔗糖与脂肪酸甘油酯的酯交换，也可以是与脂肪酸低碳醇酯的酯交换。酯交换反应通常以下式来表示：

$$ROH + R'COOR'' \rightleftharpoons R'COOR + R''OH \tag{2-55}$$

由于这一反应是可逆的，反应达到平衡状态时，即不再进行。为使反应趋向右方以获得多量的酯，则需将生成物之一 $R''OH$（副产醇）排出反应系统以外。在合成蔗糖酯的情况下，多数采用脂肪酸甲酯作为原料，所以副产物是甲醇。

由于蔗糖与脂肪酸酯物理性质差异很大，直接影响反应的转化率。为此，在考虑蔗糖酯生产的影响因素时，除注意酯交换反应是一个平衡反应外，着重需要解决的则是蔗糖与脂肪酸酯的混合问题。因此，除采用溶剂外，脂肪酸皂的加入，有利于蔗糖在油脂中的分散，加快反应速度。一般情况下，钾皂的作用效果优于钠皂，用量为反应物质量的20%左右。用量过高会导致体系黏度增大，不利于搅拌。脂肪酸皂及甘油酯等表面活性剂一定有催化作用，但仍需要加入金属碳酸盐等作为主催化剂。一般常用碳酸钾，用量为原料质量的8%左右。

反应温度提高，使反应速度加快，缩短达到平衡的时间。但是，过高的反应温度会使蔗糖焦化，一般常选用120～145℃的范围。温度低些，产物中单酯组成高些；温度高些，则双酯及多酯的组成高些。

组成和配比也有相当大的关系。蔗糖与脂肪酸酯的摩尔比越大，合成产物的HLB值高些，反之则低。

蔗糖脂肪酸酯的生产方法很多，简要介绍如下。

1. 溶剂法

这一方法是将蔗糖溶于溶剂二甲基甲酰胺中，加入脂肪酸甲酯（常用硬脂酸甲酯），原料摩尔比3：1，在碱性催化剂甲醇钠（0.2mol）存在下，于1.33～2.67kPa压力下加热至60℃，反应约3h，产物经蒸馏除去溶剂后，再用正己烷萃取数次，将其中未反应的脂肪酸甲酯抽提出来，并分去未反应的蔗糖，再用5倍于残液的丙酮稀释，糖酯呈白色沉淀析出。减压蒸馏除去丙酮，最后在残压0.67kPa、温度80℃下干燥，可以得到质量分数55%的糖酯。如需精制，还需将单酯、双酯分开。此方法比较简单，但溶剂二甲基甲酰胺不易回收，成本较高，且有毒性。在糖酯中二甲基甲酰胺含量的许可限度不超过质量分数 50×10^{-6}。这就限制了糖酯在食品、医药、化妆品等领域的使用。因而此方法已减少了应用。

2. 微乳化法

（1）丙二醇乳化法　用无毒可食用的丙二醇代替二甲基甲酰胺，同时加入油酸钠皂作表面活性剂，在碱性条件下使脂肪酸与蔗糖在微滴分散情况下进行酯交换反应。操作时先将蔗糖溶于丙二醇溶剂中，将硬脂酸甲酯加入，糖与脂肪酸甲酯摩尔比 0.9∶0.8，再加入硬脂酸钠 0.54mol，并加入少量催化剂碳酸钾。加入 0.1% 的水以有利于加热温度的降低。不断搅拌，加热至 130～135℃，然后在减压下蒸除丙二醇再维持温度 120℃ 以上，最后温度可达 165～167℃，真空残压为 0.4～0.5kPa，得到粗糖酯。将粗糖酯磨碎溶入丁酮中，滤去蔗糖和大部分钠皂，再加入乙酸或柠檬酸使钠皂分解为脂肪酸，冷却、过滤，滤饼即为糖酯。产品为蔗糖、单酯、二酯、多酯的混合物。纯化后糖酯含量在 96% 以上。此方法优点是，用糖量少，溶剂可回收，无毒可食用。缺点是有少许的蔗糖会焦化。

（2）水乳化法　此法用水代替丙二醇，用油酸钠皂作乳化剂，将蔗糖、水和油酸钠皂制成均匀的混合液，然后在 150℃ 左右，加入脂肪酸甲酯及碱性催化剂碳酸钾，在 7.742kPa 的条件下，进行脱水及酯交换反应，可避免原料酯的水解，使原料酯的转化率达 85%～95%，蔗糖酯组成单、双、三酯的质量分数分别为 60%、30% 和 10%。

3. 无溶剂法

此法借助于一种亲和物质，使蔗糖和脂肪酸酯产生相容性，从而实现酯交换反应。此法所用的脂肪酸乙酯和蔗糖的摩尔比为 2∶1，无水碳酸钾催化剂为酯和糖加入总质量的 7.7% 左右，反应温度为 125℃ 左右为佳，反应时间为 9h，表面活性剂为酯和糖总质量的 4%。表面活性剂可以是蔗糖酯、油酸钠皂及其他阴离子表面活性剂。所用的脂肪酸酯，除脂肪酸乙酯外，也可以采用甘油三酯及丙二醇脂肪酸酯。

蔗糖脂肪酸酯同失水山梨醇脂肪酸酯、丙二醇酯、大豆磷脂、甘油单酯等食品表面活性剂相比较，具有较宽的 HLB 值范围（3～15）、表面张力降低能力、渗透活性、乳化活性、分散活性、增溶活性、发泡活性、清泡活性、去污性等优良，尤其对人体安全、无刺激性，以及不会造成环境污染，因而可成功地用于餐具、食品洗涤剂和化妆品，除此之外，还可用于食品加工、制糖、制药、发酵等工业。

五、烷基糖苷（APG）

烷基糖苷（APG）是糖类化合物和高级醇的缩合反应产物。其较典型的结构式为：

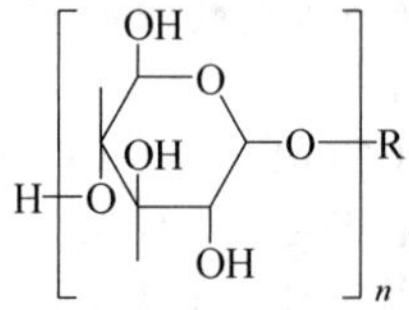

这里的 n 表示糖单元的个数，$n=1$ 时为烷基单糖苷，$n \geq 2$ 的糖苷统称为烷基多糖苷。一般情况下，烷基多苷的聚合度 n 在 1.1～3 的范围，R 为烷基，其碳链长度为 8～18。

烷基糖苷是 20 世纪 90 年代才进入工业化的新一代多元醇型非离子表面活性剂。同时兼具阴离子表面活性剂的许多特点，不仅表面活性高，起泡稳泡力强，去污性能优良，而且与其他表面活性剂配伍性极好，在浓电解质中仍能保持活性。此外，烷基糖苷对皮肤眼睛刺激很小，口服毒性低，易生物降解，因而可用作洗涤剂、乳化剂、增泡剂、分散剂等。被誉为能满足工业上各种要求、又不存在卫生环保问题的新一代世界级表面活性剂。

1. 转糖苷化法生产原理

利用低碳醇如乙二醇、丙二醇或丁醇与淀粉或葡萄糖在硫酸、对甲苯磺酸或磺基琥珀酸等酸性催化剂存在下反应生成低碳糖苷如丁苷，再与 C_8～C_{18} 脂肪醇发生转糖苷化反应，生成长链烷基多苷和低碳醇，低碳醇可再回收利用，反应表示如下：

$$葡萄糖 + 丁醇 \longrightarrow 丁基葡糖苷 + 水$$

$$丁基葡糖苷 + 长链醇 \longrightarrow 烷基葡糖苷 + 丁醇$$

由于糖在低碳醇中的溶解度较小，将糖分批或连续地加入反应体系比较好，既保证了反应所需要的糖，又避免了大量固体糖粒长期受高温影响发生副反应如自聚，也可将丁醇和 C_8～C_{18} 脂肪醇一起加入与糖反应，表现上似乎为一步法，但实际上还是二步法，由于丁醇与糖反应速率常数远大于长链脂肪醇与糖的反应速率常数，实际反应历程还是先生成丁苷后再进行转糖苷化反应。

转糖化反应的深度可以通过丁醇的蒸出量人为控制，一般不使丁醇全部转化，保留少量丁苷以使粗烷基糖苷黏度不致太大，以利于粗糖苷的脱醇精制，残留丁苷在一定范围内对烷基糖苷的表面活性影响很小。

2. 直接法生产原理

利用长链脂肪醇在酸性催化剂存在下直接与葡萄糖反应，生成烷基糖苷和水，利用真空和氮气尽快地除去反应生成的水：

$$葡萄糖 + 长链醇 \longrightarrow 烷基葡糖苷 + 水$$

由于脂肪醇与糖极性差异较大，葡萄糖在脂肪酸中的溶解度较小，因此催化剂的选择及工艺控制甚为重要。除了常用的催化剂如硫酸、对甲苯磺酸等外，具有乳化性能的酸性催化剂如十二烷基苯磺酸、十二烷基硫酸及烷基萘磺酸也不失为一类优良的催化剂，更有助于糖苷化反应，减少聚糖的生成。

3. 生产工艺

目前，工业上烷基多糖苷的生产主要是以脂肪醇和葡萄糖为原料，利用直接法制得。以淀粉为原料，转糖苷法制烷基多糖苷的工业化生产尚处于研究中。以淀粉为原料虽然成本低，但淀粉中含有蛋白质、脂肪和灰分等杂质，须经预处理将其脱除。第一步制成的低碳酸糖苷也须经过精制后才能用于下一步的合成，因此低碳醇的循环使用率和损失量直接影响着烷基糖苷的生产成本。

图 2-13 为 Henkel 公司采用直接法生产烷基多糖苷的生产工艺示意图。

图 2-13　烷基多糖苷生产工艺示意

葡萄糖经预处理，用一专用设备将其精细粉碎后与部分高碳醇制成悬浮液再进入反应器，反应完全后的混合物过滤回收催化剂，滤液经高真空除去未反应的脂肪醇，得粗烷基多糖苷，再进行真空精馏精制，可得成品。回收的脂肪醇再送入反应器循环使用。

工业生产的烷基多糖苷是一个极端复杂的同分异构体混合物，一般是一定碳链长度范围内的糖苷低聚物。目前，已可用高效液相色谱-气相色谱（HPLC-GC）及薄层色谱方法来分析烷基多糖苷的主要成分单苷、二苷、三苷、四苷及五苷的分布，同时也可用柱色谱法来分析残留的高碳酸。

第五节　阳离子型表面活性剂的生产

阳离子型表面活性剂的化学结构中至少含有一个长链亲油基和一个带正电荷的亲水基。长链亲油基通常是由脂肪酸或石油化学品衍生而来，表面活性阳离子的正电荷除由氮原子携带外，也可以由硫原子及磷原子携带，但目前应用较多的阳离子型表面活性剂其正电荷都是由氮原子携带的。脂肪胺与季铵盐是主要的阳离子型表面活性剂，它们的氨基与季铵基带有正电荷；氨基低碳烷基取代的仲、叔胺水溶解度增大，季铵是强碱，溶于酸或碱液，胺、季铵与盐酸、硫酸、羟酸形成中性盐。阳离子型表面活性剂通常不与阴离子型表面活性剂混合使用，两者易生成水不溶性的高分子盐。

阳离子型表面活性剂与其他类型的表面活性剂一样可在界面或表面上吸附，达到一定的浓度时在溶液中形成胶束，降低溶液的表面张力，具有表面活性，因此具有乳化、润湿、分散等作用，它几乎没有洗涤作用。阳离子型表面活性剂的最大特征是其表面吸附力在表面活性剂中最强，具有杀菌消毒性，对织物、染料、金属有强吸附作用。它可以用作织物的柔软剂、抗静电剂、染料固定剂、金属防锈剂、矿石浮选剂和沥青乳化剂。

一、脂肪胺盐型阳离子表面活性剂

（一）高级脂肪胺的性质

高级脂肪胺一般均具有氨味，10 个碳原子以下的正构胺为无色液体，12 个碳原子以上的正构胺则为白色蜡状固体。

脂肪胺与氨相似，在水溶液中呈碱性，与酸作用形成盐。这是因为氮原子上具有未共用电子时，能形成胺正离子的结果。

$$R-N\begin{matrix}H\\|\\H\end{matrix} + H^+OH^- \rightleftharpoons [R-NH_3]^+ + OH^- \tag{2-56}$$

脂肪胺为弱碱，其碱性可用离解常数 K_b 来表示：

$$K_b = \frac{[RNH_3^+][OH^-]}{[RNH_2]} \tag{2-57}$$

例如，十二胺的 pKa 为 3.37，十八胺的 pKa 为 3.4，一些常用脂肪胺的 pKa 可以查手册。

一般情况下，氨引入烷基，其碱性增加，因为烷基的供电性，使氮原子上电子云密度增加。但脂肪胺的碱性的顺序是：仲胺＞伯胺＞叔胺，这是空间效应的结果。脂肪胺同系物中，随碳链的增长，其碱性略为下降。脂肪胺的碱性虽比氨强，但是仍为弱碱，因为它们也与氨相似，能与水分子通过氢键发生缔合现象。对于季铵碱的情况，由于氮原子上已无氢原子，不可能形成氢键，所以，季铵碱为强碱。

脂肪胺可以与亚硝酸作用，但是伯胺、仲胺、叔胺的作用结果各不相同。伯胺与亚硝酸反应生成醇，并有氮气散出，因而可以通过氮气的测定来确定伯氨基。

$$R-NH_2 + HO-N=O \longrightarrow RON + H_2O + N_2\uparrow \tag{2-58}$$

（二）胺盐型阳离子表面活性剂

高酸伯、仲、叔胺与酸中和便成为胺盐型阳离子表面活性剂。通常先将胺化合物放入反应器内，然后加入用水稀释后的酸，便可得到无水的胺盐和相应的水溶液。常用的酸有盐酸、甲酸、醋酸、氢溴酸、硫酸等。例如，十二胺是不溶于水的白色蜡状固体，加热至 60～70℃变成为液体后，在良好的搅拌条件下加入醋酸中和，即可得到十二胺醋酸盐，成为能溶于水的表面活性剂。但是，胺的高级羧酸盐不溶于水。伯胺的硫酸盐和磷酸盐也难溶于水。

一般按起始原料脂肪胺的不同，可以分为高级胺盐阳离子表面活性剂和低级胺盐阳离子表面活性剂。前者多由高级脂肪胺与盐酸或醋酸进行中和反应制得，常用作缓蚀剂、捕集剂、防结块剂等。通常是将脂肪胺加热成液体后，在搅拌下加入计量的醋酸，即可得脂肪胺醋酸盐，反应式如下：

$$RCH_2NH_2 + CH_3COOH \longrightarrow RCH_2NH_2 \cdot CH_3COOH \tag{2-59}$$

后者则由硬脂酸、油酸等廉价脂肪酸与低级胺如乙醇胺、氨基乙基乙醇胺等反应后再用醋酸中和制得，不仅价格远远低于前者，而且性能良好，适于做纤维柔软整理剂的助剂。如用工业油酸与异丙基乙二胺在 290～300℃反应，将生成物再用盐酸中和，即得一种起泡性能优异的胺盐型表面活性剂。

脂肪胺盐型表面活性剂的纯品均为无色，工业上大规模生产得到的是液体或膏体，可能呈现淡黄色至浅褐色。

二、季铵盐阳离子表面活性剂

季铵盐是阳离子型表面活性剂中最重要的一类，有强碱性，它使表面活性剂有强亲水性，能溶于水与碱液。它的结构式是：

$$\begin{bmatrix} R_1 & R_3 \\ & N^+ & \\ R_2 & R_4 \end{bmatrix} Cl^-$$

其中，R_1 是高碳烷基（C_{12}～C_{18}）；R_2 可以是高碳烷基或甲基；R_3 是甲基；R_4 可以是甲基、苄基、烯丙基等。

季铵盐阳离子表面活性剂通常由叔胺与烷基化剂经季铵化反应制取，反应的关键在于各种叔胺的获得，季铵化反应一般较易实现。最重要的叔胺是二甲基烷基胺、甲基二烷基胺及伯胺的乙氧基化物和丙氧基化物。

最常用的烷基化剂为氯甲烷，氯苄及硫酸二甲酯，但是卤代长链烷烃，如月桂基氯或月桂基溴也有工业应用。由于烷基化剂氯甲烷、硫酸二甲酯等有毒，所以不允许残留在产品中。因此如有可能，就应使烷基化剂的使用量稍小于化学计量，如不行，则可添加氨以分解硫酸二甲酯，或者用氮气吹洗除去氯甲烷。

其反应条件取决于反应原料以及所用溶剂的性质，因此必须调节这些参数。只含有一个长链烷基及两个甲基的叔胺，其季铵化速度最快，此时，用氯甲烷的反应只需较低的温度（约为 80℃）和较低的压力（＜0.05MPa）。含有两个长链烷基及一个甲基的叔胺，用氯甲烷进行季铵化也只需要较温和的条件。如果氨基的氮原子上连有两个以上的长链烷基，或者一个以上的 β-羟烷基，或者 β-一位处有酯基时，则季铵化的反应条件就较为苛刻。

当氯甲烷或氯苄不能满意地使胺类季铵化时，如改用硫酸二甲酯反应，则往往可得到较高的收率。咪唑啉衍生物常用硫酸二甲酯进行季铵化。由于用油酸制得的咪唑啉具有良好的水溶性，因此它们特别适合于制备浓缩型织物柔软剂。

特别适用于作季铵化反应的溶剂是水、异丙醇或其混合物。反应产物主要是以溶液状直接使用。在工业上重要的季铵盐是长碳链季铵盐，其次是咪唑啉季铵盐。

（一）长碳链季铵盐

长碳链季铵盐是阳离子表面活性剂中产量最大的一类，含一个至两个长碳链烷基的季铵盐主要用作织物柔软剂、制备有机膨润土、杀菌剂等。这类表面活性剂的合成方法主要有两种：①由碳脂肪胺和低碳烷基化剂合成，用得比较多的是二甲基烷胺或双长链烷基仲胺与卤甲烷或硫酸二甲酯进行季铵化反应；②高碳卤化物和低碳胺合成季铵盐，如溴代烷和三甲胺或苄基二甲胺反应得季铵盐。此外，还可以在季铵盐中引入硅烷以提高其抗菌性和防霉性。

下面以 $C_8 \sim C_{10}$ 双烷基二甲基氯化铵为例介绍长链季铵盐的合成。

1. 生产原理

以椰子油加氢制得的 $C_8 \sim C_{10}$ 醇为原料经一步法合成双烷基甲基叔胺，再用氯甲烷经季铵化反应得 $C_8 \sim C_{10}$ 双烷基二甲基季铵盐，反应式如下：

$$2RCH_2OH + CH_3NH_2 \longrightarrow \begin{matrix} RCH_2 \\ NCH_3 \\ RCH_2 \end{matrix} + 2H_2O \xrightarrow{CH_3Cl} RCH_2 - \overset{CH_3}{\underset{CH_3}{\overset{|}{N^+}}} - CH_2R \cdot Cl^- \tag{2-60}$$

由于双烷基甲基的季铵化是自催化反应，因此本工艺的关键是叔胺化反应。实现此叔胺化反应需要采用多功能高活性和具有优良选择性与稳定性的催化剂。工业上催化剂的制备装置如图2-14所示。

先用阳离子和阴离子交换柱1和2制备去离子水放入贮罐3，通过离心泵4打入计量罐5，将水放入带有蒸汽加热的搅拌的搪瓷釜，将计量的 Na_2CO_3 于搅拌下徐徐加入，加热至80℃，将配制好的金属硝酸盐由计量罐6在30min内放入沉淀罐8，保持温度80～85℃下15min，加入计量罐7中配制的泥浆状担体，保持温度（85±2）℃下2h后，放入板框过滤机9，过滤后以去离子水洗至中性，在110℃蒸汽管加热室中干燥24h，220℃熔烧2h，420℃煅烧2h，得产品催化剂。

叔胺化反应后要过滤除掉催化剂，此外，由于产品中溶解一定量的过渡金属离子，会影响最终产物的质量和色度，因此在蒸馏提纯前必须先进行萃取以除去过渡金属离子。

2. 生产操作过程

$C_8 \sim C_{10}$ 双烷基二甲基季铵盐的生产工艺流程如图2-15所示。先由地槽9将脂肪酸打入高位槽11，计量后放入配料罐10中，将催化剂标量后加入，启动搅拌大约5min后，将混合料通过泵16打入反应釜1，反应系统用氮气清洗5min，以380号导

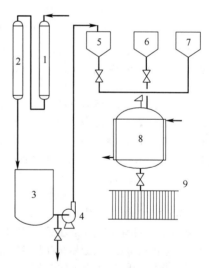

图2-14 催化剂制备装置及工艺
1,2—离子交换柱；3—贮罐；
4—离心泵；5～7—计量罐；
8—沉淀罐；9—板框过滤机

热油加热，搅拌下升温至100℃，通氢气循环，继续升温至200℃，保持约1h，即认为催化剂活化完成。降温至160℃，开始进甲胺气，以1℃/min的速度升温，以流量计12、13、14控制甲胺、氢气及混合气（总气流量）的流速，以R氢线上分析仪控制氢的纯度在70%以上为宜，此时可以观察到油水分离器4有大量水生成，水中有溶解的未反应一甲胺放入罐5，蒸发出一甲胺导入罐18重复使用。通甲胺时间约3h停止通胺，保持温度205℃，只通氢气，总循环量保持不变条件下1h后停止通氢气，降温至150℃时，由板框过滤机7过滤，过滤后的粗叔胺产品可贮于叔胺贮罐8。催化剂重复使用，第二批投料，不用活性催化剂，只需在氢循环下升温至160℃，直接通甲胺反应即可重复其后操作。

萃取工序粗叔胺产品中溶解一部分过渡金属离子，蒸馏前先通过泵17打入萃取罐20，将配制好的含

10%的萃取剂溶液按粗叔胺量的体积分数20%打入,升温至60℃,搅拌40min,静置20min后放去下层萃取溶液,同样操作重复一次。第二次萃取液可做第二批萃取的第一次萃取溶液使用,经过萃取的叔胺为淡黄色,当叔胺收率在98%以上时,可以直接通过泵21打入季铵化罐23,进行季铵化,当叔胺收率较低时或要求叔胺作为终产品出售时,可以通过泵21打入蒸馏釜22。

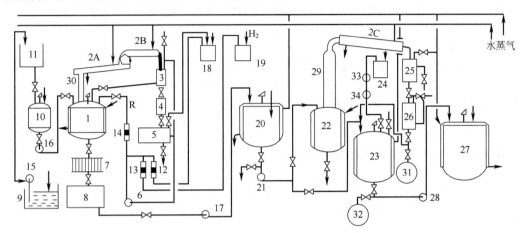

图2-15 $C_8 \sim C_{10}$ 双烷基二甲基季铵盐生产工艺流程

1—反应釜;2A,2B,2C—冷凝器;3,4—油水分离器;5—蒸发罐;6,15,16,17,21,28—泵;7—板框过滤机;8—叔胺贮罐;9—地槽;10—配料罐;11—高位槽;12,13,14—流量计;18—甲胺罐;19—氢气罐;20—萃取罐;22—蒸馏釜;23—季铵化罐;24—氯甲烷贮罐;25,26—分离器;27—混合罐;29,30—分馏柱;31—叔胺贮罐;32—季铵盐贮罐;33,34—氯甲烷净化装置

蒸馏工序:蒸馏可以提纯叔胺,回收未反应的醇和少量仲胺,降低消耗定额,蒸馏总收率大于96%,收集185~220℃馏分,作为叔胺可以直接放入季铵化罐23,也可以放入精叔胺贮罐31(作为终产品出售)。

季铵化工序:放入季铵化罐23的叔胺,在常压及50℃下,通入氯甲烷5h,可使叔胺季铵化50%以上。在压力为0.4~0.5MPa及温度为(85±2)℃条件下反应4h,可以使叔胺完全季铵化,无游离胺存在。需要注意:本工艺所用的氯甲烷是农药生产的副产物,要预先处理;因此增加了两步净化装置33和34。经净化后的氯甲烷,加入15%~25%的异丙酸,已无匀质化的极性,在温和的条件下即可发生亲核取代的季铵化反应。但是,在通入氯甲烷0.5h左右,因季铵化是自催化的过程,又是放热反应,所以操作时应特别慎之,以免产生飞温现象,导致季铵化产物颜色变深。

(二) 咪唑啉季铵盐

咪唑啉季铵盐在阳离子表面活性剂中仅次于长碳链季铵盐占第二位,它的功能与长碳链季铵盐相似,但是生产工艺比较简易,其起始原料大多采用动物油脂(如牛油、猪油)中制得的脂肪酸最常用的是加氢牛油酸,近年来也在开发油酸制成的咪唑啉季铵盐。与长碳链季铵盐不同,咪唑啉季铵盐中最常用的负离子是甲基硫酸盐负离子。

合成咪唑啉季铵盐一般以脂肪酸为起始原料,与多脂肪胺与二乙基三胺或三乙基四胺等,经过酰化、闭环反应,然后用硫酸二甲酯进行季铵化制得。首先将脂肪酸与N-羟乙基乙二胺共热脱水,胺化合物被酰化,然后在200℃的高温下闭环得咪唑啉环,其生产工艺有溶剂法和真空法两种。一般真空法所得产品质量为好。

真空生产工艺是在残压为133~33300Pa下进行脱水反应,一般脂肪酸和N-羟乙基乙二胺的摩尔比为(1∶1)~(1∶1.7),按原料不同而改变,反应温度为100~250℃,反应时间为3~10h。溶剂法是用甲苯或二甲苯作溶剂,根据共沸的原理,除去反应生成的水,最终反应温度约为200℃左右,反应完毕后蒸出溶剂。

最后将上述咪唑啉衍生物用硫酸二甲酯进行季铵化反应,即得咪唑啉季铵盐。

三、氧化叔胺

氧化叔胺其通式为$R(CH_3)_2N \rightarrow O$,是烷基二甲基叔胺或烷基二羟乙基叔胺的氧化产物,烷基为$C_{16} \sim$

C_{18}烃基。氧化叔胺的胺氧基是极性的,对H^+有强结合势,形成羟基铵离子$R(CH_3)_2N^+—OH$,所以它在酸性溶液中是阴离子,在中性与碱性溶液中是非离子,在酸液中与阴离子表面活性剂相遇,会产生沉淀物。在中性与碱性溶液中能与阴离子型表面活性剂配伍。

工业上氧化叔胺由烷基二甲基叔胺、烷基二羟乙基叔胺氧化制得,过氧化氢是常用的氧化剂,叔胺在与略过量的过氧化氢反应时,反应式如下:

$$RN(CH_3)_2 + H_2O_2 \longrightarrow R(CH_3)_2N \rightarrow O + H_2O \tag{2-61}$$

$$RN(CH_2CH_2OH)_2 + H_2O_2 \longrightarrow R(CH_2CH_2OH)N \rightarrow O + H_2O \tag{2-62}$$

生产上采用质量分数35%的过氧化氢,叔胺与过氧化氢的投料摩尔比为1.0∶1.1。操作时先将叔胺、溶剂(水或醇水溶液)及螯合剂加入反应器,搅拌下升温至55~65℃,在此温度下滴加过氧化氢,反应放热,故滴加速度取决于温度的控制,滴加完后,温度提高到70~75℃,直至反应结束。反应总周期随叔胺的性质而异,一般在4~12h。用水作溶剂时产物浓度在35%以下,若浓度高时会形成凝胶。用异丙酸或异丙酸-水作溶剂时,产品浓度可以达70%。由于过氧化氢对重金属比较敏感,并且胺氧化物对铁也比较敏感,所以加入螯合剂。

氧化叔胺具有优良的发泡与泡沫稳定性,用于洗发香波、液体洗涤剂、手洗餐具洗涤剂。它的润湿、柔软、乳化、增稠、去污作用,除用于洗涤剂制备外,还用于工业洗净、纺织品加工、电镀加工。

第六节 两性表面活性剂的合成

两性表面活性剂的亲水部分至少含有一个阳离子基与一个阴离子基,理论上它在酸性介质中表现为阳离子性,在碱性介质中表现为阴离子性,在中性溶液中表现为两性活性,实际上受阴离子基或阳离子基强弱的影响。它不像阴离子与阳离子表面活性剂相互配伍时会形成电荷中性的沉淀复合物,它可以与阴离子型或阳离子型表面活性剂混合使用。两性表面活性剂的阳离子基,通常是仲胺基、叔胺基或季铵基,阴离子基通常是羧基、磺酸基、硫酸基。

两性表面活性剂具有良好的去污、起泡和乳化能力,耐硬水性好,对酸碱和各种金属离子都比较稳定,毒性和皮肤刺激性低,生物降解性好,并具有抗静电和杀菌等特殊性能。因此,其应用范围正在不断扩大,特别是在抗静电、纤维柔软、特种洗涤剂以及香波、化妆品等领域,预计两性离子表面活性剂的品种和产量将会进一步增加,生产成本也会有所下降。

一、咪唑啉羟酸盐

咪唑啉型是两性表面活性剂中产量和商品种类最多,应用最广的一种,制备这类表面活性剂,首先是由脂肪酸与多胺缩合,脱去2mol水而形成2-烷基-2-咪唑啉,脂肪酸通常是C_{12}~C_{18}的脂肪酸,多胺通常是羟乙基乙二胺、二亚甲基二胺等。然后在2-烷基-2-咪唑啉的基础上引入羟基成为羟酸咪唑啉型,引入磺酸基成为磺酸咪唑啉型。

咪唑啉羟酸盐的典型代表是2-烷基-1-(2-羟乙基)-2-咪唑啉乙酸盐,它的制备方法,是将脂肪酸与羟乙基乙二胺在减压加热下脱水环合得到2-烷基-2-咪唑啉,然后与氯乙酸钠烷基化反应。烷基化反应条件:咪唑啉和氯乙酸摩尔酸比为1∶1,将氯乙酸溶液用氢氧化钠调至pH值为13,在常温下慢慢加入咪唑啉,然后升温至90℃反应,当溶液pH值从13降至8~8.5时,即为反应终点,得到咪唑啉乙酸钠产品。

$$2RCOOH + 2NH_2CH_2CH_2NHCH_2CH_2OH \xrightarrow{\text{脱水}}_{\text{缩合}} RCONHCH_2CH_2NHCH_2CH_2OH$$

$$+ RCON\begin{matrix}CH_2CH_2NH_2\\CH_2CH_2OH\end{matrix} \tag{2-63}$$

$$RCON\begin{matrix}CH_2CH_2NH_2\\CH_2CH_2OH\end{matrix} \xrightarrow{\text{脱水}}_{\text{环合}} \underset{\underset{CH_2CH_2OH}{|}}{R-C\begin{matrix}N-CH_2\\\\N-CH_2\end{matrix}} + H_2O \tag{2-64}$$

$$\underset{\underset{CH_2CH_2OH}{|}}{R-C\begin{matrix}N-CH_2\\\\N-CH_2\end{matrix}} + ClCH_2COONa \longrightarrow \underset{\underset{-OOCH_2C\quad CH_2CH_2OH}{|\quad\quad|}}{R-C\begin{matrix}N-CH_2\\\\N^+-CH_2\end{matrix}} + NaCl \tag{2-65}$$

咪唑啉羟酸盐对皮肤亲和无毒,对眼无刺激,用于制备婴儿香波、洗发香波、调理剂与化妆品。它有温和杀菌性能,毒性比阳离子型表面活性剂小,也可作沥青乳化剂。

二、烷基甜菜碱

烷基甜菜碱的结构式是 $R(CH_3)_2N^+CH_2COO^-$,它是有一个季铵阳离子与一个羧基阴离子的内铵盐,R 是 $C_8 \sim C_{18}$ 的饱和或不饱和烃基,烷基甜菜碱在 pH 较低时,呈阳离子性,但在碱性溶液中并不显示阴离子性质。在水中有较好的溶解度,即使在等电点其溶解度也不显示较大降低。烷基甜菜碱类两性表面活性剂有羟酸型、磺酸盐、硫酸酯型等,其中最有商业价值的是羟酸甜菜碱两性表面活性剂,其他类型的也正在迅速发展。

烷基羟酸甜菜碱常用的制备方法,是将与 NaOH 等摩尔的十二烷基二甲胺慢慢加入以氢氧化钠中和的氯乙酸水溶液中,在 20~80℃反应数小时,即可完成反应,所得产物为透明状水溶液。

$$C_{12}H_{25}(CH_3)_2N + ClCH_2COONa \xrightarrow{70\sim80℃} C_{12}H_{25}(CH_3)_2N^+CH_2COO^- + NaCl \qquad (2-66)$$

烷基甜菜碱在硬水、酸碱液中都有良好的泡沫性能,与阴离子型表面活性剂合用有增效作用;它是钙皂分散剂,与肥皂混合使用起协同作用,提高去污力;它对皮肤柔和刺激性小,可用于家用及个人洗涤剂,还可作氯代烃为溶剂的干洗剂。它是合成纤维的抗静电剂,织物柔软剂,纺织品加工的匀染剂、润湿剂与洗涤剂。

第七节 特殊类型表面活性剂

近年来发展了一些在分子的亲油基中除碳、氢外还含有其他一些元素的表面活性剂,如含有氟、硅、锡、硼等的表面活性剂。它们数量不大,也不符合前述之电荷分类法,其用途又特殊,故通称为特殊类型表面活性剂。特殊类型表面活性剂可以分为氟碳表面活性剂、含硅表面活性剂、高分子表面活性剂及生物表面活性剂等,因篇幅有限,这里仅作简单介绍。

一、氟碳表面活性剂

氟碳表面活性剂和上述各类表面活性剂一样,也是由亲水基团和疏水基团两部分所组成,但以氟碳链代替通常的疏水基团碳氢链。由于氟碳链具有极强的疏水性及比较低的分子内聚力,因而其表面活性剂水溶液在很低浓度下呈现高的表面活性。一般碳氢表面活性剂水溶液表面张力通常在 30~40(mN/m),而氟碳表面活性剂可使水的表面张力降至 15 (mN/m)。

碳氢表面活性剂一般在 12 个碳原子以上才有好的表面活性,而氟碳表面活性剂在 6 个碳原子时就呈现出好的表面活性,一般在 8~12 碳时为最佳;并且其临界胶束浓度要比相应的碳氢表面活性剂低 10~100 倍。

氟碳链中碳氟键具有较高的键能 (485.6kJ/mol),并由于氟原子的屏蔽,使 C—C 键的稳定性也有所提高,因而氟碳表面活性剂具有碳氢表面活性剂所没有的化学稳定性及热稳定性。例如,$C_8F_{17}OC_6H_4SO_3K$ 的分解温度在 335℃左右。它在强酸介质或氧化剂中仍具有良好的表面活性。

由于氟碳表面活性剂的这些特点,它可以应用于碳氢表面活性剂所难于发挥作用的地方。例如,用作高效的泡沫灭火剂,电镀添加剂,也可用于织物的防水防油整理、防污整理;渗透剂和精密电子仪器清洗剂,还可用作乳液聚合的乳化剂等,它都具有突出的性能。

氟碳表面活性剂的合成包括含氟疏水链的合成及亲水基团的引入。合成的关键是得到一定结构的氟碳链,通常碳原子数为 6~12;然后再按设计要求,引入亲水基,引入亲水基的方法与碳氢表面活性剂相类似。工业上制取氟碳链主要有电解氟化法、调聚法和全氟烃齐聚法,此处简要介绍一下电解氟化法。

将磺酸或羧酸的酰氯化物溶于无水氢氟酸液体中,用镍板阳极进行电解氟化,电极间电压在 4~6V,电解控制在无氟气体排出条件下。碳氢化合物在阳极氟化成全氟有机化合物,然后水解,用碱中和,可得氟碳盐阴离子型表面活性剂。

$$C_7H_{15}COCl + HF \xrightarrow{\text{电解}} C_7F_{15}COF \xrightarrow{H_2O} C_7F_{15}COOH \xrightarrow{NaOH} C_7F_{15}COONa \qquad (2-67)$$

$$C_8H_{17}SO_2Cl + HF \xrightarrow{\text{电解}} C_8F_{17}SO_2F \xrightarrow{H_2O} C_8F_{17}SO_3H \xrightarrow{NaOH} C_8F_{17}SO_3Na \qquad (2-68)$$

电解过程中,由于 C—C 键断裂而产生大量副反应,一般羧酸酰氯电解的收率在 10%~15%,磺酰氯则为 25%,收率虽低,但从原料酰氯经一步合成即得保存有反应性官能团的全氟烃化合物,为进一步制取氟碳表面活性剂提供了方便。

电解氟化制得的全氟羧酰氟及全氟磺酰氯可进一步反应制得氟碳阴离子、阳离子、两性离子和非离子表面活性剂。

二、含硅表面活性剂

以硅烷基链或硅氧烷基链的亲油基，聚氧乙烯链、羧基、磺酸基或其他极性基团为亲水基所构成的表面活性剂为含硅的表面活性剂。它是除含氟碳表面活性剂外的优良表面活性剂类型。硅表面活性剂按其亲油基不同又可分为硅烷基型和硅氧烷基型；若按亲水基分则和其他表面活性剂类似，有阴离子型、阳离子型和非离子型。硅表面活性剂的合成也包括有机硅亲油链的合成和亲水基团的引入两步，第一步常由专业有机硅生产厂完成，此处仅就含硅表面活性剂的合成作一简介。

（一）含硅非离子表面活性剂的合成

1. 羟代甲基衍生物与环氧乙烷的反应

$$CH_3-Si(CH_3)_2-(CH_2)_3OH + n\,CH_2\!-\!\!-\!CH_2 \xrightarrow{KOH} CH_3-Si(CH_3)_2-(CH_2)_3O(CH_2CH_2O)_nH \quad (2\text{-}69)$$

2. 含氢硅氧烷和含烯基聚醚的加成

$$(CH_3)_3Si\!-\!\!\left(OSi(CH_3)_2\right)_{\!n}\!-\!O\!-\!Si(CH_3)_2\!-\!H + CH_2\!=\!CHCH_2O\text{+}CH_2CH_2O\text{+}_mCH_3$$

$$\longrightarrow (CH_3)_3Si\!-\!\!\left(OSi(CH_3)_2\right)_{\!n}\!-\!OSi(CH_3)_2\!-\!(CH_2)_3O\text{+}CH_2CH_2O\text{+}_mCH_3 \quad (2\text{-}70)$$

用上述两种方法可以合成 Si—C 键的共聚物，对酸、碱稳定，具有较好的水解稳定性，常用作纺织品整理剂使用。

（二）阳离子含硅表面活性剂的合成

阳离子含硅表面活性剂可以通过含卤素的硅烷及硅氧烷与胺类反应来完成，其反应式如下：

$$(CH_3O)_3Si(CH_2)_3Cl + C_{18}H_{37}N(CH_3)_2 \longrightarrow [(CH_3O)_3\!-\!Si(CH_2)_3\!-\!N(CH_3)_2\!-\!C_{18}H_{37}]^+Cl^- \quad (2\text{-}71)$$

这是一种很好的持久性抑菌卫生剂，可用于袜品、内衣、寝具的卫生整理。

（三）阴离子含硅表面活性剂的合成

利用丙二酸酯中次甲基氢的活性，以及水解后丙二酸受热脱羧的特性，使其含卤素的硅烷成硅氧烷反应。

$$R_3SiC_nH_{2n}X + \begin{array}{c}COOC_2H_5\\ H-CH\\ COOC_2H_5\end{array} \longrightarrow R_3SiC_nH_{2n}\!-\!\begin{array}{c}COOC_2H_5\\ CH\\ COOC_2H_5\end{array} \longrightarrow R_3SiC_nH_{2n}COOH \quad (2\text{-}72)$$

引入羧基后的含硅及硅氧烷化合物不仅本身可用作表面活性剂，而且可由此引入酰胺及酯类的一系列其他类型的表面活性剂。

由于含硅表面活性剂具有良好的表面活性和较高的稳定性，可用于合成纤维油剂及织物的防水剂、抗静电剂、柔软剂、在化妆品中可用作消泡剂、调整剂等。含硅阴离子型表面活性剂也具有很强的杀菌作用。

三、生物表面活性剂

微生物在一定条件下，可将某些特定物质转化为具有表面活性的代谢产物，即生物表面活性剂。生物表面活性剂也具有降低表面张力的能力，加上它无毒、生物降解性能好等特性，使其在一些特殊工业领域和环境保护方面受到注目，并有可能成为化学合成表面活性剂的替代品或升级换代产品。

生物表面活性剂是由细菌、酵母菌和真菌等多种微生物在一定条件下分泌出的代谢产物，如糖脂、多糖脂、脂肽或中性类脂衍生物等，它们与一般表面活性剂分子在结构上类似，即分子中不仅有脂肪烃链构成的亲油基，同时也含有极性的亲水基，如磷酸根或多羟基基团等。根据其亲水基的类别，生物表面活性剂可分为5类：①糖脂类，亲水基可以是单糖、低聚糖或多糖；②氨基酸酯类，是以低缩氨基酸为亲水基；③中性脂及脂肪酸类；④磷脂类；⑤聚合物类，其代表物有脂杂多糖、脂多糖复合物、蛋白质-多糖复合物等。

生物表面活性剂能显著降低表面张力和油水界面张力，具有良好的抗菌性能，由于其独特性能，可应用于石油工业提高采油率、清除油污等，另外它在纺织、医药、化妆品和食品等工业领域都有重要应用。

复习思考题

1. 表面活性剂具有哪些特点？
2. 按常用的分类方法，表面活性剂分为哪几类？
3. 影响磺化反应主要有哪些因素？
4. 简述用三氧化硫磺化的特点。
5. 简述用膜式反应器生产磺化或硫酸化产物工艺流程。
6. 简述烷基硫酸酯盐生产流程。
7. 何为乙氧基化反应？乙氧基化的影响因素是什么？
8. 简述乙氧基化工艺过程。
9. 简述间歇搅拌釜式生产脂肪醇聚氧乙烯醚的操作技术。
10. 乳化剂 S-60 和 S-80 其组成和性质各有什么差别？
11. 乳化剂 T-60 和 T-80 其组成和性质各有什么差别？
12. 比较蔗糖酯的几种生产方法。
13. 比较直接糖苷化法和转糖苷化法两种技术路线。
14. 简述 $C_8 \sim C_{10}$ 双烷基二甲基胺的生产操作过程。

第三章　合成材料加工用化学品

学习目的与要求

- 掌握合成材料加工用化学品是指用于塑料、橡胶和合成纤维加工过程中所用的主要助剂；它们不仅在加工过程中可以改善聚合物的工艺性能，影响加工条件，提高加工效率；并且可以改进产品的性能，提高使用价值和寿命。
- 理解合成材料加工用化学品的主要类别和作用，以及酯化反应、卤化反应、重氮化、偶合反应的基本原理和影响因素。
- 了解增塑剂、阻燃剂、抗氧剂、交联剂、硫化促进剂、热稳定剂、光稳定剂、发泡剂、抗静电剂的分类、用途、发展趋势、典型品种的合成原理和生产技术要点。

第一节　概　　述

一、助剂的定义和分类

某些材料和产品在生产、加工、使用过程中，为了改善生产工艺和提高产品性能而需添加的各种辅助化学品；这些辅助化学品通常称之为助剂或添加剂。随着化工行业的发展、材料类别的不断丰富、合成与加工技术的快速进步以及合成材料用途的日益扩大，助剂的类别和品种日趋增多，已成为品目十分繁杂且具有一定规模的精细化工行业。

就化学结构而言，助剂涉及有机物或无机物；单一化合物或混合物，单体物或聚合物。按应用对象来说，助剂可分为高分子材料助剂、食品工业添加剂、石油用化学品和纺织染整助剂等四类。按使用范围，助剂可以分为合成用助剂和加工用助剂两大类。助剂涉及塑料、橡胶和合成纤维等合成材料部门，以及纺织、印染、农药、皮革、造纸、食品、饲料、电子、冶金、机械、油田和水泥等工业部门。本章主要讨论合成材料加工过程中所用的主要助剂类别。

对合成材料助剂而言，根据其反应对象可以分为塑料助剂，橡胶助剂和合成纤维助剂，在各类助剂中还可以根据其作用再分成小类。另外一种比较通用的分类方法是按照助剂的功能进行分类；在功能相同的一类中，再按作用机理或分子结构分成小类。合成材料助剂按照功能分类大致可归纳如下。

1. 稳定化助剂

合成材料在储存，加工和使用过程中受到光、热、氧辐射、微生物和机械疲劳因素的影响，而发生老化变质。为防止或延缓这一过程而添加的助剂称为稳定化助剂，其种类很多，有光稳定剂、热稳定剂、抗氧剂、防霉剂等。

2. 改善加工性能的助剂

在对聚合物树脂进行加工时，常因聚合物的热降解、黏度及其与加工设备和金属之间的摩擦力等因素使加工发生困难，为此常加入助剂以改善其加工性能。这一类助剂有润滑剂、脱模剂、软化剂、塑解剂等。

3. 功能性助剂

（1）改善力学性能的助剂　合成材料的力学性能包括抗张强度、硬度、刚性、热变形性、冲击强度等，为此常加入助剂以改善其力学性能。例如，树脂交联剂、抗冲击剂、补强剂、填充剂、偶联剂；用于橡胶硫化的助剂，如硫化剂、硫化促进剂、硫化活性剂和防焦剂等。

（2）柔软化和轻质化的助剂　在塑料（特别是聚氯乙烯）加工时，需要大量添加增塑剂以增加塑料的可塑性和柔软性；在生产海绵橡胶和泡沫塑料时则要添加发泡剂。

（3）改进表面性能和外观的助剂　在这类助剂中，有防止塑料和纤维加工和使用中产生静电危害的抗静电剂；有防止塑料薄膜内壁形成雾滴而影响阳光透过的防雾滴剂；有用于橡胶和塑料着色的着色剂。此外，在纤维纺织品中添加柔软剂，可以改善表面手感，滑爽柔软；添加硬挺剂，能使织物平整挺直而不变形等。

（4）阻燃添加剂　合成材料中常需添加阻燃剂，使其在火焰中仅能缓慢燃烧，而一旦脱离火源，则可立即熄灭。此外，由于许多合成材料在燃烧时会产生大量使人窒息的烟雾，因此，还需要添加烟雾抑制剂。

除上述之外，随着合成材料应用研究的深入，一些显示特殊功能的助剂类型也已经开发投产，如改善塑料薄膜隔热保温性能的红外吸收剂，消除环境公害的光降解剂、生物降解剂以及赋予良好嗅觉的赋香剂等。

二、助剂在合成材料加工过程中的功用

在合成材料的加工过程中，例如塑料和橡胶的配合塑炼、成型；纤维的纺织和染整，助剂都是不可缺少的物质条件。它不仅在加工过程中，可以改善聚合物的工艺性能，影响加工条件，提高加工效率；并且可以改进产品的性能，提高使用价值和寿命。例如，纯的丁苯硫化胶抗张强度只有 0.13～0.21MPa，没有实用价值，加入补强剂炭黑后，可以提高到 1.66～2.4MPa，成为应用最广的一种合成橡胶。

助剂的用量虽然比较少，但起的功用却很显著，甚至可以使某些因性能有较大缺陷或加工很困难而几乎失去应用价值的聚合物变成宝贵的材料。

第二节　增　塑　剂

凡添加到聚合物体系中，能使聚合物增加塑性，柔韧性或膨胀性的物质称为增塑剂；通常为高沸点、难挥发的液体或低熔点的固体。其品种繁多，已见报道的达 1100 多种，已投入生产及商品化的达 200 多种。就化学结构而言，以邻苯二甲酸酯为主，约占商品增塑剂总量的 80%。就产量而言，增塑剂是有机助剂中占首位的产品类别。主要用于聚氯乙烯（英文缩写为 PVC）树脂中，其次用于纤维素树脂、聚乙酸乙烯酯树脂、丙烯腈-丁二烯-苯乙烯（英文缩写为 ABS）树脂及橡胶等。

将增塑剂众多的品种进行分类，有利于了解各类品种的特性，便于用户根据需要准确地选择品种或进行复配，也便于研究者根据这些规律开发新品种。对于增塑剂，采用不同的标准分类方法也不同。目前常用的有以下 4 种方法。按增塑剂和树脂的相容性分类，可分为主增塑剂和辅助增塑剂，一般认为与树脂能高度相容的增塑剂就是主增塑剂。按增塑剂的分子结构分类，可分为单体型和聚合型；单体型增塑剂的相对分子质量介于 300～500 之间，聚合型增塑剂的相对分子质量约 1000～6000。按增塑剂的特性及使用效果分类，可分为通用型和专用型，后者可进一步分类，如耐热增塑剂，耐寒增塑剂、阻燃增塑剂、无毒增塑剂等。按化学结构分类，这是最常用的分类方法，可分为苯二甲酸酯、脂肪族二元酸酯、脂肪酸单酯、二元醇脂肪酸酯、磷酸酯、环氧化物、聚酯、含氯化合物等。

一、增塑机理及结构与性能

当增塑剂加入到聚合物中，或增塑剂分子插入聚合物分子之间，削弱了聚合物的引力，结果增加了聚合物分子链的移动性，降低了聚合物分子链的结晶度，从而使聚合物的塑性增加。一些常见的热塑性高分子聚合物的玻璃化转变温度（glass transition temperature，T_g）是高于室温的，因此在常温下，聚合物处于玻璃样的脆性状态。加入适宜的增塑剂以后，聚合物的玻璃化温度可以下降到使用温度以下，材料就呈现出较好的柔韧性、可塑性、回弹性和耐冲击强度，可以加工成各种各样的有实用价值的产品。增塑剂自身的玻璃化温度越低，则其使聚合物的玻璃化温度下降的效果越好，塑化效率也就越高。由此可见，聚合物分子链的作用力和结晶性实际上是对抗塑性的主要因素，它也取决于聚合物的化学与物理结构。

相容性是增塑剂在聚合物分子链之间处于稳定状态下相互掺混的性能，是作为增塑剂最主要的基本条件。增塑剂与聚合物的相容性与增塑剂自身的极性及其二者的结构相似有关。一般说来，极性相近且结构相似的增塑剂与被增塑聚合物相容性就好。对于乙酸纤维素、硝酸纤维素、聚酰胺等强极性聚合物而言，邻苯二甲酸二甲酯［简写为 DMP］、邻苯二甲酸二乙酯［简写为 DEP］、邻苯二甲酸二正丁酯［简写为 DBP］等作主增塑剂使用时相容性较好。相反，在聚丙烯、聚丁二烯、聚异丁烯和丁苯胶塑化时，常选用非极性及弱极性增塑剂。聚氯乙烯属于极性聚合物，其增塑剂多是酯型结构的极性化合物。

作为主增塑剂使用的烷基碳原子数为 4～10 个的邻苯二甲酸酯与聚氯乙烯的相容性是良好的，但随着烷基碳原子数的进一步增加，其相容性急速降低。因而工业上使用的邻苯二甲酸酯类增塑剂的碳原子数都不超过 13 个，不同结构的烷基其相容性次序为：芳环＞脂环族＞脂肪族；例如，邻苯二甲酸二辛酯＞四氯化邻苯二甲酸二辛酯＞癸二酸二辛酯。

脂肪族二羧酸酯、聚酯、环氧化合物和氯化石蜡与聚氯乙烯的相容性较差，多作为辅助增塑剂。

对于聚氯乙烯树脂而言，一个性能良好的增塑剂，其分子结构应该具有以下几点：①相对分子质量在 300～500 左右；②具有 2～3 个极性强的极性基团；③非极性部分和极性部分保持一定的比例；④分子形状

成直链形，少分支。

二、增塑剂的主要品种

（一）苯二甲酸酯类

苯二甲酸酯是工业增塑剂中最主要的品种，生产工艺简单，原料便宜易得、成本低廉，品种多，产量大，几乎占增塑剂年消耗量的80%以上。特别是由于聚氯乙烯塑料的广泛应用，苯二甲酸酯作为增塑剂能使其得到优异的改性，满足多方面应用的需要。同时由于配合用量大，特别是对软聚氯乙烯制品，而使苯二甲酸酯类成为增塑剂工业大规模生产的中心品种系列。

苯二甲酸酯是一类高沸点的酯类化合物。苯二甲酸酯按化学结构可分为邻苯二甲酸酯、间苯二甲酸酯和对苯二甲酸酯，以邻苯二甲酸酯应用最广。

（二）脂肪二元酸酯

脂肪族二元酸酯的化学结构通式表示如下：

$$R_1-O-\overset{O}{\underset{\parallel}{C}}-(CH_2)_n-\overset{O}{\underset{\parallel}{C}}-O-R_2$$

式中 n 一般为2~11，即由丁二酸至十三烷二酸。R_1 与 R_2 一般为 C_4~C_{11} 烷基或环烷基，R_1 与 R_2 可以相同也可以不同。生产中常用长链二元酸与短链一元醇或用短链二元酸与长链一元醇进行酯化，使总碳原子数在18~26之间，以保证增塑剂与树脂获得较好的相容性和低挥发性。我国生产的这一系列品种主要有癸二酯二丁酯（DBS）、己二酸二（2-乙基）己酯产量约占90%，它的耐寒性最好，但价格较贵，因而限制了它的用途。

（三）磷酸酯

磷酸酯的化学结构通式表示如下：

$$O=P\begin{matrix}O-R_1\\O-R_2\\O-R_3\end{matrix}$$

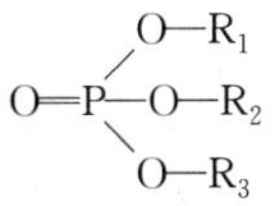

式中 R_1、R_2、R_3 为烷基、卤代烷基或芳基。

磷酸酯是由三氯氧磷或三氯化磷与醇或酚经酯化反应而制取。磷酸酯与聚氯乙烯、纤维素、聚乙烯、聚苯乙烯等多种树脂和合成橡胶有良好的相容性。磷酸酯突出的特点是良好的阻燃性和抗菌性，特别是单独使用时效果更佳。另外，磷酸酯类增塑剂挥发性较低，抗抽出性也优于邻苯二甲酸二（2-乙基）己酯，多数磷酸酯都有耐菌性和耐候性。但这类增塑剂的主要缺点是价格较贵，耐寒性较差，大多数磷酸酯类的毒性较大，特别是磷酸三甲苯酯（简写为TCP）不能用于和食品相接触的场合。磷酸二苯辛酯是允许用于食品包装的唯一磷酸酯。含卤磷酸酯几乎全部作为阻燃剂使用。

芳香族磷酸酯（如磷酸三甲苯酯）的低温性能很差；脂肪族磷酸酯的许多性能均和芳香族磷酸酯相似，但低温性能却有很大改善。在磷酸酯中磷酸三甲苯酯的产量最大，磷酸甲苯二苯酯次之，磷酸三苯酯居第三位，它们多用在需要难燃性的场合。在脂肪族磷酸酯中磷酸三辛酯较为重要。

（四）环氧化合物

作为增塑剂的环氧化物主要有环氧化油、环氧脂肪酸单酯和环氧四氢邻苯二甲酸酯三大类，在它们的分子中都含有环氧结构 $-CH-CH-$ 主要用在聚氯乙烯中以改善制品对热和光的稳定性。它不仅对聚氯乙烯有增塑作用，而且可以使聚氯乙烯链上的活泼氯原子稳定化，阻滞了聚氯乙烯的连续分解，这种稳定化作用如果是将环氧化合物和金属盐稳定剂同时应用，将进一步产生协同作用而使之更为加强。因此，环氧增塑剂的这种特殊作用也是它在塑料工业中发展较快的一个重要原因，在聚氯乙烯的软制品中，只要加入质量分数为2%~3%的环氧增塑剂，即可明显改善制品对热、光的稳定性。在农用薄膜上，加上5%就可以大大改善其耐候性，如和聚酯增塑剂并用，则更适合于作冷冻设备、机动车辆等所用的垫片。另外，环氧增塑剂毒性低，可允许用作食品和医药品的包装材料。

（五）聚酯增塑剂

聚酯类增塑剂是属于聚合型的增塑剂，它是由二元酸和二元醇缩聚而制得，其化学结构通式为：$H-(OR_1OOCR_2CO)_n-OH$。

式中 R_1、R_2 分别代表二元醇（有1,3-丙二醇，1,3或1,4-丁二醇，乙二醇）和二元酸（有己二酸、癸二酸、苯二甲酸等）的烃基。有时为了通过封闭基进行改性，使分子质量稳定，则需加入少量一元醇或一元酸。

聚酯增塑剂的最大特点是其挥发性小、迁移性小、耐久性优异，而且可以作为主增塑剂使用，主要用于耐久性要求高的制品，但价格较贵，多数情况和其他增塑剂配合使用。聚酯增塑剂应用领域广泛，既可用于聚氯乙烯树脂，也可用于丁苯橡胶，丁腈橡胶以及压敏胶、热熔胶、涂料等。

聚酯增塑剂的品种繁多，许多厂家为了进一步改善产品的性能，将单体的聚酯聚合物进行共聚改造或配成混合物，并给予一个商品牌号，而不公开具体组成。因此聚酯增塑剂不按化学结构来分类，而按所用的二元酸分类，大致分为己二酸类、壬二酸类、戊二酸类和癸二酸类等。在实际应用上，以己二酸类的品种最多，重要的为己二酸丙二醇类聚酯，其相对分子质量在3000～3500间；其次为壬二酸类和癸二酸类聚酯。

苯多酸酯主要包括偏苯三酸酯和均苯四酸酯等。苯多酸酯挥发性低、耐抽出性好、耐迁移性好，具有类似聚酯增塑剂的特点。同时苯多酸酯的相容性、加工性、低温性等都类似于单体型的邻苯二甲酸酯。1,2,4-偏苯三酸三异辛酯和1,2,4-偏苯三酸三(2-乙基己酯)(TOTM)，它们兼具有单体型增塑剂和聚合型增塑剂两者的优点，作为耐热、耐久性增塑剂有广泛的用途，目前主要用于105℃级的电线中。

（六）含氯增塑剂

含氯化合物作为增塑剂最重要的是氯化石蜡，其次为含氯脂肪酸酯等。它们最大的优点是具有良好的电绝缘性和阻燃性，不足之处是与聚氯乙烯树脂相容性较差，热稳定性也不好，因而一般作辅助增塑剂用。高含氯量（70%）的氯化石蜡可作为阻燃剂用。

氯化石蜡是指C_{10}～C_{30}正构混合烷烃的氯化产物，有液体和固体两种，按含氯多少可以分为40%、50%、60%和70%几种。其物理化学性质取决于原料构成、含氯量和生产工艺条件3个因素。低含氯量品种与聚氯乙烯树脂相容性差，高含氯量由于黏度大，也会影响塑化效率和加工性能。

氯化石蜡对光、热、氧的稳定性差，长时间在光和热的作用下分解产生氯化氢，并伴随有氧化、断链和交联反应发生。要提高其稳定性，可以从几个方面加以考虑。提高原料石蜡中的正构烷烃的质量分数；适当降低氧化反应温度；加入适量稳定剂；以及向氯化石蜡分子上引入羟基，氨基，氰基，(—SH)等极性基团进行改性。此外，氯化石蜡耐低温，作为润滑剂的添加剂可以抗严寒，当含氯量在50%以下时尤为突出，研究表明，耐热性的氯化石蜡含氯量为31%～33%，其结构非常类似于聚氯乙烯。

（七）其他类别的增塑剂

除上述的增塑剂种类以外，还有力学性能好、耐皂化、迁移性低、电性能好、耐候的烷基苯磺酸类，耐热性和耐久性优良的丁烷三羧酸酯，耐寒性和耐水性优良的氧化脂肪族二元酸酯，耐寒性良好的多元醇酯，耐热性优良的环烷酸酯，无毒的柠檬酸酯等。

三、增塑剂生产中的酯化反应过程与酯化催化剂

（一）酯化反应的热力学和动力学

虽然增塑剂的种类很多，但其中绝大部分都是酯类，绝大多数酯类的合成都是基于酸和醇的酯化反应。

酸与醇的反应历程，即羧酸首先质子化成为亲电试剂，然后与醇反应，脱水、脱质子而生成酯。总的反应可简单表示如下：

$$\underset{\underset{O}{\|}}{R-C-OH} + HO-R' \overset{K}{\rightleftharpoons} \underset{\underset{O}{\|}}{R-C-O-R'} + H_2O \tag{3-1}$$

酯化反应是可逆反应，其平衡常数K可表示如下：

$$K = \frac{C_{酯} \; C_{水}}{C_{羧酸} \; C_{醇}} \tag{3-2}$$

上述酯化反应的热效应很小，但是羧酸的结构和醇的结构则对酯化速度和K值有很大影响。

（二）醇-酸酯化的催化剂

对于许多酯化反应，温度每升高10℃，酯化速度增加一倍。因此，加热可以增加酯化速度。但是，有一些实例，只靠加热并不能有效地加速酯化反应。特别是高沸点醇（例如甘油）和高沸点酯（例如硬脂酸），不加入催化剂，只在常压下加热到高温并不能有效地酯化。

采用催化剂和提高反应温度可以大大加快酯化反应的速度，缩短达到平衡的时间。例如邻苯二甲酸与醇的酯化反应，在没有催化剂的情况下单酯化反应能迅速进行式(3-3)，然后由单酯进一步反应变成双酯却非

常缓慢式(3-4)。

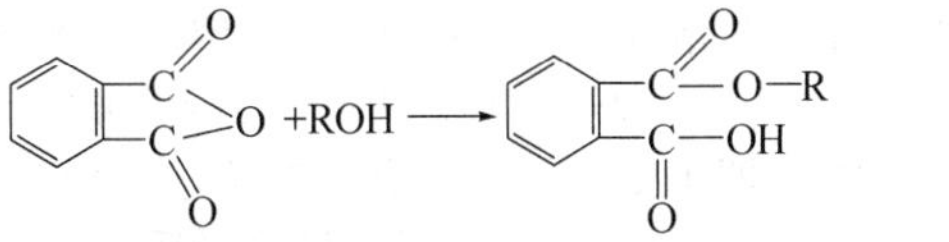

$$\text{邻苯二甲酸酐} + ROH \longrightarrow \text{邻苯二甲酸单酯} \tag{3-3}$$

$$\text{邻苯二甲酸单酯} + ROH \longrightarrow \text{邻苯二甲酸二酯} + H_2O \tag{3-4}$$

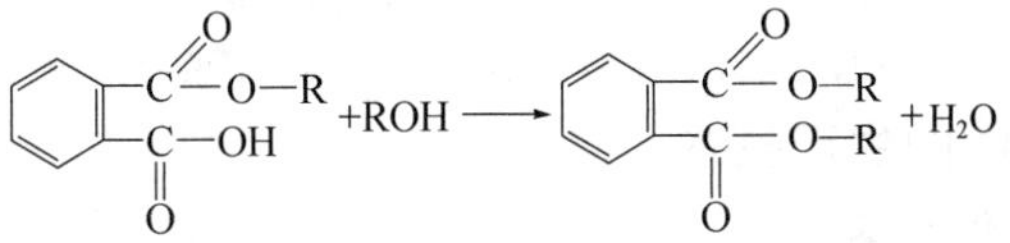

因此双酯化反应需要较高的温度和催化剂。

在醇与酸的酯化过程中，氢离子（H^+）对酯化反应有很好的催化作用。硫酸、对甲苯磺酸、氯化氢、强酸性阳离子交换树脂等是工业上广泛使用的催化剂。磷酸、过氯酸、萘磺酸、甲基磺酸、硼和硅的氟化物（如三氟化硼乙醚络合物），以及铵、铝、镁、钙的盐类等也是较好的催化剂。

硫酸具有很强的催化活性，反应时间短，但极容易使反应混合物着色；而硫酸盐、酸式硫酸盐具有与硫酸相同的催化效果，但着色性低，特别是酸式亚硫酸盐着色性极低。

为了解决酸性催化剂容易使反应混合物着色和腐蚀性的问题，近年来研究开发了一系列的非酸性催化剂，已经应用到了工业生产上，并简化了工艺过程。这些非酸性催化剂主要包括以下 4 类：铝的化合物，如氧化铝、铝酸钠、含水 Al_2O_3+NaOH 等；Ⅳ族元素的化合物，特别是原子序数≥22 的Ⅳ族元素的化合物，如氧化钛、钛酸四丁酯、氧化锆、氧化亚锡和硅的化合物等；碱土金属氧化物，如氧化锌、氧化镁等；Ⅴ族元素的化合物，如氧化锑、羧酸铋等。其中最重要的钴、钛和锡的化合物，它们可以单独使用，也可以互相搭配使用，还可以载于活性炭等载体上作为悬浮型固体催化剂使用。一般说来，采用一些非酸性的新型催化剂不仅酯化时间短，而且无腐蚀性、产品色泽优良、副反应少，回收醇只需简单处理就能循环使用。这些非酸性催化剂的不足之处是在较高温度下（一般在 180℃左右）才具有足够的催化活性，所以采用非酸性催化剂时酯化温度较高，一般多在 180~250℃。

（三）用羧酸和醇进行酯化的操作方法

用羧酸的酯化是可逆反应，如前所述，酯化的平衡常数 K 都不大，当使用等摩尔比的酸和醇进行酯化反应时，达到平衡后，反应物中仍剩余有相当数量的酸和醇。为了使羧酸和醇或者使二者之一尽可能完全反应，就需要使平衡右移，可以采用以下几种操作方法。

1. 用过量的低碳醇

此法操作简单，只要将羧酸和过量的低碳醇在浓硫酸等催化剂存在下回流数小时，然后蒸出大部分过量的醇，再将反应物倒入水中，用分层过滤法分离出生成的酯。但此法只适用于平衡常数 K 极大，醇不需要过量太多，而且醇能溶解于水，批量小、产值高的甲酯化和乙酯化过程，此法以生产医药中间体和香料等为主。

2. 从酯化反应物中蒸出生成的酯

此方法只适用于在酯化反应物中酯的沸点最低的情况；例如，只适用于制备甲酸乙酯、甲酸丙酯、甲酸异丙酯和乙酸甲酯、乙酸乙酯等。应该指出，这些酯常常会与水（甚至还有醇）形成共沸物，因此蒸出的粗酯还需要进一步精制。

3. 从酯化反应物中直接蒸出水

此法可用于水是酯化混合物中沸点最低而且不与其他产物共沸的情况。当羧酸、醇和生成的酯沸点都很高时，只要将反应物加热至 200℃或更高，不同时蒸出水分，甚至不加催化剂也可以完成酯化反应。另外，也可以采用减压、通入惰性气体或热水蒸气在较低温度下蒸出水分。例如，减压蒸水法可用于制备 $C_5 \sim C_7$ 脂肪酸的乙二醇酯、己二酸、癸二酸和邻苯二甲酸的二异辛酯等。

4. 共沸精馏蒸水法

在制备正丁酯时，正丁醇（沸点 117.7℃）与水形成共沸物（共沸点 92.7℃，含水质量分数为 42.5%）。但是，正丁醇与水的相互溶解度比较小，在 20℃时水在醇中质量溶解度是 20.07%，醇在水中的质量溶解度是 7.8%，因此，共沸物冷凝后分成两层。醇层可以返回酯化反应器中的共沸精馏塔的中部，再带出水分。水层可在另外的共沸精馏塔中回收正丁醇。因此，对于正丁醇，各种戊醇、己醇等可用简单共沸精馏法从酯化反应物中分离出反应生成的水。

对于甲醇、乙醇、丙醇、异丙醇、烯丙醇、乙丁醇等低碳醇，虽然也可以和水形成共沸物，但是这些醇能与水完全互溶，或者相互溶解度比较大，共沸物冷凝后不能分成两层。这时可以加入合适的惰性有机溶剂，利用共沸精馏法蒸出水-醇-有机溶剂三元共沸物。对于溶剂的要求是：共沸点低于100℃，共沸物中含水量尽可能高一些，溶剂和水相互溶解度非常小、共沸物冷凝后可分成水层和有机层两种。可选用的有机溶剂有：苯、甲苯、环己烷、氯仿、四氯化碳、1,2-二氯乙烷等。例如将工业乙二酸二水合物、工业乙醇和苯按1∶4∶2.5的摩尔比，共沸精馏脱水，蒸出的三元共沸物冷凝后，苯层返回酯化反应器，直到馏出液无水为止，然后升温蒸出苯-乙醇混合物，最后减压蒸出成品己二酸二乙酯，含量＞98％，按乙二酸计，收率为96％。

四、邻苯二甲酸酯的生产技术

(一) 用酸酐的酯化基本原理

用酸酐酯化的方法主要用于酸酐较易获得的情况，例如乙酐、顺丁烯二酸酐、丁二酸酐和邻苯二甲酸酐等。

1. 单酯的制备

酸酐是较强的酯化剂，只利用酸酐中的一个羧基制备单酯时，反应不生成水，是不可逆反应，酯化可在较温和的条件下进行。酯化时可以使用催化剂，也可以不使用催化剂。酸催化剂的作用是提供质子，使酸酐转变成酰化能力较强的酰基正离子。

$$R-\underset{O}{\underset{\|}{C}}-O-\underset{O}{\underset{\|}{C}}-R + H^+ \longrightarrow R-\underset{O}{\underset{\|}{C}}-OH + R-\overset{+}{\underset{O}{\underset{\|}{C}}} \tag{3-5}$$

2. 双酯的制备

用环状酸酐可以制得双酯。其中产量最大的是邻苯二甲酸二异辛酯，它是重要的增塑剂。

在制备双酯时，反应是分两步进行的，即先生成单酯，再生成双酯。

$$\text{邻苯二甲酸酐} + ROH \longrightarrow \text{邻苯二甲酸单酯} \tag{3-6}$$

$$\text{单酯} + ROH \rightleftharpoons \text{双酯} + H_2O \tag{3-7}$$

第一步生成单酯非常容易，将邻苯二甲酸酐溶于过量的辛醇中即可生成单酯。第二步由单酯生成双酯属于用羧酸的酯化，需要较高的酯化温度，而且要用催化剂。最初用硫酸催化剂，现在都改用非酸性催化剂，例如钛酸四烃酯、氢氧化铝复合物、氧化亚锡或草酸亚锡等。

(二) 生产过程的工艺特点

在用邻苯二甲酸酐制备增塑剂的整个生产过程中，酯化是关键的工序。酯化后的所有生产工序，目的只是为了将产品从反应混合物中分离、脱色、提纯，这里有必要强调注意几个工序特点。

1. 中和过程的操作控制

酯化反应结束时，反应混合物中因有残留的苯酐和未反应的单酯而呈酸性。如果用的是酸性催化剂，则反应液的酸值更高，必须用碱加以中和，常用的碱液是质量分数为3％~4％的碳酸钠。碱的质量分数太低，则中和不完全，且醇的损失和废水量都会增加，碱的质量分数太高，则又会引起酯的碱性水解——皂化反应。中和过程也会发生一些反应，如碱和酸性催化剂反应，纯碱与酯反应等，为了避免副反应，一般控制温度不超过85℃。

另外在中和过程中，碱与单酯生成的单酯钠盐是表面活性剂，具有很强的乳化作用，特别是当温度低，搅拌剧烈或反应混合物的相对密度与碱液相近时更易发生乳化现象。此时，操作上可采用加热、静置或加盐来破乳。中和一般采用连续操作，中和反应属于放热反应。

2. 水洗操作

用碱中和之后，一般都需要进行水洗以除去粗酯中夹带的碱液、钠盐等杂质。国外常采用去离子水来进行水洗，可以减少产品中金属离子型杂质，以提高体积电阻率。

一般情况下，水洗进行两次后反应液即呈中性。如果不采用催化剂或采用非酸性催化剂时，可以免去中和与水洗两道操作工序。

3. 醇的分离回收操作

通常，采用水蒸气蒸馏法来使醇与酯分开，有时醇是与水共沸的溶剂，一起被蒸汽蒸出来，然后用蒸馏法分开。脱醇是采用过热蒸汽，因此可以除去中和水洗后反应物中含有的质量分数为 0.5%～3%的水。

回收醇的操作中，要求控制含酯量越少越好；否则，在循环使用中会使产品的色泽加深。醇和酯虽然沸点相差较大，但要完全彻底地将二者分开是不容易的。在工业生产中，采取减压下水蒸气蒸馏的操作办法，并且严格控制过程的参数，如温度、压力流量等。国内生产厂家的脱醇装置通常选用 1～2 台预热器和 1 台脱醇塔。预热器通常为列管式，脱醇塔可以采用填料塔。近年来，国外也有采用液膜式蒸发器进行脱醇，此类蒸发器中液体呈薄膜状沿传热面流动，单位加热面积大，停留时间很短，仅数秒钟，因而比较适用于蒸发热敏性大和易起泡沫的液体，进入的料液一次通过就可以被浓缩。

4. 精制操作

比较成熟的操作是采用真空蒸馏进行精制。其优点是操作温度低，可以保持反应物的热稳定性；因此产品质量高，几乎 100%达到绝缘级质量要求。这种塔式设备对像苯二甲酸酯这类沸点高、黏度高、又是热敏性高的化合物性质在设计时都要全面考虑到，因而投资较大。实际上，对于某些沸点差较小的混合物，可以通过改变相对挥发度，以改变其共沸组成来提高分离效果；对有些使用上要求不高的产物，通常只要加入适量的脱色剂（如活性白土、活性炭）吸附微量杂质，再经压滤将吸附剂分离出去，也能满足要求，这样就可以在很大程度上降低生产成本。

5. "三废"处理

生产过程中，酯化反应生成的水是工业废水的主要来源；经多次中和后含有单酯钠盐等杂质的废碱性；洗涤粗酯用的水，脱醇时汽提盐汽的冷凝水，以邻苯二甲酸二辛酯的生产为例，酯化液与中和废水的成分组成大致如表 3-1 所示。

表 3-1 DOP 酯化液与中和废水的成分组成

组　　成	酯化反应液/%	中和废碱液/(mg/L)	组　　成	酯化反应液/%	中和废碱液/(mg/L)
DOP	90.4	2000	硫酸单辛酯	1.16	—
苯酐	7.83	2000	硫酸单辛酯钠	—	23000
苯二甲酸单辛酯	0.065	—	硫酸双辛酯	0.19	—
苯二甲酸单辛酯钠	—	1000	苯二甲酸二钠盐	—	4000

治理的办法，首先从工艺上减少废水排放量，例如，采用非酸型催化剂，则可革除中和水洗两个工序；其次，当然也不可避免地要进行废水处理。一般讲来，全部处理过程分为回收和净化两个程序。回收时必须考虑经济效益，如果回收有效成分的费用很大，就不如用少量碱将其破坏除去。

(三) 邻苯二甲酸二辛酯(DOP)生产技术

邻苯二甲酸二辛酯是最广泛使用的增塑剂，除了乙基纤维素、乙酸乙烯酯外，与绝大多数工业上使用的合成树脂和橡胶均有良好的相容性，并具有良好的综合性能，它是具有特殊气味的无色油状液体，微溶于甘油、乙二醇和一些胺类，溶于大多数有机溶剂和烃类。

1. 主要原料及其规格

① 苯酐

| 纯度/% | ≥99.3 | 熔点/℃ | ≥131 |
| 色泽(铂-钴) | ≤10 | | |

② 2-乙基己醇

密度(20℃)/(g/cm^3)	0.833～0.835	沸程/℃	183～185℃
酸值(以乙酸计)/%	≤0.02	醛(以 2-乙基己醛计)/%	≤0.02
水分/%	≤0.05	色泽(铂-钴)	≤10

2. 消耗定额

按生产 1t 的 DOP 产品计，酸性催化剂和非酸性催化剂生产工艺的主要原料参考用量见表 3-2。

3. 酸性催化剂间歇生产邻苯二甲酸二辛酯

对间歇法生产 DOP 的工艺过程的研究，在相当程度上也可以反映出许多产量不大，但产值却高的精细化学品的生产工艺特点。间歇式邻苯二甲酸酯通用生产工艺流程如图 3-1 所示。

表 3-2 生产 DOP 的消耗定额

原料	消耗定额 酸法	消耗定额 非酸法	原料	消耗定额 酸法	消耗定额 非酸法
苯酐/t	0.38	0.348	碳酸钠/t	0.009	—
2-乙基己醇/t	0.672	0.677	氢氧化钠(20%)/t	—	0.002
硫酸(92%)/t	0.016	—			

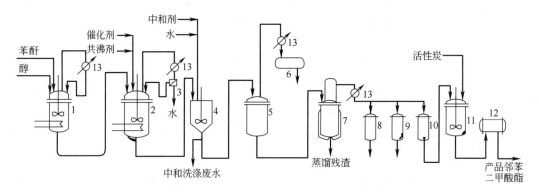

图 3-1 间歇操作邻苯二甲酸酯通用生产工艺流程
1—单酯化反应器（溶解器）；2—酯化反应器；3—分层器；4—中和洗涤器；5—蒸馏器；
6—共沸剂回收贮槽；7—真空蒸馏器；8—回收醇贮槽；9—初馏分和后馏分贮槽；
10—正馏分贮槽；11—活性炭脱色器；12—过滤器；13—冷凝器

本装置除能生产一般邻苯二甲酸酯以外，还能生产脂肪族二元酸酯等其他种类的增塑剂。

间歇法生产邻苯二甲酸二辛酯的操作过程大致如下。邻苯二甲酸酐与 2-乙基己醇以 1:2 的质量比在总物料质量分数为 0.25%～0.3% 的硫酸催化作用下，于 150℃ 左右进行减压酯化反应。操作系统的压力维持在 80kPa，酯化时间一般为 2～3h，酯化时加入总物料量 0.1%～0.3% 的活性炭，反应混合物用 5% 碱液中和，再经 80～85℃ 热水洗涤，分离后粗酯在 130～140℃ 与 80kPa 的减压下进行脱醇，直到闪点为 190℃ 以上为止。脱醇后再以直接蒸汽脱去低沸物，必要时在脱醇前可以补加一定量的活性炭。最后经压滤而得成品。如果要获得更好质量的产品，脱醇后可先进行高真空精馏而后再压滤。

间歇式生产的优点是设备简单，改变生产品种容易；其缺点是原料消耗定额高，能量消耗大，劳动生产率低，产品质量不稳定。间歇式生产工艺适用于多品种、小批量的生产。

4. 非酸性催化剂连续生产邻苯二甲酸二辛酯

连续法生产能力大，适合于大吨位的邻苯二甲酸二辛酯的生产。酯化反应设备分阶梯串联反应器和塔式反应器两类。塔式反应器结构比较复杂，但紧凑，总投资较阶梯串联反应器低。采用酸性催化剂时，由于反应混合物停留时间较短，选用塔式酯化器比较合理。阶梯式串联反应器结构较简单，操作也较方便，但总投资较塔式反应器高，占地面积较大，能量消耗也较大。采用非酸性催化剂不用催化剂时，用反应混合物停留时间较长，所以选用阶梯式串联反应器较合适。

由于邻苯二甲酸二辛酯等主增塑剂的需要量很大，国内外普遍采用全连续化生产工艺，目前一般单条生产线的生产能力为 (2～5)×10kt/a，全连续化生产线自动控制水平高，产品质量稳定，原料及能量消耗低，劳动生产率高，劳动强度小，经济效益高。日本窒素公司五井工场的邻苯二甲酸二辛酯连续生产工艺流程示意如图 3-2 所示。

日本窒素公司工艺路线是在德国 BASF 公司工艺基础上的改进型，主要改进在于用了新型的非酸性催化剂；它不仅提高了从邻苯二甲酸单酯到双酯的转化率，减少了副反应，简化了中和、水洗工序，而且产生的废水量也较少。其操作过程大致如下。

将加热熔融的苯酐和 2-乙基己醇（辛醇）以一定的摩尔比 (1:2.2)～(1:2.5) 投入到单酯反应器，在 130～150℃ 反应形成单酯，再经预热后进入 4 个串联的阶梯式酯化反应器的第一级。非酸性催化剂也加入到第一级酯化反应器。第一级酯化反应器温度控制在不低于 180℃，最后一级酯化反应器温度为 220～230℃。酯化部分用 3.9MPa 的蒸汽加热。邻苯二甲酸酯单酯到双酯的转化率为 99.8%～99.9%。为了防止反应器混

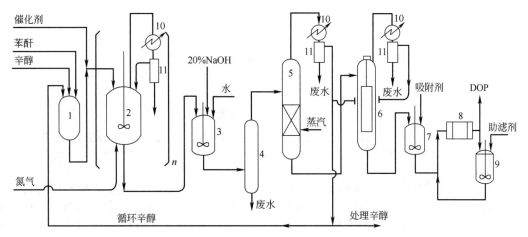

图 3-2 窒素公司 DOP 连续化生产工艺流程示意
1—单酯反应器；2—阶梯式串联酯化器（n=4）；3—中和器；4—分离器；
5—脱醇器；6—干燥器（薄膜蒸发器）；7—吸附剂槽；8—叶片式
过滤器；9—助滤剂槽；10—冷凝器；11—分离器

合物在高温下长期停留而着色，并强化酯化过程，在各级酯化反应器的底部都通入高纯度的氮气。

中和、水洗操作是在一个带搅拌的容器中同时进行的。碱的用量为反应混合物酸值的 3～5 倍，使用 20% 的 NaOH 水溶液，当加入去离子水后碱液浓度仅为 0.3% 左右。因此无需再进行一次单独的水洗。非酸性催化剂也在中和、水洗工序被洗去。

然后物料在 1.32～2.67kPa 和 50～80℃ 条件进行脱醇，再在 1.32kPa 和 50～80℃ 条件下经薄膜蒸发器进行干燥后送至过滤工序。过滤工序用特殊的吸附剂和助滤剂，不用一般的活性炭。吸附剂成分为 SiO_2、Al_2O_3、Fe_2O_3、MgO 等，硅藻土助滤剂成分为 SiO_2、Al_2O_3、Fe_2O_3、CaO、MgO 等。该工序的主要目的是通过吸附剂和助滤剂的吸附脱色作用，保证产品的色泽和体积电阻率两项指标，同时除去产品中残存的微量催化剂和其他机械杂质，最后得到高质量的邻苯二甲酸二辛酯。其收率以苯酐或以辛醇计约为 99.3%。

5. 产品质量标准

增塑剂工业邻苯二甲酸二辛酯的国家质量标准是 GB 11406—89，工业邻苯二甲酸二丁酯的国家质量标准是 GB 11405—89。

五、脂肪族二元酸酯类的生产技术

脂肪族二元酸酯的产量约为增塑剂总产量的 5%～10% 左右。我国生产的这一系列品种主要有癸二酸二丁酯、己二酸二（2-乙基）己酯（DOA）和癸二酸二（2-乙基）己酯（简称为 DOS），其中 DOS 占 90% 以上。

癸二酸二（2-乙基）己酯又称癸二酸二辛酯，无毒，挥发性比较低，为几乎无色的油状液体，折射率（n_D^{25}）为 1.4833，流动点 −37℃，沸点 377℃；着火点 257～263℃，黏度为 25mPa·s(25℃)；在水中的溶解度 0.02%(20℃)，水在本品中的溶解度 0.15%(20℃)；溶于烃类、醇类、酮类、酯类、氯代烃类，不溶于二元醇类。本品为一优良的耐寒增塑剂，主要用于聚氯乙烯、氯乙烯-乙酸乙烯共聚物、硝酸纤维素、乙基纤维素、聚甲基丙烯酸甲酯、聚苯乙烯及合成橡胶等。本品增塑效率高，挥发性低，既有优良的耐寒性，又有较好的耐热性、耐光性和电绝缘性，特别适用于制作耐寒电线和电缆料、人造革、薄膜、板材、片材等制品。

（一）酯类的水解与癸二酸的生产技术

1. 酯类的水解

酯类的水解是在鎓离子（H_3O^+）、氢氧离子（OH^-）或酯的催化作用下进行的，酯的水解是可逆反应，加入酸可以使反应加速，但是对于平衡几乎没有影响。水解时加入足够的碱，不仅可使反应加速，而且使反应生成的酸完全转变为盐。

$$\begin{matrix}R_1-\overset{O}{\underset{\|}{C}}-O-CH_2\\R_2-\overset{O}{\underset{\|}{C}}-O-CH\\R_3-\overset{O}{\underset{\|}{C}}-O-CH_2\end{matrix}+3H_2O\xrightarrow{水解}\begin{matrix}R_1-\overset{O}{\underset{\|}{C}}-OH\\R_2-\overset{O}{\underset{\|}{C}}-OH\\R_3-\overset{O}{\underset{\|}{C}}-OH\end{matrix}+\begin{matrix}HO-CH_2\\HO-CH\\HO-CH_2\end{matrix} \qquad (3\text{-}8)$$

油脂或脂肪　　　　　　脂肪酸　　　甘油

工业上最重要的酯类水解过程是植物油或动物油的水解，即油脂和脂肪的水解。油脂和脂肪都是脂肪酸的甘油酯。三元脂中的三个脂肪酸可以是相同的或不同的，其中脂肪链 R 可以是饱和的，也可以是不饱和的。油脂水解时，常得到混合脂肪酸。

油脂和脂肪如果用氢氧化钠溶液水解，得到的是脂肪酸钠（肥皂）和甘油，此法叫做"皂化水解"。如果目的产物是脂肪酸，为了节省碱和酸，一般都采用水蒸气的酸性水解法，它又分为常压水解法和加压水解法两种。以蓖麻油的水解为例，常压水解时，需要加入乳化剂，以帮助油-水两相的充分混合接触，常用的乳化剂有苯磺酸、脂肪酸和十二烷基苯磺酸等。加压水解法一般用氧化锌做催化剂，水解物料的比例是油：水：氧化锌的质量比为 1.0：0.4：0.005。水解过程在塔式反应器中进行，从塔底直接通入水蒸气加热，保持 155～160℃和 0.6～0.8MPa 的条件，水解反应 10h。另外，油脂和脂肪的水解也可以不加催化剂和乳化剂，在高温、高压下（250～260℃，5MPa）连续通过管式反应器进行水解。

水解产物静置分层后，下层是甘油水溶液，可以从中回收甘油。上层是粗品脂肪酸，精制后即得到成品脂肪酸。从油脂水解制得的脂肪酸主要有：①蓖麻油酸　它是从蓖麻油水解制得的，其主要成分是蓖麻酸，含量约为 80%～90%，其余是油酸、亚油酸和硬脂酸；②油酸（顺式十八碳烯-9-酸）它是从动植油在乳化剂存在下，于 105℃水解而得，将粗油酸经一次压榨去固态硬脂酸，再经脱水、减压蒸馏、冷冻、二次压榨除去凝固的软脂酸，即得成品油酸；③亚油酸（十八碳二烯-9,12 酸）它是从豆油或红花油经皂化水解，然后酸化、精制而得；④月桂酸（十二烷酸）它是从椰子油、月桂油或山苍子油水解而得，同时副产癸酸；⑤硬脂酸（十八烷酸）它是由加氢硬化（提高凝固点）的动植物油经常压水解而得。

2. 癸二酸生产技术

生产增塑剂癸二酸酯类的原料癸二酸是由蓖麻油制得，生产技术如下。蓖麻油经皂化水解，酸化水解成蓖麻油酸。水解有高压水解和常压催化水解两种生产工艺。常压水解催化剂为硬脂酸甲酚磺酸、硬脂酸苯磺酸、硬脂酸萘磺酸或十二烷基磺酸钠等。水解物料的比例是蓖麻：水的质量比为 1:1，水解催化剂用量约为蓖麻油质量的 5%，在沸腾条件下水解约为 10h。水解产物为混合脂肪酸（蓖麻油酸占 85%左右）和甘油。蓖麻油酸和氢氧化钠在甲酚存在下常压加碱裂解，生成癸二酸双钠盐和仲辛醇，加碱裂解温度为 260～280℃；双钠盐用硫酸中和至 pH 为 6～7，生成癸二酸单钠盐。单钠盐用活性炭脱色压滤后，进一步用硫酸酸化至 pH 为 2～3，生成癸二酸，再经冷却结晶，干燥得成品。其工艺流程示意见图 3-3。

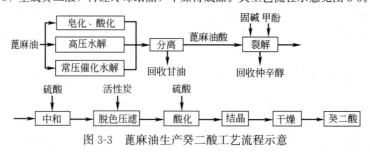

图 3-3　蓖麻油生产癸二酸工艺流程示意

(二) 癸二酸二辛酯生产技术

1. 主要原料及其规格

① 癸二酸　　　　熔点　129～134℃；
② 2-乙基己醇　　含量＞99%

2. 消耗定额

① 癸二酸　　　　510kg/t 产品
② 2-乙基己酸　　650kg/t 产品

3. 操作过程

癸二酸和2-乙基己醇在硫酸催化下经酯化反应生成癸二酸二辛酯，其化学反应式如下。

$$\begin{array}{c} \text{COOH} \\ (\text{CH}_2)_8 \\ \text{COOH} \end{array} + 2\text{HO}-\text{CH}_2-\overset{\text{C}_2\text{H}_5}{\underset{}{\text{CH}}}(\text{CH}_2)_3\text{CH}_3 \xrightleftharpoons{\text{H}_2\text{SO}_4} \begin{array}{c} \text{C}_2\text{H}_5 \\ \text{COOCH}_2-\text{CH}(\text{CH}_2)_3\text{CH}_3 \\ (\text{CH}_2)_8 \\ \text{COOCH}_2-\text{CH}(\text{CH}_2)_3\text{CH}_3 \\ \text{C}_2\text{H}_5 \end{array} + 2\text{H}_2\text{O} \quad (3\text{-}9)$$

先将癸二酸和2-乙基己醇按1:1.6的质量配比加入酯化罐，催化剂硫酸用料量为物料总质量的0.3%，同时加入物料量的0.1%～0.3%的活性炭；在催化剂下进行减压酯化，酯化温度为130～140℃，真空度约为93.325kPa，酯化时间为3～5h。粗酯经碱溶液中和，进入中和沉降器。在70～80℃下进行水洗，然后送至水洗沉降器沉降，分出废水后，送到醇塔于96～97.3kPa下脱去过量的醇，当粗酯闪点达到205℃时为终点。脱醇后的粗酯经压滤机压滤即得成品。其生产流程如图3-4所示。

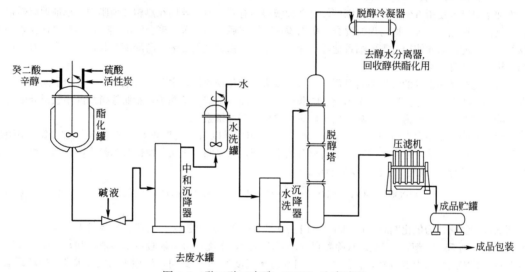

图3-4 癸二酸二辛酯（DOS）生产流程

第三节 阻 燃 剂

能够提高可燃性材料的难燃性的化学品称为阻燃剂。合成材料中的塑料、橡胶、纤维等都是有机树脂类化合物，均具有可燃性。其燃烧过程是一个复杂而剧烈的氧化反应过程。常伴有火焰、浓烟、毒气等产生。采用阻燃剂的目的是使可燃材料成为难燃性材料，即在接触火源时燃烧速度很慢，当离开火源时能很快停止燃烧而熄灭。应该说，在降低聚合物可燃性方面还可以考虑合成具有高热氧稳定性的耐热材料，但这样的聚合物材料往往成本很高，并难以满足其他方面的要求。因此，添加阻燃剂的方法是比较有实用价值和经济可行的。

阻燃剂有无机化合物和有机化合物两类。它们大多为元素周期表中第Ⅴ、Ⅶ和Ⅲ族元素的化合物，如氮、磷、锑、铋、氯、溴、硼、铝等的化合物，硅和钼的化合物也是有阻燃作用的；其中常用的是磷、溴、氯、锑和铝化合物。

根据阻燃剂的加工和使用方法将阻燃剂分为添加型和反应型两大类。与聚合物简单地掺和而不起化学反应者为添加剂型，主要有磷酸酯、卤代烃和氧化锑等；反应型则在聚合物制备中视作原料之一，通过化学反应成为聚合物分子链的一部分，所以对塑料等的使用性能影响小，阻燃性持久，主要有卤代酸酐和含磷多元醇等。

对阻燃剂的要求因材料和用途而异，一般有如下几个方面：

① 阻燃剂不损害聚合物的力学性能，即塑料经阻燃加工后，其原来的力学性能不变坏，特别是不降低

热变形温度、机械强度和电气特性；

② 阻燃剂的分解温度必须与聚合物的热分解温度相适应，以发挥阻燃剂效果，而不能在塑料加工成型时分解，以免产生的气体，污染操作环境如使产品变色；

③ 具有持久性，其阻燃效果不能在材料使用期间消失；

④ 具有耐候性；

⑤ 价格低廉，随着阻燃剂在制品中的添加量在增多的倾向，因而价廉就显得十分重要了。

一、阻燃机理

具有可燃物、氧和温度是维持燃烧的三个基本要素，燃烧过程是一个非常复杂的急剧氧化过程，包含着种种因素，除去其中任何一个要素都将减慢燃烧速度。从化学反应来看，燃烧过程是属于自由基反应机理，因此，当链终止速度超过链增长速度时，火焰即熄灭。如果干扰上述3个因素中的一个或几个，就能从实际上达到阻燃的目的。阻燃剂主要是通过物理和化学的途径来切断燃烧循环。

二、阻燃剂的主要品种

（一）磷酸酯及其他磷化物

添加型阻燃剂使用方便，适用范围广，对多种塑料均有效，但主要用在热塑性树脂中。添加型阻燃剂与聚合物仅仅是单纯的混合，即物理的混合，所以添加阻燃剂后虽然改善了聚合物的燃烧性，但也往往影响聚合物的力学性能，因此使用时需要细致地进行配方的工作。添加型阻燃剂，磷酸酯及其他磷化物、有机卤化物和无机化合物等三类。

有机磷化物是最主要的添加型阻燃剂，其阻燃效果比溴化物要好，主要有磷酸酯、含卤磷酸酯和膦酸酯三大类。磷酸酯中主要包括磷酸三甲苯酯、磷酸甲苯二苯酯和磷酸三苯酯等，脂肪族磷酸酯中较重要的有磷酸三辛酯。磷酸酯主要作为阻燃增塑剂用于聚氯乙烯树脂和纤维素。

含卤磷酸酯分子中含有卤和磷，由于卤和磷的协同作用所以阻燃效果较好，是一类优良的添加型阻燃剂。磷酸三（β-氯乙基）酯主要作用阻燃剂和石油添加剂，系以四氯化钛、偏钒酸钠等为催化剂，由三氯氧磷与环氧乙烷进行 O-酰化（酯化）反应制得。

$$POCl_3 + 3CH_2\text{—}CH_2 \xrightarrow{\text{催化剂}} O=P(O\text{—}CH_2\text{—}CH_2Cl)_3 \tag{3-10}$$

例如以四氯化钛为催化剂时，在350℃下向三氯氧磷中通入环氧乙烷，当环氧乙烷通入一半时，让反应温度逐渐上升到550℃使反应完全。吹除残存的环氧乙烷后，水洗，再用碳酸钠水溶液中和，干燥，收率为80%左右。其成品含磷为10.8%，含氯37%，开始分解温度为190℃。可广泛用于乙酸纤维素、硝基纤维清漆、乙基纤维素漆、聚氯乙烯、聚氨酯、聚乙酸乙烯和酚醛树脂等；除阻燃性外，它还可以改善材料的耐水性、耐候性、耐寒性、抗静电性、手感柔软性。但存在着挥发性高、持久性较差的缺点。一般添加量为5～10份。

磷酸三（2,3-二氯丙酯），是以二氯乙烷作溶剂，以无水三氯化铝为催化剂，由三氯氧磷与环氧氯丙烷为原料，在85～88℃条件进行酰化反应制得。

$$POCl_3 + 3CH_2\text{—}CH\text{—}CH_2Cl \longrightarrow O=P(O\text{—}CH_2\text{—}CHCl\text{—}CH_2Cl)_3 \tag{3-11}$$

本品含磷7.2%，含氯49.9%，凝固点-6℃，开始分解温度为230℃；不易挥发及水解，用途和磷酸三（β-氯乙酯）相近。

如果含卤磷酸酯中带有恶臭的杂质，可以用水蒸气蒸馏的方法除去，提纯后的含卤磷酸酯可以用于需要无味的制品中。

（二）膦酸酯

膦酸酯与磷酸酯的不同之处在于分子中含有1个C—P键。

$$(RO)_2\overset{\overset{\displaystyle O}{\|}}{P}\text{—}CH_2\text{—}R \qquad (RO)_3\overset{\overset{\displaystyle O}{\|}}{P}$$
$$\text{膦酸酯} \qquad\qquad \text{磷酸酯}$$

膦酸酯一般以亚磷酸酯为原料，通过异构化反应或与烷基卤化物反应制得。

$$(RO)_3P \longrightarrow (R\text{—}O)_2\overset{\overset{\displaystyle O}{\|}}{P}\text{—}R \tag{3-12}$$

$$(RO)_3P + R'X \longrightarrow (RO)_2\overset{O}{\underset{\|}{P}}-R' + RX \tag{3-13}$$

美国孟山都公司发展了一系列的含卤膦酸酯，如 Phosgard C-22-R 和 phosgard B-32-R 等，它们具有高的卤含量和磷含量，阻燃性很强，具有反应型阻燃剂那样的永久性。

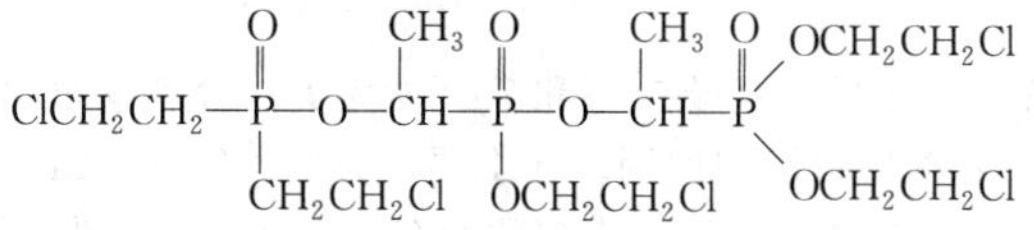

$$ClCH_2CH_2-\overset{O}{\underset{\|}{P}}-O-\overset{CH_3}{\underset{\|}{CH}}-O-\overset{O}{\underset{\|}{P}}-O-\overset{CH_3}{\underset{\|}{CH}}-O-\overset{O}{\underset{\|}{P}}-OCH_2CH_2Cl$$
（侧链：CH_2Cl, OCH_2CH_2Cl, OCH_2CH_2Cl）

（Phosgard C-22-R）

Phosgard C-22-R 含氯 27%、含磷 15%，可用于聚氨酯、聚酯、环氧树脂、聚甲基丙烯酸甲酯和酚醛树脂等。

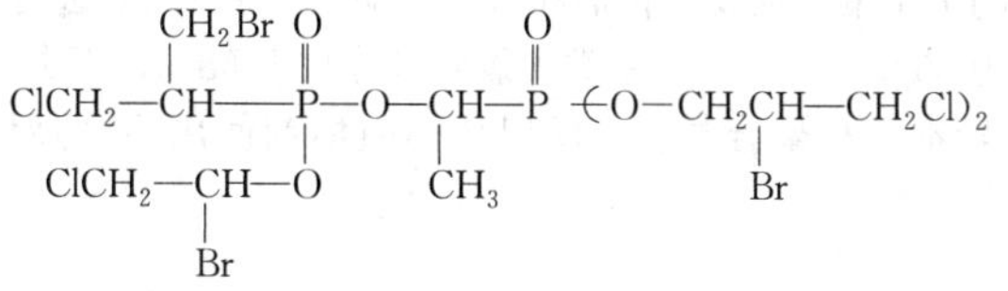

（Phosgard B-52-R 结构式）

（Phosgard B-52-R）

Phosgard B-52-R 含氯 17%，含溴 45%，含磷 6%，可用于除聚酰胺以外的所有塑料。

（三）卤化和有机卤化物

在添加型阻燃剂中，有机卤化物占有和磷酸酯同样重要的地位。含卤阻燃剂是一类重要的阻燃剂。卤族元素的阻燃效果为 I＞Br＞Cl＞F。C—F 键很稳定，难分解，故阻燃效果差；碘化物的热稳定性差，所以工业上常用溴化物和氯化物。卤代烃类化合物中烃类阻燃性能顺序为：脂肪族＞脂环族＞芳香族。但脂肪族卤化物热稳定性差，加工温度不能超过 205℃；芳香族卤化物热稳定性较好，加工温度可以高达 315℃。有机卤化物的主要品种有氯化石蜡、全氯戊环癸烷、氯化聚乙烯等。

1. 卤化

向有机分子中的碳原子上引入卤原子的反应称作"卤化"。根据引入卤原子的不同，又可细分为氟化、氯化、溴化和碘化。按引入卤原子的方式又可细分为取代卤化、加成卤化和置换卤化。

卤化是精细有机合成中最重要的反应之一。在精细化工中，还广泛用来制取农药、医药、增塑剂、阻燃剂、润滑剂、染料、颜料及橡胶防老剂等产品的中间体。

向有机化合物分子引入卤素的目的有两个：一个是为了制取性能优异的最终产品。例如，向某些有机分子中引入多个卤原子，可以增进有机物的阻燃性；在染料分子中含有卤素原子，可以改善染料的某些性能。另一个目的是可以将卤化所得产品，通过进一步转换，制备其他中间体产品。

（1）卤化剂　最常用的氯化剂是分子态氯，它是黄绿色气体，有窒息性臭味，常温沸点 −34.6℃。分子态氯主要来自食盐水的电解。由电解槽出来的氯气经浓硫酸脱水干燥后，可直接使用，也可以冷冻、加压液化成液氯后使用。对于小吨位精细化工的氯化过程，当被氯化物是液态时，或者是在无水惰性有机溶剂中进行氯化时，也可以用液态的硫酰二氯（SO_2Cl_2，沸点 69.1℃）作氯化剂，它的优点是反应温和、加料方便、计量准确，缺点是价格太贵。由于分子态氯价格低廉、供产量大，因此在精细有机合成中，氯化产物品种最多、产量最大，所以氯化是最重要的卤化反应。

（2）芳环上的取代卤化反应　芳环上取代卤化的反应通式为：

$$ArH + X_2 \longrightarrow ArX + HX \tag{3-14}$$

芳环上的取代卤化反应，是典型的亲电取代反应。进攻芳环的活泼质点，都是卤正离子（X^+），不管使用什么类型的催化剂，它们的作用都是促使卤正离子（X^+）的形成。

以金属卤化物为催化剂的卤化反应，在工业生产中应用最广泛。氯化反应常用的卤化物有 $FeCl_3$、$AlCl_3$、$ZnCl_2$ 等，溴化反应的催化剂可用铁、镁、锌等金属的溴化物或碘。溴化的反应历程与氯化基本相同。溴化时，常常加入氧化剂（氯酸钠、次氯酸钠等）来氧化反应生成的溴化氢，以充分利用溴素。

$$ArH + Br_2 \longrightarrow ArBr + HBr \tag{3-15}$$
$$2HBr + NaOCl \longrightarrow Br_2 + NaCl + H_2O \tag{3-16}$$

（3）脂烃及芳环侧链的取代卤化　脂烃及芳环侧链的取代卤化反应，属于游离基反应，又称自由基反应，是精细有机合成中重要反应之一，这类反应历程包括链引发、链增长和链终止三个阶段。

2. 氯化石蜡

氯化石蜡是有机氯化物阻燃剂中最为重要的、应用最广的一种。氯化石蜡的化学稳定性好，价廉，用途广，可作聚乙烯、聚苯乙烯、聚酯、合成橡胶的阻燃剂。但氯化石蜡的分解温度较低，在塑料成型时有时会发生热分解，因而有使制品着色和腐蚀金属模具的缺点。作为棉用防火阻燃剂，常以涂覆法应用于棉、锦纶和涤纶等工业用布上。

氯化石蜡是由石蜡氯化而成，包括含氯量50%和70%两大类。含氯量50%的主要用作聚氯乙烯树脂的辅助增塑剂；含氯量70%则主要作为阻燃剂使用。其主要成分为：$C_{20}H_{24}Cl_{18} \sim C_{24}H_{29}Cl_{21}$。含氯质量分数为70%的氯化石蜡为白色粉末，不溶于水，溶于大多数的有机溶剂，与天然树脂、塑料和橡胶相容性良好，应用时大多和氧化锑并用。

3. 氯化聚乙烯

氯化聚乙烯系由粉末状的中压聚乙烯及乳化剂和水，在加压下于120℃进行氯化而成。氯化聚乙烯有两类产品，一类含氯质量分数为35%~40%，另一类含氯质量分数为68%；无毒，作为阻燃剂可用于聚烯烃、ABS树脂等。由于氯化聚乙烯本身是聚合材料，所以作为阻燃剂使用不会降低塑料的力学性能，耐久性良好。

4. 全氯戊环癸烷

全氯戊环癸烷，纯品为白色或淡黄色晶体，熔点483~487℃，在240℃升华，500℃以上分解，不溶于水，稍溶于一般有机溶剂。它的氯质量分数高达78.3%，热稳定性极好，化学稳定性也很好，产品的粒度为5~6μm，极易于分散，与氧化锑并用于多种塑料，不影响其电性能。

合成过程是先将环戊二烯氯化，制成六氯环戊二烯，然后在无水三氯化铝催化剂存在下进行二聚生成全氯戊环癸烷；反应可以在溶剂（如氯乙烯、四氯化碳、六氯丁二烯）中进行，也可以不用溶剂进行反应，但必须严格控制温度。聚合反应温度一般在80~90℃之间，也可高至110℃。反应混合物经水洗，蒸馏除去溶剂和未反应的六氯环戊二烯后，用苯重结晶。

5. 卤代酸酐

卤代酸酐类化合物常用作聚酯及环氧树脂的反应型阻燃剂。主要产品有四氯邻苯二甲酸酐和四溴邻苯二甲酸酐。它们由邻苯二甲酸酐直接氯化或溴化而成。

四氯邻苯二甲酸酐系将苯酐溶于浓硫酸中，在260℃左右通入氯气氯化而得。

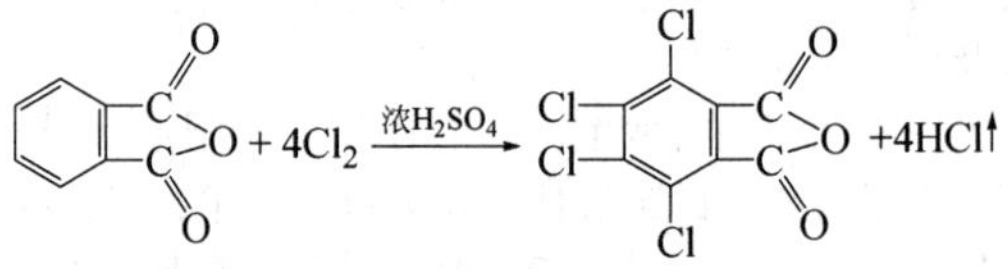

$$\text{邻苯二甲酸酐} + 4Cl_2 \xrightarrow{\text{浓}H_2SO_4} \text{四氯邻苯二甲酸酐} + 4HCl\uparrow \tag{3-17}$$

四氯邻苯二甲酸酐为淡黄色粉末，熔点255℃，沸点371℃，氯含量49.6%，溶于苯、氯化苯和丙酮。

四溴邻苯二甲酸酐是由苯酐在发烟硫酸中或在氯磺酸中直接溴化而得，其溴化工艺和制备六溴苯等芳香族溴化物基本相同。

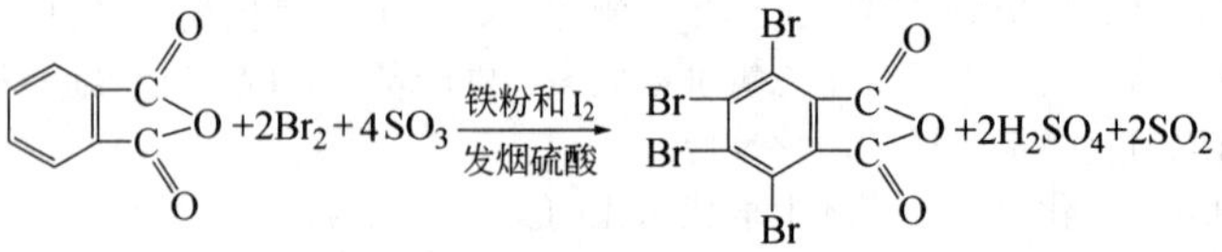

$$\text{邻苯二甲酸酐} + 2Br_2 + 4SO_3 \xrightarrow[\text{发烟硫酸}]{\text{铁粉和}I_2} \text{四溴邻苯二甲酸酐} + 2H_2SO_4 + 2SO_2 \tag{3-18}$$

四溴邻苯二甲酸酐作为阻燃剂与四氯邻苯二甲酸酐相同，除以上应用外，还用作锦纶、涤纶的防火阻燃整理剂。

三、阻燃剂的生产技术

（一）氯化石蜡70

氯化石蜡是以$C_{10}\sim C_{30}$（平均链长C_{25}）的正构烷烃为原料，经取代氯化制得的产物的总称。每种产品都是混合物，因此其化学式和相对分子质量都是平均值，商品的牌号通常是以氯的含量（质量分数）来命名，例如氯化石蜡42、氯化石蜡52和氯化石蜡70等。氯化石蜡42和氯化石蜡52主要用作聚氯乙烯辅助增塑剂，其产品技术指标应分别见国家行业标准 HG 2091—91 和 HG 2092—91。

石蜡的氯化是自由基反应，其氯化方法有热氯化、光氯化、光催化氯化和催化氯化等。在工艺上已由间歇操作转为连续操作。其化学反应可用下式表示。

$$C_{25}H_{52} + 7Cl_2 \longrightarrow C_{25}H_{45}Cl_7 + 7HCl\uparrow \tag{3-19}$$

氯化石蜡42和氯化石蜡52是液态产品,因此在氯化时可以不用溶剂,直接用活性白土将固体石蜡烃脱色精制后,在加热熔融状态下通氯气反应,经吹风脱氯化氢后干燥,压滤得到产品。中国曾采用5种氯化法,它们分别是塔式冷却催化氯化法、釜式自然外循环冷却催化光氯法、釜式强制外循环冷却光氯化法、釜加塔节自然外循环冷却热氯化法和釜式热氯化法。

氯化石蜡70是粉状固态产品,因此由氯化石蜡42再氯化时,一般要用四氯化碳作溶剂,采用光氯化法或光催化氯化法。但四氯化碳会消耗大气的臭氯层。为保护环境,对氯化石蜡70的生产又开发了水悬浮相氯化法。

1. 主要原料及规格

原料名称	规　　格
石蜡	异构烷烃含量　　<1%
	芳烃含量　　　　<100×10⁻⁶
	不饱和度　　　　<0.5%
液氯	含氯量　　　　　99%以上

2. 原料消耗定额(按生产1t氯化石蜡70计)

石蜡	0.315t
液氯	1.44t

3. 生产操作过程

将预氯化为42%左右的氯化石蜡在表面活性剂存在下,悬浮于6~8mol/L盐酸中,油水体积比(1.1~1.4):1,在紫外光照射下,在150~180℃和0.3~2.0MPa通入氯气进行氯化。反应液经过冷却、固化、研磨、洗涤、过滤、干燥得成品。此法要求设备耐腐蚀、耐高温、密闭耐压,中国已建成多套千吨级间歇操作装置,其生产流程见图3-5;其连续氯化法技术要求高,待开发。

4. 产品规格

氯含量	72%
相对密度(25℃)	1.6

5. 产品检测方法

阻燃剂氯化石蜡70的氯含量及相对密度的检测方法,可参照国家化工行业标准 HG 2092—91(氯化石蜡52)规定的方法进行。

(二) 十溴联苯醚

十溴联苯醚其分子式为 $C_{12}Br_{10}O$,相对分子质量为959,是白色或淡黄色粉末,纯品含溴83.3%(质量分数),熔点最高可达306~310℃,在大多数有机溶剂中溶解度很小。热稳定性良好,本产品为无毒、无污染的阻燃剂。

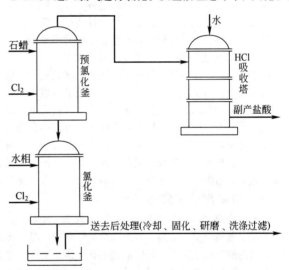

图 3-5　氯化石蜡70悬浮法间歇生产流程

1. 主要原料规格

原料名称	规　　格
联苯醚	凝固点 26~27℃
	含水<3×10⁻⁵(质量分数)
溴	工业品纯度>99.5%(质量分数)
	含水 <1.5×10⁻⁵(质量分数)

2. 原料消耗定额(按生产1t十溴联苯醚计)

联苯醚	0.18t
溴	1.40t

3. 生产操作过程

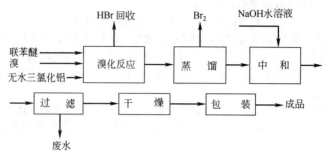

图 3-6　过量溴化生产十溴联苯醚操作过程示意

联苯醚十溴化的生产工艺有两种：一种是在惰性有机溶剂（例如二氯乙烷、四氯化碳或四氯乙烷等）中溴化，此法工业上较少采用。国内外普遍采用的方法是以过量的溴为反应介质的溴化法。其优点是操作简便、产品含溴高、热稳定性好。所用溴化催化剂是无水三氯化铝，为了保证其活性，要求联苯醚含水量在 3×10^{-5}（质量分数）以下，溴素纯度（质量分数）在 99.5% 以上，含水量在 1.5×10^{-5}（质量分数）以下，操作时先将催化剂无水三氯化铝溶解在溴中，然后向反应器内的溴中滴加联苯醚进行反应。溴化时逸出的副产物溴化氢气体用水吸收，然后通氯再氧化出溴素循环利用。溴化反应结束后，将过量溴蒸出，再用碱进行中和，过滤，洗涤，干燥，即可得成品，其生产操作过程如图3-6所示。

第四节　抗 氧 剂

高分子材料在加工、储存和使用过程中，不可避免地会与氧接触，发生氧化降解，从而使高分子材料的强度降低，外观发生变化，力学、化学性能逐渐变坏，甚至不能使用，这种现象称之为高分子材料的老化。老化过程是一种不可逆过程，在日常生活中常可见到。为了抑制和延缓这一过程，通常加入抗氧剂，这是防止高分子材料氧化降解的最有效和最常用的方法。

抗氧剂是一些很容易与氧作用的物质，将它们加入到合成材料中，使大气中的氧先与它们作用来保护合成材料免受或延迟氧化。在橡胶工业中，抗氧剂也被称为防老剂。

抗氧剂应用范围广，品种繁多，对合成材料的抗氧剂来说，按其功能不同可以分为链终止型抗氧剂和预防型抗氧剂两类，链终止型抗氧剂也称主抗氧剂；预防型抗氧剂也称为辅助型抗氧剂或过氧化氢分解剂；如果按相对分子质量差别来分，可以分为低相对分子质量抗氧剂和高相对分子质量抗氧剂等；如果按用途分，可以分为塑料抗氧剂、橡胶防老剂以及石油抗氧剂、食品抗氧剂等；但通常按化学结构进行抗氧剂的分类，主要有胺类、酚类、含硫化合物、含磷化合物、有机金属盐类等。

一、抗氧剂的主要品种

（一）芳环上的 C-烷化与酚类抗氧剂

酚类抗氧剂可分为单酚、双酚和多酚等结构，是一类毒性低、不污染、不变色性最好的抗氧剂。

烷基酚的合成主要是应用酚的烷基化反应，实质上是芳环上的氢被烷基取代的 C-烷化反应。芳环上 C-烷化时最重要的烷化剂是烯烃、其次是卤烷、醇、醛和酮。

由生产实践可知，用烯烃时酚类进行 C-烷化时，如果用质子酸、Lewis 酸、酸性氧化物等催化剂时，烷基优先进入酚羟基的对位；如果改用三苯酚铝类催化剂，则烷基择优地进入酚羟基的邻位；而用丙烯酸酯作烷化剂时，则要用醇钾或醇钠作催化剂。

1. 烷基单酚

抗氧剂 264（2,6-二叔丁基-4-甲酚），也称抗氧剂 BHT，其抗氧效果好、价格便宜、稳定、安全、易于解决环境污染问题，所以被广泛用于食品、塑料和合成橡胶等，是需求量最大的一种酚类抗氧剂。合成反应如下：

$$\underset{\underset{CH_3}{|}}{\underset{|}{\bigcirc}}\hspace{-2mm}OH + 2CH_2=\underset{CH_3}{\overset{CH_3}{\underset{|}{C}}} \xrightarrow{H_2SO_4} (CH_3)_3C\underset{\underset{CH_3}{|}}{\underset{|}{\bigcirc}}\hspace{-2mm}\overset{OH}{\underset{}{}}C(CH_3)_3 \hspace{2cm} (3-20)$$

抗氧剂 264 的生产有间歇操作和连续操作两种，连续操作为连续进行酚的烷基化、中和与水洗，后处理则与间歇法相同，此处重点介绍间歇操作法。

间歇操作法以硫酸为催化剂，将异丁烯在烷化中和反应釜中与对甲酚于 70℃进行反应；反应结束后用碳酸钠中和至 pH 为 7，再在烷化水洗釜中用水洗，分出水层后用乙酸重结晶。经离心机过滤后，在熔化水洗釜内熔化、水洗，分去水层。在重结晶釜中再用乙酸于 80~90℃条件重结晶，经过滤、干燥即得成品。生产工艺流程如图 3-7 所示。

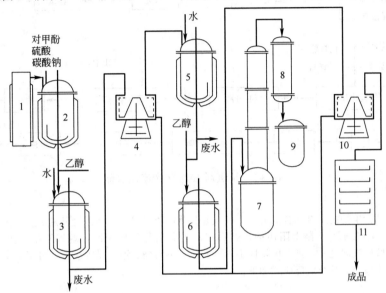

图 3-7 间歇操作生产抗氧剂 264 流程
1—异丁烯气化罐；2—烷化中和反应釜；3—烷化水洗釜；4,10—离心机；5—熔化水洗釜；
6—结晶釜；7—乙醇蒸馏塔；8—冷凝器；9—乙醇贮槽；11—干燥箱

另一个有代表性的品种为抗氧剂 1076，即 β-(4-羟基-3,5-二叔丁基苯基)丙酸正十八碳醇酯，属于阻碍酚取代的酯。它是由苯酚用异丁烯烷基化，制得 2,6-二叔丁基苯酚，在碱性催化剂存在下，用丙烯酸甲酯进行 C-烷化，生成 β-(3,5-二叔丁基-4 羟基苯基)丙酸甲酯，最后与十八碳醇进行酯交换反应，制得抗氧剂 1076，其反应式如下：

$$\text{苯酚} + 2CH_2=C(CH_3)_2 \xrightarrow{\text{苯酚铝}} (\text{I}) \tag{3-21}$$

$$(\text{I}) + CH_2=CHC(O)OCH_3 \xrightarrow{\text{碱性催化剂}} (\text{II}) \tag{3-22}$$

$$(\text{II}) + CH_3(CH_2)_{17}OH \xrightarrow{\text{甲醇钠}} \tag{3-23}$$

具体操作步骤和条件如下：在高压釜中加入苯酚，用氮气置换空气后，加入有机铝催化剂和理论量的异丁烯，升温至 130~135℃，在 1.6~1.8MPa 下保温 4h。苯酚的转化率 97.9%，2,6-二叔丁基苯酚的收率为 85.5%，选择性 87.3%。

向熔融的 2,6-二叔丁基苯酚中滴入质量含量 5%叔丁醇钾的叔丁醇溶液，蒸出叔丁醇，然后在 60~90℃滴加丙烯酸甲酯,并在110℃反应1h,最后与十八碳醇进行酯交换反应,再进行精制,即得目的产物。由上述反应可以看出,在碱催化下,苯环与烯双键中含氢多的碳原子相连。抗氧剂1076的生产工艺流程示意参见图3-8。

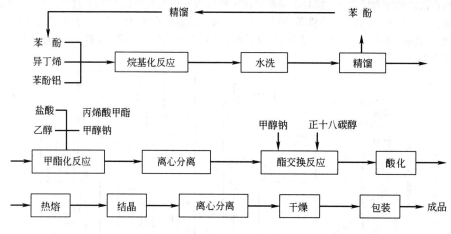

图 3-8 抗氧剂 1076 生产流程示意

2. 双酚类

烷基双酚及其衍生物抗氧剂的合成方法,一般是先将酚类烷基化,在酚羟基的邻位引进一个或两个较大的基团,通常是—$C(CH_3)_3$,制得阻碍酚,然后将此阻碍酚与醛作用制得烷基双酚。代表品种有抗氧剂2246,它是通用型抗氧剂之一,具有挥发性小、不着色、不污染、不喷霜等优点,可用于多种工程塑料,以及天然橡胶、合成橡胶。其合成反应式如下:

$$\underset{CH_3}{\underset{|}{\bigcirc}}\text{OH} + CH_2=\underset{CH_3}{\overset{CH_3}{C}} \xrightarrow{Al} \underset{CH_3}{\underset{|}{\bigcirc}}\overset{OH}{\underset{}{\bigcirc}}C(CH_3)_3 \xrightarrow[\triangle]{HCHO, H_2SO_4} (CH_3)_3C\underset{CH_3}{\underset{}{\bigcirc}}\overset{OH}{\underset{}{\bigcirc}}CH_2\underset{CH_3}{\underset{}{\bigcirc}}\overset{OH}{\underset{}{\bigcirc}}C(CH_3)_3 \tag{3-24}$$

生产2246抗氧剂的操作过程如下:甲酚与异丁烯在铝催化剂存在下进行烷基化制得阻碍酚,甲醛与过量的阻碍酚在硫酸的催化作用下,在200号溶剂油中发生醛对酚类的C-烷化反应得烷基双酚,然后用碱反复中和、过滤、水洗、干燥,即得成品。

3. 多酚类

多酚类抗氧剂主要有烷基多酚及其衍生物和三嗪阻碍酚两类。烷基多酚及其衍生物的代表品种有抗氧剂1010、抗氧剂CA等。抗氧剂1010为高相对分子质量酚类抗氧剂,是目前抗氧剂中性能较优的品种之一,具有优良的耐热氧化性能。其合成方法为苯酚与异丁烯在苯酚铝催化下进行烷基化反应得到2,6-二叔丁基苯酚,然后在甲醇钠的催化作用下,再与丙烯酸甲酯进行加成反应得3,5-二叔丁基-4-羟基苯丙酸甲酯,最后与季戊四醇的甲醇钠的催化作用下进行酯交换反应即得成品。合成反应式如下:

$$\underset{}{\bigcirc}\text{OH} + 2CH_2=\underset{CH_3}{\overset{CH_3}{C}} \longrightarrow (CH_3)_3C\underset{}{\underset{}{\bigcirc}}\overset{OH}{\underset{}{\bigcirc}}C(CH_3)_3 \tag{3-25}$$

$$(CH_3)_3C\underset{}{\underset{}{\bigcirc}}\overset{OH}{\underset{}{\bigcirc}}C(CH_3)_3 + CH_2=CHCOOCH_3 \xrightarrow{CH_3ONa} (CH_3)_3C\underset{CH_2CH_2COOCH_3}{\underset{}{\bigcirc}}\overset{OH}{\underset{}{\bigcirc}}C(CH_3)_3 \tag{3-26}$$

$$(CH_3)_3C\underset{CH_2CH_2COOCH_3}{\underset{}{\bigcirc}}\overset{OH}{\underset{}{\bigcirc}}C(CH_3)_3 + (CH_2OH)_4C \xrightarrow[(CH_3)_2SO]{CH_3ONa} \left[(CH_3)_3C\underset{CH_2CH_2COOCH_2}{\underset{}{\bigcirc}}\overset{OH}{\underset{}{\bigcirc}}C(CH_3)_3\right]_4 C + 4CH_3OH$$

$$\tag{3-27}$$

其操作步骤和条件与抗氧剂1076相近，只是酯交换反应之后的操作略有不同。

三嗪位阻酚的代表品种为抗氧剂3114，它是由2,6-二叔丁基苯酚与甲醛和氰尿酸进行缩合反应而制备的。抗氧剂3114是聚烯烃的优良抗氧剂，并有热稳定作用和光稳定作用，而且与光稳定剂和辅助抗氧剂并且有协同效应。

（二）胺类抗氧剂

胺类抗氧剂主要用于橡胶，比酚类抗氧剂更有效，可用链终止剂或过氧化物分解剂。

1. 对苯二胺型

对苯二胺型抗氧剂的通式为：

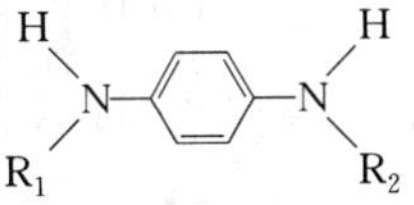

（R_1、R_2 可为烷基或芳香基）

是一类对橡胶的氧、臭氧老化、屈挠疲劳、热老化等都有着良好的防护作用的抗氧剂，目前主要产品有4010、4010NA、4020等。对苯二胺型橡胶防老剂毒性中等，性能良好而全面，用于取代有致癌作用的防老剂A和防老剂D。

防老剂4020在橡胶中的综合防老化性能和防老剂4010NA相近，但其毒性及对皮肤刺激性比4010NA要小，且不易挥发，耐水抽提，如4010NA的水洗损失率为50%，而4020仅为15%，是当前国际上公认的良好助剂。防老剂4020的合成主要采用还原烃化法，合成反应为：

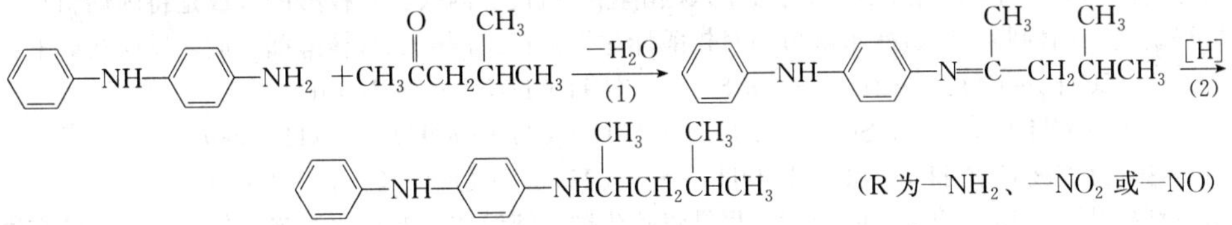

（R 为 —NH_2、—NO_2 或 —NO） (3-28)

副反应为：

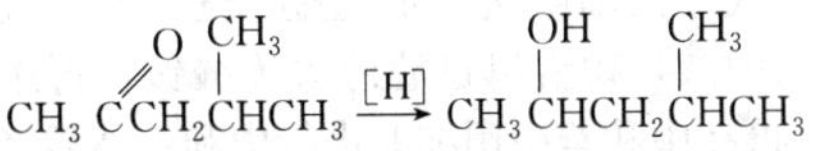

(3-29)

此外还有酚胺缩合法、羟胺还原烃化法、醌亚胺缩合法等，其中羟胺还原烃化法产品质量好、收率高，工艺条件较温和，是目前合成N-苯基-N′-烷基对苯二胺类最先进的方法之一，但尚进行工业化研究。

2. 羟胺缩合物

羟胺缩合物的代表品种是丁醇缩醛-α-萘胺，即低相对分子质量的防老剂AP和相对分子质量较高的防老剂AH，主要用作橡胶抗氧剂。结构式如下：

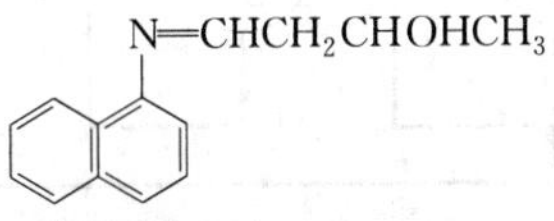

（防老剂AP） 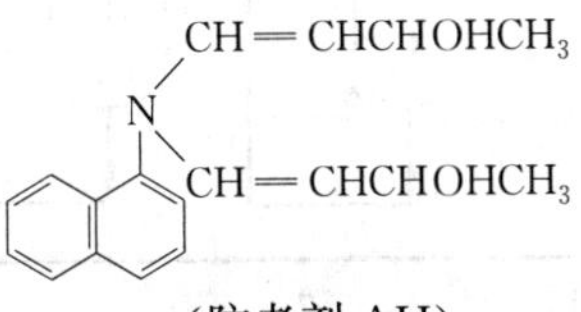　　　　　　　（防老剂AH）

胺类抗氧剂的缺点是其具有一定的毒性，污染性、变色性以及自身易于被氧化。最近，也开发成功了一些低毒或无毒的抗氧剂品种。例如，二甲基双[对(2-萘氨基)苯氧基]硅烷（C-41）与二甲基双[对苯氨基苯氧基]丁硅烷（C-1）都是无毒、不挥发与耐热性优良的品种。其结构为：

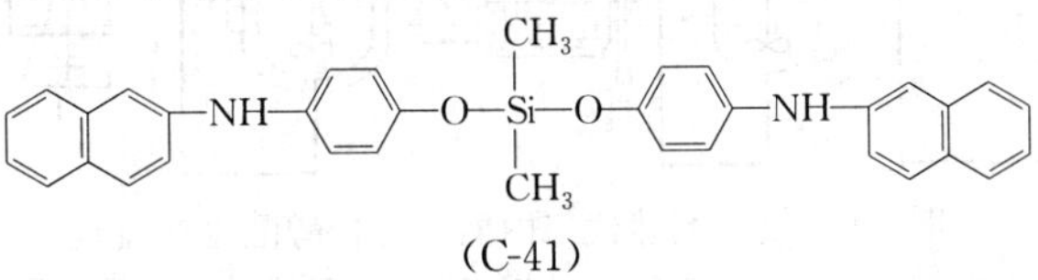

(C-41)

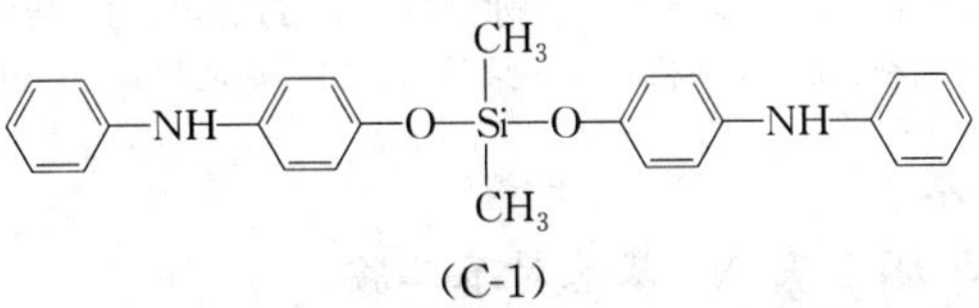

(C-1)

向分子中引入了含硅基团，明显降低了胺类抗氧剂的毒性，并提高胺类抗氧剂的耐热性与抗氧效率。

另外，通过向分子中引入羟基，可以减少胺类抗氧剂的着色性。

(三) 含磷抗氧剂

塑料用含磷抗氧剂主要是亚磷酸酯类。亚磷酸酯作为氢过氧化物分解剂和自由基捕捉剂在塑料中发挥抗氧作用。其他还有亚磷酸盐和亚磷酸盐的络合物。具有低毒、不污染、挥发性低等优点，是一类主要的辅助抗氧剂。典型品种如抗氧剂168，它是一种性能优异的亚磷酸酯抗氧剂，其抗萃取性强，对水解作用稳定，并能显著提高制品的光稳定性，可与多种酚类抗氧剂复合使用。抗氧剂168由2,4-二叔丁基苯酚与PCl_3直接反应制备。合成反应式如下：

$$3(CH_3)_3C\text{-}C_6H_3(OH)\text{-}C(CH_3)_3 + PCl_3 \longrightarrow [(CH_3)_3C\text{-}C_6H_3(C(CH_3)_3)\text{-}O\text{-}]_3P + 3HCl \quad (3\text{-}30)$$

抗氧剂开发的另一个趋势是使分子内有尽可能多的功能性结构和高相对分子质量化。这类高相对分子质量抗氧剂的挥发性低，耐析出性高，具有较好的耐久性，代表品种如瑞士 Sandos 公司的 Sandostab P-EPQ 等。

(四) 硫代酯抗氧剂

硫代酯是一类常用的辅助抗氧剂，主要是硫代二丙酸酯类，一般由硫代二丙酸和脂肪醇进行酯化而成，代表品种有硫代二丙酸月桂醇酯和硫代二丙酸十八碳醇酯。硫代二丙酸二月桂酸的合成是将丙烯腈与硫化钠水溶液反应得硫代二丙烯腈，用硫酸水解再与月桂醇酯化得硫代二丙酸二月桂醇酯合成，反应式如下：

$$2CH_2=CHCN + 2H_2O + Na_2S \longrightarrow S(CH_2CH_2CN)_2 + 2NaOH \quad (3\text{-}31)$$

$$S(CH_2CH_2CN)_2 + H_2SO_4 + 4H_2O \longrightarrow S(CH_2CH_2COOH)_2 + (NH_4)_2SO_4 \quad (3\text{-}32)$$

$$S(CH_2CH_2COOH)_2 + 2C_{12}H_{25}OH \longrightarrow S(CH_2CH_2COOC_{12}H_{25})_2 + 2H_2O \quad (3\text{-}33)$$

生产抗氧剂硫代二丙酸月桂醇酯的操作过程是将硫化钠在溶解釜中制成水溶液，然后与丙烯腈在缩合釜中在20℃左右进行反应，将所得硫代二丙烯腈送至水洗釜，洗去并分离掉碱水，然后将物料送到水解釜，用55%的硫酸进行水解，得硫代二丙酸，物料以过滤滤去硫酸铵，再送到酯化釜与月桂醇在减压下酯化。酯化完毕后加入丙酮将产物溶解，再在中和釜中用纯碱进行中和；然后经压滤机除去硫酸钠，得粗品，再经过结晶，离心过滤，干燥即得成品。其生产工艺流程参见图3-9。

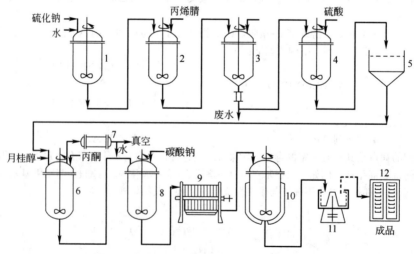

图3-9 抗氧剂硫代二丙酸二月桂醇酯生产流程

1—溶解釜；2—缩合釜；3—水洗釜；4—水解釜；5—过滤器；6—酯化釜；7—冷凝器；
8—中和釜；9—压滤机；10—结晶釜；11—离心机；12—干燥箱

二、抗氧剂的生产技术

(一) 防老剂4010 (N-环己基-N'-苯基对苯二胺)

防老剂4010，化学名称为N-环己基-N'-苯基对苯二胺。纯品系白色粉末，暴露空气及日光下颜色逐渐加深，密度 1.29g/cm³，熔点 115℃，易溶于苯，难溶于油，不溶于水。4010 为高效防老剂，用于天然橡胶和合成橡胶（丁苯、氯丁、丁腈、顺丁）制品，特别有效。可用于飞机、汽车、自行车的外胎、电缆和其他橡胶制品，也可用于燃料油中。

1. 主要原料及规格

原料名称	规格	原料名称	规格
4-氨基二苯胺	凝固点 68℃	甲酸	纯度 85%
环己酮	纯度 97.5%	溶剂汽油	120 号

2. 原料消耗定额（按生产 1t 产品计）

4-氨基二苯胺	0.93t	甲酸	0.274t
环己酮	0.62t	溶剂汽油	0.450t

3. 生产操作过程

用 4-氨基二苯胺与环己酮在高温下先缩合，然后用甲酸还原，再经溶剂汽油结晶、过滤、洗涤、干燥、粉碎而得，其化学反应式如下：

$$C_6H_5-NH-C_6H_4-NH_2 + \text{环己酮} \xrightarrow{150\sim180℃} C_6H_5-NH-C_6H_4-N=C_6H_{10} + H_2O \quad (3-34)$$

$$C_6H_5-NH-C_6H_4-N=C_6H_{10} + HCOOH \xrightarrow{90\sim100℃} C_6H_5-NH-C_6H_4-HN-C_6H_{11} + CO_2\uparrow \quad (3-35)$$

操作时先将规定量的 4-氨基二苯胺和环己酮加进配制釜内，搅拌升温，当温度达 110℃时开始脱去部分水，然后打入缩合釜中，进一步升温到 150～180℃继续脱水，直至缩合反应结束，冷却物料，送还原釜。当温度降至 90℃时，滴加甲酸进行还原，还原结束后，物料抽进含有 120 号溶剂汽油的结晶釜中，进行冷却结晶，待结晶完毕，放料进行吸滤，洗涤，抽干后湿料再送去干燥、粉碎，即得成品。防老剂 4010 生产流程如图 3-10 所示。

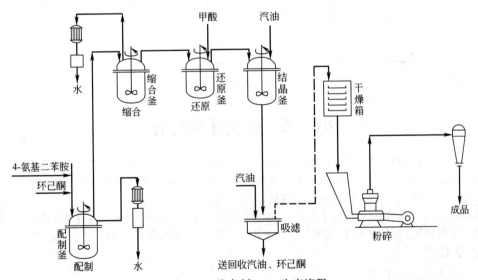

图 3-10 防老剂 4010 生产流程

（二）防老剂 BLE（二苯胺与丙酮高温缩合物）

防老剂二苯胺与丙酮高温缩合物，也称防老剂 BLE。它为暗褐色黏稠液体，易溶于丙酮、苯、三氯甲烷等有机溶剂，微溶于汽油，不溶于水；无毒储存稳定性较好。它是通用性防老剂，适用于天然橡胶和合成橡胶，用于各种轮胎、管带等制品，对抗热、抗氧、抗屈挠、耐磨等均有良好效应。

1. 主要原料及规格

原料名称	规格	原料名称	规格
二苯胺	含量≥98%	苯磺酸	含量≥89%
丙酮	含量≥98%		

2. 原料消耗定额（按生产 1t 产品计）

| 二苯胺 | 0.85t | 苯磺酸 | 0.03t |
| 丙酮 | 0.35t | | |

3. 生产操作过程

防老剂 BLE 系由二苯胺与酮在苯磺酸作催化剂下，于 240~250℃ 进行脱氢形成，含一个氮原子的杂环的环合反应，其化学反应式如下：

$$\text{PhNHPh} + CH_3COCH_3 \xrightarrow[240\sim250℃]{\text{苯磺酸}} \text{环合产物} + H_2O \qquad (3-36)$$

生产时先将一定量的二苯胺与苯磺酸，在熔化釜中加热熔化，再送入缩合釜中并不断滴加丙酮在 240~250℃ 下进行缩合脱水，直至反应完全，再将缩合物料送进蒸馏釜中进行蒸馏，先常压蒸出过量丙酮，经冷凝回收后作原料循环使用；然后减压蒸出成品，釜内残存物集中数釜后进行排渣处理。其生产流程如图 3-11 所示。

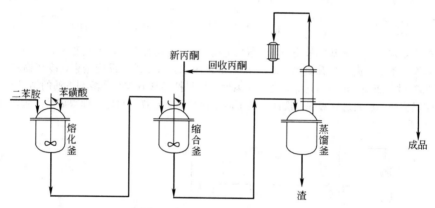

图 3-11　防老剂 BLE 生产流程

第五节　硫化体系助剂

将线型高分子转变成三维网状结构的体型高分子的过程称为"交联"或"硫化"，凡能使高分子化合物引起交联的物质就称为交联剂（也称硫化剂）。除某些热塑性橡胶外，天然橡胶与各种合成橡胶几乎都需要进行"硫化"。某些材料，特别是某些不饱和树脂，也需要进行交联。

橡胶硫化时，一般除硫化剂外，还要加入"硫化促进剂"和"活性剂"才能很好地完成硫化，工业上统称为硫化体系用助剂。另外有时为了避免"早期硫化（即焦烧）"还要加入"防焦剂"。

一、交联剂

（一）分类及主要品种

交联剂按其作用不同可分为交联引发剂、交联催化剂（包括交联潜性催化剂）、交联固化剂等。但是，通常将交联剂按化学结构可分为如下几类。

(1) 有机过氧化物　主要用于聚烯烃与不饱和聚酯以及天然橡胶，硅橡胶等，主要品种有烷基过氧化氢 (ROOH)、二烷基过氧化物 (ROOR)、二酰基过氧化物、过羧酸酯、过氧化酮等。

(2) 胺类　主要是含有两个或两个以氨基的胺类，如乙二胺、己二胺、三 (1,2-亚乙基) 四胺、四 (1,2-亚乙基) 五胺、亚甲基以及邻氯苯胺等，可用作氟橡胶、聚氨酯橡胶的硫化剂以及环氧树脂固化剂。

(3) 硫黄及有机硫化物　目前，用硫黄作为交联剂使橡胶硫化仍然是橡胶大分子链进行交联的主要方法，有机硫化物在硫化温度下能析出硫，使橡胶进行硫化故又称为硫黄给予体。有机硫化物常用的品种有二硫化吗啉和脂肪族醚的多硫化物 $\text{--}[CH_2CH_2OCH_2CH_2\text{--}S\text{--}S\text{--}S\text{--}S]_n\text{--}$ 等。

(4) 醌类　醌类有机物常用作橡胶硫化剂，特别适用于丁基橡胶；常用的品种有对醌二肟和二苯甲酰对醌二肟等。

(5) 树脂类　通常为烷基苯酚甲醛树脂，如对叔丁基苯酚甲醛树脂（相对分子质量为550～750）。对叔辛基苯酚甲醛树脂（相对分子质量为900～1200）等。它们是橡胶的有效硫化剂，特别适用于丁基橡胶。溴甲基苯酚甲醛树脂也可用于橡胶硫化。

除以上几类交联剂外，酸酐类化合物、咪唑类化合物、三聚氰酸酯、马来酰亚胺类也可用作交联剂，其中酸酐类如咪唑类主要用于环氧树脂，三聚氰酸酯主要用于不饱和聚酯，马来酰亚胺主要用于橡胶。

（二）二硫化吗啉生产技术

二硫化吗啉为白色或淡黄色粉末，熔点120℃以上，除用作二烯类橡胶的硫化剂外，还可作为丁基橡胶、三元乙丙橡胶的硫化剂。在硫化温度下分解放出活性硫，其质量分数约为27%。交联中主要形成单硫键，具有不喷霜、不污染、分散性好等优点。其合成是由吗啉与氯化硫在碱性条件下于有机溶剂中反应而成，反应式如下：

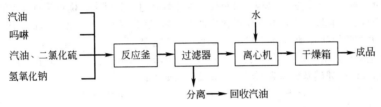

$$2O \hspace{-0.2em}\diagup\hspace{-0.2em}\diagdown\hspace{-0.2em} NH + S_2Cl_2 + 2NaOH \longrightarrow O \hspace{-0.2em}\diagup\hspace{-0.2em}\diagdown\hspace{-0.2em} N-S-S-N \hspace{-0.2em}\diagup\hspace{-0.2em}\diagdown\hspace{-0.2em} O + 2NaCl + 2H_2O \tag{3-37}$$

操作时先将作溶剂的汽油及少量水加入反应釜中，再加入吗啉，搅拌均匀，然后将二氯化硫、汽油及氢氧化钠溶液同时均匀滴入釜内，氢氧化钠稍前于二氯化硫加完。滴加完毕后，补充加水，继续搅拌30min。将反应物抽滤，滤液进行汽油与水相分离并回收汽油；滤渣转入离心机内洗涤，然后干燥得到成品。其生产工艺流程表示如图3-12所示。

图3-12　交联剂二硫化吗啉生产流程示意

二、硫化促进剂

在橡胶硫化时，可以加快硫化速度、缩短硫化时间、降低硫化温度、减少硫化剂用量以及改善硫化橡胶的力学性能的助剂叫硫化促进剂，简称促进剂。目前使用的硫化促进剂主要为有机化合物。按照物质化学结构分类的方法，可将促进剂分为如下几类：①二硫代氨基甲酸盐类；②秋兰姆类；③噻唑类；④黄原酸盐、黄原酸二硫化物；⑤次磺酰胺类。

1. 二硫代氨基甲酸盐

二硫代氨基甲酸盐主要是二硫代氨基甲酸上的氢原子被取代的衍生物，其通式为：

$$\left[\begin{array}{c} R \\ R' \end{array} \hspace{-0.3em} N-\overset{\displaystyle S}{\overset{\displaystyle \|}{C}}-S \right]_n M$$

式中，R，R'为烷基、芳基通常为甲基、乙基、丁基、苯基；M为金属原子，如Zn、Na、Pd、Cu、Ni等；n为金属原子价。

该类促进剂活性高、硫化速度快，可在常温下硫化，一般用于快速硫化或低温硫化，用量约为0.5%～1%。主要品种有二硫代氨基甲酸锌盐。二硫代氨基甲酸盐的合成通常是在碱性溶液中，由仲胺与二硫化碳作用而成，反应式如下：

$$\begin{array}{c} R \\ R \end{array} \hspace{-0.3em} N-H + \overset{\displaystyle S}{\overset{\displaystyle \|}{C}}=S + Na \longrightarrow \begin{array}{c} R \\ R \end{array} \hspace{-0.3em} N-\overset{\displaystyle S}{\overset{\displaystyle \|}{C}}-S-Na + H_2O \tag{3-38}$$

$$2 \begin{array}{c} R \\ R \end{array} \hspace{-0.3em} N-\overset{\displaystyle S}{\overset{\displaystyle \|}{C}}-S-Na + ZnCl_2 \longrightarrow \left[\begin{array}{c} R \\ R \end{array} \hspace{-0.3em} N-\overset{\displaystyle S}{\overset{\displaystyle \|}{C}}-S \right]_2 Zn + 2NaCl \tag{3-39}$$

2. 秋兰姆类

秋兰姆类促进剂通式如下：

$$R'\text{—}\underset{R}{N}\text{—}\underset{\parallel}{C}\text{—}(S)_x\text{—}\underset{\parallel}{C}\text{—}\underset{R}{N}\text{—}R'$$
$$\phantom{R'\text{—}}\underset{R}{}\phantom{\text{—}}\underset{S}{}\phantom{\text{—}(S)_x\text{—}}\underset{S}{}\phantom{\text{—}}\underset{R}{}$$

式中，R′，R 为烷基、芳基、环烷基等；x 为硫原子数，可以为 1，2 或 4。

一般由二硫代氨基甲酸衍生而来，如二硫化秋兰姆由二硫代氨基甲酸钠在酸性溶液中用过氧化氢氧化而成，或者由氧气氧化而成，其生产操作过程如下：先将质量分数为40%的二甲胺溶液与质量分数为15%的氢氧化钠水溶液以及质量分数为98%的二硫化碳加入缩合反应釜内，在40～45℃下反应1h，得淡黄色液体二甲基二硫化氨基甲酸钠，反应终了pH为9～10。反应物进入贮槽，并用泵经计量送到氧化塔顶部，空气由塔底部进入，氯气由各层板间导入，反应生成二硫化四甲基秋兰姆悬浮液，然后经分离、水洗、干燥、包装即得成品。

3. 噻唑类

噻唑类促进剂通式如下：

式中，R 为芳基或脂肪基；X 为氢，金属，$R\text{—}\underset{\underset{S}{\diagdown}}{\overset{\overset{N}{\diagup}}{C}}\text{—}S\text{—}$ 或其他有机基团。

分子中含有噻唑环结构的促进剂是现时最重要的通用性促进剂，其主要优点是有较快的硫化速度，应用范围广泛、无污染性、硫化胶具有良好的耐老化性能等。常见的品种有促进剂M（2-硫代苯并噻唑）、促进剂M2（2-硫代苯并噻唑锌盐）、促进剂DM（二硫化二苯并噻唑）。

促进剂M的生产有高压法和常压法两种。高压法采用苯胺、硫黄、二硫化碳在250～260℃、8160kPa下反应制得。而常压法以邻硝基氯苯为原料，合成反应式如下：

$$Na_2S+(n-1)S \xrightarrow{\triangle} Na_2S_n \qquad (n=3\sim32) \qquad (3\text{-}40)$$

$$\underset{Cl}{\underset{|}{\overset{NO_2}{\overset{|}{\bigcirc}}}}+2Na_2S_n+CS_2+2H_2O \longrightarrow \text{[苯并噻唑]}\text{—}C\text{—}S\text{—}Na+2H_2S\uparrow+Na_2S_2O_3+2(n-2)S\downarrow+NaCl \qquad (3\text{-}41)$$

$$2\text{[苯并噻唑]}\text{—}C\text{—}S\text{—}Na+H_2SO_4 \longrightarrow 2\text{[苯并噻唑]}\text{—}C\text{—}SH+Na_2SO_4 \qquad (3\text{-}42)$$

生产时先将硫化钠和硫黄投入多硫化反应釜中，开启搅拌器，加热至80～90℃保温反应；待固体硫黄粉全部消失，反应混合物呈液体即得多硫化钠。

在环合反应釜中加入多硫化钠、邻硝基氯苯及二硫化碳，开启搅拌，加热到110～130℃，在低于354.5kPa压力下进行缩合反应。反应中生成的硫化氢用液碱吸收生成硫化钠和水。反应结束后，消除釜内压力，鼓入空气以驱除釜内的硫化氢及未反应的二硫化碳。然后将反应液转入第一酸化釜，开启搅拌，慢慢滴加25%～30%的硫酸溶液至pH2～3。过剩的多硫化钠遇酸生成硫酸钠和硫化氢，后者用碱液吸收生成硫化钠和水。酸化时要用夹套冷却，使温度不超过65℃。酸化液用80℃水搅拌洗涤0.5h，静置1h，过滤。滤液为硫化酸钠等盐的酸水溶液，滤饼为含有固体硫的2-苯并噻唑硫醇粗品。将粗品投入碱溶液中，在搅拌下用7～8个波美度（°Bé）的液碱进行碱溶，调pH至11.5～12.0。然后吸滤，滤去碱不溶的固体硫黄等杂质。滤液送入第二酸化釜，于搅拌下慢慢滴加硫酸，温度控制在60～65℃，至pH为4～5时为酸化终点。冷却结晶，离心过滤。用水洗涤滤饼，经干燥，粉碎得促进剂M成品。其生产流程见图3-13。

原料消耗定额（按生产1t产品计）

邻硝基氯苯(98%)	1.064t	二硫化碳(94%)	0.750t
硫酸(92.5%)	1.450t	烧碱(95%)	0.300t
硫化钠(63.5%)	1.850t		

三、硫化促进剂生产技术

（一）硫化促进剂 NOBS

橡胶用硫化促进剂NOBS学名为2-(4-吗啉硫基)苯并噻唑，纯品为淡黄色粉末，熔点80～86℃，易溶

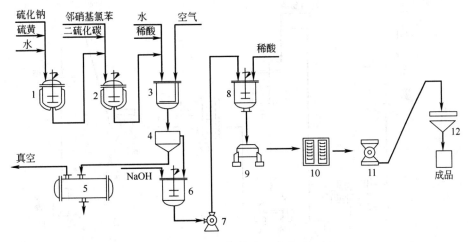

图 3-13 硫化促进剂 M 生产流程
1—多硫化反应釜；2—环合釜；3——次酸化釜；4—过滤器；5—贮槽；6—碱溶槽；
7—泵；8—二次酸化釜；9—离心机；10—干燥箱；11—粉碎机；12—振动筛

于二氯甲烷、丙酮，溶于苯、四氯化碳、乙酸乙酯、乙醇，微溶于汽油，不溶于水，遇热易分解。它为橡胶工业广泛应用的迟效性促进剂，其性质与促进剂 CZ 相近，但焦烧时间更长，操作更完全；且硫化胶的物理性能及老化性能更优越，主要用于制造轮胎、内胎、胶鞋、胶带等。

1. 主要原料及其规格

原料名称	规格	原料名称	规格
促进剂 M		纯度/%	97 以上
外观	淡黄色粉末	熔点/℃	126～129
纯度/%	97 以上	灰分/%	1
熔点/℃	170 以上	密度/(g/cm^3)	0.9998
灰分/%	0.3 以下	次氯酸钠	
吗啉		外观	黄绿色液体
外观	无色油状液体	纯度(有效氯)/%	14.5

2. 原料消耗定额（以生产 1t 促进剂 NOBS 计）

促进剂 M(97% 以上)	0.840t	次氯酸钠	0.310t
吗啉	0.700t		

3. 生产操作过程

在带搅拌的溶解罐内，先加入质量分数为 60% 的吗啉水溶液，并加进一定量的促进剂 M，待其溶解后，经过滤机后送入缩合釜内，然后向缩合釜中逐次滴加质量分数为 14.5% 的次氯酸钠溶液；反应完毕，经离心分离、水洗、干燥、粉碎、筛分即得成品。其生产流程见图 3-14。

(二) 硫化促进剂 DM

硫化促进剂 DM 化学名为二硫代二苯并噻唑，纯品为浅黄色针状晶体，密度为 1.50g/cm^3；室温下微溶于苯、二氯甲烷、四氯化碳、丙酮等，不溶于水、乙酸乙酯、碱和汽油等；粉尘有爆炸危险，遇明火可燃。它为橡胶通用型促进剂，广泛用于各种橡胶；但硫化温度较高，为 130℃，温度在 140℃ 以上活性增加，有显著的后效性，不易早期硫化，操作安全。适用于天然橡胶、合成橡胶和再生胶等橡胶制品；具有易分散、不污染、使硫化胶老化性能好的优点。用于制造轮胎、胶管、胶带、胶鞋、胶布等制品；在氯丁胶中加入 1% 有增塑效果，在高温、低温下均有延缓氯丁胶硫化作用；可作氯丁胶的防焦剂。

1. 主要原料及其规格

原料名称	规格	原料名称	规格
2-硫代苯并噻唑	工业品	亚硝酸钠	工业品

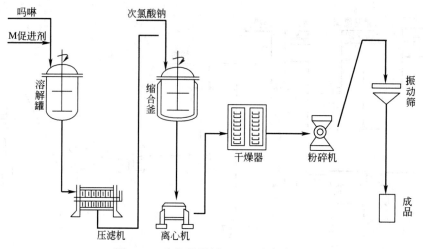

图 3-14 硫化促进剂 NOBS 生产流程

2. 原料消耗定额（以生产 1t 促进剂 DM 计）

2-硫代苯并噻唑　　　　　　　　　　　1.080t　　亚硝酸钠　　　　　　　　　　　0.210t

3. 生产操作过程

生产时先将 2-硫代苯并噻唑和亚硝酸钠加入到反应釜中，启动搅拌器，并滴加硫酸；在一氧化氮存在下通入干净的空气进行氧化，可得粗品；再经水洗、离心脱水、干燥、筛选即得成品。其生产流程示意如图 3-15 所示。

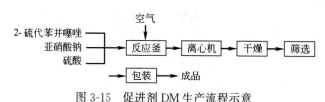

图 3-15 促进剂 DM 生产流程示意

第六节　热稳定剂和光稳定剂

一、热稳定剂

（一）热稳定剂的分类及主要品种

为防止塑料在热和机械剪切力等作用下引起降解而加入的一类物质称热稳定剂，对于耐热性差、容易产生热降解的聚合物，在加工时必须采取添加热稳定剂的方法提高其耐热性，最典型的例子是聚氯乙烯。

稳定剂按其化学结构可以分为脂肪酸皂类、有机锡化合物、有机稳定剂以及复合稳定剂等 4 大类。

1. 脂肪酸皂

脂肪酸皂也称为金属皂，主要是 $C_8 \sim C_{18}$ 脂肪酸的钡、镉、铅、钙、锌、镁、锶等金属盐。常用的脂肪酸有硬脂酸、月桂酸、棕榈酸等。这几种金属都是元素周期表中第 Ⅱ 族的元素。钡、钙、镁等主族金属的皂类初期稳定作用小、长期耐热性好，而镉、锌等副族金属的皂类初期稳定作用大、长期耐热性差，因此这两族金属的皂类通常是配合使用的。钡皂和镉皂相配合，广泛应用于聚氯乙烯软质制品，特别是软质透明制品，钙皂和锌皂主要用于软质无毒制品。

2. 有机锡稳定剂

有机锡稳定剂通式为 $R_m SnY_{4-m}$，其中 R 是烃基，如甲基、正丁基、正辛基等；Y 是通过氧原子或硫原子与 Sn 连接的有机基团。根据 Y 的不同，有机锡稳定剂可分为三种类型：①脂肪酸盐型：Y 基团为 —OOCR；②马来酸盐型：Y 基团为 —OOCCH=CHCOO—；③硫醇盐型：Y 基团为 —SR，—SCH$_2$COOR。作热稳定剂的主要是二甲基锡、二正丁基锡和二正辛基锡的脂肪酸盐、马来酸盐、马来酸单酯基盐、硫酸盐、硫醇基羧酸酯盐等。有机锡为高效热稳定剂，其最大的优点是有高度透明性，突出的耐热性、耐硫化污染；缺点是价贵，但其使用量较少。

3. 有机辅助稳定剂

这类稳定剂本身的稳定化作用较小或者没有稳定化作用，但与主稳定剂并用时，可以发挥良好的协同作用，称为辅助稳定剂。其中主要有环氧化物如环氧大豆油、环氧脂肪酸酯等；亚磷酸酯等。

4. 复合稳定剂

复合稳定剂是一种液体复配物，其主要成分是金属盐，其次是配合亚磷酸酯、多元醇、抗氧剂和溶剂等多种组分。从金属盐的种类来看，有锡-钡通用型、钡-锌耐硫化污染型、钙-锌无毒型，以及钙-锡和钡-锡复合物等类型。有机酸也可以有很多种类，如合成脂肪酸、油酸、环烷酸、辛酸以及苯甲酸、水杨酸、苯酚、烷基酚等。亚磷酸酯可以采用亚磷酸三苯酯、亚磷酸三异辛酯、三壬基苯基亚磷酸酯等。抗氧剂可用双酚A等。溶剂则采用矿物油、液体石蜡以及高级醇或增塑剂等。配方上的不同，可以生产出多种性能和用途的不同牌号产品。

液体复合稳定剂从配方上来看，他与树脂和增塑剂的相容性是很好的；其次，透明性好，不易析出，用量较少，使用方便，用于软质透明制品比有机锡便宜，耐候性好；用于增塑糊时黏度稳定性高。其缺点是缺乏润滑性，因而常与金属皂和硬脂酸合用，这样使软化点降低，长期储存不稳定。

（二）二月桂酸二丁基锡生产技术

现以有机锡稳定剂的生产工艺为例，说明热稳定剂的生产技术。有机锡稳定剂的制法，一般是首先制备卤代烷基锡，然后与氢氧化钠作用变成氧化烷基锡，最后与羧酸或马来酸酐、硫醇等反应，即可得到有机锡的脂肪酸盐、马来酸盐、硫醇盐等。整个过程中最重要的是卤代烷基锡的合成。

合成卤代烷基锡的方法一般有格利雅法和直接法。格利雅法是将卤代烷与镁作用，先制得卤代烷基镁（格利雅试剂），再与四氯化锡作用，就可制得二卤二烷基锡。直接法是用卤代烷与金属锡直接反应制成二卤二烷基锡。制得二卤二烷基锡后，将其与氢氧化钠水溶液作用，得到氧化二烷基锡。最后，将氧化二烷锡与脂肪羧酸作用，即可，制得有机锡稳定剂。如二月桂酸二丁基锡的直接合成反应式为：

$$2C_4H_9I + Sn \longrightarrow (C_4H_9)_2SnI_2 \tag{3-43}$$

$$(C_4H_9)_2SnI_2 + 2RCOONa \longrightarrow (C_4H_9)_2Sn(OOCR)_2 + 2NaI \tag{3-44}$$

1. 主要原料及其规格

原料名称	规格	原料名称	规格
锡锭	含量≥99.5%	正丁醇	密度(0.81g/cm³)
碘	含量≥99.5%		沸程114~119℃
红磷	含量≥97.5%	月桂醇酸	工业品

2. 原料消耗定额（按生产1t二月桂酸二丁基锡计）

锡锭	0.22t	月桂酸	0.64t
碘	0.05t	正丁醇	0.30t

3. 生产操作过程

常温下将红磷和丁醇投入碘丁烷反应釜，然后分批加入碘；将反应温度逐渐上升，当温度达到127℃左右时停止反应，水洗蒸馏得到精制碘丁烷。再将规定配比的碘丁烷、正丁醇、镁粉、锡粉加入锡化反应釜内，强烈搅拌下于120~140℃反应，蒸出正丁醇和未反应的碘丁烷，得到碘代丁基锡粗品。粗品在酸洗釜内用稀盐酸于60~90℃洗涤得精制二碘代二正丁基锡。在缩合釜中加入水、液碱，升温到30~40℃时逐渐加入月桂酸；加完后再加入二碘代二正丁基锡于80~90℃反应1.5h，然后静置10~15min，分出碘化钠，将反应液送往脱水釜减压脱水、冷却、压滤即得成品。其生产流程见图3-16。

二、光稳定剂

（一）光稳定剂的分类及主要品种

加入高分子材料中能抑制或减缓光氧化过程的物质称为光稳定剂或紫外光稳定剂。常用的光稳定剂根据其稳定机理的不同可分为紫外线吸收剂、光屏蔽剂和紫外线猝灭剂、自由基捕获剂等。

紫外线吸收剂是目前应用最广的一类光稳定剂，按其结构可分为水杨酸酯类、二苯甲酮类、苯并三唑类、取代丙烯腈类、三嗪类等，工业上应用最多的为二苯甲酮类和苯并三唑类。

猝灭剂主要是金属络合物，如二价镍络合物等，常与紫外线吸收剂并用，起协同作用。

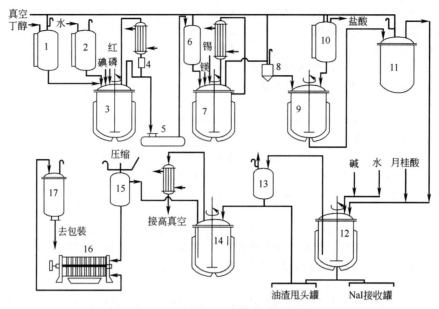

图 3-16 二月桂酸二丁基锡生产流程

1,2—计量罐；3—碘丁烷反应器；4—分水器；5—碘丁烷接受罐；6—碘丁烷贮罐；7—锡化反应器；
8—沉降罐；9—酸洗釜；10—盐酸计量罐；11—碘代丁基锡贮槽；12—缩合釜；13—油水分离器；14—脱水釜；
15—成品压滤罐；16—压滤机；17—成品贮罐

光屏蔽剂是指能够吸收或反射紫外线的物质，通常多为无机颜料或填料，主要有炭黑、二氧化钛、氧化锌、锌钡等。

自由基捕获剂是一类具有空间位阻效应的哌啶衍生物类光稳定剂，主要为受阻胺类，其稳定效能比上述的光稳定剂高几倍，是目前公认的高效光稳定剂。

（二）重氮化、偶合及紫外线吸收剂 UV-327 生产技术

UV-327 属苯并三唑类紫外线吸收剂，化学名称为 2-(2′-羟基-3′,5′-二叔丁基苯基)-5-氯代苯并三唑。它为淡黄色粉末，熔点 151℃以上；不溶于水，微溶于醇，易溶于苯及甲苯。UV-327 能强烈地吸收波长为 300～400nm 的紫外线，化学稳定性好，挥发性极小；与聚烯烃的相容性良好，可以耐高温加工；有优良的耐洗涤性能，特别适用于聚丙烯纤维；本品在聚乙烯中用量为 0.2～0.4 份，在聚丙烯中用量 0.3～0.5 份，还可用于聚甲醛、聚甲基丙烯酸甲酯、聚氨酯和多种涂料。本品与抗氧剂并用，有优良的协同作用。

（1）主要原料及规格

原料名称	规格	原料名称	规格
对氯邻硝基苯胺	含量为 70%	苯酚	含量＞99%
异丁烯	含量≥90%		凝固点≥40.4℃
	水分（mg/L）≤10		

（2）原料消耗定额（按生产 1t UV-327 产品计）

对氯邻硝基苯胺	2.5t	苯酚	2t
异丁烯	1.77t		

（3）生产操作过程

UV-327 一般由对氯邻硝基苯胺重氮化后与 2,4-二叔丁基苯酚进行偶合，然后加锌还原制得，其反应式如下：

$$\underset{H_2N}{\overset{O_2N}{}}\!\!-\!\!Cl + NaNO_2 + 2HCl \longrightarrow ClN\!=\!N\!\!-\!\!\underset{}{\overset{NO_2}{}}\!\!-\!\!Cl + 2H_2O + NaCl \quad (3\text{-}45)$$

$$HO\!\!-\!\! + 2CH_3\!\!-\!\!\underset{CH_2}{\overset{CH_3}{C}}\!\!=\!\!CH_2 \xrightarrow[70℃]{H_2SO_4} HO\!\!-\!\!\underset{C(CH_3)_3}{\overset{C(CH_3)_3}{}} \quad (3\text{-}46)$$

$$\underset{Cl}{\overset{NO_2}{\text{ClN=N}}}-Cl + HO-\underset{}{\overset{C(CH_3)_3}{\bigcirc}}-C(CH_3)_3 \xrightarrow[0\sim5℃]{\text{NaOH, 甲醇}} \underset{Cl}{\overset{NO_2}{\bigcirc}}-N=N-\underset{}{\overset{OH}{\bigcirc}}-C(CH_3)_3 + NaCl + H_2O$$

$$\tag{3-47}$$

$$\underset{Cl}{\overset{NO_2}{\bigcirc}}-N=N-\underset{}{\overset{OH}{\bigcirc}}-C(CH_3)_3 \xrightarrow[40\sim45℃]{\text{锌粉, 乙醇}} Cl-\underset{}{\bigcirc}-N=N-\underset{}{\overset{OH}{\bigcirc}}-C(CH_3)_3 + 2ZnO \tag{3-48}$$

先将苯酚和铝屑及甲苯加入催化剂反应釜中,于(145±5)℃反应生成苯酚铝;然后投入烷化釜中,当温度升至(135±5)℃时,通入热的气态异丁烯,压力一般为1.0~1.4MPa。所得反应物在烷化水洗釜中用水洗去氢氧化铝,蒸去大部分甲苯后再在精馏釜中减压蒸馏,收集2,4-二叔丁基苯酚(简称2,4体)。在重氮化槽中,对氯邻硝基苯胺于低温(5℃以下)重氮化后与2,4-二叔丁基苯酚在偶合反应釜中于0~5℃下以甲醇为溶剂进行偶合反应。反应混合物经过滤后,在还原反应釜中以乙醇为溶剂用锌粉还原,即得粗品。再于重结晶釜中用乙酸乙酯净化提纯,趁热过滤,弃去锌渣,冷却、过滤、水洗、烘干即得成品。其生产流程见图3-17。

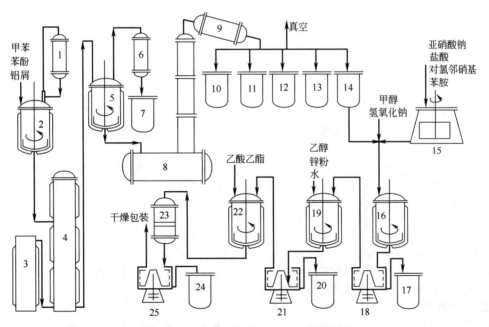

图3-17 紫外线吸收剂UV-327生产流程

1,6,9—冷凝器;2—催化剂;3—异丁烯气化罐;4—烷化釜;5—烷化水洗釜;7—甲苯贮罐;
8—精馏塔;10—苯酚贮槽;11—前后馏分贮罐;12—邻位体贮罐;13—2,6体贮罐;
14—2,4体贮罐;15—重氮化槽;16—偶合反应釜;17—甲醇贮槽;
18,21,25—离心机;19—还原反应釜;20—乙醇贮槽;
22—重结晶反应釜;23—过滤器;24—乙酸乙酯贮槽

第七节 其他合成材料助剂

一、发泡剂

泡沫塑料主要是以聚苯乙烯、聚氨酯、聚乙烯等为基体的树脂配以发泡剂所形成的泡沫体。原则上讲,凡不与基体树脂发生化学反应,并能在特定条件下产生无害气体的物质,都能作为发泡剂。选择发泡剂的依据一般为发泡剂的分解温度、气体发生量、分解产物特性等。发泡剂按形成气体的机理分为物理发泡剂与化学发泡剂，按形成发泡剂的分子组成可分为无机发泡剂与有机发泡剂。

化学发泡剂是一种无机的或有机的热敏性化合物，在一定温度下会热分解而产生一种或多种气体，从而使聚合物发泡。化学发泡剂包括无机发泡剂和有机发泡剂两大类；无机化学发泡剂主要包括碳酸铵、碳酸氢铵和碳酸氢钠等；有机化学发泡剂主要包括亚硝基化合物、偶氮化合物和磺酰肼类等。亚硝基化合物主要用于橡胶方面，而偶氮化合物和磺酰肼类则主要用于塑料中。

有机化学发泡剂是目前工业上最广泛使用的发泡剂，在它们的分子中几乎都含有=N—N=或—N=N—结构，在热的作用下很容易断裂而放出氮气（同时也可能有少量的 NH_3、CO、CO_2、H_2O 以及其他气体生成），从而起到发泡剂的作用。其主要优点是在聚合物中分散性好，分解温度范围较窄，且能控制，发泡率高；主要缺点是易燃。工业上实际使用的有机发泡剂主要是偶氮二甲酰胺、偶氮二异丁腈、二偶氮氨基苯、N-亚硝基化合物、苯磺酰肼、对甲苯磺酰肼、3,3′-二磺酰肼二苯砜等十来种。

发泡剂 AC 化学名称为偶氮二甲酰胺，为淡黄色粉末，无毒，无臭，不易燃；在120℃以上易分解，放出大量氮气占65%，另外还有32%一氧化碳和3%二氧化碳等。可作为聚氯乙烯、聚乙烯、聚丙烯、聚酰胺-11、氯丁橡胶、丁腈橡胶、天然橡胶和硅橡胶的发泡剂，常压发泡和加压发泡均可适用。本品分解产品的气体无毒，不腐蚀模具；用本品生产的发泡制品无味，不变色，不污染。

现以发泡剂偶氮二甲酰胺（AC）的生产工艺为例，说明发泡剂的生产技术。

1. 主要原料及规格

原料名称	规格	原料名称	规格
尿素	工业品	氯气	>99%
氢氧化钠	30%	硫酸	98%

2. 原料消耗定额（按生产 1t 发泡剂 AC 计）

尿素	2.35t	氯气	1.91t
氢氧化钠	3.36t	硫酸	2.45t

3. 生产操作过程

偶氮二甲酰胺可用水合肼（由尿素制取）和尿素反应，先缩合生成氢化偶氮化合物，然后氧化，其反应式如下：

$$NH_2-NH_2 \cdot 7H_2O + H_2SO_4 \longrightarrow NH_2-NH_2 \cdot HSO_4 + 7H_2O \tag{3-49}$$

$$NH_2-NH_2 \cdot H_2SO_4 + 2NH_2CONH_2 \longrightarrow NH_2CONH-NHCONH_2 + (NH_4)_2SO_4 \tag{3-50}$$

$$NH_2CONH-NHCOHN_2 + Br_2 \longrightarrow NH_2CON=NCONH_2 + HBr \tag{3-51}$$

$$2HBr + Cl_2 \longrightarrow 2HCl + Br_2$$

即

$$NH_2CONH-NHCONH_2 + Cl_2 \longrightarrow NH_2CON=NCONH_2 + 2HCl \tag{3-52}$$

生产时先用尿素与次氯酸钠及氢氧化钠在100℃下反应生成水合肼；将水合肼投入缩合釜内与硫酸形成硫酸肼，再与尿素缩合。然后在氧化罐内于溴化钠（在酸性介质中通氯气后生成溴）存在下通入氯气氧化；再经水洗、离心分离、干燥即得成品。其生产流程参见图 3-18。

二、润滑剂

凡是能改善塑料或橡胶在加工成型时的流动性的物质称为润滑剂。通常按化学结构将润滑剂分为如下 5 类：

（1）脂肪酸及其金属皂类　是一类来源丰富、价格低、应用广的润滑剂，主要包括硬脂酸及硬脂酸的钙、镁、铅、钡盐，该类润滑剂兼有热稳定作用。

（2）酯类　主要为硬脂肪酸酯及柠檬酸酯，如硬脂酸丁酯、单硬脂酸甘油酯、三硬脂酸甘油酯、柠檬酸三（十八醇）酯等。

（3）酰胺类　主要是高级脂肪酸的酰胺类及其衍生物，有硬脂酰胺和油酸酰胺、亚甲基双硬脂酰胺、N,N'-1,2-亚乙基双硬脂酰胺等。其中 N,N'-1,2-亚乙基双硬脂酰胺是一种优良的润滑剂，并具有抗黏结性和抗静电性。

（4）烃类　用作润滑剂的烃类是一些相对质量在 350 以上的脂肪烃，包括石蜡、合成石蜡、低相对分子质量的聚乙烯蜡及矿物油等。

（5）有机硅　主要是有机硅氢烷，如聚二甲基硅氧烷（硅油）、聚二乙基硅氧烷（乙基硅油）、聚甲基苯基硅氧烷（甲基苯基硅油），主要用作脱模剂。

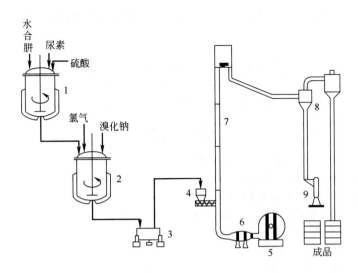

图 3-18 发泡剂偶氮二甲酰胺生产流程
1—缩合釜；2—氧化罐；3—离心机；4—加料器；5—鼓风机；6—加热器；
7—气流干燥器；8—旋风分离器；9—粉碎机

三、抗静电剂

添加在树脂中或涂附在塑料制品、合成纤维表面的，用以防止高分子材料静电危害的一类化学添加剂称抗静电剂。抗静电剂的作用是将体积电阻高的高分子材料的表面层电阻率降低到 $10^{10}\Omega$ 以下，从而减轻高分子材料在加工和使用过程中的静电积累。

抗静电剂主要是一些表面活性剂，按使用的方法不同可以分为外部抗静电剂和内部抗静电剂两大类。

目前在塑料和纤维工业中使用的抗静电剂主要有 5 种基本类型：胺的衍生物，季铵盐，磷酸盐，硫酸酯以及聚乙二醇的衍生物等，总计近 100 个品种。此外，导电性良好的炭黑、金属粉末、金属盐、金属氧化物等偶尔也作为塑料和纺织品的抗静电剂使用。

现以抗静电剂烷基磷酸酯二乙醇胺盐（抗静电剂 P）的生产工艺为例，说明抗静电剂的生产技术。

抗静电剂 P 为棕黄色黏稠膏状物，易溶于水及有机溶剂，在纺织工业中，用作涤纶、丙纶等合成纤维纺丝油剂的组分之一，起抗静电及润滑作用，一般用量为油剂总量的 5%～10%。在塑料工业中亦可用作抗静电剂。

1. 主要原料及规格

原料名称	规格	原料名称	规格
脂肪醇	羟值 370～385	乙醇胺	工业品
五氧化二磷	含量 95% 以上		

2. 原料消耗定额（按生产 1t 抗静电剂 P 计）

脂肪醇	0.35t	二乙醇胺	0.52t
五氧化二磷	0.18t		

3. 生产操作过程

脂肪醇与五氧化二磷进行磷酸化反应，再用二乙醇胺中和，可得抗静电剂 P，其化学反应式如下：

$$2ROH + P_2O_5 \longrightarrow R-O-\underset{OH}{\underset{|}{\overset{O}{\overset{\|}{P}}}}-O-\underset{OH}{\underset{|}{\overset{O}{\overset{\|}{P}}}}-OR \tag{3-53}$$

$$R-O-\underset{OH}{\underset{|}{\overset{O}{\overset{\|}{P}}}}-O-\underset{OH}{\underset{|}{\overset{O}{\overset{\|}{P}}}}-OR + 4NH(CH_2CH_2OH)_2 \longrightarrow 2R-O-\underset{OH \cdot NH(CH_2CH_2OH)_2}{\underset{|}{\overset{O}{\overset{\|}{P}}}}-OH \cdot NH(CH_2CH_2OH)_2 \tag{3-54}$$

在搪玻璃反应釜中先加入脂肪醇，启动搅拌器，向夹套中通入冷却水，于 40℃ 以下逐渐加入五氧化二磷进行磷酸化反应,然后在 50～55℃保温反应 3h。在 20℃以下用二乙醇胺中和至 pH≈7～8,趁热包装,即得成品。其工艺流程见图 3-19。

图 3-19 抗静电剂烷基磷酸酯二乙醇胺盐生产流程示意

  复习思考题

1. 合成材料助剂按照功能分类大致可归纳为哪几类?
2. 助剂的选择和应用时应注意哪些基本问题?
3. 什么样的物质称为增塑剂?按化学结构可分为哪几类?
4. 酯化反应过程的热力学和动力学有什么特点?
5. 醇-酸酯化常用哪些催化剂?
6. 简述用羧酸和醇进行酯化时的操作方法。
7. 用酸酐酯化的基本原理是什么?
8. 简述邻苯二甲酸酯增塑剂生产过程的工艺特点。
9. 简述邻二甲酸二辛酯的生产技术。
10. 酯类的水解反应有什么特点?
11. 什么物质为阻燃剂?对其有哪几方面要求?
12. 试述氯化石蜡 70 悬浮法间歇生产过程。
13. 试述生产阻燃剂十溴联苯醚的操作过程。
14. 什么物质叫抗氧剂?按化学结构进行分类,抗氧剂分哪几类?
15. 试述防老剂 4010 的生产操作过程。
16. 什么叫交联剂?按化学结构分类,交联剂可分为哪几类?
17. 什么叫硫化促进剂?按化学结构可分为哪几类?
18. 试述生产硫化促进剂 NOBS 的操作过程。
19. 什么物质叫热稳定剂,按化学结构可分为哪几类?
20. 试述紫外线吸收剂 UV-327 的生产操作过程。

第四章 农用化学品

学习目的与要求
- 掌握化学农药和植物生长调节剂的用途、典型品种的合成和生产工艺。
- 理解杀虫剂和昆虫调节剂、杀菌剂、除草剂和植物生长调节剂的作用原理及分类。
- 了解农药的主要类别、剂型与加工。

第一节 概　　述

一、农药及其在国民经济中的地位

农药是防治农作物病虫害、草害和菌害的药剂。农药对有机体具有毒害作用，其毒害作用分为急性、慢性两种。急性中毒是药剂一次性进入体内后，在短时间内发生毒害作用的现象；慢性中毒则是药剂长期反复与有机体作用后，引起药剂在体内的累积，造成体内机能损害的累积而引起的中毒现象。半致死量（简写为 LD_{50}）是衡量其毒害作用的尺度，即指被试验的动物（大白鼠或小白鼠）一次口服、注射或皮肤涂抹后产生急性中毒，50%死亡所需药剂的量，LD_{50} 的单位是 $mg/kg_{体重}$。LD_{50} 数值越小，表示药剂的毒性越大。

农药是防治农作物的病虫害和草害，保护和调节农作物的生产，提高农作物产量和质量必不可少的生产资料。

农药不仅在粮食的生产与储存中具有重要作用，而且在林牧业、卫生防疫、水果和蔬菜保鲜、工业生产和国防建设方面，也有特殊作用。随着社会的进步和科技的发展，各种经济作物、饲料作物、中草药、花卉、食用菌的种植，将对农药提出更多、更高的要求。研究开发和生产农药新品种，对于防治作物病虫害和草害，提高作物产量和质量是十分重要的。

二、农药的分类

农药种类很多，分类方法各异，如图 4-1 所示。

三、农药剂型与加工

多数农药的原药是脂溶性物质，不溶或难溶于水，不能直接使用。若直接使用，难以分散而黏附在虫、菌体或植株上，影响药效的发挥，达不到防治效果，甚至会烧伤农作物。为提高药效、改善农药性能、降低毒性、稳定质量、节省原药用量、便于使用，必须将农药原药加工制成一定的剂型。

农药的剂型，是根据农作物的品种、虫害的种类、农作物的生长阶段和施药地点、病虫害发生期以及各地自然条件而确定的。因此，农药剂型多种多样，同一种原药，可加工成多种剂型，对剂型的要求是经济、安全、合理、有效和方便使用。基本剂型有粉剂、可湿性粉剂、乳剂、液剂、胶体剂和颗粒剂等。

(1) **粉剂**　具有加工方便、喷洒面积大、不易产生药害的特点，是最通常用剂型之一。其制备是将原药与填料按比例混合、研磨、过筛，使其细度达到 200 目。填料的作用是稀释原药、降低成本。常用的填料有滑石粉、陶土、高岭土等。

(2) **可湿性粉剂**　是将原药、填料、润湿剂经粉碎加工，制成机械混合物，细度一般为 99.5% 能通过 200 目的筛，能分散在水中。供喷雾使用，其药效比粉剂高。

(3) **乳剂（乳油）**　是将农药原药、溶剂和乳化剂按比例混合配制成的透明油状液体。使用时，按一定比例加水、搅拌，稀释成乳状液体，供喷雾用。乳剂容易渗透到昆虫的表皮，防治效果好。但乳剂使用了大量的有机溶剂，成本较高。

(4) **胶体剂**　由于分散剂的作用，胶体剂加水后能稳定地悬浮于水中，可供喷雾使用，其粒度一般为 $1 \sim 3 \mu m$，最大不超过 $5 \mu m$。将固体或黏稠状的农药原药与一定量的分散剂加热处理，使农药原药以很小的微粒分散于分散剂中，冷却后成为固体，药剂仍保持为微粒状态，稍加粉碎即为胶体剂。

(5) **颗粒剂**　药效高、残效长、使用方便、省药量。颗粒剂的制备是将农药原药的溶液或悬浮液喷洒

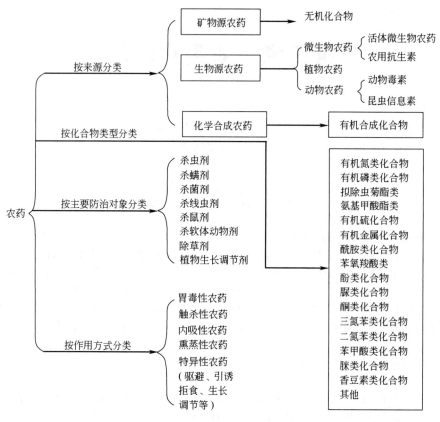

图 4-1 农药分类示意

在 30～60 目的填料颗粒上，待溶剂挥发后药剂吸附在填料颗粒上而成为颗粒制剂，也可在农药原药中加入某些助剂，再制成 30～60 目的微小颗粒。

四、农药的发展趋势

随着社会的发展和科学技术进步，农药的生产和使用观念，发生了很大转变。由单纯对病虫害的"杀生"转变为对病虫害的"控制"。单纯"杀生"的农药用药量大、毒性、抗性和农药残留量高，污染环境，危及生态平衡。淘汰对人畜有毒、严重污染环境的农药，大力研究、开发、生产和使用对人畜毒性小、对环境友好、对病虫害不易产生抗性的农药新品种，控制和限制病虫害的危害，保护生态环境促进农业可持续发展，是农药工业发展的方向。

生物农药目标害虫单一、用量少、毒性效率高、易分解，对环境生态及人类健康具有特别的意义。目前，生物农药以每年产值上升 10%～20% 的速度得以发展，成为农药发展的新趋势。

生物农药是指来自动物、植物、微生物等具有农药作用的物质。微生物农药是由微生物及其微生物的代谢产物和由其加工而成，具有杀虫、杀鼠、杀菌、除草和调节植物生长等具有农药活性的物质。大蒜、薄荷等具有杀虫的作用，可认为是植物农药。

昆虫生长调节剂是新一代高效、低毒的杀虫剂，它模拟昆虫激素的作用，专门攻击昆虫的生长发育过程，如硝基烟碱（吡虫净）通过与烟碱乙酰胆碱受体作用，显示出比天然类似物还强的活性。

磺酰脲类除草剂，具有选择性抑制植物体内乙酰乳酸合成酶的作用，广泛用于水旱地除草，以其超高效、低毒、低用量、除草谱广等优点受到重视。

第二节 杀虫剂和昆虫调节剂

在我国农药总产量中，杀虫剂约占 2/3，是品种较多、产量最大、用途最广的一类农药。杀虫剂是指能直接将有害昆虫杀死的药剂，分为化学杀虫剂、生物杀虫剂和昆虫生长调节剂。

一、杀虫剂主要类别

1. 有机磷杀虫剂

杀虫剂的主要品种,是一类具有杀虫效能的含磷有机化合物,其通式为:

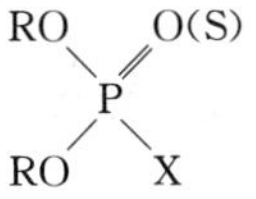

$$\begin{array}{c} RO \quad O(S) \\ \diagdown \! \! \! \diagup \\ P \\ \diagup \! \! \! \diagdown \\ RO \quad X \end{array}$$

有机磷杀虫剂的生物活性,是能抑制昆虫体内胆碱酯酶。

有机磷杀虫剂具有药效高、品种较多、无累积、中毒等特点,开发高效、低毒、环境友好的新品种,是其发展方向。高毒性品种,逐步由低毒品种替代。

2. 有机氮杀虫剂

有机氮(氨基甲酸酯类)杀虫剂是一类高效、低毒、低残留的农药,代表品种如西维因、巴沙、速灭威等。一般,氨基甲酸酯类化合物无毒或低毒,易分解、易代谢,在环境中不积累,也不通过食物链在人体内积累,在动植物体内能很快代谢排出体外。但其毕竟是低毒、低残留的农药,一旦进入人体,可干扰神经系统使人头痛、腹泻、呕吐、血压升高、视觉模糊,影响人体健康。

(1) 西维因 有机氮杀虫剂的第一个品种,具有触杀、胃毒和微弱的内吸性,药效持久,对人畜的毒性低,白鼠口服急性半致死量 LD_{50} 为 560mg/kg,在体内无积累作用,属广谱型杀虫剂,其化学结构为:

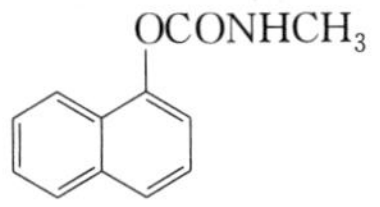

甲氨基甲酸-1-萘酯

西维因用途广泛,对棉、粮、果树、蔬菜等多种害虫,均有很好的防治效果,特别是对棉铃虫的防治效果更为突出,可代替滴滴涕在棉花上的使用。

(2) 杀螟丹 具有内吸及触杀作用,残效期较长的,杀虫力强,对二代螟虫有特效,对鳞翅目和鞘翅目防治效果卓越。

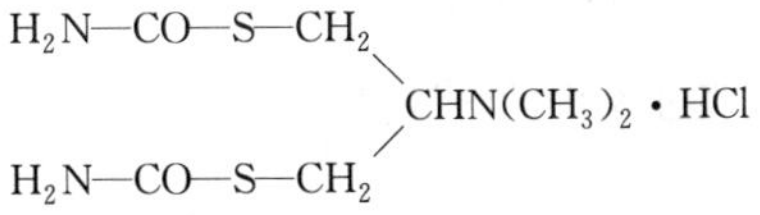

$$\begin{array}{c} H_2N-CO-S-CH_2 \\ \qquad\qquad\qquad\quad CHN(CH_3)_2 \cdot HCl \\ H_2N-CO-S-CH_2 \end{array}$$

1,3-双氨基甲酰硫基-2-(N,N-二甲基氨基)丙烷盐酸盐

(3) 杀虫脒 具有强烈杀死和抑制卵孵化的作用,对鳞翅目成龄幼虫具有明显的拒食和驱避作用,对二代螟虫的防治效果优于杀螟硫磷,其杀虫能力比六六六原粉强,是其重要替代品。杀虫脒易溶于水,可直接配制成水剂,主要用于防治水稻二代螟、三代螟及水稻的卷叶虫等。

杀虫脒化学结构如下:

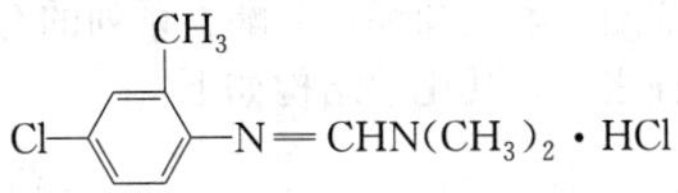

N-(2-甲基-4-氯苯基)-N,N'-二甲基脒盐酸盐

杀虫脒的合成是以邻甲基苯胺为原料,有先氯化法、后氯化法和异氰酸酯法,国内多采用后氯化法。

成盐反应

$$(CH_3)_2NCHO + COCl_2 \xrightarrow{<0℃} [(CH_3)_2\overset{+}{N}=CHCl]Cl^- + CO_2 \qquad (4-1)$$

或

$$(CH_3)_2NCHO + POCl_3 \longrightarrow \{[(CH_3)_2\overset{+}{N}=CHO]_2POCl\}Cl_2^- \qquad (4-2)$$

$$(CH_3)_2NCHO + SOCl_2 \longrightarrow [(CH_3)_2\overset{+}{N}=CHO-SOCl]Cl^- \qquad (4-3)$$

综合反应

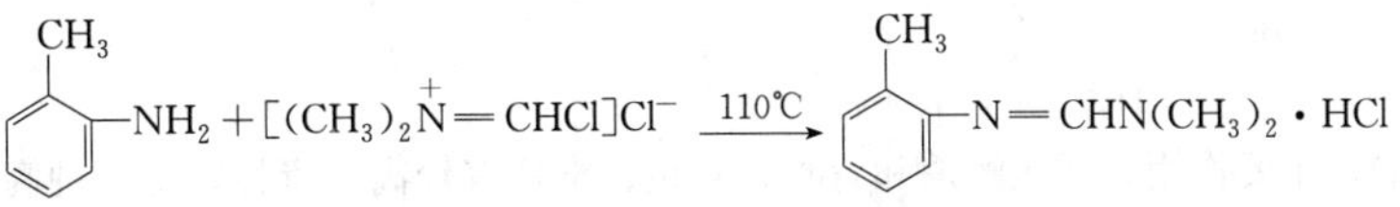

邻甲苯胺 + $[(CH_3)_2\overset{+}{N}=CHCl]Cl^- \xrightarrow{110℃}$ 产物 $\cdot HCl$ (4-4)

氯化反应

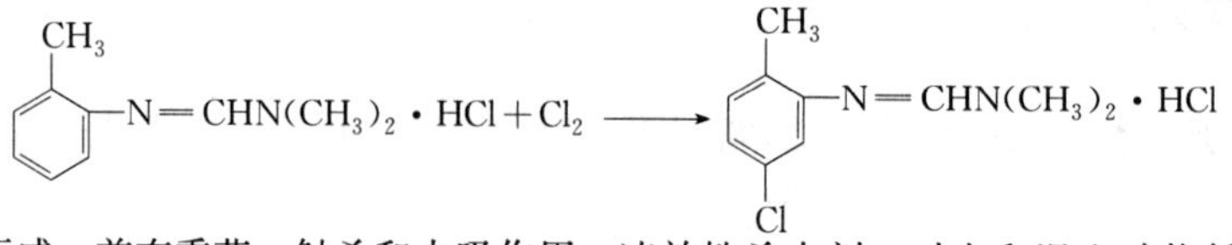

$$\text{[o-CH}_3\text{-C}_6\text{H}_4\text{-N=CHN(CH}_3)_2] \cdot \text{HCl} + \text{Cl}_2 \longrightarrow \text{[5-Cl-2-CH}_3\text{-C}_6\text{H}_3\text{-N=CHN(CH}_3)_2] \cdot \text{HCl} \tag{4-5}$$

（4）速灭威 兼有熏蒸、触杀和内吸作用，速效性杀虫剂，对人和温血动物低毒，主要用于防治稻象虫、苹果食心虫。其化学结构如下：

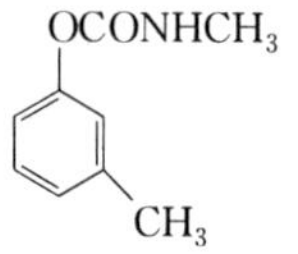

甲氨基甲酸-3-甲苯酯

合成方法有氯甲酸酯法、异氰酸酯法、氨基甲酰氯法和碳酸酯法。

国内多以间甲酚为原料，采用氯甲酸酯法或异氰酸酯法合成：

氯甲酸酯法：

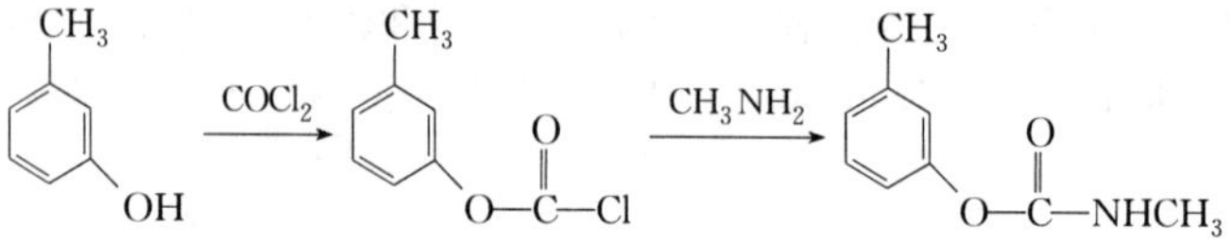

$$\text{间-CH}_3\text{-C}_6\text{H}_4\text{-OH} \xrightarrow{\text{COCl}_2} \text{间-CH}_3\text{-C}_6\text{H}_4\text{-O-COCl} \xrightarrow{\text{CH}_3\text{NH}_2} \text{间-CH}_3\text{-C}_6\text{H}_4\text{-O-CO-NHCH}_3 \tag{4-6}$$

3. 拟除虫菊酯

除虫菊是赤道附近高地多年生宿根性草本菊科植物，其杀虫的有效成分是除虫菊酯，化学结构为：

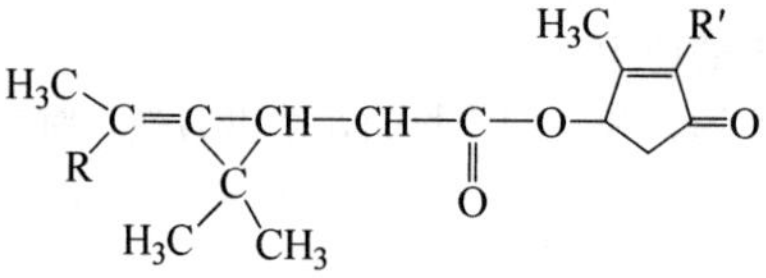

除虫菊酯除虫效果优良，但其在除虫菊中的含量仅 0.5%～3%，而且受栽培条件限制，除虫菊的供应量有限。

拟除虫菊酯是模拟天然除虫菊酯的基础结构而合成的，对人畜的安全性可与天然除虫菊酯媲美。一般认为，拟除虫菊酯对害虫的杀伤作用，是抑制了昆虫神经的传导，引起昆虫运动神经的麻痹，使之被击倒，最后达到麻痹死亡。

拟除虫菊酯按其结构，可分为第一菊酸、二卤代菊酸、非环丙烷羧酸、非酯类等。第一菊酸系列的典型品种有烯丙菊酯、甲苄菊酯、胺菊酯等，二卤代菊酸系列的有二氯苯醚菊酯、溴氰菊酯、氯氟氰菊酯等，非环丙烷羧酸系列的有杀灭菊酯、戊氰菊酯、氟氰菊酯，非酯类系列的有醚菊酯、肟醚菊酯等。

胺菊酯是击倒害虫能力最强的品种之一，其化学结构如下：

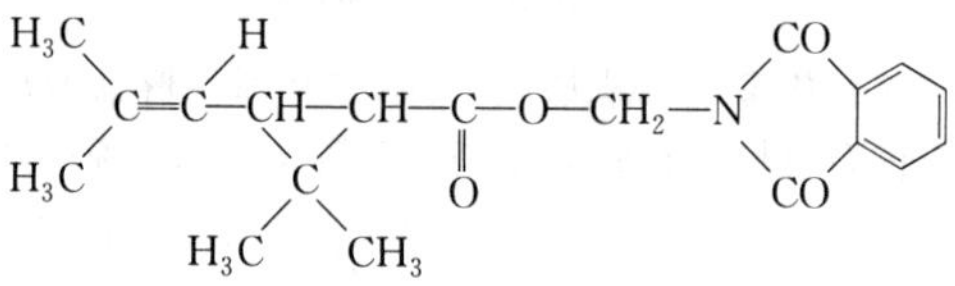

溴氰菊酯是一种触杀、胃毒，作用迅速、击倒力强，属高效杀虫剂，对鱼、蜜蜂的毒性很大，可用于防治棉铃虫等棉花害虫，其化学结构如下：

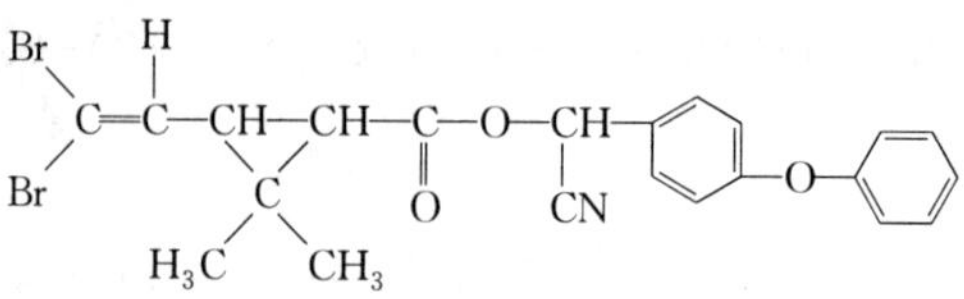

戊氰菊酯（杀灭菊酯），主要作用方式是触杀和胃毒，对鱼、蜜蜂有较高的毒性，是一种高效、广谱型杀虫剂，其化学结构如下：

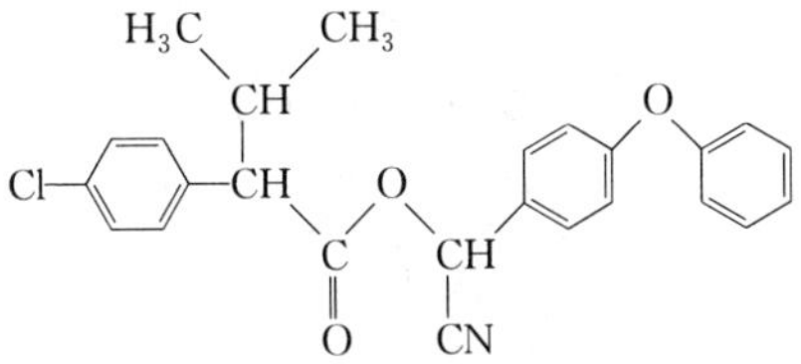

醚菊酯，新型内吸广谱型杀虫剂，具有触杀及胃毒作用，毒性低，其化学结构如下：

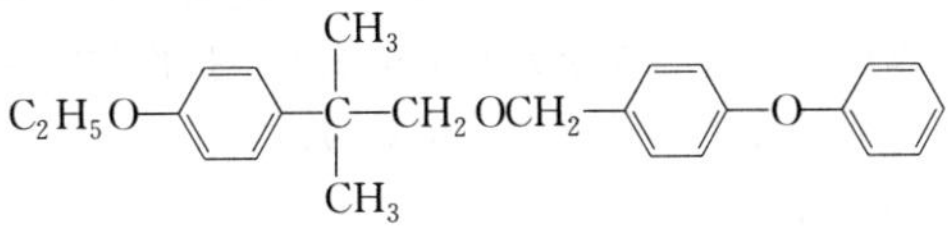

苯醚菊酯，对家庭卫生害虫的杀灭活性高于天然除虫菊酯，使用增效剂可增加其活性，苯醚菊酯的化学结构为：

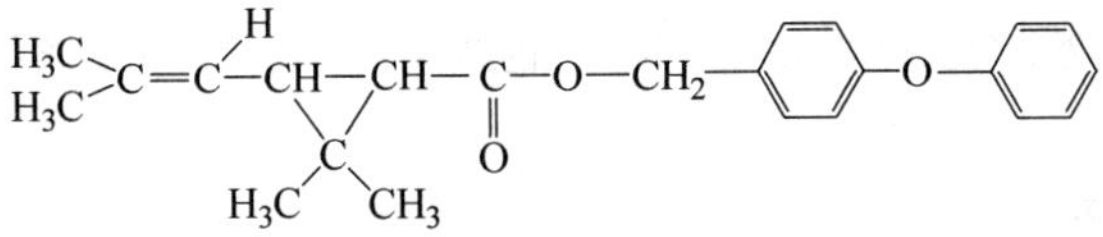

4. 生物杀虫剂

含有微生物（细菌、真菌、病毒、原生动物或草类）活性成分，属于微生物农药的范畴，主要品种有阿维菌素、苏云杆菌、病毒杀虫剂等。

（1）苏云金杆菌（简写为Bt） 又名β-外毒素、Bt，黄褐色固体。其制成农药高效、无毒、无公害，可与大多数杀虫剂、杀菌剂混用，不污染环境，对人、畜、禽、鱼及有益生物（家蚕除外）安全无毒。专门杀害有害昆虫，对害虫不产生抗药性，用于粮食作物、经济作物、林业及仓储等方面，产量和消费量最大，是联合国粮农组织和世界卫生组织推荐使用的杀虫剂。

苏云金杆菌是有害昆虫的一种致病菌，在其培养繁殖过程中，分泌产生多种毒素（对昆虫有害的一种蛋白质，或称杀虫因子），并通过这些毒素的联合使用，杀灭有害昆虫。苏云金杆菌是由昆虫病原细菌——苏云金芽孢杆菌的发酵产物，经加工制得，其生产工艺流程示意如图4-2所示。

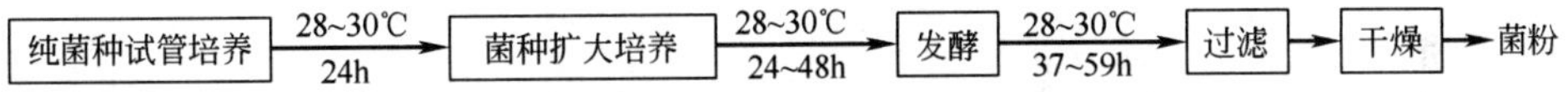

纯菌种试管培养 $\xrightarrow{28\sim30℃,24h}$ 菌种扩大培养 $\xrightarrow{28\sim30℃,24\sim48h}$ 发酵 $\xrightarrow{28\sim30℃,37\sim59h}$ 过滤 → 干燥 → 菌粉

图4-2 苏云金杆菌生产工艺示意

（2）阿维菌素 通过昆虫表皮及肠胃道而起到杀虫杀螨作用，是具有杀虫、杀螨、杀线虫活性的大环内酯类杀虫抗生素，广泛用于防治虫、螨，对鳞翅目害虫无效，用于防治家畜体内外寄生虫，高效、广谱性杀虫农用抗生素。

阿维菌素以0.1～0.5g（有效成分计）/亩，可有效杀灭多种害虫，其制剂为1.0%乳油，也可与其他农药混配制成多种制剂。阿维菌素急性口服毒性较高，但其用量极低，对人、畜及环境安全，是替代甲胺硫磷等剧毒农药的理想药剂。

二、昆虫生长调节剂

昆虫生长调节剂是一种特异性杀虫剂，它是具有与昆虫体内的激素作用相同或结构类似的物质，以昆虫的生长发育系统为攻击目标，通过干扰昆虫所特有的蜕皮、变态发育过程，达到防治目的。其具有毒性小、污染小、对天敌和有益生物影响小等特点，有利于农业的可持续发展和无公害绿色食品的生产，被誉为第三代农药、非杀生性杀虫剂和21世纪的农药。目前，较为一致的分类如图4-3所示。

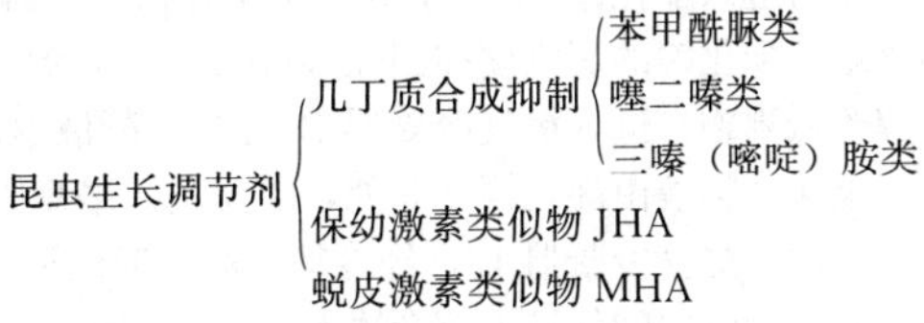

昆虫生长调节剂 { 几丁质合成抑制 { 苯甲酰脲类 / 噻二嗪类 / 三嗪（嘧啶）胺类 / 保幼激素类似物JHA / 蜕皮激素类似物MHA

图4-3 昆虫生长调节剂的分类示意

主要品种有抑食肼、定虫隆、除虫脲（灭幼脲一号）、氟铃脲（盖虫散）、灭蝇胺、双氧威（苯氧威）、米螨（虫酰肼）等。

抑食肼（又名虫死净）为低毒、高效和速效的昆虫生长调节剂，化学结构为：

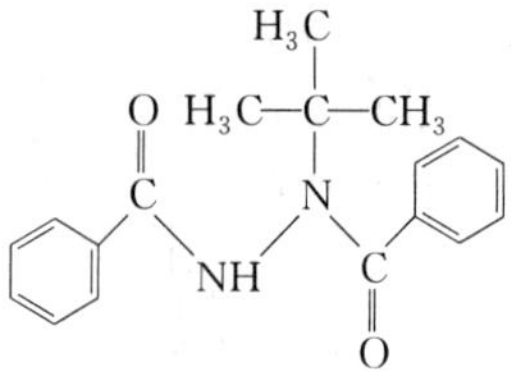

昆虫吸食抑食肼后，产生拒食作用而致死，对鳞翅目及某些同翅目和双翅目昆虫有高效，特别适合防治马铃薯甲虫、菜青虫等，一般难以产生抗性，能杀死对杀虫剂产生抗性的害虫。

定虫隆具有抑制昆虫几丁质合成的作用，其化学结构式为：

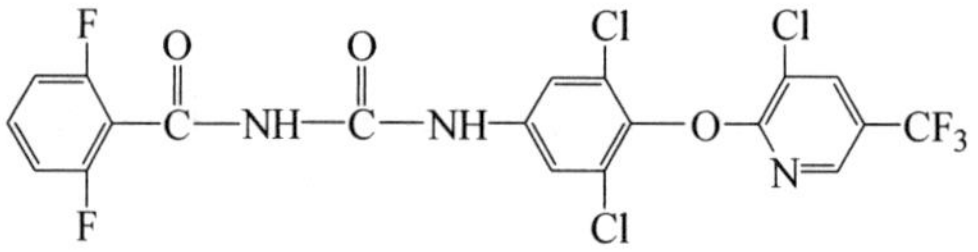

对有机磷、有机氮和拟除虫菊酯类杀虫剂产生抗性的蔬菜、棉花、果树、茶树的害虫，定虫隆具有良好的防治效果。

三、重要杀虫剂的生产

（一）敌百虫

敌百虫纯品为白色结晶粉末，具有令人愉快的气味，熔点 83～84℃，沸点/10.66Pa 96℃。工业品为白色或淡黄色固体，含有少量油状杂质。敌百虫易溶于水，可溶于苯、醇、醚、氯仿等溶剂，在中性溶液中稳定，在弱酸性溶液中水解成无毒的去甲基敌百虫，在生理 pH 条件下能转变为敌敌畏。

敌百虫是广谱性的杀虫剂，以胃杀为主，兼有触杀作用，对于咀嚼口器害虫的作用最为突出，对高等动物毒性较低，大白鼠口服急性致死剂量 LD_{50} 为 560～630mg/kg，对温血动物毒性也很小，广泛用于园林、森林、畜牧、农业、家庭及环境卫生等方面。

(1) 合成方法　敌百虫的合成是以三氯化磷、甲醇和三氯乙醛为原料，有一步法和二步法。二步合成法如下：

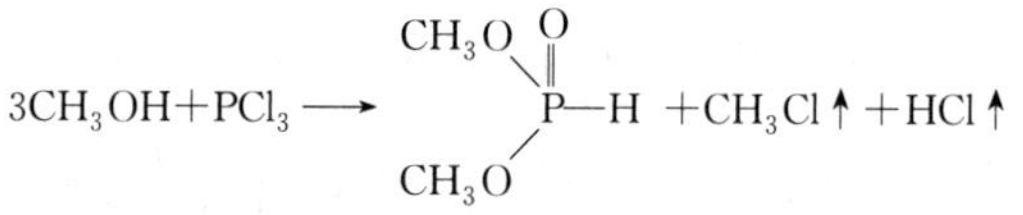

$$3CH_3OH + PCl_3 \longrightarrow (CH_3O)_2P(O)H + CH_3Cl\uparrow + HCl\uparrow \quad (4-7)$$

$$(CH_3O)_2P(O)H + Cl_3CCHO \longrightarrow (CH_3O)_2P(O)CH(OH)CCl_3 \quad (4-8)$$

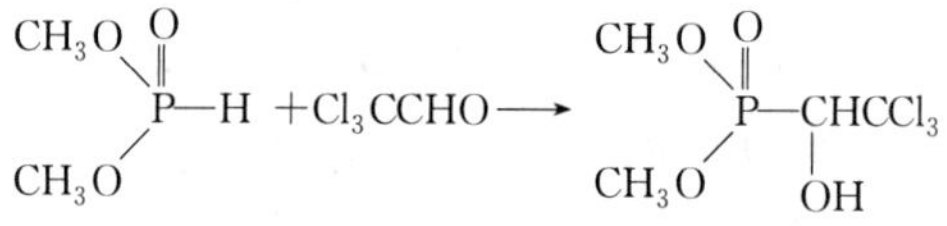

一步法：

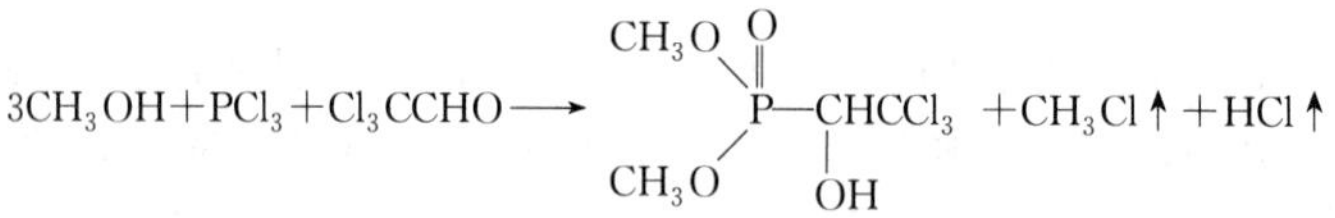

$$3CH_3OH + PCl_3 + Cl_3CCHO \longrightarrow (CH_3O)_2P(O)CH(OH)CCl_3 + CH_3Cl\uparrow + HCl\uparrow \quad (4-9)$$

(2) 生产工艺流程　国内多采用一步法，工艺流程如图 4-4 所示。

三氯乙醛、甲醇分别由高位计量罐 2 和 3，按配比经转子流量计计量、玻璃混合器 4 混合、冷却器 5 冷却，而后进入酯化罐 6；三氯化磷按配比由计量罐 1，经转子流量计计量，以 200～300kg/h 的流量直接进入酯化罐，酯化罐的真空度控制在 80kPa 以上，温度控制在 (48±2)℃。酯化产生尾气（含氯化氢、氯甲烷、甲醇等低沸物）进入尾气冷凝器 12 冷凝，凝液返回酯化罐，未凝气体去盐酸吸收系统。

酯化产物液由酯化罐 2/5 处，溢流进入甩盘脱酸器 7 脱除酸性物质，脱酸温度为 (80±5)℃，脱酸尾气进入脱酸尾气冷凝器 13，经冷却冷凝，凝液返回流入脱酸器 7，未凝气体去盐酸吸收系统。

脱酸后的中间体进入缩合罐 8，缩合罐的真空度控制在 80kPa 以上，反应温度为 (90±5)℃。缩合尾气经冷凝器 14 冷却冷凝，冷凝液回流至酯化罐，未凝气体去盐酸吸收系统。

缩合产物液由缩合罐的 2/5 处溢流进入升膜蒸发器，减压蒸发脱醛；升膜蒸发器分三级，真空度控制在 80kPa 以上，各级温度依次为 120℃、140℃、125℃；第一级蒸发器所得气液混合物经分离器 9 分离后，液体部分再进入第二级蒸发器，气液混合物经分离器 17 分离后，液体部分进入第三级蒸发器，气液混合物经

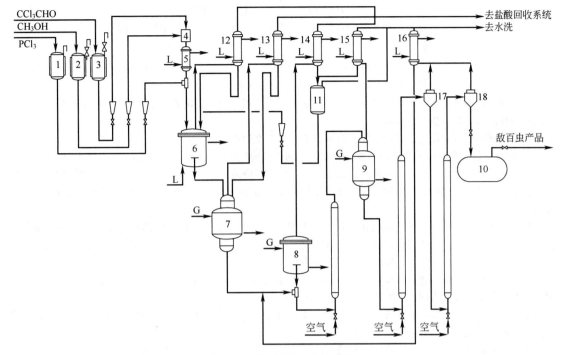

图 4-4 敌百虫生产工艺流程

1～3—高位计量罐；4—混合器；5—冷却器；6—酯化罐；7—脱酸器；8—缩合罐；
9—分离器；10—成品罐；11—中间计量槽；12～16—回流
冷凝器；17,18—气液分离器

分离器 18 分离，所得液相物质为敌百虫原液进入成品罐 10。

由蒸发器气液分离器 9 分离的气相混合物，经冷却器 15 冷凝冷却后，冷凝液与冷却器 14 的凝液汇合，计量后返回酯化罐，不凝气经缓冲、中和后排空。

(3) 生产技术　为减少酯化过程的副反应以增加产品的质量和收率；降低中间物料的酸度以减少敌百虫的分解，提高反应速率以缩短生产周期，脱净低沸物以提高产品纯度，减少回流液损失以降低原料消耗，所采取的技术措施。

① 原料配比　三氯化磷、甲醇、三氯乙醛的理论配比是 1∶3∶1（摩尔比）。生产中常使甲醇和三氯乙醛过量，甲醇过量可使三氯化磷反应完全；三氯乙醛过量有利于其与亚磷酸二甲酯的缩合。过量物料可兼作溶剂，有利于传热以避免局部过热，减少副反应。过量物料冷凝分离后再回流至釜中，回流液中的三氯乙醛含量越高、酸含量越低，表明回流液的质量越好。若甲醇量不足，三氯乙醛反应不完全，不利于亚磷酸二甲酯的缩合，容易造成低沸点的三氯乙醛的损失；若甲醇过量太多，则增加氯化氢的溶解度，使酸度过高造成产品的分解。

三氯化磷∶甲醇∶三氯乙醛的配比，一般为 1∶(0.73～0.78)∶(1.12～1.18)（质量比）。

② 酸度　指酯化液、脱酸液中氯化氢和非盐酸（一般为亚磷酸）的含量。氯化氢是酯化反应副产物；若酯化阶段三氯化磷过量，三氯化磷与甲醇生成氯化氢和甲基亚磷酰氯：

$$CH_3OH + PCl_3 \longrightarrow CH_3OPCl_2 + HCl \uparrow \quad (4\text{-}10)$$

$$2CH_3OH + PCl_3 \longrightarrow (CH_3O)_2PCl + 2HCl \uparrow \quad (4\text{-}11)$$

此反应为剧烈放热反应，温度升高，将加快副反应速率，进而使氯化氢浓度增大。

当氯化氢浓度较高、温度较高时，氯化氢与酯化目的产物（亚磷酸二甲酯）进一步反应，生成亚磷酸和氯甲烷：

$$\begin{array}{c} CH_3O \\ \end{array}\!\!\!\overset{O}{\underset{}{P}}\!\!-H + 2HCl \longrightarrow H_3PO_3 + 2CH_3Cl \uparrow \quad (4\text{-}12)$$

$$4H_3PO_3 \xrightarrow{200℃} 3H_3PO_4 + PH_3 \tag{4-13}$$

氯化氢可促进酯化副反应,在升温缩合阶段,使生成的敌百虫分解脱去甲基生成去甲基敌百虫:

$$\begin{array}{c} CH_3O \\ \diagdown \\ CH_3O \end{array} \!\!\! \begin{array}{c} O \\ \parallel \\ P\text{--CHCCl}_3 \\ | \\ OH \end{array} + 2HCl \xrightarrow{\geqslant 55℃} \begin{array}{c} HO \\ \diagdown \\ HO \end{array} \!\!\! \begin{array}{c} O \\ \parallel \\ P\text{--CHCCl}_3 \\ | \\ OH \end{array} + 2CH_3Cl\uparrow \tag{4-14}$$

实践证明,酸度是衡量副反应的标志,当其他条件影响不大时,酯化液酸度越低,敌百虫含量越高;脱酸液的酸度降低,敌百虫含量提高。

酸度高低还受原料配比、温度、停留时间及系统真空度等影响。

③ 操作条件 敌百虫的合成包括酯化、脱酸、缩合及脱醛阶段,不同阶段操作条件不尽相同。

温度与停留时间,酯化是一个放热、增溶及易发生副反应的过程,温度升高,主反应速率增加,副反应速率也加快,从而使体系的酸度增大。为减少酯化过程的副反应,提高温度的同时必须缩短停留时间,反之亦然。

脱酸是在真空条件下蒸发脱除氯化氢,脱酸温度与真空度、加热面积、加热蒸气压力及原料组成等有关,蒸发量大,则冷凝回流量大,回流液中氯化氢的溶解量也大。为减少氯化氢二次溶解和低沸物损失,一般控制脱酸温度来控制蒸发量,脱酸器液相温度为80℃左右。

缩合是微放热反应过程,其反应速率较慢。提高温度可加快反应速率,但温度过高,会促使敌百虫分解。一般,温度可控制为回流液的沸点,即在负压条件下保持在90~95℃。

缩合后应迅速将产品与回流液分离(脱液),以免敌百虫在酸性条件下发生脱甲基反应。通常采用升膜管式蒸发器减压脱液,真空度控制80kPa以上,温度120~140℃。

真空度的影响,真空度高低直接影响酯化、脱酸等阶段氯化氢的排出。真空度越高,氯化氢的排出速率越快,氯化氢在酯化液或脱酸液中的溶解量越低,副反应越少。为保持系统真空度的平衡,脱酸真空度应略高于酯化阶段、略低于缩合阶段。

(二) 乐果

乐果纯品为白色针状结晶,工业品是黄棕色油状液体,有恶臭,挥发性很小,易溶于有机溶剂,在水中仅能溶解3%,在酸性溶液中稳定,在碱性溶液中易水解失效。乐果主要用于杀灭蚜虫、螨虫、叶跳虫、水稻螟虫等多种害虫,是应用广泛、生产吨位较大的高效、低毒、内吸性杀虫剂。剂型有20%和40%乳剂、2%粉剂、可湿性粉剂、颗粒剂。

1.合成方法

国内主要采用氨解法生产乐果,甲醇与五硫化磷先生成二甲基二硫代磷酸酯,用碱中和后与氯乙酸甲酯反应,生成O,O'-二甲基-S-(乙酸甲酯)-二硫代磷酸酯,而后用甲胺进行胺解:

$$CH_3OH + P_2S_5 \longrightarrow \begin{array}{c} CH_3O \\ \diagdown \\ CH_3O \end{array} \!\!\! \begin{array}{c} S \\ \parallel \\ P\text{--SH} \end{array} + H_2S\uparrow \tag{4-15}$$

$$\begin{array}{c} CH_3O \\ \diagdown \\ CH_3O \end{array} \!\!\! \begin{array}{c} S \\ \parallel \\ P\text{--SH} \end{array} + NaOH \longrightarrow \begin{array}{c} CH_3O \\ \diagdown \\ CH_3O \end{array} \!\!\! \begin{array}{c} S \\ \parallel \\ P\text{--SNa} \end{array} \tag{4-16}$$

$$\begin{array}{c} CH_3O \\ \diagdown \\ CH_3O \end{array} \!\!\! \begin{array}{c} S \\ \parallel \\ P\text{--SNa} \end{array} + ClCH_2COOCH_3 \longrightarrow \begin{array}{c} CH_3O \\ \diagdown \\ CH_3O \end{array} \!\!\! \begin{array}{c} S \\ \parallel \\ P\text{--SCH}_2COOCH_3 \end{array} + NaCl \tag{4-17}$$

$$\begin{array}{c} CH_3O \\ \diagdown \\ CH_3O \end{array} \!\!\! \begin{array}{c} S \\ \parallel \\ P\text{--SCH}_2COOCH_3 \end{array} + NH_2CH_3 \longrightarrow \begin{array}{c} CH_3O \\ \diagdown \\ CH_3O \end{array} \!\!\! \begin{array}{c} S \\ \parallel \\ P\text{--SCH}_2CONHCH_3 \end{array} + CH_3OH \tag{4-18}$$

2.工艺流程与操作步骤

(1) 二甲基二硫代磷酸酯的合成 将160kg的甲醇一次投入釜中,在35℃下将230kg的五硫化磷分批投入,每间隔10min投10kg,投完100kg后每隔100min投20kg。若反应正常,按下述方式操作。

将上批生产的O,O'-二甲基二硫代磷酸酯270kg及五硫化磷430kg投入反应釜中,在35℃时开始滴加甲醇,控制温度 40~45℃,2h 内滴加完 260kg 甲醇,继续搅拌。在 50~55℃下反应约 2h,冷却后出料,得 O,O'-二甲基二硫代磷酸酯,含量为 76%左右,收率为 75%以上。反应生成的硫化氢用碱液回收处理。

(2) 乐果的合成　O,O'-二甲基二硫代磷酸酯与氯乙酸甲酯按等摩尔比反应,生成 O,O'-二甲基二硫代(乙酸甲酯)磷酸酯,副产氯化氢气体用碱液吸收。

将所得 O,O'-二甲基二硫代(乙酸甲酯)磷酸酯 500kg 加入反应釜,冷却至-10℃左右,再缓慢滴加 40%甲胺溶液,开始,在 1h 之内滴加 108kg,搅拌 45min,再于 45min 之内滴加其余的 100kg 甲胺,滴加完之后,继续搅拌 75min,整个加料过程在 0℃以下进行。加入 600kg 三氯乙烯和 150kg 水,并加盐酸中和至 pH 值为 6~7,加热至 20℃,静置分层。水层含有甲醇和甲胺送去回收;油层为乐果和三氯乙烯溶液,加入 200L 水洗涤后静置、过滤,三氯乙烯乐果溶液经薄膜蒸发器蒸发,在 110℃,93.31kPa 下,蒸出并回收溶剂三氯乙烯,所得乐果原油含量 90%以上,加工为纯度 96%以上即为乐果原粉。

(三) 西维因

合成有冷、热两法。热法是先使甲胺与光气反应,生成异氰酸甲酯,后与 α-萘酚合成西维因:

$$CH_3NH_2 + COCl_2 \longrightarrow CH_3NCO + 2HCl \quad (4-19)$$

萘酚-OH + CH₃NCO ⟶ 萘酚-OCONHCH₃ (4-20)

冷法是先制备 α-萘酚钠,再与光气作用,生成氯甲酸 α-萘酯,而后与甲胺作用而得:

萘酚-OH + NaOH ⟶ 萘酚-ONa + H₂O (4-21)

萘酚-ONa + COCl₂ ⟶ 萘酚-OCOCl + NaCl (4-22)

萘酚-OCOCl + CH₃NH₂ ⟶ 萘酚-OCONHCH₃ + NaCl (4-23)

其生产操作是在搪玻璃反应釜中加入溶剂甲苯,再加入熔融的 α-萘酚,搅拌并冷却至-5℃以下,通入光气,滴加 20%氢氧化钠溶液,维持 pH 在 6~7,反应完成后,在-5℃下滴加 40%一甲胺和氢氧化钠溶液,加毕,搅拌保温 2h。放料、过滤,搜集滤液回收其中甲苯并循环使用,滤饼用稀盐酸和水洗涤后,干燥,干燥后即得产品,含量为 95%,平均收率为 90%左右。

冷、热法均采用了剧毒性、环境不友好化学品——光气,光气在反应中产生盐酸,腐蚀设备,并有废液排出而污染环境。以环境友好化学品——碳酸二甲酯替代光气,可安全生产西维因:

萘酚-OH + (CH₃)₂CO₃ ⟶ 萘酚-OCOCH₃ $\xrightarrow{CH_3NH_2}$ 萘酚-OCNHCH₃ (4-24)

此法将取代使用光气的冷、热法。

第三节　杀　菌　剂

杀菌剂是一类具有抑制菌类的生长、繁殖或直接毒杀菌类的精细化学品,用于保护作物不受菌类的侵害或治疗已被病菌侵害的作物。

一、杀菌剂主要类别

杀菌剂的种类很多、性质各异,对菌的作用方式也因杀菌剂种类、菌的种类、植物和环境的不同而异。直接杀死病菌或抑制病菌的生长和繁殖,用药后菌被毒死,不再生长和繁殖的为杀菌剂。用药后菌不再生长、繁殖,当从菌体上去掉药物后,菌继续生长、繁殖或不再繁殖而继续生长的为抑菌剂。能渗透到作物体内,改变作物的新陈代谢使其对菌产生抗性,能预防或减轻病害的为增抗剂。

杀菌剂按其化学组成分为无机杀菌剂、有机杀菌剂，有机杀菌剂分为丁烯酰胺类、苯并咪唑类等。按作用方式，分为化学保护剂和化学治疗剂。化学保护剂具有保护作用，将药物涂、覆于作物的种子、茎、叶、果实上，可防止病菌的侵害。化学治疗剂有内吸性和非内吸性之分，内吸性的能渗透到植物体内、并在其中传输，将侵入植物体内的菌杀死，而非内吸性的则不能渗透到植物体内，即使能渗透也不能在植物体内传导，药物不能从施药处传输到植物的各部位。

二、杀菌剂的基本结构

杀菌剂通过破坏菌的蛋白质或细胞壁的合成，破坏菌的能量代谢或是核酸代谢，改变植物的新陈代谢，进而破坏或干扰菌体的生长和繁殖，达到抑菌目的。

杀菌剂是具有生物活性的化学物质，其化学结构与生物活性有着密切关系。一般而言，杀菌剂分子结构中必须含有活性基团和成型基团。活性基团是对生物有活性的基团（即毒性基团），可与生物体内某些基团发生反应，如与生物体中的—SH、—NH_2 基团发生加成反应；与生物体中的金属元素形成螯合物；或使生物体中的基团钝化；抑制或破坏核酸的合成等。活性基团中，通常具有以下结构：

$$-S-C\equiv N; \quad N-\overset{\overset{\displaystyle S}{\|}}{C}-S-; \quad -S-CCl_3; \quad R-\overset{\overset{\displaystyle \downarrow}{}}{\underset{O}{S}}-S$$

$$-N=C=S; \quad -S-CCl_2-CHCl_2; \quad -O-CCl_3$$

以及具有与核酸中的碱基腺嘌呤、鸟嘌呤、胞嘧啶等相似结构的基团。

杀菌剂分子进入菌体内，必须通过菌体细胞壁和细胞膜。杀菌剂进入细胞的能力与其分子中成型基团的性质关系密切。成型基团是一种能够促进穿透细胞防御屏障的基团，通常是亲油性或具有油溶性的。在脂肪基中直链烃基比带侧链的烃基穿透能力强，低碳烃基的穿透能力较强。卤素的穿透能力是 F>Cl>Br>I。

三、重要杀菌剂的生产

（一）福美双

福美双是高效、低毒有机磷杀菌剂，纯品为浅黄色结晶，熔点为 155～156℃。主要用于处理种子和土壤，防治谷类作物的黑穗病、赤霉病及各类作物的苗期立枯病，也可防治果树、蔬菜的病害。工业上可用作橡胶促进剂。

福美双合成，包括缩合与氧化两步：即在碱性和低温条件下，二甲胺与二硫化碳缩合生成二甲基二硫化氨基甲酸盐，然后以亚硝酸钠或氯气或双氧水为氧化剂，在酸性及低温条件下氧化而得。

$$(CH_3)_2NH+CS_2+2NaOH \xrightarrow[t<30℃]{缩合} \begin{matrix}H_3C\\ \\H_3C\end{matrix}N-\overset{\overset{\displaystyle S}{\|}}{C}-SNa+H_2O \qquad (4-25)$$

$$2\begin{matrix}H_3C\\ \\H_3C\end{matrix}N-\overset{\overset{\displaystyle S}{\|}}{C}-SNa+H_2O_2+H_2SO_4 \xrightarrow{氧化} \begin{matrix}H_3C\\ \\H_3C\end{matrix}N-\overset{\overset{\displaystyle S}{\|}}{C}-S-S-\overset{\overset{\displaystyle S}{\|}}{C}-N\begin{matrix}CH_3\\ \\CH_3\end{matrix}+Na_2SO_4+H_2O \qquad (4-26)$$

工业上有钠盐法和铵盐法。铵盐法省去了盐酸精制工序，节省大量的液碱和盐酸，减轻了设备的腐蚀和有害废水的排放，可提高产品收率 5% 左右。

以乙醇为溶剂、双氧水为氧化剂，在 25～30℃ 及常压下可一步合成：

$$2(CH_3)_2NH+2CS_2+H_2O_2 \longrightarrow \begin{matrix}H_3C\\ \\H_3C\end{matrix}N-\overset{\overset{\displaystyle S}{\|}}{C}-S-S-\overset{\overset{\displaystyle S}{\|}}{C}-N\begin{matrix}CH_3\\ \\CH_3\end{matrix}+2H_2O \qquad (4-27)$$

此法不使用任何强酸和强碱，对环境无污染、对设备无腐蚀。但存在溶剂的回收利用问题。

（二）灭菌丹

灭菌丹为白色结晶，熔点 177℃，工业品略带浅棕色，含量 90% 以上。灭菌丹为非内吸性杀菌剂，杀菌范围相当广泛，可防治粮食、棉花、蔬菜、茶树、烟草等作物的多种病害，对作物的叶斑病具有良好效果，还对作物生长具有刺激作用，还可防治家蚕僵病，其毒性很低，白鼠口服急性半致死量 LD_{50} 为 10000mg/kg，剂型有 5%、7% 粉剂，40%、50% 可湿性粉剂。

(1) 成环缩合　苯为溶剂，在（75±2）℃下，顺丁烯二酸酐和丁二烯缩合生成 1,2,3,6-四氢苯二甲酸酐。

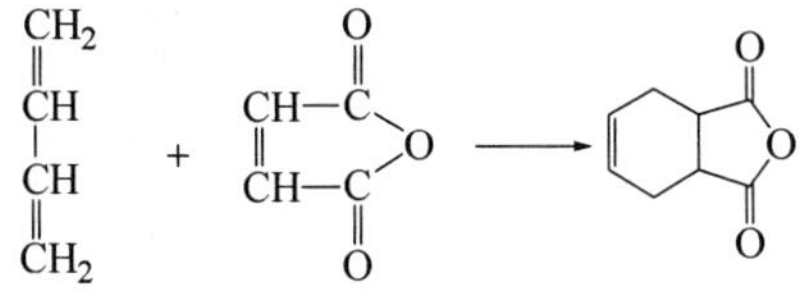

$$\text{(反应式)} \tag{4-28}$$

而后氨解生成1,2,3,6-四氢苯二甲酰亚胺。

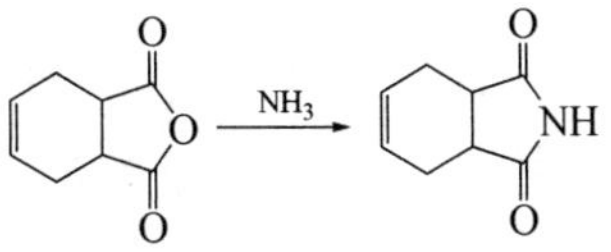

$$\text{(反应式)} \tag{4-29}$$

成环缩合工艺操作是将苯、顺酐加入缩合釜中,搅拌升温,使顺酐溶解,然后通入丁二烯气体,通气直至反应达到终点。反应后经冷却、结晶、过滤、干燥,得1,2,3,6-四氢苯二甲酸酐,含量在95%以上,熔点为97~102℃。

氨解工艺操作是将氨水加入氨解釜,在50℃和搅拌下逐渐加入1,2,3,6-四氢苯二甲酸酐,并逐渐升温至105~110℃,使剩余游离氨和水蒸发。而后逐渐升温至230~250℃,保温反应5~6h后放料,冷却至80℃,加热水溶解,经冷却、结晶、过滤、干燥得1,2,3,6-四氢苯二甲酰亚胺。

(2) 灭菌丹的合成 在碱性条件下,1,2,3,6-四氢苯二甲酰亚胺与三氯甲基次硫酰氯缩合生成灭菌丹。

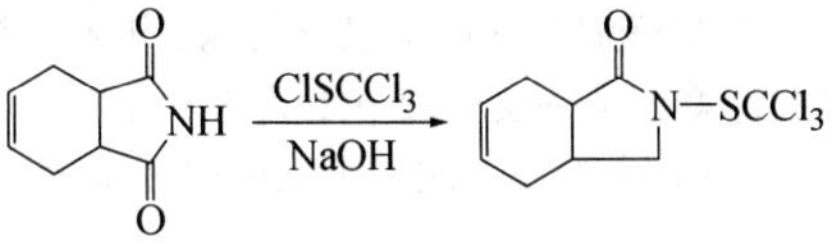

$$\text{(反应式)} \tag{4-30}$$

合成工艺操作,物料配比为Cl_3CSCl:四氢苯二甲酰亚胺:4.5%的NaOH为1:1.3:1.6。将计量的4.5%液碱加入缩合釜,启动搅拌器,开启冷冻剂,使釜温降至-4℃,在10min内,于搅拌下加入计量的四氢苯二甲酰亚胺,搅拌10min使之溶解;而后均匀滴加三氯甲基次硫酰氯,控制反应液pH值,当pH值为8时,即达反应终点,而后将反应液放至过滤器,过滤,滤饼用水洗至中性得湿品灭菌丹,再经气流器干燥,得含量75%灭菌丹。

(3) 三氯甲基次硫酰氯的制备如下:

$$CS_2 + Cl_2 + 2HCl \longrightarrow Cl_3CSCl + H_2S \tag{4-31}$$

氯化工艺操作,物料配比为CS_2:HCl=1:4(质量比),CS_2:Cl_2=1:5(摩尔比)。经计量的12%稀盐酸(或氯化母液)投入带回流冷凝器的氯化釜,保持回流冷凝器温度2℃,投入2.6kmol二硫化碳,启动搅拌,通入氯气,以氯气流量控制反应温度在(26±2)℃,尽量使尾气中无氯气味,尾气经中和后排放。反应30h左右,当氯化液密度大于1.68g/cm³时,停止通氯气,静置0.5h分层,三氯甲基次硫酰氯层经水洗得 三氯甲基次硫酰氯,水洗液及未利用的氯化母液进入污水处理系统。

(三) 多菌灵

多菌灵为白色结晶的物质,熔点302~307℃(分解),水中溶解度8mg/L,乙醇中300mg/L,毒性很小,白鼠口服急性半致死量LD_{50} 5000mg/kg,其化学结构为:

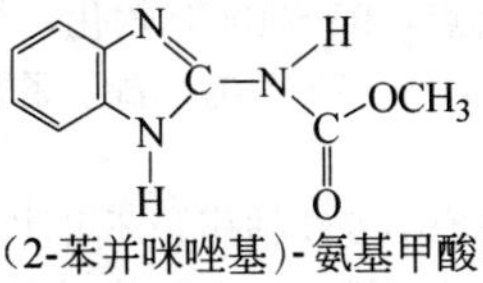

$$\text{(化学结构式)}$$

N-(2-苯并咪唑基)-氨基甲酸甲酯

广泛用于防治粮、棉、油、瓜果、蔬菜、花卉的多种真菌病害,还可防治纺织棉纱发霉,高效、低毒、低残毒、内吸性广谱型杀菌剂,剂型为50%可湿性粉剂。

以邻苯二胺为原料合成多菌灵,有三条合成路线。工业生产采用光气与甲醇酯化制备氯甲酸甲酯,由石灰氮的水解产物与氯甲酸甲酯合成氰氨基甲酸甲酯;最后在盐酸存在下,氰氨基甲酸甲酯与邻苯二胺缩合,生成多菌灵:

$$COCl_2 + CH_3OH \longrightarrow ClCOOCH_3 + HCl \tag{4-32}$$

$$2CaCN_2 + 2H_2O \longrightarrow Ca(NHCN)_2 + Ca(OH)_2 \tag{4-33}$$

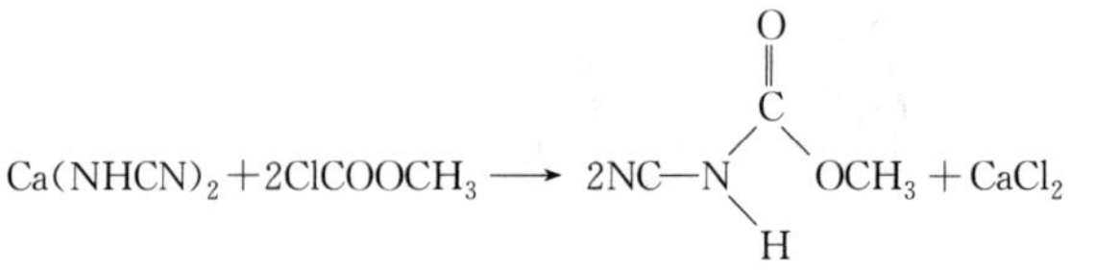

$$Ca(NHCN)_2 + 2ClCOOCH_3 \longrightarrow 2NC-\underset{H}{N}-\overset{O}{\underset{}{C}}-OCH_3 + CaCl_2 \tag{4-34}$$

$$\underset{NH_2}{\underset{NH_2}{\text{〔邻苯二胺〕}}} + NC-\underset{H}{N}-\overset{O}{\underset{}{C}}-OCH_3 \xrightarrow{HCl} \text{〔苯并咪唑环〕}C-\underset{H}{N}-\overset{O}{\underset{}{C}}-OCH_3 + NH_4Cl \tag{4-35}$$

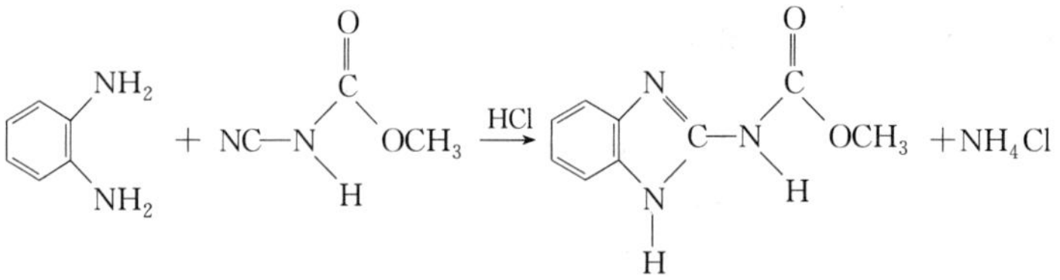

工艺操作与流程：

(1) 氰氨氢钙的合成　将 400L 水加至 500L 的氰氨化釜中，在搅拌下投入 92kg 的石灰氮（100%计）。控制反应温度在 25～28℃，反应 1h，放入离心机过滤，并以 40L 的水分两次洗涤滤饼，得氰氨化钙溶液。

(2) 氰氨基甲酸甲酯的合成　将氰氨化钙溶液加至 500L 搪玻璃的反应釜中，搅拌冷却至 20℃以下；而后滴加 50kg 氯甲酸甲酯，滴加温度控制在 35℃以下，约 0.5h 滴加完；在 45℃下滴加氢氧化钠溶液，加毕，在 40～45℃下继续反应 1h，得氰氨基甲酸甲酯溶液。

(3) 多菌灵的合成　将制得的氰氨基甲酸甲酯溶液在 65～75℃（8～21.3kPa）减压浓缩，当蒸出的水量达到原体积的 60%时，停止蒸水，然后降温至 50℃，投入 44kg 邻苯二胺（以 100%计）。88L 盐酸分两批加入，在加第二批盐酸时，控制加酸速度，维持反应液 pH 值在 6 左右。加酸结束后，在 98～100℃下保温 2h，出料后用离心机过滤脱水，并以 300L 水洗涤 3 次，干燥后得多菌灵，收率约 88%。

四、生物杀菌剂

主要有微生物杀菌剂和植物杀菌剂。植物杀菌剂是植物中具有抑菌、杀菌作用的部位或提取其中的有效成分，加工而成。例如，大豆卵磷脂就是一种植物杀菌剂，用于防治瓜类、茄子等蔬菜的白粉病和稻瘟病。存在于百里香等植物油中的香芹酚是具有杀菌活性的植物杀菌剂：

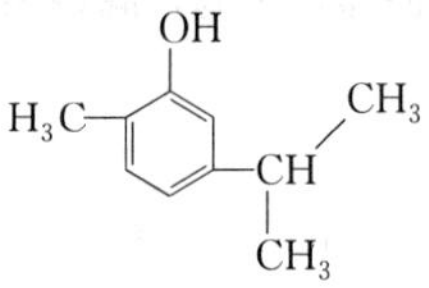

香芹酚（carvacrol）

主要用于防治苹果、梨、桃、棉花的曲霉病及果实的木霉病。

（一）生物杀菌剂及其主要品种

微生物农药又分为活体微生物和杀菌农用抗生素两大类。微生物杀菌剂是具有杀菌作用的农用抗生素。农用抗生素是利用细菌、真菌和放线菌等微生物，在发酵过程中产生的次级代谢物加工而成。主要品种有春雷霉素、灭瘟素、多抗霉素、井冈霉素、公主岭霉素、链霉素、中生霉素、梧宁霉素等，下面介绍一些主要品种。

1. 井冈霉素

井冈霉素的纯品为白色粉末，无一定熔点，95～100℃软化，约在 135℃分解；易溶于水、甲醇、二甲基甲酰胺、二甲基亚砜，微溶于乙醇和丙酮，不溶于乙酸乙酯、乙醚；在中性和碱性溶液中稳定，在酸性溶液中稳定性较差，可与多数农药混配。

井冈霉素对水稻纹枯病有特效，也可防治小麦纹枯病，还可防治马铃薯、蔬菜、草莓、烟草、生姜、棉花、甜菜等作物的立枯病，是目前用量最大的农用抗生素。井冈霉素的问世，取代了对人畜和环境影响大的有机砷农药，其制剂有水分散剂、液剂、种子处理用的粉剂等，5%水剂每亩用量为 100～150mL，5%可湿性粉剂每亩用量 100～150g。

2. 多抗霉素

又名多氧霉素，我国多抗霉素是金色产色链霉菌的代谢产物，主要成分是多抗霉素 A 和多抗霉素 B，含量为 84%，为无色针状结晶，熔点 180℃。多抗霉素溶于水（5%），不溶于丙酮、苯、乙醇、甲醇等有机溶剂，在中性和酸性溶液中稳定，对紫外线稳定，在碱性溶液中不稳定。

多抗霉素是一种广谱杀菌抗生素，对多种真菌病害有效，但对细菌和酵母菌无效。对人畜安全，对鱼的毒性较低，无药害，不污染环境，主要用于防治水稻纹枯病、苹果褐斑病、腐烂病、白粉病、斑点落叶病、梨黑斑病、番茄灰霉病、叶霉病、黄瓜灰霉病、烟草赤星病、人参褐斑病等多种病害，还能刺激植物生长，其用量为每亩 10～15g，制剂为 10%可湿性粉剂。

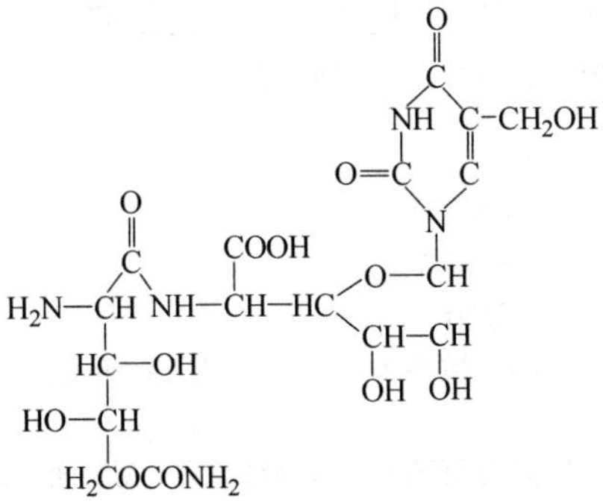

多抗霉素 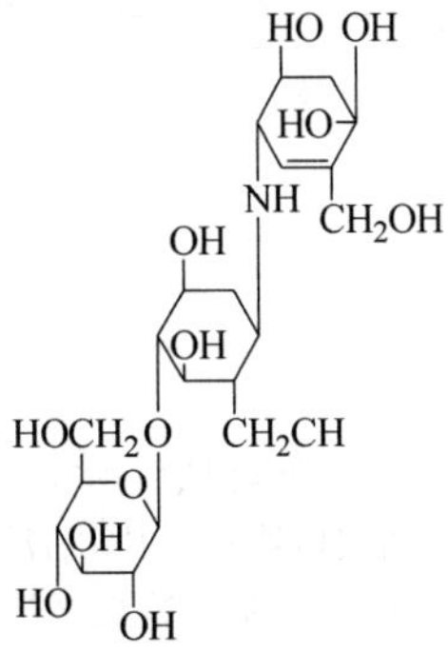　　　　　　　井冈霉素

3. 灭瘟素

治疗性杀菌剂，又名稻瘟散其产生菌是灰色产色链霉菌（*Streptomyces griseo chomogenes*）。灭瘟素的原药为灭瘟素苄氨基苯磺酸盐（含有效成分 90%），为浅褐色结晶粉末，表观密度 0.35，熔点 225～228℃，常温干燥条件下稳定，其结构式如下：

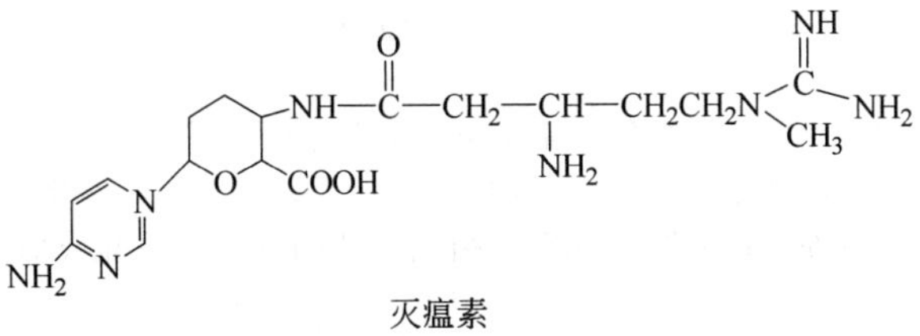

灭瘟素

灭瘟素通过抑制菌类细胞的蛋白质合成而发挥作用，对细菌和真菌的细胞生长呈现广泛的抑制效果，主要用于防治水稻稻瘟病，使用剂量为每亩 6.7～20g。

（二）春雷霉素及其生产

又名春日霉素，小金色放线菌产生的代谢产物，其分子式为：$C_{14}H_{25}N_3O_9$，结构式如下：

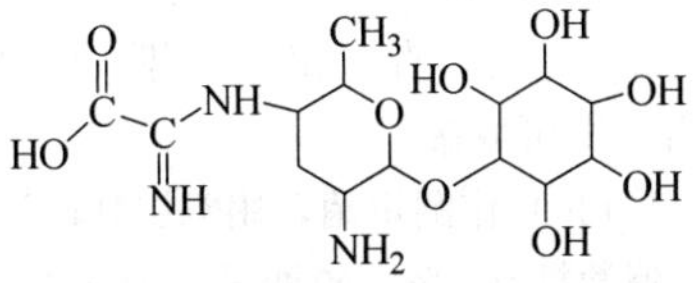

春雷霉素（KSM）

春雷霉素是弱碱性水溶性抗菌剂，纯品为白色针状结晶，熔点 236～239℃（分解），在 25℃的水中的溶解度为 12.5%，不溶于有机溶剂。其盐酸盐为白色针状或片状结晶，熔点 202～204℃（分解），有甜味，易溶于水，不溶于甲醇、乙醇、丙酮苯等有机溶剂。在酸性或中性溶液中比较稳定，遇碱性溶液易破坏而失效，在常温下稳定。其原粉（有效成分约为 65%）为棕色粉末，实际使用的是春雷霉素的盐酸盐，对人畜安全。

春雷霉素是选择性很强的农用抗生素，兼有内吸治疗作用，对稻瘟病有特效，对番茄叶霉病、苹果黑星病、甜菜褐斑病有效，通常使用浓度为 40mg/L。

春雷霉素还可防治由绿脓杆菌引起的感染，是中耳炎、皮肤溃疡、烧伤感染等的外用药，是农、医两用抗生素。

春雷霉素的生产采用微生物发酵法，其工艺流程示意见图 4-5。

工艺过程包括斜面孢子的制备、种子瓶培养、种子罐培养、发酵、提取。

（1）斜面孢子的制备

培养基的制备

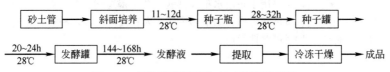

图 4-5 春雷霉素发酵生产工艺流程示意

培养基成分如下：

黄豆饼粉（热榨）	1%	碳酸钙	0.2%
氯化钠	0.25%	蛋白胨	0.3%
葡萄糖	1%	琼脂	2%~2.5%

在黄豆饼粉中加入 10 倍体积量的水，于 80~90℃ 加热搅拌 10min 后用四层纱布过滤，取滤液，稀释至 1%，再加入其他成分制成培养基，其 pH7.2~7.3。

斜面孢子的制备：将培养基分装入试管，在 120℃ 高温灭菌 0.5h，取出后放成斜面。培养条件：在 37℃ 下培养 2~4d，表面无冷凝水、无杂菌即可使用。保存：冰箱保存，时间不超过 1.5 个月。

(2) 种子瓶培养　培养基成分：黄豆饼粉（冷榨）1.5%、葡萄糖 1.5%、氯化钠 0.3%、磷酸二氢钾 0.1%、硫酸镁 0.05%，pH 6.5~7.0，分装于 750mL 的三角瓶中，每瓶装 200mL，120℃ 高温灭菌 0.5h，接种后在 28℃ 振荡培养。

(3) 种子罐培养　培养基成分：

黄豆饼粉（冷榨）	1.5%	磷酸二氢钾	0.1%
氯化钠	0.3%	硫酸镁	0.5%
玉米油（或豆油）	1%		

培养基 pH 值，自然；在 120℃ 实罐蒸汽灭菌 0.5h；接种量 1% 左右。

培养条件：罐温 (28±5)℃，每分钟通气量（体积比）1：(0.5~0.6)，连续搅拌。

培养要求：pH 值达到 6.8 左右；镜检，菌丝量多而长，原生质尚未分化或部分分化，种龄为 20~24h；无杂菌。

(4) 发酵　培养基成分：

黄豆饼粉（冷榨）	5%	氯化钠	0.3%
玉米油	4%		

培养基 pH 值，自然；接种量 5%~10%。发酵条件同种子罐，泡沫大时，可加入少量的消沫剂。

接种后 16h 左右，pH 值升至 7.8 以上，即加入玉米浆 0.2~0.5（依 pH 值上升幅度而言），4h 后，若 pH 值仍在 7.8 左右，可再加入玉米浆 0.2~0.5，直至 pH 值下降至 7.2 以下为止。在发酵 144h 后，发酵液表面无残油或很少残油，效价不再上升，即可放罐。

(5) 生物测定　以枯草杆菌（A.Sl.140）作测定菌，用双层杯碟法测定。

上层培养基成分：蛋白胨 0.3%、葡萄糖 0.3%、磷酸氢二钠 0.4%、琼脂 2%；下层培养基成分：琼脂 2.0，使用时 pH 值调至 8.0。

(6) 提取　医用春雷霉素的提取工艺流程示意见图 4-6。

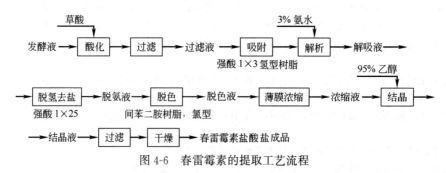

图 4-6 春雷霉素的提取工艺流程

将上述工艺中的脱氨液，用盐酸调 pH 为 5.0，经喷雾干燥成粉剂或经薄膜浓缩为浓缩液，即得农用春雷霉素。

可湿性粉剂的产品标准：

外观	浅棕黄色粉末		
指标	6%	4%	2%
有效成分	6±0.2	4±0.2	2±0.2
水分	≤5	≤5	≤5
细度(过200目筛)/%	90	90	90

第四节　除草剂与植物生长调节剂

除草剂和植物生长调节剂是重要的农药类别之一。

一、除草剂

杂草和农作物争夺阳光、水分、肥料及生长空间，影响作物丰产丰收，是农作物的大敌。除草剂是用于消灭杂草的一类农药。

除草剂的作用是扰乱植物机能的正常运转，造成植物生长激素结构发生不可逆变化，破坏植物生长的内部环境，导致植物的死亡。例如，利用除草剂的毒性，改变叶绿素的结构，破坏杂草的光合作用，使杂草叶子枯萎而死亡。

除草剂是一类多品种的农用化学品，其分类如图4-7所示。

不同植物对同一药剂有不同的反应，如植物对药剂的吸收能力不同、植物内部生理作用不同、药剂接触或黏附于植物体上的机会不同，故除草剂具有一定的选择性。

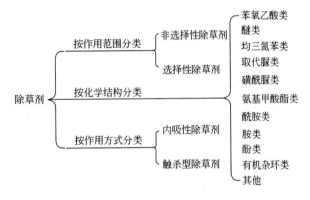

图4-7　除草剂的分类

（一）除草剂的主要类别

(1) 苯氧羧酸类　内吸传导型除草剂，可被植物的根、茎、叶所吸收，并通过植物体内传导，使植物生长畸形并逐渐导致植物死亡。苯氧羧酸类在较低浓度时，可刺激植物的生长，是一种植物生长调节剂；在较高浓度时能破坏植物新陈代谢过程。主要品种有禾草灵、2,4-D、2,4,5-涕、2甲4氯、吡氟禾草灵、高效吡氟氯草灵等。

2,4-D　　　　　2甲4氯　　　　　禾草灵

(2) 均三氮苯类　内吸传导型选择性除草剂，主要用于玉米、高粱等作物的除草，可有效地杀死阔叶杂草，对人、畜、鱼的毒性较低。代表品种如西玛津、莠去津、扑草净、苯胺磺隆、阔叶散等。

西玛津　　　　　莠去津　　　　　扑草净

苯胺磺隆是高效选择性油菜田除草剂，扑草净对防治刚萌发杂草的效果最好，阔叶散适用于稻田阔叶杂草的防治，高效、低毒。但是，已发现一些杂草对此类除草剂的某些品种产生抗药性，大约57种杂草对莠去津产生抗性。

(3) 酰胺类　主要品种如敌稗、杀草胺、克草胺、丁草胺、氟乐灵、双苯酰草胺等。

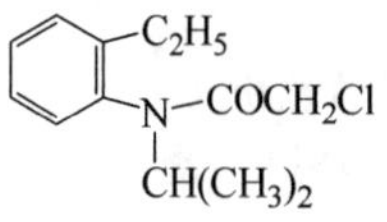

杀草胺 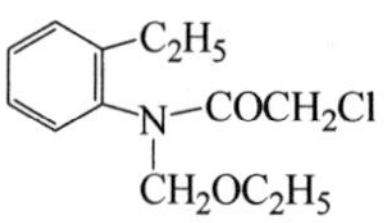　　　　克草胺 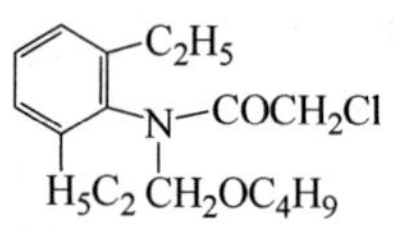　　　　丁草胺（Butachior）

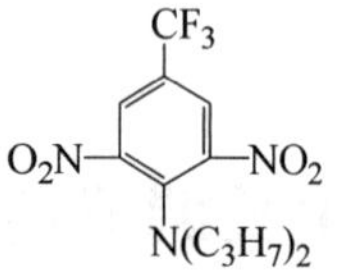

氟乐灵 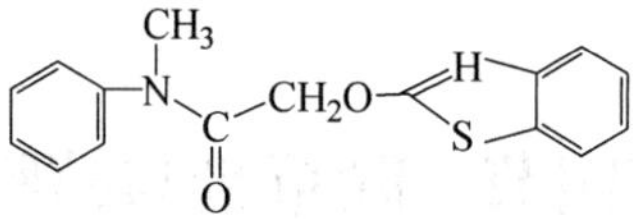　　　　苯噻草胺

（4）酚及醚类　应用较广的有除草醚、氟甲消草醚、草枯醚、五氯酚等。

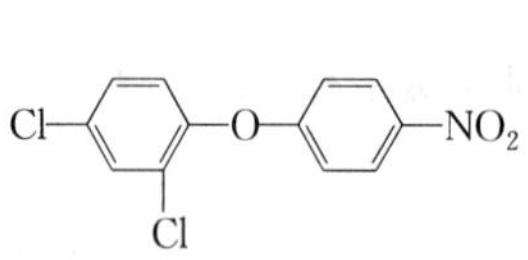

除草醚 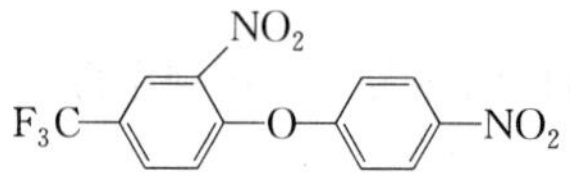　　　　氟甲消草醚 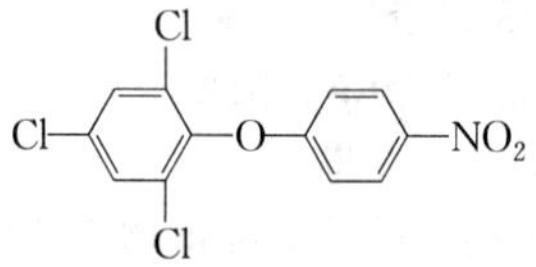　　　　草枯醚

除草醚用于防治水稻杂草，残效期一个月左右，是很强的土壤处理剂，剂型有粉剂、乳剂和颗粒剂等。

（5）取代脲类　内吸传导型除草剂，兼有一定的触杀作用，具有药效高、用量少、杀草广谱、在水中的溶解度小、残效期长、芽前和芽后均可使用等特点，但其选择性较差。主要品种，如绿麦隆、异丙隆、伏草隆、利谷隆、敌草隆等。

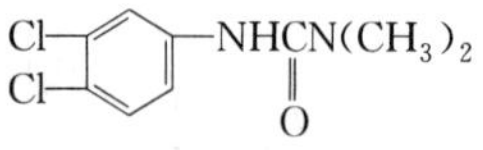

敌草隆 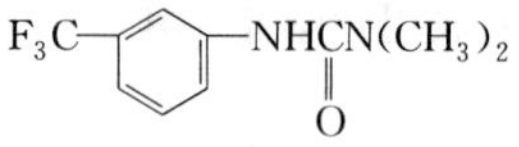　　　　伏草隆

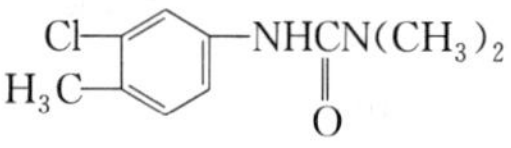

绿麦隆 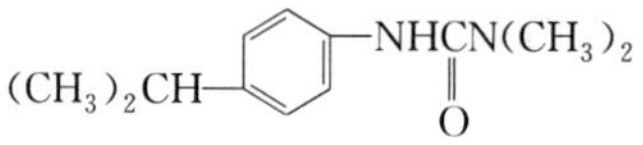　　　　异丙隆 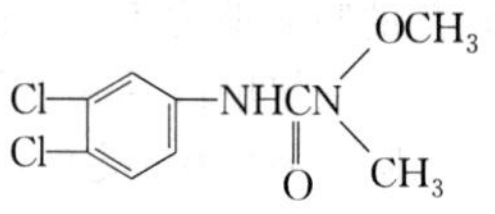　　　　利谷隆

绿麦隆通过植物根系吸收，兼有叶面触杀作用，是广谱麦田除草剂。敌草隆适于水稻、棉花、玉米、大豆、果园的除草，高效广谱。

（6）磺酰脲　高效、低毒，属于超高效除草剂，在除草剂市场中所占份额最大，发展十分迅速。它通过植物叶根吸收，并在植物体内迅速传导，阻止细胞分裂，使其停止生长，谷类作物对其有很好的耐药性，可照常生长。主要品种，如甲黄隆、氯磺隆、苯磺隆、嘧磺隆、苄磺隆、胺苯磺隆、阔叶散等。

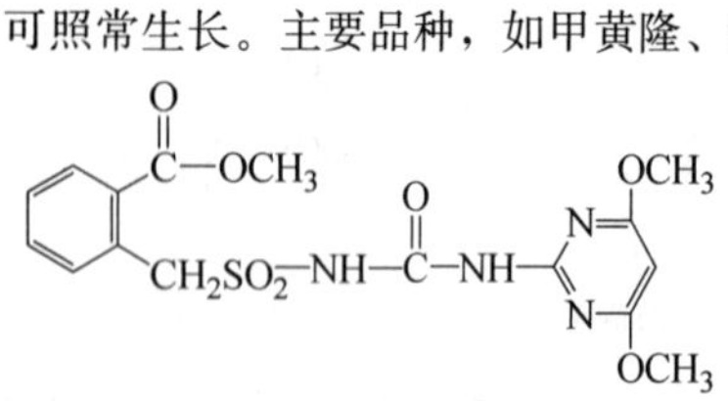

苄黄隆 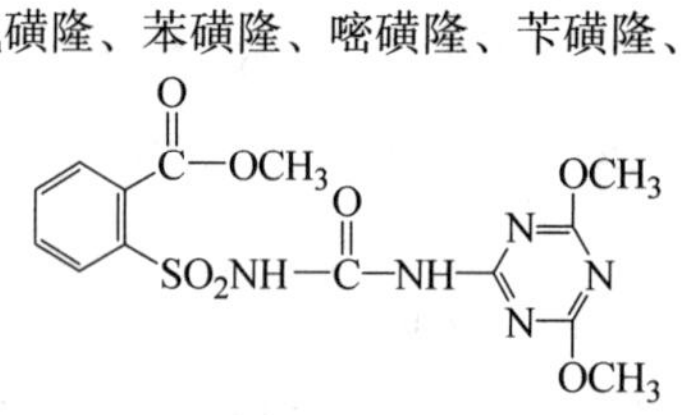　　　　甲黄隆 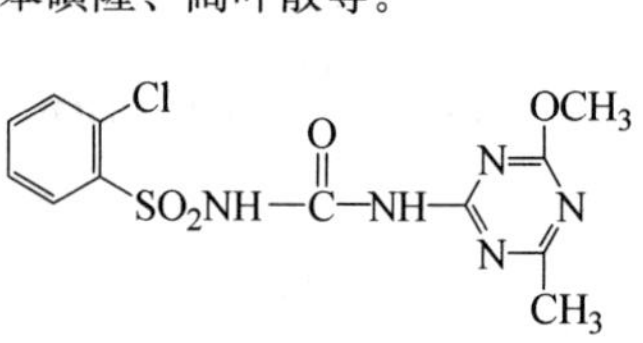　　　　氯磺隆

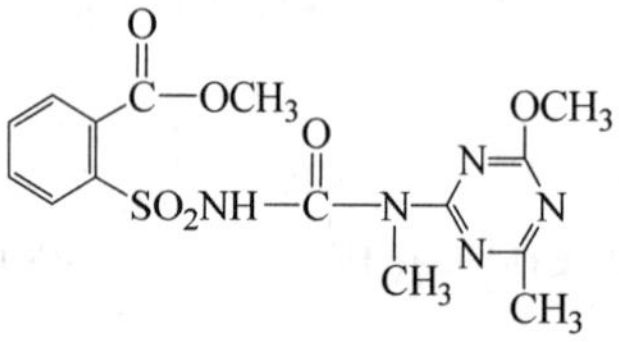

苯磺隆 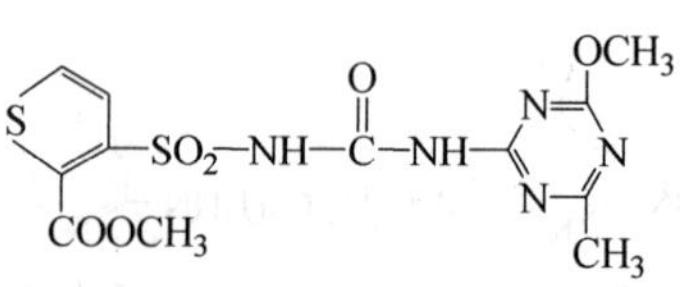　　　　阔叶散

氯磺隆在土壤中的持效期最长，能防治绝大多数阔叶杂草，包括对2,4-D不敏感的杂草，对禾本科杂草也有抑制作用。苄磺隆施入水田后，迅速释放出有效成分被植物吸收，能很快抑制敏感杂草的生长，是一种新型广谱稻田除草剂，可有效防除一年和多年生阔叶杂草和莎草，适用于水稻插秧田和直播田防除阔叶杂草。阔叶散可适用于旱地防治阔叶杂草。

(7) 有机杂环类 如百草枯、喹禾灵、异噁草酮等。

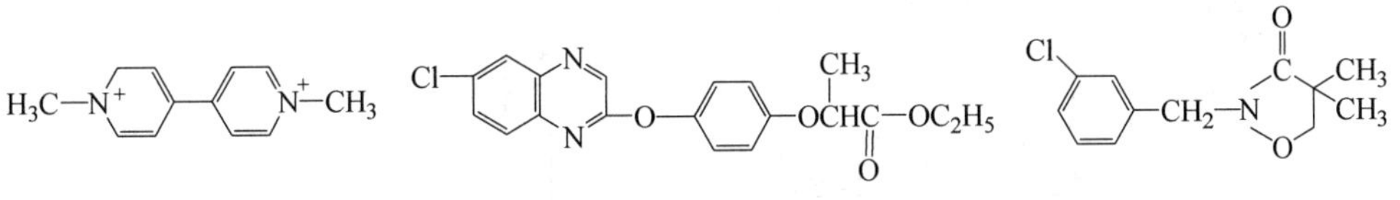

百草枯　　　　　　　喹禾灵　　　　　　　异噁草酮

异噁草酮属芽后选择性除草剂，在植物体内抑制叶绿素及叶绿素保护色素的产生，使植物在短期内死亡；对一年生和多年生禾本科杂草的任何生育期，喹禾灵均有防治效果，对阔叶作物安全，用于棉花、油菜、大豆、花生等作物的杂草防治。百草枯对单子叶、双子叶植物绿色组织具有很强的破坏作用，但无传导性，为速效触杀性除草剂。

进入21世纪，为保护人类生存的环境和农业的可持续发展，除草剂的研制和使用，受到环境和生态的严格制约。生物源除草剂以其资源丰富、毒性小、残留小、选择性强、不破坏环境，引起人们的高度重视。

生物除草剂是人工繁殖、具有杀灭杂草作用的大剂量的生物制剂，是同化学除草剂一样地使用，可有效地防除特定杂草的活性生物产品。生物源除草剂可分为植物源除草剂、动物源除草剂及微生物源除草剂。目前，主要研究和应用的是微生物源除草剂。

(二) 典型除草剂的生产

(1) 西玛津　西玛津的合成，有溶剂法和水法两种。水法为非均相反应，三聚氯氰在表面活性剂作用下分散于水中，与乙胺进行反应，水价廉易得、无溶剂回收问题，但水法易发生水解反应、产品收率不高，温度较低，消耗低温能量，废水处理量较大。溶剂法属于均相反应过程，克服了水法的缺点，收率较高，但有溶剂回收问题。工业上多采用氯苯作溶剂，三聚氯氰和乙胺发生一取代反应：

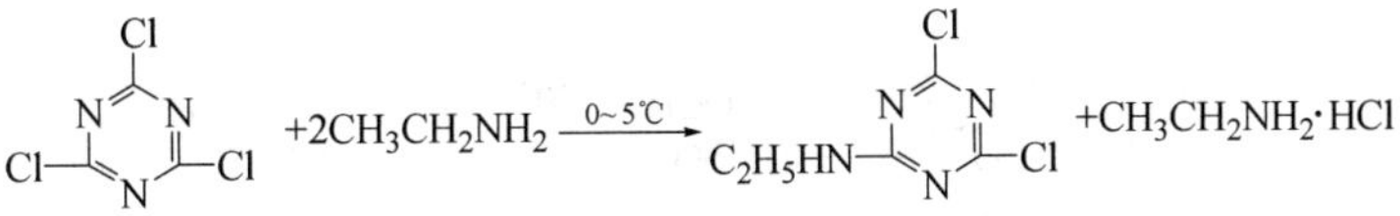

$$\text{三聚氯氰} + 2CH_3CH_2NH_2 \xrightarrow{0\sim5℃} \text{一取代物} + CH_3CH_2NH_2 \cdot HCl \quad (4\text{-}36)$$

乙胺兼作缚酸剂，加入量的1/2在反应中生成乙胺盐酸盐，需加碱中和：

$$CH_3CH_2NH_2 \cdot HCl + NaOH \longrightarrow CH_3CH_2NH_2 + NaCl + H_2O \quad (4\text{-}37)$$

中和游离出的乙胺与一取代物继续反应，生成西玛津：

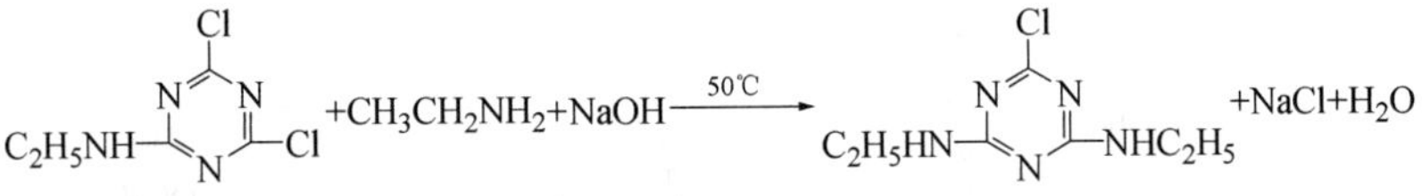

$$\text{一取代物} + CH_3CH_2NH_2 + NaOH \xrightarrow{50℃} \text{西玛津} + NaCl + H_2O \quad (4\text{-}38)$$

其生产工艺流程见图4-8。

(2) 苄黄隆　又名农得时、苄嘧磺隆，白色至灰黄色晶体，熔点185～188℃，在微碱性水溶液中稳定，在酸性条件下缓慢分解。其合成是先制备中间体2-氨基-4,6-二甲氧基嘧啶、邻甲酸甲酯苄基磺酰胺。

2-氨基-4,6-二甲氧基嘧啶的制备。在乙醇钠存在下，硝酸胍与丙二酸二乙酯缩合得2-氨基-4,6-二羟基嘧啶，再用三氯氧磷进行氯置换、与甲醇钠醚化：

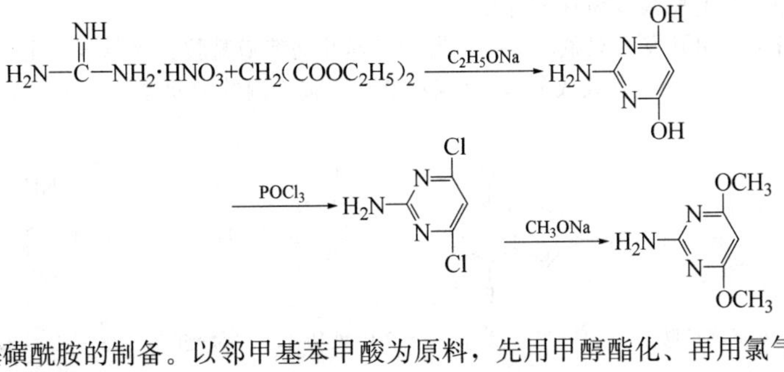

$$H_2N-\overset{NH}{\underset{}{C}}-NH_2 \cdot HNO_3 + CH_2(COOC_2H_5)_2 \xrightarrow{C_2H_5ONa} \text{2-氨基-4,6-二羟基嘧啶}$$

$$\xrightarrow{POCl_3} \text{2-氨基-4,6-二氯嘧啶} \xrightarrow{CH_3ONa} \text{2-氨基-4,6-二甲氧基嘧啶} \quad (4\text{-}39)$$

邻甲酸甲酯苄基磺酰胺的制备。以邻甲基苯甲酸为原料，先用甲醇酯化、再用氯气进行α-氯化得邻氯甲基苯甲酸甲酯，再与硫脲缩合，经氯化、氨化而得：

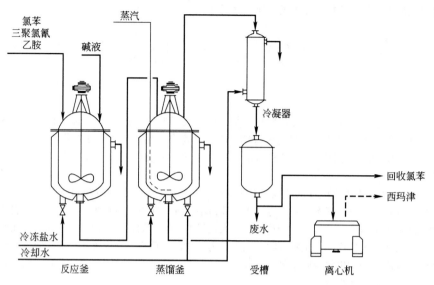

图 4-8 西玛津生产工艺流程

制备的邻甲酸甲酯苄基磺酰胺，经光气异氰化后，再与 2-氨基-4,6-二甲氧基嘧啶缩合得到产物苄黄隆：

生产工艺流程示意如图 4-9 所示。

含氟农药具有用药量少、毒性低、药效高以及代谢能力强等特点，是农药研究的热点之一。目前，已商业化的含氟除草剂和植物生长调节剂有 37 种。

由道化学农业科学公司开发的双氟磺草胺，属于三唑并嘧啶磺酰胺类除草剂，用于苗后防除小麦田的阔叶杂草，每公顷用量仅 3~10g（有效成分），合成双氟磺草胺关键的中间体是 2-甲氧基-4,5-二氟嘧啶和 2,6-二氟苯胺。

双氟磺草胺　　　　2-甲氧基-4,5-二氟嘧啶　　2,6-二氟苯胺

除草剂虽能除草，但也会杀灭作物，尤其是灭生性除草剂。如何使除草剂既能除草又对作物安全，耐除

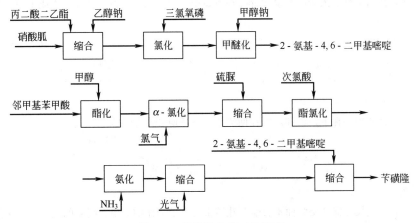

图 4-9 苄黄隆生产工艺流程

草剂转基因作物的培育成功,提高了作物对非选择性除草剂的耐药水平,扩大了除草剂的用途。

耐除草剂转基因作物是采用生物技术,将抗除草剂的基因嵌入作物种子内而培育的,如耐草甘膦、耐溴苯腈、耐磺酰脲类、耐草胺膦的转基因棉花,耐咪唑啉酮、耐草甘膦、耐稀禾定、耐草胺膦的转基因玉米,耐磺酰脲类、耐草甘膦、耐草胺膦的转基因大豆,还有耐除草剂转基因的水稻、烟草、油菜、番茄、马铃薯等。

二、植物生长调节剂

植物生长调节剂是人工合成类似植物生长素的活性物质,用于控制植物的生长发育及其他生命活动,如促进植物细胞的生长、分裂,植物的生根、发芽、开花及结果,以提高作物产量和质量。按其化学结构,植物生长调节剂可分为芳基脂肪酸类,如 3-吲哚乙酸、1-萘乙酸等;脂肪酸及环烷酸类,如赤霉素等;卤代苯氧脂肪酸类,如 2,4-D、增产灵等;季铵盐类,如矮壮素等;其他类的如乙烯利、青鲜素等。

比较重要的植物生长调节剂品种,有以下几种。

(一)矮壮素

化学名称为氯化(2-氯乙基)-三甲基铵,其结构式如下:

$$[ClCH_2CH_2-\underset{\underset{CH_3}{|}}{\overset{\overset{CH_3}{|}}{N}}-CH_3]^+Cl^-$$

用于小麦、水稻、棉花、烟草、玉米和西红柿、果树和各种块根等作物上,抗倒伏,促进作物生长,使作物的植株变矮、秆茎变粗、叶色变绿,提高作物耐旱、耐涝性,可增产 10%～20%。

矮壮素可以三甲胺、二氯乙烷为原料合成:

$$(CH_3)_3N \cdot HCl + NaOH \longrightarrow (CH_3)_3N + NaCl + H_2O \tag{4-42}$$

$$(CH_3)_3N + ClCH_2CH_2Cl \longrightarrow [(CH_3)_3N-CH_2CH_2Cl]^+Cl^- \tag{4-43}$$

(二)1-萘乙酸

刺激植物生长,促进植物生根开花,促使植物早熟、增产,防止植物落花、落铃、落蕾和落果,抑制抽芽,是一种优良的植物生长激素。

1-萘乙酸为白色针状结晶,无臭无味,熔点 133℃,沸点 258℃,易溶于丙酮、乙醚、三氯甲烷、热水、碱溶液,微溶于冷水、酒精,其合成有氯乙酸法、氯甲基化法和乙酐法。

氯乙酸法是在催化剂作用下,萘与氯乙酸直接缩合而得。

$$\text{[naphthalene]} + ClCH_2COOH \xrightarrow[240\sim260℃]{\text{铝粉}} \text{[1-naphthyl-CH}_2\text{COOH]} + HCl \tag{4-44}$$

收率为 40%～50%,催化剂可以是三氧化二铁和溴化钾、氯化铁和溴化钾、99.8%的铝粉。

氯甲基化法，萘与甲醛、浓盐酸在氯化锌存在下氯甲基化，然后与氰化钠反应生成1-萘乙腈，再经水解即得：

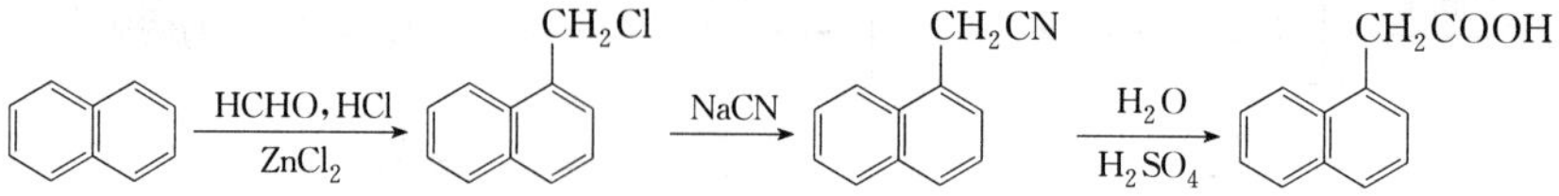

$$\text{萘} \xrightarrow[\text{ZnCl}_2]{\text{HCHO, HCl}} \text{1-氯甲基萘} \xrightarrow{\text{NaCN}} \text{1-萘乙腈} \xrightarrow[\text{H}_2\text{SO}_4]{\text{H}_2\text{O}} \text{1-萘乙酸} \tag{4-45}$$

收率为60%~68%。

乙酐法是在高锰酸钾存在下，萘和乙酐在回流条件下反应2h，收率为45%。

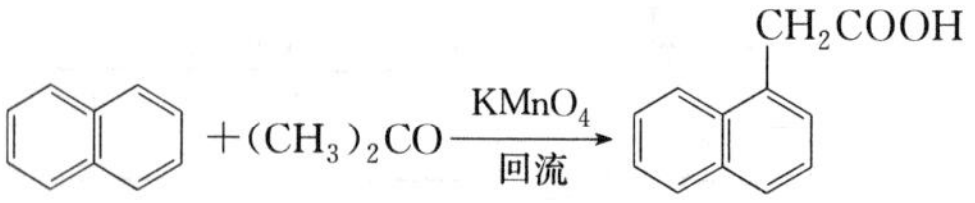

$$\text{萘} + (\text{CH}_3)_2\text{CO} \xrightarrow[\text{回流}]{\text{KMnO}_4} \text{1-萘乙酸} \tag{4-46}$$

（三）比久

能抑制植物向上生长，促其矮壮而不影响开花结果，可增加作物耐旱、耐寒的能力，防止落花落果。其结构式如下：

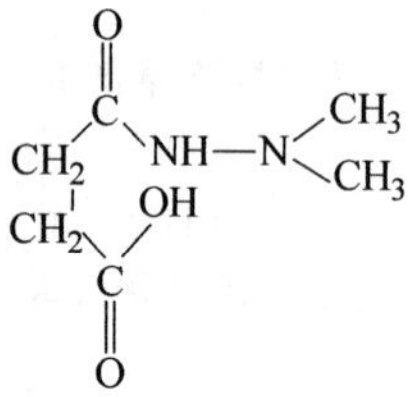

比久

比久以丁二酸为原料，使其脱水生成丁二酸酐，再与偏二甲基肼缩合：

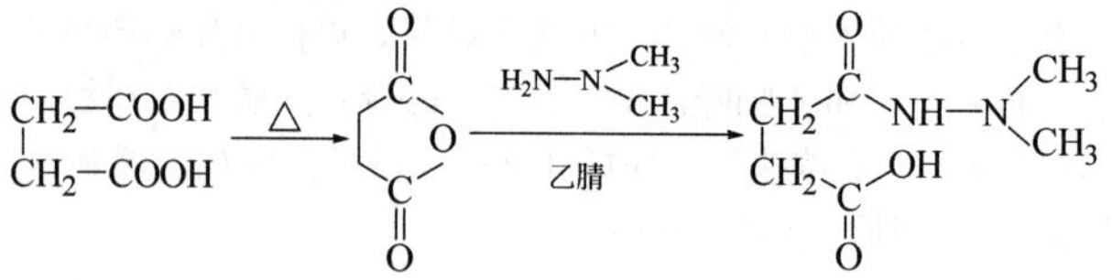

$$\begin{matrix}\text{CH}_2\text{—COOH}\\ \text{CH}_2\text{—COOH}\end{matrix} \xrightarrow{\triangle} \text{丁二酸酐} \xrightarrow[\text{乙腈}]{\text{H}_2\text{N—N(CH}_3)_2} \text{比久} \tag{4-47}$$

其工艺操作是在脱水釜中，将丁二酸逐渐加热至215℃左右，脱水生成丁二酸酐，此时应不断分出生成的水，直至釜温升至260℃，当脱水量接近理论值时，脱水反应结束，得丁二酸酐。缩合，先在釜中加入溶剂乙腈，再加入丁二酸酐，控制物料温度为18℃，然后，缓慢滴加偏二甲基肼进行缩合，反应产物结晶，经离心过滤，干燥，即得产品。

（四）多效唑

对作物生长具有控制作用，促进矮壮多蘖、叶色浓厚、根系发达，还具有抑菌作用。

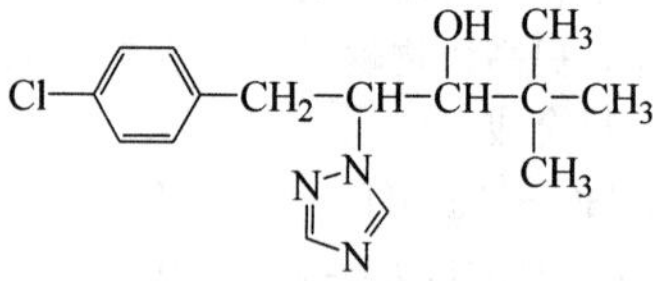

多效唑

（五）芸苔素内酯

又名油菜素内酯、油菜素甾醇内酯，植物源植物生长调节剂，由菜花粉中提取，也可通过化学合成，化学结构式如下：

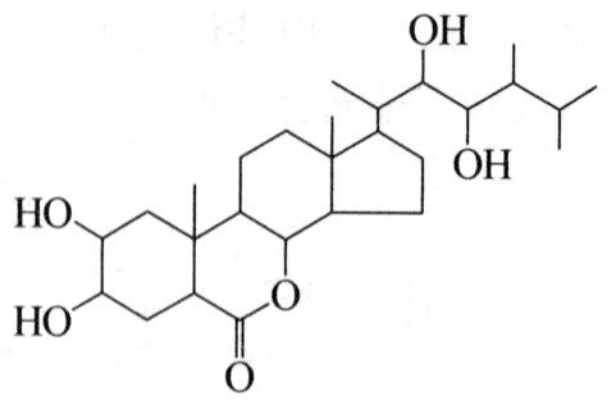

芸苔素内酯

芸苔素内酯可促进作物生长，提高坐果率，促进果实肥大，提高作物耐寒性，减轻药害，增强抗病性，主要用于水稻、小麦、大麦、马铃薯、萝卜、莴苣、菜豆、青椒、西瓜、葡萄等多种作物。

（六）赤霉素（简写为GA）

具有植物生长活性的农用抗生素。已发现的赤霉素有70多种，目前使用的 A_3 为19碳的赤霉素，活性成分为赤霉酸。

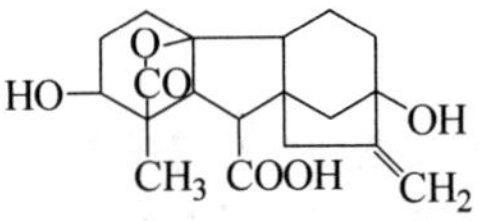

赤霉素

赤霉素具有调节植物生长和发育的作用，与植物自身产生的内源赤霉素一样，外源赤霉素进入植物体内，可促进细胞、茎生长，叶片扩大以及使植物单性结果，果实生长，打破种子休眠，改变雌雄花的比例，影响开花时间，减少花果脱落，是植物生长必不可少的物质。赤霉素对人体非常安全，其制剂有85%的结晶粉。赤霉素在极低的浓度下即有效，通常以 $10^{-1} \sim 10^{-5}$ mg/L 即显示出较强的生理活性，其使用浓度范围在0.5~10000mg/L，根据作物及其需求不同，相差甚大。

赤霉素的生产是利用赤霉菌在麸皮、蔗糖和无机盐等培养基中进行发酵，赤霉菌代谢产生赤霉素，发酵液经溶剂提取、浓缩得赤霉素晶体。

赤霉素的剂型有粉体、水粉体、乳油，粉体在使用前，先将其溶于少量酒精或白酒中，再加水稀释至所需浓度；而水粉剂、乳油可直接用水稀释，配制后不宜放置过久。

复习思考题

1. 按农药的化学结构分，可分为哪几类？
2. 怎样衡量农药的毒害作用？
3. 何谓半致死量（LD_{50}），LD_{50} 数值大小表示什么？
4. 说明下列杀虫剂特点。

　　乐果　阿维菌素　溴氰菊酯　甲胺磷　辛硫磷　苏云杆菌
5. 合成敌百虫包括哪些反应？其操作条件如何？
6. 简述灭菌丹的生产工艺过程。
7. 说明杀菌剂分子结构中的活性基团与成型基团的各自作用。
8. 写出以下杀菌剂的化学结构式。

　　多菌灵　灭菌丹　福美双
9. 合成福美双有哪几种方法？请写出化学反应式？
10. 为提高酯化反应的收率及生产效率，工业上常采取哪些措施？
11. 举例说明酯化反应在农药合成中的应用？
12. 生物农药包括哪些类别？有何特点？
13. 酯化常用的催化剂有哪些？
14. 何谓植物生长调节剂、昆虫调节剂？
15. 敌百虫合成中氯化氢有何危害和影响？说明生产上的工艺处理措施。
16. 农药剂型是如何确定的？基本剂型主要有哪些？
17. 对农药剂型有哪些基本要求？
18. 冷、热法合成西维因均使用了光气，光气有何危害？怎样才能避免？

第五章 石油化学品

学习目的与要求
- 掌握在钻井、采油气、油气集输、炼油及油品应用等各方面所用到的精细化学品的种类及其性质。
- 理解石油化学品典型品种的生产工艺及典型润滑脂的生产技术要点。
- 了解钻井泥浆处理剂、油气开采添加剂、强化采油用添加剂、油气集输用添加剂、石油炼制用化学品、石油燃料添加剂、润滑油及润滑脂添加剂的主要品种和作用特点。

石油是一类非常重要的能源,广泛用作动力燃料,属于战略性重要物资,同时又是石油化工产品的基础原料,用于生产各种化学品。

石油生产和油品消费不仅要用到大宗的通用化学品,还需要多种多样的添加剂,用来改进和完善石油生产、提高采油率、充分利用油品的热力学性能和动力学性能。在这些添加剂中多数都符合本书绪论中提出的小批量、多品种、高附加价值的要求,即属于精细化学品的范畴,因此统称为石油化学品。

石油化学品涉及面很广包括钻井、采油气、油气集输、炼油和油品应用等各方面所用到的化学品,按其应用对象可分为油田化学品、石油炼制化学品和石油产品用化学品。油田化学品,指在原油和天然气的钻探采输、水质处理及提高采收率过程中所用的一大类化学品。油田化学品按油田施工工艺又可分为:钻井泥浆处理剂、固井水泥添加剂、油气开采添加剂、油气集输添加剂、油田水处理剂和提高采收率的添加剂等六类。石油炼制用化学品按其在炼制过程中所起的作用,可分为催化剂、溶剂和其他化学品。石油产品用化学品,又称石油产品添加剂,它是一类能显著改进石油产品某些特性的化学品,通常按其主要用途分为:润滑油添加剂、石油燃料添加剂、石油沥青和石油蜡的添加剂等四大类。

本章着重介绍钻井、采油、油气集输、石油炼制等过程用化学添加剂和能显著改善各种油品应用性能的添加剂的种类、性能及其生产方法,介绍了使用润滑脂添加剂生产润滑脂的工艺,并力求反映国内外石油化学品发展的新成就。

第一节 油田化学品

油田化学品是解决油田钻井、固井、注水,提高采收率及集输等过程中化学问题时所使用的助剂,随着石油天然气工业的迅速发展,对油田化学品的需求量也越来越大。油田化学品品种繁多,大部分属于水溶性聚合物和表面活性剂等有机化合物。本节主要介绍钻井泥浆处理剂、油气集输添加剂、油气开采添加剂和提高采收率的添加剂 4 类石油化学品的主要品种、性能及生产原理。

一、钻井泥浆处理剂

石油和天然气开采的第一步就是钻井,在钻井中钻浆起着非常重要的作用。钻浆有两种,一种是泥浆,载体主要是水;另一种则是油浆,载体主要是柴油或原油。目前钻浆中 90% 是泥浆,但由于 3km 以上的深井、海洋钻井以及寒带地区的钻井数目不断增加,油浆的比例逐步上升,预计今后油浆会达到 30% 左右。为了保持钻浆各项性能的优良稳定,以适应钻井工作的需要,须向各类钻浆中加入处理剂(添加剂),尤其是在复杂地层(如坍塌层、盐膏层)进行深钻或水平钻时,需要各种各样的处理剂。市场泥浆处理剂的牌号多达 2520 种,实际上其中所含的化学品大约为 100~200 种,按用途可分为 10 多类,如增黏剂、降失水剂、腐蚀抑制剂、稀释分散剂、堵漏剂、乳化剂、页岩控制剂、杀菌剂、消泡剂、絮凝剂、起泡剂、润滑剂、表面活性剂等。

泥浆处理剂分成无机处理剂、有机高分子处理剂和表面活性剂三大类。

(一)有机泥浆处理剂

有机泥浆处理剂大多是水溶性高分子,对黏土悬浮体都有不同程度的护胶稳定作用。从其来源和发展上看,也可分为天然高分子及其加工产品和合成高分子两大类。前者来源广、成本低,目前使用也较广泛;后者成本较高，但有一些特殊的效果和作用，随着精细化工和泥浆钻井工艺的发展使用也逐渐增多。

1. 降失水剂

(1) 褐煤和腐殖酸　褐煤是一种炭化（煤化）程度比较低的煤，质地疏松，可用手捻成粉末，相对密度在 0.8~1.3 之间，呈棕褐色或黑褐色。褐煤的主要成分是一种有机酸——腐殖酸，含量 20%~80%。腐殖酸是几个分子大小不同、结构组成不一致的含羟基、芳香核羧基等的混合物。从元素分析得知，腐殖酸的化学组成一般为：C，55%~65%；H，5.5%~6.5%；O，25%~35%；N，3%~4%；另含少量 S 和 P。腐殖酸有多种官能团，如羧基、酚羟基、醇羧基、烯醇基、磺酸基、氨基等，还有游离的醌基、半醌基、甲氧基、羰基等，其中主要的是羧基、酚羟基和醌基。腐殖酸的相对分子质量在 1000~5000。

腐殖酸难溶于水，但易溶于碱溶液，和氢氧化钠作用生成腐殖酸钠，处理泥浆时使用的就是腐殖酸钠。

煤碱剂是由褐煤粉加适量烧碱和水配成，其中主要有效成分为腐殖酸钠，是一种低成本处理剂。值得注意的是对于一定量的褐煤和水，随着碱比增大，煤碱剂中腐殖酸全部溶解，过量的煤碱又有聚结作用，反使腐殖酸含量下降。具体的煤碱剂配方主要视褐煤中腐殖酸含量和具体使用条件而定。配制煤碱剂的质量比例一般为，褐煤：烧碱=15：(1~3)。

(2) 磺甲基褐煤　磺甲基褐煤可用甲醛和 Na_2SO_3（或 $NaHSO_3$）在 pH9~11 的条件下，对褐煤进行磺甲基化反应制得。所得产品进一步用 $Na_2Cr_2O_7$ 进行氧化和螯合，生成的磺甲基腐殖酸铬处理效果更好。磺甲基腐殖酸铬可在 200~220℃高温下有效地降低淡水泥浆的黏度、切力和失水量，是良好的深井稀释剂和降失水剂。

(3) 硝基腐殖酸　硝基腐殖酸可用 3mol/L 左右的稀硝酸与褐煤在 40~60℃下反应制成，配比以腐殖酸：硝酸=1：2 较好。反应包括氧化和硝化，均为放热反应。反应使腐殖酸相对平均分子质量降低，羟基增多，并引入硝基等。硝基腐殖酸具有良好的降失水作用和稀释作用，还有良好的乳化作用和较高的热稳定性（抗温可达 200℃以上），其突出的特点是抗盐力大大增强，加盐 20%~30%后仍能有效的控制失水量和黏度。

(4) 羧甲基纤维素钠　羧甲基纤维素钠（简写为 CMC）又名甘醇酸纤维素钠。羧甲基纤维素钠是长短不一的链状水溶性高分子，为白色粉末、粒状或纤维状，无味，无臭，它的两个重要性能指标是聚合度和取代度（或醚化度）。聚合度 n 是组成羧甲基纤维素钠分子的环式葡萄糖链节数，同一种产品中各分子的链长不一，实测的是平均聚合度，一般产品聚合度为 200~600。羧甲基纤维素钠的聚合度是决定水溶液黏度的主要因素，对于等浓度溶液，其黏度随聚合度增加而增大，而且浓度越高黏度差别越大。工业上根据其水溶液黏度大小将产品分作三级：高黏度型（质量分数为 1%的水溶液，黏度≥2Pa·s）；中黏度型（质量分数为 2%的水溶液，黏度 0.3~0.6Pa·s）；低黏度型（质量分数为 2%的水溶液，黏度 0.025~0.2Pa·s）。取代度是每个环式葡萄糖链节上的羧甲基数目，原则上葡萄糖链节上的 3 个羧基上氢都可能被羧甲基取代，取代度是决定羧甲基纤维素钠水溶性的主要因素。取代度>1.2 则产品溶于有机溶剂；取代度为 0.4~1.2 时，可溶于水；取代度<0.4 时，可溶于碱溶液。一般来说，用作泥浆处理剂的羧甲基纤维素钠，取代度为 0.8~0.9 效果较好。

(5) 木质素磺酸盐　木质素磺酸盐属阴离子表面活性剂，低相对分子质量的产品多为直链，在溶液中缔合在一起；高相对分子质量的木质素磺酸盐多为支链，在水中显示出聚电解质行为。通常为黄褐色固体粉末或黏稠浆液，有良好的扩散性，易溶于水。木质素磺酸盐在油田开发上主要用于钻井泥浆、油井压裂、三次采油等工艺过程，也可用作减阻剂和缓凝剂。

(6) 水解聚丙烯腈　聚丙烯腈分子中的氰基比较活泼，可以在酸性、碱性或中性加压条件下进行水解，得部分水解的聚丙烯腈，具有水溶性。采用碱性水解的方法，将聚合度 n 为 2350~3760，平均相对分子质量为 12.5 万~20 万的聚丙烯腈在氢氧化钠作用下，加热，即生成部分水解聚丙烯腈产物：

$$\mathrm{-(CH_2-CH)_{\mathit{n}}-} + x\mathrm{NaOH} + y\mathrm{H_2O} \longrightarrow \mathrm{-(CH_2-CH)_{\mathit{x}}-}\mathrm{-(CH_2-CH)_{\mathit{y}}-}\mathrm{-(CH_2-CH)_{\mathit{z}}-} + x\mathrm{NH_3}\uparrow \quad (5\text{-}1)$$
$$\mathrm{CN} \qquad\qquad\qquad \mathrm{COONa} \quad \mathrm{CONH_2} \quad \mathrm{CN}$$

实质上是丙烯酸钠、丙烯酰胺和丙烯腈的共聚物。其中的丙烯酰胺在 NaOH 存在的情况下还可继续水解生成丙烯酸钠，故其水解程度可用羧基与酰氨基之比值来表示。水解聚丙烯腈处理泥浆的性能与其聚合度、水解度有关。聚合度较高的降失水能力较强，但增黏也较多。水解度较低的有絮凝作用，水解度太高降失水能力减弱（可用作增稠剂），羧基与酰氨基之比（质量比）为 (4：1)~(2：1) 时降失水性能较好，水解聚丙烯腈抗盐能力较强。

水解聚丙烯腈的优点的是热稳定性较高，但成本贵，多在超深井的高温段用作降失水剂。使用腈纶（聚丙烯腈）下脚料制备水解聚丙烯腈，处理泥浆效果良好，还能降低成本，已在某些油田上推广使用。由于它不削弱选择性絮凝剂絮凝钻屑的能力，用它代替聚丙烯酸钠作为不分散低固相聚合物泥浆的降失水剂，比用任何其他分散剂都更有利于固相控制。腈纶下脚料的最优水解条件为：①腈纶与烧碱的质量比为1：(0.4～0.5)；②浓度：15%～18%（质量分数）；③温度：90～95℃；④时间：2～3h。

2. 稀释剂

(1) 单宁　单宁又称鞣质，广泛存在于植物的根、茎、皮、叶、果壳或果实中，是一大类多元醇的衍生物，单宁的分子式由于原料来源不同而有一些差异。国内从五倍子里提出的单宁质的成分，分子式一般为 $C_{14}H_{10}O_9$，相对分子质量为322.1，单宁是一种植物加工制品。将五倍子原料经电磁处理除去铁屑，送入轧碎机轧碎，过筛，除去虫尸及虫的排泄物等杂物，然后置入缸内，加软水浸渍，注意制备器具必须为铜质或木质制成。浸出液出为黏稠体，将其降温至0℃，大粒的单宁体即凝缩成胶状物而沉淀。然后分离，在真空下浓缩、干燥即成工业品。

(2) 磺甲基单宁　磺甲基单宁是甲醛和亚硫酸氢钠在pH9～10条件下进行磺甲基化反应制得。磺甲基单宁进一步用铬酸钠进行氧化反应螯合所得的磺甲基单宁铬螯合物，处理效果更好。磺甲基单宁和磺甲基单宁铬是近几年发展的新型稀释剂，在180～200℃高温下能有效地控制淡水泥浆的黏度、切力，为良好的深井稀释剂。

3. 高聚物絮凝剂

(1) 聚丙烯酰胺　丙烯酰胺分子有共轭结构，具有很强的反应能力，在引发剂作用下，通过自由基反应，很容易聚合成高相对分子质量的聚丙烯酰胺。目前国外工业聚合方法有：水溶液聚合、有机溶剂聚合、乳液聚合、悬乳聚合及本体辐射聚合。生产中广泛采用的引发方法主要是引发剂引发和辐射引发。引发剂主要有过氧化物、偶氮化物和氧化还原体系，辐射引发最常用的是^{60}Co源、γ-射线引发。所用原料，有的使用丙烯酰胺均聚，有的使用丙烯酰胺与丙烯酸共聚。反应式如下：

$$n\mathrm{CH}_2{=}\mathrm{CH}{-}\mathrm{C(=O)NH_2} \xrightarrow{\text{引发剂}} {-}[\mathrm{CH}_2{-}\mathrm{CH(C(=O)NH_2)}]_n{-} \tag{5-2}$$

$$n\mathrm{CH}_2{=}\mathrm{CH}{-}\mathrm{C(=O)NH_2} + m\mathrm{CH}_2{=}\mathrm{CH}{-}\mathrm{C(=O)OH} \xrightarrow{\text{引发剂}} {-}[\mathrm{CH}_2{-}\mathrm{CH(C(=O)NH_2)}]_n{-}[\mathrm{CH}_2{-}\mathrm{CH(C(=O)OH)}]_m{-} \tag{5-3}$$

在油田开发中，聚丙烯酰胺作钻井泥浆处理剂，起着润滑钻头并能延长钻头寿命（约20%）和提高钻速的重要作用。

(2) 部分水解聚丙烯酰胺　在泥浆中除使用原生的非离子型水溶性线状聚丙烯酰胺高聚物外，还经常使用它的水解物，即部分水解聚丙烯酰胺。部分水解聚丙烯酰胺是聚丙烯酰胺高聚物在一定温度下与一定量的NaOH溶液进行水解反应的产物。水解反应后，聚丙烯酰胺高聚物长链大分子上的部分链节的酰氨基转化成羧钠基团，而其余部分链节上的酰氨基保持原状。这个反应表示如下：

$$-[\mathrm{CH}_2{-}\mathrm{CH(C(=O)NH_2)}]_n{-} + y\mathrm{NaOH} \longrightarrow -[\mathrm{CH}_2{-}\mathrm{CH(C(=O)NH_2)}]_{n-y}{-}[\mathrm{CH}_2{-}\mathrm{CH(C(=O)ONa)}]_y{-} + y\mathrm{NH}_3\uparrow \tag{5-4}$$

水解后，聚丙烯酰胺整个大分子主链并未发生变化，只是有y个链节上的分支由酰氨基团变成了羧钠基团。羧钠基团的链节数目y与整个链节数n的比值用百分数表示称为水解度。部分水解聚丙烯酰胺的羧基常电离成带负电的—COO$^-$，故属阴离子型高聚电解质。上列水解反应的速度主要与温度和水解度有关，温度越高反应越快；开始反应快，随着水解度的升高反应越来越慢。而产物的水解度主要取决于加碱量。泥浆工艺中常用质量分数为1%～0.7%、水解度小于60%的部分水解聚丙烯酰胺溶液，水解时加碱量可按下式计算：

$$W_{\mathrm{NaOH}} = \frac{W_{\mathrm{PAM}} \times H}{71} \times 40 \tag{5-5}$$

式中　W_{NaOH}——所需NaOH的质量；

W_{PAM}——PAM 的固体质量（PAM 代表聚丙烯酰胺）；

H——所需的水解度；

40——NaOH 的相对分子质量；

71——PAM 的链节相对分子质量。

实验指出，配制质量数为 0.80% 左右、水解度为 30% 左右的部分水解聚丙烯酰胺溶液，加碱量需按上式计算量附加 5%～10%，加热至近沸点温度水解 2～3h，或在 25～30℃ 的常温下水解 5～7h，才能达到所需的水解度，此时的 pH 下降至 8 左右。

（二）表面活性剂泥浆处理剂

在钻井液中使用表面活性剂是泥浆工艺的重要发展。实践表明，选用适当的表面活性剂处理泥浆，对于提高泥浆的热稳定性，保护油层，降低泥饼摩擦系数、防塌、防腐，提高钻速，预防和解除钻井中的复杂问题等方面，都有突出的效果。此外，表面活性剂还直接用作乳化泥浆的稳定剂（乳化剂）和泥浆除泡剂等。

1. 非离子型表面活性剂

这是一类在水中不会电离而以整个分子起表面活性作用的活性剂。由于它们一般抗钙、抗酸、抗碱性能强，又不易与常用的阴离子有机处理剂互相干扰，故在泥浆中使用非离子型表面活性剂越来越多。

（1）聚氧乙烯苯酚醚（P 型） P-30 型，分子式为 $C_6H_5O(CH_2CH_2O)_{30}H$，能提高泥浆的抗盐、抗钙和抗温性能；P-20 型，分子式为 $C_6H_5(CH_2CH_2O)_{20}H$，其作用和 P-30 相似，有时稍强；P-8 型，分子式为 $C_6H_5(CH_2CH_2O)_8H$，此活性剂曾用于打开油层，获得提高日产量百分之几十的效果。

（2）聚氧乙烯辛基苯酚醚（OP 型） OP-10 型，分子式为 $C_8H_{17}C_6H_4O(CH_2CH_2)_{10}H$，此剂亲水（HLB=13.5），曾用于防黏卡和改进泥浆结构力学性质，也可作乳化剂；OP-30 型，分子式为 $C_8H_{17}C_6H_4O(CH_2CH_2)_{30}H$，此剂亲水（HLB=17.3），可用作混油泥浆乳化剂和防黏卡剂，能提高泥浆抗温性能。OP-20 型的处理性能与 OP-30 型相近。

（3）聚氧乙烯壬基苯酚醚（NP 型） NP-30 型，分子式为 $C_9H_{19}C_6H_4O(CH_2CH_2)_{30}H$，此剂亲水（HLB=17.1），曾用作泥浆混油的乳化剂，乳化稳定作用相当强，同时还可改进泥浆的切力和黏度，有利于提高钻速，防止黏卡和提高泥浆的热稳定性。

（4）山梨（糖）醇酐脂肪酸酯（斯盘型） 山梨（糖）醇酐单油酸酯（斯盘-80），此剂亲油（HLB=4.3），用于混油泥浆可降失水和增加泥饼润滑性，有防黏卡和防塌作用，和十二烷基苯磺酸钠一起用于盐水泥浆混油，能降失水，提高泥浆稳定性。

2. 阴离子表面活性剂

这是一类在水溶液中电离生成阴离子起表面活性作用的活性剂，这类活性剂与阴离子有机处理剂也不易互相干扰，但羧酸盐类抗高价离子性能较差。

（1）羧酸盐油酸钠 分子式为 $CH_3(CH_2)_7CH=CH(CH_2)_7COONa$，为水溶性活性剂，可作起泡剂、乳化剂、润湿剂和洗涤剂，但遇 Ca^{2+}、Mg^{2+}、Fe^{3+} 等易生成沉淀。

（2）烷基磺酸钠（AS） 分子通式为 $R-SO_3Na$。其中 R 表示 $C_{14}\sim C_{18}$ 的烃基，为水溶性活性剂，对碱水、硬水都稳定，泥浆中用作起泡剂和盐水泥浆乳化剂。

（3）烷基苯磺酸钠（ABS） 十二烷基苯磺酸钠，分子式为 $C_{12}H_{25}C_6H_5SO_3Na$，为水溶性活性剂，在淡水中起泡性很强，还可作硬水中的洗涤剂，在盐水泥浆中与斯盘-80 配合作乳化剂，起泡性很小。

（4）十二烷基磺酰氨基乙酸钠 分子式为 $C_{12}H_{25}SO_2NHCH_2COONa$，为亲水乳化剂，也可作润湿剂，对钢铁表面有良好的黏附性。

3. 阳离子表面活性剂

这是一类在水溶液中电离后生成阳离子起表面活性作用的活性剂，在水基泥浆中易受阴离子有机处理剂干扰，多用于搬土亲油化、保护油层渗透率和防腐蚀。

（1）氯化双十二烷基二甲基铵 结构式为 $[(C_{12}H_{33})_2N(CH_3)_2]^+Cl^-$，它能交换黏土表面的阴离子，吸附于黏土颗粒表面使之亲油化，这样处理过的亲油搬土可分散于油中。用于控制油基泥浆和油包水乳化泥浆的切力、黏度和过滤性。

（2）氯化十二烷基吡啶 结构式为 $\left[C_{12}H_{25}-N\bigcirc\right]^+Cl^-$，它能交换吸附于黏土和砂岩表面的阴离子使之亲油化，用于打开油层可提高渗透率。实验室试验表明，用它处理钠搬土，可使搬土吸水量从 70% 降到 65%。

(3) 乙酸伯胺盐　结构式为 RNH_2OOCCH_3，其中 R 表示 $C_{12}\sim C_{18}$ 的烃基。这类活性剂能吸附于铁和钢的表面，有较好的防腐蚀作用，可用于砂和管线防腐蚀。

二、油气开采添加剂

油气开采过程中，为了稳产、高产，常常在进行酸化、压裂和其他作业时，需要添加一些化学品，可以去除黏土颗粒、沉淀物对地层堵塞，达到扩大原油渗透率的目的，或者改变原油的物性如黏度、凝固点等，使油气增产。按油田作业可把油气开采用化学添加剂分为：压裂添加剂、酸化添加剂、压裂添加剂、堵水剂、调剖剂、防蜡抑制剂和采油用其他化学添加剂。

（一）压裂添加剂

压裂过程中所用的工作液称为压裂液，目前国内外使用的压裂液有水基压裂液、油基压裂液、乳化型压裂液和特种压裂液，共计有三十多个品种。在压裂作业过程中，为满足工艺要求，提高压裂效果，保证压裂液的良好性能所添加的化学剂称为压裂添加剂，压裂添加剂分 14 类：稠化剂、交联剂、破胶剂、缓蚀剂、助排剂、黏土稳定剂、减阻剂、防乳化剂、起泡剂、降滤失剂、pH 值控制剂、暂堵剂、增黏剂、杀菌剂。

1. 稠化剂

水（油）基压裂液是以水（油）为溶剂或分散介质的压裂液。通常将稠化剂（天然或合成高分子聚合物）溶于水（或油）配成稠化（油）压裂液，此时，压裂液具有两个特点：黏度比水大，高速流动时摩擦阻力比水低。这是由于稠化剂系线型高分子结构，并带有亲水基团的缘故。稠化水（油）压裂液黏度大有利于携砂和减少滤失，线型高分子的稠化剂更易于沿流动方面取向、伸长，能有效地抑制水分子横向运动，因而有较好的降阻作用。

(1) 天然高分子及其改性产物　羧甲基纤维素、羟乙基纤维素、羟甲基羟乙基纤维素、羧甲基田菁胶、羟乙基田菁胶、黄原胶等。

(2) 合成高分子产物　聚丙烯酰胺、部分水解聚丙烯酰胺，丙烯酰胺与 N，N-亚甲基二丙烯酰胺共聚物。稠化剂在水中质量分数为 0.5%～5%。

2. 压裂用交联剂

在压裂过程中能将聚合物的线型结构交联成体型结构的化学剂称为压裂用交联剂。天然高分子（香豆胶、田菁胶、魔芋胶和纤维素衍生物）和合成高分子化合物，通过交联剂的作用形成三维网状结构的冻胶，具有很好的悬砂能力，滤失量低，摩擦阻力低，使压裂性能提高。

硼、钛和锆是常用的交联剂。例如，硼砂或硼酸交联的田菁胶压裂液，只能应用到 80℃ 的井温，但硼交联剂具有交联速度快的特点。其对田菁进行改性，硼交联后的压裂液使用温度还能提高。

20 世纪 80 年代以来，国外在高温地层普遍采用有机钛交联剂，常用的品种有乙酰丙酮钛，三乙醇胺钛和乳酸钛。国内也开展 $TiCl_4$ 和有机钛交联剂的研究和开发工作，使压裂液的作业温度进一步提高。例如羟乙基田菁钛冻胶，羟丙基羧甲基田菁钛冻胶和田菁冻胶耐温可达 120～140℃，香豆钛冻胶可耐 150℃，聚丙烯酰胺钛冻胶压裂液也可用于 130～150℃ 的作业温度。

为了克服硼交联剂的反应速度快，使用温度低的缺点，对迟交联耐高温的硼压裂液的研究工作也取得进展。硼酸盐和聚糖间的反应发生在聚糖的顺式羟基上。聚糖和硼酸盐反应而生成具有三维网状结构的 2∶1 双二醇基团络合物，溶液转变为凝胶，黏度大幅度升高。

3. 压裂液用破胶剂

(1) 过硫酸盐破胶剂　这是油田常用的破胶剂，如过硫酸钾、过硫酸钠、过硫酸铵，它们在热引发下会产生原子态氧：

$$(NH_4)_2S_2O_8 + H_2O \longrightarrow 2NH_4HSO_4 + [O] \tag{5-6}$$

新生态氧通过氧化降解反应，使冻胶破胶。

新生态的氧也会使植物胶中半乳甘露聚糖（田菁胶的主要成分）氧化降解，引起破胶。

过硫酸盐在常温下几乎没有活性。如香豆硼冻胶压裂液中，加入质量分数为 0.05% 过硫酸盐，在常温下需 8 天才能破胶；而在 45℃ 时，加入质量分数为 0.01% 过硫酸盐只需 40h 就破胶；若温度高于 50℃，在 24h 内便使香豆硼冻胶破胶。因此，过硫酸盐的适用温度为 50℃ 以上。

(2) 自生酸型破胶体系　酸虽是破胶剂，但不宜直接用作破胶，因为反应太快，严重影响压裂期间压裂液的性能。自生酸型破胶剂，是通过化学反应使溶液缓慢显酸的化学剂，可作为半乳甘露聚糖水解反应的催化剂。这类破胶剂有：

甲酸甲酯 $HCOOCH_3$，乙酸乙酯 $CH_3COOC_2H_5$，

氯化苄 $C_6H_5—CH_2Cl$，磷酸三乙酯 $PO—(OC_2H_5)_3$

(二) 酸化添加剂

在酸化作业过程中，为满足工艺要求，提高酸化效果所用的化学剂称为酸化用添加剂。

酸化用添加剂分为以下 11 类：缓蚀剂、缓速剂、助排剂、乳化剂、防乳化剂、起泡剂、降滤失剂、铁稳定剂、暂堵剂、稠化剂、防淤渣剂。

1. 酸化和酸化缓蚀剂

油井酸化是指采用机械的方法将大量酸液挤入地层，通过酸液对井下油页层、缝隙及堵塞物（氧化铁、硫化亚铁、黏土）溶蚀，恢复并提高地层渗透率，达到油井稳产高产的目的。

油田酸化时常用的酸：HCl，6%～37%；HF，3%～15%；土酸，3% HF + 12% HCl；HCOOH，10%～11%；CH_3COOH，19%～23%；此外还有添加各种助剂配成的缓速酸、稠化酸、乳化酸、泡沫酸、潜在酸等。

随着钻井浓度增加，井深超过 4～5km 时，井底温度高达 180℃ 左右，有的高达 200℃，此时若采用浓酸酸化作业，必须解决高温浓酸对油井设备腐蚀的保护问题，因此投加有效的缓蚀剂是酸化作业的关键之一。

合成油田用酸化缓蚀剂的主要原料是吡啶、4-甲基吡啶、氯化苄、苯胺、甲醛、苯乙酮、丙炔醇、卤代烷、烷基磺酸盐等有机物。甲醛是最早使用的油井酸化缓蚀剂，由于当时油井较浅，井温不高，且使用的盐酸质量分数低于 15%。因此，酸化施工时使用甲醛作为缓蚀剂，对设备管线有一定的保护作用。代号为 7801 缓冲剂，是以酮胺醛缩合物为主的多组分复合缓蚀剂，在 150℃ 的质量分数为 28% 的盐酸中具有优良的缓蚀性能，可用于 5km 深的油气井酸化用。

2. 缓速剂

缓速剂是用来降低酸化反应速度的化学剂，这样能使酸液渗入离井眼较远的地层，提高酸化效果，通常采用下面两种方式。

向酸液添加少量能提高酸黏度的高分子化合物，如黄原胶、聚乙二醇、聚氧乙烯、聚丙烯、丙二醇醚、丙烯酰胺与 2-丙烯酰胺-2-甲基-丙基磺酸钠共聚物等，由于酸黏度增大，就会降低酸中氢离子扩散到地层裂缝表面的速度和反应产物扩散到酸液的速度，使酸化距离延长。

在酸中添加一些易于吸附地层表面的化学剂，即可降低酸与地层的反应速度，如烷基磺酸钠（R：C_{12}～C_{18}）；烷基苯磺酸钠（R：C_{10}～C_{14}）；聚氧乙烯烷基醇醚（R：C_{10}～C_{18}）；聚氧乙烯烷基酚醚（R：C_8～C_{12}）；烷基氯化吡啶（R：C_{12}～C_{18}）等，这些添加剂的加入，在酸液与地层接触初期，地层吸附量大，附低酸化反应速度的能力大，随着酸液渗入地层深处，添加剂浓度已降低，地层对它的吸附量也小，它对酸化反应速度降低能力减小，达到缓速酸化的目的。

三氧化铝是用于土酸的有效缓蚀剂，通常将加有铝盐的土酸称为铝盐缓速酸。土酸酸化对于解除油水井附近的泥质或其他堵塞粒子，提高地层渗透率是很有效的。但是土酸最大的缺点是反应速度快，导致有效穿透深度小，不能解除地层深部的黏土损害。土酸加入铝盐后，可能减缓酸液的反应速度，达到地层深部酸化的目的。

油田使用铝盐缓速剂时，按土酸中每 1% HF 加入 3% $AlCl_3 \cdot 6H_2O$（均为质量分数），配制的 AlHF 缓速酸的反应速度不到土酸的 1/2，有较强的穿透能力。

3. 铁稳定剂

在酸化作业时，钢铁会受到腐蚀，以及地层中的氧化铁、硫化亚铁等溶于酸中，生成铁盐。随着酸化距离的延长，酸浓度越来越低，当酸液的 pH 达到某一值时，铁盐水解，可能重新生成沉淀（称为二次沉淀）易堵塞地层：

$$FeCl_2 + 2H_2O \Longrightarrow Fe(OH)_2 \downarrow + 2HCl \tag{5-7}$$

$$FeCl_3 + 3H_2O \Longrightarrow Fe(OH)_3 \downarrow + 3HCl \tag{5-8}$$

酸化作业时需要加入铁稳定剂。该药剂通过络合、还原或 pH 控制等作用，防止铁离子沉淀。油田用铁稳定剂有：乙酸、草酸、乳酸、柠檬酸、氨次三乙酸、乙二胺四乙酸二钠。

(三) 堵水剂、调剖剂

堵水剂是指用于油井堵水时由油井注入，能减少油井产水的化学处理剂，而调剖剂则是用于注水井调整吸水剖面的化学剂，它是能调整注水地层吸水剖面的处理剂。这两种剂各有特性，但共性更多，多数情况下两剂可以互相通用，为方便起见，有时把这两种剂统称为堵水调剖剂，简称堵剂。

1. 水泥类堵剂

这是油田应用最早的堵剂,由于价格便宜,强度大,可以适用于各种温度,至今还在研究和应用。主要品种有油基水泥,水基水泥,活化水泥和微粒水泥等。由于水泥颗粒大,不易进入中低渗透性地层,而且造成的封堵是永久性的,因此,这类堵剂的应用范围受到很大限制。

2. 热固性树脂类堵剂

用作堵剂的热固性树脂包括酚醛树脂、脲醛树脂、糠醛树脂、环氧树脂等。主要用于油井堵水、堵窜、堵裂缝、堵夹层水。优点是强度高,有效期长,缺点是成本高,若误堵油层后解堵困难。

3. 颗粒类堵剂

这类堵剂的品种较多,有非体膨性颗粒的果壳粉、青石粉、石灰乳等;体膨性聚合物颗粒如轻度交联的聚丙烯酰胺颗粒、聚乙烯醇颗粒等;土类如膨润土、黏土、黄土等。近年来使用较多的是土类和体膨性颗粒,土类与聚丙烯酰胺配合使用,既可增强堵塞作用,又可防止或减少颗粒运移。

4. 无机盐沉淀类堵剂

这类堵剂的主要成分是水玻璃（$Na_2O \cdot mSiO_2$）分子中 SiO_2 与 Na_2O 的摩尔比 m 称为水玻璃的模数,是水玻璃的一个主要特征指标。模数小的水玻璃的碱性强,易溶解,生成的凝膜强度小;模数大的则生成的凝膜强度大。国产水玻璃模数 m 一般为 2.7~3.3。硅酸钠溶液遇酸先生成单硅酸（H_2SiO_3）,然后缩合成多硅酸。多硅酸呈长链状,可形成空间网状结构,呈凝胶状,称为硅酸凝胶。通常,硅酸钠遇酸生成凝膜可用下式表示：

$$Na_2SiO_3 + 2HCl \longrightarrow \underset{(凝膜)}{H_2SiO_3} + 2NaCl \tag{5-9}$$

硅酸钠也可与多价金属离子反应生成不溶于水的盐沉淀,也会堵塞地层孔隙,例如,硅酸钠与氯化钙、硫酸亚铁等在地层中反应如下：

$$Na_2SiO_3 + CaCl_2 \longrightarrow CaSiO_3 \downarrow + 2NaCl \tag{5-10}$$

$$Na_2SiO_3 + FeSO_4 \longrightarrow FeSiO_3 \downarrow + Na_2SO_4 \tag{5-11}$$

水玻璃溶液初始黏度低,注入方便,生成的凝胶强度高,若用于注水调剖剂时,可采用双液注入工艺,进行大剂量的深部处理。

5. 水溶性聚合物冻胶堵剂

这类堵剂品种多,其中有聚丙烯酰胺、水解聚丙烯酰胺、水解聚丙烯腈以及采用不同交联剂的合成高分子聚合物堵剂和共聚物堵剂,此外,还有木质素衍生物。黄原胶与适当的交联剂构成堵剂,也在油田获得应用。

6. 改变岩石表面性质的堵剂

这类堵剂有阳离子聚丙烯酰胺,有机硅聚合物等。当这些堵剂吸附于带负电荷的岩石表面时,亲油基（烃基）朝外,使岩石表面由亲水性变为憎水性,致使油相渗透加快,而水相渗透受阻起到堵水效果。

三、强化采油用添加剂

油井生产一次采油率仅 5%~30%,为了提高采油率,采用压气法或注水法进行二次回采,油田收率可达到 40%~50%,但仍有 50% 以上的原油滞留在贮油层中。近年来,国内外采用强化三次回采,油回收率可达到 60%~65%,油田生产的二次回采及三次回采法总称为强化回采法。20 世纪 80 年代以来,世界上许多产油国都投入相当大的资金和技术致力于三次采油的研究,中国的三次采油技术研究达到了世界先进水平。目前,三次采油方法可分为:热驱法、气驱法和化学驱法。热驱法是利用热能使油层中的原油降低黏度而被驱出,如注蒸汽驱法、火燃油层法。气驱法是向油层中注入能与原油相混的气体,降低油在油层中的界面张力,从而提高油的流动能力。这类气体有甲烷、天然气、二氧化碳、烟道气、氮气等。化学驱法是在注入的水中加入化学品,降低油水界面张力,提高驱油能力。现将常用的化学驱油法介绍如下：

（1）聚合物驱油　把少量增稠剂溶于水中,增加水的黏度,提高原油采收率。聚合物驱油是一种比较可行的提高原油采收率的技术,近年来室内研究和矿场应用都有很大进展。注聚合物的工艺比较简单,只需将注水系统稍作改装即可实施。一般来说,适于注水的砂岩油藏,都可以注聚合物,驱油效果好,经济效率高。常用的有高相对分子质量的聚丙烯酰胺和生物聚合物黄原胶。

（2）表面活性剂段塞驱　表面活性剂段塞是由石油磺酸盐或合成磺酸盐与助剂配成的微乳液,它具有超低界面张力（$<10^{-8}$N/cm）,能够将毛细管中的原油驱替出来,提高原油采收率。此法一般适用于温度较低、原油黏度较低（<30mPa·s）、渗透率大于 $0.05\mu m^2$、非均质不严重的注水油藏。这种方法驱替效果

好、驱油效率高。所用的表面活性剂一般要求为亲水性的而且耐碱性较好，如脂肪醇醚硫酸盐、石油磺酸盐、木质素磺酸盐、烷基酚聚氧乙烯醚、烷基酚聚乙烯醚硫酸盐及聚醚等，在采油中均得到广泛应用。

表面活性剂驱油剂配方（质量分数）

组分	%	组分	%
十二烷基苯磺酸钠	0.4	用桂基二乙醇胺	0.2
月桂醇聚氧乙烯醚硫酸酯	0.2	水	余量

将此表面活性剂水溶液注入油层中再注入纯水，采油率可提高50%。

(3) 碱水驱油　将烧碱水注入油井，与原油中的活性组分反应，形成乳化液，以提高原油采收率。

(4) 微乳液驱油　微乳液驱油是提高原油采收率的最有效方法，可使原油采收率提高到80%～90%，但成本较高，每生产一桶原油耗用4.4～7.2kg表面活性剂。微乳液是将表面活性剂溶于水中，加入一定量的油，形成乳状液，然后在搅拌下逐渐加入辅助表面活性剂，至一定量后可得到透明液体。应用时，将其注入地层形成表面活性剂段塞或胶束段塞，溶解残留在地层孔隙中的原油，达到饱和后再分离形成油相从井中采出。用作此驱油剂的表面活性剂主要有石油磺酸盐、石油磺酸盐与聚氧乙烯醚磺酸盐的复配物、脂肪醇聚氧乙烯醚硫酸酯盐与α-烯烃磺酸盐复配物、聚醚与聚丙烯酰胺复配物、烷基酚聚氧乙烯醚与烷苯磺酸盐等。所用的辅助表面活性剂一般为极性醇类，其配方实例见表5-1。

表 5-1　微乳液驱油剂配方

序号	使用的表面活性剂	复配比例（质量）	配方举例（质量分数）
1	OP-4/烷基苯磺酸胺	1:4	活性剂 0.3,水 0.2,油 0.5
2	脂肪醇/烷基磺酸胺	2:5	活性剂 0.3,水 0.3,油 0.4
3	OP-3/烷基磺酸钠	4.5:5.5	活性剂 0.3,水 0.25,油 0.45
4	平平加/脂肪醇硫酸酯	7:19.4	活性剂 0.25,水 0.3,油 0.45
5	脂肪醇/纸浆皂	2:5	活性剂 0.254,水 0.366,油 0.38

四、油气集输用添加剂

我国原油含蜡量高、黏度大，凝固点也高，在生产中往往于井口或井底添加一些具有特殊性能的化学剂，以利于原油的开采和输送。在油气集输过程中，为保证油气质量，保证生产过程安全和降低能耗所用的化学剂称为油气集输用添加剂。这类添加剂包括如下14个类型：缓蚀剂、破乳剂、减阻剂、乳化剂、流动性改进剂、天然气净化剂、水合物抑制剂、海面浮油清净剂、防蜡剂、清蜡剂、管道清洗剂、降凝剂、降黏剂、抑泡剂。

通常采出的原油是乳状液的，含水量也高，在集输过程中，原油下部溶有H_2S、CO_2的水对管线底部造成严重的腐蚀（呈沟槽状、条状），应加入缓蚀剂进行保护。同时，原油在采油场要投加破乳剂（并结合其他脱水装置），使原油含水＜0.5%，再输送到炼油厂，大量的采出水流至污水处理站，经处理后回注地层。

采油过程中，若将一些防蜡或清蜡作用的化学剂注入井底，就能防止井壁、集输管线上结蜡，使原油流动性提高，利于输送并降低能耗。

（一）防蜡剂、清蜡剂

石蜡是C_{18}～C_{60}以上的碳氢化合物。在地下油层条件下，蜡是溶解在原油中的，当原油从井底上升到井口以及在集输过程中，由于压力、温度降低，就会出现结蜡。

结蜡过程分三个阶段：析蜡、蜡晶长大和蜡沉积。蜡晶为薄片或针状，长大能形成固态的三维网络，因而蜡晶结构在一定的温度下，有一定的牢固性。若在油井壁或输油管线上产生结蜡，就会堵塞管道，直接影响原油开采和集输。

通常采用加热输送的办法，这种方法存在燃料消耗大、设备投资和管理费用高的缺点，为此，国内外重视各种防蜡剂和清蜡剂的研制和应用。

能清除蜡沉积的化学剂称为清蜡剂。能抑制原油中蜡晶析出、长大、聚集或在固体表面沉积的化学剂称为防蜡剂。

1. 防蜡剂的类型

（1）稠环芳烃型防蜡剂　主要是萘、菲、蒽、苊、芘、苯并芘等都是稠环芳烃，它们主要来自煤焦油。稠环芳烃及其衍生物可用作防蜡剂，通常将稠环芳烃溶于溶剂中，再加到原油中使用，这些物质很容易吸附在蜡晶表面上，阻止蜡晶长大。

(2) 高分子型防蜡剂　这种类型防蜡剂都是油溶性的，具有石蜡链节结构的支链型高分子。这些高分子在很低浓度下，就能遍布原油中的网络结构。若原油温度下降，石蜡就在网络上析出，其结构疏松且彼此分离，不能聚结长大，因此石蜡不易在钢铁表面沉积而被油流带走。这类防蜡剂有：聚乙烯，相对分子质量为20000～27000 的高压聚乙烯，或相对分子质量为 6000～20000 并含有 10%～50% 支链结构的聚乙烯；乙烯与羧酸乙烯酯共聚物；乙烯与羧酸丙烯酯共聚物；乙烯、羧酸乙烯酯与乙烯醇共聚物；乙烯、丙烯酸酯与丙烯酸共聚物等。

(3) 表面活性剂型防蜡型　这类防蜡剂有油溶性表面活性剂（如石油磺酸盐、胺型表面活性剂）和水溶性表面活性剂，有季铵盐型、平平加型、OP 型、吐温型、聚醚型等。

油溶性表面活性剂是通过改变蜡晶表面性质，使蜡不易进一步沉积；而水溶性表面活性剂吸附在结蜡表面，使蜡表面或管壁表面形成一层水膜，阻止蜡在其上沉积。

2. 清蜡剂

(1) 油基清蜡剂　这类清蜡剂主要是溶解石蜡能力较强的溶剂，如二硫化碳、四氯化碳、三氯甲烷、苯、甲苯、二甲苯、汽油、煤油、柴油等。

油基清蜡剂的主要缺点是毒性问题，特别是含硫、氯的芳烃化合物，不仅对人体有毒，而且含硫化合物进入原油对炼油的催化剂也有毒性。

(2) 水基清蜡剂　水基清蜡剂是以水为分散介质，加有水溶性表面活性剂、互溶剂（如醇、醇醚，用以增加油与水的相互溶解）或碱性物（氢氧化钠、磷酸钠、六偏磷酸钠等）。这类清蜡剂既有清蜡作用，又有防蜡作用，但清蜡温度较高，一般为 70～80℃。例如，表面活性剂和碱配制的清蜡剂，其质量分数为：R—O$\mathrm{-CH_2CH_2O-}_n$H 10%，$Na_2O \cdot mSiO_2$ 2%，H_2O 88%。

(二) 降凝剂

降凝剂又称倾点下降剂，具有降低油品的倾点或凝固点的作用，根据应用对象的不同，有润滑油降凝剂和原油降凝剂之分；根据化合物结构，可分为聚酯、聚烯烃和烷基萘等。

在高含蜡原油的开采和输送过程中，若无强化措施，原油便会凝固在管道内，为防止原油在管道中的凝固，经常采用的方法有加热法、稀释法、热处理法和添加化学降凝剂等。在油品中添加降凝剂是解决这一问题的有效途径。

1. 氢化聚丁二烯降凝剂

氢化聚丁二烯是由丁二烯均聚物或丁二烯与含 C_5～C_8 的共轭脂肪族二烯烃共聚物加氢而得。二烯烃单体在环己烷或甲苯溶液中配位聚合得到不饱和度大于 97% 的聚合物，然后，用 Raney 镍作为催化剂，在 2.03～3.03MPa，60～70℃下进行催化加氢，使产物不饱和度达到 40%～70%，若加氢量不足，不饱和度高于 80% 时，聚合物几乎不表现出任何降凝效果；反之，若聚合度低于 5% 以下时聚合物在油中基本不溶，也无降低油品凝点的作用。只有不饱和度为 40%～70%，平均相对分子质量为 2000～2500 的聚合物，添加于原油和石油馏分中，才能够有效改善油品的低温流动性。

$$nCH_2=CH-CH=CH_2+mR-CH=CH-CH=CH-R' \xrightarrow[\text{加热,溶剂}]{\text{催化剂}}$$

$$\mathrm{-[CH_2-CH]_n-[CH_2-CH]_m-} \xrightarrow[2.03\sim 3.03MPa]{[H],\text{Raney 镍}}$$
$$\quad\quad | \quad\quad\quad | \quad\quad\quad\quad | $$
$$\quad CH=CH_2 \; R \; CH=CH-R'$$

$$\mathrm{-[CH_2-CH]_q-[CH_2-CH]_{n-q}-[CH_2-CH]_p-[CH-CH]_{m-p}-}$$
$$\quad | \quad\quad\quad | \quad\quad\quad | \quad\quad\quad | $$
$$CH_2-CH_3 \; CH=CH_2 \; R \; CH \; R \; CH_2$$
$$\quad\quad\quad\quad\quad\quad\quad\quad\quad | \quad\quad | $$
$$\quad\quad\quad\quad\quad\quad\quad\quad CH-R' \; CH_2-R'$$

(5-12)

R、R′为氢或烷基

2. 聚乙烯-乙酸乙烯酯降凝剂

乙烯-乙酸乙烯酯共聚物是一类适用范围较广的降凝剂，由乙烯和乙酸乙烯酯的自由基型溶液聚合反应制备。所用溶剂可以是苯或环己烷，引发剂为过氧化物，如二叔丁基过氧化物和二月桂酰基过氧化物等。反应条件，包括溶剂种类、反应温度、乙烯压力等依生产厂家的不同而不同。如美国 Exxon 公司采用釜式间歇聚合工艺，控制乙烯压力为 6.67MPa，用泵连续打入乙酸乙烯酯和引发剂，以控制产品相对分子质量和乙酸乙烯酯的含量。

$$n\mathrm{CH}_2=\mathrm{CH}_2 + m\mathrm{CH}_2=\underset{\underset{\mathrm{O}}{\overset{|}{\mathrm{C}=\mathrm{O}}}}{\overset{|}{\mathrm{CH}}} \xrightarrow[\text{加热}]{\text{引发剂}} -[\mathrm{CH}_2-\mathrm{CH}_2]_n-[\mathrm{CH}_2-\underset{\underset{\mathrm{O}}{\overset{|}{\mathrm{C}=\mathrm{O}}}}{\overset{|}{\mathrm{CH}}}]_m- \mathrm{CH}_3 \qquad (5\text{-}13)$$

研究表明，乙烯-乙酸乙烯酯共聚物中，增加乙烯含量，可增加共聚物的油溶性和分散性，但却降低了聚合物对原油的降凝和降屈服值的能力；反之，增高乙酸乙烯酯的含量，则可增强聚合物的降凝和降屈服值效果，但却使其油溶性和分散性变差。因此，聚合物中乙烯和乙酸乙烯酯必须保持适当比例。乙酸乙烯酯含量为35%～45%（质量分数），相对分子质量为20000～28000的共聚物，对含蜡原油有较好的降凝效果。若将聚乙烯-乙酸乙烯酯中的酯基部分水解，或与第三单体进行共聚，可提高产品的降凝和减黏效果，很低的添加量便能显著改善原油的低温流动性。

3. 丙烯酸酯-顺丁烯酸酯-乙酸乙烯酯共聚物降凝剂

随着高蜡原油对降凝剂需求的迅速增长，聚酯类降凝剂的开发与研制受到人们的普遍关注。除上述二元共聚物外，还开发出各种三元或四元共聚物，如丙烯酸酯-乙酸乙烯酯-顺丁烯酸酯的共聚物，在原油中添加量为0.3g/t原油，原油倾点可下降21℃。它的合成路线是：

（1）丙烯酸混合酯的制备　在反应器中先加入一定量的高碳醇（C_{16}～C_{18}醇）、甲苯和少量对苯二酚。加热到60℃，使物料溶解，再依次加入丙烯酸（简写为AA）和对甲苯磺酸，加热回流。待脱去较多水分后，升温到140℃，当脱水量与理论量相当时，反应基本结束，再经过碱洗、中和、水洗。酯层经减压蒸馏除去溶剂，即得蜡状固体产物。

（2）聚合反应　将丙烯酸高碳醇酯、顺丁烯二酸酐（简写为MA）、乙酸乙烯酯（简写为VA）和甲苯按规定量投料。再用氮气置换反应器内的空气，升温后加入一定量的偶氮二异丁腈，反应6h后，进行分离，真空干燥，得乳黄色AA-MA-VA共聚物。

（3）反应物料比　经实验确定，AA∶MA∶VA(mol)=8∶1∶1时，产率为89.28%，三元共聚物对原油的降凝性能最好。

（三）原油破乳剂

原油在开采和集输过程中，采出水被分割成许多单独的微小液滴，油中的天然乳化剂附着在水滴上形成较牢固的保护膜，阻碍液滴在碰撞时聚结，使乳化油有一定的稳定性。乳化油的稳定程度（W/O或O/W），取决于天然乳化剂的性质、吸附在油水界面膜上固体粉末的性质，以及水中金属离子的性质。

1. 原油的乳化

在开采之前，原油在地下并不与水发生乳化作用，但是，在钻采时，石油从地层裂缝流入油井，并经泵抽至集输管线，就形成乳化油了。原油乳化的原因：在钻采过程中，原油含水量逐渐增高，同时原油本身含有天然乳化剂（如胶质、沥青质、环烷酸、皂类等），以及微细分散的固体粒子（如黏土、细砂、晶态石蜡等），这些物质在油水界面形成较牢固的保护膜，使乳状液处于稳定状态。原油乳化主要是W/O型，同时存在O/W和圈套O/W/O型。破乳剂的破乳机理：破乳剂通常是一种表面活性剂，它以破坏原油中W/O或O/W界面膜的稳定性，使之凝结成大水粒而分离。

2. 破乳剂的种类

阴离子型表面活性剂，有脂肪酸钠盐，烷基磺酸钠（简写为AS），烷基苯磺酸钠（简写为ABS），烷基萘磺酸钠等。阳离子型表面活性剂，如十二烷基二甲基苄基氯化铵。非离子型表面活性剂，如聚氧乙烯烷基醇醚，聚氧乙烯烷基苯酚醚，聚氧丙烯-聚氧乙烯-聚氧丙烯十八醇醚（用符号SP169表示）。下面介绍SP-169的生产方法：SP-169是由十八碳醇依次加聚环氧丙烷（简写为PO）、环氧乙烷（简写为EO）、环氧丙烷而制得，反应如下：

$$\mathrm{R-OH} + m\mathrm{CH}_3-\underset{\mathrm{O}}{\overset{\diagdown\quad\diagup}{\mathrm{CH}-\mathrm{CH}_2}} \xrightarrow[130\text{℃}]{\mathrm{KOH}} \mathrm{RO}[C_3H_6O]_m H \qquad (5\text{-}14)$$

$$\mathrm{RO}[C_3H_6O]_m H + n\,\mathrm{CH}_2-\underset{\mathrm{O}}{\overset{\diagdown\quad\diagup}{\mathrm{CH}}} \xrightarrow[130\text{℃}]{\mathrm{KOH}} \mathrm{RO}[C_3H_6O]_m[C_2H_4O]_n H \qquad (5\text{-}15)$$

$$\mathrm{RO}[C_3H_6O]_m[C_2H_4O]_n H + p\mathrm{CH}_3-\underset{\mathrm{O}}{\overset{\diagdown\quad\diagup}{\mathrm{CH}-\mathrm{CH}_2}} \xrightarrow[140\text{℃}]{\mathrm{KOH}} \mathrm{RO}[C_3H_6O]_m[C_2H_4O]_n[C_3H_6O]_p H \qquad (5\text{-}16)$$
$$(\text{SP-169})$$

生产技术如下：将一定量十八碳醇和0.5%催化剂KOH置于高压釜内，封闭，氮气置换后，搅拌，升温至130℃，滴加环氧丙烷，滴完后继续反应半小时，冷却出料。取一定量制得的聚氧丙烯脂肪醇醚，在130℃加环氧乙烷进行反应，得一定量聚氧丙烯-聚氧乙烯脂肪醇醚，同样操作，加入环氧丙烷。反应完毕即制得 SP-169。SP-169 的原料量配比，脂肪醇∶环氧丙烷＝1∶79，再依次加入 6 份环氧乙烷和 9 份环氧丙烷，这就是 169 的含义。

第二节　石油炼制用化学品

石油炼制工业是石油工业的一个重要组成部分，是把原油通过炼制过程加工为各种石油产品的工业。习惯上将石油炼制过程不很严格地分为一次加工、二次加工、三次加工三类过程。一次加工是将原油用蒸馏的方法分离成轻重不同馏分的过程，它包括原油预处理、常压蒸馏和减压蒸馏。二次加工是将一次加工过程产物的再加工，主要指将重质馏分和渣油经过各种裂化生产轻质油的过程，包括催化裂化、热裂化、石油焦化、加氢裂化等。三次加工主要指将二次加工产生的各种气体进一步加工以生产高辛烷值汽油组分和各种化学品的过程，包括石油烃烷基化、烯烃叠合、石油烃异构化等。石油炼制过程中须用多种化学品，按其在炼制过程中所起的作用，可分为催化剂类、溶剂类和其他化学品。

一、石油炼制催化剂

1.催化裂化催化剂

流化床催化裂化早期主要使用微球无定形硅酸铝催化剂，稀土-X 型、稀土-Y 型、氢-Y 型分子筛催化剂，迅速取代了硅酸铝催化剂。近年来，分子筛裂化催化剂改用硅溶胶或铝溶胶等为黏合剂，将分子筛、高岭土黏结在一起，制成了高密度、高强度的新一代半合成分子筛催化剂。所用分子筛除稀土-Y 型分子筛外，还有超稳氢-Y 型分子筛等。这类催化剂迅速推广应用并形成适合不同用途的品种系列，包括渣油裂化用的抗金属污染裂化催化剂，高辛烷值汽油的裂化催化剂，减少空气污染的吸氧化硫裂化催化剂等。此外，催化裂化中还使用含有促进一氧化碳燃烧组分的裂化催化剂或一氧化碳助燃剂，使再生器中一氧化碳全部转化为二氧化碳，以回收能量，减少一氧化碳的大气污染。

2.催化重整催化剂

初期的催化重整催化剂为铂金属催化剂，用含氟氧化铝作载体。后来出现了铂-铼、铂-锗、铂-锡、铂-铱等双金属催化剂，还有增加了第三组分的多金属催化剂。目前，使用最多的是铂-铼催化剂，其次是铂-锡催化剂，均以含氟 γ-氧化铝为载体，在运转中通过控制循环氢中的水氯平衡来调节催化剂酸性。催化剂中铂含量一般为 0.375％～0.6％（质量分数）。近年来，由于载体孔分布、浸渍技术等的改进，新一代重整催化剂的活性、选择性和寿命均有所提高，某些牌号催化剂中铂的含量已降到 0.25％。

3.加氢精制催化剂

加氢精制催化剂主要是钼-钴、钼-镍、钨-镍等磺化物催化剂，以 γ-氧化铝或加少量氧化硅的 γ-氧化铝为载体。形状一般为小条或小球，商品中氧化钼、氧化钨含量一般为 15％～18％（质量分数），氧化成硫化物催化剂再使用。钼-钴催化剂多用于加氢脱硫，钼-镍催化剂多用于加氢脱氮，钨-镍催化剂多用于饱和芳烃，还有钼-钴-镍催化剂具有更好的脱硫活性和脱氮活性。此外，还有用于喷气燃料芳烃加氢和溶剂油精制的铂、钯金属催化剂。

4.加氢裂化催化剂

加氢裂化催化剂是以贵金属钯或钼-镍、钨-镍硫化物等为加氢组分，无定形硅铝、超稳 Y-型分子筛等裂化组分所组成。此外，常用的还有：烯烃叠合用磷酸-硅藻土催化剂；石油烃烷基化用的硫酸或氢氟酸催化剂；烃类异构化用的铂-丝光沸石分子筛催化剂；柴油降凝用的 ZSM 择形分子筛催化剂等。

二、溶剂

1.芳烃抽提溶剂

最早用的芳烃抽提溶剂是二乙二醇醚，后来采用三乙二醇醚、四乙二醇醚。后来出现了环丁砜、N-甲基吡咯烷酮、二甲基亚砜和吗啉等芳烃抽提溶剂。

2.气体脱硫溶剂

湿法脱硫主要有化学吸收法和物理吸收法。化学吸收法使用的溶剂有醇胺类（如一乙醇胺、二乙醇胺、三乙醇胺、甲基二乙醇胺、二甘醇胺和乙异丙醇胺等）及碱性盐类（如碳酸钾、碳酸钠、碳酸钾和二乙醇胺、碳酸钠和三氧化二砷和二甲基甘氨酸钾）。物理吸收法用的溶剂，有磷酸三正丁酯、醇胺-环丁砜水溶液和聚乙烯乙二醇二甲醚等。此外，也有使用特殊溶剂，如 N-甲基-2-吡咯烷酮来提高脱除硫化氢的选择性。

三、其他化学品

在石油炼制的某些工艺过程中,需要加入某些化学品,其中有原油预处理脱水用的破乳剂,例如高分子脂肪酸钠和磺化植物油,原油蒸馏装置防腐蚀用的氨水、纯碱和缓蚀剂,后者如氯化烷基吡啶、多氧烷基咪唑的油酸盐和酰胺型缓蚀剂。

第三节 石油产品添加剂

石油产品是指石油炼制工业中由原油经过一系列石油炼制过程和精制过程而得到的各种产品。通常按其主要用途分为两大类:一类为燃料,如液化石油气、汽油、喷气燃料、煤油、柴油、燃料油等;另一类作为原材料,如润滑油、润滑脂、石油蜡、石油沥青、石油焦以及石油化工原料等。

石油产品添加剂是一类能显著改进石油产品的某些特性化学品,其中绝大多数是人工合成的、能溶解于矿物油中的有机化合物。原油经过多种炼制过程,加工出的各种产品,往往不能直接满足各种机械设备对油品使用性能的要求。有效而且比较经济的方法是加入各种添加剂,加入量一般为千分之几到百分之几。石油产品中使用添加剂最多的是润滑油,其次是汽油、煤油及柴油等轻质油品。石油蜡与石油沥青中也用到一些添加剂。

一、石油燃料添加剂

近些年来燃料添加剂在国内外已受到越来越多的重视,我国的车用汽油、喷气燃料、柴油以及燃料油等也逐渐依靠各种添加剂来解决各种使用过程中出现的性能问题。

(一) 通用的保护性添加剂

一般来说,现今的各类燃料添加剂均可分为两大类别。

保护性添加剂,即主要解决燃料储运过程中出现的各种问题的添加剂,包括抗氧化剂、金属钝化剂、分散剂等稳定剂,抗腐蚀剂或防锈剂等。

使用性添加剂,即主要解决燃料燃烧或使用过程中出现的各种问题的添加剂。包括各种改善燃烧性能及处理或改善燃烧生成物特性的添加剂。因燃料种类不同而各异,因此多属于各类燃料的专用添加剂。

当然,有些多用途的添加剂可兼有不止一种的上述性能。由于现代各种牌号的车用汽油、柴油以及燃料油等,均为由各种石油炼制过程(如直馏催化裂化、减黏、焦化、加氢裂化以及催化重整、叠合、烷基化、异构化等)所得产物为组分,经调合而成。其中二次加工产物带来的油品稳定性问题往往较多。因此,为解决这类问题所需要的各种保护性添加剂已成为引人注目的各种燃料共同需要的添加剂组分。此外,各类燃料还有一些在储运过程中易出现的问题所需添加剂也是类同的。这里首先简介这些通用的保护性添加剂。

1. 抗氧化剂

为了防止汽油、喷气燃料、柴油等在储存过程中氧化生成胶质沉淀,以及在使用过程中溶在燃料中的胶质因燃料汽化、雾化而沉积于吸入系统、汽化器、喷嘴等处,影响发动机的正常运转,一般燃料中多需加入各种抗氧化剂。现代通常应用的抗氧化剂为2,6-二叔丁基苯酚和N,N'-二仲丁基对苯二胺等化合物。通常其用量约需 10g/1000L。

(1) 2,6-二叔丁基-4-甲基苯酚 本品简称抗氧剂 264,是国际上通用的优良抗氧化剂,除作为汽油等燃料的抗氧剂外,还广泛地应用于润滑油、石蜡、橡胶、塑料制品、工业用油脂类、涂料、食品等方面的抗氧剂。

抗氧剂 264 的生产方法是:在反应器内加入对甲酚和催化剂硫酸,在 65℃时通入异丁烯,烷基化反应后得到抗氧剂 264 溶液:

$$\underset{\underset{CH_3}{|}}{C_6H_3(OH)} + 2CH_2=C(CH_3)_2 \xrightarrow{H_2SO_4} (CH_3)_3C\underset{\underset{CH_3}{|}}{-C_6H_2(OH)-}C(CH_3)_3 \tag{5-17}$$

用 60℃热水洗涤所得溶液,加碳酸钠中和,最后用 70~80℃水洗至中性送入结晶器,冷却至 10~15℃时即有结晶析出,经离心机脱水后得粗品,再将粗品溶于 80~90℃的 50%(质量分数)乙醇及 0.5%硫脲中,趁热过滤,滤液冷却结晶,经离心机甩滤后进行干燥,即得成品。

(2) N,N'-二仲丁基对苯二胺 本品广泛应用于汽油、润滑油,常与 264 等抗氧剂、金属钝化剂并用。

能防护天然及合成橡胶制品的热氧老化及臭氧老化，还能作聚丙烯纤维稳定剂使用。该抗氧剂是以对硝基苯胺、丁酮和氢气为原料，进行加氢还原和 N-烷基化反应制得；具体的工艺过程，对硝基苯胺和丁酮以 8:1 的摩尔比配料从反应器上部加入，并通氢气，在 5MPa 和 160℃下，原料通过含有铂、氟化合物的氯化铝催化剂层，反应产物从底部流出，冷却后分离出液状目的产物。对硝基苯胺转化率为 99%。反应方程式如下所示：

$$H_2N-\underset{}{\bigcirc}-NO_2 + 2CH_3COCH_2CH_3 \xrightarrow[-H_2O]{H_2} CH_3CH_2\underset{CH_3}{\overset{}{C}}HNH-\underset{}{\bigcirc}-NHCHCH_2CH_3 \quad (5-18)$$

2. 金属钝化剂

汽油等燃料中所含的痕量被溶解的铜等金属化合物可催化氧化反应，加速胶质的生成。因此，在加入抗氧剂的同时还需要加入金属钝化剂。金属钝化剂的作用机理为：将燃料中的铜等金属化合物转变为铜螯合物，使其不再能生成具有催化活性的铜化合物，即使其"钝化"或"失活"。

3. 抗腐蚀剂

车用汽油等燃料由于通常溶有微量水分和空气而在贮罐、管线以及发动机燃料中对金属可引起腐蚀或锈蚀。这种腐蚀或锈蚀除导致设备、机件寿命缩短外，其生的锈粒还可能阻塞燃料滤网、汽化器、喷嘴以及沉积于阀座上，破坏发动机正常运转。因此，燃料中常需加入抗腐蚀剂，一般可用某些可溶于燃料的润滑油防锈剂来作为抗腐蚀剂。常用的为 C_{12} 烯基丁二酸、双烷基磷酸等。

（二）车用汽油专用添加剂

1. 抗爆剂

抗爆剂主要用于改善汽油的燃烧特性，提高其辛烷值。

甲基叔丁基醚的生产方法是以混合丁烯和甲醇为原料，在酸性催化剂存在下，进行放热反应而制得：

$$CH_2=\underset{CH_3}{\overset{|}{C}}-CH_3 + CH_3OH \xrightarrow{\text{酸性催化}} (CH_3)_3COCH_3 \quad (5-19)$$

具体过程是：将液态混合丁烯（含异丁烯 45%，质量分数）与过量 20%的新鲜甲醇或循环甲醇混合，进入装有催化剂的固定床管式反应器；反应器并带有外循环液体冷却系统，借助外循环液体冷却系统将产生的反应热移走。从反应器流出的混合产物送入精馏塔，可得到纯度大于 98%的甲基叔丁基醚产品。

2. 抗表面引燃剂

由于燃烧室内某些局部表面可能存在少量炭沉积物，在较高压缩比的工作状态下，压缩做功可能使燃烧室内温度升高，致使这些炭沉积物达到灼热的程度，导致因这些局部表面地点引发的提前点火，从而影响发动机的正常运转，还可造成功率损失，并影响机件寿命。

为减少上述表面引燃现象，可使用有机磷化合物，如甲苯二苯基磷酸酯和甲基二苯基磷酸酯。其作用机理为将具有较低灼热点的沉积物转变为含有磷酸酯的、灼热点较高的沉积物。

3. 汽化器清净剂

由于发动机在空转期间，空气中的污染杂质进入汽化器，以及由于环保要求安装废气循环装置，或由于正压排气装置的操作不良，使废气中夹带的污染物进入汽化器，皆可在汽油机的节流阀体生成沉积物，影响油气比的控制，而干扰汽化器的正常运转，同时造成在低速低负荷运转时使 CO、烃类的排放增多，不利于节能。

为防止这些沉积物的生成，可在汽油中加入适量的汽化器清净剂。现今常用的这类清净剂与润滑油分散剂的化学结构类同，其典型化合物为丁二酰亚胺或酚胺类。

4. 防冰剂

在冷湿的气候条件下，如在 2~10℃以下，空气的相对湿度超过 50%时，由于含有较多的低沸点组分的汽油汽化，使吸入的空气冷却，可导致空气中水分在汽化器节流阀滑板区结冰，阻碍空气畅通地流入，甚至可导致发动机停转。为防止此问题发生，可使用防冰剂。

防冰剂可分为两类。其一为冰点降低剂，包括低分子醇类，如甲醇、异丙醇以及己烯二醇等。另一类为表面活性剂，它们在汽化器和节流阀滑板区金属表面上吸附力较强，因而形成一层保护膜，防止了冰晶在金属表面上集结。这类防冰剂如 C_{17} 烷基二乙醇酰胺，2-C_{17} 烷基-1-羟乙基咪唑啉等，结构式为：

$$C_{17}H_{35}-\overset{O}{\overset{\|}{C}}-N(CH_2CH_2OH)_2 。$$

（三）喷气燃料专用添加剂

1. 抗静电剂

这是喷气燃料所特别需用的一类保护性添加剂。正确的名称应为导电性改进剂，但习惯上也称为抗静电剂。这类添加剂是用于迅速消除喷气燃料在流动或转移中，由于湍流影响而生产的大量静电荷及产生火花，避免引起火灾的危险。常用的化合物有烷基水杨酸铬，C_{12} 烯基丁二酸锰以及多元酸的胺盐等。我国目前使用的抗静电剂为烷基水杨酸铬与甲基丙烯酸酯含氮共聚物等复合而成的产品。

烷基水杨酸铬的生产方法如下：首先由蜡裂解成 $C_{14} \sim C_{18}$ 烯烃，烯烃与苯酚在强酸性阳离子树脂催化剂的作用下发生烷基化反应，生成烷基苯酚；然后与氢氧化钠反应，得烷基酚钠。接着通入二氧化碳于 1MPa 压力和 140℃ 温度下进行羧基化反应，得烷基水杨酸钠。再将烷基水杨酸钠的二甲苯溶液与乙酸铬的甲醇溶液进行复分解反应，可得烷基水杨酸铬，然后精制过滤得产物。反应方程式如下：

$$R\text{—}\underset{}{\bigcirc}\text{—}ONa + CO_2 \rightleftharpoons R\text{—}\underset{COONa}{\bigcirc}\text{—}OH \tag{5-20}$$

$$3R\text{—}\underset{COONa}{\bigcirc}\text{—}OH + (CH_3COO)_3Cr \longrightarrow \left[R\text{—}\underset{COO}{\bigcirc}\text{—}OH\right]_3 Cr + 3CH_3COONa \tag{5-21}$$

2. 抗菌剂

当喷气燃料在储运过程中遇水后，可能有些能使燃料中的碳产生代谢作用的细菌生长，产生具有腐蚀性或导电性的不溶性产物。为此，可加入抗菌剂抑制其生长。由于下面所述的抗冰剂兼有抗菌作用，故抗菌剂主要用于不含抗冰剂的喷气燃料。常用的抗菌剂有环状亚胺和含硼的化合物等。

3. 抗冰剂

为了防止喷气燃料在高空使用过程中可能由于冷却析出所含的少量水分并结成冰粒，以致有堵塞滤网和油路的危险，可加入抗冰剂。目前国内常用的有乙二醇单甲醚等。

乙二醇单甲醚由环氧乙烷与甲醇反应而得，其反应方程式如下：

$$\underset{O}{CH_2\text{—}CH_2} + CH_3OH \xrightarrow{BF_3} CH_3OCH_2CH_2OH \tag{5-22}$$

将甲醇加入三氟化硼乙醚络合物中，在搅拌下于 25～30℃ 通入环氧乙烷，通完后温度自动升至 38～45℃，将所得反应液用氢氧化钾-甲醇溶液中和至 pH8～9。回收甲醇，蒸馏，收集 130℃ 以前的馏分即得粗品，再进行精馏，收集 123～125℃ 馏分即为成品。工业生产中，可将环氧乙烷与无水甲醇在高温高压下反应，不需催化剂，可得高收率的产品。其生产技术为：将环氧乙烷与新鲜甲醇及循环甲醇混合，经预热后进入反应器，反应温度为 150～200℃，反应压力为 1.96～3.92MPa，甲醇过量约 15%，使环氧乙烷转化完全。从反应产物中蒸出甲醇循环使用，再经减压精馏分离得乙二醇单甲醚。同时分离出反应副产物一缩二乙二醇单甲醚和二缩三乙二醇单甲醚等产品，收率 90% 以上。

4. 抗烧蚀剂

为了防止喷气机火焰筒在使用某些喷气燃料时可能发生烧蚀现象，在喷气燃料中可加入某些抗烧蚀剂，如 CS_2 等。

（四）柴油专用添加剂

1. 分散剂

现代柴油中裂化产物组分已占相当大的份额。尽管加入抗氧化剂，在长期储存中也难免氧化生成不溶性胶质、残渣和漆状沉积物。这些杂质很易堵塞过滤器及喷嘴等处，并使排气中烟灰增多，损失功率。因此，可加入与润滑油分散剂类同的柴油分散剂，如丁二酰亚胺、硫化磷酸钡盐以及磺酸盐等，使上述不溶物在柴油中保持分散悬浮，避免在发动机的关键部位形成漆状沉积物，同时也就能保证燃烧良好，排烟减少，并利于节能。

2. 低温流动改进剂

为了改善柴油（特别是冬用柴油）的低温流动性，使柴油在低于浊点的温度下也能较好通过油管与过滤器，具有良好的低温泵送性能和过滤性能，可加入低温流动改进剂。同时，由于使用流动改进剂，还可使柴油馏分适当加宽，利于增产柴油。现今这种加有低温流动改进剂柴油的应用已日趋广泛。

作为低温流动改进剂的化合物主要有乙烯-乙酸乙烯酯共聚物，乙烯-丙烯酸酯共聚物等，这类添加剂在我国已投产应用。由于我国柴油含蜡较多，加体积分数为0.1%以下即可。

3. 引燃改进剂（十六烷值改进剂）

为了解决某些柴油在使用中的引燃滞后导致爆震、降低功率等问题，可加入改善柴油引燃性能或提高其十六烷值的添加剂。近年来，随着重油深度加工的发展，裂化柴油产量大幅度增长，柴油的十六烷值已有下降趋势，因此，这类添加剂的应用逐渐受到人们重视。常用的十六烷值改进剂为硝酸戊酯、硝酸己酯等，其作用机理是这些化合物较易分解成为自由基或氧化合物，从而可诱发柴油的引燃或降低其引燃温度，其加入量约为体积分数的0.1%。

4. 消烟剂

为保护环境，现今如何减少柴油机排气中的烟粒（黑烟）已引起人们的关注。除改进柴油机燃烧室结构，采用废气循环，控制喷油时间，安装尾气过滤器或烟粒捕集器等以外，加入消烟剂也是主要措施之一。这些消烟剂实际上也就是保证燃烧反应进行完全的催化剂。常用的有高碱性磺酸钡、甲基环戊二烯三羰基锰等，其加入量均约为体积分数的0.5%。

（五）燃料油专用添加剂

1. 油渣抑制剂和分散剂

现代的燃料油也常掺有二次加工所得渣油、溶剂提取油等；同时，为了易于输送还可掺入一定量稀释柴油。这样调配成的燃料油有时易析出沥青状沉积物或沉析出油渣，致使输油使用时燃烧不良。为了防止此问题发生，可加入环烷酸盐或芳香类物质使沥青状沉积物溶于油中，抑制油渣的析出。此外，为了防止水分析出，还可加入适量醇类使水在油内分散良好。

环烷酸亚钴，又名环烷酸钴，为棕色无定形粉末或紫色坚硬树脂状固体，有时呈深红色半固体或稠厚液体，溶于苯、二甲苯、汽油。环烷酸亚钴工业生产技术：先将环烷酸加入反应釜中，加入等量的水，搅拌升温至95℃，加入15%～20%氢氧化钠溶液进行皂化反应，维持90～95℃继续加碱，检查皂液pH为7～7.2为止，于90℃条件下，按计量加入硝酸钴盐进行复分解反应；再加入120$^\#$汽油洗涤，去掉杂质、脱水、脱油；最后加入200号汽油稀释至规定的含钴量即得成品。一般工业品为紫红色黏稠液体，每吨产品消耗环烷酸约800kg，钴盐90kg。该产品除作油渍抑制剂外，还可作为切削油及润滑油添加剂。

$$2C_nH_{2n-1}COOH + NaOH \longrightarrow C_nH_{2n-1}COONa + H_2O \quad (5-23)$$

$$2C_nH_{2n-1}COONa + Co(NO_3)_2 \longrightarrow (C_nH_{2n-1}COO)_2Co + 2NaNO_3 \quad (5-24)$$

2. 低温流动改进剂

现今许多燃料油由于含蜡较多，倾点可达30～40℃，高出油品规格要求10～20℃。为此，可根据原料特性选用如前所述柴油流动改进剂那类化学结构的聚合型流动改进剂来解决此问题。

3. 灰分改性剂

燃料油为锅炉燃料时，其中所含的少量硫、钒和钠等化合物在炉管表面可造成腐蚀。其中钒、钠化合物在620℃以上的高温下可在炉管表面形成熔渣腐蚀层。而硫化合物燃烧生成的SO_2，尤其在V_2O_5催化作用下进一步生成的SO_3，在较低温度下即可造成严重腐蚀。

为防止这些严重腐蚀问题，可用油溶性的环烷酸镁作为灰分改性剂加入燃料油。燃烧时，环烷酸镁转为MgO，与V_2O_5作用生成非腐蚀性的钒酸镁，这样就阻止其生成熔渣，并可防止其对SO_2转成SO_3的催化作用。

二、润滑油添加剂

随着机械工业的发展，特别是内燃机的更新换代，对油品性能要求不断提高的同时，润滑油添加剂也得到发展，概括起来有三个方面：①减少金属部件的腐蚀及磨损；②抑制发动机运转时部件内部油泥与漆膜的形成；③改善基础油的物理性质。润滑油添加剂主要有金属清净剂、无灰分散剂、抗氧化剂、黏度指数改进剂、降凝剂、极压抗磨剂、防锈剂、金属钝化剂及抗泡剂等。添加剂可以单独加入油中，也可将所需种种添加剂先调成复合添加剂，再加入油中。

1. 金属清净剂

金属清净剂主要用于内燃机油及船用汽缸油。其作用是抑制汽缸活塞环槽积炭的形成，减少活塞裙漆膜黏结以及中和燃料燃烧后产生的酸性物质（包括润滑油本身的氧化产物）对金属部件的腐蚀与磨损。常有的是有机金属盐，如磺酸盐、烷基酚盐、烷基水杨酸盐、硫磷酸盐等。这些盐类分别制成低碱性、中碱性与高碱性，而以高碱性的居多。

2. 无灰分散剂

无灰分散剂其突出的性能在于能抑制汽油机油在曲轴箱工作温度较低时产生油泥,从而避免汽油机内油路堵、机件腐蚀与磨损。代表性化合物是聚异丁烯丁二酰亚胺。无灰分散剂与金属清净剂复合使用,再加入少量抗氧化抗腐蚀剂,可用于调配各种内燃机油。

3. 抗氧化剂

根据油品使用条件的不同,抗氧化剂大体分为:①抗氧抗腐剂,主要用于内燃机油,除能抑制油品氧化外,还能防止曲轴箱轴瓦的腐蚀,应用较广的是二烷基二流代磷酸锌盐,它也是一种有效的极压抗磨剂,多用于齿轮油与抗磨液压油等工业润滑油中。②抗氧添加剂,主要有屏蔽酚类(如2,6-二叔丁基对甲酚)与芳香胺类。前者多用于汽轮机油、液压油等工业润滑油,后者在合成润滑油中应用较多。抗氧化剂的作用是延缓油品氧化,延长使用寿命。常用于润滑油抗氧剂中的二苯胺、N-苯基-萘胺、N-苯基-β-萘胺的抗氧效能较好。

二苯胺可由苯胺和苯胺盐酸盐在 210℃、0.62MPa 下缩合而得。如果使用催化剂,则不需要苯胺盐酸盐,苯胺本身即可缩合得到二苯胺。

在一密闭的铸铁反应器内加入苯胺和苯胺盐酸盐(比例为 1.1∶1),加热到 210~240℃,压力为 0.62MPa,反应约 20~22h,得到二苯胺、氯化铵和未反应的苯胺的混合物:

$$\bigcirc\!\!-\!\mathrm{NH_2} + \bigcirc\!\!-\!\mathrm{NH_2 \cdot HCl} \longrightarrow \bigcirc\!\!-\!\mathrm{NH}\!-\!\bigcirc + \mathrm{NH_4Cl} \tag{5-25}$$

原料带入的少量水分能影响反应的正常进行,因此在反应中需适当排气。此法收率为 80%~85%,每吨二苯胺消耗苯胺 1202kg。

采用三氯化铝作催化剂,生产可大大简化。将苯胺在三氯化铝存在下加热到 300~330℃,压力为 0.59~1.27MPa,所得反应产物含二苯胺 78% 以上:

$$2\bigcirc\!\!-\!\mathrm{NH_2} \xrightarrow{\mathrm{AlCl_3}} \bigcirc\!\!-\!\mathrm{NH}\!-\!\bigcirc \tag{5-26}$$

反应液经中和、煮洗、减压蒸馏,再用乙醇结晶,即得二苯胺成品,每吨产品消耗苯胺 1413kg。与苯胺盐酸盐法比较,此工艺节约了大量盐酸,减轻了设备腐蚀和环境污染。

4. 黏度指数改进剂

黏度指数改进剂也称增黏剂,用以提高油品的黏度,改善黏温特性,以适应温度范围对油品黏度的要求。主要用于调配多级内燃机油,也用于自动变速机油及低温液压油等。其主要品种有聚甲基丙烯酸酯、聚异丁烯、乙烯丙烯共聚物、苯乙烯与双烯共聚物等。聚甲基丙烯酸酯改善油品低温性能的效果好,多用于汽油机油;乙烯丙烯共聚物剪切稳定性与热稳定性较好,适用于增压柴油机,也能用于汽油机油。

5. 降凝剂

降凝剂是用以降低油品的凝固点,改善油中石蜡结晶的状态,阻止晶粒间相互黏结形成网状结构,从而保持油品在低温下的流动性。常用的有聚甲基丙烯酸酯(含长烷链的)、聚 α-烯烃和烷基萘等。

6. 极压抗磨剂

极压抗磨剂是以防止在边界润滑与极压状态下(高负荷状况),金属表面之间的磨损与擦伤。极压抗磨剂是一类含硫、磷、氯的有机化合物,有的则是其金属盐或胺盐。这些化合物的化学活性很强,在一定条件下,能与金属表面反应生成熔点较低和剪切强度较小的反应膜,从而起到减少金属表面之间磨损和防止擦伤的作用。常用的极压抗磨剂有含硫化合物(硫化异丁烯、二苄基二硫化物等)、含磷化合物(磷酸三甲酯、磷酸酯铵盐等)。从应用效果看,含磷化合物能有效地提高抗磨性;含硫、含氯化合物能有效地提高耐负荷性,含硫化合物比含氯化合物更好;含有不同元素的几种化合物混合时,其添加效果随元素的化合状态不同而异;使用磨损降低的添加剂,提高油膜强度的倾向较强。有些添加剂不仅具有抗磨极压作用,同时又具有抗氧化能力,如二烷基二硫代氨基甲酸硫化钼是一种抗磨极压添加剂,并兼有抗氧化能力,可以提高润滑油脂的抗磨性和负荷承载能力。

7. 油性剂

油性剂主要用以改善油品的润滑性,提高其抗磨能力。动植物油、高级脂肪酸、高级脂肪酸酯类、盐类均属此类。多用于导轨油、液压导轨油及金属加工油中。

8. 金属钝化剂

金属钝化剂是一类能在金属表面形成保护膜以降低金属对油品氧化的催化活性的化合物。一般常与抗氧化添加剂复合使用,以有效地延长油品的使用寿命。常用的金属钝化剂有噻二唑及苯三唑的衍生物等。

9. 防锈剂

防锈剂是用以提高油品对防止金属部件接触水分和空气产生锈蚀的能力。常用的防锈剂有石油磺酸盐、烯基丁二酸类、羊毛脂及其镁盐等。

10. 抗泡剂

抗泡剂指能改变油气表面张力，使油中形成的泡沫能快速逸出的化合物，常用的有甲基硅油和酯类化合物等。

三、润滑脂添加剂

润滑脂所用的抗氧化剂、抗压抗磨剂、油性剂、防锈剂、金属钝化剂与润滑油的添加剂大致相同。

第四节 典型产品的生产技术

一、泥浆处理剂

1. 羧甲基纤维素钠

羧甲基纤维素钠是由纤维（棉花或木屑）用烧碱处理成胶态碱纤维素，在空气中干燥陈化；然后用 $ClCH_2COOH$ 进行醚化反应，反应可在水介质中（称水媒法）或在丙醇、乙醇等溶剂中（称溶剂法）进行，则得羧甲基纤维素钠。醚化反应过程中产生副产品氯化钠，如不除去，得到的只是粗制品，通常称为碱性羧甲基纤维素钠（含有 3%～15% NaCl）；若用酒精漂洗除去氯化钠，则可得到纯的羧甲基纤维素钠，通常称为中性羧甲基纤维素钠。其反应式如下：

$$[C_6H_9O_4 \cdot OH]_n + nNaOH \longrightarrow [C_6H_9O_4 \cdot ONa]_n \xrightarrow{ClCH_2COONa} [C_6H_9O_4 \cdot OCH_2COONa]_n \quad (5-27)$$

　纤维素　　　　　　　　　　　碱纤维素　　　　　　　　　　　羧甲基纤维素钠

羧甲基纤维素钠的生产原料及其配比（质量分数）如下：

原料及规格	质量分数	原料及规格	质量分数
棉短绒	10	一氯醋酸（工业品）	8
液碱（34%）	50～100	酒精（70%）	360
酒精（90%）	23	稀盐酸（工业品）	适量

不同取代度羧甲基纤维素钠的生产工艺有所区别，基本生产工艺流程示意如图 5-1 所示。以中等黏度的羧甲基纤维素钠为例说明操作技术。

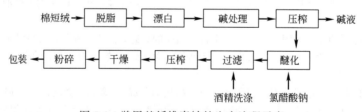

图 5-1 羧甲基纤维素钠的生产流程示意

生产时，先将经脱脂、漂白的棉短绒按配比浸于质量分数 34% 的氢氧化钠碱液中，浸泡约 30min 后取出。液体碱可以循环使用，但应不断补充新碱液并保持浓度和数量。将浸泡后的棉短绒移到平板压榨机上，以 14MPa 的压力压榨出碱液，得碱化棉。醚化是在特别的醚化锅中进行，碱化棉在此设备中进行搅拌时能被撕碎、扯断。先将碱化棉投入锅内，加入质量分数 90%～95% 的酒精 15 份，开动搅拌器，缓缓滴加一氯醋酸酒精溶液（以 8 份质量分数 90% 酒精为溶剂），保持反应温度在 35℃ 以下，于 2h 左右加完，然后控制反应温度为 40℃，保温并进行混合搅拌醚化反应 3h。取样检查反应终点，方法是取少量样品放入试管内，加水振荡，若全部溶化后无杂质，则达终点，即得醚化棉。加质量分数为 70% 的酒精 120 份于醚化棉中，搅拌 0.5h，滴加几滴酚酞指示剂，物料应呈红色，加稀盐酸中和至 pH 为 7，搅匀后，物料的红色刚消失，过滤去酒精；再用 70% 酒精 12 份洗涤 2 次，每次搅拌 0.5h 以上，再过滤去酒精。洗涤后的酒精应回收利用，酒精洗过的醚化棉压榨使棉中酒精质量分数低于 27%～30%，然后将醚化棉扯松，在通风条件下，采用低于 80℃ 的温度干燥 6h 即可。干燥后，粉碎成白色粉末，即得成品，然后进行包装。

羧甲基纤维素钠是一种抗盐、抗温能力较强的降失水剂，也有一定的抗钙能力；降失水的同时还有增黏作用，适用于配制海水泥浆、饱和盐水泥浆和钙处理泥浆，目前应用比较广泛。另外，羧甲基纤维素钠也用作黏合剂、食品糊料（用于冰淇淋、果酱、面包、糕点等）、抛光剂、增量剂、医药、化妆品等。

2. 羧甲基淀粉

羧甲基淀粉钠的生产方法很多，按所用溶剂多少，可分为干法、半干法和溶剂法。干法和半干法使用的溶剂很少或几乎不用溶剂，因此生产成本较低，但在固相体系中进行反应，试剂小分子很难渗透到淀粉的颗粒内部，因此产物的取代度一般不高，而且取代基仅分布于颗粒的表面，产物溶解性较差或在溶液中含有较多的不溶物。而溶剂法却正好相反，在溶剂中大多采用水或水与甲醇、乙醇、异丙醇和丙醇等的混合溶剂。不论采用何种方法，CMS 的生产基本分三步进行。

① 丝化反应 在丝化过程中，淀粉浸泡在碱性溶液中，促使淀粉溶胀，使 NaOH 小分子渗透到颗粒内部与结构单元的羧基反应，生成淀粉钠盐，它是进行醚化反应的活性中心。在丝化过程中同时进行着淀粉的碱性降解。用符号 St 表示淀粉，其丝化反应式为：

$$\text{St—OH} + \text{NaOH} \longrightarrow \text{St—ONa} + \text{H}_2\text{O} \tag{5-28}$$

② 羧甲基化反应 淀粉钠和氯乙酸钠在碱性条件下先进行反应生成羧甲基淀粉，同时氯乙酸钠在碱性条件下水解生成羟基乙酸钠。一般在碱性较强的介质中，淀粉的羧甲基化反应按 SN_2 历程进行，而在碱性较弱的介质中按 SN_1 历程进行。

主反应： $$\text{St—ONa} + \text{ClCH}_2\text{COONa} \xrightarrow{\text{NaOH}} \text{St—OCH}_2\text{COONa} + \text{NaCl} \tag{5-29}$$

副反应： $$\text{ClCH}_2\text{COONa} + \text{H}_2\text{O} \xrightarrow{\text{NaOH}} \text{HOCH}_2\text{COONa} + \text{NaCl} + \text{H}_2\text{O} \tag{5-30}$$

③ CMS 的精制 不同的应用领域对 CMS 纯度要求不同。例如在石油钻井中及洗涤剂工业中一般使用 CMS 粗产品，而在食品和医药工业中则使用纯度很高的 CMS。粗品中主要含有 NaCl、羧基乙酸钠、NaOH、氯乙酸钠和碳酸钠。普通精制方法为：先用醋酸中和，然后用甲醇或乙醇-水混合溶剂洗涤沉淀产物至用 $AgNO_3$ 检验无 Cl^-，然后将产物干燥粉碎后得白色固体粉末。显然，这种方法消耗大量醋酸和溶剂，并给回收和排水带来困难。因此，有人将硅酸钠加入反应体系或产物中，利用它和 CMS 的沉淀直接制得产品，另有专利报道用玻璃纤维纯化 CMS 的方法。CMS 的生产工艺流程示意图参见图 5-2。

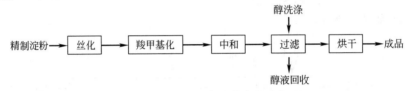

图 5-2 CMS 生产工艺流程示意

将精制淀粉投入反应釜，以适量的异丙醇（或异丙醇与丙酮的混合物）作溶解剂，搅拌使淀粉充分分散，加入一定量的 NaOH，在 35℃下进行丝化反应。反应一定时间后，再加入定量的 NaOH 及氯乙酸（一般原料摩尔配比为淀粉:氯乙酸:NaOH=1:1:2）进行羧甲基化反应，反应 5h 后用冰醋酸中和至中性，然后过滤，用异丙醇洗涤至无 Cl^-，滤饼经干燥即成成品。一般产物的取代度>1.2，平均收率>90%。

3. 木质素磺酸盐

木质素与纤维素及半纤维素一起，是形成植物骨架的主要成分，在数量上仅次于地球上存在的有机物。木材中的木质素经亚硫酸盐蒸煮后，在苯丙烷结构的侧链 α 位置上引入磺酸基而成为木质素磺酸。由于蒸煮液盐基的作用，而成为水溶性盐溶出。该废液的组成随使用原木和蒸煮条件的不同而有很大差异，参见表 5-2。

表 5-2 亚硫酸盐蒸煮废液的组成（对固形物%）

组 成	阔叶材	针叶材	组 成	阔叶材	针叶材
木质素磺酸盐	46	54	糖衍生物①	22	22
己 糖	5	14	挥发性有机物②	11	3
戊 糖	14	5	无机物	2	2

① 糖磺酸盐、糖醛酸盐等。
② 醋酸盐、甲酸盐、糖醛等。

从废液制取木质素产品时几乎都是利用其主要成分是木质素磺酸盐的特性。木质素磺酸是相对分子质量从几百到几百万的高分子化合物，它同时具有如 C_6 以上这种很大的疏水性骨架和磺酸以及其他亲水性基团表面活性剂结构。一般来说，蒸煮温度越高，蒸煮时间越长，磺化程度也越高。从相对分子质量来说，低相对分子质量木质素磺酸的磺化度比高相对分子质量木质素磺酸的磺化度高。

由废液生产的木质素产品是由蒸煮工段的蒸煮废液和洗涤工段的洗涤废水制造的。废液的浓度一般在10%左右，pH 值约为 2。除特殊用途外，一般首先要进行中和与浓缩处理，生产工艺流程示意参见图 5-3。

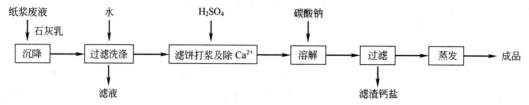

图 5-3 木质素磺酸盐生产流程示意

具体生产操作步骤如下：将石灰乳加入亚硫酸纸浆废液中，首先沉淀出亚硫酸钙，当 pH 值进一步提高时，木质素磺酸钙转化为碱式木质素磺酸钙而沉淀。经过滤和洗涤后，上述滤饼在硫酸的作用下使 Ca^{2+} 沉淀，该步为上述反应的逆过程。所得木质素磺酸钙再在碳酸钠的作用下转化为钠盐而和钙盐分离，达到除钙的目的。

二、聚 α-烯烃降凝剂

聚 α-烯烃是含 $C_6 \sim C_{24}$ 的 α-烯烃的共聚物。这些 α-烯烃由软蜡裂解而成，经适当精制后，在 $TiCl_3/Al(C_4H_9)_3$ 催化剂存在下进行聚合，用氢气调节相对分子质量。聚合完毕，通过酯化和水洗脱去催化剂。原料 α-烯烃的转化率可达 90% 以上，后处理完毕，通过蒸馏将未聚合的 α-烯烃除去，加入稀释油并混合均匀，即得产品。

$$n\text{R—CH}=\text{CH}_2 \xrightarrow[H_2]{TiCl_3/Al(C_4H_9)_3} \text{[CH—CH}_2\text{]}_n \atop R \tag{5-31}$$

R＝$C_7 \sim C_{18}$ 的烷基

生产工艺过程如图 5-4 所示。

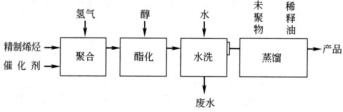

图 5-4 聚 α-烯烃生产工艺过程示意

聚 α-烯烃生产工艺简单，价格很便宜，色度浅，且具有良好的降凝效果。

三、石油燃料添加剂

典型的金属钝化剂为 N,N'-二亚水杨基-1,2-丙二胺，商品牌号金属钝化剂 T1201，其生产工艺流程示意见图 5-5。

用 1,2-丙二胺与水杨醛在常压下缩合即得产物，其反应式如下：

$$\underset{\underset{NH_2NH_2}{|}}{CH_2CHCH_3} + 2 \underset{OH}{\overset{CHO}{\bigcirc}} \xrightarrow[\text{水稀释剂}]{55℃} \underset{OH}{\overset{CH_2NHCHCH_2NCH_2}{\bigcirc}}\underset{CH_3}{} \underset{HO}{\bigcirc} + 2H_2O \tag{5-32}$$

由于缩合反应放热多，反应比较剧烈，故用水作稀释剂。其生产技术如下：①减压闪蒸水杨醛，因 60% 纯度的工业水杨醛直接使用会影响产品的颜色并带入杂质絮状不溶物，因此先将工业水杨醛在 97.3kPa、小于 120℃条件下闪蒸，脱除杂质，馏余物作为缩合原料。②缩合反应，原料投料摩尔比为丙二胺：水杨醛：水＝1.05：2：(25~40)，在常压 50~60℃温度下缩合 0.5h。③水洗除苯酚，原料水杨醛带入的苯酚大部分溶于钝化剂中，由于苯酚易氧化变黑影响产品的质量和外观，所以进行水洗除苯酚。④干燥除去因水洗带入钝化剂中的水分。⑤配制，制得的钝化剂在常温呈现半固体状态，为了储存和使用方便，用甲

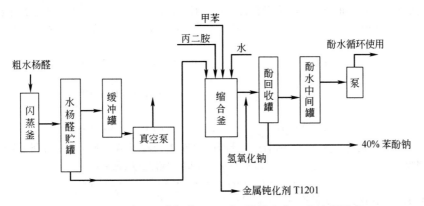

图 5-5 N,N'-二亚水杨基-1,2-丙二胺的生产工艺流程示意

苯稀释成溶液。

四、润滑脂及其生产技术

润滑脂属于石油产品的一大类。它是由润滑油（包括合成润滑油）加入稠化剂和石油产品添加剂而制得的固体或半流体的润滑剂，具有较好的润滑性、可塑性和一定的黏附性。作为润滑脂的稠化剂有：固体烃类、脂肪酸金属盐（如钙皂、钠皂、锂皂等）、有机膨润土、改性硅胶、脲类、聚四氟烯、酰胺金属盐等。添加剂有抗氧、防锈、抗极压、抗磨以及润滑脂结构改善剂、填料以及染料、颜料（如阴丹士林、酞菁等）等。

润滑脂一般有三种分类方法，即按使用性能，使用部分和稠化剂类型分类。按制备润滑脂的稠化剂类型，润滑脂可分为烃基脂、皂基脂、有机脂和无机脂（硅胶脂、膨润土脂）等。皂基脂在工业上广泛使用，数量约占润滑脂总产量的90%左右，其中以钙基脂、钠基脂、复合铝基脂、锂基脂为主要品种。钙基脂由于耐水和价廉故使用较广，主要用于车体底盘和滚动轴承；钠基脂的机械安定性好，滴点高，适用于轴承；锂基脂因具有良好的耐热性、抗水性及机械安定性，近20年来发展很快，作为工业及航空通用脂，得到广泛使用；复合铝基脂是近年来发展起来的一种各项性能较好的品种，可供高温部分润滑使用。

润滑脂属于固液胶体分散体系，它的固态稠化剂以纤维状结构形成分散相，分散到液态润滑剂的分散介质内，使它具有一系列胶体特性，如果纤维状结构不同，润滑性能和稠化能力也不同。随着温度的变化，此分散体系的相状态和分散相的结构也会随之改变，使润滑脂出现一系列的相转变，如温度上升时，胶体体系会出现凝胶态。此外，这一胶体体系也存在着聚集稳定性和聚沉稳定性，因而润滑脂随着少量胶溶剂的特性和用量而改变，随着接触极性介质或随着体系内部极性物质（如氧化产物）的出现，其胶体安定性会发生显著变化。在长期储存过程中润滑脂会出现萎缩和离析（俗称分油）。所以，从某种意义上说，润滑脂的生产过程实际上是制备一个稳定的胶体分散体系的过程。

润滑脂又是一个流变结构系，具有流变特性，有以下几种表现：①当润滑脂不受外力作用时，能像固体一样保持一定形状，但当受微弱外力作用时，便产生弹性形变，移去此微力，润滑脂又能恢复到原来的位置和形状，呈现出宛如固体的弹性特性。②当施加的外力增大到足够大时，润滑脂发生的形变和流动不再能自动恢复到原来的位置和形状，这个作用力的大小叫做润滑脂的强度极限。③在润滑脂的流动过程中，随着所受剪切应力的增大，由于纤维在不同程度上的定向排列，会使体系的相对黏度随之减小。并且当撤去外力之后，经过一段时间，又能逐渐恢复到接近原来的纤维结构和黏度。这种触变恢复性使润滑脂的使用寿命比较长。④在经受极高的剪切应力的情况下，润滑脂的流动宛似理想流体，即相似黏度保持一定恒定值，不再随剪速增高而改变。在这种流动状态下，或在长期剪切作用之下，润滑脂内的皂纤维容易发生断裂和破坏。一旦出现皂纤维的断裂，润滑脂的纤维结构被破坏，使用寿命就很快终止。

某种润滑脂的流变性与生产这种脂时所选用原料的组成及生产技术条件有密切关系，流变性能直接影响着成品脂的使用性能。润滑脂主要性能有稠变、滴点、胶体安定性和机械安定性等。

1. 润滑脂主要生产步骤

(1) 生产准备　润滑脂生产前的准备工作主要有以下几点：①各种原料组分应预先过滤或精制处理，以保证其杂质含量在允许范围内；②各种原料均要经过质量检验，符合标准要求时才能选用；③确定各种原料的组成及质量配比；④各种原料要准确计量和详细记录；⑤各种设备要清洗干净，工艺管线、阀门要畅通。

(2) 皂基的制备　油脂的皂化，就是三脂肪酸甘油酯在金属氢氧化物的存在下首先水解为脂肪酸和甘油，随即脂肪酸与各种金属氢氧化物进行中和反应，生成各种金属皂类。油脂的水解按下列化学过程进行：

$$\begin{matrix} R_1-\overset{O}{\overset{\|}{C}}-O-CH_2 \\ R_2-\overset{O}{\overset{\|}{C}}-O-CH_2 \\ R_3-\overset{O}{\overset{\|}{C}}-O-CH_2 \end{matrix} + 3H_2O \rightleftharpoons \begin{matrix} R_1-COOH \\ R_2-COOH \\ R_3-COOH \end{matrix} + \begin{matrix} HO-CH_2 \\ HO-CH \\ HO-CH_2 \end{matrix} \quad (5\text{-}33)$$

脂肪酸的中和反应是指三脂肪酸甘油酯水解所得的脂肪酸，与各种碱金属或碱土金属氢氧化物反应，生成各种金属皂类。例如：脂肪酸与氢氧化钙（消石灰）反应生成脂肪酸钙皂：

$$2R-COOH+Ca(OH)_2 \longrightarrow (RCOO)_2Ca+2H_2O \quad (5\text{-}34)$$

脂肪酸与氢氧化锂反应生成脂肪酸锂皂：

$$R-COOH+LiOH \longrightarrow RCOOLi+H_2O \quad (5\text{-}35)$$

皂基的制备是生产皂基润滑脂的关键工序之一。随着皂基的不同、原料的不同以及设备和工艺条件的不同，皂化反应的时间和皂化完成程度也会不同。为了使皂化完成后所制得的皂在以后工序中能够比较迅速而均匀地分散在润滑油内，在皂基制造中同时投入一定量的润滑油是必要的。一般来讲，各种脂肪原料和碱类配料的浓度越大，皂化反应速度就越快；反应过程的机械搅拌越激烈，反应速度越快；当皂化温度和压力升高，皂化反应速度加快；反之，温度和压力降低时，则皂化反应速度大大减慢，使生产周期延长。表5-3列出了生产天然脂肪钙基脂时采用不同反应器皂化时的速度比较。

表 5-3　不同反应器皂化反应的速度

反 应 器	皂化温度/℃	皂化压力/MPa	皂化时间/min	皂化完全程度/%
常压反应器	95～105	常压	250～300	95
加压反应器	135～140	0.49～0.785	45～60	98.5～99
管式反应器	250～260	0.29～0.49	5～7	99～99.5

由表5-2可见，当采用不同的工艺设备时，由于温度和压力的不同，皂化反应的速度相差很大，具体次序是管式反应器＞加压反应器＞常压反应器，从皂化反应完全与否的程度看，也可得到同样的规律。从生产实践得知，提高皂化反应的温度和压力，不仅能加快反应速度，而且皂化完全，还可以节省脂肪原料，降低成本。

(3) 稠化成脂　皂化完成后，将反应器内皂基升温脱水，并分批加入润滑油。直至皂基加热到工艺条件规定的最高温度，这时再加入冷油降温稀释，即完成稠化成脂工序。

(4) 冷却研磨　冷却研磨也称冷却均化工序，是炼制成脂后的最后一道重要工序。按照润滑脂的种类不同，可以采取多种冷却方式。例如，向反应器内夹层或蛇形管通入冷水，在搅拌下利用齿轮泵打入循环冷水进行冷却；在反应器内静止冷却到一定温度后，用齿轮泵送入研磨设备；将反应器内润滑脂在真溶液状态下直接打入五联辊和三联辊研磨机进行冷却研磨，使润滑脂在研磨机上得到速冷和均匀化。研磨次数对产品的针入度、分油量以及机械安定性具有影响的。在适当的研磨条件下，产品的机械安定性随研磨次数的增加而发生变化，它能增大产品的分油量和针入度。在冷却均化后，为使产品具有满意稳定性体系，还须进行均化脱气或冷却后再均化脱气。

(5) 包装　润滑脂的成品包装是生产过程中的最后一道工序。成品包装之前，要采样按规格标准进行一次全分析。在润滑脂包装时要避免混入机械杂质。桶装之前，必须将桶洗刷干净，桶壁桶底缝隙应无杂质脏物。成品润滑脂在包装时要控制好温度，一般情况下，如钙基脂等应在75℃以下，钠基脂以及复合皂基脂可在100℃以下包装。装桶温度太高会影响成品质量，如易于析油。

2. 炼制成脂工艺流程

由于设备不同，炼制成脂的工艺条件可以分成常压炼制反应器、加压炼制反应器、管式反应器炼制成脂等三种。

(1) 常压反应器炼制成脂工艺流程　常压反应器炼制成脂，一般是间歇式生产。制造皂基和炼制成脂是在一个反应器内进行的。皂化反应完成后，反应器内混合物尚含有大量水分，这时应逐步升温到125～135℃以蒸发水分，反应器内物质脱水后，还应在搅拌下继续加温，并陆续加入余量润滑油，保证反应器内皂油体系的均匀性。根据润滑脂类型的不同还可加热至工艺条件规定的最高温度，使之接近于真溶液（钙基皂等例外）。然后采样测定稠度，并调整之。最后进行冷却、研磨和成品包装，其工艺流程如图 5-6 所示。

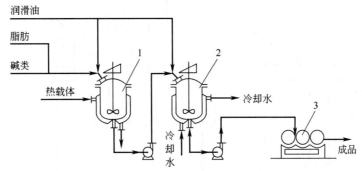

图 5-6　常压反应器炼制成脂流程
1—常压反应器；2—混合器；3—三辊机

（2）加压反应器炼制成脂工艺流程　加压反应器的操作步骤是：将全部脂肪或脂肪酸和碱类以及与脂肪等量的润滑油投入加压反应器中，在升温搅拌下加压皂化，皂化反应在短时间内即可完成。皂化完成后，将皂基移入常压开口反应器内。在移入开口反应器时大部分水分被闪蒸出去，器内物可适当加热，以完成脱水。此后，炼制成脂阶段与常压反应器相同。工艺条件：最高压力为 0.785MPa，最高温度为 180℃。一般为提高设备利用率，很少在加压反应器中成脂，加压反应器专供 2~3 个混合反应器制备高浓度的皂基。其工艺流程如图 5-7 所示。

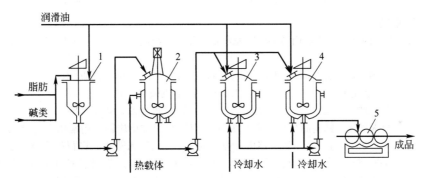

图 5-7　加压反应器炼制成脂流程
1—配料罐；2—加压反应器；3,4—混合器；5—三辊机

（3）管式反应器炼制成脂工艺流程　采用管式反应器制造润滑脂要比常压、加压反应器简单得多。其过程是将脂肪、碱类和大部分润滑油（除添加剂外）混合后，送入管式反应器中，在加压高温下，皂化反应在管道内迅速进行，皂基从管式反应器出口进入闪蒸器（即开口反应器），此时，由于压力突降，皂基内水分迅速蒸发，这一过程称闪蒸。闪蒸后，黏稠物在器内的温度即已达到工艺条件要求的最高温度。此时可采样测定游离酸碱和针入度，根据其技术要求立即进入下一工序即冷却研磨成脂。其工艺流程如图 5-8 所示。

3. 润滑脂的生产技术
（1）钙基润滑脂的生产技术
① 钙基润滑脂的制造原料与组成　用动植物油钙皂稠化润滑油而制成的润滑脂，称作钙基润滑脂。钙基润滑脂按其性质属于耐水的中熔点通用减磨润滑脂，是工业上应用最为广泛的品种。钙基润滑脂所用的原料主要是动植物油脂、氢氧化钙（消石灰）和润滑油，此外，还有少量的添加剂等。为确保产品质量，一般是将动物油与植物油混合作为原料（如用牛羊油与 1/3~1/4 植物油配合使用），调整其碘值在 80 以下，标化度为 37~42，这样既可提高皂化速率又可使成品性能令人满意。通常钙基润滑脂所用的润滑油是中黏度的 20~50 号机械油。制造钙基润滑脂时，对石灰的选择非常重要，特别要注意其碳酸钙、氧化镁和二氧化硅含量，一般要求有效氧化钙质量分数大于 85%，有害成分二氧化硅含量应尽可能的低，碳酸盐含量过高，则与脂肪不易起皂化反应，并会在成品中形成阻塞性杂质。石灰经消化后，选用悬浮液并使之通过 200 目标

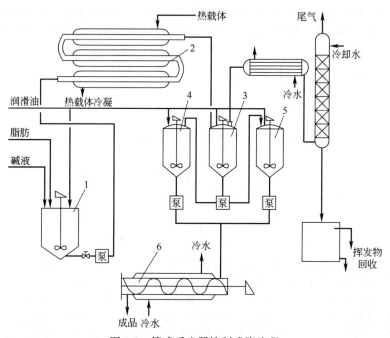

图 5-8 管式反应器炼制成脂流程
1—配料罐；2—管式反应器；3—闪蒸器；4,5—混合器；6—研磨机

准筛的部分来做润滑脂。

生产钙基润滑脂可因地制宜地选用各种脂肪原料，因而产品组成可多样化。现举几个实例，其质量分数配方如下。

a. 牛油，9.3%；棉籽油，6.3%；松香，0.2%；石灰，1.6%；30号机械油，82.6%。

b. 猪油，10.7%；硬化油，2.3%；消石灰，1.9%；30号机械油，85.1%。

c. 硬脂酸，4.0%；橡胶籽油，12.0%；石灰，2.0%；30号机械油，82%。

② 钙基脂生产技术概述　钙基脂生产一般用常压反应器和管式反应器。用常压反应器的生产技术是：将全部脂肪和等质量的润滑油加入开口反应器内，搅拌混合，同时通入蒸汽。将石灰乳经计量后一次加入，加热升温至 (100±5)℃ 进行皂化。在皂化反应激烈、反应物泡沫上涨时，用水流控制液面，防止物料溢出，搅拌的速度60r/min。整个皂化过程中，不断加入适量润滑油，皂化 4～5h，润滑油加入为总质量的 1/3 以上。此时，反应器内物呈稠厚状，取少量钙皂观察，如冷却后较硬不黏手，皂化即基本结束。皂化反应完毕后，停止水流，继续升温至 120～140℃，当反应器内熔融物变成黏稠拉丝状时，即水分已全部脱出。取样分析游离碱含量，并控制其质量分数在 0.1%～0.2%范围内。如果小于或大于此范围，可根据计算，加脂肪或碱以调整，然后转入下道工序。

将皂化物脱水完毕后，用齿轮泵打入混合器，通入冷水降温，并准备进行水化。水化温度为 110～125℃。水化时加水量一般为皂化脱水物总质量的 2%，加水要缓慢，加水时间为 25～30min。开始加水时会有胀气现象，并出现大量水汽，但随温度降低，器内物液面会很快下降。在 115℃ 以下，器内物明显地由稀变稠，此时即为水化过程。水化要在不停的搅拌下进行，转速可降至 30r/min。器内温度降至 105℃，加入余量润滑油进行稠化。润滑油应先预热，稠化完成后，继续通冷水降温，并用齿轮泵打循环，辅助冷却。冷却过程中取样测定针入度，调整至规定范围。这时温度降至 75～80℃ 时，即可经润滑脂过滤器装入成品桶，也可用螺旋推进器进行冷却，然后过滤装桶。

(2) 合成锂基润滑脂的生产技术　锂基润滑脂是以脂肪酸锂皂稠化润滑油并加抗氧剂等添加剂所制成的一种多用途润滑脂。锂基脂的滴点较高，一般在 200℃ 左右，其使用范围较宽，可适用于 -20～120℃ 范围内。这种产品兼有钙基、钠基、钙钠基润滑脂的主要特点，在使用时可取代之。它可应用于几乎各种机械设备的滚动和滑动摩擦部位的润滑。

在锂基脂中，特别是 12-羟基硬脂酸锂基脂，具有优良的机械安定性，经 10 万次剪切后，针入度变化值在 30 个单位左右，这是钙基、钠基、钙钠基润滑脂等产品所不及的。由于脂的力学性能好，使用寿命较长，因而锂基脂通常被誉为多用途长寿命润滑脂。

由于锂皂稠化能力高，因此用低皂分稠分剂制成的成品脂具有极其优良的泵送性能。当加入油溶性极压添加剂制成稠度为 0 号或 1 号的脂时，所得产品不但流动性能和黏温性能好，而且具有抗极压性能，故一般又称作极压锂基脂。

锂基脂对添加剂的感受性相当好，当以锂基脂为基础脂加入各种添加剂时，如加入防锈、极压、抗氧等添加剂，可以制成多种用途的润滑脂，如汽车轮毂脂、电机脂、特种润滑脂等。

采用合成脂肪酸制造的锂基润滑脂称为合成锂基润滑脂。目前，我国合成锂基脂的产量在锂基脂总量中占有很大比例，由于它的性能与天然锂基脂相似，并可以互相代替，故用于各种机械的摩擦部位的润滑。在产品性能上，合成锂基脂和天然锂基脂相比，具有耐高温、胶体安定性好，且原料合成脂肪酸容易获得、成本低廉，比较经济等优点。缺点是合成锂基脂的外观较粗糙，因而它的低温性能不如天然脂肪酸制的锂基脂，且稍有储存变硬的现象，这主要是与选用的合成脂肪酸的馏分组成有关。

① 锂基润滑脂的制造原料与组成　合成锂基脂与天然锂基脂的区别仅是所用的脂原料不同，在生产工艺流程上与天然锂基脂基本相同。因此，在合成锂基脂的生产中，主要还是选择适宜的合成脂肪馏分的问题。

作为稠化剂的合成脂肪酸锂皂与天然脂肪酸锂皂在性质上有显著的差异。天然脂肪酸，如 12-羟基硬脂酸及硬脂酸等，多集中 C_{16}～C_{18} 酸；而合成脂肪酸馏分比较宽，几乎包含有 C_{25} 以下的所有奇、偶碳原子数饱和的一元羧酸，此外还有少数异构酸、酯类及不皂化物等。就一元羧酸而言，各批次之间的主碳数分布也不尽相同，因而合成脂肪酸的组成很复杂。

就稠化能力而言，C_{12}～C_{14} 的稠化能力最强，随着合成脂肪酸碳链增长，其锂皂稠化能力下降；而在天然脂肪酸中，C_{16} 和 C_{18} 酸的锂皂稠化能力最强，随着脂肪酸碳链的减少，其锂皂稠化能力下降，二者的变化规律是不一致的。目前，生产合成锂基脂一般还采用宽馏分 C_{10}～C_{16} 中的碳酸（皂用酸），在可能条件下选用 C_{12}～C_{14}、C_{12}～C_{16} 或 C_{10}～C_{16} 酸就有可能进一步提高锂皂的稠化能力，从而进一步提高合成锂基脂的质量。实践表明，用 C_{12}～C_{16} 酸制成的合成酸锂皂的稠化能力比天然硬脂酸好，而且工业上制取 C_{12}～C_{16} 酸也容易做到。

合成锂基脂对基础油的要求并不严格，无论是天然油还是合成油，合成脂肪酸均能稠化成胶体安定性良好的润滑脂。在合成锂基脂组分内添加一定量的苯甲酸和油溶性酸，可使脂的滴点增高，稠度增大，同时，使机械安定性和胶体安定性也得到进一步改善。

为了满足使用上的要求，合成锂基脂一般都加有抗氧剂，如二苯胺或苯基-α-萘胺，也有加防锈剂石油磺酸钡，等等。现举实例说明其质量分数配方如下。

　　a. C_{10}～C_{17} 酸，12.6%；氢氧化锂，1.3%；二苯胺，0.4%。

　　b. C_{10}～C_{20} 酸，12.5%；乙酸，0.9%；氢氧化锂，计算量以上；二苯胺，0.3%；亚硝酸钠，0.3%；苯并三氮唑，0.2%；24 号合成汽缸油，25.4%；25 号冷冻机油，60.4%。

　　c. 合成硬脂酸，10.5%；C_5～C_9 酸，2%；石油磺酸钡，3%；二苯胺 0.3%；氢氧化锂，计算量以上；40 号低凝机械油，83.7%。

② 影响生产工艺的因素　在稀释皂基和稠化成脂过程中，加入的润滑油要事先预热到 70～80℃，还要注意缓慢加入釜内，并在 135～160℃时保持一定时间，使油能在皂化中充分膨化，以获得好的胶体分散。

炼制温度不宜过高。在炼制最高温度下，合成锂基脂的稠度仍较大，这是因为合成脂肪酸锂皂部分低分子酸皂不能在润滑油中充分溶解之故。如果进一步升温，便析出沉淀，引起皂油分离，故一般控制最高炼制温度在 190～205℃即可。

冷却条件不同会对合成锂基脂性质有很大影响。例如，合成锂基脂用以合成脂肪酸经过高度分离而得的窄馏分制造时，可试将釜内物倾入盘内，使脂层厚度为 5mm 以下冷却的方式，即快速冷却方式；将釜内物置于釜内自然静止冷却的慢冷方式；或将釜内物置于 100℃的恒温条件下保持 3h，即恒温晶化的方式。试验结果认为，以慢冷和恒温晶化的冷却方式效果最好，其滴点比较高，稠化能力也比较大。

③ 合成锂基润滑脂生产工艺概述　将合成脂肪酸和相当于脂肪酸质量 2 倍的润滑油及适量水全部投入炼制反应器内，加热升温达 80～90℃时，在搅拌下加入质量分数为 8%～10%的氢氧化锂水溶液，在 100～105℃下皂化 1.5～2h，直至皂化反应。皂化反应完成后，加入 1/3 量的润滑油稀释皂基，并逐渐升温至 130～140℃脱水。

在 150～170℃时，将预热至 70～80℃的余量润滑油慢慢加入反应器内，进行炼制稠化。并在 180℃下加入二苯胺，保持 195～205℃时恒温 10～15min，将器内物放出，并用五联辊或三联辊进行冷却研磨，或直接倾入凉油盘内静置冷却至室温，再经研磨即得成品。

 复习思考题

1. 石油化学品主要有哪些种类？
2. 什么叫油田化学品？
3. 常用的钻井泥浆处理剂主要有哪些品种，其特点是什么？
4. 简述降失水剂羧甲基纤维素钠的基本生产工艺流程。
5. 羧甲基淀粉钠的生产主要分哪三步操作程序？
6. 简述木质素磺酸盐的生产流程。
7. 简述降凝剂聚 α-烯烃生产工艺流程。
8. 石油燃料添加剂主要分哪些种类？
9. 简述金属钝化剂 T1201 生产工艺流程。
10. 抗爆剂主要起何作用？
11. 润滑油添加剂分哪几类，各自作用主要是什么？
12. 润滑脂主要生产操作步骤是什么？

第六章　水处理(剂)化学品

学习目的与要求
- 掌握水处理（剂）化学品典型品种的合成原理和生产技术要点。
- 理解凝聚剂和絮凝剂、阻垢剂及阻垢分散剂、杀菌灭藻剂的作用原理、分类、用途、发展趋势。
- 了解水处理化学品的主要类别和作用。

第一节　概　　述

　　水是生命的源泉，水是农业的命脉、工业的血液；水是人类赖以生存的物质基础，是一种有限的而又无可替代的地球上最为宝贵的自然资源之一。随着社会经济的发展，工业化和城市化步伐的加快，人类对淡水的需求迅速增加。同时，工业和人们生活产生的废水、污水对水体的污染破坏也日趋严重，水资源危机正在制约困扰着许多国家和地区社会的可持续发展。我国水资源匮乏，人均占有淡水排世界第121位，属于13个最贫水国家之一，又是污染比较严重的国家之一。如何更有效地开发、利用和保护水资源，任务十分紧迫、艰巨。

　　在对原水、生活用水、生产用水和废污水的处理过程中，化学品的加入是非常重要的。它不仅可以提高各种用水的质量，赋予水以新的品质，保证循环水系统的正常运行，达到节水节能之目的；而且还能使废污水在排放前得到净化，减轻接受水体的污染，增加自净能力，进而促进水资源的良性循环。

　　水处理化学品又称水处理剂，它主要指为了除去水中的有害物质（如污垢、微生物、金属离子及腐蚀物等）得到符合要求的民用和工业用水而在水处理工程中添加的化学药品。

　　按应用目的可以将水处理化学品分成两大类。一类以净化水质为目的，使水体相对净化，供生活和工业使用；所用的水处理化学品有pH值调整剂、氧化还原剂、吸附剂、活性炭和离子交换树脂、絮凝剂和混凝剂等。另一类是因特殊的工业目的而添加到水中的化学品，通过对生产设施、管道、设备以及产品的表面化学作用而达到预期目的；所用的水处理化学品有阻垢剂、分散剂、螯合剂、缓蚀剂、杀菌灭藻剂、软化剂等。水处理化学品具有较强的专用性。城市给水是以去除水中的悬浮物为主，主要用絮凝剂；工业冷却水处理主要解决腐蚀和微生物滋生，主要用阻垢剂、分散剂、缓蚀剂和杀菌灭藻剂等；锅炉给水主要解决结垢腐蚀问题，主要用阻垢剂、分散剂、缓蚀剂、除氧剂等；污水处理的目的是去除有害物质、金属离子、悬浮体和脱除颜色，主要用絮凝剂、螯合剂等。需要指出，实际应用的水处理剂，几乎全不是单一的化合物，而是两种或多种化合物按一定比例制成复合化学品。这种复配型水处理剂既有多种功能，又便于应用。

　　按产品的性能和用途进行综合分类，可将水处理化学品分为普通化学品，凝聚剂和絮凝剂，除氧剂，缓蚀剂，阻垢剂、分散剂和螯合剂，杀菌灭藻剂，清洗剂，吸附剂，离子交换树脂和膜等10大类。

　　目前，国内外生产、应用的水处理化学品约360余种产品，按产品的化学结构可分为无机化合物、有机化合物、高分子聚合物以及它们的复合物等。

　　水处理是量大而又多样的工业，从城市的污水到工业企业的废水以及石油、化工、冶金、交通、轻工、纺织等行业均涉及专用的水处理化学品。所以水处理化学品行业已成为精细化工产品中的一个重要门类。它对于提高水质、防止结垢、腐蚀、菌藻滋生和环境污染，保障人们的身体健康，保证工业生产的高效、安全和长期运行，并对节水、节能、节材和保护环境等方面均有重大意义。

第二节　凝聚剂和絮凝剂

　　在各种用水和废水处理工程中，凝聚和絮凝，是重要的操作环节，它决定着后续流程的运行情况，最终出水的质量和处理成本。凝聚和絮凝过程不仅可以除去水中的悬浮物和胶体粒子，降低化学需氧量（COD），而且还可以除去水中的细菌和病毒，并兼有除磷、除臭、脱色以及减轻水体富营养化倾向等作用。为加速这一过程，投加凝聚剂和絮凝剂是必需的。

一、凝聚剂及其生产技术

将主要使胶体粒子表面改性（静电中和）或由于压缩双电层而产生脱稳作用的化学品称为凝聚剂。凝聚剂可以分为无机化合物和有机化合物两类。无机化合物主要是水溶性的两价和三价的金属盐，如铝、铁和钙盐等。常用的无机凝聚剂有硫酸铝、硫酸铝钾（明矾）、铝酸钠、三氯化铁、硫酸亚铁和硫酸铁等，其中以硫酸铝、硫酸亚铁和三氯化铁的用量最大。无机聚合物如聚合氯化铝、聚合硫酸铝、聚合硫酸铁和聚合铁是一类复合型凝聚剂，兼有凝聚和絮凝两种功能，与上述传统化学品比较，效能可成倍提高，有逐步成为主流化学品的趋势。有机凝聚剂主要是低相对分子质量（$<5\times10^5$）的阳离子聚合物，如聚胺等，这类产品凝聚效果优于无机凝聚剂。

（一）硫酸铝

硫酸铝是一种使用最广的凝聚剂，主要用于饮用水和工业用水的净化处理。它凝聚水中胶体杂质的作用，主要是因为溶于水中后，水解生成的碱式盐和氢氧化铝具有捕集水中杂质粒子的能力。硫酸铝除用作水处理剂外，还应用于其他许多工业部门。在造纸工业中与皂化松香配合，用于纸张的施胶；也用作媒染剂、鞣革剂、医药收敛剂、木材防腐剂及用于泡沫灭火剂等方面。

水处理剂硫酸铝的化学式是 $Al_2(SO_4)_3\cdot 18H_2O$，是无色单斜晶体，呈片状、粒状或粉状，相对密度 1.69，溶于水、酸或碱，不溶于醇。工业硫酸铝的外观由于其中含有微量的低价铁而带有淡绿色，晶体表面又因为低价铁被氧化成高价铁而带黄色。

硫酸铝与天然水中的碳酸氢钙和碳酸氢镁相互作用时，便生成氢氧化铝。氢氧化铝具有凝聚作用，能捕集水中的胶态杂质而形成絮状沉淀，从而将水澄清。由于硫酸铝的水解产物氢氧化铝只有在水的 pH 值为 6～7 时才具有最小的溶解度，因此，为了使水中悬浮物得到近乎完全的凝聚沉淀，水的 pH 值必须保持在 5.7～7.8。凝聚处理时，硫酸铝的加入量一般为 5～50mg/L；若为了除磷，投入量可以增至 90～110mg/L。

硫酸铝工业生产方法主要是硫酸分解铝土矿法和硫酸分解氢氧化铝法。后一种方法是将氢氧化铝与硫酸反应后，经过滤、浓缩、结晶等过程，制得产品。我国铝土矿资源丰富，价廉易得，国内生产硫酸铝以硫酸分解铝土矿法为主。该法又可分为常压反应和加压反应两种生产工艺，加压反应省去了煅烧工序，增加了加压反应工序，改善了操作环境，减少了投资并节约了能源。目前，绝大多数厂家都是采用此工艺生产。

现将硫酸加压分解铝土矿生产硫酸铝的技术介绍如下。

1. 原料

主要原料铝土矿一般含三水铝石、一水铝石、一水软铝石及高岭土（含水硅酸铝），对原料矿的要求是一水软铝石型铝土矿含氧化铝在 40％以上，铝铁比（Al_2O_3/Fe_2O_3）要大于 51。一水软铝石矿要先用颚式破碎机进行粗粉碎，再用球磨机和雷蒙磨进行细粉碎。粒度要求 90％左右通过 60 目筛子，碎石矿粉含水分小于 3％。

2. 反应原理

铝土矿粉和硫酸进行反应时放出大量热量并产生蒸汽。由于反应设备密闭，形成反应压力（表压）一般为 0.3MPa，从而提高了反应温度，加快了硫酸分解铝土矿的反应速度。其主要反应式为：

$$Al_2O_3+3H_2SO_4\longrightarrow Al_2(SO_4)_3+3H_2O \tag{6-1}$$

此外矿粉中的铁、钙、镁等金属氧化物，也不同程度的与硫酸反应，生成相应的硫酸盐，其反应式如下：

$$Fe_2O_3+3H_2SO_4\longrightarrow Fe_2(SO_4)_3+3H_2O \tag{6-2}$$

$$FeO+H_2SO_4\longrightarrow FeSO_4+H_2O \tag{6-3}$$

$$CaO+H_2SO_4\longrightarrow CaSO_4+H_2O \tag{6-4}$$

$$MgO+H_2SO_4\longrightarrow MgSO_4+H_2O \tag{6-5}$$

上述反应生成的盐类混入硫酸铝粗液中，将影响产品的质量。而硫酸铝产品质量与能否扩大产品用途有很大关系，提高质量就需将杂质清除（主要是铁）。在造纸工业中应用的硫酸铝产品含铁量不能超过 0.35％。除铁可采用 $C_6\sim C_9$ 的低碳脂肪酸作萃取剂，先将溶液用高锰酸钾氧化，使 Fe^{2+} 氧化成 Fe^{3+} 之后进行正萃取和反萃取，除铁率可达 88％左右，成品中以 Fe_2O_3 计的含量可低于 0.35％，达到一级品。

3. 生产流程

硫酸加压分解铝土矿粉生产硫酸铝的生产流程如图 6-1 所示。

4. 操作步骤和主要控制技术指标

首先将二次洗液放入反应釜内，加入三氧化二铝质量分数为 50％ 经过 60 目筛选的铝土矿粉，然后加入

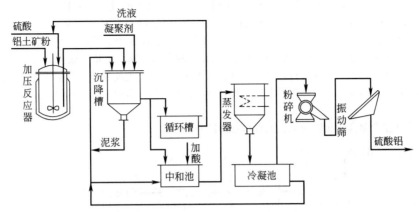

图 6-1 硫酸加压分解铝土矿粉生产硫酸铝流程

质量分数为 50%～60% 的硫酸,密闭容器进行反应,在反应压力(表压)为 0.3MPa 条件下反应 6～8h,当 Al_2O_3 溶出率达 80%～90% 而反应完成液盐基度(含 Al_2O_3)为 3～4g/L 时,即停止反应。将所得硫酸铝粗液放入已加入二次洗液的沉降槽中,用压缩空气进行搅拌、洗涤,并加入凝聚剂聚丙烯酰胺加速残渣沉降,将沉降槽上部分离出的澄清液放入中和池,加入硫酸中和至中性或微碱性,盐基度>0.1g/L;然后送入单效蒸发器中,用蒸汽间歇加热,浓缩温度为 115℃ 左右,经冷却凝固,用粉碎机破碎至 10～20mm 后,计量、包装即为成品。

在沉降槽内的残渣以逆流增浓方式多次洗涤后排出,目前用作水泥填料和以固相法生产水玻璃。

5.操作注意事项

在硫酸铝的溶出过程中,避免水解反应生成碱式硫酸铝;其方法是降低温度,控制一定的酸度或盐基度。硫酸浓度在溶出过程中不应超过 60%,否则反应发生固结,不利于反应顺利进行。配料比(H_2SO_4/Al_2O_3)的比例要掌握准确,过高的比例将使成品中含游离酸,过低将发生水解反应生成碱式硫酸铝。

(二) 聚合氯化铝

聚合氯化铝是一种重要的水处理剂,它具有混凝性能好,投量少,效率高,沉降快,适用范围广等优点;主要用于饮用水和工业给水的净化,以及工业废水的处理。同时,它还能用于去除水中所含油等,故可用于处理多种工业废水。它对于处理水的适应性强,尤其对高浊度水的处理效果更为显著;水温较低时仍能维持稳定的混凝效果。净化后水的色度和铁、锰等重金属含量低,对设备的腐蚀作用小。它还可用于造纸、铸造、制革、印染、医药等领域。

聚合氯化铝是一种无机高分子化合物,是介于 $AlCl_3$ 和 $Al(OH)_3$ 之间的水解产物,一般认为是一种络合物(配位化合物),铝是中心离子,氢氧根和氯根是配位体,是通过羟基起架桥作用交联形成的聚合物;分子中所带的羟基数量不等,其分子式一般多表示为 $[Al_2(OH)_nCl_{6-n} \cdot xH_2O]_m$,$m \leqslant 10$,$n = 1 \sim 5$。

聚合氯化铝为无色或黄色的树脂状固体,易潮解;溶液为无色或黄褐色透明液体,有时因含有杂质而呈灰色黏稠液体。聚合氯化铝产品有液体和固体两种,产品中三氧化二铝的质量分数:液体产品>8%,固体产品为 20%～40%,盐基度(碱化度)为 70%～75%。盐基度的定义是氢氧根与铝的摩尔分数,又称碱化度。产品易溶于水,并发生水解生成 $[Al(OH)_3(OH_2)_3]$ 沉淀;水解过程中伴随有电化学、凝聚、吸附、沉淀等物理化学过程。水溶液是介于三氧化铝和氢氧化铝之间的水解产物,灰色略带混浊,对水中的悬浮物有极强的吸附性能。

聚合氯化铝的工业生产主要是铝屑盐酸和沸腾热解两种工艺。现将应用最广的酸溶法生产聚合氯化铝的技术介绍如下。

1.原料

废铝屑,炼铝熔渣和浮皮,工业盐酸。在应用之前要进行机械筛分和水洗以除去废铝表面杂质。

2.反应原理

废铝屑与盐酸生产聚合氯化铝的全部反应包括溶出反应、水解反应及聚合反应三个过程。其反应式如下:

$$Al_2O_3 + 6HCl + 9H_2O \longrightarrow 2AlCl_3 \cdot 6H_2O \tag{6-6}$$

$$2AlCl_3 \cdot 6H_2O \longrightarrow Al_2(OH)_nCl_{6-n}+(12-n)H_2O+nHCl \tag{6-7}$$
$$mAl_2(OH)_nCl_{6-n}+mxH_2O \longrightarrow [Al_2(OH)_nCl_{6-n} \cdot xH_2O]_m \tag{6-8}$$

由于铝的溶出、pH 值升高，因而配位水分子发生水解，水解结果产生了盐酸使盐酸浓度随之增加，这又促使铝的溶出反应继续进行，pH 值也继续升高，使相邻两个 OH 间发生桥连聚合。由于聚合又减少了水解产物的浓度，从而促进水解继续进行，这三个过程互相交替发生，促使反应向高铝浓度进行。在反应的同时控制反应投料比和反应时间，就能制得聚合氯化铝溶液，并可进一步制取固体产品。

3. 生产流程

铝屑盐酸溶法生产聚合氯化铝的工艺流程示意如图 6-2 所示。

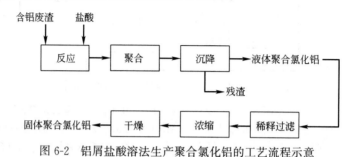

图 6-2 铝屑盐酸溶法生产聚合氯化铝的工艺流程示意

4. 操作步骤和主要控制技术指标

反应开始前，首先要处理铝屑，铝屑需经过水洗，水洗后的铝屑应立即投入反应釜，投料总体积一般不大于反应釜总容积的三分之二，以防投料过多反应物溢出。根据产量计算投料量，可按下式计算：

$$W = 0.69A\eta K(100-B) \tag{6-9}$$

式中　W——每 100kg 铝屑需用 31% 工业盐酸质量，kg；
　　　A——铝屑中氧化铝质量分数，%；
　　　η——铝屑的氧化铝溶出率，与操作条件和铝屑的质量有关，其值一般约为 0.5～0.85；
　　　K——盐酸挥发损失系数，其值一般约为 1.1～1.2；
　　　B——成品预期的盐基度，根据水源水质而异，一般可选用 40%～80%。

将计算好的盐酸量用洗水稀释至适当浓度，一次加入反应釜中，再将处理过的铝屑加入反应釜中，搅拌均匀，盖上带有观察镜的盖板，数分钟后，反应激烈，氢气和氯化氢气体向外排出；此时应开启喷淋水，用水吸收氯化氢气体，直至反应缓慢停止无氯化氢气体溢出为止。反应过程中应补充水分，并不断搅拌，以免铝屑在釜底结块；反应温度控制在 95℃，整个反应约经 6～14h 后，pH 值达适当数值，这时加入洗水，使反应物稀释到密度约为 1.25～1.30g/cm³，pH 值至 4～4.5，保温自然反应、聚合熟化 16～18h。将反应溶液抽入沉降器，此时可加入硫化钠溶液，搅拌均匀，沉降，以便除去金属杂质，沉降的残渣用水洗两次。

沉降 2～4 天后的聚合氯化铝溶液，抽入高位槽以液体成品出售。也可将液体聚合氯化铝经过稀释过滤、浓缩和干燥工序，制得固体聚合氯化铝成品。

5. 操作注意事项

原料投加量应按计算量加入，因为盐酸浓度高或铝屑投加量多，将使反应产生大量的氯化氢气体，不仅污染环境，而且能从产品中析出氢氧化铝，降低产品质量。控制 pH 值，因为 pH 值会影响产品稳定性和净化效果。

（三）聚合硫酸铁

聚合硫酸铁是一种优良的净水剂，具有良好的絮凝和吸附作用，广泛应用于源水、饮用水、自来水、工业用水、工业废水及生活污水的处理。同铝盐净水剂相比，具有如下特点：①絮凝与沉降速度快；②适应性强，对各种水质条件都能获得良好的结果；③具有脱色、除重金属离子、除放射性元素、除菌、降低化学需氧量和生化需氧量的功能；④基本不改变原水的 pH 值；⑤用量少。此外，也可用于其他某些部门。

聚合硫酸铁无机高分子水处理剂，有液体和固体两种形式。液体产品为红褐色或深红色的黏稠液，相对密度为 1.45，液体黏度（20℃）为 11mPa·s 以上；固体产品为淡黄色或浅灰色的树脂状颗粒。聚合硫酸铁的分子式一般表示为 $[Fe_2(OH)_n \cdot (SO_4)_{3-\frac{n}{2}}]_m$，$n<2$，$m=f(n)$。聚合硫酸铁水解后可以产生多种高价和多核络合离子如 $[Fe_2(OH)_4]^{2+}$、$[Fe_3(OH)_6]^{3-}$、$[Fe_8(OH)_{20}]^{4+}$ 等，对水中悬浮的胶体颗粒进行电性中

和，降低电位，促使离子相互凝聚，并产生吸附、架桥交联等作用，促使悬浮粒子发生凝聚并沉淀，从而将水净化。本品无毒，亦不燃烧，具有优良的脱水性能，对设备基本上无腐蚀作用；应用饮用水处理时对人体健康无不良影响，有逐渐取代铝盐净水剂的趋势，需求将持续增加。

聚合硫酸铁的工业生产主要是以铁屑或硫酸亚铁为原料，采用氮氧化物催化氧化的新工艺，是一种经济实用的生产技术。

以铁屑、铁矿粉或铁矿熔渣粉为原料，与硫酸反应生成硫酸亚铁，然后再通入氧气和硝酸作催化剂进行聚合反应，生成液体聚合硫酸铁。该法的生产工艺流程示意图如图 6-3 所示。

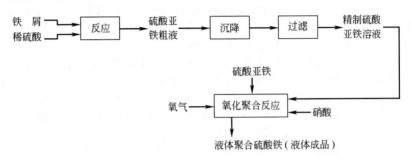

图 6-3　以铁屑为原料生产聚合硫酸铁的工艺流程示意

以硫酸亚铁为原料，如用钛白粉生产厂的副产物或钢铁硫酸洗液废液中的硫酸亚铁为原料，其生产工艺流程示意如图 6-4 所示。

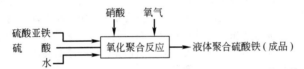

图 6-4　以硫酸亚铁为原料生产液体聚合硫酸铁的工艺流程示意

上述两种方法中，硝酸催化剂的用量约占反应物总质量的 1%～4%。投料质量比为硫酸亚铁：浓硫酸：水＝(55%～60%)：(5%～10%)：(25%～40%)。

该两种方法的反应原理如下：

$$Fe + H_2SO_4 \longrightarrow FeSO_4 + H_2 \uparrow \tag{6-10}$$

$$6FeSO_4 + 3H_2SO_4 + 2HNO_3 \longrightarrow 3Fe_2(SO_4)_3 + 4H_2O + 2NO \uparrow \tag{6-11}$$

$$2NO + O_2 \longrightarrow 2NO_2 \tag{6-12}$$

$$2FeSO_4 + NO_2 + H_2SO_4 \longrightarrow Fe_2(SO_4)_3 + NO \uparrow + H_2O \tag{6-13}$$

总反应方程式：

$$4FeSO_4 + O_2 + (2-n)H_2SO_4 \longrightarrow 2Fe(OH)_n(SO_4)_{3-n/2} + 2(1-n)H_2O \tag{6-14}$$

$$mFe_2(OH)_n(SO_4)_{3-n/2} \longrightarrow [Fe_2(OH)_n(SO_4)_{3-n/2}]_m \tag{6-15}$$

式中，$m = f(n)$。

聚合硫酸铁固体产品的生产方法是利用液体产品进行喷雾干燥，制成固体颗粒。

二、絮凝剂及其生产

将主要使脱稳后的胶粒通过粒间搭桥和卷扫作用黏结在一起的化学品称为絮凝剂。絮凝剂主要是天然和人工合成的水溶液高分子聚合物。

天然高分子絮凝剂一般来源于淀粉类、半乳甘露糖类、纤维衍生物类、微生物类和动物骨胶类的自然产物。产品有水溶性淀粉、瓜尔胶、藻酸盐、壳聚糖、动物胶和白明胶等，其中以淀粉和瓜尔胶最常用。由于这类产品电荷密度小，相对分子质量低，易于降解而失去絮凝活性，因此使用量远少于合成的高分子絮凝剂，但其原料来源丰富、价格低而且无毒性，至今仍占有一定的市场份额。为了提高絮凝效果，一般需改性制成半合成高分子聚合物，如在淀粉分子结构中引入带电基团或与阳离子单体接枝共聚，制成阳离子型淀粉絮凝剂等。

合成高分子絮凝剂可分为离子型和非离子型水溶性聚合物两类。离子型水溶性聚合物亦称作聚电解质，按其大分子结构中重复单元带电基团的不同,可分为阴离子、阳离子和两性聚合物。阳离子聚电解质是指大分子结构重复单元中带有正电荷氨基（—NH_3^+）、亚氨基（—CH_2—NH_2^+—CH_2—）或季铵基（N^+R_4）的水溶性聚合物,主要产品有聚乙烯胺、聚乙烯亚胺、聚二甲氨基丙基甲基丙烯酰胺、聚二甲基二烯丙基氯化铵,以及由阳离子单体与丙烯酰胺合成的共聚物等。由于水中胶粒一般带有负电荷,所以这类絮凝剂无论相对分子质量大小,均兼有凝聚和絮凝两种作用,在水处理剂中占有重要地位。阴离子聚电解质是指大分子结构重复单元中带有负电荷羧酸或磺酸基团的水溶性聚合物。这类产品多数是丙烯酸（盐）的均聚物或是丙烯酸与丙烯酰胺的共聚物。两性聚电解质是大分子重复单元中既包含带正电基团又有负电基团的高分子聚合物,比较适合在各种不同性质的废水处理中使用,该产品除有电性中和、吸附桥联作用外,还具有分子间的"缠绕"包裹作用,特别适用于污泥脱水处理。非离子型絮凝剂主要产品为聚丙烯酰胺和聚氧化乙烯,聚乙烯醇、聚乙烯吡咯烷酮、聚乙基醚也属于此类,但市场的需求量很少。

与无机混凝剂相比较,有机高分子絮凝剂具有絮凝速度快、用量少,受共存盐、pH 值和温度影响小,生成污泥量少并易于处置等优点,对节约用水,强化污泥处理过程等有重要作用。目前的发展趋势如下：①向超高相对分子质量（$M_n > 10^6$）絮凝剂方向发展;②重点开发均聚物和共聚物阳离子聚电解质,特别是丙烯酰胺类高分子阳离子共聚物;③进一步控制水处理用聚合物中剩余单体的含量,如对于聚丙烯酰胺,游离单体含量不得超过 0.05％等,以减少、残余单体对人体的危害。

应该指出,继无机和有机絮凝剂之后,近年来利用生物技术,通过微生物发酵、抽提、精制而得到的一种新型生物絮凝剂,由于具有无毒、高效和可生物降解等特点,对水资源的保护有十分重大的意义,是很有发展前途的绿色水处理剂。

（一）壳聚糖

壳聚糖是为数不多的天然阳离子聚电解质之一,由于对人体无害,又不会对环境造成二次污染,因此在水处理中,主要用作絮凝剂、污泥脱水助剂和净水剂。在食品工业中其作为絮凝剂应用在澄清果汁中除去果酸和悬浮颗粒,增加透明度,提高产品的质量和品位。在医药工业中,用作抗菌剂、抗凝血剂、抗病毒剂、抗癌剂、渗析膜和止血剂等。在纺织工业中,用于提高织物和合成纤维的染色能力。在农业中,用作饲料添加剂、植物病原体抗菌剂和植物种子表面盖覆剂等。

壳聚糖别名为可溶性几丁质、脱酰甲壳素、可溶性甲壳素,学名为 (1-4)-2-脱氧-β-D-葡聚糖。壳聚糖是 N-乙酰-氨基葡萄糖以 β-1,4 位键结合成的一种氨基多糖,其分子式为 $(C_6H_{11}NO_4)_n$。工业品壳聚糖为白色或灰白色的半透明片状固体,略带珍珠光泽;无味、无毒、易降解,是少有的天然阳离子聚电解质。

壳聚糖主要来源于甲壳类动物的外骨骼,如虾、蟹等;这些动物的甲壳主要是由壳聚糖和碳酸钙组成。如虾壳等软壳中含多糖 15％～30％,碳酸钙 34％～40％,蟹壳等硬壳含多糖 15％～20％,碳酸钙 75％。甲壳物质也称甲壳素,是生产壳聚糖的原料。

由原料甲壳素经过脱乙酰化反应,可以制得壳聚糖。甲壳素溶于浓盐酸、硫酸、冰醋酸和磷酸（78％～97％）,不溶于水、稀酸、碱、醇及其他有机溶剂。利用上述性质,在制造过程中可将动物甲壳中与其共生的碳酸钙、磷酸盐、粗蛋白和脂肪等分离提取。壳聚糖的生产过程和主要工艺条件如下：

1. 提取甲壳素

以食品工业中大量虾皮和蟹壳下脚料为主料,先用水洗净后,烘干粉碎,以过量的 2mol/L 的盐酸溶液与之反应 4～5h;过滤,在以 2mol/L 盐酸溶液处理 12～24h,使其中所含的碳酸钙全部转化为氯化钙除去;过滤,水洗至中性。用过量的氢氧化钠溶液处理 3～4h（温度 90～95℃）,反复数次,除去磷酸盐、蛋白质和色素,滤出固体,用乙醇洗至中性,干燥得白色粉末的粗品甲壳糖。

2. 甲壳糖的脱乙酰化反应

向甲壳糖粗品中加入 40％～50％氢氧化钠溶液,加热至 110～115℃反应数小时,即可使乙酰氨基水解脱除乙酰基制成含氨基的壳聚糖,加水洗涤至中性,最后在 60～70℃下烘干制得成品。

3. 操作注意事项

甲壳素的脱乙酰化反应速度和脱乙酰化程度与氢氧化钠的浓度有直接关系,当浓度低于 30％时,无论反应速度多高和反应时间多长,脱乙酰化程度只能达到 50％左右。当氢氧化钠浓度达到 40％时,脱乙酰化反应速度随温度升高而加快,如在 135～140℃时,在 1～2h 内即可将乙酰基脱净,而在 50～60℃时则需 24h。

目前我国生产的壳聚糖并非纯粹由聚氨基葡萄糖组成,壳聚糖的理论含氮量为 8.7％,而壳聚糖产品的含氮量一般在 7％左右,说明其中有相当一部分乙酰基没有脱除。实际上,只要脱乙酰化度在 70％以上的产品，工业上即为合格品。

（二）聚丙烯酰胺

聚丙烯酰胺（简写为 PAM）是一种线型的水溶性聚合物，它是水溶性聚合物中应用最为广泛的品种之一。它由丙烯酰胺聚合而得，因此在其分子的主链上带有大量侧基—功能基团酰氨基（$-\overset{O}{\underset{}{C}}-NH_2$），酰氨基的化学活性很大，可以和多种化合物反应而产生许多聚丙烯酰胺的衍生物。酰氨基的独特之处还在于它能与多种可形成氢键的化合物形成很强的氢键。这样，聚丙烯酰胺不仅有一系列衍生物，而且具有多种宝贵的性能，如絮凝性、增黏（稠）性、表面活性等。

聚丙烯酰胺主要以两种形式的商品出售，一种是粉末状的，一种是胶体。由于胶体不易运输，使用也不方便，因此粉末状聚丙烯酰胺产品一般受到用户欢迎。最近，出现了聚合物分散体，称为聚丙烯酰胺胶乳，它具有很容易溶于水的特性，因此受到人们关注。

由单体丙烯酰胺（简写为 AM）经自由基聚合得到的均聚物为非离子型。但在聚合过程中可能使少部分 $-CONH_2$ 基团水解为 $-COOH$，所以工业生产的聚丙烯酰胺商品大多数含有不同数量的羧基，属于阴离子型聚合物。丙烯酰胺可与具有阴离子基团或具有阳离子基团的单体共聚从而得到阴离子型聚丙烯酰胺或阳离子型聚丙烯酰胺。工业上还将聚丙烯酰胺与甲醛、二甲胺经曼尼希反应合成阳离子聚丙烯酰胺。工业上生产的聚丙烯酰胺聚合度为 20000～300000；平均相对分子质量为 1×10^5～2×10^7 左右。相对分子质量的大小是聚丙烯酰胺的主要性能指标之一。若用作絮凝剂时，其相对分子质量必须达到 10^6 以上时才具有良好的絮凝性能，中等相对分子质量的主要可用作纸张的干强剂，低相对分子质量的用作分散剂。根据相对分子质量范围和是否带有离子基团以及离子基团的含量，工业上区分为不同牌号的非离子型聚丙烯酰胺、阴离子型聚丙烯酰胺、阳离子型聚丙烯酰胺及两性聚丙烯酰胺。

1. 单体

丙烯酰胺（$CH_2=CHCONH_2$）为白色结晶固体物，相对分子质量为 71.08，在水中的溶解度（30℃）为 215.5g/100mL；熔点为 84.5℃，具有良好的热稳定性。避光条件下，于 80℃受热 24h 不会生成聚合物或仅生成少量。加热到熔点以上则将逐渐聚合。

丙烯酰胺商品为固体物或 50% 的水溶液，空气中的氧对水溶液中的丙烯酰胺有明显的阻聚作用；或加入 2.5×10^{-5}～3×10^{-5} 的三价铜离子、三价铁离子、亚硝基离子、乙二胺四乙酸等作为稳定剂。

丙烯酰胺分子含有双键与酰氨基团双重活性中心，易于发生聚合反应，又易发生酰氨基团水解、络合、加成等反应。在丙烯酰胺工业中重要的化学反应为：

丙烯酰胺水解反应

$$CH_2=CHCONH_2 + H_2O \xrightarrow[\text{或 } OH^-]{H^+} CH_2=CH-COOH + NH_3 \tag{6-16}$$

丙烯酰胺与甲醛在碱性条件下反应生成 N-羟甲基丙烯酰胺

$$CH_2=CHCONH_2 + HCHO \xrightarrow{\text{碱}} CH_2=CH-CONHCH_2OH \tag{6-17}$$

两分子丙烯酰胺与一分子甲醛在酸性催化剂存在下则生成 N,N-次甲基双丙烯酰胺，它可用作交联剂：

$$2CH_2=CHCONH_2 + HCHO \xrightarrow{\text{酸}} CH_2=CHCONH-CH_2-NHCOCH=CH_2 \tag{6-18}$$

丙烯酰胺单体可毒害人们的神经，对中枢神经和周围神经系统都可产生危害。工作人员应穿戴防护用具避免接触，以防止通过皮肤接触或呼吸道吸入丙烯酰胺粉尘或其蒸气。

2. 聚合生产工艺技术

（1）生产原理 丙烯酰胺在自由基引发剂作用下经自由基聚合反应生成聚丙烯酰胺。

$$nCH_2=CH-CONH_2 \xrightarrow{\text{引发剂}} +CH_2-CH\frac{}{}_n \atop |\atop CONH_2 \tag{6-19}$$

丙烯酰胺在醇或吡啶溶液中，经强碱催化剂如烷氧钠的作用下，经阴离子聚合反应则生成聚 β-丙酰胺。

$$nCH_2=HCCONH_2 \xrightarrow[\text{阴离子聚合反应}]{\text{碱}} +CH_2-CH\frac{}{}_n \atop |\atop CONH_2 \tag{6-20}$$

工业生产中采用自由基聚合反应生产聚丙烯酰胺，聚合方法主要是溶液聚合和反相乳液聚合，以前者应用最为广泛；所用的自由基引发剂或引发剂来源种类很多，包括过氧化物、过硫酸盐、氧化-还原引发体系、偶氮化合物、超声波、紫外线、离子气体、等离子体、高能辐射等。

丙烯酰胺水溶液聚合为聚丙烯酰胺水溶液时,聚合热为82.8kJ/mol;相对来说放出的热量很大,因此水溶液聚合法中如何及时导出聚合热成为生产中的重要技术问题之一。另一个问题是如何降低残余单体含量;因为丙烯酰胺毒性很大,为了减少其危害性,特别是用于水质处理时对残余单体的含量要求低于0.1%。第三个问题是如何将聚合反应得到的高黏度流体转变为固体物质,即干燥脱水问题。第四个问题是如何自由控制产品的相对分子质量。

丙烯酰胺的链增长速度常数很大,所以不存在链转移剂时,聚丙烯酰胺可得到平均相对分子质量超过2×10^7的产品。高纯度丙烯酰胺易聚合为超高相对分子质量的聚丙烯酰胺,为了生产要求相对分子质量范围的产品,须加链转移剂。工业上多采用异丙醇为链转移剂,以控制产品相对分子质量。

丙烯酰胺在水溶液中进行自由基聚合时,可能产生交联生成不溶解的聚合物,当聚合反应温度过高时此现象更为严重。这是由于歧化终止生成的聚合物端基具有双键,参与聚合反应或发生向聚合物进行链转移所致。此外引发剂过硫酸盐与聚丙烯酰胺加热时也会导致生成凝胶。

水溶液中微量金属离子如Fe^{3+}、Cu^{2+},可加速氧化-还原引发体系的反应速度,但过多则产生不良影响。由于聚丙烯酰胺增长链自由基向金属离子如铁盐转移一个电子而发生链终止反应。

(2) 工业生产技术路线　其可分为水溶液聚合和反相乳液聚合,具体介绍如下。

① 水溶液聚合　丙烯酰胺水溶液聚合是工业生产中采用的主要方法。反应介质水应为不含杂质的去离子水;配方中的单体应配成水溶液,质量分数为8%~10%的丙烯酰胺水溶液(此时所得产品为胶体)或25%~30%丙烯酰胺水溶液(此时所得产品为干粉)必须经离子交换提纯。为了易于控制聚合反应温度,单体的质量分数通常低于25%。引发剂多采用过硫酸盐与亚硫酸盐组成的氧化-还原引发体系,以降低聚合反应温度;另外需加有异丙醇链转移剂。为了消除可能存在的金属离子的影响,需要时应加入螯合剂乙二胺四乙酸(简写为EDTA)。

丙烯酰胺聚合反应热高达82.8kJ/mol,必须及时导出聚合热;如果单体的质量分数为25%~30%,即使在10℃时引发聚合,如果聚合热不传导出,则溶液温度会自动上升到100℃,将生成大量不溶物。因此,传热问题成为聚丙烯酰胺生产中的关键问题之一。

生产低相对分子质量的聚丙烯酰胺产品时,可以用釜式反应器间歇操作或者数个釜串联连续生产,用夹套冷却并保持反应温度为20~25℃,直至单体转化率达95%~99%时停止反应。生产高相对分子质量产品时,由于产品为冻胶状,不能进行搅拌,为了及时移除反应热,工业上采用在反应器中将配方中的物料均匀混合后,立即装入聚乙烯小袋中,再将装有反应物料的聚乙烯袋子置于水槽中进行冷却反应。需要注意的是,由于空气中的氧有明显的阻聚作用,配料与加料必须在N_2气氛中进行。试用过硫酸盐-亚硫酸盐引发剂体系时,一般引发开始温度为40℃,生产超高相对分子质量的絮凝剂产品时引发温度应低于20℃,聚合反应4~8h。

由于单体不能挥发,聚合反应结束后不能除去,所以未反应单体将残存于聚丙烯酰胺中;采用延长反应时间和提高反应温度虽可降低残存单体量,但会引起生产能力降低而且不溶物含量会增加。为了降低残余单体量,有的工厂采用复合引发体系,由氧化-还原引发剂与水溶性偶氮引发剂组成;水溶性偶氮引发剂为4,4'-偶氮双-4-氰基戊酸、2,2'-偶氮双-4-甲基丁腈硫酸钠等。低温条件下由氧化-还原引发剂发挥作用,后期当反应物料温度升高后,使偶氮引发剂分解进一步发挥作用,用此方法生产的聚丙烯酰胺产品中残余单体质量分数可降低至0.02%,可以满足水质处理时的要求。

按上述方法合成的聚丙烯酰胺为高黏度流体或凝胶状不流动物,可以直接作为商品,其聚合工艺流程如图6-5所示。如果需要粉状固体产品,则应进行干燥。胶体物进行干燥的方法可采用捏和机后经干燥器,但此法能耗大,并且产品降解严重。生产规模较小时可采用挤出机造粒后,烘房内烘干的方法,再经粉碎机粉碎得粉状产品。现今生产产量大而又较先进的方法是经挤出机造粒后,送入转鼓式干燥器,干燥后粉碎得粉状商品。

② 反相乳液聚合　将丙烯酰胺单体配制成质量分数为30%~40%的水溶液作为分散相,其中加入少量螯合剂EDTA、Na_2SO_4、氧化-还原引发剂和适量水溶性表面活性剂(HLB值应较低)。用饱和脂肪烃或芳烃作连续相,其中加有油溶性表面活性剂其HLB值应较高,如脱水山梨醇油酸酯。分散相与连续相的比例通常为3:7。Na_2SO_4具有防止反乳粒子黏结的作用。反应温度一般为40℃,反应时间为6h,单体转化率可达98%。聚合所得分散相胶乳粒子直径为0.1~10μm,粒子直径与表面活性剂用量有关。反相乳液法生产PAM胶乳的工艺流程见图6-6。反相乳液聚合的优点是反应热容易导出,物料体系黏度低,便于操作,

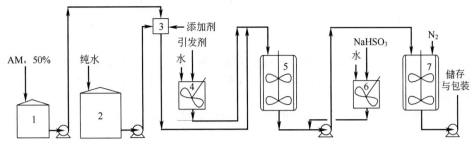

图 6-5 制造水溶胶型聚丙烯酰胺的溶液聚合工艺流程
1—AM 溶液贮罐；2—纯水贮罐；3—混合器；4—引发剂溶解槽；
5—聚合反应釜；6—NaHSO₃ 溶液配制槽；7—后反应釜

产品相对分子质量高（10^6 以上），可不经干燥直接应用。缺点是使用有机溶剂易燃，并且有效生产能力低于溶液聚合法。

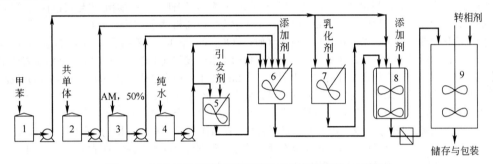

图 6-6 制造胶乳型聚丙烯酰胺的反相乳液聚合工艺流程
1—甲苯贮罐；2—共单体贮罐；3—AM 溶液贮罐；4—纯水贮罐；5—引发剂溶解槽；
6—水相混合槽；7—油相混合槽；8—聚合反应釜；9—性能调节釜

（三）聚丙烯酰胺衍生物

聚丙烯酰胺是一种化学性质比较活泼的高分子化合物。由于分子侧链上酰氨基的活性，使聚合物获得了许多宝贵的性能。

1. 聚丙烯酰胺的化学性质

（1）水解反应 聚丙烯酰胺可以通过它的酰氨基水解而转化为含有羧基的聚合物。这种聚合物和丙烯酰胺-丙烯酸共聚物的结构相似。所得产品叫部分水解的聚丙烯酰胺，简称水解体。

$$—CH_2—CH—CH_2—CH— \xrightarrow{OH^-} —CH_2—CH—CH_2—CH— \qquad (6-21)$$
$$\qquad\quad |\qquad\quad\ |\qquad\qquad\qquad\qquad |\qquad\quad\ |$$
$$\quad CONH_2\ CONH_2\qquad\qquad\quad CONH_2\ COO^-$$

水解反应在中性介质中速率很低，因此，一般在碱性条件下进行；所用碱或碱式盐为 NaOH、Na_2CO_3、$NaHCO_3$ 等。反应容易控制到要求的水解度，水解反应随水解度的提高而减慢。水解体是一种很重要的阴离子型聚电解质。

$$CH_2=CHCONH+HCH \longrightarrow CH_2=CHCONHCH_2OH$$
$$\qquad\qquad\qquad\ \ |\!\!-\!\!|$$
$$\qquad\qquad\qquad H\ \ O \qquad\qquad\qquad\qquad\qquad (6-22)$$

（2）磺甲基化反应 聚丙烯酰胺在碱性条件下可以与甲醛和亚硫酸氢钠反应，生成磺甲基聚丙烯酰胺。反应式如下：

$$\pm CH_2—CH\pm_n + nHCHO + nNaHSO_3 \longrightarrow \pm CH_2—CH\pm_n \qquad (6-23)$$
$$\qquad\quad |\qquad\qquad\qquad\qquad\qquad\qquad\qquad\qquad\qquad |$$
$$\quad CONH_2\qquad\qquad\qquad\qquad\qquad\qquad\quad CONHCH_2SO_3Na$$

（3）曼尼希反应 将聚丙烯酰胺和二甲胺、甲醛反应可生成二甲氨基 N-甲基丙烯酰胺聚合物。其反应式为：

$$\mathrm{\{CH_2-CH\}}_n + n\mathrm{HCHO} + n\mathrm{NaHSO_3} + \mathrm{HN(CH_3)_2} \longrightarrow \mathrm{\{CH_2-CH\}}_n \atop \mathrm{CONHCH_2} \atop \mathrm{N(CH_3)_2} \quad (6\text{-}24)$$

该反应称为曼尼希反应，是制备阳离子聚丙烯酰胺的一种方法。曼尼希反应的产品实质是一种丙烯酰胺-羟甲基丙烯酰胺-N-(二甲氨基甲基)丙烯酰胺的三元共聚物；由于分子链上引入了四个活性基而增加了使污水澄清的速度。

(4) 霍夫曼降解反应　聚丙烯酰胺可以和次氯酸盐在碱性条件下反应而制得阳离子的聚乙烯亚胺。其反应式如下：

$$\mathrm{\{CH_2-CH\}}_n \atop \mathrm{CONH_2} + 2\mathrm{NaOCl} + 2\mathrm{NaOH} \longrightarrow \mathrm{\{CH_2-CH\}}_n \atop \mathrm{NH_2} + \mathrm{Na_2CO_3} + 2\mathrm{NaCl} + 2\mathrm{H_2O} \quad (6\text{-}25)$$

该反应称为霍夫曼降解反应，酰胺类化合物在次卤酸盐的作用下发生重排而生成一个碳原子的伯胺，是制备伯胺的一个重要方法。

2. 聚丙烯酰胺衍生物的生产技术

丙烯酰胺聚合物易获得高相对分子质量（$M > 1 \times 10^7$）聚丙烯酰胺。而丙烯酰胺与其他任何单体共聚，都不能获得其均聚物那样高聚合度的产品。因此，工业中为生产高相对分子质量的丙烯酰胺共聚物，常采用聚丙烯酰胺的化学改性方法，以得到含有阴离子（如—COO^-，—SO_3^-）、阳离子（—$CH_2N^+R_3$）以及非离子（—NH_2）的丙烯酰胺共聚物，这些反应可在聚合物的水溶液或胶乳中进行。有时也可在溶胀着的聚合物粒子中进行，但反应只能进行在聚合物粒子表面上，产品的离子化程度很低并且不均匀。为了达到较高的化学转化，并克服介质过于黏稠的现象，必须在质量分数小于5%的稀溶液中反应，所得产品中有效物含量较低。这类改性物一般储存稳定性较差，容易自发进行交联或分解，产品中常需要加入稳定剂。

(1) 水解聚丙烯酰胺（简写为 HPAM）　聚丙烯酰胺在碱作用下，酰氨基水解成羧基，反应可以在聚合的同时进行，也可以在聚合以后进行。由于存在邻基效应，此方法所得的水解聚丙烯酰胺的理论水解度只能达到70%。如果要得到水解度更高的产物，必须采用共聚方法。

聚丙烯酰胺进行水解时，其水解速度随所加碱的碱性强度和温度的增加而增大。碱性强度：$\mathrm{NaOH} > \mathrm{Na_2CO_3} > \mathrm{NaHCO_3}$。在应用 NaOH 为水解剂时，反应体系黏度大，产物相对分子质量较高，而使用 $\mathrm{Na_2CO_3}$ 或 $\mathrm{NaHCO_3}$ 时，反应体系黏度较小，产物相对分子质量有明显降低现象。

聚合同时水解的工业生产工艺过程如下：

在配料釜中加入质量分数为27%的丙烯酰胺水溶液500kg，于搅拌下加入30.2kg $\mathrm{Na_2CO_3}$（相当于30%水解度产品），氨水5.6L，调节溶液温度为25~28℃。将配制的溶液加入到聚合反应釜内，通 $\mathrm{N_2}$ 15min，加入质量分数为10%的 $(\mathrm{NH_4})_2\mathrm{S_2O_8}$ 和 $\mathrm{NaHCO_3}$ 溶液各1.48L，反应0.5h后出现放热高峰，并有氨气排出，再聚合反应2h后，向釜内压入0.3MPa的压缩空气；将反应物压出，送造粒机造粒，然后进行干燥，得 ϕ5mm粒珠，经过粉碎和过筛得40~60目粒状水解聚丙烯酰胺产品。

聚丙烯酰胺主要作为絮凝剂和增稠剂，用于水处理、石油钻采和洗煤工业。

(2) 磺甲基聚丙烯酰胺　聚丙烯酰胺在碱性条件下可以与甲醛和亚硫酸氢钠反应生成磺甲基聚丙烯酰胺，它是一种阴离子型聚丙烯酰胺衍生物。

聚丙烯酰胺的磺甲基化速度随着温度升高和pH值在13以上时，伴随发生康尼查罗（Cannizarro）反应，并有部分酰氨基水解为羧基。温度低于50℃，产物的磺甲基化度较低。原料配比中，HCHO 和 $\mathrm{NaHSO_3}$ 量越大，产物磺甲基化度越高。但是，随着磺甲基化反应的进行，聚合物分子链上阴离子量逐渐增大，静电作用和空间作用变得明显，导致反应温度变慢，使磺甲基化反应只能达到50%的程度。

工业上生产磺甲基聚丙烯酰胺的工艺过程如下。在质量分数为2%的聚丙烯酰胺水溶液中，按 AM/HCHO/$\mathrm{NaHSO_3}$=1（摩尔比）加入 HCHO 和 $\mathrm{NaHSO_3}$ 溶液，然后用质量分数为10%的 NaOH 溶液调节反应物的pH值为12.5~13.0，在65~70℃下反应2h，得到含有50%磺甲基丙烯酰胺结构单元的磺甲基聚丙烯酰胺溶液。

磺甲基聚丙烯酰胺是具有抗钙、镁离子能力的絮凝剂和增稠剂，在地质和石油钻井中用调节泥浆性能，以及在土壤改良等方面具有特殊效果。

(3) 氨甲基聚丙烯酰胺　聚甲基丙烯酰胺与甲醛及二甲胺通过曼尼希反应，可以得到 N-氨甲基聚丙烯酰胺；再与硫酸二甲酯和氯甲烷反应生成季铵盐，它是一种含有阳离子侧基的丙烯酰胺共聚物。

氨甲基聚丙烯酰胺的氨甲基化程度对其使用性能有较大影响,因此是产品质量的一个重要指标。原料的配比、反应温度和时间是影响氨甲基化程度的主要因素;增加反应温度或延长反应时间导致交联物增多,一般情况下,在40℃下反应2h即可。原料配比中,常使胺相对于醛过量,采用胺/醛大于1的条件,这样既可保持体系的pH值,又可以减少游离甲醛和羟基丙烯酰胺的含量,以利于产物的稳定。为此,在工业中先将甲醛和二甲胺预混合,使其反应生成羟甲基二胺,而后加入到聚丙烯酰胺溶液中。原料配比对氨甲基化程度的影响见表6-1。

表6-1 原料配比对聚丙烯酰胺的氨甲基化程度的影响

原料配比(摩尔比)			氨甲基化程度
AM	HCHO	HN(CH$_3$)$_2$	/%
1.0	0.3	0.5	20~24
1.0	0.5	0.8	28~33
1.0	1.0	1.0	43~50

工业生产氨甲基聚丙烯酰胺的工艺过程如下。在质量分数为2%的聚丙烯酰胺水溶液中,按摩尔配料比为 AM:HCHO:HN(CH$_3$)$_2$=1:0.5:0.8,加入预先混合并反应而生成的甲醛-二甲胺加成物溶液,于40℃反应2h,然后降温至20℃,加入硫酸二甲酯直至体系的pH值降到5为止,即得到氨甲基聚丙烯酰胺溶液。为防止存放过程中链胶化,可加入 SO$_2$、SO$_3^{2-}$、乙酸-羟胺混合物或磷酸盐作稳定剂。为克服氨甲基聚丙烯酰胺溶液浓度低的缺点,可用高质量分数的聚丙烯酰胺水溶胶,胶乳或粉粒悬浮液进行氨甲基化反应。

氨甲基聚丙烯酰胺是一种阳离子聚电解质,作为絮凝剂大量用于污水处理,还可用作纤维织物的匀染剂。

(4) 聚乙烯亚胺 聚丙烯酰胺经过霍夫曼降解反应可得到含有氨基乙烯结构单元的丙烯酰胺共聚物;此反应必须在 NaOH 过量和 NaOCl 稍微过量的情况下才能完成。

工业生产聚乙烯亚胺的工艺过程如下。质量分数为5.25%的 NaOH 溶液40份,质量分数为2.3%的 NaOCl 水溶液,在20min内加到质量分数为20%的聚丙烯酰胺水溶液355份中,反应体系温度由35℃升至37℃,保温30min以上,后用盐酸中和至pH值为6.9,此时可以得到含1%以上氨基乙烯结构单元的丙烯酰胺共聚物。由于溶液中的盐类浓度高,聚乙烯亚胺呈胶状沉淀出来。

聚乙烯亚胺为阳离子聚电解质,也可以看作是丙烯酰胺和乙烯亚胺的共聚物。本品主要用作絮凝剂、助留剂和匀染剂,广泛用于水处理、造纸和纺织印染等工业部门。

(四) 丙烯酰胺共聚物

丙烯酰胺容易与许多乙烯基单体共聚,聚合速率和产物相对分子质量在丙烯酰胺均聚时低一些。丙烯酰胺常与一些离子性单体共聚,形成具有阴离子、阳离子或两性离子的水溶性共聚物。这些共聚物都有重要的用途。常见的共聚单体有:丙烯酸、甲基丙烯酸、顺丁烯二酸酐、苯乙烯磺酸、乙烯磺酸、丙烯磺酸、2-丙烯酰氨基-2-甲基丙磺酸、甲基丙烯酸二甲氨基乙基酚、丙烯酸二甲氨基乙基酯以及它们的季铵盐等。

生产丙烯酰胺共聚物常常采用生产均聚物的方法。聚丙烯酰胺系的产品中应用最广泛,产量最大的是共聚物,其中最主要的是与丙烯酸及其盐类制成的阴离子型共聚物和与甲基丙烯酸乙酯基三甲氨基氯化铵制成的共聚物。近年来阳离子型共聚物的产量增长较快。

1.丙烯酰胺-二甲基二烯丙基氯化铵共聚物

丙烯酰胺-二甲基二烯丙基氯化铵共聚物的分子式为 (C$_6$H$_{10}$N·C$_3$H$_5$NO·Cl)$_x$,相对分子质量在 $1\times10^6\sim3\times10^6$ 以上,其产品为易流动的白色固体颗粒,完全溶于水,无毒性,特性黏度为 10~25dL/g(在质量分数为4%氯化钠溶液中测定),是高分子阳离子线型共聚物;有不同的阳离子度,其大小取决于共聚物中二甲基二烯丙基氯化铵的含量。

本品在城市和工业用水以及废水处理系统中用作污泥调节的絮凝剂,特别适用于来自原污水或加工污水、食品加工废水、发酵废水等有污泥悬浮物和生物降解污泥的脱水,以及各种类型工业废水的澄清处理。本品在造纸工业中用作排水助剂和助留剂,以及纤维废水污泥的脱水;在采矿和矿物加工过程,常用作脱水絮凝剂,用以处理各种矿物泥浆。另外,在洗发剂、漂洗调节剂和润肤剂中,用作泡沫稳定膜的成型等。

(1) 生产方法 可以通过溶液聚合与乳液聚合两种方法生产,在共聚过程中,应注意两种单体在反应过程中的活性差异，避免两种单体在长链上分布不均匀，引起的组分差异；另外，也要防止少量的二烯丙基二甲基氯化铵单体因侧基双键引发支化产生交联聚合物，所导致的共聚物水溶性下降的缺陷。

溶液共聚合反应所用的溶剂有水、1~4个碳原子的伯醇及其水溶液混合物，低级醇溶剂所制成的产品为粒子状，容易干燥和贮藏。但是，由于所用原料和最终产品均溶于水，因此，一般工业是选用水作溶剂，有利于操作和保护环境。为便于聚合及利于单体的充分溶解，最好控制水溶液中的单体质量分数在50%~60%之间。

乳液共聚合反应所用的油相为异链烷烃和油酸异丙醇酰胺混合制成连续相，两种单体、引发剂和分散乳化剂等作为分散相，进行反相乳液聚合反应，得到的共聚物乳液需加入适量的破乳剂，然后将乳液放出并通过149μm筛过滤，以除去凝聚的胶粒。

下面主要介绍溶液聚合生产工艺技术。

(2) 溶液聚合生产工艺技术　在装有搅拌、加热夹套、真空控制、回流冷凝管和加料口的30L反应器中，分别加入质量分数为60%的二烯丙基二甲基氯化铵单体水溶液2.89kg，质量分数为50%的丙烯酰胺单体水溶液2.11kg，去离子水3.31kg，质量分数为40%的二亚乙基三胺五乙酸五钠盐27g，2,2'-偶氮二(N,N'-二亚甲基异丁脒)二盐酸2g，2,2'-偶氮二(2-脒基丙基)二盐酸5g和过硫酸钠27g；然后抽真空、充氮使反应器内混合物脱氧。

搅拌反应混合物，并加热进行聚合反应；为保持最佳聚合温度在(35±1)℃，反应器内抽真空至4.9~5.5kPa，以使反应溶液(水)温度保持在(35±1)℃下恒温沸腾。此后，将剩余的质量分数为50%的丙烯酰胺单体水溶液11.62kg和2,2'-偶氮二(N,N'-二亚甲基异丁脒)二盐酸3g，在1h内分4个阶段加入反应液中；第一阶段即前15min，丙烯酰胺溶液的加入量为总量的29%，以后各阶段分别为26%、24%和21%。当丙烯酰胺溶液全部加完后，继续反应40min，反应器充氮使之恢复到常压，并在30min内反应，向胶体溶液中小心地加入质量分数为10%的次磷酸钠溶液0.5kg，再升温至75℃，保温反应2h，可有效地减少残余单体的含量。

反应后的胶体混合物放入造粒器内造粒，然后送入流化床中于90℃下干燥50min，即可得到干燥的、白色粒状的丙烯酰胺-二甲基二烯丙基氯化铵共聚物产品。该产品中二烯丙基二甲基氯化铵被均匀地分布在聚合物链上，阳离子度摩尔分数为10%；共聚物特性黏度为16dL/g(在4%NaCl溶液中测定)，二烯丙基二甲基氯化铵的转化率为99%。产品溶于水，不溶于甲醇。

本技术由于采用分阶段加入丙烯酰胺的操作，因此可制得阳离子能均匀分布的共聚物，而且单体的转化率可提高至90%以上，较原来高40%~60%。

依照此技术还可以生产阳离子度摩尔分数分别为16%、30%和50%的各种共聚物产品。

2. 丙烯酰胺-甲基丙烯酸二甲氨基乙酯共聚物

丙烯酰胺-甲基丙烯酸二甲氨基乙酯共聚物的分子式为($C_8H_{15}NO_2$—C_3H_5NO)$_x$，相对分子质量(1~5)×10^{6}以上，阳离子单体在共聚物中含量的摩尔分数为10%~90%，其产品为细颗粒或粉状阳离子聚电解质，也可为白色易流动的触变分散相乳液。本产品是生物污泥脱水中最有效的助剂，价格相对较低，因此，在国外大多数生产有机絮凝剂的公司都建有此产品的生产线，特别是日本非常重视该产品，是最常用的阳离子絮凝剂。预计我国市场的需求量将会不断增加，是很有发展前途的一种产品。

工业生产丙烯酰胺-甲基丙烯酸二甲氨基乙酯共聚物，通常采用溶液聚合、乳液聚合以及辐射聚合三种工艺制取，但溶液聚合所得产品有效成分低，易于降解，不便于运输和储存。为提高共聚物的水溶性，甲基丙烯酸二甲氨基乙酯单体常以甲基氯化季铵盐形式参加反应。以下着重介绍乳液聚合生产技术。

(1) 乳液聚合工艺　用乳液聚合技术生产丙烯酰胺-甲基丙烯酸二甲氨基乙酯共聚物的生产过程，共分聚合、脱水、加乙二醇或乙二醇醚和除烃四步进行。

① 共聚合阶段　将单体与水、环己烷或己烷、引发剂和表面活性剂混合，加热搅拌制成所需大小细粒(形成稳定悬浮液)的共聚物，相对分子质量在(1~5)×10^{6}以上。表面活性剂一般选用非离子型的山梨醇酐硬脂酸酯。

② 共沸脱水阶段　一般在常压下进行，该过程非常重要，这是因为少量水的存在会导致产品黏度增大和杂质出现。

③ 加醇阶段　乙二醇或乙二醇醚的加入可增加聚合物的分散性；所用的醇或醚应具有水溶性、高沸点、可生物降解，与表面活性剂相容、较高的闪点以及价格便宜等特点，常用的有二甘醇二乙醚。

④ 除烃阶段　通过常压蒸馏或减压（1.33kPa）蒸馏的方法来除去烃。

需要指出，表面活性剂的加入量，将会影响产品的质量和分散性。表面活性剂加入量过少，产生的共聚物颗粒过大，使之从分散相沉淀析出；表面活性剂加入量过多，则会增加产品成本而不经济。表面活性剂的量一般控制在是溶剂质量的0.5%～2%，由此所得到的共聚物细粒可以控制在1nm至几微米。

(2) 乳液聚合操作技术　在装有搅拌、加热夹套、回流冷凝器、分离器和加料口的反应器中，加入去离子水132kg，质量分数为98%的硫酸4.94kg，甲基丙烯酸二甲氨基乙酯单体15.7kg，丙烯酰胺单体38.1kg，用质量分数为50%硫酸调pH值为3.5；然后再加入己烷330kg、表面活性剂山梨醇酐硬脂酸酯9.4kg、甲酸22g和引发剂偶氮二异丁腈44g组成的混合物。将此混合物于充氮的气氛下加热至60～65℃，持续反应1.5h后，再补加引发剂偶氮二异丁腈44g，继续反应1.5h之后，进行共沸蒸馏脱水，再加入137kg二甘醇二乙醚继续蒸馏除去己烷，除烷后即可得到白色易流动的触变分散相共聚乳液；该乳液中阳离子单体的有效成分含量的摩尔分数为21%。

第三节　阻垢剂及阻垢分散剂

冷却水系统的污垢是由水中微溶物质析出、微生物产生的黏泥、腐蚀产物和悬浮物积聚而构成的。污垢容易发生在传热面上，使传热效率下降而影响传热的正常进行，消耗和浪费能量；还会间接引起腐蚀滋生微生物和造成输送水困难。

在工业水处理过程中，应用最广泛的阻垢方法是在循环水中添加能抑制晶粒的形成、阻碍晶粒正常生长和扰乱晶粒之间按正常状态聚集生长的阻垢剂。工业循环冷却水系统常用的阻垢剂，经历了不断提高，不断改进的发展过程。随着工业技术的飞速发展，工业循环冷却水系统使用的阻垢剂分散剂的合成技术、产品质量、阻垢分散性能也在发生着变化。特别是复配技术的开发与应用，使工业冷却水阻垢分散剂的组成和性能发生很大变化；一剂多用，多剂复配，相互配合，取长补短，充分发挥协同效应是工业循环冷却水系统阻垢分散剂使用技术的突出特点。

工业循环冷却水系统常用的阻垢分散剂可以分为如下几类：聚磷酸；磷酸盐类；聚合物阻垢分散剂类；天然物质用作阻垢消垢剂。

目前，对阻垢分散剂的开发集中于对各种共聚物的研制上；而且正在朝生产一剂多能的水处理剂的方向发展。另外，近年来对聚天冬氨酸等绿色阻垢剂的成功开发，为防止和限制各种聚合物在自然界中的积累，保护环境和水资源不受污染做出了贡献。

一、膦酸型阻垢剂的生产技术

磷酸分子中的一个羟基被一个烷基取代的产物称为膦酸。当有两个或两个以上的膦酸基团直接与碳原子相连时，则组成有机多元膦酸，有机多元膦酸根据分子中膦酸基团的数目可分为二膦酸、三膦酸、四膦酸、五膦酸等，如果是聚合物，称聚膦酸。

膦酸型阻垢剂用于工业冷却水，都具有良好的阻垢性能，这类阻垢剂均以实现工业化生产，工业制法由最初的多步合成发展成为一步法合成，工艺简便，易于操作，产品不需分离精制即可直接用于冷却水处理，因此产品价格低廉，具有较高的投资回报率。

(一) 氨基三亚甲基膦酸（简写为ATMP）

氨基三亚甲基膦酸的结构式为：$N(CH_2\overset{O}{\underset{OH}{P}}OH)_3$，有两种规格产品，其质量分数在50%～52%时为淡黄色液体，相对密度1.3～1.4；质量分数在95%以上时为无色晶体，熔点212℃，溶于水、乙醇、丙酮等，对水中多价金属离子具有络合的能力，使致垢金属盐类在水中保持溶解状态。本品主要用于工业水处理，它是一种高效稳定剂；具有良好的螯合、低限抑制、晶格畸变等作用，可阻止水中成垢盐类形成水垢，特别是碳酸钙垢的形成。它也具有缓蚀作用，可用作螯合剂和缓蚀剂。它广泛用作大型火力发电厂、炼油厂的循环冷却水、油田注水系统中以及低压锅炉水中的阻垢剂和缓蚀剂；此外也用作过氧化物的稳定剂和工业清洗剂配方（如玻璃瓶的碱洗配方）中，以及用作阻燃性聚氨基甲酸酯泡沫塑料。

氨基三亚甲基膦酸的合成方法主要有两种。三氯化磷（或亚磷酸）与氯化铵和甲醛在酸性介质中一步合成法，其化学反应式为：
$$PCl_3 + 3H_2O \longrightarrow H_3PO_3 + 3HCl \tag{6-26}$$
$$3H_3PO_3 + NH_4Cl + 3HCHO \longrightarrow N(CH_2PO_3H_2)_3 + HCl + 3H_2O \tag{6-27}$$

氮川三乙酸与亚磷酸反应合成法，其反应式为：
$$N(CH_2COOH)_3 + 3H_3PO_3 \longrightarrow N(CH_2PO_3H_2)_3 \tag{6-28}$$

此方法副反应少，产品质量好，产率较高，但原料难得，成本高。因此工业上多采用亚磷酸法。

氨基三亚甲基膦酸在工业生产上一般由氯化铵、甲醛和亚磷酸反应而得，根据亚磷酸的来源不同，又可分为三氯化磷水解工艺和副产亚磷酸工艺。

(1) 三氯化磷水解工艺　向配有夹套和搅拌器的搪瓷反应器中，先加入适量的去离子水和甲醛，按照氯化铵、甲醛和三氯化磷的摩尔比为1:(3～4.5):(3～3.1)进行配料，将氯化铵缓缓溶入反应器中，然后控制反应液温度为30～40℃，再缓缓地将三氯化磷滴入。三氯化磷滴入完毕后，向夹套通蒸汽将物料升温至105～115℃，借助于冷凝器进行保温回流。反应完毕，对反应产物进行汽蒸精制，从反应器底部向物料通过热蒸汽，保持物料温度在120～130℃为宜，使过热蒸汽带走残存于其中的氯化氢和甲醛等杂质；当冷凝下来的含氯化氢和甲醛的水溶液的pH值升到2时，即可结束汽蒸精制，再向反应器中通入去离子水降温得无色或微黄色液体并调整产品质量分数至50%～52%出料。如果需要固体产品，在反应完毕后，将反应产物冷却至室温进行结晶，然后经过过滤、干燥，即得外观为白色颗粒状、氨基三亚膦酸质量分数为55%～75%的固体产品。

(2) 副产亚磷酸工艺　在精细化工产品脂肪酸氯化物、烷基氧化物和有机过氧化物的生产过程中会有副产物亚磷酸生成；进行综合利用，按上述的摩尔比例加入氯化铵和甲醛，以盐酸作催化剂，在生产过程会出现许多泡沫，加入质量分数为0.5%～2.5%的硬脂酸等进行消泡，待反应完毕再将其除去，经过热蒸汽精制，可得到氨基三亚甲基膦酸液体产品。

(二) 亚乙基二胺四亚甲基膦酸

亚乙基二胺四亚甲基膦酸又称乙二胺四亚甲基膦酸，白色晶体，熔点215～217℃，通常为单水化合物，在高于125℃的温度下失去结晶水，难溶于水；在工业水处理中被广泛用于循环冷却水系统和低压锅炉的水处理及油田注水等缓蚀阻垢，能阻抑各种水垢（如碳酸钙垢、硫酸钙垢、硫酸钡垢和氧化铁垢等）的生成，但在水处理中主要用来阻抑硫酸钙和硫酸钡垢，在各种膦酸中，其阻硫酸钡垢的性能最好。还用作重金属离子的螯合剂；作二氧化钛、高岭土或钻井泥浆的分散剂。也可用作工业清洗剂的组分以及无氰电镀的络合剂，印染工艺软化剂等。

亚乙基二胺四亚甲基膦酸可由乙二胺、亚膦酸（由三氯化磷与水反应而得，或由氯化脂肪酸、烷基氯和有机过氧化物生成过程中的副产品中提取）和甲醛为原料来生产。也可以先将乙二胺烷基化，生成亚氨基乙酸，然后用亚磷酸处理，将羧酸基换成膦酸基而成本产品；还可以用乙二胺与甲醛、亚磷酸二甲酯先反应生成相应的酯，再由该酯水解制取本膦酸。由于本品在水中的溶解度较小，常用氢氧化钠溶液中和至pH=10左右制成钠盐溶液，作为产品出售。

以乙二胺、甲醛、三氯化磷和去离子水为原料，生产亚乙基二胺四亚甲基膦酸的化学反应式如下：

$$H_2N-CH_2-CH_2-NH_2 + 4HCHO + 4PCl_3 + 8H_2O \xrightarrow[\triangle]{-12HCl}$$

$$\begin{array}{c} O \qquad\qquad\qquad\qquad\qquad\qquad O \\ (HO)_2-P-CH_2 \qquad\qquad\qquad CH_2-P-(OH)_2 \\ \diagdown\qquad\qquad\qquad\qquad\diagup \\ N-CH_2-CH_2-N \\ \diagup\qquad\qquad\qquad\qquad\diagdown \\ (HO)_2-P-CH_2 \qquad\qquad\qquad CH_2-P-(OH)_2 \\ \| \qquad\qquad\qquad\qquad\qquad\qquad \| \\ O \qquad\qquad\qquad\qquad\qquad\qquad O \end{array} \tag{6-29}$$

此类反应属于曼尼希反应机理，三氯化磷首先与水反应生成亚磷酸，在亚磷酸和氯化氢存在的酸性溶液里，甲醛先与乙二胺作用，然后与亚磷酸作用发生磷原子亲核加成形成C-P键而生成二元仲胺的膦酸，可继续按上述机理与甲醛、亚磷酸反应，生成四元膦酸乙二胺四亚甲基膦酸。从宏观上看上述反应是一步反应，但实际上是分为上述两个阶段，这两个阶段不能分开。两个反应都是放热反应，反应剧烈并有大量氯化氢放出，应控制反应以免过于剧烈，并做好氯化氢的回收工作，以免造成污染和资源浪费。在理论上1mol的三氯化磷需3mol的水，三氯化磷才能完全水解生成亚磷酸，但实际反应中水应稍过量。因为曼尼希反应是在酸性溶液中进行，过量的水有利于三氯化磷的水解和盐酸的存在，也有利于甲醛在水中的溶解和参与反应。

工业生产上应使用装有密封的搅拌器、回流冷凝器、加料器的带夹套的反应器,先将无水乙二胺、去离子水和质量分数为37%的甲醛按1:8:4的摩尔比配料加入,开动搅拌器并冷却至30℃以下,缓慢滴加与甲醛配比相同摩尔的三氯化磷,控制反应温度在30～40℃范围,反应中有氯化氢气体逸出。当三氯化磷加完后,将温度缓慢升至110℃,回流反应0.5h,即得到橙红色液体,再用氢氧化钠溶液中和至pH=10左右制成亚乙基二胺四亚甲基膦酸钠盐溶液,其质量分数控制在28%～30%即可作为产品出售。如果需生产固体产品,可将得到的反应液慢慢滴入无水醇中结晶,即有白色沉淀析出,过滤去乙醇溶液,即可得到外观为白色晶体的固体产品。

(三) 聚氧乙烯醚丙三醇磷酸酯

聚氧乙烯醚丙三醇磷酸酯,又称丙三醇聚氧乙烯醚磷酸酯或多元醇磷酸酯。多元醇磷酸酯作为工业循环冷却水系统的阻垢分散剂,具有良好的阻垢效果,甚至在循环冷却水系统中已出现钙垢沉积的情况下,在多元醇磷酸酯的存在下这些污垢也能逐渐疏松消散,生成易于流动的絮状物被水带走。多元醇磷酸酯是由多元醇与磷酸或五氧化二磷反应制得;按所用原料又可分为甘油磷酸三酯、聚氧乙烯醚丙三醇磷酸酯、辛基苯烷氧基聚氧乙烯磷酸酯和多羟基化合物磷酸混酯。下面主要介绍聚氧乙烯醚丙三醇磷酸酯的生产技术。

1. 生产技术

聚氧乙烯醚丙三醇磷酸酯的生产方法是先将丙三醇乙氧基化,然后再磷酸酯化。在脂肪醇、脂肪酸或烷基酚的羟基上用环氧乙烷作原料,引入聚氧乙烯醚基的反应叫乙氧基化反应,工业生产中常用碱性催化剂。间歇式乙氧基化反应器配置有搅拌器,操作转速为90～120r/min。先向反应器内投入丙三醇原料,启动搅拌器,边搅拌边加入作为催化剂的粉状氢氧化钠,加热至100℃,同时抽真空,至无水分馏出后关闭真空阀,再充入氮气并升温至150℃;然后按环氧乙烷:丙三醇等于2:1的摩尔比缓慢加入环氧乙烷,此期间保持温度为150～160℃。环氧乙烷加完后,再保温反应1.2h,丙三醇的乙氧基化反应可视为完成;乙氧基化过程中所用的氢氧化钠的质量,约为丙三醇和环氧乙烷总量的0.1%。聚氧乙烯醚丙三醇的磷酸酯化过程,是先将乙氧基化产物与黏度控制剂正丙醇按4.5:1的质量比加入反应器中,预热至50℃,然后再按五氧化二磷/聚氧乙烯醚丙三醇的质量比等于1:(1.1～1.2),逐渐将五氧化二磷加入到反应器中,控制温度,使之不超过125～135℃;五氧化磷加完后,保温反应一段时间,当反应液变为透明时,酯化反应过程即可视为完成,加水使磷酸酯冷却并达到预期浓度备用。

2. 操作注意事项

本品呈酸性,生产操作人员应戴橡胶手套,避免直接接触。如果本品溢出来,应以大量水冲洗,洗水经稀释后排入废水系统中。

二、羧基膦酸型阻垢分散剂的生产技术

有机膦羧酸是近十年来国内外竞相开发的一类性能更优越的阻垢分散剂新品种,特点是分子结构中既含有羧基,又含有膦酸基 $[-CH_2-\overset{\overset{\displaystyle O}{\|}}{P}-(OH)_2]$;阻垢与缓蚀的性能都很好,能在高硬度、高碱度、高氯离子含量和较高温度下使用,投剂量更少。近年来出现的"全有机"配方水质稳定剂被认为是水质稳定剂发展到新阶段的标志,而其中主要的缓蚀阻垢剂是有机膦羧酸。

在羧基膦酸型阻垢分散剂中,代表性品种有1,1-二膦酸丙酸基膦酸钠、2-膦酸基丁烷-1,2,4-三羧酸、2,4-二膦酸基丁烷-1,2-二羧酸。2-膦酸基丁烷-1,2,4-三羧酸是德国拜尔公司研制开发的一种羧基膦酸水质稳定剂,外观为无色或淡黄色透明液体;它具有优良的阻垢缓蚀性能,耐酸、耐碱、耐氧化剂,适宜pH值为7.0～9.5范围及高温、高硬度、高碱度条件下使用,可使循环冷却水的浓缩倍数提高到7以下,是目前全有机配方中广泛应用的主要缓蚀阻垢剂。

生产2-膦酸基丁烷-1,2,4-三羧酸的原料:亚磷酸二乙酯,反丁烯二酸二乙酯,甲苯,过氧化二苯甲酰,丙烯酸乙酯,盐酸,金属钠,无水甲醇。其合成路线主要有亲核加成反应、迈克尔(Michael)加成反应和水解反应组成。2-膦酸基丁烷-1,2,4-三羧酸的合成操作步骤如下所述。

1. 合成膦酸二乙酯丁二酸二乙酯

先将等摩尔的亚磷酸二乙酯、反丁烯二酸二乙酯加入到带有回流冷凝器、加料器、搅拌器以及夹套的反应器中,加入适量的甲苯溶剂充入保护性气体氮气,开动搅拌器、缓慢升至回流温度;在回流温度下滴加溶有计量的过氧化二苯甲酰的甲苯溶液,控制回流温度并保持此温度至过氧化二苯酰-甲苯溶液滴加完毕,

然后在缓慢回流中继续保温反应2h。在催化剂存在下，亚磷酸二乙酯和反丁烯二酸二乙酯发生亲核加成反应生成膦酸二乙酯丁二酸二乙酯，其反应式为：

$$(C_2H_5O)_2-\overset{\overset{O}{\|}}{P}-H + \overset{CH-COOC_2H_5}{\underset{C_2H_5OOC-CH}{|}} \xrightarrow{催化剂} (C_2H_5O)_2-\overset{\overset{O}{\|}}{P}-\overset{CH-COOC_2H_5}{\underset{CH_2COOC_2H_5}{|}} \quad (6-30)$$

2. 合成膦酸二乙酯基-1,2,4-三羧酸三乙酯

将膦酸二乙酯丁二酸二乙酯与等摩尔的丙烯酸乙酯混合溶于无水甲醇中，加入反应器中，启动搅拌器，保持反应体系温度在20℃左右，缓慢滴加含有甲醇钠的甲醇溶液；滴加完毕后，维持反应温度继续反应2h，蒸去甲醇。其反应式为：

$$(C_2H_5O)_2-\overset{\overset{O}{\|}}{P}-\overset{CH-COOC_2H_5}{\underset{CH_2-COOC_2H_5}{|}} + \overset{CH_2=CH}{\underset{COOC_2H_5}{|}} \xrightarrow{催化剂} (C_2H_5O)_2-\overset{\overset{O}{\|}}{P}-\overset{CH_2-COOC_2H_5}{\underset{\underset{CH_2-COOC_2H_5}{|}}{\overset{|}{C}-COOC_2H_5}}\quad (6-31)$$

3. 合成 2-膦酸基丁烷-1,2,4-三羧酸

向得到的膦酸二乙酯基-1,2,4-三羧酸三乙酯反应物中加入适量的稀盐酸，进行酸性水解反应，在室温下搅拌反应20～30h，减压蒸馏脱除乙醇和氯化氢，得产物2-膦酸基丁烷-1,2,4-三羧酸，加入去离子水配成所需的浓度。其反应式如下：

$$(C_2H_5O)_2-\overset{\overset{O}{\|}}{P}-\overset{CH_2-COOC_2H_5}{\underset{\underset{CH_2-COOC_2H_5}{|}}{\overset{|}{C}-COOC_2H_5}} + H_2O \longrightarrow (HO)_2-\overset{\overset{O}{\|}}{P}-\overset{CH_2-COOH}{\underset{\underset{CH_2-COOH}{|}}{\overset{|}{C}-COOH}} \quad (6-32)$$

三、聚合物阻垢分散剂的生产技术

聚合物作为工业循环冷却水系统的阻垢分散剂，必须具备两个最基本的条件，一是具有能与水中有害离子发生作用，阻止这些有害离子形成污垢集结于设备管道表面的功能基团；二是大分子的相对分子质量具有一定的范围。

聚合物阻垢分散剂是一大类性能优异的功能高分子材料，它们所具有的能够起阻垢分散作用的功能基团主要有：羧基，磺酸基，羟基，膦酸基 $[CH_2-\overset{\overset{O}{\|}}{P}-(OH)_2]$，酰氨基 $(-\overset{\overset{O}{\|}}{C}-NH_2)$，酯基等。按结构不同可把此类聚合物分为均聚物和共聚物。常用的均聚物阻垢分散剂有聚丙烯酸、聚甲基丙烯酸、聚顺丁烯二酸、聚丙烯酰胺、聚甲基丙烯酸等。常用的共聚物阻垢分散剂有丙烯酸-丙烯酰胺共聚物、丙烯酸-丙烯酸甲酯共聚物、丙烯酸-顺丁烯二酸酐共聚物、苯乙烯磺酸-顺丁烯二酸酐共聚物等。

作为阻垢分散剂使用的合成聚合物主要是低分子质量的聚羧酸类物质，相对分子质量通常小于10^4。例如，聚丙烯酸的阻垢分散剂最佳效果所要求的相对分子质量范围在500～20000之间，聚丙烯酰胺的最佳阻垢分散效果所要求的相对分子质量范围在800～10000之间。相对分子质量太小时，大分子难于吸附和聚集到污垢颗粒表面，分散作用差；相对分子质量太大时，大分子会引起"搭桥作用"使污垢聚集，形成絮状污垢。

聚合物阻垢分散剂是一大类水溶性功能高分子材料，合成方法主要有：自由基聚合反应，自由基共聚合反应，缩合聚合反应等，大分子链上的功能化反应等。下面介绍一些常用的水溶性聚合物阻垢分散剂的生产技术。

目前对阻垢分散剂的开发主要集中于对各种共聚物研制上，而且正在向制备一剂多能的水处理剂方向发展。另外，近年来对聚天冬氨酸等绿色阻垢剂的成功开发，为防止和限制各种聚合物在自然界中的积累，保护环境和水资源不受污染做出了贡献。

（一）均聚物阻垢分散剂

1. 聚丙烯酸（简写为PAA）

聚丙烯酸及其钠盐是目前应用最广泛的聚羧酸型阻垢分散剂之一。低分子质量的聚丙烯酸是无色

透明的固体，浓度为20%的水溶液呈弱酸性；聚丙烯酸的水溶液有一定的黏度，随着其分子质量和含量的增加，黏度也相应增加。聚丙烯酸及其盐的阻垢效果与其分子质量有关，一般聚丙烯酸及其盐的相对分子质量范围在10^3左右，大约在500~20000之间，即聚合度为10~15，它们的阻垢分散效果较好。

聚丙烯酸及其钠盐在冷却水和锅炉水的处理中作碳酸钙、硫酸钙和硫酸钡的阻垢剂，以及水中悬浮物质的分散剂；也可用于造纸工业和采矿工业的液体蒸发浓缩中的阻垢分散剂。同样可用于油田钻井液和注水中，还可以作家用无磷洗涤剂和洗碗剂的组分。

目前，工业生产聚丙烯酸一般直接以丙烯酸为原料，以水为溶剂，过硫酸铵或过硫酸铵/焦亚硫酸钠作引发剂的水溶液聚合技术来制取聚丙烯酸。聚丙烯酸也可由聚丙烯腈或聚丙烯酸酯在100℃左右的温度下进行酸性水解而得。

溶液聚合的生产过程一般为间歇式操作；反应装置一般为带电动搅拌器、回流冷凝器、加料器的夹套式反应器。反应物配方中，丙烯酸的质量分数一般为10%~30%，引发剂的用量一般为丙烯酸质量的8%~15%，余量为去离子水。可以加入链转移剂巯基乙酸或异丙醇以控制产品聚丙烯酸的相对分子质量，也可以不加链转移剂。加链转移剂时，配方中丙烯酸质量分数可取上限；反之则应取下限。操作时先将去离子水加入到反应器中，开动搅拌器并将反应温度升至80℃左右，将计量的巯基乙酸或异丙醇加入到反应器中与水混溶。将计量的丙烯酸单体与一定量去离子水混合配成水溶液，引发剂也用去离子水配成稀溶液。当反应器中的水溶液达到反应所需的温度后，开始滴加丙烯酸单体水溶液和引发剂水溶液，控制滴加速度使反应温度在85~90℃之间聚合反应3~5h。反应完成后，将聚合液冷却至室温，取样分析各项技术指标，符合国家标准GB 10533—89的要求后进行产品分装。若需要合成聚丙烯酸的钠盐，则可用工业氢氧化钠中和成钠盐，喷雾干燥后可得到固体产品。

2. 聚顺丁烯二酸

聚顺丁烯二酸称水解聚顺丁烯二酸酐，又称聚马来酸，相对分子质量≤20000，乳白色固体，溶于水、甲醇和乙二醇，热稳定性高，热分解温度高于300℃。水解聚顺丁烯二酸酐作为工业冷却水系统的阻垢缓蚀剂阻垢效果非常优异，特别是它的耐高温性能十分突出，在175℃介质中长期使用而不影响其阻垢效果。聚顺丁烯二酸可由顺丁烯二酸酐先水解为顺丁烯二酸后，再聚合而得；也可先由顺丁烯二酸酐聚合成聚顺丁烯二酸酐后再水解为聚顺丁烯二酸。顺丁烯二酸的聚合在水介质中进行；顺丁烯二酸酐的聚合以甲苯或二甲苯等有机物为溶剂进行。

(1) 水溶液法生产聚顺丁烯二酸　水溶液法由顺丁烯二酸酐制备水解聚顺丁烯二酸的反应式如下：

$$n\begin{matrix}CH-C\\\|\|\\CH-C\end{matrix}\begin{matrix}O\\\\O\end{matrix}\xrightarrow[\text{去离子水}]{\text{过氧化氢/硫酸亚铁铵}}\begin{bmatrix}CH-CH\\||\\C=OC=O\\||\\OHOH\end{bmatrix}_n \tag{6-33}$$

按一定比例的去离子水加入到装有搅拌器、回流冷凝器、加料器的夹套反应器中，加入化学计量的三氯化铁（或硫酸亚铁），启动搅拌器，将反应器内的水温升至90~95℃。将定量的顺丁烯二酸酐分批加入到反应器中，充分搅拌并使反应器内水温保持在95~100℃。待反应器内原料顺丁烯二酸酐完全溶解后，在搅拌下向反应器中的反应液慢慢滴加称量的过氧化氢水溶液，控制滴加速度使聚合反应的温度维持在95~100℃之间，整个反应过程大约需要3~4h，产物为棕黄色水溶液。

(2) 溶剂法生产聚顺丁烯二酸　溶剂法生产聚顺丁烯二酸的工艺是以甲苯为溶剂，过氧化二苯甲酰为引发剂。其生产工艺是先将化学计量的顺丁烯二酸酐溶于适量的甲苯中并加入到聚合反应器中，然后将计量的过氧化二苯甲酰溶于适量的甲苯中配成稀溶液置于聚合反应器上的加料器中。启动搅拌器并将反应温度升至甲苯回流温度，此时打开氮气保护气流，并缓慢滴加溶有过氧化二苯甲酰的甲苯溶液。反应自始至终在氮气保护下进行，随着反应的进行，逐渐有聚顺丁烯二酸酐产物从甲苯中析出沉淀。当过氧化二苯甲酰在3~4h内加完后，继续保持回流温度反应1h。分离聚合产物，得棕黄色黏性固体聚顺丁烯二酸酐。

向聚合产物聚顺丁烯二酸酐中加入计量的去离子水，在85~100℃条件下搅拌水解1h，可得水解聚顺丁烯二酸；或用工业氢氧化钠水溶液皂化聚顺丁烯二酸酐，便可得到水解聚顺丁烯二酸酐的钠盐。

(二) 共聚物阻垢分散剂

1. 丙烯酸-丙烯酰胺共聚物

丙烯酸-丙烯酰胺共聚物可以通过两种生产工艺路线得到，一是由丙烯酸单体与丙烯酰胺单体进行自由共聚合反应制得，第二是水解聚丙烯腈，可得到含有羧基的聚合物。后一种生产工艺的优点是可以利用工业废品聚丙烯腈。聚丙烯腈，俗称腈纶，是由丙烯腈单体经均聚而成，大分子链上含有大量氰基，可被水解成羧基和酰氨基。水解程度较大，羧基含量高，用作工业冷却水系统的阻垢分散剂；如果水解程度较小，则酰氨基含量高，当相对分子质量达到足够大时，其絮凝效果好，可用作废水处理的絮凝剂。

生产所用原料丙烯酸单体和丙烯酰胺单体在用前应进行提纯除去阻聚剂，用过硫酸铵作引发剂，其共聚合反应式：

$$m\ CH_2=CH + n\ CH_2=CH \xrightarrow[\triangle]{\text{引发剂}} {\leftarrow}CH_2-CH{\rightarrow}_m{\leftarrow}CH_2-CH{\rightarrow}_n \qquad (6-34)$$
$$\qquad\ \ |\qquad\qquad\ \ |\qquad\qquad\qquad\qquad\ \ |\qquad\qquad\ |$$
$$\quad\ \ COOH\quad\ \ CONH_2\qquad\qquad\quad COOH\quad CONH_2$$

生产操作程序是先用泵将适量的去离子水抽入到聚合反应器中，将计量的丙烯酰胺用适量的水配制成稀丙烯酰胺水溶液并置于聚合反应器上的加料器中；将单体总质量分数7%～8%的过硫酸铵与计量的丙烯酸和适量的水配成丙烯酸与过硫酸铵水溶液置于聚合反应器上的另一加料器中。当反应器内的水温达到85～90℃时，开始同时滴加丙烯酰胺水溶液和丙烯酸混合液；保持反应温度，在搅拌下约4～5h将单体溶液滴加完毕。在加入单体过程中，反应体系温度会自动升高，当升温速度过快时，应向反应器夹套通入冷却水使反应温度控制在90℃左右。加完两种单体后，继续搅拌反应0.5～1h，然后冷却反应液，即得共聚物产品。

2.丙烯酸-丙烯酸甲酯共聚物

丙烯酸-丙烯酸甲酯共聚物是一种良好的工业水处理剂用阻垢分散剂，它除能有效地抑制碳酸钙、硫酸钙垢的形成外，对磷酸钙、磷酸锌和氢氧化铁也具有良好的抑制和分散作用；用于高pH值（10以上）和较高温度的含钙水中，也能有效地抑制钙垢的沉积。本产品可用于工业冷却水、锅炉水处理以及油田注水系统等的阻垢分散剂，还可用作卫生间浴盆清洁剂以及铁、锰、钙、镁的阻垢和阻锈药剂的成分。本产品还可以用作颜料的分散剂。

(1) 生产技术　用聚合级的丙烯酸和丙烯酸甲酯单体，其摩尔配比为4:1，去离子水的质量是单体总质量的1.6倍，以及单体总量计8%的硫基乙酸，依次加入到带搅拌器和冷却夹套的反应器内，在冷却至15～25℃的条件下，滴加以单体质量计5%的引发剂过硫酸铵配置的50%的水溶液。聚合反应进行很快并伴以热量放出，反应在数分钟内完成。所得丙烯酸-丙烯酸甲酯共聚物是淡黄色黏性液体，pH值为3～5，有明显气味，黏度40～62mPa·s，相对分子质量3000～20000。

(2) 操作注意事项　本品有一定的腐蚀性，操作人员应戴好防护手套，避免直接接触。一旦物料接触到皮肤和眼睛，应立即用水冲洗。

3.顺丁烯二酸酐-苯乙烯磺酸共聚物

顺丁烯二酸酐-苯乙烯磺酸共聚物用作锅炉水、冷却水的阻垢剂和钻井泥浆的分散剂。

顺丁烯二酸酐-苯乙烯磺酸共聚物耐热性好；溶于水，水溶液呈浅棕色。作为水处理剂，其相对分子质量应在1000～10000。

制备苯乙烯磺酸钠-顺丁烯二酸（酐）共聚物有两条生产路线。一是先由苯乙烯单体与顺丁烯二酸酐单体在引发剂过氧化二苯甲酰的引发下进行自由基共聚合得交替共聚产物，然后进行磺化反应。另一种生产路线是由磺化苯乙烯直接与顺丁烯二酸酐在过氧化二苯甲酰引发下进行自由基共聚合反应。两种方法所得到的共聚合产物性能相近。但是，将苯乙烯先磺化后再聚合，可使苯乙烯磺化反应易于操作，并可得到完全磺化的产物。磺化苯乙烯与顺丁烯二酸酐共聚合反应，产物的结构比较明确（交替共聚），因此产物中磺酸基的含量比例大，分布也比较均匀。两种生产路线的具体操作技术如下。

(1) 先聚合后磺化生产工艺　生产原料苯乙烯在聚合前应进行提纯以除去阻聚剂，单体顺丁烯二酸酐，引发剂过氧化二苯甲酰，溶剂甲苯、四氯乙烷，磺化剂发烟硫酸（含30%的SO_3浓硫酸）或三氧化硫，催化剂酚噻嗪。化学反应式如下。

$$\underset{\substack{O=C\\|\\O}}{\underset{|}{\overset{|}{C}H}}-\underset{\substack{|\\C=O}}{\overset{|}{C}H}\Big]_n\text{—}CH_2\text{—}\underset{\substack{|\\C_6H_5}}{\overset{|}{C}H}\Big]_m\xrightarrow[\text{四氯乙烷}]{\text{三氧化硫,催化剂}}\underset{\substack{O=C\\|\\O}}{\underset{|}{\overset{|}{C}H}}-\underset{\substack{|\\C=O}}{\overset{|}{C}H}\Big]_n\text{—}CH_2\text{—}\underset{\substack{|\\C_6H_4\\|\\SO_3H}}{\overset{|}{C}H}\Big]_m$$

$$\xrightarrow[\text{或碳酸钠}]{\text{稀氢氧化钠}}\text{—}\Big[CH\text{—}CH\Big]_n\text{—}CH_2\text{—}CH\Big]_m\text{—}$$
$$\underset{ONa}{\overset{|}{C}=O}\quad\underset{ONa}{\overset{|}{C}=O}\quad\underset{\substack{|\\SO_3Na}}{\overset{|}{C_6H_4}}$$
(6-36)

① 共聚合反应 将计量的过氧化二苯甲酰用适量的甲苯溶解后加入滴液器中,将计量的顺丁烯二酸酐溶于适量的甲苯中并加入到聚合反应器中,再把计量的苯乙烯加入到聚合反应器中搅拌均匀。在搅拌下将反应混合物缓缓升温,当反应混合物的温度升至 80～85℃时,开始滴加溶有过氧化二苯甲酰的甲苯溶液。保持聚合反应温度在 85～90℃之间,控制滴加速度,大约需 3～4h 将引发剂过氧化二苯甲酰溶液加完。随着引发剂的不断加入,聚合体系中不断有白色沉淀物析出。反应进行到不再有白色沉淀物析出,然后将反应混合物的温度降至室温,用板框压滤机滤去溶剂甲苯,在 80℃下真空干燥 2h,得白色粉末共聚物。

② 磺化反应 磺化操作是将共聚物溶于液体氯代脂肪烃如四氯乙烷中,加入微量的催化剂酚噻嗪,然后在搅拌下缓缓通入磺化剂三氧化硫,在氮气条件下,于 25℃以下进行反应。为防止苯环交联使共聚物的黏度和相对分子质量增加,反应过程还需加入配位剂如磷酸三乙酯等。所得顺丁烯二酸酐-苯乙烯磺酸共聚物不溶于有机溶剂,从溶液中沉淀出至反应器的底部,经过滤,用醚洗涤两次,空气干燥即得成品。

为提高共聚物的溶解性能,可将共聚物加入碱液如氢氧化钠,制成共聚物钠盐。用计量的质量分数为 20%的氢氧化钠水溶液中和磺化产物,可得浅棕色的质量分数为 30%的共聚物钠盐水溶液。

(2) 顺丁烯二酸酐-磺化苯乙烯共聚物生产工艺 取适量的去离子水加入到聚合反应器中,将水温升至 90～95℃,在搅拌下把计量的顺丁烯二酸酐加入到聚合反应器的水中于 95℃下搅拌至顺丁烯二酸酐全部溶解(顺丁烯二酸酐的溶解过程也是它的水解过程)。取计量的苯乙烯磺酸钠溶于适量的去离子水中并放入另一加料器中,在搅拌下同时向聚合反应器中的顺丁烯二酸水溶液滴加苯乙烯磺酸钠水溶液和过硫酸铵水溶液,控制滴加速度,大约 3～4h 加完,继续保持反应温度反应 40min 得浅棕色水溶液,共聚物质量分数在 30%左右。产物的相对分子质量约为 1000～10000 之间,产物水溶液的 pH 值为 3～4。

第四节 杀菌灭藻剂

水是生命之源,人类日常生活离不开水,工业生产同样离不开水。水中微生物的危害是不可忽视的,饮用水中的微生物会影响人们的身体健康;工业用水中微生物的生长繁殖会引起金属的腐蚀、穿孔、污垢和黏泥增多。例如,在工业冷却水系统中,黏泥和藻类的附着,可降低冷却塔和换热器的效率,严重时能造成冷却塔填料和换热器管路堵塞,有的造成换热器腐蚀、甚至穿孔,影响生产,并直接带来经济损失。因此,无论生活用水还是工业用水以及废水,对水中微生物的控制是十分必要的。控制微生物最主要和最有效的方法是投加杀菌灭藻剂。杀菌灭藻剂的品种繁多,可根据用水要求选择适宜的品种。

水处理用杀菌灭藻剂品种虽然繁多,但按其杀菌灭藻机理可以分为氧化型和非氧化型两大类。氧化型杀菌剂有氯气、次氯酸钠、卤化海因、二氧化氯、过氧化氢、高锰酸钾和臭氧等;非氧化型杀菌剂有五氯酚、2,2'-二羟基-5,5'-二氯-二苯基甲烷、十二烷基二甲基苄基氯化铵、十二烷基二甲基苄基溴化铵、十六烷基三甲基对苯磺酸铵等。

在循环冷却水处理中使用的主要杀菌剂有氯气、漂白粉和季铵盐等。使用最广泛的还是氯气,其特点是杀菌效率高、价廉、操作方便。但在碱性条件下氯气的杀菌效果并不理想,而且处理后的水中含有残氯,会造成二次污染。因此,世界各国对杀菌灭藻剂的研究极为重视,不断开发新的杀菌灭藻剂。例如,二氧化氯就是一种很好的替代氯气的杀菌剂,目前在美国就有 400 多家水厂应用二氧化氯。此外,用溴作为杀菌剂在国外已受到高度重视,溴作为杀菌剂比氯有更优越的性能。溴的杀菌机理与氯相似,即溴在水中形成次溴酸。实验证明,当 pH 值较低时,溴的杀菌效果略优于氯;而在较高 pH 值的情况下,溴的杀菌效果则明显优于氯。

臭氧是一种极强的氧化剂,其氧化还原电势远超过氯,臭氧的杀菌灭藻效果大大超过氯气、过氧化氢、季铵盐和有机硫化物。而且臭氧在水中的溶解度是氧的10倍,在水中半衰期短,不存在任何有害的残留物。因此,臭氧作为水处理用的杀菌剂,受到人们的普遍重视。

总之,杀菌灭藻剂的发展方向是:杀菌灭藻效率高、适用范围广、毒性低,易于降解,适用pH值范围较宽,对光、热和酸碱性物质具有良好稳定性。

一、氧化型杀菌灭藻剂

(一) 二氧化氯

二氧化氯在室温下为黄绿色气体,它的颜色随着浓度的增加,从黄绿色变为橙色,沸点11℃,凝固点−59℃。液体呈红褐色,固体为橙红色。二氧化氯的液体与气体极不稳定,在空气中浓度为10%时就可能发生爆炸。其毒性与氯气相似,对呼吸器官和眼睛有强烈的刺激性。二氧化氯易溶于水,溶解度约为氯的5倍。但与氯不同,二氧化氯在水中以纯粹的溶解气体的形式存在,不易发生水解反应。现在,国内和国外已制成了ClO_2浓度为2%(质量/体积)的稳定的二氧化氯溶液,溶液中添加有硼酸钠、过硼酸盐等作为稳定剂。稳定的二氧化氯溶液无毒、无味、不挥发、不易燃,性质稳定,储存和使用都很方便。

1.生产技术

二氧化氯的生产工艺路线有多种,其中应用最广的是马蒂逊法及其改进法,开斯汀法、食盐法和亚氯酸钠法。应根据具体情况和条件选择适用的工艺路线。

(1) 马蒂逊法 该方法是在硫酸的存在下,以经过空气稀释的二氧化硫还原氯酸钠,生成二氧化氯和硫酸钠,化学反应方程式如下:

$$2NaClO_3 + SO_2 \longrightarrow 2ClO_2 + Na_2SO_4 \tag{6-37}$$

稀释二氧化硫的空气再用于稀释生成的二氧化氯,直至二氧化氯被水吸收。由于酸的浓度高,二氧化氯的浓度低,生产的二氧化氯中含氯量极少。

改进的方法,是向反应物料中加入一定的氯化钠,一般为原料氯酸钠质量的5%~20%,使二氧化氯的收率提高到95%~97%。二氧化氯生产流程如图6-7所示。

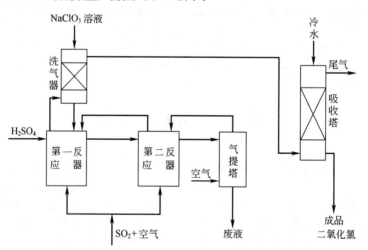

图6-7 改进马蒂逊法生产二氧化氯流程

操作时先将氯酸钠液(600g/L)与硫酸(95%~98%)连续定量地从液面下送入反应器,经空气稀释后质量分数为5%~8%的二氧化氯气体通过气体分布板进入反应器。反应器有两个,反应大部分在第一反应器内完成,使用第二反应器可以提高氯酸钠的利用率。第一反应器的反应温度为30~40℃,氯酸钠的质量浓度为0.02~0.022kg/L,硫酸的浓度为4.5mol/L,氯化钠的质量浓度为0.005~0.006kg/L。第二反应器的反应温度为40~45℃,氯酸钠的质量浓度为0.002kg/L,硫酸的浓度为4.65mol/L,氯化钠的质量浓度为0.007kg/L。反应器产生的气体送到洗气器中,氯酸钠液从洗气器上部进入,除去二氧化氯气体中所夹带的硫酸、盐酸和未起反应的二氧化氯气体后进入第一反应器,二氧化氯气体送入吸收塔用冷水吸收,制成质量浓度为0.006~0.008kg/L二氧化氯水溶液。第二反应器流出的废液进入气提塔,从气提塔底部送入少量空气,以提出溶解在液体中的二氧化氯,气体通过洗气塔进入二氧化氯吸收塔,然后得到成品二氧化氯液体。气提塔产生的废液含硫酸 0.45～0.46kg/L、氯酸钠 0.002～0.003kg/L、氯化钠 0.007kg/L、硫酸钠 0.32～0.34kg/L，可以回收。

(2) 食盐法　该方法是以氯化钠作还原剂，还原氯酸钠，制得二氧化氯。又分为 R2 法和 R3 法两种。它们的化学反应原理相同。

$$NaClO_3 + NaCl + H_2SO_4 \longrightarrow ClO_2 + \frac{1}{2}Cl_2 + H_2O + Na_2SO_4 \tag{6-38}$$

$$NaClO_3 + 5NaCl + 3H_2SO_4 \longrightarrow 3Cl_2 + 3H_2O + 3Na_2SO_4 \tag{6-39}$$

R2 法的优点是收率高、操作简单、投资少；缺点是产生的废酸较多，生成大量的硫酸钠。R3 法的优点是二氧化氯发生器在减压下可获得质量分数达 36% 的产品，且整个系统在 26.7～40.0kPa 的低压下运行，以防发生爆炸；但工艺条件相对 R2 而言是低酸度、高真空、高温度，并且可在一个容器内使反应水分蒸发，析出无水硫酸钠同时进行。食盐法（R2 法）生产二氧化氯流程如图 6-8 所示。

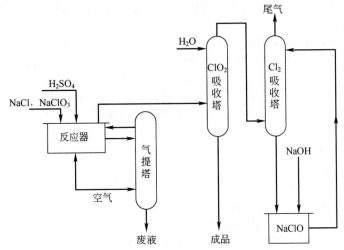

图 6-8　食盐法（R2 法）生产二氧化氯流程

将氯酸钠和氯化钠的混合水溶液（称之为 R2 溶液）按 1.0∶1.05 的摩尔比送入反应器，加入质量分数为 98% 的硫酸进行反应，控制反应温度在 35～55℃，温度偏高，收率虽好，但由于发生二氧化氯异状分解，故应避免高温反应。反应器中所生成的二氧化氯和氯气，由空气驱出。空气是经过流量计和调节阀后，通过设置在反应器底部的气体分散板而吹入反应器。

反应生成的二氧化氯和氯气的混合气体进入二氧化氯吸收塔，与吸收用水逆流接触，其中大部分二氧化氯和一部分氯气溶于水中，变成二氧化氯水溶液，而未被吸收的氯气则进入下一个氯气吸收塔，生成氯气水溶液，然后与氢氧化钠反应，生成次氯酸钠。从氯气吸收塔排出的尾气，用蒸汽喷射泵或鼓风机抽吸而排入大气中。气提塔排出的废液中，含有硫酸钠和硫酸，可以进行回收，也可用于牛皮纸浆的生产中。

(3) 亚氯酸钠法　在水处理应用领域，二氧化氯的使用量一般不大，可以亚氯酸钠或食盐水解法生产二氧化氯。以亚氯酸钠为原料与氯反应，其反应式如下：

$$2NaClO_2 + Cl_2 \longrightarrow 2ClO_2 + 2NaCl \tag{6-40}$$

为了获得高转化率，一般要用过量的氯气。清华大学设计的此类二氧化氯发生器（20kg/h），二氧化氯的收率达到 90% 以上。制得的二氧化氯溶液可以配制成若干 mg/L 的浓度，加入待处理水中。

2. 操作注意事项

二氧化氯有毒性和刺激性，可严重烧伤皮肤和呼吸道黏膜，吸入后可导致肺部水肿。在生产和使用二氧化氯时，应采取必要的防护措施，避免日光照射，远离火源，不得使二氧化氯接触有机化合物，以免发生爆炸。

(二) 臭氧

臭氧分子式为 O_3，臭氧分子呈三角形，夹角为 116.8°，相对分子质量为 47.998。臭氧是氧的同素异形体，有鱼腥臭味，熔点为 $-192.5℃$，沸点 $-110.5℃$。气态呈淡蓝色，相对密度 0℃ 时为 2.144，20℃ 时为 1.998。液态为蓝色，相对密度沸点时为 1.46。

臭氧在水处理领域主要是消毒杀菌剂和分解水中有机物的强氧化剂,能将有毒的有机物氧化成无毒的物质,并能消除废水中的恶臭和难闻的气味。臭氧的消毒杀菌能力和氧化作用高于液氯,并且不会产生任何有毒的残留物,还能脱去废水的颜色。近年来已开始在循环冷却水系统中使用。

臭氧还可用于纸张、稻草、油类等的漂白和脱色,用于某些有机化合物的合成,其所形成的臭氧化物也是强氧化剂。在食品工业中用作杀菌剂,能杀灭细菌和病毒。空气中含有极少量臭氧,可使空气新鲜、无臭。

1. 生产技术

实验室中制备臭氧的方法,是将干燥的空气通过两个与交变电流连接的电极板,向电极上施加数千伏的电压,在两极板之间放电,将流过的干燥空气中的氧转变成臭氧。

工业上是使用臭氧发生器制造臭氧,发生器的原理与实验室中的装置相同。一般臭氧发生器施加 5~20kV 的电压;电流频率 50~500Hz。放电后产生的是臭氧与空气的混合物。

关于液态臭氧的制造技术,美国联合碳化物公司已获得了该项技术的专利权(US 3008 932)。

2. 操作注意事项

人们吸入高浓度的臭氧,造成肺组织损伤,并可引起头痛、胸闷、头晕、低血压、微血管扩张、咳嗽、鼻出血等症状,长时间连续吸入高浓度臭氧可导致死亡。空气中臭氧的极限允许浓度为 $0.1mg/m^3$。

为保证操作人员的身体健康,生产装置应密封,厂房应设通风装置,保持工作区域内空气中的浓度低于极限允许值。当空气中臭氧浓度异常增高时,用立即发出警报,关闭臭氧源。

生产和使用臭氧的操作人员,应配戴装有碘化钾和碱石灰组成的吸收剂的防毒面具,穿着防护服,并应定期进行体检。

二、非氧化型杀菌灭藻剂

(一)十二烷基二甲基苄基氯化铵

十二烷基二甲基苄基氯化铵(简称1227),商品名是匀染剂 TAN。它是无色至浅黄色固体,熔点 42℃,易溶于水,在水中离解成阳离子活性基团,溶于乙醇和丙酮,微溶于苯,不溶于乙醚。它是一种阳离子表面活性剂,无挥发性;具有良好的泡沫性和化学稳定性、耐热、耐光、耐压,还具有杀菌、乳化、抗静电、柔软、调理、洗涤等多种功能。通常工业品是质量分数为 40% 或 50% 的水溶液,呈无色或浅黄色黏稠液体,有芳香气味;质量分数为 50% 的产品相对密度为 0.980,黏度为 60mPa·s,pH 值为 6~8。

十二烷基二甲基苄基氯化铵作为杀菌灭藻剂具有许多优点,如杀菌高效广谱,低毒,不受 pH 值变化的影响,使用方便,对黏液层有较强的剥离分离作用,并且有着很好的分散和杀菌性能,兼有一定缓蚀作用。因此,被广泛用于工业水处理。在污水处理中可作凝聚剂,凝聚水中阴离子型物质。在油田注水系统用作杀菌剂,在工业循环冷却水中用作缓蚀剂、杀菌灭藻剂、垢和黏泥剥离剂,还用于游泳池的杀菌去污,在石油工业用作压裂液的防腐杀菌剂。

1. 生产技术

十二烷基二甲基苄基氯化铵的生产工艺路线大体可分为四种。

(1) 由十二醇和氢溴酸反应生成溴代十二烷,溴代十二烷与二甲胺反应生成十二烷基二甲基叔胺,叔胺再与氯化苄反应制得;或由十二醇经氯化,再与二甲胺反应生成十二烷基二甲基叔胺,叔胺与氯化苄反应制得产品。现以前者为例加以说明。

① 溴化 由十二醇以硫酸为催化剂,与溴氢酸反应生成溴代十二烷。反应式如下:

$$C_{12}H_{25}OH + HBr \xrightarrow{H_2SO_4} C_{12}H_{25}Br + H_2O \tag{6-41}$$

② 胺化 溴代十二烷和二甲胺在 140~150℃ 下进行反应,生成十二烷基二甲基叔胺。反应式如下:

$$C_{12}H_{25}Br + (CH_3)_2NH \xrightarrow{140\sim150℃} C_{12}H_{25}N(CH_3)_2 + HBr \tag{6-42}$$

③ 缩合 十二烷基二甲基叔胺、氯化苄在水介质中进行缩合反应而成季铵盐化合物。反应式如下:

$$C_{12}H_{25}N(CH_3)_2 + ClCH_2-\!\!\!\!\bigcirc \xrightarrow[H_2O]{60\sim90℃} \left[C_{12}H_{25}\overset{CH_3}{\underset{CH_3}{\overset{|}{N^+}}}-CH_2-\!\!\!\!\bigcirc \right] Cl^- \tag{6-43}$$

产品为无色或黄色黏稠液体,质量分数为 (44±1)%,质量分数为 1% 溶液的 pH 值为 6~7。

原料消耗定额(kg/t):

十二醇（95%）	357	二甲胺（40%）	357
氯化苄（95%）	196	盐酸（31%）	571
液碱（21%）	71		

(2) 由十二伯胺、甲酸、甲醛反应，先制得十二烷基二甲基叔胺，叔胺再与氯化苄反应制得本产品。

① 由十二伯胺、甲酸、甲醛反应制十二烷基二甲基叔胺。反应式如下：

$$C_{12}H_{25}NH_2 + 2HCOOH + 2HCHO \longrightarrow C_{12}H_{25}N(CH_3)_2 + 2CO_2 + 2H_2O \tag{6-44}$$

② 将十二烷基二甲基叔胺与氯化苄进行缩合反应，条件同前述缩合反应。

(3) 由十二醇和二甲胺直接胺化，再进行季铵化反应制得。但生产过程中要用较高压力的高压反应器，技术条件要求较高。

① 胺化　由十二醇与二甲胺，以三氧化二铝作催化剂，在14.14~15.15MPa的压力下反应制得十二烷基二甲基叔胺。反应式如下：

$$C_{12}H_{25}OH + (CH_3)_2NH \xrightarrow{Al_2O_3} C_{12}H_{25}N(CH_3)_2 + H_2O \tag{6-45}$$

② 缩合　缩合即季铵化，同（1），（2）中的生产工艺条件。

(4) 在四氯化碳中，由十二烷基二甲基叔胺和氯化苄在80℃反应4h，可得含有两个结晶水本产品，其熔点为42℃。但一般工业上较少采用此工艺。

2.操作注意事项

本品对人体无毒，对皮肤和眼睛黏膜刺激性较低，但应避免与其直接接触。

（二）双辛基二甲基氯化铵

双辛基二甲基氯化铵是无色或黄色液体，微溶于水，溶于乙醇。它用作毛织品的防蛀剂，硬表面的清洗剂、消毒剂等。本品杀菌能力强，是季铵盐杀菌剂的第三代产品之一，同时它与第一代产品复配可制得第四代产品。

1.生产技术

双辛基二甲基氯化铵主要有两条生产路线。

(1) 氯代辛烷法　在催化剂碘化钾的存在下，氯代辛烷与甲胺反应，先制得双辛基甲基叔胺，再将双辛基叔胺放在压力反应器内，在水和异丙醇介质中，加热加压下通氯甲烷反应，制得双辛基二甲基氯化铵。反应式如下：

$$2C_8H_{17}Cl + CH_3NH_2 + 2NaOH \xrightarrow[165℃]{KI} (C_8H_{17})_2NCH_3 + 2NaCl + 2H_2O \tag{6-46}$$

$$(C_8H_{17})_2NCH_3 + CH_3Cl \xrightarrow{加压,加热} (C_8H_{17})_2N^+(CH_3)_2Cl^- \tag{6-47}$$

(2) 辛醇法　在催化剂的存在下，由正辛醇与氢气和甲胺混合气体进行胺化反应，先制得双辛甲基叔胺，再在带压反应器内，加入少量碱和适量的异丙醇，用氮气置换空气后，升温在80~90℃，通入氯甲烷，压力为0.3~0.5MPa，反应3~4h即得双辛基二甲基氯化铵产品。反应式如下：

$$2C_8H_{17}OH + CH_3NH_2 \xrightarrow{催化剂} (C_8H_{17})_2NCH_3 + 2H_2O \tag{6-48}$$

$$(C_8H_{17})_2NCH_3 + CH_3Cl \xrightarrow{加压,加热} (C_8H_{17})_2N^+(CH_3)_2Cl^- \tag{6-49}$$

生产双辛基二甲基氯化铵的工艺流程示意如图6-9所示。

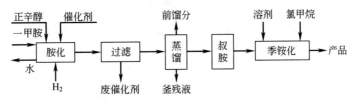

图6-9　双辛基二甲基氯化铵生产流程示意

上述两条生产路线，同样适用于双癸基二甲基氯化铵杀菌剂的制备。

2.操作注意事项

双辛基二甲基氯化铵是一种腐蚀性液体，能引起皮肤和眼睛的严重损伤，吞服有害身体或能致命。易燃，接触时应戴防护眼镜和手套。

复习思考题

1. 水对人类的生存和可持续发展有什么影响？
2. 什么叫水处理化学品？
3. 按应用目的可以将水处理化学品分成哪两大类？
4. 按产品的性能和用途进行综合分类，可将水处理化学品分为哪10大类？
5. 什么叫凝聚剂？
6. 简述硫酸加压分解铝土矿生产凝聚剂硫酸铝的生产工艺过程。
7. 什么叫絮凝剂？
8. 有机高分子絮凝剂具有哪些优点，其发展趋势是什么？
9. 利用水溶液聚合技术合成絮凝剂聚丙烯胺，需要解决生产中的4个重要技术问题是什么？
10. 工业循环冷却水系统常用哪几类阻垢分散剂？
11. 聚合物作为阻垢分散剂，必须具备哪两个最基本的条件？
12. 聚顺丁烯二酸阻垢分散剂有哪两条生产工艺路线？
13. 为什么说苯乙烯与顺丁烯二酸酐易于进行共聚合反应？
14. 制备苯乙烯磺酸钠-顺丁烯二酸（酐）共聚物有哪两条生产路线，各有什么特点？
15. 水处理用杀菌灭藻剂按杀菌灭藻机理可以分为哪几种类型？各类常用品种是什么？
16. 杀菌灭藻剂的发展方向是什么？
17. 二氧化氯与氯气相比较，其杀菌灭藻有什么特点？
18. 合成二氧化氯有哪几种方法？请写出化学反应式。
19. 臭氧在水处理领域中的作用是什么？
20. 生产二氧化氯时操作注意事项是什么？
21. 双辛基二甲基氯化铵杀菌灭藻剂有哪几条生产路线？
22. 生产双辛基二甲基氯化铵时操作注意事项是什么？

第七章 涂 料

学习目的与要求
- 掌握涂料的作用、涂料的组成和分类、涂料的性能及发展趋势。
- 理解典型涂料的配方、生产原理和技术要点及其生产的一般工艺过程。
- 了解涂料树脂及涂料改性、水性化的原理。

第一节 概 述

涂料是一种涂覆在物体（被保护和被装饰对象）表面并能形成牢固附着的连续薄膜的配套性工程材料。涂料在使用之前，是一种高分子溶液或分散体，或是粉末，它们经添加或不加颜填料调制而成涂料。涂料是由成膜物质、颜料、溶剂和助剂等按一定配方配制而成，其具体品种称"漆"，泛称"涂料"。涂料涂覆于物体表面后通过不同方式固化成"连续薄膜"（涂膜、涂层）才成为成品，起到预期的作用。涂料是"工业的外衣"，是人们美化环境及生活的重要产品，是国民经济和国防工业不可或缺的重要配套工程材料，也是重要的精细化工产品，近几年销售额占化学工业总产值的10％左右，可见涂料工业在国民经济中的重要作用。2009年，我国的涂料年产量已达755万吨，超过美国而成为世界第一大涂料生产和消费大国，但仍不是涂料科技强国，需要我们继续学习和发展涂料科学技术，加强涂料产业高技能人才的培养工作。

一、涂料的作用与分类

（一）涂料的作用

1. 保护作用

由于环境的影响及介质的作用，各种材料在其使用过程中会逐渐发生变质而丧失原有性能。所有的产品和设备经常受到各种机械冲击、划伤、狂风暴雨的冲刷、风沙的磨损等，均需要涂层进行保护。涂层能够隔离和屏蔽腐蚀介质与底材作用，或者通过特殊添加剂延缓腐蚀而达到保护底材的目的。家具和塑料制品经常接触洗涤剂、酒精、醋等腐蚀介质，也需要适当的保护。例如金属的锈蚀、木材的腐烂等，为延长物品的使用寿命，减少材料的腐蚀或腐烂，简便而可靠的措施是在物品表面涂装一层涂膜。

2. 装饰作用

涂层可以充分改变底材的外观，赋予其绚丽灿烂的色彩、不同的光泽、丰富的质感、表面花纹等美术和装饰效果，满足用户日益多样化和个性化的需求。汽车、塑料、家具、仪器仪表、皮革和高级纸张等高装饰性涂层往往是产品附加值的重要组成部分。涂料的性能和涂装工艺的结合是达到预定装饰效果的基础。

3. 功能作用

保护和装饰本身也是一类功能，这里所指的是特种功能——特种涂层材料的功能。例如，电磁屏蔽，吸收雷达波，吸收声呐波，吸收和反射红外线等隐形和伪装涂层，太阳热反射或吸收涂层，舰船防污涂层，防火涂层，耐高温涂层（200～2000℃），隔热绝热、烧蚀涂层，阻尼降噪声涂层，甲板防滑、防结冰涂层，自清洁热反射船壳涂层等。市场对特种功能涂料的需求越来越多，例如，建筑涂料中的屋顶防水、隔热、热反射涂料，内墙用的防水、防虫、防霉涂料等。

涂料行业在我国属于精细化工领域，专业上与胶黏剂、油墨相近。涂层无处不在，大至飞机、船舶、车辆、建筑物、桥梁，小至玩具、文具，如同人要穿衣服一样，几乎所有的物体都需要涂层保护。中国已成为涂料第一生产大国，但目前并不是涂料生产强国；随着国民经济发展和人民消费水平的提高，中国涂料市场具有巨大的发展潜力。

（二）涂料的组成

涂料是由成膜物、分散介质、颜填料及助剂组成的复杂的多相分散体系，涂料的各种组分在形成涂层过程中发挥其作用。

1. 成膜物

成膜物也称树脂，黏合剂或基料。它将所有涂料组分黏结在一起形成整体均一的涂层或涂膜，同时对底材或底涂层发挥润湿、渗透和相互作用而产生必要的附着力，并基本满足涂层的性能要求，因此成膜物是涂料的基础成分。

我国涂料行业一直采用按树脂成膜物的化学结构和来源分类，并写入国家标准，共 17 大类：油脂、天然树脂、酚醛树脂、沥青、醇酸树脂、氨基树脂、硝基纤维素、纤维素酯、纤维素醚、过氯乙烯树脂、烯类树脂、丙烯酸树脂、聚酯树脂、环氧树脂、聚氨酯树脂、元素有机化合物、橡胶及其他。

2．颜料和填料

颜料是色漆或有色涂层的必要组分。颜料赋予涂层色彩、着色力、遮盖力，增加机械强度，具有耐介质性、耐光性、耐候性、耐热性等。颜料的品种很多，大体上可分为如下几种。

（1）着色颜料　二氧化钛（钛白）、立德粉为代表的白色颜料，炭黑、氧化铁黑等黑色颜料，以及无机和有机黄色、红色、蓝色、绿色等颜料。

（2）体质颜料或填料　它们以天然或合成的复合硅酸盐（如滑石粉、高岭土、硅藻土、硅灰石、云母粉、石英砂等）、碳酸钙、硫酸钙、硫酸钡等为代表，细度范围 200～1200 目的产品均有，而且也有经过不同表面处理以适应溶剂型或水性涂料的产品。一般填料遮盖力和着色力较差，主要起填充、补强作用，同时也降低成本。

（3）功能性颜料　它们除了着色、填充等基本性能外，主要赋予涂层特种功能，种类繁多。其中防腐、防锈颜料为一大类，它们是金属防腐底涂层的必要成分，通过牺牲阳极、金属表面钝化、缓蚀、屏蔽等作用防止金属底材腐蚀。给予涂层特殊装饰效果的金属闪光颜料、珠光颜料、纳米改性随角异色颜料等。其他的防海生物附着的防污颜料，导电颜料，热敏、气敏颜料，电磁波吸收剂，防火、阻燃填料等。

3．分散介质

涂料作为分散体系（液—液、液—固、气—固、固—固），分散介质的作用是确保分散体系的稳定性、流变性，同时在施工和成膜过程中起重要作用。溶剂型液体涂料中的分散介质一般称为溶剂，在涂装过程中调节施工黏度和控制成膜速率及流变特性，这类溶剂又称稀料或稀释剂。传统的溶剂型涂料成膜后溶剂不留存于涂层中，挥发到大气中成为污染源之一，而且绝大多数有机溶剂都有毒性，易燃易爆。因此，了解溶剂的毒性和安全性是必要的。随着 VOC 和 HAPS（有害空气污染物）法规要求日益严格，对涂料中溶剂的用量和种类限制是涂料工艺面临的巨大挑战之一。

水乳和有机分散系中分散介质为水或溶解力较弱的脂肪烃。

4．助剂

助剂，又称涂料辅助材料，其开发和应用是现代涂料工艺的重大技术成就之一。它们用量很少，在现代涂料的制备、储运和涂装过程中对保证涂料和涂装性能起到重要的作用。助剂种类繁多，通常按助剂的功能分为：润湿、分散剂，乳化剂，消泡剂，流平剂，防沉、防流挂剂，催干剂，固化剂及催化剂，增塑剂，防霉剂，平光剂，增稠剂，阻燃剂，导静电剂，紫外线吸收剂，热稳定剂，防结皮剂，乳胶涂料的成膜助剂，防冻剂，防霉剂等。

二、涂料的分类

涂料分类方式很多，我国 1981 年颁布国家标准 GB 2705—81，1992 年又进行了修订和增补 GB 2705—92。分类主要依据成膜物，涂料全名由成膜物名称代码、基本名称、涂料特征和用途、型号等组成。其中涂料采用习惯叫法——漆，例如底涂与底漆，面涂与面漆。为了适应与国际接轨和市场经济的要求，新颁布的标准 GB 2705—2003 主要采用以涂料市场和用途为基础的分类法，同时对原分类法进行适当简化。主要包括如下几大类。

1．建筑涂料

建筑外墙面、内墙面涂料，防水涂料，地坪涂料，建筑防火涂料，功能涂料等。

2．工业涂料

汽车涂料，木器涂料，铁路公路车辆涂料，轻工涂料（自行车、家用电器、仪表、塑料及纸张涂料等），防腐涂料（桥梁、管道、集装箱、耐高温涂料等）。

3．其他涂料及辅助材料

以上几大类涂料中每一类中又按主要成膜体系细分，如建筑涂料分为合成乳液墙面涂料和溶剂型涂料两类。

新的涂料名称＝颜色或颜料名＋成膜物名＋基本名称。省略代码要求，适应市场中企业自行编号状况。

三、涂料的性能与应用

1.涂料的性能

由于涂料的用途、使用方法与环境各异，对其性能要求是多方面的。如使用前的储存性能，施工中的适应性能，成膜后涂层的力学性能等，涂层性能的优劣取决于涂料、涂装技术与管理等。

涂料的质量和配套性是获得优质涂层的基本条件。涂料的性能指标较多，如透明度、颜色、相对密度、不挥发分、黏度、流变性和结皮性等。

2.涂料的应用与施工

涂料的应用，应根据被涂装物体的性质及用途，选择适宜的品种，注意底漆、腻子、面漆及罩光漆的配套使用，提高涂装效果。

涂料在施工前，应对被涂表面进行处理，被涂物体材质不同，处理方法亦不同。金属表面需要进行脱脂、去锈、化学磷化处理，木材要进行干燥、漂白、加封闭剂等处理，塑料则要用溶剂洗去脱模剂，进行粗糙处理等。

涂料的施工主要有刷涂法、喷涂法、浸涂法、滚涂法、淋涂法、擦涂法、抽涂法、刮涂法、丝网法等；施工工艺有静电喷漆、电泳涂漆、粉末涂装等。

施工程序，一般根据应用需要，按选择的涂料品种及其配套施工方法，严格按照工艺规程操作。在涂装前，将涂料搅拌均匀并用稀释剂调整好黏度，调配好颜色方可使用，底漆一般涂1～2遍，然后刮腻子以使涂装的表面均匀平整，打磨平整后，再涂1～3遍的面漆，为增加涂层的光泽和丰满度，最后涂一层清漆。

四、涂料的发展趋势

随着社会经济的发展、人们生活质量的提高，环境保护的呼声日高，环境保护法规日益严格。涂料在经历了天然树脂、合成树脂的发展阶段后，进入了"节约型"阶段。节约型涂料要求符合经济、效率、生态、能源四原则。污染环境、危害健康的涂料，将逐渐被淘汰或被省资源、省能源、无污染的绿色涂料所替代。因此，涂料发展趋势是节能、无污染、功能性的绿色涂料，如水性涂料、高固含量涂料、粉末涂料、辐射固化涂料等。涂料发展的原则是经济、效率、生态、能源。

（1）涂料的水性化 由于水性涂料的优越性十分突出，近十年来，水性涂料在涂料领域的应用日益扩大，已经替代了不少惯用的溶剂型涂料。随着各国对挥发性有机物及有毒物质的限制越来越严格，以及树脂、配方的优化和适用助剂的开发，可以预计水性涂料在用于家庭装饰涂料、建筑涂料等方面的市场份额将不断提高，逐步占领溶剂型涂料的市场。在水性涂料中，乳胶涂料占绝对优势，此外，水分散体涂料在木器、金属涂料领域的技术、市场发展很快。

（2）涂料的粉末化 在涂料工业中，粉末涂料亦属于发展较快的一类。由于世界上出现了严重的大气污染，环保法规对污染控制日益严格，要求开发无公害、省资源的涂料品种。因此，无溶剂、100%地转化成膜、具有保护和装饰综合性能的粉末涂料，便因其具有独有的经济效益和社会效益而获得飞速发展。粉末涂料的主要品种有环氧树脂、聚酯、丙烯酸和聚氨酯粉末涂料。近年来，芳香族聚氨酯和脂肪族聚氨酯粉末以其优异的性能令人注目。

（3）涂料的高固体分化 在环境保护措施日益强化的情况下，高固体分涂料有了迅速发展。采用脂肪族多异氰酸酯和聚己内酯多元醇等低黏度聚合多元醇，可制成固体分高达100%的聚氨酯涂料。该涂料各项性能均佳，施工性好。用低黏度IPDI三聚体和高固体分羟基丙烯酸树脂或聚酯树脂配制的双组分热固性聚氨酯涂料，其固体含量可达70%以上，且黏度低，便于施工，室温或低温可固化，是一种非常理想的高装饰性高固体分聚氨酯涂料。

（4）涂料的光固化 光固化涂料也是一种不用溶剂、节省能源的涂料，最初主要用于木器和家具等产品的涂饰，目前在木质和塑料产品的涂装领域开始广泛应用。在欧洲和发达国家，光固化涂料市场潜力大，很受大企业青睐，主要是流水作业的需要，大约有40%的木质或塑料包装物采用光固化涂料。最近又开发出聚氨酯丙烯酸光固化涂料，它是将有丙烯酸酯端基的聚氨酯齐聚物溶于活性稀释剂（光聚合性丙烯酸单体）中而制成的，既保持了丙烯酸树脂的光固化特性，又具有特别好的柔性、附着力、耐化学腐蚀性和耐磨性。

环境压力正在改造全球涂料工业，一大批环境保护条例对VOC的排放量和使用有害溶剂等都做了严格规定，整个发达国家的涂料工业已经或正在进行着调整。归根结底，全球市场正朝着更适应环境的技术尤其是水性、高固体分、辐射固化和粉末涂料方向发展。

第二节 涂料成膜物树脂——醇酸树脂的生产

一、概述

醇酸树脂是以多元醇、多元酸经脂肪酸（或油）改性共缩聚而成的线型聚酯，分子结构是以多元醇的酯为主链、以脂肪酸酯为侧链。涂料行业很多合成树脂原料基本来源于石油化工，而醇酸树脂最基础原料之一是植物油。

二、醇酸树脂的分类

由于醇酸树脂的组分和性能可在很大范围内调整，所以醇酸树脂的品种很多。醇酸树脂分子上又具有羟基、羧基、双键和酯基，为醇酸树脂的化学改性提供了基础。醇酸树脂分子上还具有极性的主链和非极性的侧链，又可进行物理改性。油度不仅是醇酸树脂一个重要指标，而且醇酸树脂命名和分类也常用油度这一概念。油度通常以 OL 表示。醇酸树脂按含油多少（或含苯二甲酸酐）分为极长、长、中、短等几种油度。可根据油度和油的种类命名醇酸树脂，如长油度豆油醇酸树脂、短油度椰子油醇酸树脂等。

$$油度(\%) = \frac{"油"的质量}{醇酸的质量 - 析出水} \times 100\%$$

$$油度(\%) = \frac{1.04 \times 脂肪酸质量}{醇酸的质量 - 析出水} \times 100\%$$

如用脂肪酸为原料，则脂肪酸质量×1.04 代替油质量（当使用十八碳脂肪酸时）。系数 1.04 不能作为所有植物油类与三甘油酯换算系数。醇酸树脂的质量是多元酸的质量、多元醇的质量和油脂或脂肪酸的质量之和，减酯化时所产生水的量。除以油度分类外，还可分为氧化型和非氧化型醇酸，改性和未改性醇酸等。

三、醇酸树脂的有关化学反应

醇酸树脂的有关化学反应包括酯化反应、醇解反应、酸解反应、酯交换反应、醚化反应、不饱和脂肪酸的加成反应、不饱和脂肪酸与其他化学物的加成反应、缩聚反应。其中酯化反应、醇解反应、加成反应、缩聚反应尤为重要。

四、醇酸树脂的性质和配方计算

（一）醇酸树脂的性质

1. 油的品种对醇酸树脂性能的影响

用来制造醇酸树脂的油，通常按碘值分为干性油、半干性油和不干性油。碘值是指 100g 油中，使双键饱和所需碘的克数。碘值大于 140gI_2/100g 的为干性油，碘值介于 140～125gI_2/100g 之间的为半干性油，碘值小于 125gI_2/100g 的为不干性油。习惯上称碘值 130gI_2/100g 以上的油为干性油，用来制造室温自干的醇酸树脂。碘值高的油制成的醇酸树脂不仅干得快，而且硬度高、光泽较高。豆油和豆油脂肪酸，虽然碘值较低，但制造醇酸树脂可得到较满意的干性且不易泛黄的效果，故适于做白色及浅色漆。季戊四醇的官能度高于甘油，制造醇酸树脂可以提高干性。

2. 油度（脂肪酸含量）对醇酸树脂性能的影响

醇酸树脂的油度分为短、中、长、超长油度。油度决定醇酸树脂的很多性能。油度为 0（即 100%的聚酯）是硬而脆的玻璃状物，油是低黏度液体，醇酸树脂介于两者之间。醇酸树脂随油度长短溶于脂肪烃、脂肪烃与芳香烃混合物和芳香烃溶剂。这是因为醇酸树脂以聚酯为主链，脂肪酸为侧链，主链属极性，侧链属非极性。中、长油度的醇酸树脂脂肪酸侧链较多，脂肪酸基可以在非极性溶剂中任意舒展得到很好溶解。在极性溶剂中，醇酸树脂的主链能很好舒展，因而也得到很好溶解。

3. 醇酸树脂分子上的羧基、羟基对漆膜性能的影响

这些极性基团使醇酸树脂漆膜有良好的附着力，羧基提供对颜料的润湿力。羟基与羧基同时还结合钙催干剂形成共价化合物，促进漆膜的初干和实干。羧基可由酸值来确定，一般自干醇酸树脂的酸值在 10mgKOH/g 左右，否则酯化程度太低，相对分子质量小，且与碱性颜料反应性过强易发生胶化。用于氨基漆的醇酸树脂，羧基有催化作用，而且参与反应，可根据需要设定一定的酸值。水性醇酸树脂为取得水溶性，也要保留一定的酸值与羟基。

4. "有效用"的羟基起着影响醇酸树脂性能的作用

羟基对醇酸树脂性能影响很大，如羟基可以增加水性醇酸树脂的稳定性。其重要性甚至超过羧基。

5. 醇酸树脂的特性黏度

高分子物的相对分子质量可通过测量黏度来推算。

6. 合成工艺与醇酸树脂性质的关系

醇酸树脂合成主要有三种方法：脂肪酸法、醇解法、脂肪酸甘油一酸酯法。后者是脂肪酸先与甘油反应，然后再与苯二甲酸酐反应。醇解法和脂肪酸甘油一酸酯法制得的醇酸树脂及其漆膜，较软、较黏；树脂对脂肪烃溶剂容忍度高，且黏度低；制得的清漆漆膜干燥较慢而且较黏，酯化速率较低，且胶化时酸值较高。试验证明，不同的合成方法，如脂肪酸法与脂肪酸甘油一酸酯法，会影响树脂的相对分子质量分布、漆膜玻璃化温度及交联度，在树脂合成时，影响凝胶化时的酯化程度。

（二）醇酸树脂配方计算

醇酸树脂是一种复杂的聚合物，要求在合成时，反应尽量完全而又不至于凝胶。制造工艺稳定，并且满足制漆要求。醇酸树脂配方计算只是根据理论的推导作为起点，还要经过试验反复修正，并在生产实践中不断完善配方。目前人们进行醇酸树脂配方计算，仍基于 Carothers 方程。生产醇酸树脂时需要一个恰当的配方以达到所要求的酯化程度、羟值和酸值。在设计醇酸树脂配方时，有三个条件必须确定：①用什么油、油度为多少；②K 值为多少；③多元醇过量多少。

五、醇酸树脂的生产

（一）醇酸树脂的原料

生产醇酸树脂的主要原料是多元醇、多元酸、植物油（脂肪酸），在生产过程中还需加少量助剂，并用适当溶剂兑稀成液体树脂。

1. 多元醇

通式为 ROH（R 是烃基），系由饱和烃类分子上一个氢原子为羟基所取代而构成的。由于羟基取代的烃类分子上的氢原子的位置不同，可以生成三类不同的醇：①伯醇，连接羟基的碳原子上有两个氢原子；②仲醇，连接羟基的碳原子上有一个氢原子；③叔醇，连接羟基的碳原子上没有氢原子。三种醇的化学反应活性不同。在与有机酸酯化时，伯醇反应最容易、最快；仲醇较伯醇稍难、稍慢；叔醇则反应甚难，而且易于在酸存在下脱水醚化。烷烃分子有一个以上的碳原子，其氢原子被羟基取代，这种多羟基化合物称为多元醇。

2. 有机酸与多元酸

含有羧基的有机化合物称为有机酸。羧基基团具有活性，能离解成离子。含有一个以上的羧基者为多元酸。

3. 油类（甘油三脂肪酸酯）

醇酸树脂也可采用酯交换的方法直接使用油作为原料。

4. 溶剂、助剂

（1）溶剂 除水性醇酸树脂外，大部分是溶剂型醇酸树脂。有机溶剂在醇酸树脂成分中，占有很大比例，真正的高固体分醇酸树脂还比较少。所以溶剂对醇酸树脂性能、用途以及生产工艺与施工应用，甚至安全和劳动保护都有很大影响。大力发展水性醇酸树脂和高固体分醇酸树脂，减少醇酸树脂的有机溶剂的排放，降低醇酸树脂的 VOC 的含量，仍然是涂料工业的发展方向。200 号油漆溶剂油，是醇酸树脂使用最多、最广的一种溶剂。根据醇酸树脂的油度和用途来选择溶剂，常用于醇酸树脂生产的溶剂还有重芳香烃、高沸点芳香烃、正丁醇和异丁醇、乙酸酯等。

（2）醇酸树脂及醇酸树脂漆用助剂 醇酸树脂制造过程中，常用助剂有醇解催化剂（油脂为原料）、酯化催化剂、减色剂等。醇酸树脂漆特别是氧化（干燥）型醇酸树脂必须加催干剂、防结皮。醇酸树脂制漆用的分散剂、防沉剂等和其他合成树脂漆所用助剂相似，只是醇酸树脂漆对颜、填料有较好的润湿性，相对而言，助剂应用较少。其中催干剂和防结皮剂在氧化干燥醇酸漆应用非常广泛。

（3）催干剂 催干剂在溶液中也称干料，是可溶于有机溶剂和基料的金属有机化合物，化学上它们属皂类，将它们加入不饱和油或基料中，能显著缩短固化时间。所谓固化是指涂层转变成固体状态。催干剂都是金属皂类，其有机酸部分主要有环烷酸、2-乙基己酸、松浆油酸，还有松香、亚油酸等。

（4）防结皮剂 醇酸树脂漆，尤其氧化干燥型醇酸树脂漆，在使用和储存过程中会发生结皮。结皮现象不但造成大量的损耗，而且影响漆膜外观，产生粗粒、粗糙等缺陷，所以气干型醇酸树脂漆，往往加入防结皮剂。防结皮剂主要是两类化合物：一类是酚类抗结皮剂；另一类是肟类抗结皮剂。应用较广泛的是肟类抗结皮剂，如甲乙酮肟、丁醛肟、环己酮肟。

（二）生产醇酸树脂的方法

生产醇酸树脂有四种基本方法，脂肪酸法、脂肪酸-油法、油稀释法、醇解法，其中脂肪酸法和醇解法是最主要的方法。

1. 脂肪酸法制造醇酸树脂

脂肪酸法制造醇酸树脂可以直接将多元醇与多元酸、脂肪酸进行酯化生产。因为脂肪酸对多元醇、苯二甲酸酐可起溶解作用,即酯化是在均相体系完成的。脂肪酸法又可分为以下几种。

(1) 常规法 将全部反应物同时加入反应釜内,在不断地搅拌下升温,在规定温度(200~250℃)下保持酯化,中间不断地定期测定酸值与黏度,直至达到规定要求时停止加热,将树脂溶解成溶液、过滤净化。

(2) 高聚物法 多元醇不同位置的羟基、脂肪酸的羧基、苯二甲酸酐的酐基、苯二甲酸酐形成半酯的羧基,它们之间的反应活性不同,而且形成的酯结构之间的酯交换非常缓慢、轻微,因此制造醇酸树脂时,不同的原料加入顺序不同,生产的最终产物的结构也不一样,所以原料加入顺序对生产工艺是非常重要的。

【生产实例 7-1】 豆油脂肪酸醇酸树脂。原料配方如下:

苯二甲酸酐:季戊四醇:豆油脂肪酸=1.07:1:1.5(摩尔比)

如果采用常规法:

豆油脂肪酸　　　　　　58.6kg　　　　　　　苯二甲酸酐　　21.6kg
季戊四醇(过量10%)　　19.8kg

一起加入反应釜,搅拌、升温,以溶剂法酯化至酸值 10mgKOH/g 以下。

如果采用高聚物法:

豆油脂肪酸(58.6×70%) 41.0kg　　　　　　苯二甲酸酐　　21.6kg
季戊四醇　　　　　　　19.8kg

以上三种原料先在 230℃ 酯化至酸值 7.0mgKOH/g,再加入豆油脂肪酸(58.6×30%) 17.6kg,继续酯化(230℃)至酸值 9mgKOH/g 以下。

2. 醇解法生产醇酸树脂

因为油在加热的情况下不能溶解甘油和苯二甲酸酐,也不能形成均相,所以应采取有效步骤改变这种状态使之成为均相,然后再进行化学反应。这种方法就是制造醇酸树脂最常用的醇解法。在工艺中首先表现为在醇解温度下的均相化,也就是"热透明",进一步才是完成醇解。如应用几种醇之间以及醇解物之间的共溶效应,来促进体系均相化,从而也促进醇解。例如,在有甘油、一缩二乙二醇的豆油醇酸树脂的配方中,在醇解时,甘油、一缩二乙二醇和豆油三者可以一起加入,醇解很快。醇解工序是以油脂为原料制造醇酸树脂中非常重要的步骤,它影响醇酸树脂的分子结构和相对分子质量的分布。醇解的目的是制成甘油的不完全脂肪酸酯,主要是甘油一酸酯。实质上是一个改性的二元醇。用来制造醇酸树脂的油必须经过精制,特别要经过碱漂以除去蛋白质、磷脂等杂质,还要洗净残余的碱以免影响催化作用和颜色。

3. 脂肪酸-油法生产醇酸树脂

将脂肪酸、油、多元醇、多元酸(苯二甲酸酐)一同加入反应釜中,升温至 210~280℃ 保持酯化至达到规定要求。此法制得的醇酸树脂较醇解法制得的面干快而干透慢。而油的用量必须有一个正确的比例,否则将产生胶粒。

(三) 醇酸树脂的生产工艺

1. 醇酸树脂的酯化工艺

脂肪酸法或醇解法生产醇酸树脂酯化工艺上都是采用溶剂法脱水。因为醇酸树脂最基本的化学反应是酯化反应,反应产生的水必须及时除去,酯化反应才得以深度进行。熔融法靠不断通入惰性气体以帮助搅拌,排出酯化反应产生的水汽和防止反应物氧化。而溶剂法是利用有机溶剂作为共沸液体带出水帮助酯化。在酯化阶段加入反应物量的 3%~5% 的溶剂(主要是二甲苯)。脂肪酸法制醇酸树脂时,在投入多元酸、多元醇、脂肪酸的同时加入溶剂,升温进行酯化,共沸脱水。醇解法生产醇酸树脂是在完成醇解反应加完苯酐后,加回流二甲苯。溶剂法反应温度比较容易控制,通过增减溶剂量来进行调节。

溶剂法生产醇酸树脂,在反应釜上装有蒸汽加热的分馏柱,柱内装有填料。这个设备有利于含有低沸点成分的配方,如含有苯甲酸(沸点 249℃)、乙二醇(沸点 198℃),如果没装分馏柱则损失太大。另一个优点是有利于溶剂和水的分离,加快酯化反应的进行。分馏柱用蒸汽加热,可使酯化生成的水蒸出,而其他醇和酸、部分溶剂回流回收。如果带回反应釜的水增多,不利于酯化反应的进行。特别是在酯化反应的后期出水很少,二甲苯带回的水将延长反应时间。反之,低温会使苯酐在二甲苯中的溶解度下降,有造成冷凝器被堵塞的危险。返回反应釜的二甲苯应控制在 25~40℃。反应生成的水,应收集计量,以便了解酯化反应进行程度。

2. 醇酸树脂的生产设备

醇酸树脂的反应温度通常为200～250℃，在涂料行业中，醇酸树脂属高温合成树脂。醇酸树脂的生产设施中最重要的设备是反应釜。一些专业醇酸树脂生产厂家，采用先进的DCS集散自动控制系统，醇酸树脂生产的自动化程度大大提高。反应釜上配备搅拌器、通入惰性气体的装置、分馏柱、冷凝器、油水分离器、温度计和记录仪、自动取样器、人孔、液体原料加入管路、取样装置、打沫器、真空装置等。

3. 生产工艺举例

溶剂法生产醇酸树脂如下。

【生产实例 7-2】 豆油醇酸树脂。62%油度豆油季戊四醇醇酸树脂见表7-1。

表7-1　62%油度豆油季戊四醇醇酸树脂

配方	投料量/kg	投料比/%	当量值	e_A	e_B	官能度	m_0
豆油(双漂)	1250.0	57.42	293	4.26		1	4.26
季戊四醇(工业品)	327.0	15.02	35.5		9.21	4	2.30
苯二酸酐	600.0	27.56	74.0	8.11		2	4.05
甘油(油内)					4.26	3	1.42
合计	2177.0	100.00		12.37	13.47		12.03

氧化铅：0.52kg

多元醇过量

$$R=\frac{13.47}{12.37}=1.089 \quad r=\frac{9.21}{8.11}=1.136$$

$$K=\frac{m}{n}=\frac{12.03}{12.37}=0.973$$

油度：62

规格要求：

黏度(22℃，加氏管)/s　　　7～9　　　不挥发分/%　　　55±2

酸值/(mgKOH/g)　　　≤15

生产工艺如下：①将豆油加入反应釜中，升温，通入CO_2，搅拌，在45～55min内升温到120℃，停止搅拌，加入氧化铅。开始搅拌。②升温到220℃分批加入季戊四醇，再继续升温到240℃，保温醇解，至取样测定95%乙醇容忍度(25℃)为5作为醇解终点。在醇解时准备好油水分离器中垫底二甲苯及回流二甲苯。③降温到220℃加入苯二甲酸酐，加完停止通入CO_2，立即加入总加料量5%的二甲苯约108kg。④继续升温到200℃保温1h，升温到220℃保温2h，测酸值、黏度(黏度测定：样品∶200号油漆溶剂油＝10∶7.3，以加氏管测定)。接近终点时每隔0.5h测一次。当黏度达到7s，酸值达到18mgKOH/g以下时，立即停止加热，抽入或放入稀释罐进行冷却。当温度降到150℃以下，加入200号油漆溶剂油1567kg溶解成醇酸树脂溶液，再冷却至60℃以下过滤。

4. 醇酸树脂生产的质量控制

(1) 酸值与黏度

① 酸值　是指中和1g试样所需的氢氧化钾的毫克数，标志着酯化反应的速率和程度。制造醇酸树脂希望相对分子质量高，酸值低，即酯化反应要完全。大多数醇酸树脂的酸值都控制在10mgKOH/g以下，对不同的醇酸树脂另做规定。

② 黏度　表示醇酸树脂的缩聚程度与相对分子质量的增长。现场测定的方法是将固体树脂溶于一定数量的指定溶剂，在规定的温度下以加氏管测定。

(2) 固化时间　有的醇酸树脂反应过快，测酸值、黏度法来不及控制，则采取测固化时间法。就是将一块特制钢板加热到200℃，滴一滴树脂于钢板下，记录树脂胶化时间。固化时间在10s左右的树脂是不稳定的，生产时终点控制一般不要小于10s。

(3) 颜色　醇酸树脂要求颜色很浅，而很多厂家做不到，原因是原料不净、设备材料不良、操作带入杂质、空气氧化等诸多因素的影响。树脂颜色深浅将影响漆的色泽，特别是白色等浅色漆；有的还将影响漆膜的耐久性。

(4) 化学分析　在实验室做醇酸树脂的分析一般包括分离与分析，测定醇酸树脂所含游离酸、羟基含量、不皂化物、多元酸种类、多元醇种类、脂肪酸种类和是否有其他改性剂，如松香、苯乙烯、丙烯酸类、酚醛树脂、氨基树脂等。先以红外吸收光谱定性地进行测定，可大量简化以后的分析工作。

六、醇酸树脂的应用

醇酸树脂是涂料工业用途最广的合成树脂之一。按照醇酸树脂的油品和油度的不同，可概括为三种用途。①干性油醇酸树脂，在空气中自动氧化成膜，可制成各种清漆、色漆及各种类型涂料，成为涂料工业中很重要的一大类涂料。②和氨基树脂配合，制成氨基醇酸烘漆；与脲醛树脂合用，以酸催化做家具漆；也可和多异氰酸酯一起，制成双组分聚氨酯涂料；③醇酸树脂作为增塑剂与热塑性树脂合用。如硝基漆、乙基纤维素、氯化橡胶、过氯乙烯树脂等合用，以改进挥发性涂料的性能。

七、醇酸树脂的改性

（一）新材料的应用

（1）多元醇　如三羟甲基丙烷、乙二醇、一缩二乙二醇、新戊二醇等。

（2）多元酸　包括松浆油酸和间苯二甲酸。

（二）改性醇酸树脂

改性醇酸树脂是指经过化学反应构成的新的醇酸树脂。

1.松香改性醇酸树脂

松香的主要成分为松香酸，是链终止剂，可以把它简单作为一元酸来使用。

【生产实例7-3】 利用豆油脚脂肪酸—松香—苯酐，采用脂肪酸法制备松香改性醇酸树脂。脂肪酸法制备工艺如下：①将豆油脚脂肪酸、松香、苯酐、顺丁烯二酸酐、甘油及回流二甲苯加入酯化釜中，升温至150℃，开动搅拌，升温至175～180℃，恒温回流1h。②继续升温到200～230℃，回流酯化，待黏度、酸值合格后，抽入反应釜中。③降温到160℃兑稀，在80℃过滤。选用顺丁烯二酸酐作为催化剂，加快豆油脚脂肪酸的酯化速率，其用量为投料的0.5%。

2.苯甲酸改性醇酸树脂

采用苯甲酸或对叔丁基苯甲酸代替部分脂肪酸来制造醇酸树脂。苯甲酸是一元酸，配方处理简单，按一般原则取代一定当量比例的脂肪酸（一般取代30%左右；若50%则树脂漆膜过脆），所制醇酸树脂都是中、短油度醇酸树脂。配ւ制成各种磁漆。漆膜坚固、美观、耐久，用于卡车、拖拉机、机械部件等物品涂装。

【生产实例7-4】 将豆油脂肪酸、多元醇、苯二甲酸酐、苯甲酸全部加入反应釜中，通入CO_2，升温至150℃保持0.5h；升温到180℃保持2h，升温至230℃以溶剂法（加入二甲苯）酯化。保持到酸值小于10mgKOH/g，以200号油漆溶剂油溶解成50%树脂溶液。

3.水性醇酸树脂

水性醇酸树脂的技术有很大的发展，它节省大量的有机溶剂，既可节约资源，又可减轻环境污染，还可减小火灾的危险。水性醇酸树脂可制成在水中可分散型与水溶型的树脂。

（1）水中可分散型醇酸树脂　将聚乙二醇引入醇酸树脂的分子结构中，可使醇酸树脂具有水中自分散性。

【生产实例7-5】 40%油度水可分散性醇酸树脂

水性醇酸树脂的合成分成两步：缩聚反应与水性化。缩聚反应：将苯酐、月桂酸、间苯二甲酸、三羟甲基丙烷及二甲苯，加入四口瓶中并通氮气保护，加热升温至140℃，慢速搅拌，1h升温至180℃保温约1h，继续升温到230℃，1h后测酸值，当酸值降至小于10mgKOH/g时，蒸发溶剂，降温至170℃，加入偏苯三甲酸酐，酸值控制在50～60mgKOH/g，停止反应降温至120℃。水性化：按85%固含量加入乙二醇单丁醚溶解，继续降温至70℃，按羧基80%的物质的量加入二甲基乙醇胺，中和1h；按50%固含量加入蒸馏水，搅拌0.5h，过滤得水性醇酸树脂。

（2）水可分散性醇酸树脂　水性醇酸树脂大多是阴离子型。使树脂具有侧链羟基的方法有多种。①使醇酸树脂脂肪酸的不饱和双键与含羟基烯类单体（甲基丙烯酸、丙烯酸）共聚。此法含有丙烯酸的自聚物，可与醇酸树脂在水中共溶，但漆膜不透明或浑浊。②使用2,2-二羟甲基丙酸（DMPA）$CH_3—C(CH_2OH)_2—COOH$。③使用偏苯三甲酸酐或均四苯甲酸酐。

4.丙烯酸（酯）改性醇酸树脂

用丙烯酸酯，主要是甲基丙烯酸酯改性醇酸树脂，干燥快。保色性与耐候性都有很大提高。丙烯酸改性醇酸树脂除了氧化干燥成膜外，还可以与氨基树脂或多异氰酸酯树脂进行交联成膜，拓宽了醇酸树脂的应用领域。

5. 有机硅改性醇酸树脂

所谓的有机硅改性醇酸树脂是指用少量有机硅树脂与醇酸树脂共缩聚而得的改性醇酸树脂。以少量醇酸（聚酯）树脂和有机硅树脂共缩聚以改进有机硅树脂的干率、附着力等性能者不同，后者需烘干，专用于高温、电绝缘等方面。因为有机硅树脂具有耐紫外线性、强憎水性，所以将有机硅树脂引入醇酸树脂的结构中将使醇酸树脂漆膜的保光性、抗粉化性、保色性、耐候性有很大的改进，提高了醇酸树脂的户外使用价值。可用于户外钢结构件和器具的耐久性涂料，如船壳漆、桥梁漆等。以有机硅改性醇酸树脂制舰船涂料，取得了很好的效果。

6. 异氰酸酯改性醇酸树脂

氨基甲酸酯改性醇酸也称氨酯醇酸。应用较多的是 TDI，它部分地代替苯酐。氨酯醇酸是由异氰酸酯与植物油醇解后的单甘油酯反应而成的。在工艺的末期加入醇，确保没有 N=C=O 的残留。氨酯醇酸比制造它们的干性油干得快，因为它们有较高的平均官能度。TDI 的芳香环的刚性也促进干燥，提高了树脂的 T_g。氨酯醇酸优于醇酸涂料的两个主要优点是优良的耐磨损性和耐水解性，缺点是低劣的保色性（用 TDI）。脂肪族二异氰酸酯制造的氨酯醇酸保色性较好，但价格贵且 T_g 低。

第三节　涂料成膜物树脂——丙烯酸树脂的生产

一、概述

丙烯酸树脂由丙烯酸酯类或甲基丙烯酸酯类及其他烯烃单体共聚而成。丙烯酸类单体由于具有碳链双键和酯基的独特结构，共聚形成的丙烯酸树脂对光的主吸收峰处于太阳光谱范围之外，所以制得的丙烯酸涂料具有优异的耐光性及耐候性能。丙烯酸涂料有如下显著的特点：①色浅、透明、水白、透明性好；②耐候性好；③耐热性好；④优异施工性能。由于优越的耐光性能与耐户外老化性能，丙烯酸涂料最大的市场为轿车漆。此外，轻工、家用电器、金属家具、铝制品、卷材工业、仪器仪表、建筑、纺织品、塑料制品、木制品、造纸等工业均有广泛应用。丙烯酸涂料种类繁多，目前通常分成溶剂型丙烯酸涂料、水性丙烯酸涂料和无溶剂丙烯酸涂料等。

二、丙烯酸（酯）及甲基丙烯酸（酯）单体

丙烯酸树脂合成所采用的单体主要有丙烯酸酯和甲基丙烯酸酯及其他含乙烯基团的单体等。最常见的单体有丙烯酸、丙烯酸乙酯、丙烯酸丁酯、甲基丙烯酸、甲基丙烯酸甲酯、甲基丙烯酸丁酯、甲基丙烯酸羟乙酯等。

根据在树脂中的作用及对涂膜的贡献，丙烯酸类单体可以分为硬单体和软单体。例如软单体有丙烯酸甲酯、丙烯酸丁酯、丙烯酸-2-乙基己酯等；硬单体，例如甲基丙烯酸甲酯、甲基丙烯酸丁酯、苯乙烯和丙烯腈等。

丙烯酸类单体的分子中含有某些活性基因，如羟基、羧基、环氧基、氨基等，称为功能性单体。功能性单体常用的可分为以下几类：①含羧基单体，有丙烯酸、甲基丙烯酸、丁烯酸等。②含羟基单体，有丙烯酸羟丙酯、丙烯酸羟乙酯、甲基丙烯酸羟丙酯、甲基丙烯酸羟乙酯、丙烯酸羟丁酯、甲基丙烯酸羟丁酯等。③含环氧基单体，有丙烯酸缩水甘油酯、甲基丙烯酸缩水甘油酯等。常用的丙烯酸酯类单体及其物理性质可以参见相关手册。

三、丙烯酸树脂的配方设计

丙烯酸树脂及其涂料应用范围很广，如可用于金属、塑料及木材等基材。因此其配方设计是非常复杂的。基本原则是首先要针对不同基材和产品确定树脂剂型——溶剂型或水剂型；然后根据性能要求确定单体组成、玻璃化温度（T_g）、溶剂组成、引发剂类型及用量和聚合工艺；最终通过实验进行检验、修正，以确定最佳的产品工艺和配方。其中单体的选择是配方设计的核心内容。

（一）单体的选择

正确地选择单体，必须对单体的物化性质非常了解。为方便应用，通常将聚合单体分为硬单体、软单体和功能单体三大类。甲基丙烯酸甲酯、苯乙烯，丙烯腈是最常用的硬单体，丙烯酸乙酯、丙烯酸丁酯、丙烯酸异辛酯为最常用的软单体。长链的丙烯酸及甲基丙烯酸酯（如月桂酯、十八烷酯）具有较好的耐醇性和耐水性。功能性单体有含羟基的丙烯酸酯和甲基丙烯酸酯，含羧基的单体有丙烯酸和甲基丙烯酸。羟基的引入

可以为溶剂型树脂提供与聚氨酯固化剂、氨基树脂交联用的官能团。其他功能单体有：丙烯酰胺、羟甲基丙烯酰胺、双丙酮丙烯酰胺和甲基丙烯酸乙酰乙酸乙酯、甲基丙烯酸缩水甘油酯、甲基丙烯酸二甲基氨基乙酯、乙烯基硅氧烷类［如乙烯基二甲氧基硅烷，乙烯基三乙氧基硅烷，乙烯基二(2-甲氧基乙氧基)硅烷，乙烯基二异丙氧基硅烷，r-甲基丙烯酰氧基丙基三甲氧基硅烷，r-甲基丙烯酰氧基丙基三(β-三甲氧基乙氧基)硅烷单体等］。功能单体的用量一般控制在1%～6%（质量分数），不能太多，否则可能会影响树脂或成漆的储存稳定性。乙烯基三异丙氧基硅烷单体由于异丙基的位阻效应，Si-O 键水解较慢，在乳液聚合中其用量可以提高到10%，有利于提高乳液的耐水、耐候等性能，但是其价格较高。乳液聚合单体中，双丙酮丙烯酰胺、甲基丙烯酸乙酰乙酸乙酯（AAEM）分别需要同聚合终了外加的己二酰二肼、己二胺复合使用，水分挥发后可以在大分子链间架桥形成交联膜。羧基丙烯酸单体有丙烯酸和甲基丙烯酸，羧基的引入可以改善树脂对颜、填料的润湿性及对基材的附着力，而且同环氧基团有反应性，对氨基树脂的固化有催化活性。树脂的羧基含量常用酸值（AV）表示，即中和1g 树脂所需 KOH 的毫克数，单位 mgKOH/g（固体树脂），一般AV控制在10mgKOH/g（固体树脂）左右，聚氨酯体系用时，AV稍低些，氨基树脂用时AV可以大些，促进交联。

合成羟基型丙烯酸树脂时羟基单体的种类和用量对树脂性能有重要影响。双组分聚氨酯体系的羟基丙烯酸组分常用伯羟基类单体：丙烯酸羟乙酯或甲基丙烯酸羟乙酯；氨基烘漆的羟基丙烯酸组分常用仲羟基类单体：丙烯酸-β-羟丙酯或甲基丙烯酸-β-羟丙酯。伯羟基类单体活性较高，由其合成的羟丙树脂用作氨基烘漆的羟基组分时影响成漆储存，应选择仲羟基丙烯酸单体。近年来也出现了一些新型的羟基单体，如丙烯酸或甲基丙烯酸羟丁酯，甲基丙烯酸羟乙酯与ε-己内酯的加成物。甲基丙烯酸羟乙酯与ε-己内酯的加成物所合成的树脂黏度较低，而且硬度、柔韧性可以实现很好的平衡。另外，通过羟基型链转移剂（如巯基乙醇、巯基丙醇，巯基丙酸-2-羟乙酯）可以在大分子链端引入羟基，改善羟基分布，提高硬度，并使相对分子质量分布变窄，降低体系黏度。

为提高耐乙醇性要引入苯乙烯、丙烯腈及甲基丙烯酸的高级烷基酯，降低酯基含量。可以考虑二者并用，以平衡耐候性和耐乙醇性。甲基丙烯酸的高级烷基酯有甲基丙烯酸月桂酯、甲基丙烯酸十八醇酯等。

涂料用丙烯酸树脂常为共聚物，选择单体时必须考虑它们的共聚活性。由于单体结构不同，共聚活性不同，共聚物组成同单体混合物组成通常不同，只能通过实验研究，进行具体问题具体分析。实际工作时一般采用单体混合物"饥饿态"加料法（即单体投料速率＜共聚速率）控制共聚物组成。为使共聚顺利进行，共聚用混合单体的竞聚率不要相差太大，如苯乙烯同醋酸乙烯、氯乙烯、丙烯腈难以共聚。必须用活性相差较大的单体共聚时，可以补充一种单体进行过渡，即加入一种单体，而该单体同其他单体的竞聚率比较接近、共聚性好，苯乙烯同丙烯腈难以共聚，加入丙烯酸酯类单体就可以改善它们的共聚性。

（二）玻璃化温度T_g的设计

玻璃化温度反映无定形聚合物由脆性的玻璃态转变为高弹态的转变温度。不同用途的涂料，其树脂的玻璃化温度相差很大。外墙漆用的弹性乳液其T_g一般低于-10℃，北方应更低一些；而热塑性塑料漆用树脂的T_g一般高于60℃。交联型丙烯酸树脂的T_g一般在-20～40℃。玻璃化温度的设计常用FOX公式表示如下：

$$\frac{1}{T_g}=\frac{W_1}{T_{g1}}+\frac{W_2}{T_{g2}}+\frac{W_3}{T_{g3}}+\cdots$$

式中 W_1，W_2，W_3，$\cdots$——共聚单体1、2、3$\cdots$的质量分数；

T_{g1}，T_{g2}，T_{g3}，$\cdots$——共聚单体1、2、3$\cdots$均聚物的T_g（T_g用热力学温度表示）。

单体的玻璃化温度可以参见相关手册。

（三）引发剂的选择

溶剂型丙烯酸树脂的引发剂主要有过氧类和偶氮类两种。常用的过氧类引发剂的引发活性可以参见相关手册。其中过氧化二苯甲酰是一种最常用的过氧类引发剂，正常便用温度70℃～100℃，过氧类引发剂容易发生诱导分解反应，而且其初级自由基容易夺取大分子链上的氢、氮等原子或基团，进而在大分子链上引入支链，使相对分子质量分布变宽。过氧化苯甲酸叔丁酯是近年来得到重要应用的引发剂，微黄色液体，沸点124℃，溶于大多数有机溶剂，室温稳定，对撞击不敏感，储运方便，它克服了过氧类引发剂的一些缺点，所合成的树脂相对分子质量分布较窄，有利于固体分的提高。偶氮类引发剂品种较少，常用的主要有偶氮二异丁腈、偶氮二异庚腈，其中偶氮二异丁腈是最常用的引发剂品种，使用温度60～80℃，该引发剂一般无诱导分解所得大分子的相对分子质量分布较窄。

为了使聚合平稳进行，溶液聚合时常采用引发剂同单体混合滴加的工艺，单体滴加完保温数小时后，还需一次或几次追加引发剂，滴加后消除残余单体，以尽可能提高转化率，每次引发剂用量为前者的10%～30%。

（四）溶剂的选择

溶剂是丙烯酸树脂的重要组成部分。优良溶剂可使树脂清澈透明，黏度降低，树脂及其涂料的成膜性能好。溶剂对树脂的溶解能力可参考溶解度参数δ。丙烯酸树脂的δ一般在8.5～11之间，据相似相溶原理，醇类、酯类、酮类等是常用的溶剂。更准确的推测可根据溶剂和树脂的三维溶解度参数。此外，选择时应考虑溶剂的成本、挥发速度、毒性等。

用作室温固化双组分聚氨酯羟基组分的丙烯酸树脂不能使用醇类、醚醇类溶剂，以防其和氰酸酯基团反应，溶剂中含水量应尽可能低，可以在聚合完成后，减压脱除部分溶剂，以带出体系微量的水分。环保涂料用溶剂不能含"三苯"，通常以乙酸乙酯、乙酸丁酯、丙二醇甲醚乙酸酯混合溶剂为主。也有的体系以乙酸丁酯和重芳烃作溶剂。

为了得到较高固体分和低黏度的树脂，常采用链转移剂。常见的有十二烷基硫醇、2-巯基乙醇、3-巯基丙醇、巯基丙酸、巯基戊酸、巯基琥珀酸、3-巯基丙酸-2-羟乙酯等。

（五）相对分子质量调节剂

为了调控相对分子质量，需要加入相对分子质量调节剂（或称为黏度调节剂、链转移剂）。现在常用的品种为硫醇类化合物，如正十二烷基硫醇、仲十二烷基硫醇、叔十二烷基硫醇、巯基乙醇、巯基乙酸等。巯基乙醇在转移后再引发时可在大分子链上引入羟基减少羟基型丙烯酸树脂合成中巯基单体用量。硫醇一般带有臭味，其残余将影响感官评价，因此其用量要很好的控制。目前，也有一些低气味转移剂可以选择，如甲基苯乙烯的二聚体。另外根据聚合度控制原理，通过提高引发剂用量也可以对相对分子质量起到一定的调控作用。

四、溶剂型丙烯酸树脂的生产

溶剂型丙烯酸树脂是丙烯酸树脂的一类，可以用作溶剂涂料的成膜物质，该溶液是一种浅黄色或水白色的透明性黏稠液体。溶剂型丙烯酸树脂的合成主要采用溶液聚合，如果选择恰当的溶剂（常为混合溶剂），如溶解性好、挥发速度满足施工要求、安全、低毒等，聚合物溶液可以直接用作涂料基料进行涂料配制，使用非常方便。

（一）丙烯酸树脂生产工艺和安全生产

1. 生产工艺

目前工业上所用的丙烯酸树脂多数是间歇式反应釜生产的。反应釜除夹套可通蒸汽和冷水外，还应带有盘管，以便迅速带走反应热，大釜还应设计防爆聚的安全膜。丙烯酸树脂生产设备主要有：反应釜、冷凝器、分水器、高位槽、过滤器、热煤炉、压缩空气系统、真空系统。以及配套的物料输送装置、计量装置等。流程的示意如图7-1所示。

一般的操作步骤如下：①按工艺配方，将规定数量的单体通过不锈钢过滤器过滤后，加入单体配置器中，待混合均匀后，放置待用。②将引发剂投入引发剂配制器中，用少量聚合溶剂溶解，过滤待用。如系BPO等含水过氧化物，则应除去水分。③空釜时，先打开氮气（或二氧化碳）通管；赶走釜内空气。然后按配方规定加入溶剂。有时可先加入部分单体和引发剂。④继续通惰性气体，开动搅拌，打开蒸汽阀加热，并打开回流加热和冷却两个冷凝器的冷却水，待升到离规定的反应温度前20～30℃时（可视具体情况而定）即可关闭蒸汽，待其慢慢自升到反应温度。⑤开始加入单体和引发剂溶液，一般在2～4h内加完，但视反应热的除去情况而稍加调整。单体和引发剂的加入速度应均衡，在此期间温度也要保持恒定。⑥加完单体和引发剂后，保温1.5～2h，追加第

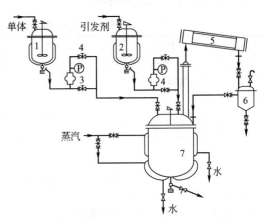

图7-1 丙烯酸树脂生产工艺流程的示意图
1,2—高位槽；3,4—流量计；
5—冷凝器；6—分水器；7—反应釜

一次引发剂（可溶于溶剂中一次投入），再追加第二次引发剂，继续保温到转化率和黏度达到规定指标。整个反应时间约在6~15h完成，视品种配方不同而异。⑦反应完成后，可加热升温蒸出少部分溶剂，借以脱除残余单体。然后，补加新鲜溶剂以调整固体含量。这样可减少成品中丙烯酸酯单体的气味。⑧冷却后，出料。

操作中应注意以下事项：①单体和引发剂加入速度不可太快，以免引起冲料。②反应温度要控制好。如由于单体的加入而使温度下降过多时，要停止加入单体，慢慢地小心升温到反应温度再继续加料，否则，会造成未反应的单体在反应釜中积累，易引起剧烈的聚合和冲料。

2.质量控制

对于一般的溶剂型丙烯酸树脂，可通过测定下列项目来进行质量控制。

① 固体含量。称取一定数量的树脂，于规定的适当温度下烘烤一定的时间，再称量。即可计算出固体分。

② 黏度。一般企业生产用涂-1和涂-4黏度计测定。如果黏度很大，可用落球法测定。也可使用加氏管测定，树脂的黏度对漆膜的物理性能及光泽、丰满度等都会带来很大影响，要小心控制。

③ 色泽。采用常见的铁-钴比色或铂-钴比色都可以，一般丙烯酸树脂色泽都很浅。呈水白色或微黄色。

④ 酸值。采用一般氢氧化钾-乙醇溶液滴定。用酚酞作指示剂。

⑤ 相对分子质量分布。如具备仪器条件，或对要求较高的产品，可以做一下凝胶渗透色谱分析，它的相对分子质量分布可以很快测定，通过与标准样对比，可以了解聚合反应进行的情况。

3.安全生产

注意防火、防爆；做好防护工作。

（二）热塑性丙烯酸树脂的生产

热塑性丙烯酸树脂可以熔融，在适当溶剂中溶解，由其配制的涂料靠溶剂挥发后大分子的聚集成膜，成膜时没有交联反应发生，属非反应型涂料。为了实现较好的物化性能，应将树脂的相对分子质量做大，但是为了保证固体分不至于太低，相对分子质量又不能过大，一般75000~120000之间时物化性能和施工性能比较平衡。该类涂料具有丙烯酸类涂料的基本优点，耐候性好，保光、保色性优良、耐水、耐酸、耐碱良好。但也存在一些缺点，其施工固体分低，一般在10%~25%；涂膜丰满度差；低温易脆裂；高温易发黏；溶剂释放性差，实干较慢；耐溶剂性不好等。

为克服热塑性丙烯酸树脂的弱点，可以通过配方设计或拼用其他树脂给予解决，要根据不同基材的涂层要求设计不同的玻璃化温度，如金属用漆树脂的玻璃化温度通常在30~60℃，塑料漆用树脂可将玻璃化温度设计得高些（80~100℃）提高硬度，溶剂型建筑涂料树脂的玻璃化温度一般大于50℃；引入甲基丙烯酸正丁酯或甲基丙烯酸异丁酯、甲基丙烯酸叔丁酯、甲基丙烯酸月桂酯、甲基丙烯酸十八醇酯、丙烯腈改善耐乙醇性。

1.塑料漆用热塑性丙烯酸树脂的生产配方

塑料漆用热塑性丙烯酸树脂的合成配方见表7-2。

表7-2 塑料漆用热塑性丙烯酸树脂的合成配方

序号	原料名称	用量(质量份)	序号	原料名称	用量(质量份)
01	甲基丙烯酸甲酯	27.00	06	二甲苯	40.00
02	甲基丙烯酸正丁酯	6.000	07	S-100	5.000
03	丙烯酸	0.4000	08	二叔丁基过氧化物	0.4000
04	苯乙烯	9.000	09	二叔丁基过氧化物	0.1000
05	丙烯酸正丁酯	7.100	10	二甲苯	5.000

2.生产工艺

先将溶剂投入反应釜中，通氮气置换反应釜中的空气，加热到125℃将甲基丙烯酸甲酯、甲基丙烯酸正丁酯、丙烯酸、苯乙烯、引发剂于4~4.5h滴入反应釜，保温2h，加入部分引发剂和溶剂于反应釜，再保温2~3h，降温，出料。该树脂固含量：50%±2%，黏度：4000~6000mPa·s，主要性能是耐候性和耐化学性好。

（三）热固性丙烯酸树脂的生产

热固性丙烯酸树脂也称为交联型或反应型丙烯酸树脂。它可以克服热塑性丙烯酸树脂的缺点，使涂膜的力学性能、耐化学品性能大大提高。其原因在于成膜过程伴有交联反应发生，最终形成网络结构，不熔、不溶。热固性丙烯酸树脂相对分子质量一般低于30000，在10000～20000之间，高固体分涂料所用的树脂相对分子质量常低至2000～3000。热固性丙烯酸树脂的交联反应是通过树脂侧链上有可与其他树脂反应或自身反应的活性官能团。共聚合反应制造树脂时，采用不同的活性官能单体，树脂侧链上就有多种不同体系的官能团。

热固性丙烯酸树脂可分为"自反应"与"潜反应"两大类。前者单独或在微量催化剂存在下，侧链上活性官能团自身发生反应，交联成网状结构的聚合物。后者的活性官能团自身不会反应，但可以与添加的交联剂的活性官能团反应，由交联剂搭桥进行交联，从而形成网状结构的聚合物。这类交联反应应至少具有两个活性官能团，不同侧链活性基团各有不同的交联体系，要求不同的温度、催化剂（或不用催化剂）。

反应型丙烯酸树脂可以根据其携带的可反应官能团特征分类，主要包括羟基丙烯酸树脂、羧基丙烯酸树脂和环氧基丙烯酸树脂。其中羟基丙烯酸树脂是最重要的一类，用于同多异氰酸酯固化剂配制室温干燥双组分丙烯酸-聚氨酯涂料和丙烯酸-氨基烘漆，这两类涂料应用范围广、产量大。其中，丙烯酸-聚氨酯涂料主要用于飞机、汽车、摩托车、火车、工业机械、家电、家具、装修及其他高装饰性要求产品的涂饰，属重要的工业或民用涂料品种。丙烯酸-氨基烘漆主要用于汽车原厂漆、摩托车、金属卷材、家电、轻工产品及其他金属制品的涂饰，属重要的工业涂料。羧基丙烯酸树脂和环氧基丙烯酸树脂分别用于同环氧树脂及羧基聚酯树脂配制粉末涂料。交联型丙烯酸树脂的交联反应见表7-3。

表7-3 交联型丙烯酸树脂的交联反应

丙烯酸树脂官能团种类	功能单体	交联反应物质
羟基	（甲基）丙烯酸羟基烷基酯	与烷氧基氨基树脂热交联
羧基	（甲基）丙烯酸、衣康酸或马来酸酐	与多异氰酸酯室温交联
环氧基	（甲基）丙烯酸缩水甘油酯	与环氧树脂环氧基热交联
N-羟甲基或甲氧基酰氨基	N-羟甲基（甲基）丙烯酰胺、N-甲氧基甲基（甲基）丙烯酰胺	与羧基聚酯或羧基丙烯酸树脂热交联 加热自交联，与环氧树脂或烷氧基氨基树脂热交联

1.聚氨酯用羟基型丙烯酸树脂的生产配方及生产工艺

（1）生产配方　聚氨酯漆用羟基型丙烯酸树脂生产配方见表7-4。

表7-4 聚氨酯漆用羟基型丙烯酸树脂生产配方

序号	原料名称	用量（质量份）	序号	原料名称	用量（质量份）
01	甲基丙烯酸甲酯	21.0	07	过氧化二苯甲酰	0.800
02	丙烯酸正丁酯	19.0	08	过氧化二苯甲酰	0.120
03	甲基丙烯酸	0.100	09	二甲苯	6.00
04	丙烯酸-β-羟丙酯	7.50	10	过氧化二苯甲酰	0.120
05	苯乙烯	12.0	11	二甲苯	6.00
06	二甲苯	28.0			

（2）生产工艺　①将打底用溶剂加入反应釜，用N_2置换空气，升温使体系回流，保温0.5h；②将单体、引发剂混合均匀，匀速加入反应釜；③保温反应3h；④将引发剂溶解，加入反应釜，保温1.5h；⑤将剩余的引发剂溶解，加入反应釜，保温2h；⑥取样分析，外观、固含、黏度合格后，过滤、包装。

2.氨基烘漆用羟基丙烯酸树脂的生产配方及生产工艺

（1）生产配方　氨基烘漆用羟基丙烯酸树脂生产配方见表7-5。

表7-5 氨基烘漆用羟基丙烯酸树脂生产配方

序号	原料名称	用量（质量份）	序号	原料名称	用量（质量份）
01	乙二醇丁醚醋酸酯	100.0	06	丙烯酸	5.000
02	重芳烃-150	320.0	07	丙烯酸异辛酯	30.00
03	丙烯酸-β-羟丙酯	90.00	08	叔丁基过氧化苯甲酰	4.000
04	苯乙烯	370.0	09	叔丁基过氧化苯甲酰	1.000
05	甲基丙烯酸甲酯	50.00	10	重芳烃-150	30.00

(2) 生产工艺　先将溶剂投入反应釜中，通氮气置换反应釜中的空气，加热到（135℃），将单体和引发剂混合均匀于3.5~4h滴入反应釜，保温2h，加入剩余引发剂和重芳烃于反应釜，再保温2~3h，降温，出料。

该树脂固含量：55%±2%；黏度：4000~5000mPa·s（25℃）；酸值：4~8mgKOH/g；色泽＜1，主要性能是光泽及硬度高，流平性好。

五、水性丙烯酸树脂的生产

与传统的溶剂型涂料相比，水性涂料具有价格低，使用安全，节省资源和能源，减少环境污染和公害等优点，因而已成为当前涂料工业的主要发展方向。水性丙烯酸树脂涂料是水性涂料中发展最快、品种最多的无污染型涂料。水性丙烯酸树脂包括丙烯酸树脂乳液、丙烯酸树脂水分散体及丙烯酸树脂水溶液。

乳液主要是由油性烯类单体乳化在水中在水性自由基引发剂引发下合成的。而树脂水分散体则是通过自由基溶液聚合或逐步溶液聚合等不同的工艺合成的。从粒径看，乳液粒径＞树脂水分散体粒径＞水溶液粒径；从应用看，以前两者为重要。丙烯酸乳液主要用于乳胶漆的基料，在建筑涂料市场中有重要的应用，目前其应用还在不断扩大，近年来丙烯酸树脂水分散体的开发、应用日益引起人们的重视，在工业涂料、民用涂料领域的应用不断拓展。

（一）丙烯酸树脂水分散体的生产

水可稀释型丙烯酸酯涂料采用具有活性可交联官能团的共聚树脂制成，多系热固性涂料，用于涂料的水性树脂的相对分子质量一般为2000~100000；单组分树脂的相对分子质量一般为2000~10000，双组分体系用树脂相对分子质量一般为5000~35000。水性涂料的应用领域主要为建筑涂料和工业涂料。以丙烯酸酯类为基料的水性涂料根据其用途或特点可分为如下几类：水性防腐涂料；水性防锈涂料；水性外墙涂料；水性木器涂料；水性纸品上光涂料；水性路标涂料；水性印刷油墨涂料等。

1.水可稀释型丙烯酸树脂的组成与原材料

水可稀释型丙烯酸树脂的制备通过溶液聚合实现，在制备时可以选择含有羧基、磺酸基、醚键等官能团的不饱和单体与丙烯酸酯单体共聚后，用有机胺或氨水中和成盐，再溶解于水而获得水溶性丙烯酸树脂。若在体系中引入含羟基单体，则可以制成水性热固性丙烯酸树脂；与氨基树脂、多异氰酸酯配合，可分别制备水性单组分丙烯酸氨基树脂涂料和水性双组分丙烯酸聚氨酯涂料，这样制得的树脂由于提高了交联密度，涂料性能可与溶剂型丙烯酸树脂相抗衡。

水可稀释型丙烯酸树脂实际在水中溶解度很小，树脂以粒子的形式分散在水相中。有人对含羟基丙烯酸树脂的水溶性规律进行了研究，发现羟基单体用量增加，水溶性增加；中和度越大，水溶性越好；羟基单体的用量对水溶性的影响比羧酸单体的影响小。

水可稀释型丙烯酸树脂的组成一般如下：组成单体有丙烯酸乙酯、丙烯酸丁酯、丙烯酸乙基己酯、甲基丙烯酸甲酯、苯乙烯等，官能单体有丙烯酸、丙烯酸羟丙酯、甲基丙烯酸、甲基丙烯酸羟乙酯、甲基丙烯酸羟丙酯等，中和剂有三乙胺、二乙醇胺、二甲基乙醇胺、2-氨基-2-甲基丙醇、N-乙基吗啉等，助溶剂有丙二醇乙醚、丙二醇丁醚等。

2.聚合方法及机理

水可稀释性丙烯酸树脂的合成与溶剂型的基本相同，只是溶剂型丙烯酸树脂的聚合反应在制漆的溶剂中直接进行，而水稀释性丙烯酸树脂不能在水中进行聚合反应，而是在助溶剂中进行，水则是在成盐时加入的。通常使树脂水性化有两条途径。①成盐法：共聚形成丙烯酸树脂后，加入胺中和，将聚合物主链上所含的羧基或氨基经碱或酸中和反应形成盐类，从而具有水溶性。②醇解法：丙烯酸树脂在溶液中共聚后，进行水解，使聚合物具有水溶性。成盐法是最常使用获得水性丙烯酸树脂的方法。

3.影响聚合反应因素

丙烯酸树脂配方的关键是选用单体，通过单体的组合来满足涂膜特性的技术要求，但羧基含量、玻璃化温度也是很重要的因素。

(1) 羧基含量　羧基经胺中和成盐是树脂水溶的主要途径，所以羧基含量的多少直接影响到树脂的可溶性及黏度的变化。一般含羧基聚合物的酸值设计为30~150mgKOH/g，酸值越高，水溶性越好，但会导致涂膜的耐水性变差。

(2) 玻璃化温度　水性涂料在施工烘烤中比溶剂型涂料容易爆泡，高玻璃化温度的树脂远较低玻璃化温度的树脂容易爆泡，而且水稀释的树脂远较溶剂稀释的树脂容易爆泡。

(3) 助溶剂　助溶剂不仅对溶解性及黏度起着调节、平衡的作用，同时还对整个涂料体系的混溶性、润湿性及成膜过程的流变性起着极大的作用。

（4）胺的增溶作用　①漆膜性能；②中和程度与pH；③胺碱性强度的影响；④储存稳定性。

4.水性丙烯酸树脂生产及应用

水溶性丙烯酸树脂配方见表7-6。

表7-6　水溶性丙烯酸树脂配方

物质名称	质量分数/%	物质名称	质量分数/%
丙烯酸	8.4	甲基丙烯酸甲酯	40.8
丙烯酸丁酯	40.8	甲基丙烯酸羟乙酯	10

生产工艺：称取配方量（质量份）混合单体，加入单体量1.2%的偶氮二异丁腈引发剂，在氮气保护下将混合单体于2.5h内慢慢滴入丙二醇醚类溶剂（单体：溶剂的质量比为2:1），继续在101℃左右保温1h，再加入总质量20%的丙二醇醚类溶剂，然后升温蒸出过量的溶剂，至固体分浓缩至75%，树脂的酸值为62，降温、过滤、出料。

生产的溶剂型树脂内含有少量助溶剂，其成盐及水化的过程一般不是在合成反应完毕后马上进行，因为如果该批量树脂是用以制造色漆的话，则"水溶性"的树脂对颜料的润湿分散性能是远远不如溶剂型树脂的。正常的工艺是必须先用溶剂型树脂研磨色浆，然后再加胺、加水进行成盐及水性化的处理。胺及水的用量会影响树脂的黏度、形态及应用性能等多种因素。

（二）丙烯酸乳液的生产

丙烯酸乳胶漆之所以能得到迅速发展，主要是因为其干燥快速，容易操作和施工，易清理；人们对油性涂料健康和环境认识的进一步提高，使乳胶漆的应用越来越广泛。目前乳液涂料不仅在建筑领域占主导地位，也在迅速向工业涂料和维护涂料领域扩展。

1.概述

（1）丙烯酸酯乳液的特点

① 性能佳、功能多样、品种齐全。乳液涂料对水泥、混凝土等建筑基材的炭化和固化能起到很好的保护作用。

② 色彩丰富，造型美观。

③ 自重轻、易施工、造价低。

④ 重涂方便。不需要对旧涂层作很费工或很费钱的处理，就可以进行重涂。

⑤ 污染低。丙烯酸酯乳液具有优异的耐候性、耐酸碱性和耐腐蚀性，但它存在着耐水性和附着性差及低温变脆、高温变黏等缺点，限制了其应用。

（2）乳液涂料的基本组成　乳液涂料由合成树脂乳液、颜料和填料、助剂、水等组成。

① 合成树脂乳液　合成树脂乳液是涂料的基料，是乳液涂料的主要成膜物质之一，在涂料中起黏胶剂的作用。涂料及其涂膜的几乎全部性能都与之相关。选择合适的合成树脂乳液的基料是十分关键的。涂层的性能主要与聚合物的相对分子质量有关，相对分子质量越高，涂层理化性能越好。为了保证涂层质量，相对分子质量很大；数十万乃至数百万相对分子质量的高聚物只有做成乳液，才能获得较低的黏度，达到应用要求。

丙烯酸酯乳液涂料按聚合物的组成可以分为：苯乙烯-丙烯酸酯共聚乳液，丙烯酸酯-叔碳酸乙烯酯共聚乳液，有机硅-丙烯酸酯共聚乳液，全丙烯酸酯共聚乳液等。按涂膜特征可分为热塑性乳液、热固性乳液和弹性乳液等。

对合成树脂乳液的要求：a.外观应为胶质细腻，无粗粒子及机械杂质、色泽浅；b.应具有实用意义的固体含量，一般而言，固体含量较高者黏结能力较强；反之，相反；c.pH和黏度应在批次间无明显差异；d.低的残余单体含量，越小越好，通常的规定不大于0.5%（质量分数）；e.适宜的最低成膜温度（MFT）和玻璃化温度（T_g）；f.较好的颜料亲和力和对基材的附着力；g.优良的化学稳定性、机械稳定性和稀释稳定性；h.优良的低温稳定性，低的涂膜吸水性，优良的耐老化性能。

在丙烯酸酯链上引入羧基可赋予聚合物乳液以稳定性、增稠性，并提供交联点，加入交联单体可提高乳液聚合物的耐水性、耐磨性、拉伸强度、硬度、附着强度、耐溶剂性和耐蚀性等。合成聚丙烯酸酯乳液过程中，单体分散于水中而出现了单体相和水相，表面活性剂存在于两相之间，起到降低两相间界面张力的作用。表面活性剂对生产稳定乳液的物理性质有重要影响，决定着乳液的粒度。因此，当进行聚合时，要根据单体的组成对表面活性剂进行选择，进行充分的搅拌。选择了适当的表面活性剂，就应能得到稳定的乳液聚合物。

阴离子和非离子型表面活性剂在丙烯酸酯乳液聚合中得到了广泛的应用，非离子型表面活性剂对电解质等的化学稳定性良好，但使聚合速度减慢，而且乳化力弱，聚合中易生成凝块。阴离子型表面活性剂化学稳定性不那么好，但与非离子型比较，有生成乳液粒度小、乳液机械稳定好，聚合中不太容易生成凝块的优点。因此在使用阴离子型表面活性剂时，易得到浓度高而稳定的乳液。在乳液聚合多数情形下，总是把阴离子和非离子型两种表面活性剂拼合使用，有效地发挥两者特点。添加缓冲剂可以调节 pH，使之维持在适合反应的 pH=4~5 之间。反应时通过共聚物的水解，pH 有降低的情况发生。所添加的缓冲剂有碳酸氢钠、磷酸氢二钠等盐；在使用酸性单体时，一般应追加缓冲剂。在某些乳液聚合体系中，为有效控制乳胶粒尺寸、尺寸分布以及乳液稳定，常需加入水溶性保护胶；它们通过与聚合物粒子表面接触，把聚合物包围起来而起到防止凝聚作用。

② 颜料和填料　颜料和填料是乳液涂料成膜物质之一。在无光乳液涂料中，颜料和填料是用量最大的组分（除水外）。颜料主要提供遮盖力和色彩，并保持较长时间内不会丧失这种功能；填料的作用是提供粒度分布和对比率，以便改善施工性能，提高颜料的遮盖效率和增强涂层理化性能。乳液涂料中的颜填料的选择基本与溶剂型涂料体系一样，但丙烯酸乳液聚合物的 pH 一般在 7~9 之间，因此在配制建筑用内外墙乳胶漆时，若墙体为水泥砂浆制品（碱性基材表面），那么颜料应选择碱性为好。

③ 助剂　在乳液涂料中使用了多种助剂。在乳液涂料配方中使用的助剂包括：颜料润湿分散剂、pH 调节剂、消泡剂、流变改性剂、增稠剂、杀菌防腐剂、助成膜剂、防霉抗藻剂、抗冻剂、触变剂、紫外线吸收剂等。一般情形下，分散剂、增稠剂和防霉剂是必须添加的。

④ 水　水是乳液涂料的分散介质，占乳液涂料总量的 35%~50%。乳液涂料以水为分散介质占了很多优势，如生产、使用的安全和方便，储运的安全性，环境保护的要求，劳动保护要求，来源丰富和价格便宜等。

2. 所用原材料

(1) 单体　在工业生产中制造丙烯酸酯聚合物乳液常用的单体有：丙烯酸甲酯、丙烯酸乙酯、丙烯酸正丁酯、丙烯酸-2-乙基己酯、丙烯酸异丁酯、甲基丙烯酸甲酯、甲基丙烯酸丁酯等。生产丙烯酸酯共聚物乳液，常用的共聚单体有醋酸乙烯酯、苯乙烯、丙烯腈、顺丁烯二酸二丁酯、偏二氯乙烯、氯乙烯、丁二烯、乙烯等。在很多情形下还要加入功能单体（甲基）丙烯酸、马来酸、富马酸、衣康酸、（甲基）丙烯酰胺、丁烯酸等以及交联单体（甲基）丙烯酸羟乙酯、（甲基）丙烯酸羟丙酯、羟甲基丙烯酰胺、双（甲基）丙烯酸乙二醇酯、双（甲基）丙烯酸丁二醇酯、三羟甲基丙烷三丙烯酸酯、二乙烯基苯、用亚麻仁油和桐油等改性的醇酸树脂等。含羟基单体及交联单体的加入量一般为单体总量的 1.5%~5%。不同的单体将赋予乳液聚合物不同的性能。

(2) 引发剂　引发剂是乳液聚合中的重要组分。引发剂分热分解型和氧化还原型引发剂。常用的发生自由基的引发剂为水溶性的、经热分解的过硫酸钾、过硫酸铵、过氧化氢、过氧化氢衍生物以及水溶性的偶氮化合物等。使用浓度一般在 0.01%~0.2% 之间。应用最多的氧化还原型引发剂有：过硫酸体系和氯酸盐-亚硫酸氢盐体系等，水溶性氧化还原引发剂系由氧化剂和还原剂组成，由于可在低温下进行，故可制得高相对分子质量聚合物。

(3) 乳化剂　目前生产中使用的乳化剂大多为阴离子型乳化剂和非离子型乳化剂相结合。乳化剂的用量一般为单体总量的 2%~5%。

(4) 中和剂　树脂品种的不同，选用的中和剂也不同，阴离子型水性树脂使用碱性中和剂，如氨水、胺类；阳离子型水性树脂使用有机酸类中和剂，例如甲酸、乙酸和乳酸等。

(5) 助溶剂　常用的助溶剂主要为醇类溶剂，例如乙醇、异丙醇、正丁醇、叔丁醇、仲丁醇、丙二醇单乙醚等。

3. 聚合方法及机理

(1) 丙烯酸乳液聚合反应的三个阶段　第 1 阶段：乳胶粒生成阶段。第 2 阶段：匀速聚合阶段。第 3 阶段：降速阶段。

(2) 核壳乳液聚合和无皂乳液聚合方法

① 核壳乳液聚合　核壳乳液聚合方法是预先用乳液聚合法制得高分子乳液粒子，以此做种核，再用与其同类或不同种类的单体在粒子内聚合，使粒子增大的方法。

② 无皂乳液聚合法　无皂乳液聚合是指不加乳化剂或加入微量乳化剂的乳液聚合过程，即以水溶性低聚物为乳化剂，可使用的低聚物有顺丁烯二酸化聚丁二烯、顺丁烯二酸化醇酸、顺丁烯二酸化油，也可以用有聚合性表面活性剂进行共聚，如丙烯酸磺基丙醇酯、对苯乙烯磺酸钠等。在水性介质中先加少量亲水的丙烯酸或甲基丙烯酸酯单体进行聚合，形成粒径为100～200nm的聚合物粒子。然后，再加入憎水性单体进行聚合。憎水性单体在前述聚合物粒子表面上选择吸附，聚合就在这里发生。成核单体虽相对于憎水单体量的约0.5%～2%，但利用此法可制得粒度为0.08～0.4/μm、分布窄、不含乳化剂和稳定剂的乳液。

4.影响聚合反应的因素

在乳液聚合中，乳化剂、引发剂、反应温度、搅拌强度、反应均匀性、电解质、凝胶等都对乳液聚合的过程、产量和品质产生重要影响。

5.丙烯酸乳液的生产工艺

(1) 生产工艺　乳液聚合工艺有间歇工艺、连续工艺、半连续工艺、补加乳化剂工艺和种子乳液聚合工艺等。不同的聚合工艺对合成乳液的生产成本、质量和生产效益等均产生影响。由于丙烯酸酯单体聚合反应放热大，凝胶效应出现得早，很难采用间歇乳液聚合工艺进行生产，否则常会发生事故，也为产品质量带来不良影响。同时聚丙烯酸酯及其共聚物乳液一般用作涂料、黏合剂、浸渍剂、特种橡胶等，用于各行各业，其品种繁多，配方与生产工艺各异，大多为精细化工产品，产量都不大，故很少采用连续操作。目前进行的丙烯酸酯乳液聚合一般采用半连续工艺。

(2) 乳胶漆生产　以年产1万吨乳胶漆为例，需要的主要原材料、工艺过程、设备和三废处理如下所述。

① 产品类型与主要原材料　以生产丙烯酸外墙涂料2500t、内墙涂料7500t计算，需要的主要原材料为：纯丙乳液750t；苯丙乳液2000t；金红石型钛白粉600t；锐钛型钛白粉800t；填料3000t；各种助剂500t；色浆40t等。

② 主要生产设备　颜料混合罐6个；高速搅拌机3台；砂磨机3台；乳液配制罐2个；调漆罐、过滤机、输送泵、灌装机、调色机等。

③ 一般生产工艺　将计量过的水加入到与高速搅拌机配套的混合物配料罐中，加入配方量的分散剂、湿润剂、部分增稠剂、消泡剂、杀菌剂等助剂，低速下搅拌混合均匀，然后加入颜料、填料等，等待颜填料润湿后提高搅拌速度，在高速下使粉体混合均匀。用齿轮泵将混合均匀的浆料送入砂磨机中，进行研磨，直到细度符合要求。将配方量的乳液送入基料配制罐，边搅拌边加入各种助剂，如成膜助剂、部分消泡剂、杀菌剂等，充分混合均匀，过滤加入调漆罐。将乳液基料送入调漆罐后开动搅拌，边搅拌边加入细度合格的研磨色浆。乳液基料与色浆按配方量加入完毕后，搅拌15～30min，混合均匀后调色，加入剩余增稠剂，补加配方水，合格后，出料包装。

④ 三废处理　生产废水每天估计约排放10t，利用污水沉降池与污水处理排放系统处理。

(3) 质量控制　乳液质量的控制是通过对其所用原材料性能的测试、生产过程中严格按工艺配方和流程进行。通常测试的项目如下。

① 外观　乳白色黏稠液体。

② 固含量　测定方法为在已准确称量的瓶中，称取一定量的样品，放入110℃的烘箱中至恒重，则固体含量(%)＝恒重后样品质量/样品湿重×100%。

③ 黏度。

④ pH　可以用pH试纸或pH计测定。乳液聚合时的pH一般在4～6，出厂时为减少泡沫以及用户使用方便，一般加入了氨水，此时pH一般在8～9。

⑤ 最低成膜温度　可以采用温度梯度板、温度计等来测量。

⑥ 钙离子稳定性测量。

⑦ 耐水性　将乳液均匀地涂布在玻璃板上，让其干燥后，把玻璃板浸水24h，若有涂膜缓慢发白，干燥后仍能附着在玻璃板上，涂料的耐水性较好；若不发白，耐水性很好。

⑧ 残余单体测量　用气相色谱测定。

(4) 安全生产　在丙烯酸乳液生产中操作人员必须遵守劳动纪律，按照安全操作规程操作。操作人员上岗操作之前要戴好必要的劳动安全防护用品，做到认真交接班、仔细检查设备、物料以及安全设施等。在生产过程中要集中注意力、精心操作，严格按工艺操作规程以及岗位安全责任制度操作。对于搅拌设备、研磨设备等传动设备在处于运转状态时，不可接触传动等部件，防止物品落入容器，不经许可不可对设备进行检修与清洁工作。对于生产设备的检查要落实安全责任措施，进入容器检修，必须申请得到批准、带好防护用具、进行安全隔绝、通风、规定时间安全检修、专人监护并坚守岗位和有救护与抢救措施等。设备要彻底检查，一切完备与安全后才能启用。严防火灾，配备足够的消防器材，人人均会使用。用电要防止触电事故。生产完成要先清洗、检查设备和工具，离开前切断水、电、气。

6. 丙烯酸乳液的生产及应用

丙烯酸乳液涂料就成膜物质来说，分为三种：第一种是纯丙型涂料，它以丙烯酸共聚乳液为成膜物质，其性能最好，但价格较高。第二种是苯-丙型，是以苯乙烯与丙烯酸类单体的共聚乳液为成膜物质。第三种是乙-丙型，是以醋酸乙烯与丙烯酸单体的共聚乳液为成膜物质。后两者的成本比纯丙型低。根据使用要求，丙烯酸涂料有内墙和外墙涂料两种，它们又分为有光、平光和无光三种。因为纯丙烯酸类乳液的价格较高，所以丙烯酸类墙面涂料以共聚型为主。

（1）苯-丙乳液涂料　苯丙外墙和内墙涂料都以苯丙乳液为基料，但填料比例不同，配合剂也不同。苯丙乳液为苯乙烯和丙烯酸酯共聚物乳液。

生产工艺：将乳化剂溶解于水中，加入混合单体，在快速搅拌下进行乳化。然后把乳化液的1/5投入反应釜中，加入1/2的引发剂，升温到70～72℃，保温至物料呈蓝色，此时会出现一个放热高峰，温度可能升至80℃以上。待温度下降后开始滴加混合乳化液，滴加速度以控制釜内温度稳定为准，单体乳液滴加完后，升温至95℃，保温30min，再抽真空除去未反应单体，最后冷却，加入氨水调pH至8～9，出料。

（2）乙-丙乳液涂料（醋-丙乳液）　醋-丙乳液是以醋酸乙烯与丙烯酸单体共聚成的乳液。与苯-丙乳液涂料相比乙-丙乳液涂料的耐水性较差，但成本较低。配方中MS-1为兼有阴离子型和非离子型乳化剂特性的乳化剂，是最适合于乙-丙乳液聚合体系的乳化剂。

生产工艺：首先将规定量的水和乳化剂加入反应釜中，升温至65℃，把甲基丙烯酸一次性投入反应体系，然后将混合单体的15%加入到釜中，充分乳化后，把25%的引发剂和缓冲剂加入釜内，升温到75℃进行聚合，当冷凝器中无明显回流时，将其余的混合单体、引发剂溶液及缓冲剂溶液在4～4.5h内滴加完毕。保温30min，将物料冷却至45℃，即可过滤、出料包装。

（3）纯丙乳液　纯丙乳液是纯粹用丙烯酸系和甲基丙烯酸系单体所制成的共聚物乳液，生产工艺与苯-丙乳液相似。

（4）有机硅氧烷改性丙烯酸酯乳液　有机硅改性丙烯酸酯可以制备各种性能优异的建筑涂料，以该树脂为主要成膜物的硅-丙涂料具有优越的耐候性、耐水性、耐光照、抗粉化、耐沾污性，成本则比氟改性丙烯酸乳液低，因此非常适于户外装饰用涂料。由于聚硅氧烷分子主链结构的Si—O键能很高，比C—C和C—O键高，分子体积大，内聚能密度低，因此具有良好的耐高低温性能、疏水性、透气性和耐候性；有机硅氧烷分子因其结构特性，使它具有低表面张力、特殊的柔顺性和化学惰性等特点。用有机硅氧烷对丙烯酸酯类乳液进行改性，能有效地结合有机硅与丙烯酸树脂各自的优点。有机硅氧烷对丙烯酸酯乳液的改性方法一般分为两种：物理方法和化学改性法。

（5）有机氟改性丙烯酸乳液　由于C—F键能大于Si—O与C—C键能，并且氟原子有优异的物理化学特性，因此有机氟改性有助于提高乳液的综合性能。

有机氟改性乳液的合成工艺如下：采用过氧化物热分解引发体系及半连续方式加料。称取75g去离子水，与乳化剂、丙烯酸类单体混合，强力搅拌使之乳化为预乳化液。将过硫酸铵溶入适量水中制成引发剂溶液，预留5g引发剂溶液备用。在装有回流冷凝器、搅拌器和分压漏斗的四颈烧瓶中加入1/5的预乳化液，水浴加热至80℃，然后加入8g引发剂溶液，搅拌使之反应。待反应器中液体由白色变为蓝色说明聚合反应开始，此时开始滴加预乳化液体和引发剂溶液。当预乳化液体剩余1/3时将称取的有机氟单体混入预乳化液中，然后滴入反应器内，整个滴加时间控制在3～4h。当全部预乳化液滴完后，一次性加入预留的引发剂溶液，并在原温度下保温反应1h，然后降温至40℃以下，用氨水调节pH至7～8，过滤出料。

六、辐射固化丙烯酸酯涂料的生产

该种涂料品种由于符合现代环境保护的发展要求，因此十分受涂料界重视。应用时，以紫外光或电子束为能源对涂层中的活性成分激发而生成自由基，从而引发聚合。辐射固化涂料几乎无溶剂，减少了对大气污染、节省能源、固化速率快，特别适于不能受热的基材的涂装。辐射固化技术按辐射光源和溶剂类型可以分为紫外光固化技术、非紫外光固化技术、油性光固化技术、水性光固化技术，最常用的是紫外光固化。

1. 辐射固化丙烯酸酯涂料的特点

(1) 辐射固化型涂料的优点

① 节约能源,不需要高温烘烤,固化成膜所消耗的紫外光或电子束仅在瞬间,所以生产过程中只消耗极少的电力。

② 无溶剂或溶剂用量很低。

③ 固化速率快,一般是零点几秒到十秒,大大缩短操作工时;适于高速生产线,生产效率高。

④ 漆膜性能好,丰满度及光泽尤其突出,具有良好的抗摩擦、抗溶剂、抗污染性能。

⑤ 对热敏感的材料具有较好的施工性能。

(2) 辐射固化型涂料的缺点

① 电子束固化设备投资大。

② 对几何形状复杂的构件固化困难。

③ 加有颜料的色漆应用紫外光固化工艺尚有一定的困难。

2. 辐射固化型丙烯酸酯涂料的组成

辐射固化型丙烯酸酯涂料与其他类型的涂料相似,主要由预聚物、光引发剂、活性稀释剂(特定单体)、稳定剂和颜填料等组成。

(1) 预聚物 预聚物是主要成膜物质,在整个体系中占有相当大比重,对涂膜的性能起决定性的影响。这类树脂含有 C=C 不饱和双键并具有低相对分子质量,主要有不饱和聚酯和丙烯酸化的或甲基丙烯酸化的树脂如环氧丙烯酸酯、聚氨酯丙烯酸酯、多烯硫醇体系、聚醚丙烯酸酯、丙烯酸化聚丙烯酸酯等。固化速度快是这类树脂的特点,并能应用于各种辐射固化涂料与油墨的调配,其缺点是固化膜脆性大、柔顺性差。此类树脂中亦可加或不加活性稀释剂参与成膜时的聚合反应。

(2) 活性稀释剂亦称单体 活性稀释剂在光固化涂料中有重要应用,上述树脂的黏度较大,需要活性稀释剂来调节黏度、改善施工性能。活性稀释剂在反应前起着溶剂作用,在聚合后成为涂膜的组分,因此正确选择一种活性稀释剂就成为确保涂膜质量的一个重要因素。选活性稀释剂可分为单官能度活性稀释剂和多官能度活性稀释剂。单官能度活性稀释剂主要起稀释功能,例如丙烯酸丁酯、丙烯酸羟乙酯等;多官能度活性稀释剂主要包括二官能度、三官能度、四官能度和五官能度等。

(3) 光引发剂 光引发剂是光固化涂料的重要组成部分,是决定涂料固化程度和固化速度的主要因素。引发剂能吸收紫外光,经过化学变化可以产生能引发聚合能力的活性中间体。一般光引发剂在涂料中的浓度较低,但光引发剂是辐射固化涂料的主要组分之一,对 UV 固化涂料的灵敏度起决定作用。丙烯酸酯涂料体系中主要使用自由基光引发剂。在自由基光引发剂中,主要有两种类型:单分子分解型光引发剂,引发剂受光激发后,引发剂分子发生分解,引发聚合反应进行;双分子反应型光引发剂,通过夺取原子氢后,形成自由基,引发聚合反应进行。常用的光敏引发剂主要有以下几种:单分子分解型安息香及其醚类、α-酰肟酯类,二苯甲酮衍生物。

(4) 助剂 为确保光固化涂料中各组分的相对稳定性,在光敏树脂合成过程中,需要加入相应的助剂,例如:加入流平剂用于改善流动性,抗氧剂可用于改善涂膜稳定性能,热阻聚剂可以延长光敏树脂的有效期等。

3. 辐射固化型丙烯酸酯涂料举例

光固化涂料用途广泛,可以应用于木器涂料、塑料涂料、金属涂料以及纸张涂料等。

(1) 环氧丙烯酸酯 环氧丙烯酸酯在 UV 固化涂料中是最为常见、应用最为广泛的预聚物,其配方见表 7-7。

表 7-7 环氧丙烯酸酯配方

组分名称	质量份	组分名称	质量份
环氧树脂	100	三乙胺	0.2
丙烯酸	32	对苯二酚	少量

生产工艺:在带有搅拌、回流冷凝器和加热系统的反应釜中加入环氧树脂,缓慢升温到100℃,以三乙胺为催化剂,缓慢滴加丙烯酸,并控制反应温度在120℃以下,滴加完毕以后,反应 2~4h,取样测定至酸值 10 以下,降温、出料、包装待用。

(2) 紫外光固化纸张罩光涂料 光固化纸张罩光涂料,具有高光泽度、高固化速度,不具有刺激性气味单体,特别适于彩色包装纸、课本、书刊封面的表面装饰等。紫外光固化纸张罩光涂料配方见表 7-8。

表 7-8 紫外光固化纸张罩光涂料配方

组分名称	质量份	组分名称	质量份
环氧丙烯酸酯	30~45	丙烯酸氨基酯	5~10
丙烯酸羟乙酯	40~55	助剂(流平剂、消泡剂等)	0.1~1
二苯甲酮	2~5		

生产工艺：将配方中的原料搅拌均匀、过滤即可。根据不同的上光剂，应选用合适的稀释剂来调节黏度；根据不同的光固化速度调节光引发剂的用量；根据涂层柔顺性的不同要求，调节各种稀释剂的比例。

第四节 涂料成膜物树脂——聚氨酯树脂的生产

一、概述

聚氨酯称为聚氨基甲酸酯，是一种主链中含有一定数量氨基甲酸酯键 $-\underset{H}{N}-\underset{O}{C}-O-$ 的聚合物，它是由多异氰酸酯与多羟基化合物通过氢质子转移逐步加成聚合而生成的，例如：

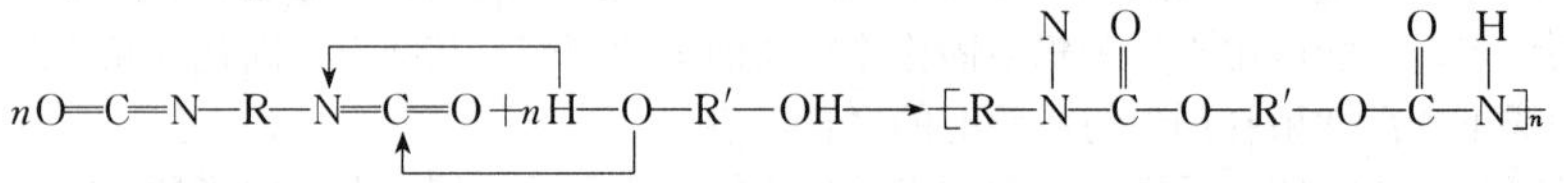

$$nO=C=N-R-N=C=O + nHO-R'-OH \longrightarrow [R-\underset{H}{N}-\underset{O}{C}-O-R'-O-\underset{O}{C}-\underset{H}{N}]_n$$

　　二异氰酸酯　　　　二元醇　　　　　聚氨酯

聚氨酯的分子结构复杂，因此由它配制的聚氨酯涂料兼有许多其他涂料树脂的优良特性，涂膜兼有高光泽、耐磨、耐水、耐溶剂、耐化学腐蚀性，采用脂肪族或脂环族多异氰酸酯为原料，涂膜还具有优良的耐候性、柔韧性，通过原料的调配，可以获得耐高温或耐低温（至－40℃）涂膜，而且可以设计常温、低温（0℃以下）和高温固化品种，适应多种需要。因此聚氨酯涂料在国防、基建化工、车辆、木器、电气绝缘等多方面得到广泛应用，发展迅速。

1.合成聚氨酯原料

（1）二异氰酸酯　包含芳香族、脂肪族及脂环族三种类型，品种繁多，目前涂料工业常用的代表性品种有以下几种。

① 甲苯二异氰酸酯（TDI），它有以下两种异构体

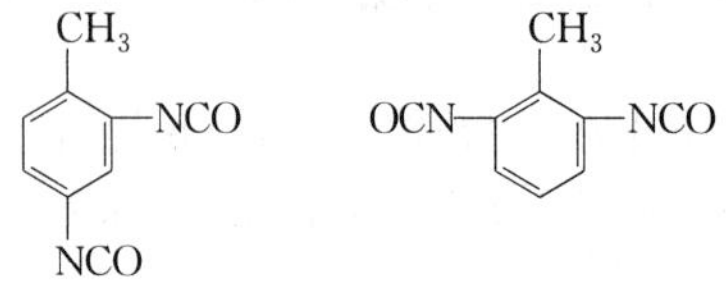

2,4-TDI　　　　2,6-TDI

TDI 是目前制备聚氨酯最常用的，价廉，反应活性高，同时由于甲基位阻效应，4 位 NCO 基活性高于 2 位，便于合成相对分子质量较均匀的结构型预聚体。其缺点是 NCO 基直接连在芳环上，受光照后易转变成醌式结构使涂膜泛黄。

② 二苯基甲烷二异氰酸酯（MDI）

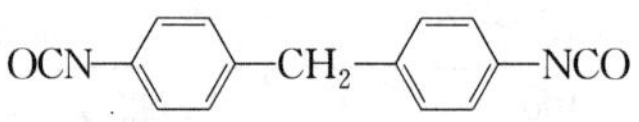

$$OCN-\phi-CH_2-\phi-NCO$$

其特点是分子结构对称，生成的聚氨酯分子间排列整齐，分子间作用力强（氢键易形成），涂膜强度和耐磨性高，是制备聚氨酯弹性体或弹性涂料的常用原料。MDI 在催化剂及加热下可部分脱 NCO 生成碳化二亚胺改性异氰酸酯，常温呈液态称液化 MDI，适宜配制无溶剂或高固体分涂料。

③ 六次甲基二异氰酸酯（HDI）与异佛尔酮二异氰酸酯（IPDI）　六次甲基二异氰酸酯 $OCN-(CH_2)_6-NCO$ 是脂肪族异氰酸酯，反应活性较低，耐候性好，涂膜不泛黄，但涂膜机械强度不高、价贵、挥发性大、毒性大。一般将 HDI 合成为预聚体"HDI 缩二脲"提高相对分子质量，降低挥发性后再使用，如

$$3OCN-(CH_2)_6-NCO + H_2O \longrightarrow \begin{matrix} NH(CH_2)_6NCO \\ | \\ O=C \\ \quad\backslash \\ \quad N(CH_2)_6NCO + CO_2 \\ \quad/ \\ O=C \\ | \\ NH(CH_2)_6NCO \end{matrix}$$

异佛尔酮二异氰酸酯(IPDI)　　　　　　　（HDI 缩二脲）

IPDI 为脂环族异氰酸酯，以其制得的聚氨酯耐候性、力学性、耐热性均较好，同时 IPDI 结构中含有较多的烷基取代基，由其所合成的聚氨酯油溶性好，与醇酸树脂等互溶性好。

(2) 多羟基低聚物　　多异氰酸酯与多元醇反应产生聚氨酯，为获得性能好的涂膜，这里的多元醇均为含有羟基的低聚物，常用聚酯、聚醚、醇酸树脂、环氧树脂、含羟基丙烯酸树脂、改性纤维素、氯乙烯-醋酸乙烯-乙烯醇三元共聚物或聚丁烯二醇等。

(3) 扩链剂和交联剂　　聚氨酯合成中，为提高或改变产品物理性能，使用扩链剂、交联剂。扩链剂基本上分为两大类，即二元胺和二元醇类。二元胺类扩链剂一般用芳胺，因胺与异氰酸酯反应剧烈，其胺反应活性稍低于酯胺，便于控制。二元醇类如乙二醇、丁二醇、由于分子小，引入聚氨酯形成刚性链断。含叔氮原子的芳香二醇，如 N,N-双羟基苯胺，除了可起扩链剂作用外，还可起催化交联反应的作用，从而提高了聚氨酯机械强度，称"补强性扩链剂"。交联剂为官能度大于二的化合物，不但能增长聚氨酯分子链还能增加交联点，一般包括多元醇类和烯丙基醚二醇类，涂料采用前者，例如甘油、三羟甲基丙烷、季戊四醇等。

(4) 催化剂　　在合成聚氨酯（及制造涂料）或涂料施工过程中微量催化剂可加速异氰酸酯的反应，并使反应沿着预期的方向进行。常用催化剂有三类：叔胺类（如甲基二乙醇胺、二甲基乙酸酐基、二乙胺、三乙烯二胺等，其中以三乙烯二胺催化剂的效率最高，因其式中两个 N 原子完全没有位阻效应影响），金属有机化合物（如二丁基二月桂酸锡辛酸亚锡环烷酸钴、环烷酸锌、环烷酸铅等），有机膦（如三丁基膦、三乙基膦）。各种催化剂对异氰酸酯的各种反应都有影响，但各有主要作用范围，二丁基二月桂酸锡、辛酸亚锡对 NCO 与 OH 的反应催化能力比叔氨基强得多，但对 NCO 与 H_2O 之间反应比叔胺弱。因此不同反应需选择恰当的催化剂，以达到预期目的。

(5) 溶剂　　聚氨酯用溶剂，除了考虑溶解力等外，还须考虑 NCO 基特性，不能含有能与 NCO 基反应的物质，因而醇、醚醇、胺类都不可采用，常用烃与酯的混合溶剂或醋酸溶纤剂，而且溶剂中水、醇、酸等杂质含量要符合"氨酯级溶剂"要求，"异氰酸酯当量"低于 2500 者不符合氨酯级。同时要考虑溶剂对 NCO 活性影响，溶剂极性越大，则 NCO 与 OH 反应速率越慢，甲苯与甲乙酮之间相差 24 倍。对聚氨酯涂料而言，聚氨酯预聚体合成过程中，宜选用烃类溶剂（如二甲苯），反应速率快于酯、酮类；聚氨酯预聚体（端基为 NCO 的低聚物）与多元醇低聚物配涂料，用酯、酮类为溶剂施工期限较长（凝胶点推迟）；涂布后，两类溶剂挥发成膜速率相似。同理，配制涂料宜选用氨酯级溶剂，以保证储存稳定性；施工期间，临时加少量溶剂稀释，一般可用普通溶剂，因溶剂涂布后迅速挥发，影响不大。

2. 异氰酸酯的反应

二异氰酸酯是合成聚氨酯的单体，由二异氰酸酯与各种多元醇反应生成的带有氨酯键和异氰酸基的结构型预聚物是热固性聚氨酯的成膜物，因此异氰酸酯的反应就是聚氨酯合成与固化的基础。

(1) 反应机理　　异氰酸酯基 R—N=C=O 具有两个杂积累双键，非常活泼，极易与其他含活性氢原子的化合物发生加成反应同时本身可以发生自聚合反应。它的电子分布示意为：R—Ṅ=C=Ö：；NCO 基上氮原子和氧原子的电负性均大于碳原子，因此碳原子呈正电性，从偶极矩数据知 NCO 基中的氮原子比氧原子电负性大，这可能因为键能 C=O(733kJ)>C=N(553kJ)。碳呈正电性，异氰酸酯易被亲核试剂进攻，发生亲核加成反应，而进攻试剂的正性基团必与氮原子相连，也就是 NCO 基的反应点是碳原子和氮原子。例如异氰酸酯与醇的反应可表示如下：

$$R-N=C=O + R'OH \longrightarrow \left[\begin{matrix} R-N=C=O \\ \uparrow \quad \uparrow \\ H-\ddot{O}-R' \end{matrix} \right] \longrightarrow \begin{matrix} H \\ | \\ R-N-C=O \\ \quad\quad| \\ \quad\quad OR' \end{matrix}$$

由亲核加成反应机理可知，活性氢化合物分子的亲核中心电子密度越大，它与异氰酸酯的反应活性越高；另一方面，异氰酸酯中，若 NCO 基连接的 R 基是吸电子基，则增强 NCO 基碳原子的正电性，加速亲核加成反应；若 R 是供电子基则降低异氰酸酯的反应活性。

（2）与活性氢化合物的加成反应　与涂料有关的主要有以下四种反应（式中 R 代表脂肪或芳香烃基，R′代表另一种脂肪或芳香烃基）：

a. $R-N=C=O + R'NH_2 \longrightarrow R-\underset{H}{\overset{|}{N}}-\underset{O}{\overset{||}{C}}-\underset{H}{\overset{|}{N}}-R'$

　　　　　胺　　　　　　取代脲

b. $R-N=C=O + R'CH_2OH \longrightarrow R-\underset{H}{\overset{|}{N}}-\underset{O}{\overset{||}{C}}-OCH_2R'$

　　　　　伯醇　　　　　氨基甲酸酯

（仲叔醇反应活性较小）

c. $R-N=C=O + H_2O \longrightarrow R-\underset{H}{\overset{|}{N}}-\underset{O}{\overset{||}{C}}-OH \longrightarrow RNH_2 + CO_2$

　　水　　氨基甲酸（不稳定）　按 a.式继续反应

d. $R-N=C=O + R'COOH \longrightarrow R-\underset{H}{\overset{|}{N}}-\underset{O}{\overset{||}{C}}-\underset{O}{\overset{||}{C}}-R' \longrightarrow R-\underset{H}{\overset{|}{N}}-\underset{O}{\overset{||}{C}}-R' + CO_2$

　　　　羧酸　　　　　氨基甲酸酐（不稳定）

反应式 a 最容易进行，所需反应温度最低。反应容易进行的程度按 a 到 b 顺序逐渐减小，而反应温度则按此顺序逐渐稍有提高，但这些反应常温下都会进行。生成的脲，氨基甲酸酯和酰胺中的活性氢可以继续与异氰酸酯发生反应（二级反应）：

e. $RNCO + -NHCOO- \longrightarrow \underset{RNHCO}{-NCOO-}$

　　氨基甲酸酯基　　脲基甲酸酯

f. $RNCO + -NHCOONH- \longrightarrow \underset{CONHR}{-NCONH-}$

　　脲基　　　　　　缩二脲

g. $RNCO + -NHCO- \longrightarrow \underset{-CONHR}{-NCO-}$

　　酰氨基　　　酰脲

上述四个一级反应与聚氨酯涂料关系密切，其中反应 b 是多种聚氨酯涂料合成和固化的主要反应，此反应是剧烈的放热反应，因此制漆时要注意排热，必要时减缓加料速度或用夹套冷却；反应 c 和 a，是潮气固化型聚氨酯涂料固化成膜反应，同时也说明若制漆时所用原料或溶剂含水，则会发生这些反应而产生胶凝，成品在漆罐中产生二氧化碳而膨胀，涂膜会产生小泡、针孔；原料中若含有羧酸杂质，则会发生反应 d，产生二氧化碳和酰胺。反应 e~g 在聚氨酯合成中（制漆中）要尽量避免，以免出现凝胶，所以反应温度控制在 100℃ 以下，同时合成中一般均使用伯醇为原料，伯醇活性远大于其他几种活性氨基团，二级反应可能完全不出现，但这些反应对聚氨酯涂膜性能产生重要影响，它们使聚合物分子产生支链和交联，因此在聚氨酯化学中也很重要，一般高温烘烤（100℃ 以上）固化涂膜比常温固化涂膜具有更好的力学性能，原因就是产生了二级反应。同时，这些反应的存在也说明一个当量活性氢化合物能消耗几个当量的异氰酸酯，因此异氰酸酯与活性氢化合物反应，若异氰酸酯过量则需警惕凝胶的产生。

（3）自聚反应　除上述反应外，异氰酸酯还能产生自加成反应和自缩聚反应。芳香族异氰酸酯较易加成为二聚体称脲二酮。此二聚作用是一可逆反应，二聚体在高温时可分解。

二、异氰酸酯预聚物结构设计与生产

聚氨酯树脂由两组分构成，一组分含异氰酸酯基，另一组分含羟基，聚氨酯涂料大多以两组分分别储存（双组分涂料），施工前再将两组分混合。这种双组分聚氨酯涂料性能可调性最宽，是最具代表性的品种，其中异氰酸酯组分不直接采用挥发性的二异氰酸酯单体，因为这些二异氰酸酯挥发性大、毒性高，而且相对分子质量小,官能团少,成膜速度慢,必须先将低分子二异氰酸酯与活性氢化合物(主要是含羟基化合物)反应,或本身自聚合形成低挥发性多异氰酸酯预聚物使用。通过结构设计,配合指定工艺,可以合成各种结构的多异氰酸酯预聚物。

1. 氨酯键联结的多异氰酸酯预聚物

异氰酸酯与低相对分子质量多元醇或含羟基聚醚、聚酯(可嵌入氨酯键,以提高分子链间作用力,增大涂膜机械强度和干燥速度)反应,合成预聚物,配料 NCO/OH≥2,为了使预聚物相对分子质量尽量均匀,可采用含羟基化合物(混入溶剂或不混入溶剂)滴加入二异氰酸酯(混入溶剂或不混入溶剂)反应。当所用二异氰酸酯两个 NCO 基活性有差异时(例如 2,4-TDI),控制 NCO/OH 比值等于 2 或略大于 2,就可以得到相对分子质量较均匀、结构较整齐、溶解性好、黏度低的多异氰酸酯预聚物。最常用的是三分子 TDI 与一分子三羟甲基丙烷(TMP)的加成物:

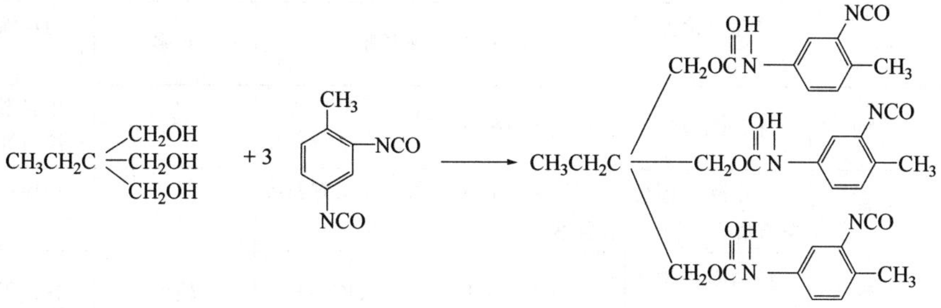

上式是加成物的理想结构,实际产品有相对分子质量分布,含有相对分子质量更高者。若提高 TDI 比例,增至 3.5:1,则上述理想结构加成物生成比例提高,产品黏度低而稳定。TDI 与 TMP 两者比例越高,平均相对分子质量越低,相对分子质量分布越单一,但比例太高,则回收游离 TDI 工作较麻烦,因此适当的比例是合成这类加成物非常重要的工艺因素。过量的二异氰酸酯一般在反应结束后通过溶剂萃取、薄膜蒸发或加入二异氰酸酯三聚催化剂进行三聚反应去除;最后加入少量酸性抑制剂,例如苯甲酰氯、盐酸或磷酸等,中止反应,得到稳定的加成物产品。当所用二异氰酸酯两个 NCO 基活性相同时(例如 HDI、氢化 MDI 即 HMDI 等),制造加成物较困难,为了获得相对分子质量较小,黏度低、混溶性好的加成物,必须提高二异氰酸酯的摩尔用量比(例如 9:1)。

调节投料品种、配比和工艺,可以任意变化预聚物结构,适应不同需要。例如要获得以下结构预聚物:

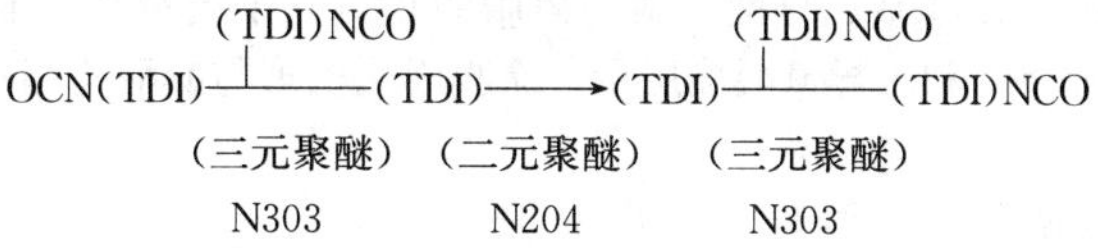

```
                    (TDI)NCO              (TDI)NCO
                       |                      |
    OCN(TDI)————(TDI)——————(TDI)——(TDI)————(TDI)NCO
             (三元聚醚)   (二元聚醚)    (三元聚醚)
               N303         N204          N303
```

投料: 聚醚 N303   2mol   (6 当量)
      聚醚 N204   1mol   (2 当量)
      TDI   6mol   (12 当量)

操作:三元聚醚先与 TDI 充分反应后,再加入二元聚醚。

2. 缩二脲多异氰酸酯

典型的工业产品例子是 3mol 的 HDI 和 1mol 水反应生成具有三个官能基的多异氰酸酯,结构示意如下:

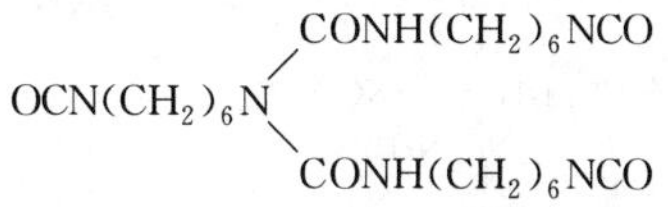

$$OCN(CH_2)_6N\begin{matrix}CONH(CH_2)_6NCO\\|\\CONH(CH_2)_6NCO\end{matrix}$$

实际产品尚含有聚合度更高的二缩二脲、三缩二脲、四缩二脲等,提高 HDI 比例,三个官能基的多异氰酸酯含量提高,例如 Bayer 公司的 N-3200 就采用 HDI 5.2mol 与 3.1mol 水反应。

3. 三聚体型多异氰酸酯

二异氰酸酯例如 TDI、HDI、IPDI 等在三聚催化剂(三烷基膦、碱性钾盐或钠盐等)作用下,可形成单一单体三聚体,亦可由两种单体形成混合三聚体。合成三聚体的工艺一般是,将二异氰酸酯升温后加入适当的三聚催化剂反应,待 NCO 基含量下降至估算值,加入酸抑制剂,经薄膜蒸发除去游离二异氰酸酯得到产品。例如,IPDI 以三亚乙基二胺(DABCO)与环氧丙烷混合物(质量比为 1:2)为三聚催化剂(用量为 IPDI 0.5%),在 120℃保持约 3h,待约 50% 的 NCO 基三聚后(通过折射率、黏度或 NCO 基含量监测),

NCO 含量降至约 28.4%，降温至 40℃，通 N_2 半小时，NCO 降至 28.2%，经薄膜蒸发器去除游离 IPDI 得到产品。三聚体含 NCO 的理论值为 18.9%，实测产品为 16%～18%。

三、聚氨酯的固化反应与聚氨酯涂料

聚氨酯固化成膜反应的差异反映了聚氨酯涂料的类别，也就是说聚氨酯涂料分类的基础就是聚氨酯的固化反应，因此，我们将按涂料分类讨论聚氨酯固化反应，一般将聚氨酯涂料分为六类，见表 7-9。

表 7-9　聚氨酯涂料分类

类型		树脂特征	固化方式	游离 NCO 基	主要用途
单组分	1 型	油改性树脂（氨酯油及氨酯醇酸）	脂肪酸双键氧化固化	无	地坪涂料、一般保护涂料
双组分	2 型	潮气固化型树脂	—NCO+H_2O ⟶ 聚脲	较多	地坪涂料、耐腐蚀涂料
	3 型	封闭型树脂	热烘烤氨酯交换	无	电绝缘、防石击、卷材涂料等
	4 型	催化潮气固化型树脂	—NCO+H_2O+胺 ⟶ 聚脲及异氰脲酸酯	较多	地坪涂料、耐腐蚀涂料
	5 型	羟基固化型树脂	—NCO+OH ⟶ —NHCOO—	较少	各种用途涂料
单组分	6 型	弹性树脂	溶剂挥发	无	皮革、织物、纸张磁带、橡胶用涂料

1. 氨酯油、氨酯醇酸（油改性树脂）涂料

含羟基油（例如蓖麻油）或甘油一酸酯（单甘油酯）、甘油二酸酯（双甘油酯）与二异氰酸酯反应生成氨酯油，制备过程与醇酸树脂相似，只是用二异氰酸酯代替苯酐，由于—NCO 基活性高，反应温度较低（80～95℃）。氨酯醇酸则是一种用二异氰酸酯代替部分苯酐的醇酸树脂，合成时，首先按通常方式形成酯键，然后加入二异氰酸酯与剩余的羟基在 80～95℃反应，形成氨酯键。氨酯油、氨酯醇酸配料采用 NCO/OH<1，树脂中不存在游离—NCO 基。显然，两类树脂的相对分子质量结构取决于羟基化合物的官能度（例如单甘油酯与双甘油酯比例）和二异氰酸酯用量。涂膜固化机理与醇酸树脂相似，由脂肪酸的双键氧化交联成膜。

2. 潮气固化涂料与催化潮气固化涂料

潮气固化树脂实质是含有—NCO 端基的预聚物。该预聚物溶于溶剂即配成潮气固化聚氨酯涂料，预聚物的—NCO 基与空气中潮气相遇，生成脲键而固化。

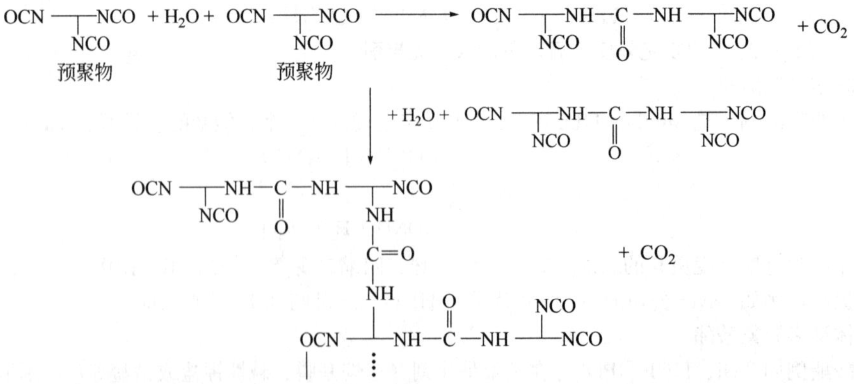

$$OCN-\underset{NCO}{R}-NCO + H_2O + OCN-\underset{NCO}{R}-NCO \longrightarrow OCN-\underset{NCO}{R}-NH-\underset{O}{\overset{\|}{C}}-NH-\underset{NCO}{R}-NCO + CO_2$$

$$\downarrow +H_2O + OCN-R(NCO)-NH-\overset{O}{\overset{\|}{C}}-NH-R-NCO$$

这种涂料为纯的多异氰酸酯预聚物（不含羟基树脂），交联稠密，涂膜坚硬、耐磨、耐油、耐化学腐蚀性优良，且是单组分，使用方便。但是其固化速度受温度和湿度影响，寒冬不易固化，为改善这一性能，在潮气固化涂料中加入少量叔胺（最常用的是二甲基二乙醇胺）作固化催化剂（作为第二组分，分开包装），即使空气中水分含量低、温度低，该涂料也能迅速固化，形成双组分催化潮气固化涂料。

3. 封闭型聚氨酯涂料

封闭型聚氨酯涂料所用封闭型树脂由上述潮气固化树脂（多异氰酸酯预聚物）与含有亲核性较弱的单官能活性氢物质反应生成，形成的较弱的氨酯键化合物封闭了NCO，常用苯酚、丙二酸酯、己内酰胺进行封闭；这些封闭型树脂在常温下不再与活性氢反应，可以直接与含羟基聚合物混合形成单组分涂料。受热后封闭型树脂的氨酯键容易产生逆反应重新生成NCO基，立即与含羟基聚合物反应而固化成膜：

$$RNHCOOC_6H_5 \xrightarrow{\triangle} RNCO + C_6H_5OH \uparrow$$

因此封闭型聚氨酯涂料成膜实质是利用不同结构氨酯键的热稳定性的差异，以较稳定的氨酯键取代较弱的氨酯键。封闭型树脂适用于配制溶剂型、水性、粉末型聚氨酯涂料。

4. 羟基固化型双组分聚氨酯涂料（NCO/OH型）

这是以含有异氰酸酯基（—NCO）的预聚物为一个组分（甲组分），以含有羟基（—OH）的聚合物为另一组分（乙组分），分别包装，使用时按一定比例混合的涂料，通过—NCO与—OH反应而固化成膜。由于多羟基组分和异氰酸酯组分两者的品种和用量可作广泛选择，适应性宽，因而应用面最广。在聚氨酯涂料的发展历史上，性能最好的产品是这种双组分溶剂型聚氨酯涂料，它能在很低的温度下成膜（0℃以下），且产品具有很好的硬度、强度、耐磨性、柔韧性、耐水性、耐溶剂性和光泽。双组分涂料若羟基组分采用含有羟基的干性油醇酸树脂，则成膜固化反应除—NCO与—OH反应外还有干性油双键氧化交联固化反应，即所谓"双重交联型聚氨酯涂料"。

5. 弹性聚氨酯涂料

前述各种聚氨酯涂料大多供涂覆刚性底材（钢铁、铝、木材、水泥等），涂膜一般很坚硬，处于玻璃态。对于软性底材如纺织品、皮革、橡胶等，则需要弹性涂料，以适应变形扭曲。弹性聚氨酯涂料的伸长率可达300%～600%，涂膜的玻璃化温度低，常温处于高弹态。高弹态的特征表现在较小的外力作用下即发生很大的形变，当外力除去之后能够恢复原来的形状。要使聚氨酯涂料具备高弹性，则其基料必须由线型长链大分子组成，由于线型大分子（例如聚醚链或聚酯链）呈无规线团，其链段在常温能够移动或转动，显柔性，在柔性链段之间还需引入短的刚性链，使大分子主链间具有适当的分子间力或交联键。这种分子主链结构可由下式表示：

$$\left[\left(R-\underset{O}{\underset{\|}{N}}-\underset{H}{\overset{H}{|}}-C-O-(G)-O-\underset{O}{\underset{\|}{C}}-\underset{H}{\overset{H}{|}}-N \right)_m (R-\underset{O}{\underset{\|}{N}}-\underset{H}{\overset{H}{|}}-C-O \sim\sim\text{线型大分子}\sim\sim O-\underset{O}{\underset{\|}{C}}-\underset{H}{\overset{H}{|}}-N)_n \right]_k$$

式中，小分子二元醇（G）所生成的氨酯链段由于氨酯键密度大、分子间吸力大呈刚性。刚性部分的数量决定涂膜的硬度和高温性质，柔性部分的数量决定涂膜的弹性、低温性质、耐水解性、耐溶剂性。

弹性聚氨酯涂料包括固化型和挥发型两类，取决于所用长链分子、异氰酸酯及小分子（G）的官能度，引入三个或大于三官能度分子形成固化型。挥发型仅靠溶剂挥发成膜，广泛用于纺织品、皮革的表面处理。

四、水性涂料与水性聚氨酯

1. 水性涂料的特点与类型

水性涂料最突出的特点是全部或大部分用水取代了有机溶剂，成膜物质以不同方式均匀分散或溶解在水中，干燥或固化后漆膜具有溶剂型涂料类似的耐水和物理性能。

目前水性涂料品种很多，大致可分为三种类型：水分散（乳液）型、胶体分散（水溶胶）型及水溶型。三者区分主要在于分散相粒径大小，水溶型涂料基本处于分子状态分散，水溶胶分散相由较少的聚合物分子聚集而成，乳液粒子则由较多和较大的聚合物分子组成，三者的物理性能和应用性能差别见表7-10。

2. 涂料树脂水性化的方法

制造水性涂料的关键是将油溶性聚合物分子水性化，三类水性涂料区分主要取决于聚合物水性化的深度。同样一种聚合物，水性化程度高（聚合物分子链上所含亲水基团，例如离子基团密度高），易形成水溶型，程度低则聚合物分子自聚集倾向大，易形成水分散型，这种通过引入亲水基团，而使油性树脂水性化的方法称自乳化法。聚合物水性化的方法主要有三种：①成盐法，通过酸-碱反应在聚合物主链上引入阴离子或阳离子；②在聚合物分子中引入非离子极性基团，例如聚醚基团；③在聚合物分子中引进两性离子。三种方法中，成盐法运用最普遍，涂料工业几乎全部采用这个方法。

（1）成盐法 成盐法就是将聚合物分子中引入羧基（或氨基），用适当的碱（或酸）中和。最常见的是含有羧基（或磺酸基）的聚合物（酸值一般在30～150之间 mgKOH/g），聚合物上除羧基以外，还含有其他反应性基团，如羟基等，便于交联成膜（水性树脂成膜反应相似于油性树脂）。制备方法为本体及在有机

表7-10 三类水性涂料的性能

性能	水分散型	胶体分散型	水溶型
外观	不透明,呈现光散射	半透明,呈现光散射	透明,无光散射
微粒粒径/μm	>100	20~100	<5
自聚集常数(k)	约1.9	1.0~0	0
相对分子质量	10^6	$2\times 10^4 \sim 2\times 10^5$	$2\times 10^4 \sim 5\times 10^4$
黏度	低,与聚合物相对分子质量无关	较黏,与聚合物相对分子质量有关	取决于聚合物相对分子质量
固含量	高	中	低
耐久性	优	优	优
颜料分散性	差	良	优
涂膜光泽	低	较高	高

溶剂中进行聚合或反应,然后用胺中和。采用胺作为中和剂的原因是:胺可以挥发,干燥成膜后,涂膜中不留下任何阳离子,形成水不溶性涂膜。常用的胺有2-氨基-2-甲基丙醇(AMP)和N,N-二甲基乙醇胺(DMEA)。

$$\underset{(AMP)}{H_2N-\overset{CH_3}{\underset{CH_3}{C}}-CH_2OH} \qquad \underset{(DMEA)}{\overset{H_3C}{\underset{H_3C}{>}}NCH_2CH_2OH}$$

成盐后的水性树脂,用水稀释成所需黏度,即为涂料。

(2) 非离子极性基团法 将非离子极性基团例如醚基、羟基、酰氨基引入聚合物主链或侧基获得水性树脂。

(3) 引入两性离子法 例如聚合物分子中引入顺丁烯二酸酐,然后与2-氨基-2-甲基丙醇反应,获得带有COO^-和NH_3^+两性离子的水性聚合物;这种两性离子受热后就会发生自交联,生成2-氨基-2-甲基丙醇的酰-酰胺网络结构。

3. 水性聚氨酯

(1) 概述 水性聚氨酯是以水代替有机溶剂作分散介质的分散体系,聚氨酯由于含有活泼的NCO基会与水反应,其水性化的发展较为困难而迟缓。现在水性聚氨酯已形成了自己的体系,其种类、规模不断扩大,性能也不断完善,如今已在皮革涂饰、纸张涂层、钢材防腐、纤维处理领域代替了溶剂型聚氨酯。

(2) 水性聚氨酯合成 水性聚氨酯合成过程基本分三步:第一步以异氰酸酯和含羟基低聚物合成带有NCO端基的聚氨酯;然后通过与带酸基的二元醇(例如二羟甲基丙酸)或带叔氨基的二元醇(例如二羟乙

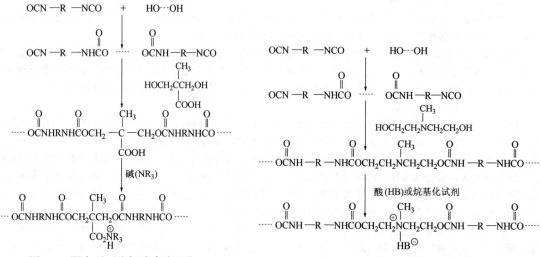

图7-2 阴离子型聚氨酯合成反应   图7-3 阳离子型水性聚氨酯合成反应

基甲胺）或带有聚醚链的二元醇反应；后一种直接得非离子型水性聚氨酯，前两种再以碱、酸中和（或用烷基化试剂季碱化），得阴离子、阳离子型水性聚氨酯，反应过程见图 7-2～图 7-5。控制配料，使所得水性聚氨酯仍含有 NCO 基，还可通过加水及二胺扩链，加大相对分子质量，形成聚氨酯-脲水分散体，反应过程见图 7-4。

水性聚氨酯的合成方法有溶液法、熔融分散法、预聚体混合法和酮亚胺法。四种方法的共同点是采用不同方式降低以 NCO 为端基的聚氨酯预聚体黏度，便于形成水分散体。加入低沸点极性溶剂（常采用丙酮）溶解预聚体，

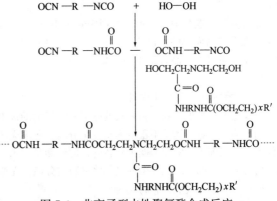

图 7-4 非离子型水性聚氨酯合成反应

降低黏度分散于水中，最后脱除溶剂，即溶剂法或称丙酮法；加热熔融预聚体降低黏度，然后分散于水中，即熔融法；通过控制相对分子质量，获得低黏度预聚体，高速搅拌下与水混合形成水分散体，然后加入二元胺扩链形成稳定的水分散体（参见图 7-4）称预聚体混合法；以酮亚胺为潜扩链剂，含 NCO 端基的水性预聚物与酮亚胺混合储存，形成单组分，当加水分散混合物时，酮亚胺水解为二胺和酮比异氰酸酯与水反应的速度迅速，生成聚氨酯-脲水分散体，称酮亚胺法。

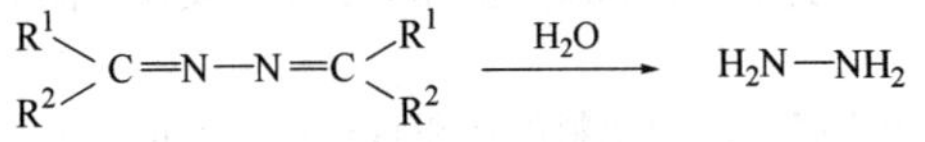

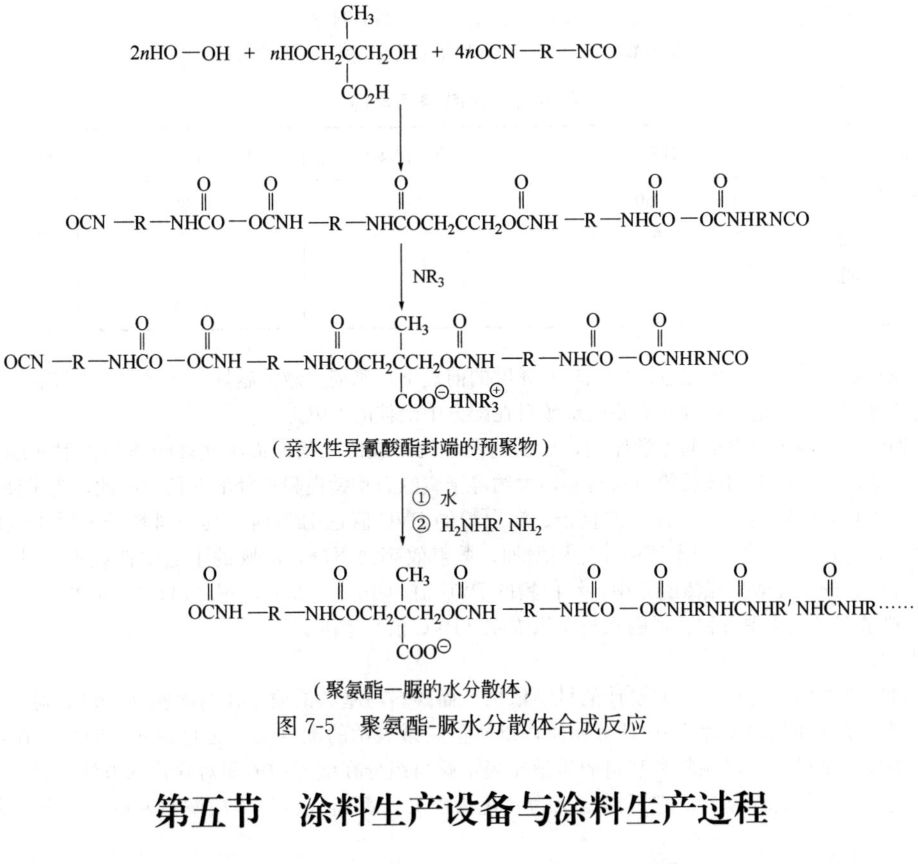

（亲水性异氰酸酯封端的预聚物）

（聚氨酯-脲的水分散体）

图 7-5 聚氨酯-脲水分散体合成反应

第五节 涂料生产设备与涂料生产过程

一、概述

涂料产品根据其组成是否含有颜料可分成两类，不含有颜料的称为清漆，涂覆于物体表面可以得到一层透明的涂膜；含有颜料的称为色漆（磁漆），涂覆于物体表面可以得到一层不透明的彩色涂膜，将物体遮盖

起来。

涂料生产一般是把树脂加入溶剂中制成漆料，然后再用漆料配成清漆或色漆。清漆是由漆料加适当助剂在常温下配制而成的。色漆是含有颜料的涂料，其生产过程就是把颜料稳定地分散于漆料中的过程，是涂料中生产量最大、品种最多的产品。本节主要讨论色漆的配方、颜料的分散及稳定、色漆的生产工艺和设备。

二、色漆配方制订程序

色漆是由黏性的漆料、粉末状的颜料及少量的助剂组成的多相混合物。体系中的混合物之间相互作用复杂、相界面多，导致体系不稳定容易发生分离。色漆应该是相对稳定、分离现象被消除或极大延缓的液态黏性体系，而且施工后漆膜的颜色和各部位的性能是均匀一致的。色漆的生产不仅仅是把颜料漆料混合起来，搅拌均匀就行，而是通过复杂的过程将颜料"分散"在漆料中，形成稳定的体系。

（一）颜料在色漆中的用量

颜料是色漆配方中不可缺少的组分之一。色漆中使用颜料不仅是使涂膜呈现必要的是色彩，遮盖起被涂的底层表面，以及使涂膜提高保护功能和呈现装饰性。更重要的是颜料的加入能够改善色漆漆液和涂膜的物理化学性能。如提高涂膜的附着力，增加涂膜的强度，降低涂膜的光泽，调整漆液的流动性等。以及可以防止紫外线对涂膜的穿透，从而增进涂膜的耐候性。根据在色漆中所起的作用，颜料可分为着色颜料、防锈颜料和体质颜料三类。

1. 颜料体积浓度（PVC）

在色漆配方设计时，当选定了合适组分之后，决定颜料和基料的相对数量，实现产品的最佳性能最重要的因素就是颜料体积浓度了。

颜料体积浓度（PVC）的定义是：在干色漆涂膜中所含颜料的体积百分数。也可以说是在色漆配方中颜料的体积占全部不挥发分（包括基料——成膜物、颜料和填料）体积分数。

$$PVC = 颜料和填料的体积/(颜料和填料的体积+成膜物体积) \times 100\%$$

表 7-11　白醇酸调合磁漆

原料名称	固体分/%	质量/kg	固体密度/(g/cm³)	固体体积 Q/L
醇酸调合漆料	50	668	0.89	375.3
钛白粉	A 型	221	4.20	52.6
群青	—	0.5	—	—
轻质碳酸钙	—	44	2.71	16.2

颜料在色漆中的用量在满足色漆颜色和光泽度的前提下，遮盖力越大越好，而且要求黏度适宜，漆膜的孔隙和耐久性好，成本适当，因此需要确定颜料在配方中最佳的PVC。

如果两个颜料粒子独立地起光学作用，那么这两个粒子彼此之间的最小允许距离为入射光线波长的一半。可见光谱范围内的平均波长约为 $0.5\mu m$，大约等于金红石型钛白粉粒径的两倍。因此，为了使光线散射量最大，粒子相隔的距离要等于粒子的直径。钛白粉的 PVC 值达 12% 时，其颜料粒子散射光线的效率最高。增大 PVC 值，粒子之间的光学相互作用增加，散射效率便下降，漆膜的不透明性也不会进一步提高。实际装饰性优良的有光醇酸磁漆配方中，钛白粉的 PVC 值为 15%～20%，超级白色漆的 PVC 值还要偏高。表 7-12 是典型有光色漆中各种颜料的颜料体积浓度（PVC值）范围。

2. 颜基比

尽管颜料体积浓度是色漆配方设计的科学依据，而颜料与基料的质量比与涂膜性能没有对应关系，但是由于颜料与基料质量关系比 PVC 计算简便，以质量关系表示的配方关系更直观些。因此，在依据 PVC 确定配方组成的基础上，以颜料和基料的质量比表示颜料组分在配方中的相对含量的方法也常常应用。颜料与基料的质量比简称颜基比。它可以定义为在色漆配方中颜料（包括体质颜料）的质量与基料的质量之比。

$$颜基比 = (颜料质量):(基料质量)$$

例如：表 7-11 所示的白醇酸调合磁漆配方中，

$$颜基比 = 颜料质量:基料质量 = (221+44):(668\times0.5) = 0.79:1$$

表 7-12 典型有光色漆中各种颜料的颜料体积浓度（PVC 值）范围

颜色	颜料名称	PVC 值/%	颜色	颜料名称	PVC 值/%	颜色	颜料名称	PVC 值/%
白色	钛白粉	15~20	红色	甲苯胺红	10~15	功能颜料	珠光颜料	3~5
	氧化锌	15~20		氧化铁红	10~15		不锈钢粉	5~15
	氧化锑	15~20		Sicomin 红	10~15	绿色	氧化铬绿	10~15
	铅白	15~20		RKB 70 红	10~15		铅铬绿	10~15
黄色	铅铬黄	10~15		芳酰胺红	5~10		酞菁绿	6
	锌铬黄	10~15	防锈颜料	红丹	30~35		颜料绿 B	10~10
	汉沙黄	5~10		磷酸锌	25~30		酞菁铬绿	10
	氧化铁黄	10~15		四碱式锌黄	20~25	蓝色	铁蓝	10~15
	Sieomin 黄	12		锌铬黄	30~40		群青	10~15
	镉黄	10~15		铝粉	5~15		酞菁蓝	5~10
黑色	炭黑	1~5		锌粉	60~70		阴丹士林蓝	5
	氧化铁黑	10~15						

对常用的色漆配方进行分析可以看出，用途不同的色漆，配方中采用不同的颜基比。一般面漆的颜基比约为（0.25~0.9）∶1，底漆的颜基比约为（2.0~4.0）∶1。

（二）基础配方（标准配方）的拟订

要求设计一种用于交通工具的户外常温干燥型涂料，质量指标参照 C04-2 醇酸磁漆（Ⅰ）型国家标准，颜色为白色。现将其配方拟订程序叙述如下：根据标准要求，首先考虑选用哪种成膜物类型醇酸树脂，以哪种颜料为主，然后确定该漆的不挥发物含量（固体分，%）是多少，再依次进行颜料、溶剂、助剂等的选择。色漆基料选择，因为户外用并且为白色，因此要选用不易泛黄的干性油改性长油度醇酸树脂为漆基。价格合适的豆油改性长油度醇酸树脂是首选漆基料。颜料的选择，以选用抗粉化性的金红石型钛白粉为主，因为该漆为常温干燥，且施工时能喷、能刷。溶剂选用时应考虑混合溶剂，以 200 号溶剂汽油和二甲苯或芳烃溶剂搭配使用，但二甲苯或芳烃用量应满足制漆工艺和施工成膜时流平性的要求。在选择好漆基与颜料后，再配入助剂等，其中催干剂是关键材料，一般不宜过量太多，尤其是不能用显色明显的锰催干剂，否则会影响白度，以保证涂膜的综合性能达到最佳状态。

关于色漆（磁漆）的颜料体积浓度（PVC 值）的确定，有光醇酸磁漆的 PVC 值在 3%~20% 范围内，而白色颜料中钛白粉的用量，其 PVC 值以 15% 为准，即该漆的颜料/漆基体积比是 15/85。若换算成质量比（颜基比），则为 15×4.2（钛白粉密度）/(85×1.1)（漆基密度）＝63/93.5＝40.26/59.74。在确定颜基比后，先将漆基制成 50% 的溶液，在实验室制成少量产品，将钛白粉与部分醇酸树脂液按一定比例配制成色浆，用研磨机分散到规定细度，然后将剩余的漆基调入，混合搅拌均匀，加入规定量的催干剂，并用适量溶剂把黏度调整到规定要求，再经过滤即可得到初步样品。

按照质量标准要求，对样品的质量和性能进行检测，判断是否完全符合标准要求，若有不达标的项目，则需再进行调整，包括颜基比和溶剂、催干剂等的变动，直至符合要求为止。必要时还要和国内外以及竞争者产品进行平行对比和综合评价。在产品质量评价时，除物化性能外，还应进行人工加速老化或天然曝晒试验，以及储存稳定性考察（例如结皮性、沉淀性等）。如果所用的漆基及颜料等已掌握其户外耐候性数据，则可通过用紫外线灯加速老化的方法考察；如果是选用新的漆基或新的颜料，则必须通过人工老化仪的试验。在完成上述试验后，再经过经济评价，确认可以达到预先要求的质量成本时，这个白色磁漆的基础配方拟订工作即告一段落。其基础配方列于表 7-13。

表 7-13 白色磁漆的基础配方

原材料名称	配方组成/kg	原材料名称	配方组成/kg
长油度豆油改性醇酸树脂液（50%）	187.0	环烷酸钙液（5%Ca）	0.41
钛白粉（金红石型）	63.0	环烷酸锌液（5%Zn）	0.41
环烷酸铅液（10%Pb）	0.51	防结皮剂液（25%）	2.0
环烷酸钴液（5%Co）	0.41	二甲苯	适量

（三）生产配方的拟订

在经过实验室试验后，所拟订出的色漆基础配方称为标准配方。在投入生产时，还需根据所选色漆生产工艺的不同，再拟订一个生产配方。为了提高色漆的生产效率和制漆稳定性，要根据所选用研磨分散设备的特点，找出最佳研磨漆浆的配方及选好分散助剂。因此，生产配方与基础配方的不同之处主要是：生产配方要确定使用的颜料浆中，颜料与漆基的配比以及其他助剂、溶剂的加入方式，而配方中的PVC要求基本不变。

三、颜料的分散及稳定

（一）色漆——颜料在漆料中的分散体系

色漆是由固体粉末状的颜（填）料，黏稠状的液体漆料，稀薄的液体溶剂和少量的助剂组成的多相混合物。这种体系中的相界面非常多，各组成物彼此间的相互作用十分复杂，因此体系是极不稳定的，往往容易发生分离现象。而色漆生产恰恰是要得到一个相对稳定的，分离现象被消除或大大延缓的稠厚状液态体系，这种体系本质上仍是不均匀的（固相仍是固相，液相仍然是液相），但看上去却是均匀的；施工后所得的涂膜也是均匀的，涂膜的颜色是均匀的，各部位的性能也是一致的。

颜料的粒度影响颜料的着色力、透明度、户外耐久性、耐溶剂性及其他性能，因此要求平均粒度恒定。然而，涂料生产企业所用的颜料为聚集体的干燥粉末，必须将这些聚集体分散以使之粉碎成其原有粒度，从而制成稳定的分散体。

就色漆本质而言，它是将颜料分散在漆料中，而形成的以颜料为分散相（不连续相），以漆料为连续相的非均相分散体系。颜料和漆料间的相界面性质决定着分散过程进行的难易，完成的速度，漆液的相对稳定性，色漆的施工性能和涂膜的性能。所以色漆从制造到储存，以及最终成膜这一系列过程中，保证颜料始终处于良好的分散状态，应该讲是色漆生产的首要问题。

（二）颜料分散的过程

颜料在漆料中有效地分散，不仅影响涂料的色彩和装饰功能，而且还影响涂料的附着力、耐久性、机械强度，以及高固含量涂料和水性涂料的化学性质。颜料的分散经过三个过程，润湿、分散和稳定。

1. 颜料的润湿

颜料表面的水分、空气被漆料置换，并在颜料表面形成新的包覆膜的过程称为润湿。润湿要求基料的表面张力低于颜料的表面自由能。溶剂型漆的润湿问题不大，因为有机溶剂及其构成漆料的表面张力一般总是低于颜料的表面张力。在水性漆中，由于水的表面张力较高，对于有机颜料的润湿便有困难，需要加润湿剂以降低水的表面张力。润湿时首先要求溶剂渗入颜料聚集体中去。当溶剂黏度低时，润湿的速度可以很快。颜料制造时所形成的颗粒（初级粒子）粒径通常为5nm到1μm，而聚集体是由几万或几十万初级粒子聚集组成的，粒径可达100μm以上，黏性的漆料润湿聚集体内部需要时间。因此预混合好的漆浆通常在搅拌下升温到50℃后，静置过夜，次日再进行研磨分散，使颜料颗粒表面充分润湿。

2. 颜料的解聚（研磨与分散）

颜料在漆料中的解聚是色漆制造过程中主要的，消耗能量最大的工序。能使颜料解聚的外力机械力，是由我们通常使用的研磨分散设备，如砂磨机、球磨机、三辊机和高速分散机等产生的。

粉状颜（填）料的附聚体或聚集体由几万至几十万初级粒子所组成。这些附聚体和聚集体浸入可以湿润其表面的液体漆料中时，液体漆料便渗入颗粒间的毛细管道，参见图7-6(a) 液体渗入毛细管通道示意图。但是由于聚集体内部的空气受液体的毛细管压力挤压而形成的反相弯月面［图7-6(b)］便阻碍了液体向颜料聚集体或附聚体内部的渗透。

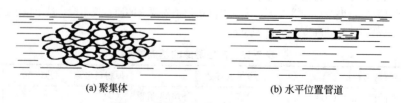

图7-6 液体渗入毛细管通道示意图

当粉状颜（填）料和含有表面活性剂的低黏度漆料相接触时，在颜料浓度很低的条件下，例如体积分数＜1%的情况下，可以发生颜料聚集体或附聚体的自解聚现象。这是因为在颜料粒子间产生的毛细管压力超过其间的内聚力的原因。通常分析颜料分散性的沉降法就是利用这一现象进行的。但是，当粉状颜（填）料与较高黏度的液体漆料相接触时，在颜（填）料浓度较高时（色漆的研磨漆浆均属于此类型），即使将该悬浮液放置数月也不会发生颜料聚集体和附聚体的自解聚。因此在这种条件下，颜料的内聚力超过毛细管压力的崩裂作用。因此，为了造成作为分散介质的液体漆料对颜（填）料粒子表面的渗透条件，必须对颜料的聚集体和附聚体施加能促使其破裂的外部机械作用。将颜（填）料粒子进行解聚，使其更好地被液体漆料所湿润的研磨分散设备正是这一外部机械作用力手段。

在研磨漆浆中颜料粒子的解聚过程中，不仅可以充分地使液体漆料湿润颜（填）料粒子表面，提高漆浆稳定性，而且随着颜料分散程度的提高，颜料的着色力、遮盖力都会相应提高，色漆涂膜的光泽及其他性能也得到改善。所以选用高效的研磨分散设备，可以极大地提高颜料在漆料中的分散程度，从而可以在提高漆浆稳定性的同时，降低颜料用量，改善色漆和涂层的质量。

颜料分散程度的提高，伴随着颜料着色力和遮盖力的提高，从而可以用廉价的填料等效地代替色漆配方中部分价格昂贵的颜料，降低成本，提高经济效益。

（三）分散体系的稳定

絮凝是颜料分散后的再聚集。在絮凝时，颜料分散后形成的粒子又形成松散的聚集体，当受弱的外力作用时，聚集体破裂；外力停止作用，聚集体立即或稍迟恢复原状。絮凝是粒子相互之间作用力（包括吸引力和排斥力）作用的结果。当作用力大于零，即吸引力大于排斥力时，粒子之间就产生絮凝。作用力大，絮凝程度就增加，涂料的遮盖力、光泽、流动性、流平性变差。当作用力小于零，即吸引力小于排斥力时，粒子之间就产生反絮凝。反絮凝使涂料生成明显的硬性沉淀。因此，从兼顾涂料各个方面性能的角度出发，希望涂料处于轻微的絮凝状态。

1.分散稳定的机理

（1）电荷稳定作用　电荷稳定作用是由于电斥力的结果，电斥力是围绕该颜料粒子的双电层产生的。在粒子周围生成的双电层充分地延伸到液体介质中，因为所有的粒子都被同种电荷（正电荷或负电荷）所包围，故当粒子靠得很近时，它们就互相排斥。

一旦由于选择吸附了负离子或正离子便得到电荷粒子就趋向于吸引带相反电荷的溶液离子，把它们带至有电荷的粒子表面附近。因此带电荷粒子的周围是一层溶液。近乎密集着与粒子表面电荷相反的离子。这些离子称为平衡离子。由此就构成了电荷的双电层，一层位于粒子的表面，另一层即中和层存在于扩散区域，向外伸入溶液。从这种不相等的离子分布产生静电位，以粒子表面最高，随着深入溶液而迅速降低。当两个粒子接近时，如果离子氛尚未接触。粒子间并无排斥作用。当粒子接近到离子氛发生重叠时，处于重叠区中的离子浓度显然增大，破坏了原先电荷分布的对称性，将引起离子氛中电荷的重新分布。从而导致两个粒子间电荷产生斥力，如果该斥力大于范德华力则颜料粒子被斥力分开，使分散体系处于稳定状态。

通常，在水性分散体系中，由于颜料粒子的介电常数较高，电荷的稳定作用比较突出，而对于溶剂型涂料，由于通常使用的有机溶剂的极性较弱，因此，电荷稳定作用并不重要，分散体系的稳定性主要还是依赖空间位阻的作用。

（2）空间位阻稳定作用　分散在液体漆料中的颜料粒子在不停地运动着（热运动或布朗运动）。运动中的颜料粒子不可避免地要相互碰撞，其碰撞频率取决于粒子大小和介质的黏度。在这种碰撞过程中，由于强大的近距离的范德华引力的作用，粒子将相互吸引并与其他粒子相聚结。假如这些颜料粒子的表面未加保护的话，一旦它们碰撞在一起就会重新聚结产生絮凝，为防止不稳定现象的发生，涂料工作者长期以来，一直强调在颜料颗粒的解聚同时，就及时将新暴露出来的表面用漆料予以湿润，使颜料颗粒表面被足够厚的树脂膜包覆起来，因为一般漆料都带有—OH、—COOH等极性基团，很容易吸附在颜料上形成具有一定厚度的保护屏障，给运动中的颜料粒子相互碰撞带来位阻，即一旦两个颜料粒子由于运动而相互接近时，其外围之包覆树脂层就要受到挤压而使熵减少，但熵具有自然增强的趋势，故产生熵排斥力，这种相对于挤压的反方向力，使趋于相互靠近的颜料粒子又彼此分开，这就是所谓的空间位阻作用或熵稳定。

在溶剂型涂料中分散体系的稳定化，主要是通过空间位阻的稳定作用（或熵稳定作用）来实现的。为此在合成涂料用树脂时，要注意适量增加高分子聚合物链中的极性基团，保持极性基团在高分子链中有一定的间距，以便提高其对颜料的分散稳定性。选择适宜的溶剂来溶解高分子树脂以制造树脂溶液（漆料）也是一个重要的因素，性能良好的溶剂不仅可以溶解聚合物并且可以使进入颜料孔隙的漆料充分溶胀起来。从而更好地起到了空间位阻的作用。

湿润剂是用来降低液体和固体的界面张力的。对液体漆料中的颜料而言，它是通过改性颜料的湿润特性来阻止颜料粒子重新聚结，以达到使体系稳定的目的。

2.存放期间的稳定性

稳定的颜料分散体，在存放时不致发生颜料沉降，以及由于颜料与介质间的物理或化学作用导致体系黏度增加。尽可能用粒子半径小、密度低的颜料及高黏度的漆料来防止颜料沉降。粒子吸附层厚，既可防止絮凝，又可防止沉降。溶剂型涂料可使用触变剂如氢化蓖麻油、有机膨润土（蒙脱土）、醇铝等来防止颜料沉降。触变性即当涂料放置静止时，成为胶冻状，黏度很高；当施工时，涂料上加一个大的剪切力，涂料快速运动起来，黏度迅速大幅度降低。

从漆料角度来看，颜料颗粒的吸附层中低相对分子质量的聚合物增加，高相对分子质量的聚合物转移到漆料中去，造成漆料黏度升高。如，低相对分子质量的醇酸树脂因含有较多的极性基团（羟基、羧基等），容易被吸附而取代高相对分子质量的聚合物。从颜料角度来看，酸性漆料（如植物油降解为脂肪酸）与碱性颜料相互之间发生反应；铅粉与酸性漆料之间发生反应，这些都造成黏度增加。作为水性涂料分散剂的多聚磷酸盐能够水解为正磷酸盐，成为絮凝剂，造成漆料黏度升高。

（四）工艺配方

标准配方虽然决定了色漆产品的最终组成，但是却不能直接用它配制研磨漆浆。这是由于以下两个原因决定的。一是因为色漆生产中随着生产规模和所采用的设备大小不同，总是要将实际操作批次的投料量在标准配方的基础上扩大一定的倍数。二是因为在色漆生产中，在最短的时间内将颜料分散到要求细度，除了选用优质颜料和高效研磨设备等条件以外，还要考虑加工的方法。

在同一台研磨机上研磨颜料含量高的漆浆比研磨颜料含量低的漆浆的效率要高得多。这是因为在研磨漆浆中颜料含量较高，那么在细度合格的漆浆中就可以补加较大量的其他组分（漆料、溶剂等）而得到数量较多的色漆产品。

因此，在色漆生产时通常是将全部颜料和部分漆料，部分溶剂和要求在研磨漆浆中加入的助剂（如分散剂、湿润剂、防沉剂等）一起加入配料罐经过预混合和研磨分散而制得研磨漆浆，而在调漆阶段再向合格的研磨漆浆中加入余下的漆料、溶剂和要求在调漆阶段加入的助剂（如催干剂、防结皮剂、流平剂等）混合均匀后制得色漆产品。

这就是说，在色漆生产时，需要依据标准配方规定首先将加料数量扩大一定的倍数，使其符合设备大小的需要，同时，又要将扩大加量后原料分成研磨漆浆加料品种和数量及调色制漆阶段加料品种和数量两部分，这种在保证标准配方规定的各种原料配比的前提下，将投料量按比例扩大并将物料分成研磨漆浆加料和调色制漆加料两部分后所形成的配方，即工艺配方或称生产配方。只有工艺配方才是直接用于色漆生产的指令性技术文件。

而工艺配方设计，即将原料分成研磨漆浆加料和调色制漆加料两部分的定量分配的依据，则是首先要确定研磨漆浆的组成（即研磨漆浆中颜料和固体树脂及溶剂的适宜配比），该组成的确定就相当于确定了研磨漆浆的加料量，而总量中其余的加料量自然便成了调色制漆的加料量了。

研磨漆浆的组成随着颜料的不同，所选用研磨分散设备的不同以及研磨制浆方式的不同，也会有所不同。加之，以合理的研磨漆浆组成进行颜料的解聚又是提高色漆生产研磨效率、节省能源，提高劳动生产率的一个重要途径。

（五）研磨漆浆的方式

颜料有的易分散，有的难分散，如果将它们混合在一起进行研磨，势必造成难分散的影响易分散的。因此，色漆生产宜采取单颜料磨浆的方式，以便保证质量，降低消耗。

采用炭黑和重质碳酸钙制备黑色漆时，首先分别将炭黑、重质碳酸钙与油料预混合后研磨成细度为$20\sim30\mu m$的浆，再混合得黑色漆。如果将炭黑和重质碳酸钙一起和油料研磨，制成的漆就是深灰色的，而且遮盖力明显降低。这是由于难分散的炭黑受到了大颗粒的重质碳酸钙的影响，未能得到充分分散，着色力也没有充分发挥出来。

以砂磨机为研磨分散设备时，制备研磨漆浆可以采用以下3种不同的方式。

1.单颜料磨浆法

对于含有多种颜料的磁漆，可以采用单颜料磨浆的方法制备单颜色研磨漆浆，而在调色制漆时采用混合单色漆浆的方法，调配出规定颜色的磁漆产品。由于每种颜料单独分散，因此可以根据颜料的特征选择适用的研磨设备和操作条件。这有利于发挥颜料的最佳性能和设备的最大生产能力。但是，若磁漆的品种及花色较多的话,则需要大量带搅拌器的单颜料漆浆贮罐,需要使用的设备多。单色漆浆计量及输送工作强度较大,因此该方法适用于花色较多的生产场合。

2. 多种颜料混合磨浆法

将色漆产品配方中使用的颜料和填料一并混合,以砂磨机研磨制成多颜料研磨漆浆的方法,使用这种漆浆补加漆料、溶剂及助剂后直接可制成底漆或单色漆;用少量调色浆调整颜色后也可以制得复色磁漆,因此具有设备利用率高、辅助装置少的优点。但研磨分散效率降低,生产能力下降,容易影响产品质量。漆浆由于每批颜色波动,使调色工作的难度增大,容易造成不同批次产品色差增加。故该方法适用于生产底漆、单色漆和磁漆花色品种有限的色漆车间。

3. 综合颜料磨浆法

该方法系上述两种方法的折中。将复色漆配方中某几种颜料混合制成混合颜料的研磨漆浆,同时将个别难分散的颜料(或对其他颜料干扰比较大的颜料)在另一条生产线上单独研磨,制成单颜料漆浆,然后在制漆罐中将二者混合调色制漆。将主色浆(可以是单纯的着色颜料,也可以是着色颜料与填料的混合物)在一条固定的研磨生产线上制成主色浆,将各种调色颜料在另一条小型研磨生产线制成调色浆,然后混合调色,制成一系列颜色的成品漆。该方式在一定程度上发挥了上述两种方法的优点而避免了其不足。目前这种方法已广泛用于以白色颜料为主色浆而调入少量其他颜色的调色浆,制备多种颜色系列的浅色磁漆的色漆车间。

(六) 研磨漆浆的组成

对于不同的研磨设备,研磨漆浆的组成也不同。砂磨机、球磨机要求以低黏度的漆料及低颜料体积分数的颜料组成的研磨漆浆。高速分散机则以低黏度的漆料及高颜料体积分数的颜料组成研磨漆浆。高速分散机用于颜料分散时,其运动中的研磨漆浆应呈层流状。其研磨漆浆应是相当黏稠的(但仍是可以流动的),其理想的流体状态是稍呈膨胀型流动。这种高黏稠度漆浆的配制可以采取高黏度漆料也可以采取高颜料含量,或综合上述两种方式。从经济和研磨效率两方面考虑,认为采取较低固体含量的中等黏度漆料和高颜料含量的方式是适宜的。

三辊机是一种为加工黏性体系的细分散而设计的研磨分散设备。由于三辊机以不同的转数转动的两个辊子间可产生巨大的剪切力,所以说它极少依靠溶剂来湿润颜料,而依靠研磨机两个辊子中间缝隙的巨大挤压力,使漆料包覆在颜料表面并渗入颜料孔隙。同时以依靠由于研磨辊相对速度差而产生的研磨力,解聚颜料的二次粒子的。因此,适合三辊研磨机加工的研磨漆浆的特点是,不仅要使用高黏度的漆料,而且要加入高体积分数的颜料,故而是一种相当稠厚的漆浆。

四、涂料生产设备

涂料生产的主要设备有分散设备、研磨设备、调漆设备、过滤设备、输送设备等。

(一) 分散设备

预分散是涂料生产的第一道工序,通过预分散,颜、填料混合均匀,同时使基料取代部分颜料表面所吸附的空气使颜料得到部分湿润,在机械力作用下颜料得到初步粉碎。在色漆生产中,这道工序是研磨分散的配套工序,过去色漆的研磨分散设备以辊磨机为主,与其配套的是各种类型的搅浆机,近年来,研磨分散设备以砂磨机为主流,与其配套的也改用高速分散机,它是目前使用最广泛的预分散设备。

高速分散机由机体、搅拌轴、分散盘、分散缸等组成,主要配合砂磨机对颜、填料进行预分散用,对于易分散颜料或分散细度要求不高的涂料也可以直接作为研磨分散设备使用,同时也可用作调漆设备。

高速分散机的关键部件是锯齿圆盘式叶轮,它由高速旋转的搅拌轴带动,搅拌轴可以根据需要进行升降。工作时叶轮的高速旋转使漆浆呈现滚动的环流,并产生一个很大的旋涡,位于顶部表面的颜料粒子,很快呈螺旋状下降到旋涡的底部,在叶轮边缘 2.5~5cm 处,形成一个湍流区。在湍流区,颜料的粒子受到较强的剪切和冲击作用,快分散到漆浆中。在湍流区外,形成上、下两个流束,使漆浆得到充分的循环和翻动。同时,由于黏度剪切力的作用,使颜料团粒得以分散。高速分散机具有以下优点:①结构简单、使用成本低、操作方便、维护和保养容易;②应用范围广,配料、分散、调漆等作业均可使用,对于易分散颜料和制造细度要求不高的涂料,通过混合、分散、调漆可直接制成产品;③效率高,可以一台高速分散机配合数台研磨设备开展工作;④结构简单,清洗方便。

高速分散机工作时漆浆的黏度要适中,太稀则分散效果差,流动性差也不合适。合适的漆料黏度范围通常为 0.1~0.4Pa·s。

(二) 研磨设备

研磨设备是色漆生产的主要设备,其基本形式可分为两类,一类带自由运动的研磨介质(或称分散介质),另一类不带研磨介质,依靠抹研力进行研磨分散。常用研磨分散设备有砂磨机、辊磨、高速分散机等,砂磨机分散效率高,适用于中、低黏度漆浆,辊磨可用于黏度很高的甚至成膏状物料的生产。

砂磨机、球磨机依靠研磨介质在冲击和相互滚动时产生的冲击力和剪切力进行研磨分散,由于效率高、操作简便,成为当前最主要的研磨分散设备。

砂磨机由电动机、传动装置、筒体、分散轴、分散盘、平衡轮等组成,分散轴上安装数个分散盘,筒体中盛有适量的玻璃珠、氧化锆珠、石英砂等研磨介质。经预分散的漆浆用送料泵从底部输入,电动机带动分散轴高速旋转,研磨介质随着分散盘运动,抛向砂磨机的筒壁,又被弹回,漆浆受到研磨介质的冲击和剪切得到分散。砂磨机主要分立式砂磨机和卧式砂磨机两大类。立式砂磨机研磨分散介质容易沉底,卧式砂磨机研磨分散介质在轴向分布均匀,避免了此问题。砂磨机具有生产效率高、分散细度好、操作简便、结构简单,便于维护等特点,因此成为研磨分散的主要设备,但是砂磨机必须要有高速分散机配合使用,而且深色和浅色漆浆互相换色生产时,较难清洗干净,目前主要用于低黏度的漆浆。

(三) 过滤设备

在色漆制造过程中,仍有可能混入杂质,如在加入颜、填料时,可能会带入一些机械杂质,用砂磨分散时,漆浆会混入碎的研磨介质(如玻璃珠),此外还有未得到充分研磨的颜料颗粒,因此需经过滤处理。用于色漆过滤的常用设备有罗筛、振动筛、袋式过滤器、管式过滤器和自清洗过滤机等,一般根据色漆的细度要求和产量大小选用适当的过滤设备。

(1) 袋式过滤器 袋式过滤器由一细长筒体内装有一个活动的金属网袋,内套以尼龙丝绢、无纺布或多孔纤维织物制作的滤袋,接口处用耐溶剂的橡胶密封圈进行密封,压紧盖时,可同时使密封面达到密封,因而在清理渣渣、更换滤袋时十分方便。这种过滤器的优点是适用范围广,既可过滤色漆,也可过滤漆料和清漆,适用的黏度范围也很大。

(2) 管式过滤器 管式过滤器也是一种滤芯过滤器。待过滤的油漆从外层进入,过滤后的油漆从滤芯中间排出。它的优点是:滤芯强度高,拆装方便,可承受压力较高,用于要求高的色漆过滤。但滤芯价格较高,效率低。

(四) 输送设备

涂料生产过程中,原料、半成品、成品往往需要运输,这就需要用到输送设备,输送不同的物料需要不同的输送设备。常用的输送设备有液料输送泵,如隔膜泵、内齿轮泵和螺杆泵、螺旋输送机、粉料输送泵等。

五、涂料生产工艺过程

1. 清漆生产工艺

清漆生产中,由于不用颜、填料,故不涉及颜、填料的分散,工艺相对比较简单,包括树脂溶解、调漆(主要是调节黏度、加入助剂)、过滤、包装。

2. 色漆生产工艺

色漆生产工艺是指将颜、填料均匀分散在基料中加工成色漆成品的物料传递或转化过程,核心是颜、填料的分散和研磨,一般包括混合、分散、研磨、过滤、包装等工序。通常依据产品种类、原材料特点及其加工特点的不同,首先选用适宜的研磨分散设备,确定基本工艺模式,再根据多方面的综合考虑,选用其他工艺手段,制订生产工艺过程。

通常色漆生产工艺流程是以色漆产品或研磨漆浆的流动状态、颜料在漆料中的分散性、漆料对颜料的湿润性及对产品的加工精度要求这四个方面的考虑为依据,结合其他因素如溶剂等首先选定过程中所使用的研磨分散设备,从而确定工艺过程的基本模式。

砂磨机对于颗粒细小而又易分散的合成颜料、粗颗粒或微粉化的天然颜料和填料等易流动的漆浆,生产能力高、分散精度好、能耗低、噪声小、溶剂挥发少、结构简单、便于维护、能连续生产,是加工此类涂料的优选设备,在多种类型的磁漆和底漆生产中获得了广泛的应用。但是,它不适用于生产膏状或厚浆型的悬浮分散体,用于加工炭黑等分散困难的合成颜料时生产效率低,用于生产磨蚀性颜料时则易于磨损,此外换色时清洗比较困难,适合大批量生产。

球磨机同样也适用于分散易流动的悬浮分散体系,适用于分散任何品种的颜料,对于分散粗颗粒的颜料、填料、磨蚀性颜料和细颗粒难分散的合成颜料有着突出的效果。卧式球磨机由于密闭操作,故适用于要求防止溶剂挥发及含毒物的产品。由于其研磨精度差,且清洗换色困难,故不适于加工高精度的漆浆及经常调换花色品种的场合。

三辊机由于开放操作，溶剂挥发损失大，对人体危害性强，而且生产能力较低，结构较复杂，手工操作劳动强度大，故应用范围受到一定限制。但是它适用于高黏度漆浆和厚浆型产品，因而被广泛用于厚漆、腻子及部分厚浆美术漆的生产。对于某些贵重颜料，三辊机中不等速运转的两辊间能生产巨大的剪切力，导致高固体含量的漆浆对颜料润湿充分，有利于获得较好的产品质量，因而被用于生产高质量的面漆。三辊机清洗换色比较方便，也常和砂磨机配合应用，用于制造复色磁漆的少量调色浆。

确定研磨分散设备的类型是决定色漆生产工艺过程的前提和关键。研磨分散设备不同，工艺过程也随之变化。以砂磨机分散工艺为例，一般需要使用高速分散机进行研磨漆浆的预混合，使颜、填料混合均匀并初步分散以后再以砂磨机研磨分散，待细度达到要求后，输送到调漆罐中进行调色制得成品，最后经过滤净化后包装，入库完成全部工艺过程。由于砂磨机研磨漆浆黏度较低，易于流动，大批量生产时可以机械泵为动力，通过管道进行输送；小批量多品种生产也可使用移动调漆罐的方式进行漆浆的转移。球磨机工艺的配料、预混合研磨分散则在球磨筒体内一并进行，研磨漆浆可用管道输送和活动容器运送两种方式输入调漆罐调漆，再经过滤包装入库等环节完成工艺过程。三辊机分散因漆浆较稠，故一般用换罐式搅拌机混合，以活动容器运送的方式实现漆浆的传送，往往与单辊机串联使用进行工艺组合。

色漆的生产工艺一般分为砂磨机工艺、球磨机工艺、三辊机工艺和轧片工艺，核心在于分散手段不同。

以砂磨机工艺为例，如图7-7所示，是砂磨机工艺流程之一。这是以单颜料磨浆法生产白色磁漆或以白色漆浆为主色漆浆，调入其他副色漆浆，而制得多种颜色磁漆产品的工艺流程。现以酞菁天蓝色醇酸调合漆生产为例，将其工艺过程概述如下。

(1) 备料　将色漆生产所需的各种袋装颜料和体质颜料用叉车送至车间，用载货电梯提升，手动升降式叉车运送到配料罐A（配制白色主色漆浆用）和配料罐B（配制酞菁蓝调色浆用）。将醇酸调合漆料、溶剂和混合催干剂分别置于各自的贮罐中储存备用（图7-7中未表示出漆料、溶剂及催干剂贮罐）。

(2) 配料预混合　按工艺配方规定的数量将漆料和溶剂分别经机械泵输送并计量后加入配料预混合罐A中，开动高速分散机将其混合均匀，然后在搅拌下逐渐加入配方量的白色颜料和体质颜料，提高高速分散机的转速，进行充分的湿润和预分散，制得待分散的主色漆浆。

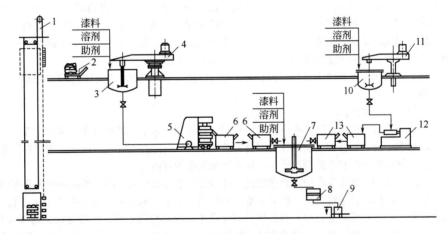

图7-7　砂磨机工艺流程示意

1—载货电梯；2—手动升降式叉车；3—配料预混合罐（A）；4—高速分散机（A）；5—砂磨机；
6—移动式漆浆盒（A）；7—调漆罐；8—振动筛；9—磅秤；10—配料预混合罐（B）；
11—高速分散机（B）；12—卧式砂磨机；13—移动式漆浆盒（B）

(3) 研磨分散　将白色的主色漆浆以砂磨机（或砂磨机组）分散至细度合格并置于移动式漆浆盆中，得合格的主色研磨漆浆。同时将配料预混合罐B中的酞菁蓝色调色漆浆，以砂磨机分散至细度合格并置于移动式漆浆盆中，得合格的调色漆浆。

(4) 调色制漆　将移动式漆浆盆中的白色漆浆，通过容器移动或机械泵加压管道输送的方式，依配方量加入调漆罐中。在搅拌下，将移动式漆浆盆中的酞菁蓝调色漆浆逐渐加入其中，以调整颜色。待颜色合格后补加配方中漆料及催干剂，并加入溶剂调整黏度，以制成合格的酞菁天蓝色醇酸调合漆。

(5) 过滤包装 经检验合格的色漆成品，经过滤器净化后，计量、包装、入库。

3. 乳胶漆生产工艺

乳胶漆是颜料的水分散体和聚合物的水分散体（乳液）的混合物，二者本身都已含有多种表面活性剂，为了获得良好的施工和成膜性质，又添加了许多表面活性剂。这些表面活性剂除了化学键合或化学吸附外，都在动态地做吸附/脱吸附平衡，而表面活性剂间又有相互作用，如使用不当，有可能导致分散体稳定性的破坏。

乳液涂料的调制与传统的油漆生产工艺大体相同，一般分为预分散、分散、调合、过滤、包装等工序。但是，就传统油漆来说，漆料作为分散介质在预分散阶段就与颜、填料相遇，颜、填料直接分散到漆料中。而对乳液涂料而言，则由于乳液对剪应力通常较为敏感，在低剪力搅和阶段，使之与颜料分散浆相遇才比较安全。因而，颜料、填料在预分散阶段仅分散在水中，水的黏度低，欠润湿，因而分散困难。所以，在分散作业中须将增稠剂、润湿剂、分散剂加入。由于分散体系中，有大量的表面活性剂，容易发泡而妨碍生产进行，因而，分散作业中，必须加消泡剂。

乳液涂料的产品以白色和浅色为主，乳液涂料生产线上所直接生产的主要是白色涂料和调色的涂料，彩色料将是另行备的。生产作业线主要考虑钛白粉和填料的分散。乳液涂料生产线上通常只需装置高速分散机，并把预分散和分散作业合二为一。现代高档乳液涂料的生产，特别是有光乳液涂料的生产对细度要求较高，往往在高速分散机及调漆罐之间增加一台砂磨机以保证产品的质量。

调制作业，仅需使用低速搅拌缸，在低剪力下，将乳液加入已完成高速分散的涂料浆中，并投入防霉剂等与分散作业无关的助剂及浅色漆的调色浆，用氨水调整黏度，或在低剪力调制桶中先放入乳液，用氨水增稠，而后将研磨分散好的涂料浆放入调制桶中，搅拌均匀后加入有关助剂，并用水调整固含量及最终黏度。当前强调生产环保型乳液涂料，因而尽量不用含羧基含量的增稠剂而用氨水增稠。一般选用羟乙基纤维素之类的增稠剂。

典型的投料顺序如下：

①水；②杀菌剂；③成膜助剂；④增稠剂；⑤颜料分散剂；⑥消泡剂、润湿剂；⑦颜、填料；⑧乳液；⑨pH调整剂；⑩其他助剂；⑪水和/或增稠剂溶液。

操作步骤是：先将水放入高速搅拌机中，在低速下依次加入杀菌剂、成膜助剂、增稠剂、颜料分散剂、消泡剂、润湿剂，混合均匀后，将颜、填料缓缓加入叶轮搅起的旋涡中。加入颜、填料后，调节叶轮与调漆桶底的距离，使旋涡成浅盆状，加完颜料后，提高叶轮转速，为防止温度上升过多，应停车冷却，停车时刮下桶边黏附的颜、填料。随时测定刮片细度，当细度合格，即分散完毕。

分散完毕后，在低速下逐渐加入乳液、pH调整剂，再加入其他助剂，然后用水和/或增稠剂溶液调整黏度，过筛出料。

4. 生产过程中应注意的问题

（1）絮凝 当用纯溶剂或高浓度的漆料调稀色浆时，容易发生絮凝。其原因在于调稀过程中，纯溶剂可从原色浆中提出树脂，使颜料保护层上的树脂部分为溶剂取代，稳定性下降，当用高浓度漆料调稀时，因为有溶剂提取过程，使原色中颜料浓度局部增大，从而增加絮凝的可能。

（2）配料后漆浆增稠 色漆生产中，会在配料后或砂磨分散过程中遇到漆浆增稠的现象其原因，一是颜料由于加工或储存的原因，含水量过高，在溶剂型涂料中出现了假稠现象；二是颜料中的水溶盐含量过高，或含有其他碱性杂质，它与漆料混合后，脂肪酸与碱反应生成皂而导致增稠。解决方法：增稠现象较轻时，加少量溶剂，或补加适量漆料；增稠情况严重时，如原因是水分过高，可加少量乙醇等醇类物质，如是碱性物质所造成的，可加入少量亚麻油酸或其他有机酸进行中和。

（3）细度不易分散 研磨漆浆时细度不易分散的原因主要有以下几点。①颜料细度大于色漆要求的细度，如云母氯化铁、石墨粉等颜料的原始颗粒大于色漆细度标准，解决办法是先将颜料进一步粉碎加工，使其达到色漆细度的要求。此时，单纯通过研磨分散解决不了颜料原始颗粒的细度问题。②颜料颗粒聚集紧密难以分散。如炭黑、铁蓝在生产中就很难分散，且易沉淀。解决办法是分散过程中不要停配料罐搅拌机，砂磨分散时快速进料过磨，经过砂磨机加工一遍后，再正常进料，两次分散作业。此外还可以在配料中加入环烷酸锌对颜料进行表面处理，提高颜料的分散性能，也可加入分散剂，提高分散效率。③漆料本身细度达不到色漆的细度要求，也会造成不易分散，应严格把好进漆料的检验手续关。

（4）调色在储存中变成胶状 某些颜料容易造成调色储存中变成胶状，容易产生变胶现象的是酞菁蓝浆与铁蓝浆。解决方法，可采用冷存稀浆法，即配色浆研磨后，立即倒入冷漆料中搅拌，同时加松节油稀释搅匀。

(5) 醇酸色漆细度不合格　细度不合格的主要原因有：研磨漆浆细度不合格，调漆工序验收不严格；调色浆、漆料的细度不合格，调漆罐换品种时没刷洗干净，投放的稀料或树脂混溶性不好。

(6) 复色漆出现浮色和发花现象　浮色和发花是复色漆生产时常见的两种漆膜病态。浮色是由于复色漆生产时所用的各种颜料的密度和颗粒大小及润湿程度不同，在漆膜形成但尚未固化的过程中向下沉降的速度不同造成的。粒径大、密度大的颜料（如铬黄钛白、铁红等）的沉降速度快，粒径小、密度小的颜料（如炭黑、铁蓝、酞菁等）的沉降速度相对慢一些，漆膜固化后，漆膜表面颜色成为以粒径小、密度小的颜料占显著色彩的浮色，而不是工艺要求的标准复色。

发花是由于不同颜料表面张力不同，漆料的亲和力也有差距，造成漆膜表面出现局部某一颜料相对集中而产生的不规则的花斑。解决上述问题的办法是在色漆生产中，加入降低表面张力的低黏度硅油或者其他流平助剂。

(7) 凝胶化　涂料在生产或储存时黏度突然增大，并出现弹性凝胶的现象称为凝胶化。聚氨酯涂料在生产和储存过程中，异氰酸酯组分（又称甲组分）和羟基组分（又称乙组分）都可能出现凝胶化现象，其原因有：生产时没有按照配方用量投料；生产操作工艺（包括反应温度、反应时间及 pH 值等）失控；稀释溶剂没有达到氨酯级要求；涂料包装桶漏气，混入了水分或空气中的湿气；包装桶内积有反应性活性物质，如水、醇、酸等。预防与解决的办法：原料规格必须符合配方、工艺要求；严格按照工艺条件生产，反应温度、反应时间及 pH 值控制在规定的范围内。

(8) 发胀　色浆在研磨过程中，浆料一旦静置下来就呈现胶冻状，而一经搅拌又稀下来的现象称为发胀。这种现象主要发生在羧基组分中，产生羧基组分发胀的原因主要有：羧基树脂 pH 值偏低，采用的是碱性颜料，两者发生皂化反应使色浆发胀，聚合度高的羧基树脂会使一些活动颜料结成颜料粒子团而显现发胀。可以在发胀的浆料中加入适量的二甲基乙醇胺或甲基二乙醇胺，缓解发胀；用三辊机对发胀的色浆再研磨，使絮凝的颜料重新分散；在研磨料中加入适量的乙醇胺类，能消除因水而引起的发胀。

(9) 沉淀　由于杂质或不溶性物质的存在，色漆中的颜料出现沉底的现象叫沉淀。产生的原因主要有：色漆组分黏度小，稀料用量过大，树脂含量少；颜料相对密度大，颗粒过粗；稀释剂使用不当；储存时间长。可以加入适量的硬脂酸铝或有机膨润土等涂料常用的防沉剂，提高色漆的研磨细度避免沉淀。

(10) 变色　清漆在储存过程中由于某些原因颜色发生变化的现象叫变色。这种现象主要发生在羧基组分中，其原因有：羧基组分 pH 值偏低，与包装铁桶和金属颜料发生化学反应；颜色料之间发生化学反应，改变了原来颜料的固有颜色；颜料之间的相对密度相差大，颜料分层造成组分颜色不一致。可以通过选用高 pH 值羧基树脂，最好是中性树脂避免变色；在颜料的选用上需考虑它们之间与其他组分不发生反应。

(11) 结皮　涂料在储存中表层结出一层硬结漆膜的现象称为结皮。产生的原因有：涂料包装桶的桶盖密封不严；催干剂的用量过多。可加入防结皮剂丁酮肟以及生产时严格控制催干剂的用量解决。

六、涂料质量检验与性能测试

对涂料进行质量检验和性能测试有利于选定配方、指导生产，起到控制产品质量的作用，同时为施工提供技术数据，并且有助于开展基础理论研究。

涂料本身不能作为工程材料使用，必须和被涂物品配套使用并发挥其功能，其质量好坏，最重要的是它涂在物体上所形成的涂膜性能。因此，涂料的质量检测有以下特点。

① 涂料产品质量检测即涂料及涂膜的性能测试，主要体现在涂膜性能上，以物理方法为主，不能单纯依靠化学方法。

② 试验基材和条件有很大影响。涂料产品应用面极为广泛，必须通过各种涂装方法施工在物体表面，其施工性能好坏也大大影响涂料的使用效果，所以，涂料性能测试还必须包括施工性能的测试。

③ 同一项目往往从不同角度进行考察，结果具有差异。

④ 性能测试全面，涂料涂装在物体表面形成涂膜后应具有一定的装饰、保护性能。除此而外，涂膜常常在一些特定环境下使用，需要满足特定的技术要求。因此，还必须测试某些特殊保护性能，如耐温、耐腐蚀、耐盐雾等。

涂料的性能一般包括涂料产品本身的性能、涂料施工性能、涂膜性能等。

（一）涂料产品本身的性能

涂料产品本身的性能包括涂料产品形态、组成、储存性等性能。

(1) **颜色与外观** 本项目是检查涂料的形状、颜色和透明度的，特别是对清漆的检查，外观更为重要，参见 GB 1727—79《清漆，清油及稀释剂外观和透明度》和 GB 1722—79 清漆，清油及稀释颜色测定方法》。

(2) **细度** 细度是检查色漆中颜料颗粒或分散均匀程度的标准，以 μm 表示，测定方法见 GB 1724—79《涂料细度测定法》。

(3) **黏度** 黏度测定的方法很多，涂料黏度测定通常是在规定的温度下测量定量的涂仪器孔流出所需的时间，以 s 表示，如涂-4 黏度计，具体方法见 GB 1723—79《涂料黏度测定法》。

(4) **固体分（不挥发分）** 固体分是涂料中除去溶剂（或水）之外的不挥发分（包括树脂、颜料、增塑剂等）占涂料的质量分数，用以控制清漆和高装饰性磁漆中固体分和挥发分的比例是否合适，从而控制漆膜的厚度。一般来说，固体分低，一次成膜较薄，保护性欠佳，施工时较易流挂。

（二）涂料施工性能

涂料施工性能是评价涂料产品质量好坏的一个重要方面，主要有：遮盖力，指的是遮盖物面原来底色的最小色漆用量；使用量，即涂覆单位面积所需要的涂料量；干燥时间，指涂料涂装施工以后，从流体层到全部形成固体涂膜的这段时间；流平性，指涂料施工后形成平整涂膜的能力。

（三）涂膜性能

涂膜性能是涂料产品质量的最终表现，也是涂料价值的体现，一般包括力学性能、外观、热性能、耐候性等。

涂膜外观包括颜色、表面平滑性、光泽等。

力学性能是涂膜的基本性能，包括附着力、硬度、柔韧性、抗冲击等。涂膜的硬度是指涂膜干燥后具有的坚实性，用以判断它抵抗外来摩擦和碰撞的能力，测定涂膜硬度的方法很多，一般用摆杆硬度计测定。柔韧性是指涂膜经过一定的弯曲后，不发生破裂的性能，也称为弯曲性。测定柔韧性是将涂漆马口铁板在一定直径的轴棒上弯曲，观察涂膜是否有裂纹，无裂纹即算通过。冲击强度是指涂膜受到机械冲击时，涂膜不发生破损或起皱的承受能力，这项指标对于车辆及机械用漆具有重要意义。涂膜附着力是指它和被涂物表面牢固结合的能力，附着力的测定方法有划圈法、划格法和扭力法等。

涂膜的热性能包括耐热性、耐寒性、温变性。

耐介质性包括：耐水性，水可以采用蒸馏水、盐水、海水、热水、冷水等不同水种；还有耐酸、耐碱、耐溶剂、耐汽车油、耐化学药品等性能。

涂膜对光（主要上紫外线）作用的稳定性称为涂料的耐光性。涂膜的耐光性主要取决于树脂的结构，颜料也有重要影响，不同品种的涂料，耐光性相差很远。通常丙烯酸树脂、脂肪族聚氨酯的耐光性很好，硝基树脂、环氧树脂等较差，易产生褪色、变黄、泛白。

复习思考题

1. 涂料由哪些基本成分组成？
2. 对涂料的性能有哪些基本要求？
3. 在涂料的储存和施工期，对成膜物树脂有哪些要求？
4. 何谓真溶剂、助溶剂和稀释剂，它们在涂料中各有何作用？
5. 涂料所用的助剂主要有哪些？
6. 影响醇酸树脂性质的主要因素有哪些？
7. 从醇酸树脂的性能和用途考虑，对其油度长短有何要求？
8. 丙烯酸树脂其配方设计的基本原则是什么？
9. 与传统的溶剂型涂料相比，水性涂料有哪些优点？
10. 如何改变聚氨酯的性能，使其适用于制备不同要求的涂料？
11. 涂料的标准配方是如何制订的？它能直接用于生产吗？
12. 颜料在涂料中是如何分散的？就水性涂料和溶剂性涂料分别讨论影响其稳定性的因素。
13. 工艺配方的主要内容是什么？什么是研磨漆浆？研磨漆浆的成分如何确定？
14. 颜料体积浓度（PVC）对涂膜性质有何影响？增大 PVC 值，面漆光泽有哪些变化？

15. 为什么涂料中的颜料在配方中有各自最佳的 PVC 值？
16. 如何设计涂料的工艺配方？
17. 涂料生产的基本工艺过程，主要由哪些工序构成？
18. 如何评价颜料研磨分散的效果？
19. 试说明聚氨酯树脂的断裂伸长率、耐磨性和韧性等性能均优于其他树脂。
20. 研磨在涂料生产中有何作用？常用研磨设备有哪些？

第八章 黏合剂

学习目的与要求
- 掌握乳液黏合剂的主要生产工艺及生产技术。
- 理解黏合剂的基本组成、分类以及典型黏合剂的配方与制备。
- 了解粘接的基本原理和施工以及热固性与热塑性树脂黏合剂的主要类别和应用。

第一节 概　述

一、黏合剂及其分类

黏合剂（胶黏剂、胶）是一类能将同种或不同种材料粘接在一起的精细化学品，广泛用于交通、运输、木材加工、建筑、轻纺、机械、电子、化工、医疗、航空航天、原子能、文教用品、农业等领域。

黏合剂种类繁多、组成各异，分类方法不尽相同，按主要组成分类见图 8-1。

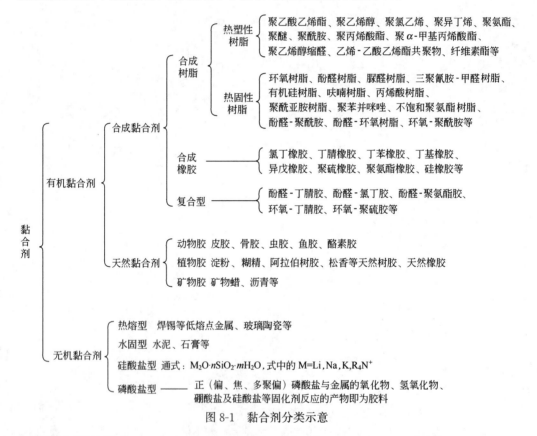

图 8-1　黏合剂分类示意

二、黏合剂的组成

黏合剂是由基料、固化剂、填料、溶剂或稀释剂、增塑剂、偶联剂、稳定剂和防霉剂等，按照一定配方制成的混合物。在一定条件下，黏合剂能使物体表面与另一物体表面相黏合。

1. 基料

在黏合剂中起黏合作用的材料，也称主体材料，多为天然或合成高分子材料，如各种合成树脂、橡胶、淀粉和蛋白质等。黏合剂常用的基料是合成树脂，这是一类高分子聚合材料，如丙烯酸树脂、聚乙酸乙烯酯、环氧树脂、聚氨酯、酚醛树脂、聚乙烯醇缩醛、氯丁橡胶、丁腈橡胶等。

黏合剂性能主要取决于聚合材料，聚合材料的流变性、结晶性、极性、相对分子质量及其分布等，均影响黏合性能、胶层机械强度、黏合工艺以及黏合剂配制。在加热及加压条件下，不流动或流动性很差，而且不溶于普通溶剂的固态聚合物，如氟树脂、涤纶、尼龙等，难以配制黏合剂。

2. 固化剂和促进剂

固化剂是一类直接参与化学反应，使单体发生聚合反应，使低相对分子质量的聚合物交联反应而固化的物质，即使单体或低聚物转变为线性或网状体型的高聚物，故又称为硬化剂或熟化剂。乙二胺、间苯二胺、顺丁烯二酸酐及一些合成树脂，常用作固化剂。

促进剂是能缩短固化时间、降低固化温度的化学物质。

3. 增塑剂

增塑剂可增加黏合剂的流动性和浸润扩散力、提高基料柔韧性和耐低温性能、改善抗冲击性能、改善胶层脆性、增进熔融体的流动性。常用的增塑剂，主要有邻苯二甲酸酯类、磷酸酯类、己二酸酯类等。

4. 偶联剂

在偶联剂分子化学结构中，既有极性部分，又有非极性部分，可同时与极性和非极性物质产生一定的结合力。一般，添加质量分数为1%~10%的偶联剂，可提高黏结强度10%左右，还可提高其耐水、耐潮及耐热等性能，扩大使用范围。常用偶联剂有羧酸、多异氰酸酯、钛酸酯、有机硅烷类等。

5. 填料

填料是固体成分，不与基料发生反应，但能改善黏合剂性能、降低成本，如提高黏合剂的内聚强度、黏合力、耐热性，降低固化收缩率以及热膨胀系数。黏合剂对填料的粒度、湿含量、酸价以及用量等，均有严格要求。常用的填料有铁粉、铝粉、锌粉、铜粉等金属粉，氧化铝、氧化铁、氧化锌、石英粉等氧化物，还有滑石粉、云母粉、陶土、玻璃纤维和碳纤维等。

6. 溶剂

溶剂可调节黏合剂体系的黏度、提高其流平性、增加其润湿性和扩散能力、避免胶层厚薄不均、便于施工、延长使用期。溶剂种类很多，如脂肪烃、芳香烃、酯、酮、醇和氯代烃等。

此外，还可加入增稠剂、稳定剂、防老剂、乳化剂、阻聚剂等辅助成分，以改善黏合剂某些性能。

三、粘接的基本原理

黏合是黏合剂与被粘物体之间的接触现象，两个被粘物体由黏合剂黏合所构成的接头，称为粘接接头。粘接接头的强度，取决于黏合剂的内聚强度、被粘材料强度以及黏合剂与被粘材料之间的黏合力，黏结强度由其中最弱者控制。从物理化学角度看，黏合是两种相同或不相同材料表面，通过各种界面力结合在一起的现象。

对黏合力的形成有多种解释，比较一致的解释是黏合过程包括黏合剂浸润、扩散、渗透到被粘物中的过程；黏合剂在被粘物体之间的界面上形成各种物理的和化学的结合，产生黏合结构的过程。黏合力的形成，主要包括黏合剂在被粘材料表面的润湿，黏合剂分子向被粘物体表面的移动、扩散和渗透，最终，黏合剂与被粘材料形成物理、化学及机械结合。

四、黏合剂工业的发展趋势

黏合剂溶剂的挥发，对环境造成的污染，已经引起人们严重关注。因此，溶剂型黏合剂转向非溶剂型、水基型是发展的趋势。非溶剂型黏合剂，包括热熔型、反应型和水基型。水基性黏合剂如丙烯酸乳液、乙酸乙烯酯乳液、橡胶乳液黏合剂等，此类黏合剂有利于环境保护、方便施工、储运安全。目前，重点开发粘力和耐水性更强、低温快干、抗冷冻、高固含量、具有特定功能的品种，如高性能丙烯酸和聚氨酯的水基黏合剂。

为适应生产、生活等领域的特殊要求，黏合剂向特种功能、特殊应用环境下的多品种方向发展。密封胶是填充空洞、接头和接缝的材料，建筑业中的新型墙、中空玻璃以及航空航天的特殊要求，使密封胶成为发展重点，特别是具有不透水、不透气，可密封裂缝、空洞和大间隙功能的新型膨胀发泡密封胶更是重中之重；同时具有耐紫外线、抗臭氧性能的环氧树脂改性的聚氨酯密封胶，高档弹性密封剂及性能独特、价格低廉的密封胶，也得到迅速发展。

近年来，发展较快的是紫外光固化黏合剂，是由反应性低聚物、稀释剂和光引发剂等组成的第三代丙烯酸酯类黏合剂，具有固化速度快、机械强度高、环境污染小、储存期长、能量利用率高、低温固化等优点。

黏合剂的另一发展趋势，改进和提高水溶性、无污染的天然黏合剂的粘接性能，扩大应用领域。此外，广泛采用新材料、新技术，如纳米材料、微胶囊技术等开发生产新品种。

第二节 合成树脂黏合剂

合成树脂黏合剂在黏合剂中占有主导地位，即以合成树脂为基料的黏合剂，包括热塑性和热固性合成树脂。

一、热固性树脂黏合剂

热固性树脂黏合剂的基料是含反应性官能团的中、低相对分子质量的聚合物，在热或固化剂作用下形成不溶、不熔的胶层，在热、辐射、化学腐蚀等环境下，具有良好的抗蠕变性，耐久性，可承受较高负荷，是性能优良的结构胶。主要品种有三醛（酚醛树脂、脲醛树脂及三聚氰胺甲醛树脂）树脂黏合剂、环氧树脂黏合剂、不饱和聚酯和聚氨酯树脂黏合剂等。

（一）酚醛树脂黏合剂的生产

酚醛树脂是合成树脂黏合剂中产量最大的一类，包括热塑性、热固性和改性酚醛树脂黏合剂，主要用于木材加工、涂料、塑料、建筑、航空以及轻工等行业。

酚醛树脂黏合剂，按固化温度分，有高温型（130～150℃）、中温型（105～110℃）、常温型（20～30℃）；按形态分，有溶剂型、粉末型等。

1. 酚醛树脂的生产原料

酚醛树脂是酚与醛通过缩聚反应制得的高分子聚合物。

常用的醛类是甲醛和糠醛。工业甲醛为37%水溶液，为减少甲醛聚合，常加入8%～12%的甲醇，甲醇含量过多，不仅使树脂产量降低，而且影响树脂的性能，其含量一般不超过12%。

糠醛分子结构中含有羰基、双键和醚键，反应性很强，在空气中能逐渐变成深棕色，生产中较少采用。

常用的酚类，有苯酚、甲基酚、间苯二酚、对叔丁基酚等，取代基的数目及其在芳环上的位置不同，反应官能度不同。

三官能度的酚，如苯酚、间甲基酚与甲醛反应可得热固性酚醛树脂；双官能度的酚，如邻甲基酚、对甲基酚与甲醛反应仅能得到热塑性酚醛树脂。以工业甲基酚或二甲基酚为原料，则需要考虑三官能度酚的含量，间甲基酚含量在40%～60%时，可作热固性树脂的原料。苯酚、甲基酚或间苯二酚制得的酚醛树脂，极性很强，不溶于植物油；而当苯酚的邻、对位取代基为三个以上碳原子形成的侧链时，可制得油溶性酚醛树脂。

酚类的取代基不仅影响官能度、树脂的油溶性，还影响反应速度。酚类与甲醛的反应能力，取决于苯环上甲基的数目及所处位置。

2. 酚醛树脂的形成原理

一般，酚醛树脂是苯酚与甲醛在碱催化下缩聚而得。苯酚具有弱酸性，在碱性溶液中形成苯氧负离子，苯氧负离子的邻、对位定位效应比酚羟基强，与甲醛羰基加成反应生成邻羟甲基酚和对羟甲基酚：

$$\text{C}_6\text{H}_5\text{OH} + \text{HCHO} \longrightarrow o\text{-HOC}_6\text{H}_4\text{CH}_2\text{OH} \tag{8-1}$$

$$\text{C}_6\text{H}_5\text{OH} + \text{HCHO} \longrightarrow p\text{-HOC}_6\text{H}_4\text{CH}_2\text{OH} \tag{8-2}$$

邻羟甲基酚、对羟甲基酚与甲醛进一步反应，生成二羟甲基酚和三羟甲基酚：

$$\underset{\text{邻羟甲基酚}}{\text{HOC}_6\text{H}_4\text{CH}_2\text{OH}} + \text{HCHO} \longrightarrow \underset{\text{二羟甲基酚}}{(\text{HOCH}_2)_2\text{C}_6\text{H}_3\text{OH}} \xrightarrow{\text{HCHO}} \underset{\text{三羟甲基酚}}{(\text{HOCH}_2)_3\text{C}_6\text{H}_2\text{OH}} \tag{8-3}$$

羟甲基酚在碱性溶液中比较稳定，继续加热，羟甲基酚间脱水缩合，得到初期酚醛树脂。

初期酚醛树脂仍含未反应的官能团，反应可继续进行，直到形成不溶、不熔的体型酚醛树脂。

苯酚与甲醛在碱作用下的树脂化过程，分甲、乙、丙阶段。根据树脂的外观及溶解性，可区别不同阶段的树脂。

甲阶树脂是低相对分子质量缩合物构成的液态、半固态或固态混合物；可溶于碱性水溶液、乙醇、丙酮等溶剂，也可部分溶于水；加热熔融，具有热塑性。

若将甲阶树脂迅速或缓慢加热至115~140℃，或长期存放，则进一步缩合成相对分子质量约为1000、聚合度在6~7的乙阶树脂，乙阶树脂可部分溶解于丙酮和醇类，在溶剂中能溶胀，加热软化，在110~125℃下可拉成长丝，冷却后变脆，易粉碎为粉末。

乙阶树脂继续缩聚，得到丙阶树脂（最终缩聚产物）。由于固化方法不同，丙阶树脂为透明或不透明的不溶、不熔物，具有较高的机械强度和电绝缘性，不溶于有机溶剂，在酸溶液中稳定，在碱性溶液中不稳定，2%氢氧化钠溶液可破坏其结构，280℃以上分解。

甲阶酚醛树脂可用于配制黏合剂，其固化是甲阶树脂转化为丙阶酚醛树脂。

酚与醛物质量比的不同、所用催化剂不同，树脂性能也不同。若用碱性催化剂、甲醛过量，生成热固性酚醛树脂；采用酸性催化剂及苯酚过量，得到热塑性酚醛树脂，加入甲醛或六亚甲基四胺，热塑性树脂可转变为热固性树脂。

3. 工艺类型及其选择

工艺类型，包括缩聚次数、催化剂、缩聚温度及浓缩与否等。适宜的工艺类型是生产高质量、低消耗酚醛树脂的重要因素之一。

(1) 缩聚次数　有一次缩聚和二次缩聚。一次缩聚是在弱碱作用下，苯酚与甲醛一次性投料进行缩聚，此工艺类型反应平稳、易于控制、有利于降低树脂的水溶性、便于脱水浓缩，但不利于降低游离酚的含量。醇溶性酚醛树脂一般采用此法生产。二次缩聚是在强碱存在下，甲醛分两次投入与苯酚反应，此工艺类型有利于减缓反应产生的热量、反应易于控制、可减少游离酚的含量、提高产品质量。水溶性酚醛树脂的生产，一般采用此法。

(2) 催化剂　有酸性和碱性两类。在酸性条件下，苯酚与甲醛的反应速度随H^+浓度增加而加快；在碱性条件下，当HO^-浓度达到一定数值后，增加浓度对反应速度几乎无影响。碱性催化剂有氢氧化钠、氢氧化钡、氢氧化钙、碳酸钠、乙醇胺等。

氢氧化钠是生产水溶性酚醛树脂常用的催化剂，其催化作用较强，反应速度快、能增加树脂水溶性。但树脂中存在的游离碱降低了树脂的色泽、耐水性、介电性等，若游离碱含量过高，则降低树脂黏合力，碱用量一般为酚量的10%~15%。在强碱条件下，甲醛易发生歧化反应，影响介质及反应速度的稳定性，为避免甲醛的歧化反应，可分数次加碱。

氢氧化铵的催化作用较为温和、反应易于控制，多用于醇溶性酚醛树脂的生产，一般为25%氢氧化铵水溶液，用量以氨计为苯酚量0.5%~3.0%；氢氧化钡的碱性较弱，作用温和、反应易于控制，树脂中残存的钡盐，不影响树脂的介电性和化学稳定性。

酸性催化剂，主要有盐酸、石油磺酸和苯磺酸等，生产中较少采用。

(3) 缩聚温度的选择　温度对酚醛缩聚反应影响较大，低温，反应速度较慢，高温，反应速度较快。缩聚反应的不同阶段，酚的官能度不同，其反应能力亦不同，升温速度与催化剂作用的强弱有关，为获得缩聚程度均匀的树脂，反应温度应与时间配合。高温缩聚一般在90℃以上，低温缩聚为70℃以上。

树脂的固化温度分为高、中和常温三种。

高温固化型，强碱作为催化剂，反应介质pH>10，所得酚醛树脂黏合剂在130~150℃下固化；弱碱为催化剂，反应介质pH<9，形成的酚醛树脂用乙醇溶解，其固化条件为130~150℃。

中温固化型，碱作为催化剂，反应介质pH>12，用接近乙阶树脂配制黏合剂，在104~115℃下固化。

常温固化型，强碱作为催化剂，形成的甲阶树脂以有机溶剂溶解，所得酚醛树脂黏合剂在酸性条件下可常温固化。

(4) 浓缩　甲阶树脂达到反应终点后，通常进行的减压脱水操作。此种树脂黏度较大、固体含量较高、树脂游离酚含量较低、无分层现象，但生产周期较长、成本较高。而未浓缩则是初期酚醛树脂达到反应终点后不进行减压脱水操作，此种树脂生产周期较短、成本较低，但树脂固体含量及黏度较低、游离酚含量较高。

4. **典型生产工艺**

水溶性、醇溶性和常温固化酚醛树脂生产工艺，除配方及产品质量指标不同外，工艺过程基本相同。

常温固化型酚醛树脂生产，苯酚：甲醛：氢氧化钠为1：1.5：0.5（摩尔比），乙醇适量。

以苯酚为基准，按原料配比计算其他物料加入量：

$$G = M \cdot N \frac{B \cdot P}{94Q} \tag{8-4}$$

式中 G——计算原料的量，kg；

M——原料的摩尔质量；

N——苯酚与所计算原料的摩尔比；

B——苯酚的质量，kg；

Q——原料的浓度，%；

P——苯酚的纯度，%。

在氢氧化钠作用下，苯酚与甲醛缩聚，经减压脱水得酚醛树脂，用乙醇稀释后为红棕色的黏稠液体，使用时加入苯磺酸或石油磺酸等酸性物质，常温下即可固化实现粘接。苯磺酸或石油磺酸加入量，一般为树脂量的10%～20%，生产工艺如图8-2所示。

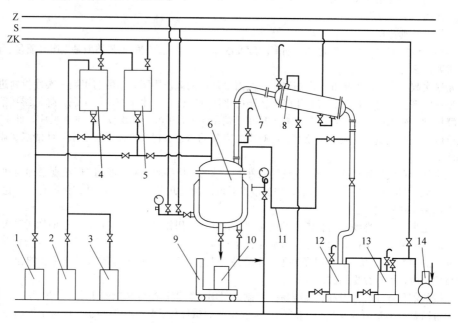

图8-2 酚醛树脂生产工艺流程

1—熔酚罐；2—甲醛罐；3—碱液罐；4，5—高位计量罐；6—反应罐；7—导气管；8—冷凝器；
9—磅秤；10—树脂桶；11—U形回流管；12，13—贮水罐；14—真空泵；
Z—蒸汽管；S—水管；ZK—真空管

将熔化好的苯酚加入反应釜，开搅拌、升温，加入氢氧化钠溶液，10min后加入甲醛溶液；在15min内使釜温升至70℃，保持20min后升至95～98℃；反应放热，及时调节和控制夹套蒸汽或冷却水通入量，保持反应温度，沸腾回流30min左右；每隔一定时间，取样测定物料黏度和折射率，折射率达到1.473～1.485时，即为缩聚终点。

当反应达到终点，降温至60℃，减压脱水30min后测定黏度，黏度达到1.4Pa·s时，停止脱水，冷却降温，加入适量乙醇，继续搅拌直到树脂均匀溶解，而后降温至40℃，卸料、包装。产品为红棕色透明液体，固含量65%以上，游离酚含量不大于5%，黏度（20℃）为1～2Pa·s。

5.酚醛树脂黏合剂的改性

酚醛树脂黏合剂的固化时间长、固化温度较高，胶层脆性较大而易龟裂、色泽较深等。为改善其脆性，可加入柔韧性较好的聚乙烯醇缩醛、聚酰胺、合成橡胶等，还可添加黏合力较强、耐热性较好的环氧树脂、有机硅树脂等聚合物；采用共聚也可改善酚醛树脂某些性能，例如，用三聚氰胺改性的树脂，固化后其光泽、耐热性、耐磨性、黏合力都有提高，重要的有酚醛-橡胶、酚醛-聚乙烯醇缩醛、酚醛-聚酰胺黏合剂等。

（二）环氧树脂黏合剂的生产

黏合剂用环氧树脂，平均相对分子质量一般在300～7000，固化前为热塑性树脂，随温度变化可改变流动状态，固化后转变为热固性树脂。环氧树脂分子结构中含有苯环、脂肪族羟基、醚键和环氧基等，其中羟基、醚基具有较高的极性，能与相邻界面产生作用力，环氧基可与含有活泼氢的被粘表面反应，形成化学键，故具有较强的黏合力，对木材、金属、玻璃、塑料、橡胶、皮革、陶瓷、纤维等有良好的粘接性能，有"万能胶"之称。固化后的环氧树脂结构稠密而封闭，收缩率较小，耐热、耐碱、耐酸、耐有机溶剂，具有优良的化学稳定性和良好的电绝缘性，但耐候性、耐高温性和抗冲击性能较差。

根据环氧树脂结构，分缩水甘油基型、环氧化烯烃型两类。其中缩水甘油基型是由环氧氯丙烷和含有活泼氢的多元醇、多元酚及多元胺的缩合产物，包括缩水甘油醚型、缩水甘油酯型、缩水甘油胺型，应用最多的是双酚A型环氧树脂，也称通用型或标准型环氧树脂。

1.环氧树脂的形成原理

双酚A型环氧树脂由环氧氯丙烷、二酚基丙烷（双酚A）在氢氧化钠存在下缩聚而得。

环氧氯丙烷无色透明液体，有刺激性气味，易挥发，具有麻醉性，微溶于水，溶于有机溶剂，含有环氧基和比较活泼的氯基，反应性较强。

二酚基丙烷，即4,4′-二羟基二苯基丙烷，简称双酚A，白色粉末或片状结晶，具有酚的气味，不溶于水，溶于醇、醚、丙酮以及碱液。

环氧氯丙烷及双酚A为双官能团化合物，环氧氯丙烷的环氧基与双酚A的羟基作用，生成醚键；在氢氧化钠作用下，酚醚中的羟基与其相邻的氯基作用，脱去氯化氢，形成新的环氧基；新生成的环氧基再与双酚A羟基作用，生成新的醚键；继续与环氧氯丙烷作用，则形成线型环氧树脂，其总反应式：

$$(n+1)\,HO\!-\!\!\bigcirc\!\!-\!C(CH_3)_2\!-\!\!\bigcirc\!\!-\!OH + (n+2)\,CH_2\!-\!CH\!-\!CH_2Cl + (n+2)\,NaOH \longrightarrow$$

$$CH_2\!-\!CH\!-\!CH_2O\!-\!\!\bigcirc\!\!-\!C(CH_3)_2\!-\!\!\bigcirc\!\!-\!\left(O\!-\!CH_2\!-\!CH\!-\!CH_2\!-\!O\right)_n\!\!\bigcirc\!\!-\!C(CH_3)_2\!-\!\!\bigcirc\!\!-\!O\!-\!CH_2\!-\!CH\!-\!CH_2 + (n+2)NaCl + (n+2)H_2O \tag{8-5}$$

环氧树脂的聚合度，一般为0～20。当聚合度为零时，其相对分子质量为340；聚合度小于2时，环氧树脂为琥珀色或淡黄色液态；聚合度大于或等于2为室温下的固态环氧树脂。控制环氧氯丙烷与双酚A的摩尔比，可生产高相对分子质量树脂。黏合剂用环氧树脂，一般是低相对分子质量的，平均相对分子质量小于700，软化点低于50℃，树脂相对分子质量增大、交联密度减小则不适作基料。

环氧树脂分子两端均具有环氧基，每个分子链节中均含有一个羟基，每100g环氧树脂中所含环氧基的克数，称环氧基百分含量。

$$环氧值 = \frac{环氧基百分含量}{环氧基相对分子质量} \tag{8-6}$$

环氧基相对分子质量对 $CH_2\!-\!CH\!-$（O） 而言，为43g/mol。工业上常以环氧基含量估算树脂相对分子质量并计算固化剂的用量。

2.环氧树脂的生产工艺

以E-44环氧树脂生产为例，其工艺配方见表8-1。

将双酚A投入反应釜，加入环氧氯丙烷，启动搅拌、开启蒸汽加热阀，升温至70℃保温0.5h，使之溶解。溶解后冷却降温至50～55℃，在此温度及搅拌下，缓慢滴加第一份碱液，并在55～60℃下保温4h，然后减压（真空度为160mmHg，85℃）蒸馏，回收未反应环氧氯丙烷。

减压蒸馏后冷却至65℃以下，在搅拌下加入苯；而后在68～73℃下，于1h内滴加完第二份碱液，在此温度下反应3h；冷却静置，将上层树脂的苯溶液转移至回流脱水釜，下层的盐脚用甲苯萃取回收。

表 8-1 E-44 环氧树脂工艺配方

原　料	含量/%	摩尔配比	说　明
双酚 A	100	1	
环氧氯丙烷	93～94	2.75	
氢氧化钠-1	30	1.435	第一份加入量
氢氧化钠-2	30	0.775	第二份加入量
苯		适量	溶剂

在回流脱水釜进行树脂苯溶液蒸馏，直至蒸出的苯溶液清澈透明为止，而后冷却、静置、过滤、送精制釜蒸溶剂苯。在精制釜，先减压蒸馏至液温 110℃ 以上，而后改减压蒸馏脱苯，直至液温 140～143℃，无液体馏出为止，即可出料，得成品树脂。

3. 影响因素

(1) 原料配比　根据环氧树脂的分子结构，环氧氯丙烷与双酚 A 的理论比为 $(n+2):(n+1)$，实际上环氧氯丙烷过量。如合成 $n=0$ 的环氧树脂，二者摩尔比为 10:1。随着聚合度的增加，其配比逐渐接近于理论值。合成几种型号的低相对分子质量环氧树脂的原料配比，见表 8-2。

表 8-2 合成几种型号的低相对分子质量环氧树脂的原料配比

原　料		环 氧 树 脂 型 号			
物　料	规格/%	618	634	637	638
		原　料　配　比（摩尔比）			
双酚 A	100	1	1	1	1
环氧氯丙烷	93～94	10	2.4	2.4	1.8
氢氧化钠	100	2.8	1.684+0.415	2	2
加碱法		一次法	二次法	一次法	一次法
碱浓度/%		(固)<90	30	15	15

(2) 反应温度与时间　温度高，反应速度快，所需反应时间短；温度低，有利于低相对分子质量树脂的合成，但反应时间较长，设备利用率较低。合成低相对分子质量环氧树脂的温度一般为 50～55℃；合成高相对分子质量环氧树脂通常为 85～90℃。

(3) 碱用量及其加入方式　反应介质的碱性越大，环氧氯丙烷与双酚 A 的加成反应、加成产物脱氯化氢生成环氧化物的速度越快，有利于形成低相对分子质量环氧树脂，但副反应会增多使收率下降。合成低相对分子质量环氧树脂，碱液浓度一般为 30%；合成高相对分子质量环氧树脂，碱液浓度一般为 10%～20%。

为避免环氧氯丙烷的碱性水解，提高回收率，需要分次加入碱液。合成低相对分子质量环氧树脂，采用两步加碱法。第一次加入碱后，主要发生加成和部分闭环反应，α-氯醇基团含量较高，过量环氧氯丙烷水解率较低，当树脂分子链形成后，立即回收环氧氯丙烷，可有效避免环氧氯丙烷的水解；第二次加碱，主要发生 α-氯醇基团闭环反应。

4. 环氧树脂的固化

固化是在一定条件下，环氧树脂发生交联反应形成体型结构，由热塑性转变成热固性实现黏合的过程。环氧树脂的固化，由多元酸、多元酸酐、多元胺及多元酚与环氧基反应，或通过固化剂或改性剂引入的羟基、高分子树脂链上的羟基、各种酚羟基，以及固化过程中由活泼氢打开环氧基形成的羟基与环氧基反应而实现的。

固化剂分反应型和催化型，常用固化剂如乙二胺、二亚乙基三胺、间苯二胺、顺丁烯二酸酐、邻苯二甲酸酐、酚醛树脂、氨基树脂、醇酸树脂及聚酰胺树脂等。咪唑类固化剂无毒或低毒，用量少，固化后的性能好。

固化剂的用量与其性质、环氧树脂的环氧值等有关，若以胺为固化剂，其用量由下式计算：

$$\text{胺固化剂用量} = \frac{\text{胺的摩尔质量} \times \text{环氧值}}{\text{胺分子中的活泼氢个数}} \tag{8-7}$$

例如，某环氧树脂的环氧值 0.56，以二亚乙基三胺为固化剂，计算二亚乙基三胺用量。

解：二亚乙基三胺含有 5 个活泼氢，摩尔质量为 103.2，故：

$$二亚乙基三胺用量 = \frac{103.2 \times 0.56}{5} = 11.5$$

即 100g 环氧树脂固化，需要 11.5g 二亚乙基三胺固化剂。

为获得交联充分的环氧树脂，不仅需要适量的固化剂、固化温度和时间，还要考虑胶层厚度及压力等因素。环氧树脂的固化程度，可通过测定其物理的、化学的及电性能予以鉴定。

为改善环氧树脂性能，配制时需加入适量的增塑剂、稀释剂、填充剂及树脂改性剂等。例如，常温固化通用型的配方：

| 618 双酚 A 型环氧树脂 | 100 | 二乙烯三胺 | 8 |
| 增塑剂 DBP | 20 | Al_2O_3（200 目） | 50~100 |

中温固化结构型的配方：

| 618 双酚 A 型环氧树脂 | 100 | 双氰双胺（200 目） | 9 |
| 液体丁腈橡胶 | 15~25 | SiO_2 | 28 |

（三）聚氨酯黏合剂的生产

聚氨酯黏合剂是以多异氰酸酯或聚氨酯为基料配制的，聚氨酯分子链中含有反应性很强的氨基甲酸酯基（—NHCOO—）或异氰酸酯基（—NCO），故有很强的黏合性能，可在常温下固化，胶层坚韧、耐冲击、耐低温、耐油、耐磨性能良好，广泛用于包装、纺织、汽车、飞机制造、建筑、制鞋以及家具等领域。

聚氨酯黏合剂有水基型、热熔型、溶剂型和无溶剂型，按结构分，有多异氰酸酯类、预聚体或羟聚体类及端封型。预聚体是多异氰酸酯和多元醇的加成产物，分子结构中含有端羟基或端异氰酸酯基。

1. 异氰酸酯化学反应

异氰酸酯及其预聚体，含有的异氰酸酯基（—NCO）化学性质活泼，极易和含活泼氢的化合物（如羟基物、胺、水、氨基甲酸酯等）反应，还可与巯基、羧基反应，有的还能自聚生成二聚体或三聚体。

通过上述反应，异氰酸酯或其预聚体形成线型结构的聚合物，也可进一步形成体型结构；并通过这些反应及反应形成的基团实现粘接。

2. 主要原料

(1) 多异氰酸酯及其改性体是聚氨酯黏合剂的主要原料，常用多异氰酸酯。

(2) 多羟基化合物，主要有聚酯多元醇、聚醚多元醇及其他低聚多元醇等。

聚酯多元醇和多异氰酸酯形成的黏合剂，具有较好的耐热性和较高的硬度；由聚醚多元醇与多异氰酸酯形成的黏合剂，具有较好耐水、耐低温以及冲击韧性等；含有仲羟基的环氧树脂与异氰酸酯生成的氨基树脂黏合剂，具有较好的粘接力和耐化学性能。

(3) 助剂，包括溶剂、催化剂、扩链剂与交联剂、稳定剂、增塑剂、偶联剂和填料等。扩链剂是含有羟基或氨基的多官能团化合物，如 1,4-丁二醇、二甘醇、甘油、三羟甲基丙烷、山梨醇等，扩链剂与过量异氰酸酯反应生成脲基甲酸酯或缩二脲而具有交联作用，扩链剂与异氰酸酯共用，具有扩链和交联的作用，可直接影响聚氨酯黏合剂的性能。

3. 主要类型

(1) 多异氰酸酯类　早期聚氨酯黏合剂由多异氰酸酯单体或其低分子衍生物组成，属反应型黏合剂，粘接强度高、耐热、耐溶剂性好，可常温固化、也可加热固化，但其对潮气敏感、毒性较大，不便直接使用。

(2) 双组分聚氨酯黏合剂属反应性黏合剂，由甲、乙两组分构成。甲组分为端羟基组分，如聚酯或聚醚多元醇，或其与二异氰酸酯、扩链剂形成的聚氨酯型端羟基产物；乙组分是端异氰酸酯基组分，如多异氰酸酯基预聚体或多异氰酸酯；使用前，按一定比例将两组分混合，混合后即发生交联反应，形成固化产物实现黏结目的。根据不同的粘接材料，可选择或改变配方的比例。

(3) 单组分聚氨酯黏合剂由端异氰酸酯基预聚体或其封闭型组成，通过与含活泼氢组分或与空气中水分反应产生黏合力。端异氰酸酯基预聚体与潮湿水分反应而固化，属湿气固化型聚氨酯黏合剂。此外，还可用胺类或含羟基化合物固化。

端封型聚氨酯黏合剂是用含活泼氢的单官能团化合物，如乙醇、苯酚、乙酰乙酸乙酯、己内酰胺等，将端异氰酸酯基预聚体或多异氰酸酯中的异氰酸酯基封闭，使其暂时失去反应活性，即将异氰酸酯基保护起来，形成封闭型的预聚体或多异氰酸酯：

$$\sim NCO + HO-\underset{}{\bigcirc} \underset{\triangle}{\rightleftharpoons} \sim NH-\overset{O}{\underset{\|}{C}}-O-\bigcirc \qquad (8-8)$$

在热或催化剂作用下，封闭的异氰酸酯基可解离活化，重新获得黏合能力，如被苯酚封闭的1,6-己二异氰酸酯（HDI），在160℃即可解离活化。

根据固化的方式不同，单组分聚氨酯黏合剂分湿固化型、热固化型、封闭型和放射线固化型等品种。

聚氨酯黏合剂生产，包括聚酯及改性聚酯的制备、端异氰酸酯基预聚体制备等。例如，通用型双组分聚氨酯黏合剂的制备。

① 合成聚己二酸-乙二醇酯　在不锈钢反应釜中加入乙二醇367.5kg，加热搅拌，加入己二酸735kg后逐步升温至200～210℃，出水量达185kg。当酸值达到40mg KOH/g时，减压至0.048MPa，釜内温度控制在210℃，减压脱醇5h，控制酸值2mg KOH/g出料，制得羟值为50～70mg KOH/g（相对分子质量为1600～2240），外观为浅黄色的聚己二酸-乙二醇，产率为70%。

② 制备改性聚酯树脂（甲组分）　将5kg乙酸丁酯投入反应釜中，启动搅拌，投入60kg已制得的聚己二酸乙二醇，加热至60℃，加入4～6kg甲苯二异氰酸酯（80/20，加入量根据羟值与酸值而定），升温至110～120℃。打开计量槽加入乙酸乙酯溶解，再加入10kg乙酸乙酯溶解，最后加入丙酮134～139kg，制得浅黄色或茶色黏稠液体（甲组分），产率为98%。

③ 制备三羟甲基丙烷-TDI加成物（乙组分）　在反应釜中加入甲苯二异氰酸酯（80/20）246.5kg、乙酸乙酯212kg；开启搅拌，滴加熔融的三羟甲基丙烷60kg，控制温度65～70℃，在2h内加完；在70℃下保温1h，冷却到室温，得浅黄色黏稠液体，产率为98%。

二、热塑性树脂黏合剂

热塑性树脂黏合剂是以线型聚合物为基料配制的溶液状、乳液状或熔融状的黏合剂，通过溶剂或分散剂的挥发、熔融体的冷却固化为胶层，形成黏合力，在固化中不发生交联反应。具有良好的柔韧性、耐冲击性、初黏力高、储存稳定性好等特点，耐热性、耐溶剂性较差，粘接强度较低，主要用于非受力结构的粘接。主要有丙烯酸酯类、聚醋酸乙烯酯及其与乙烯或顺丁烯二酸等的共聚物、聚乙烯醇及其缩醛、聚氯乙烯和过氯乙烯等。

（一）丙烯酸酯类黏合剂

丙烯酸酯类黏合剂性能独特、应用广泛，几乎可以粘接所有的金属、非金属材料。按其形态和应用特点，可分为溶剂型、乳液型、反应型、压敏型、瞬干型、厌氧型、光敏型和热熔型，其广泛的适应性与单体丙烯酸酯类有密切关系，单体丙烯酸酯是反应性很强的α,β-不饱和羧酸酯：

$$CH_2=\underset{\underset{COOR}{|}}{\overset{\overset{R'}{|}}{C}}$$

式中，R为CH_3，C_2H_5，$CH(CH_3)_2$，C_4H_9，CH_2CH_2OH等；R'为H，CH_3，CN。

丙烯酸酯类单体既可自聚，又能与其他烯烃共聚，其聚合反应表示如下：

$$xCH_2=CH-COOR + yCH_2=\underset{\underset{CH_3}{|}}{C}-COOCH_3 + zCH_2=CH-COOH \longrightarrow$$

$$-[CH_2-CH]_x-[CH_2-\underset{\underset{COOCH_3}{|}}{\overset{\overset{CH_3}{|}}{C}}]_y-[CH_2-CH]_z- \qquad (8-9)$$
$$COORCOOH$$

合成丙烯酸酯类黏合剂，可供选择的单体很多。常用的有丙烯酸或甲基丙烯酸的甲酯、乙酯、异丙酯、正丁酯、异辛酯、乙二醇酯、羟乙基酯等，通过选择不同的单体进行组合、聚合或用黏合剂调配等方法，可制得不同性能的黏合剂。既可制成热塑性的，也可制成热固性的，甚至是弹性体和水溶性的。

为赋予此类黏合剂某些特殊性能，还可对其改性，如制备多官能团的共聚物，使其具有较好耐热性、耐溶剂性和强度。常用改性剂有丙烯酸及其酯类、丙烯酰胺、N-羟甲基丙烯酰胺、甲基丙烯酸羟乙基酯或羟丙酯、氨基树脂、环氧树脂等。

1. 丙烯酸乳液黏合剂

丙烯酸酯乳液黏合剂主要用于无纺布、织物、植绒、聚氨酯泡沫材料、地毯背衬等，还可作为砖石黏合剂、装饰黏合剂及密封剂等。

丙烯酸酯乳液黏合剂由乳液聚合获得，主要原料有丙烯酸酯、水、引发剂、乳化剂、缓冲剂和保护胶体等。引发剂可采用过氧化系，也可采用氧化还原系的；乳化剂包括阴离子型和非离子性表面活性剂，如聚乙二醇烷基苯基醚、烷基硫酸酯；缓冲剂为碳酸氢钠等非酸性盐；保护性胶体常用聚乙烯醇、甲基纤维素等。

生产工艺过程包括配料、聚合、配胶及应用等。例如静电植绒黏合剂的生产。

按配方在已清洗聚合釜中加纯水 560kg，聚氧化乙烯酚基醚 40kg，N-羟甲基丙烯酰胺水溶液 80kg，丙烯酸酯混合物 240kg，通氮气并启动搅拌，搅拌 20min，使之形成乳化液；然后加入 0.5kg 的过硫酸钾和 0.5kg 偏亚硫酸钠，搅拌并升温至 55℃；保持此温度，缓慢加入剩余的丙烯酸酯混合物及 N-羟甲基丙烯酰胺水溶液；另外加入 4％的过硫酸钾和偏亚硫酸钠各 40L；总聚合时间为 240min，得聚丙烯酸酯乳液。

取上述乳液 100 份，甲氧基三聚氰胺 5 份，有机酸 0.5 份，滴入 28％的氨水，搅拌均匀，配制成黏度为 20Pa·s，pH 值为 0.5 的黏稠乳液即为丙烯酸酯乳液黏合剂。

2. 反应型丙烯酸酯类黏合剂

这是一类以丙烯酸酯自由基共聚为基础的双组分型黏合剂。通常以甲基丙烯酸酯、高分子弹性体和引发剂溶液为主剂，以促进剂溶液为底剂。使用时，将主剂、底剂分别涂布在两个被粘物体的表面，两个表面接触即发生聚合反应，仅需几分钟即可完成粘接过程。主剂在粘接之前为单体或聚合度不高的初聚物，分子较小、润湿能力及扩散能力较强，粘接固化后形成高分子聚合物，从而获得一定的黏合力。

单纯由丙烯酸酯或甲基丙烯酸酯形成的黏合剂是热塑性的，其耐热性、耐冲击性、耐溶剂性较差。为改善其性能，相继开发了第一代（简写为 FGA）、第二代（简写为 SGA）和第三代丙烯酸酯黏合剂（简写为 TGA）。其中，TGA 为紫外光或电子束固化丙烯酸酯黏合剂。

反应型丙烯酸酯类黏合剂主要用于组装工业，汽车、轮船、电机、机械框架的组装，道路牌、标志的粘贴，金属件与玻璃、塑料的粘接。用于黏结金属、塑料、玻璃、珠宝首饰等材料的配方，见表 8-3。

表 8-3　反应型丙烯酸酯类黏合剂的配方

配方 1		配方 2	
组　分	组成（份）	组　分	组成（份）
甲基丙烯酸甲酯	85	甲基丙烯酸甲酯	42
甲基丙烯酸	15	甲基丙烯酸羟乙酯	18
二甲基丙烯酸乙二醇酯	2	二甲基丙烯酸乙二醇酯	15
氯磺化聚乙烯	100	甲基丙烯酸	6
异丙苯过氧化氢	6	ABS 树脂	25
N,N-二甲基苯胺	2	异丙苯过氧化氢	8
		邻苯二酚	0.1

此类黏合剂粘接材料广、室温固化快、使用方便、综合性能较好，但气味较大、有毒，耐热性及耐水性等较差。

3. α-氰基丙烯酸酯黏合剂

主体成分是 α-氰基丙烯酸的甲酯、乙酯、丙酯、丁酯等酯类，分子结构中具有含吸电子性很强的氰基和酯基，对金属、陶瓷、玻璃等具有很高的黏合强度，无需固化剂即可固化，在弱碱或水存在下，迅速进行阴离子聚合反应：

$$CH_2=\underset{COOR}{\underset{|}{C}}-\underset{}{\overset{CN}{|}} \xrightarrow{A^-} A CH_2-\underset{COOR}{\underset{|}{C}}-\underset{}{\overset{CN}{|}} \xrightarrow{CH_2=\underset{COOR}{\underset{|}{C}}-\underset{}{\overset{CN}{|}}}$$

$$A(CH_2-\underset{COOR}{\underset{|}{C}}-\underset{}{\overset{CN}{|}})_{n-2} \underset{COOR}{\underset{|}{C}}-\underset{}{\overset{CN}{|}} \longrightarrow 聚合物 \tag{8-10}$$

α-氰基丙烯酸酯固化速度极快，是一种室温快速固化的单组分黏合剂，其粘接只需几秒钟，故称瞬干胶。

人体皮肤含有少量水分和碱性物质，接触此黏合剂，立即固化，将皮肤牢牢粘住。遇此，可立刻用丙酮、二甲基甲酰胺等擦洗干净。因此，氰基丙烯酸酯类黏合剂还可用于人体器官、外科手术等医疗方面。

α-氰基丙烯酸酯为优良溶剂，可溶解多种热塑性塑料，对于塑料、橡胶具有很好的黏合力，具有单组分、低黏度、黏合范围宽、固化速度快、使用方便、胶层色泽浅、黏合面无色透明、抗拉强度高等优点。但其韧性较差、抗冲击强度和抗剥离强度较低，不耐水、不耐潮湿。主要用于机械、电气、电子器件的粘接和修补，常见品种如501、502、504等胶。

α-氰基丙烯酸酯的固化速度，与空气湿度有密切关系。空气湿度越大，固化速度越快，但固化速度过快，则会降低粘接强度，适宜空气湿度在70%左右。

（二）聚乙酸乙烯酯乳液黏合剂

此类黏合剂是乙酸乙烯酯的乳液聚合物，呈白色或乳白色黏稠液状，故称白乳胶。微酸性，初黏度及固含量较高，可溶于多种有机溶剂，耐稀酸、稀碱，遇强酸或强碱水解生成聚乙烯醇，具有无毒、无腐蚀、无火灾和爆炸危险。常温下即可粘接，便于施工，成本低廉，胶层无色透明、有韧性、对被粘材料无污染等优点，是一类优良的水溶性黏合剂，也是最重要的乳液黏合剂。主要用于书籍装订、标签、纸箱制品、卷烟纸、木材加工、皮革加工、纸张印花、瓷砖粘贴等，在木器制作、纸品及包装行业中占有主导地位。

1. 生产工艺

聚乙酸乙烯酯乳液是以乙酸乙烯酯为单体、以过氧化物如过硫酸铵为引发剂、通过乳液聚合而形成。

$$n\text{CH}_2=\text{CH} \xrightarrow[\text{PVA}]{\text{引发剂}} \text{---}[\text{CH}_2-\text{CH}]_n\text{---} \qquad (8-11)$$
$$\quad\;\;|\qquad\qquad\qquad\qquad\quad\;|$$
$$\text{OCOCH}_3 \qquad\qquad\qquad \text{OCOCH}_3$$

生产原料主要有乙酸乙烯酯、水、引发剂、乳化剂、保护胶体、pH值及相对分子质量调节剂、增塑剂等，典型配方及生产工艺如下：

工艺配方

乙酸乙烯酯（单体）	710kg	过硫酸铵（引发剂）	1.43kg
去离子水	636kg	辛基酚聚氧乙烯醚（OP-10）	8kg
聚乙烯醇（PVA）	62.5kg	碳酸氢钠	2.5kg
邻苯二甲酸二丁酯	80kg		

将部分水及聚乙烯醇加入溶解釜，启动搅拌、加热至90℃，使之溶解，过滤，制得10%溶液；然后将此溶液加入聚合釜，加辛基酚聚氧乙烯醚、单体100kg（约单体总量的1/7）、10%过硫酸铵水溶液5.5kg；关闭投料孔、冷却水，开启蒸汽阀门升温，在30min内升至65℃左右，当视镜内出现液滴时，关闭蒸汽阀门（约30～40min），温度自动升至75～78℃，此时回流正常，在此温度下于3～5h内，滴加剩余的单体和过硫酸铵溶液；由控制加料速度控制温度，滴加单体和引发剂的量不得超过配方总量。滴加完后，保持温度反应0.5h；降温至50℃，加10%碳酸氢钠水溶液、邻苯二甲酸二丁酯，搅拌均匀，冷却至40℃出料、包装。产品为乳白色均匀乳状液体，固体含量：(50±2)%，pH值4～6，黏度（20℃）1.5～4Pa·s，储存期2年。

2. 影响聚乙酸乙烯酯乳液质量的因素

主要是引发剂及用量、反应液浓度、乳化剂和保护胶体特性及其用量、聚合温度与搅拌等。

（1）引发剂　常采用水溶性过氧化物，如过氧化氢、过硫酸钾或过硫酸铵等，用量一般为单体的0.1%～1.0%。引发剂用量增加，活性中心（自由基）浓度增加，聚合速度加快，但是链终止机会也增大，其结果均导致聚合物相对分子质量减小，影响胶液的黏合强度。减少引发剂用量，可提高聚合物的聚合度，得到高相对分子质量的聚合产物。当反应尚未完成而出现停顿时，可补加引发剂使反应继续进行。

（2）乳化剂和保护胶体　其性质、用量对聚合速度、分散体系的稳定性及聚合物的性质均有影响。所用乳化剂如油酸钠、烷基苯磺酸钠、烷基硫酸钠、聚乙烯醇等阴离子型或非离子型表面活性剂。以聚乙烯醇为保护胶体的乳液稳定性、耐水性较好，但其醇解度不同，乳化效果也不同。在一定醇解度范围内，醇解度越低，乳化效果越好，耐水性较差。聚乙烯醇的平均聚合度为900～1700，醇解度为86%～99%，用量为单体的9%左右。

当单体用量、温度、引发剂的条件一定时，增加乳化剂用量，可提高聚合速度、增加聚合物的平均相对分子质量，但其用量过大，则会降低耐水性。此外，改变乳化剂浓度还可调节胶粒的大小，单体用量一定时，乳化剂浓度越大，所得胶粒直径越小。

（3）聚合温度　提高温度可加快自由基的生成速度、增加单体活性中心，从而加快链增长速度。但每一种单体均有其最高聚合温度，超过此温度，链增长速度非但不增长，反而有下降的可能。在其他条件不变时，温度升高使自由基的浓度增加，将降低聚合度；反之，降低温度可提高聚合度，得到较高相对分子质量的聚合物。若需终止反应或降低反应速度，可采取降低温度的方法。

此外，搅拌的方式和速度等对反应也有影响。如反应速度随搅拌速度加快而下降。但为保持反应温度的均匀和产品质量，仍需要保持一定的搅拌速度。

（三）聚乙烯醇及其缩醛类黏合剂

包括聚乙烯醇、聚乙烯醇缩甲醛、缩丁醛及其他缩醛黏合剂。

聚乙烯醇是水溶性聚合物，水溶液无色透明、对纸张、织物有较好的黏合力，广泛用于纸制品、纺织品等日常用品的粘接。

通常，聚乙烯醇不能由乙烯醇直接聚合，而以聚乙酸乙烯酯为原料，在碱或酸性条件下水解而得：

$$\left[\text{CH}_2-\text{CH}\atop\text{OCOCH}_3\right]_n \xrightarrow{\text{水解}} \left[\text{CH}_2-\text{CH}\atop\text{OH}\right]_n \tag{8-12}$$

工业上，聚乙烯醇的生产采用湿法醇解，反应溶液中含有1%～2%水，催化剂为碱的水溶液。此法反应速度快、设备体积小、生产能力大、易于连续化生产；缺点是副反应多、副产大量乙酸钠。

聚乙烯醇缩醛，主要是聚乙烯醇缩甲醛、缩丁醛及缩甲、乙醛等，聚乙烯醇的缩醛反应：

$$\left[\text{CH}_2-\text{CH}-\text{CH}_2-\text{CH}\atop\text{OH}\quad\quad\text{OH}\right]_n + \text{RCHO} \longrightarrow \left[\text{CH}_2-\text{CH}-\text{CH}_2-\text{CH}\atop\text{O}\quad\text{H}\quad\text{O}\atop\text{C}\atop\text{R}\right]_n + \text{H}_2\text{O} \tag{8-13}$$

聚乙烯醇缩醛分子中，除含有缩醛基外，还含有少量（约为1.5%～2.0%）乙酰基、羟基（约为15%～20%）。聚乙烯醇缩醛的性质，主要取决聚乙烯醇相对分子质量、羟基、乙酰基和缩醛基的含量，醛类结构以及缩醛化程度。一般，脂肪醛碳链越长，则缩醛的侧链越长，缩醛树脂韧性和弹性越大、在有机溶剂中的溶解度增大，但玻璃化温度及耐热性降低。

最重要的聚乙烯醇缩醛是缩丁醛，其分子链中含较长的侧链，柔顺性较好、玻璃化温度较低、断裂伸长率及动力强度较高、胶层透明度较高、不受温度和湿度剧变的影响，耐候性、耐日光性、抗氧性及耐寒性能好，可用于制造安全夹层玻璃，多层无机玻璃的黏合，还可作热固性树脂黏合剂的改性材料。

聚乙烯醇缩丁醛生产有一步法、沉淀法和溶解法。溶解法是先将聚乙烯醇制成甲醇的悬浮液，然后加丁醛反应，得聚乙烯醇缩丁醛的甲醇溶液，加甲醇和水析出聚乙烯醇缩丁醛。生产工艺是按配料比，将500kg甲醇、聚合度为300～700的聚乙烯醇100kg加入缩合釜；启动搅拌配制成悬浮液，而后加36%的盐酸5.5kg和80kg的丁醛，温度控制在60℃，反应8～10h，用碱中和至pH值6；过滤，除去杂质，加入甲醇和水，析出聚乙烯醇缩丁醛；以40～45℃软水洗去未反应的丁醛和盐酸等，加入环氧丙烷洗涤，可提高产品质量、缩短洗涤时间及洗涤水用量，洗后用60～70℃的热空气干燥即得成品。

第三节　橡胶黏合剂

橡胶黏合剂是以橡胶或弹性体为基料与适当的助剂和溶剂配制而成，主要用于橡胶制品及其与金属、木材、玻璃等材料的粘接，有胶液、胶膜、胶带、腻子多种形式，其中胶液分溶液型、乳液型和预聚体型，其分类如图8-3所示。

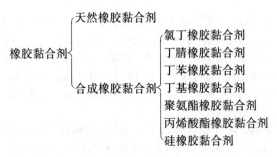

图8-3　橡胶黏合剂的分类示意

天然橡胶与合成橡胶均可配制黏合剂，通常是将生胶或混炼胶溶解于有机溶剂而制得，一般生产工艺过程示意，如图8-4所示。

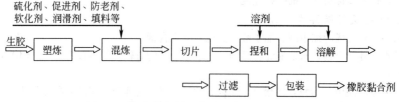

图8-4 橡胶黏合剂生产的一般工艺流程示意

配制前生胶要塑炼，以改善其溶解性，塑炼是用炼胶机对生胶进行加工的过程，塑炼时间不宜过长，以免影响粘接强度。混炼是用混炼机，将生胶、硫化剂、促进剂及其他助剂按比例配合后进行的加工过程。混炼后压片、剪碎，浸泡溶胀，然后在捏合机中与有机溶剂进行捏合、溶解。溶解时间与混炼胶的组成、塑炼程度有关。常用有机溶剂是脂肪烃、氯化烃类、溶剂汽油等，汽油因其毒性较小而常用。本章介绍几种常见合成橡胶黏合剂配制。

一、氯丁橡胶黏合剂

在合成橡胶黏合剂中，氯丁橡胶黏合剂是产量最大、应用范围最广的品种之一，具有耐燃、耐臭氧、耐老化、耐油、耐水、耐溶剂和耐化学药品等优异性能，不足是密度较大、溶剂有毒性、储存稳定性和耐寒性较差，但其价格低廉、使用方便，广泛用于建筑、制鞋、电子、纺织、汽车、造船等方面。

1.氯丁橡胶黏合剂类别

主要有树脂改性型、接枝共聚型、填料型、乳液型和双组分型等。

树脂改性型是在氯丁橡胶中加入酚醛树脂，使其极性、黏合性和耐热性得到改善，初粘力及粘接强度较高、使用方便，主要用于橡胶、皮革之间及与金属材料的粘接。

接枝共聚型的主体是氯丁橡胶与甲基丙烯酸、苯乙烯等的接枝共聚物，此类黏合剂粘接强度好，适用于金属之间或皮革、橡胶与金属的粘接。

2.氯丁橡胶黏合剂的基料

氯丁橡胶黏合剂的基料，由氯代丁二烯经乳液聚合制得氯丁橡胶：

$$n\text{CH}_2=\text{CH}-\underset{\underset{\text{Cl}}{|}}{\text{C}}-\text{CH}_2 \longrightarrow \left[\text{CH}_2-\text{CH}=\underset{\underset{\text{Cl}}{|}}{\text{C}}-\text{CH}_2\right]_n \tag{8-14}$$

氯丁橡胶分子链中含有极性较大的氯原子，化学结构比较规整，结晶性较高，因而在较高温度下，即使不硫化，也具有较高的内聚力和较好的黏合力。故对极性物质黏合性能良好，抗张强度和伸长率均优于天然橡胶和多数合成橡胶。

氯丁橡胶的性能对黏合剂性能影响很大，特别是相对分子质量和结晶性。一般来说，相对分子质量越大，黏度越高，炼胶不易包辊；若相对分子质量过大，则涂布性能变差。结晶化速度快，初期黏合力强；但结晶速度太快，黏合剂的活性周期缩短，胶层柔软性变差。

3.氯丁橡胶黏合剂的组分与配方

氯丁橡胶黏合剂除氯丁橡胶为主体外，还包括硫化剂、促进剂、防老剂、改性树脂、补强材料、增黏剂以及溶剂等。

（1）硫化剂 促使橡胶（生胶）发生交联反应的物质，由于早期橡胶硫化（交联）采用硫黄等硫化物，故将促使交联反应进行的物质称为硫化剂。现在橡胶硫化不一定使用硫化物，而常用氧化镁、氧化锌。氧化锌在常温下具有硫化作用；氧化镁在高温下具有硫化剂作用，而在常温下可防止胶料在混炼中焦烧。此外，氧化镁和氧化锌均为氯化氢的接受体，能吸收氯丁橡胶硫化产生的氯化氢气体，具有保护被粘物体的作用。氧化镁用量，一般为氯丁橡胶量的4%～8%，常采用4%，用量过多，混炼困难，容易引起凝胶化，不易溶解，导致黏合力下降。氧化锌的用量在5%左右。

（2）防老剂 为改善黏合剂的耐老化性能而加入的助剂，常用的有防老剂A(N-苯基-α-萘胺)、防老剂D(N-苯基-β-萘胺)等。值得注意，有某些防老剂能加速胶液的凝结、使之变色。使用应根据具体情况选择合适的品种，用量一般为氯丁橡胶量的2%。

(3) 溶剂　为使黏合剂具有一定的施工黏度和固体含量而加入的溶剂。不同溶剂对黏合剂的制备及性能，有不同的影响。溶剂选择应考虑的因素：①对氯丁胶的溶解能力，应使胶液具有适宜的黏度；②挥发速度能否适应施工要求；③胶液黏合强度应尽量高；④无毒、价廉易得等。一般常采用混合溶剂，如甲苯与正己烷、环己烷、三氯乙烯、四氯化碳中的一种，按照7:3比例混合。甲苯与汽油按2:1比例混合，乙酸乙酯与汽油以2:1比例混合，可完全溶解氯丁橡胶。

(4) 填充剂　为改善操作性能、降低成本、减少体积收缩率而加入的体质材料，如白炭黑（轻质二氧化硅）、炭黑、碳酸钙等。填充剂的选择，应考虑其密度小、工艺性能好、对黏合性能影响小及价格便宜等因素，用量不宜过大，一般为氯丁橡胶的5%左右。

(5) 改性树脂　为改善黏合性能在氯丁橡胶中加入的树脂，如对叔丁基酚醛树脂和松香改性酚醛树脂，可提高黏合剂在高温下的凝聚力、极性。酚醛树脂的用量，一般为氯丁橡胶的50%左右。

用于皮革、橡胶及聚乙烯粘接的填料型氯丁橡胶黏合剂，配方见表8-4。

表8-4　填料型氯丁橡胶黏合剂的配方

组　　分	组成(质量分数)/%	组　　分	组成(质量分数)/%
通用型氯丁橡胶	100	防老剂D	2
氧化镁	8	汽油	136
氧化锌	10	乙酸乙酯	272
碳酸钙	100		

用于氯丁橡胶及其与金属粘接的XY-6黏合剂，配方（质量%）如下：

氯丁混炼胶	100	对叔丁基酚醛树脂	80
二环己胺	1	（乙酸乙酯/汽油）为2/1的混合溶剂	400

4.氯丁橡胶黏合剂制备

制备工艺过程，包括塑炼、混炼、溶解等。炼胶机的辊筒温度，一般不超过40℃。通过塑炼，可显著改变生胶的相对分子质量及其分布，提高内聚强度和黏合力。塑炼后依次加入防老剂、氧化镁、填充剂等进行混炼，使之混合均匀，为防止其早期硫化（焦烧）和粘辊，氧化锌和促进剂应在其他助剂与橡胶混炼一段时间后加入，混炼温度不宜超过40℃，在混匀的前提下，尽可能缩短混炼时间。混炼后，将所得胶料压成薄片、剪成碎片，先用少量溶剂浸泡12～24h，使之溶胀，而后加入剩余溶剂，使之完全溶解、混合均匀，包装。

二、丁腈橡胶黏合剂

以丁腈橡胶为基料配制的黏合剂，丁腈橡胶是丁二烯与丙烯腈通过乳液聚合而得的共聚物。

$$[CH_2-CH=CH-CH_2]_x[CH_2-CH(CN)]_y$$

根据共聚物中丙烯腈的含量，分为丁腈-18、丁腈-26、丁腈-40、液体丁腈-13、丁腈-26、丁腈-40及羧基丁腈等。其中的丙烯腈含量越高，所配制黏合剂的黏合力、抗张强度及硬度越高，耐油性和耐热性能也越好，但弹性相应降低。丁腈橡胶除单独使用外，还可作为酚醛树脂及环氧树脂的改性剂及制备高强度的黏合剂。

丁腈橡胶黏合剂分为单组分、双组分两种。单组分丁腈橡胶黏合剂的固化，需加压、加温；双组分丁腈橡胶黏合剂则是在室温下固化。

丁腈橡胶黏合剂的配制，需要硫化剂、填充剂、增塑剂、软化剂、防老剂、增黏剂及溶剂等助剂。如聚乙烯制品、金属粘接用的配方（质量比）：

丁腈-18	9	磷酸三甲酚酯	1
聚氯乙烯	18	丁酮	73
酚醛树脂	2		

固化条件：压力0.1～0.3MPa；温度60℃；时间4h。

用于丁腈橡胶之间粘接的XY-501黏合剂配方（质量比）：

丁腈-26	100	硫黄	2
氧化锌	5	促进剂M	1.2
松香	5	喷雾炭黑	0.3
201号酚醛树脂	30	苯或二氯乙烷	1000

固化条件：压强 1MPa，温度 143℃，时间 10min。

用于金属与丁腈橡胶粘接的双组分黏合剂配方（质量比），见表 8-5。

表 8-5　双组分丁腈橡胶黏合剂配方（质量比）

黏合剂组成物质	甲组分	乙组分	黏合剂组成物质	甲组分	乙组分
丁腈-26	100	100	防老剂 D	5	25
硫黄	6	5	煤焦油	25	6
氧化锌	5	25	促进剂 M		
古马隆树脂	25	5			

用二氯乙烷将甲、乙两组分配成 20% 的溶液，甲、乙两组分的比例为 1:1，固化条件：压力 0.3MPa；温度 80℃；时间 30min。

丁腈橡胶黏合剂制备与氯丁橡胶黏合剂基本相同。低黏度黏合剂的配制，先用溶剂量的 1/3～1/2 浸泡丁腈橡胶碎片 4～6h，待胶料充分膨胀后，开始搅拌，直至全部呈均匀黏稠状，将剩余溶剂缓慢加入，稀释至所需浓度。若配制高黏度黏合剂，则将 20% 的溶液加入捏合机胶料碎片中，边搅拌边膨胀，然后再将剩余溶剂分数次少量加入。由于搅拌生热，需要冷却，温度控制在 30℃ 以下，否则有起火的危险。若使用混合溶剂，应先加入溶解性较强的溶剂，溶解后再加入溶解能力较小的溶剂。可溶的助剂，可直接加入溶液，不溶的不可直接加入溶液，应加在胶料中一起混炼。

三、丁苯橡胶黏合剂

1. 丁苯橡胶黏合剂

以丁苯橡胶为基料配制的黏合剂，主要用于丁苯橡胶制品、织物及其与金属的粘接。丁苯橡胶是丁二烯和苯乙烯在引发剂作用下，通过乳液或溶液共聚而得。

用苯乙烯含量 20%～30% 的丁苯橡胶配制的黏合剂，弹性、抗张强度、耐油性、耐水性、耐候性、耐老化性能，均优于天然橡胶。由于丁苯橡胶分子链的极性较小，黏合强度和黏合性能较差，若在配方中加入增塑剂和树脂改性剂可改善其黏合性能。

苯乙烯含量为 15%～30% 丁苯橡胶制备，按聚合温度的高低，分为热法和冷法两种。冷法聚合所得乳液黏合性能、黏合强度以及耐低温性能较好，丁苯乳胶用于纸张涂布，韧性好、颜色浅，无需硫化剂。

2. 聚异丁烯橡胶黏合剂

聚异丁烯为基料配制的黏合剂，聚异丁烯是由异丁烯聚合而得。

$$nCH_2=CH-CH_3 \longrightarrow -[CH_2-\underset{CH_3}{\overset{CH_3}{C}}]_n- \tag{8-15}$$

聚异丁烯是一种不含双键的弹性聚合物，化学稳定性、耐老化性能优良，多数化学药品对其没有侵蚀性，耐酸（冷的）、碱、氧、臭氧和过氧化氢等，在硝酸长时间作用下分解。由于聚异丁烯分子的结构特点，使其对非极性的聚乙烯、聚丙烯等，具有一定的黏合力；因其具有良好的流动性，对金属也有一定的黏合力，故可用于各种极性薄膜、非极性薄膜与金属间的黏合，尤其是制备压敏胶；聚异丁烯的电气性能十分突出，可用于配制电气与电子工业用黏合剂。

3. 丁基橡胶黏合剂

丁基橡胶黏合剂分为溶剂型、乳胶型、氯丁基橡胶黏合剂三类。丁基橡胶是由异丁烯和少量的异戊二烯共聚而成，控制异戊二烯用量，可控制丁基橡胶的不饱和度。

$$nCH_2=CH-\underset{CH_3}{\overset{CH_3}{C}}-CH_2+mCH_2=C-CH_3 \longrightarrow [\underset{CH_3}{\overset{CH_3}{C}}-CH_2]_m-[CH_2-\underset{CH_3}{\overset{CH_3}{C}}=CH-CH_2]_n \tag{8-16}$$

丁基橡胶的不饱和度一般为 0.5%～3.3%，低于一般橡胶，硫化速度较慢，难与其他橡胶混用，但其化学稳定性和耐老化性能优良，耐酸、碱、氧及臭氧等，尤其是优异的气密性。丁基橡胶黏合剂可用于粘接橡胶与金属等材料，特别是粘接密封要求很高的器件，如汽艇、防毒面具、火箭推进剂等。

丁基橡胶氯化可制得氯化丁基橡胶，氯化丁基橡胶结构式如下：

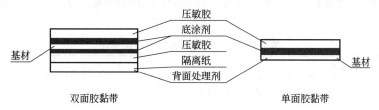

氯化丁基橡胶保留了丁基橡胶的优点,增加了极性,有利于粘接,提高了硫化速度、可与其他橡胶混用、扩大了适用范围,可用于各种橡胶、胶布和非金属的粘接。

第四节 特种黏合剂

这是一类具有特殊性能或需要特殊条件粘接的黏合剂,特殊性能如导电、导磁、导热、医用黏合剂等;需要特殊条件的如压敏胶、厌氧胶、光敏胶、热熔胶等。

一、压敏胶

压敏胶能赋予被粘物体表面一层持久性黏膜,在外力作用下,可与被粘物体黏合,故称压敏胶(压敏黏合剂)。而压敏胶带是由压敏胶、底涂剂、基材、背面处理剂和隔离纸构成,见图8-5。

图 8-5 胶黏带的组成结构示意

使用压敏胶带是撕开隔离纸或薄膜,与被粘物体表面轻轻触压即完成粘接,使用非常方便,广泛用于包装、标签、结扎、绝缘、防腐、防爆等方面。

压敏胶有溶液、乳液和热熔型的,以乳液型、热熔型为主,主要由基料、增黏剂、增塑剂、填料、黏度调节剂、硫化剂和防老剂等组成。主体材料有橡胶和合成树脂两类。橡胶类,主要有天然橡胶、丁基橡胶、丁苯橡胶、聚异丁烯再生胶、硅橡胶等;合成树脂类,主要有聚烯烃、丙烯酸酯、乙酸乙烯酯共聚物、聚乙烯基醚等。

例如,通用型胶黏带配方:

丙烯酸辛酯	75	丙烯酸	4
乙酸乙烯酯	20	N-羟甲基丙烯酰胺	1

按照上述配方,采用乳液聚合或溶液聚合可以制得共聚物,不加增黏剂,直接涂布于压敏胶带基材上。

电绝缘胶黏带用的压敏胶配方:

丁苯橡胶	100	酯化松香树脂	40
酚醛树脂	12	氧化锌	5
颜料	0.3	白蜡油	25

二、热熔胶

热熔胶是不含水及溶剂的100%固体黏合剂,使用时将其加热,熔融为液体,然后进行涂布,黏合后经冷却形成固态即完成粘接。热熔胶不含溶剂,污染小,粘接迅速(凝固时间,仅需1s左右),可连续作业,便于包装储运;但其粘接强度不高、耐热性及润湿性较差,主要用于服装衬布、地毯、制鞋以及车辆零件、仪表、塑料、木材等的粘接。

热熔胶由基料、增黏剂、增塑剂、稳定剂、抗氧剂、填料和蜡类等组成。许多热塑性树脂如乙烯-乙酸乙烯酯共聚物(简写为EVA)、聚乙烯、聚丙烯、聚酯、聚酰胺和聚氨酯等,均可作为热熔胶的基料,为增加耐热性,也可使用环氧树脂、酚醛树脂等一些热固性树脂。

EVA热熔胶是以乙烯和乙酸乙烯酯无规共聚物——EVA树脂为基料配制的,EVA树脂的黏合力强、与其他树脂的互溶性、柔韧性及耐候性好,产量约占热熔胶的80%左右,是应用最广的热塑性共聚树脂。

EVA热熔胶的性能与EVA树脂的熔融指数以及共聚物中乙酸乙烯酯的含量有关,适合于配制热熔胶的EVA树脂,其熔融指数一般为1.5~500,乙酸乙烯酯含量为20%~50%。EVA热熔胶主要由30%~40%EVA树脂、30%~40%增黏剂和20%~30%蜡类构成。选择不同型号的EVA树脂、不同助剂的配比,可以配制性能不同的热熔胶。例如，无纺布用热熔胶的配方（质量分数）：

EVA 树脂（熔融指数 150、乙酸乙烯酯 28%）	30	微晶蜡（熔点 167℃）	20
萜烯树脂	50	抗氧剂	0.5～1.0

木工封边用 EVA 热熔胶的配方（质量分数）：

EVA 树脂（熔融指数 4～24、乙酸乙烯酯 20%～32%）	30	微晶蜡	10
增黏树脂	50	抗氧剂	0.2

三、厌氧胶

厌氧胶是一类在隔绝氧气条件下自行固化的黏合剂，主要用于机械、汽车工业的螺栓紧固、磁铁黏合、端面密封等方面。

厌氧胶是由丙烯酸酯类聚合性单体或低聚物、引发剂、促进剂和助促进剂、稳定剂（阻聚剂）以及填料等，按一定比例配制的。

厌氧胶总质量的 80%～95% 是丙烯酸酯（甲基丙烯酸酯）单体或低聚物。聚合单体分子中，必须含有一个或多个丙烯酸或丙烯酸的 α-取代物的基团，其他部分的结构可根据性能需要而不同。

聚合单体，主要有聚醚型、聚酯型、环氧型以及带极性基团的丙烯酸酯等，表 8-6 是厌氧胶典型丙烯酸酯类单体。

表 8-6 厌氧胶典型丙烯酸酯类单体

序号	单体名称	结 构 式
1	甲基丙烯酸羟乙酯	$CH_2=C(CH_3)-COOCH_2-CH_2-OH$
2	丙烯酸羟乙酯	$CH_2=CH-COOCH_2-CH_2-OH$
3	甲基丙烯酸羟丙酯	$CH_2=C(CH_3)-COOCH_2-CH(OH)-CH_3$
4	丙烯酸羟丙酯	$CH_2=CH-COOCH_2-CH(OH)-CH_3$
5	丙烯酸缩乙二醇酯	$CH_2=C(R)-COO-(CH_2-CH_2-O)_n-C(=O)-CH=CH_2$
6	TDI 与甲基丙烯酸羟丙酯加成物	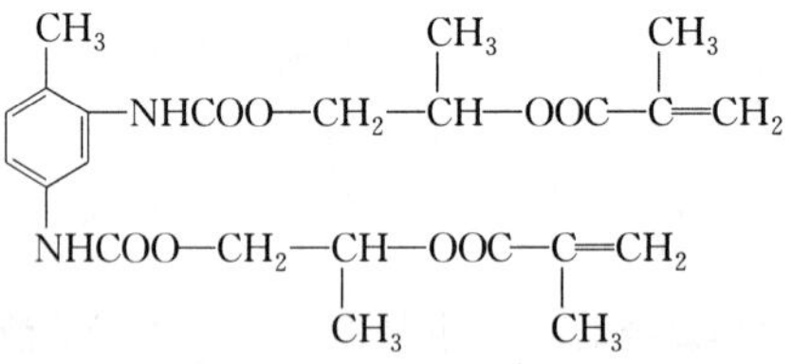 TDI 与甲基丙烯酸羟丙酯氨基甲酸酯结构
7	苯酐-乙二醇-甲基丙烯酸反应物	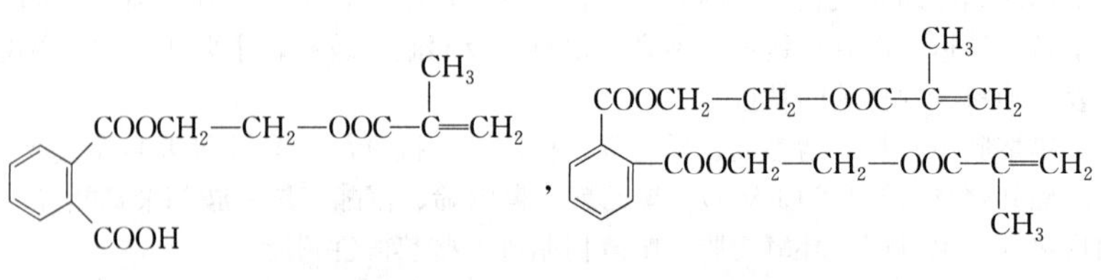 苯酐邻位二酯结构
8	双酚 A-TDI-甲基丙烯酸羟乙酯反应物	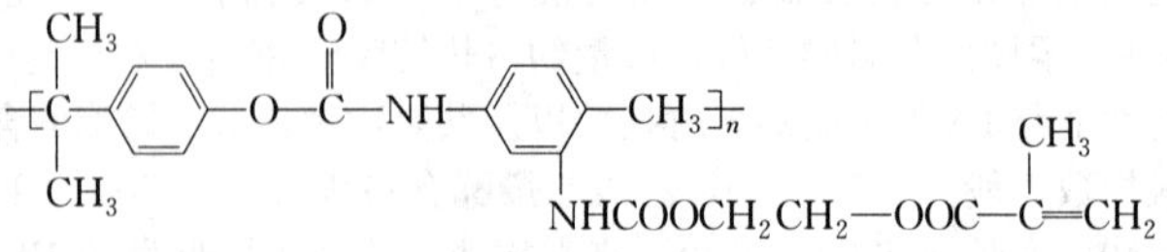 双酚 A 与 TDI 及甲基丙烯酸羟乙酯的反应物结构

续表

序号	单体名称	结构式
9	聚醚-TDI-甲基丙烯酸羟丙酯反应物	

根据单体分子结构中丙烯酸酯基的数量，分为单酯、双酯和多酯。单酯参与交联反应，可用于调节交联度以满足厌氧胶使用的要求。低相对分子质量单酯和黏度较小的双酯，用于调节厌氧胶的黏度。

厌氧胶的粘接过程是其固化的过程。在引发剂及促进剂的作用下，含丙烯酸酯基的单体进行自由基聚合反应。

厌氧胶一般组成是树脂70%～90%、交联剂（丙烯酸）在30%左右、催化剂（异丙苯过氧化氢）在2%～5%、促进剂（二甲基苯胺）在2%左右、稳定剂（对苯醌）在0.1%左右。

Y-150厌氧胶配方（质量分数）：

环氧丙烯酸双酯	100	丙烯酸	2
过氧化氢二异丙苯	5	三乙胺	2
糖精	0.3	白炭黑	0.5

国产铁锚300号厌氧胶配方（质量分数）：

| 甲基丙烯酸双酯 | 100 | 二甲苯丙胺 | 2 |
| 过氧化二异丙苯 | 1～3 | 对苯二醌 | 适量 |

采用微胶囊技术制备的厌氧胶，是将固化剂包裹在微胶囊中，在螺栓紧固过程中，微胶囊被破坏，释放出的固化剂引发聚合反应，使之固化达到紧固目的。

特种黏合剂，还有光敏胶、密封胶、导电、导磁胶等。光敏胶的基料与厌氧胶基本相同，也是丙烯酸双酯类，其粘接固化是在光敏剂（如安息香醚）及紫外光照射下进行的。

导电、导磁胶是以导电、导磁材料配制的黏合剂，主要用于微电子工业，具有耐高温、耐低温、瞬间固化、焊接无法达到的性能等优点。导磁胶用于磁性器材的粘接。密封胶是具有密封作用的黏合剂，用于防止气、液体的泄漏，防止水分、灰尘的侵入以及防止震动、隔音、隔热等，广泛用于建筑、机械、电子信息等领域。

随着社会发展和科技进步，具有专门用途的特种黏合剂将层出不穷，发展前景十分广阔。

复习思考题

1. 黏合剂有何作用？
2. 在黏合剂中起黏合作用的主要有哪些材料？举例说明。
3. 对于聚合材料而言，影响黏合剂性能的因素主要有哪些？
4. 在加热和加压条件下，不流动或流动性很差，或不溶于溶剂的固态聚合物，能否用于配制黏合剂？
5. 黏合剂主要有哪些成分组成？
6. 决定粘接接头强度的因素是什么？
7. 怎样理解黏合及黏合力的形成？
8. 解释以工业甲基酚生产热固性酚醛树脂，为何要求一定含量的间甲基酚？
9. 酚的化学结构对反应的官能度、树脂的油溶性、反应速度等有何影响？
10. 某黏合剂厂生产常温固化型酚醛树脂，苯酚与甲醛、氢氧化钠的摩尔比为1∶1.5∶0.5，若每批苯酚用量300kg，计算36%甲醛、40%氢氧化钠溶液的投料量？
11. 用碱性催化剂生产酚醛树脂，试比较氢氧化钠、氢氧化钡、氢氧化铵、氢氧化钙的催化作用，说明对树脂性质的影响。
12. 根据酚醛树脂的化学结构，说明酚醛树脂黏合剂胶层脆性较大、色泽较深的原因以及改善措施。

13. 环氧值为 0.5 的环氧树脂，以乙二胺作固化剂固化，计算固化剂用量？
14. 异氰酸酯化学性质活泼，易和哪些化合物反应，在粘接中有何意义？
15. 特种黏合剂主要有哪些品种，在工业上有何应用？
16. 生产反应型丙烯酸类黏合剂的技术关键主要有哪些？
17. α-氰基丙烯酸酯固化与哪些因素有关？为何说其在人体器官、外科手术等医疗方面有重要应用？
18. 试说明影响聚醋酸乙烯酯乳液质量的主要因素。
19. 试说明橡胶黏合剂生产的一般工艺步骤及其作用。

第九章 医药化学品

学习目的与要求

● 掌握典型药物阿立哌唑、氯吡格雷、加替沙星、扑热息痛、伏立康唑、苯磺酸氨氯地平、奥美拉唑和格列吡嗪及其中间体的生产方法、工艺及操作技术。

● 了解药物的分类及其特点和药物新品开发的过程。

第一节 概 述

医药工业是一项关系到人民身心健康的产业，在国民经济中占有极其重要的地位，近些年来，我国许多省市均将医药的生产作为支柱产业来发展。医药工业从生产角度可分为原料药生产和制剂加工两大类。其中，原料药按其来源可分为天然药物和化学药物，按生产方式可分为天然提取药物、生物合成药物和化学合成药物三大类。

天然提取药物是指从动物、植物、微生物或矿物中提取分离得到的医药原料。如从木贼麻黄、草麻黄或中麻黄的茎枝中提取、分离、精制得麻黄素；从茜草科植物金鸡纳的树皮中提取奎宁；从长春花的全草中提取长春碱等。

化学合成药是常用药品中的主要部分，按药理作用不同可分为抗感染药物、抗寄生虫药物、抗溃疡病药物、抗心绞痛药物、抗肿瘤药物等。目前该类药物仍是日常用药的主体，制药工业的基础。

生物合成药是另一类发展越来越快、用途越来越广的合成药物。近年来随着现代生物技术的发展，基因重组药物得到了人们越来越多的重视，加上传统生物技术方法生产的药物，已逐渐形成了一类有特色的药物。

制剂加工是将上述不同方法得到的原料药，按使用形式的不同制成不同的剂型以确保充分发挥药物在人体中的作用。一般有注射剂、片剂、丸剂、浸膏和糖浆等各种剂型。近年来还出现了口服缓释、控释制剂、透皮控释制剂和靶位给药制剂等，制剂加工技术已有了很大提高。

药物的品种较多，生产工艺复杂，药物中间体品种繁多，生产方法差异都比较大。而且受制药工业影响很大。制药工业的特点是：①与其他行业相比，药品需求弹性较小，因此受宏观经济影响较小；②随着科学技术水平的提高，新的疾病不断被发现，也要求治疗的药品跟上其发展速度，同时长期使用一种药品会产生抗药性，因而要求药品不断更新换代，这就使药品更新换代速度较快；③医药行业研发费用大，利润率高，是一个高投入高回报的产业。

一、医药化学品的定义、范畴及分类

医药中间体，狭义地讲，是指那些专门用来生产药品的关键原料，例如生产头孢菌素的 6-APA（6-氨基青霉烷酸）、7-ACA（7-氨基头孢烷酸）、7-ADCA（7-氨基去乙酰氧基头孢烷酸）、各种头孢菌素的侧链以及用于喹诺酮药物生产用的哌嗪及其衍生物等；广义地讲，医药中间体包括成品药的活性成分和制备活性成分的重要中间体。但是，医药中间体不包括用于药物生产的基本化工原料，如乙醇、乙酸等。由于医药中间体是主要用于各种药物生产的，所以种类繁多，按照不同的用途可分为抗心血管药、抗肿瘤药、调节内分泌系统药、抗生素药物等。而每类药品中又含有多种不同结构的药物，因此按照结构来分，又可以分为哌嗪及其衍生物、吗啉及其衍生物、甾族与萜类化合物等。

医药中间体的合成涉及有机化学中的各类反应，而且包括天然提出物和生物化工产品。一般而言，比较常见的化学合成反应有：①亲电取代反应，如芳烃的烷基化、硝化、磺化反应、傅氏反应等；②亲核取代反应，如卤素被其他亲核试剂取代的反应；③缩合反应，如无水哌嗪的合成就是通过 β-羟乙基乙二胺的分子内缩合脱水而得到的；④环合反应，如 2+3、2+4 偶极加成等；⑤重排反应，重排反应包括阴离子、阳离子、自游基引发的重排反应及协同重排反应，如 Claisen 重排和 Cope 重排；⑥有机扩环反应；⑦Michael 加成反应等。

二、医药化学品的发展趋势

尽管我国在新药的研发上还相对落后，高档品种偏少，但是我国已成为世界上的原料药的生产大国，而且以化学合成药为主。与发达国家相比，我国资源丰富、劳动力成本相对偏低、技术水平接近世界先进水平，所以越来越多的国际制药企业从我国购买原料药和医药中间体，而自己则专注于药品的研发和市场的开拓。近年来，我国每年用于药物生产的原料及中间体约 2000 多种，需求量约 500 万吨。

但是，我国化学制药工业虽然近几年来发展很快，但产业规模仍然较小，企业实力较弱，竞争实力不足。另外，虽然我国已能生产多种药物，但拥有自主知识产权的创新药物较少，仿制药物占了绝大部分，制药企业创新能力低下，研发力量薄弱，已成为我国化学制药产业最大的弊病。

今后，我国药物中间体除继续扩大抗生素、解热镇痛、维生素和皮质激素类药物中间体的生产优势外，还将向新、特、专类药物发展。

① 我国抗生素的生产水平处于国际先进水平，产量约占国际抗生素原料的 30% 左右。在抗生素药物中，除加强青霉素 G 钾盐、氨苄青霉素和羟氨苄青霉素等产量高的品种外，将重点发展第二代、第三代和第四代头孢菌素产品，喹诺酮类药物重点发展第三代和第四代产品。

② 我国是世界最大维生素类的生产国和出口国。维生素类除加强维生素 C 和维生素 E 的生产外，将重点发展产量小、不能满足需求或国内无法生产的药物品种，如 β-胡萝卜素等。

③ 其他药物中重点发展新药和新领域，如心血管类药物中，重点发展降血压药物中血管紧张 II 受体拮抗剂（如缬沙坦）、血管紧张素转化酶（ACE）抑制剂（如卡托普利）和降血脂的他汀类药物等；消化系统重点发展质子泵抑制剂（PPIs），如奥美拉唑、兰索拉唑等产品；中枢神经系统药物重点发展抗癫痫、偏头痛、多发性硬化、焦虑症、抗老年痴呆症类药，如氟西汀等；呼吸系统药物重点发展气喘和过敏性鼻炎药物；激素及内分泌类主要发展雌激素药物、糖尿病药物格列酮类和骨质疏松药物；抗病毒药物发展抗疱疹病毒药物，如阿昔洛韦和泛昔洛韦等。

第二节　医药中间体制备开发基本知识和基本原理

一、药效动力学

药效动力学包括药效学和药动学。药物效应学简称药效学，药物动力学简称药动学。药动学则包括药物剂量与效应之间的关系，药效学主要包括药物浓度与效应的关系，药动学研究一定剂量的药物摄入体内后经吸收药物在体内循环的浓度、药物在组织中的分布及药物在作用部位的浓度；药效学则主要研究一定浓度的药物对机体的作用及其规律，阐明药物防止疾病的机制。药物都有双重性，即治疗性和不良反应。理想药物应具备以下特点：①自身药物选择性较高，无毒性，能避免不良反应，与其他药物联合应用可增加疗效；②长期服用不易产生抗药性；③具有优良的药物效应动力学，最好为速效长效药；④性状稳定，不易被酸、碱、光、热及酶等破坏；⑤使用服用方便，价格低廉。

药物在治疗疾病的同时，通常会产生不利于机体的反应（即不良反应），包括副作用、毒性反应、变态反应、停药反应、后遗效应、致畸作用等，好的药品要使这些不利作用尽可能降低到最低，同时发挥最好的疗效。

二、药物结构和药理活性

根据药物化学结构对生物活性的影响程度及药物在分子水平上的作用方式不同，可将药物分为非特异性结构药物和特异性结构药物。其中，非特异性结构药物的生物活性不依赖于化学结构，其药理作用主要与药物的物理化学性质，如表面张力、溶解度、解离度、表面活性、蒸汽压等性质有关。药物必须有一定的溶解度才能被组织吸收，而溶解的速率又影响着吸收的速率和达到作用部位的速度，如甘露醇脱水是利用其渗透压而达到脱水目的的。绝大多数药物属于特异性结构药物，它们通过与生物受体分子间相互作用发挥药效。作用的特异性依赖于药物分子内化学基团的一种精确组合与空间排列。

药物呈现生物活性须到达体内的某作用部位（这一部位被称为"靶点"或受体，它们由生物大分子组成），药物模拟体内小分子与这些靶点结合，使这些靶点大分子受到激发或抑制，从而调节失衡，治疗因失衡引起的疾病。结构特异性药物的生物活性与分子的理化性质直接有关。药物对靶点的作用由一般结构和立体化学特征两方面共同作用，对生物活性产生影响。药物的药理作用主要依赖于分子整体性，药物一般结构分为化学功能部分和生物功能部分。化学功能部分是通过各种力的键合作用，使药物与受体结合，生物功能部分分为主要和非主要两部分，前者要求高度结构特异性，才能与受体结合形成复合物产生药理作用，这部分即药效的基本结构或主要生物功能基因、不能将这部分化学结构进行较大改变。非主要部分则并不参与药物与受体的复合作用。

立体化学因素是结构特异性药物活性的一个关键因素。受体具有严格的空间结构，药物要与受体形成复合药物，在立体结构上必须互相适应，即立体结构需要体现互补性。药物的互补性越大，其特异性越高，生物活性也越强。在生物体中，具有重要意义的有机化合物绝大多数都是旋光性物质，并仅以一个对映体存在。如构成蛋白质的α-氨基酸都是L-构型，天然存在的单糖则多为D-构型，DNA都是右螺旋结构等。影响生物活性的立体化学因素，主要有旋光异构、几何异构和构象异构。旋光异构体在体内吸收、分布、代谢和排泄经常有明显的差异。有些异构体药理活性有高度的专一性。如（＋）环己巴比妥是催眠药，而（－）对映体几乎没有催眠作用。几何异构体的理化性质不同，各基团之间的距离也不同，因而与受体相互作用和在体内转运也均存在差异。如抗精神病药反式泰尔登比顺式异构体作用强5～10倍。同样，受体只能与药物分子多种构象中的一种结合，这种构象称为药效构象，即药物分子中与受体相应部位结合基团的空间排列，要完全适应受体的立体构象要求才能产生药效。如抗震颤麻痹药多巴胺只有以反式构象存在时才有药效，而顺式α-偏转体则是无效的。

药效化是特征化的三维结构要素的组合，通常具有相同药理作用的类似药物，都具有某种基本结构，即相同的化学结构部分，如磺胺类药物、局麻药、β-受体阻

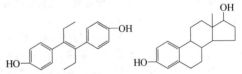

图9-1 己烯雌粉和雌二醇的化学结构

断剂、拟肾上腺素药物等。另一类是一组化学结构完全不同的分子，但它们以相同的机理与同一受体键合，产生同样的药理作用，如己烯雌粉的化学结构比较简单，但其立体构象与雌二醇相似，也具有雌激素的作用。其化学结构如图9-1所示。

三、医药中间体开发的基本过程

医药中间体从新品研发到工业化生产，到药品上市应用，一般分为以下6个阶段进行。

（1）确定目标化合物的结构　通过文献调研、药效学筛选实验或其他有关基础研究工作，确定拟研发的目标化合物。

（2）设计合成路线　根据目标化合物的结构特性，参考国内外相关文献，综合分析，确定工艺可行、成本合理、收率相对较高的合成路线。

（3）制备目标化合物　通过化学反应、生物发酵或其他方法制备出质量符合要求的目标化合物，为产品进行结构确证、质量控制等药学方面的研究以及药理毒理和临床研究提供合格的样品。

（4）进行结构确证　使用物理和化学方法，确证目标化合物的结构。

（5）小试工艺优化、中试放大研究，确定工业化生产工艺　综合考虑原材料获得的难易程度、工艺路线的反应条件、环保和安全、产品的纯化等对生产工艺进行优化。通过对中试和工业化生产工艺的研究，确定稳定、可行的工艺，为药物进一步研发提供符合要求的原料药。

（6）临床研究申请与上市生产申请　根据《中华人民共和国药品管理法》和国家药品监督管理局的《新药审批办法》以及《药品临床试验管理规范》等规定，国家药品监督管理局对拟上市销售的药品从研究过程规范化、研究结果科学可靠和保证药品临床研究质量等方面进行系统评价。

由国家食品药品监督管理局根据药品注册人的申请，按照法定程序，对拟上市销售药品的安全性、有效性和质量可控性等进行系统评价。

四、药物生产小试工艺优化、中试放大研究，确定工业化生产工艺

1.药物制备工艺的选择

药物制备工艺选择的目的是通过对拟研发的目标化合物进行文献调研，了解和认识该化合物的国内外研究情况和知识产权状况，设计或选择合理的制备路线。对所采用的工艺进行初步的评估，也为药物的技术评价提供依据。

对于新的化合物，根据其结构特征，综合考虑起始原料获得的难易程度、合成步骤的长短、收率的高低以及反应条件、反应的后处理、环保要求等因素，确定合理的合成路线；或者根据国内外对类似结构化合物的文献报道进行综合分析，确定适宜的合成方法。

对于结构已知的药物，通过文献调研，对有关该药物制备的研究情况进行全面了解；对所选择的路线从收率、成本、"三废"处理、起始原料是否易得、是否适合工业化生产等方面进行综合分析比较，选择合理

的合成路线。若为创新路线，应与文献报道路线作对比。

2.起始原料和试剂的要求

在原料药制备工艺研究的过程中，起始原料和试剂的质量是原料药制备研究工作的基础，直接关系到最终产品的质量和工艺的稳定，可为质量研究提供有关的杂质信息，也涉及工业生产中的劳动保护和安全生产问题。因此，应对起始原料和试剂提出一定的要求。

（1）起始原料的选择原则 起始原料应保证质量稳定、可控，应有来源、标准和供货商检验报告，必要时应根据制备工艺要求建立内控标准。对由起始原料引入的杂质和异构体，必要时应进行相关研究并提供质量控制方法；对具有手性的起始原料，应规定作为杂质的对映异构体或非对映异构体的限度，同时应对该起始原料在制备过程中可能引入的杂质有一定的了解。

（2）试剂和溶剂的选择 一般应选择毒性较低的试剂，避免使用一类溶剂。控制使用二类溶剂，同时应对所用试剂、溶剂的毒性进行说明，以利于在生产过程中对其进行控制，有利于劳动保护。其中，毒性较大的一类溶剂有：苯、四氯化碳、1,2-二氯乙烷、1,1-二氯乙烯、1,1,1-三氯乙烷等；二类溶剂有乙腈、氯仿、氯苯、甲醇、四氢呋喃等27种溶剂；三类溶剂有丙酮、乙醇、乙酸、乙酸乙酯等27种溶剂；四类溶剂为尚无足够的毒理学资料表述的溶剂。

（3）内控标准 由于制备原料药所用的起始原料、试剂可能存在着某些杂质，若在反应过程中无法将其去除或者参与了反应，对最终产品的质量有一定的影响，因此需要对其进行控制，制定相应的内控标准。一般要求对产品质量有一定影响的起始原料、试剂需制订内控标准，同时还应注意在工艺优化和中试放大过程中起始原料和重要试剂规格的改变对产品质量的影响。一般地，内控标准应重点考虑以下几个方面：①对名称、化学结构、理化性质要有清楚的描述；②要有具体的来源，包括生产厂家和简单的制备工艺；③提供证明其含量的数据，对所含杂质情况（包含有毒溶剂）进行定量或定性的描述；④如果需要采用起始原料或试剂进行特殊反应，对其质量应有特别的要求，如对于必须在干燥条件下进行的反应，需要对起始原料或试剂中的水分含量进行严格的要求和控制；若起始原料为手性化合物，需要对对映异构体或非对映异构体的限度有一定的要求；⑤对于不符合内控标准的起始原料或试剂，应对其精制方法进行研究，以利于对工艺和最终产品的质量进行控制。通常在工艺稳定的条件下，所采用的起始原料、试剂的质量也应相对稳定。

3.中间体的研究及质量控制

在原料药制备研究的过程中，中间体的研究和质量控制是不可缺少的部分，对稳定原料药制备工艺具有重要意义，为原料药的质量研究提供重要信息，也可以为结构确证研究提供重要依据。一般来说，由于关键中间体对最终产品的质量和安全性有一定的影响，因此对其质量进行控制十分重要。对于新结构中间体，由于没有文献报道，其结构研究对于认知该化合物的特性、判断工艺的可行性和对最终产品的结构确证具有重要作用。对于一般中间体的要求可相对简单，对其质量可以进行定量控制。有时，因最终产品结构确证研究的需要，有必要对已知结构中间体的结构进行研究。需要说明的是，中间体的质量控制应按照产品工艺路线的特点和最终产品质控的需要合理选取质控项目。

4.工艺数据的积累

在药物研发过程中，原料药的制备工艺研究是一个不断探索和完善的动态过程，药物研发者需要对制备工艺反复进行试验和优化，以获得可行、稳定、收率较高、成本合理并适合工业化生产的工艺。

工艺数据的积累不但能为工业化生产提供数据支持，还同时为质量研究提供充分的信息支持。在药物研发过程中，研发者应积极主动收集有关的工艺研究数据，尽可能提供充分的原料药制备数据的报告，并对此进行科学的分析，得出合理的结论。充分的数据报告也将有利于药品评价者对原料药制备工艺的评价。需要说明的是，数据的积累贯穿于药物研发的整个过程。

工艺数据报告应包括对工艺有重要影响的参数、投料量、产品收率及质量检验结果（包括外观、熔点、沸点、比旋度、晶型、结晶水、有关物质、异构体、含量等），并说明样品的批号、生产日期、制备地点。工艺数据报告一般分为生产和临床研究两个阶段，可采用表格的形式进行汇总。

5.小试工艺的优化与中试及工业化生产工艺的研究

药物及其中间体生产过程开发研究中，适时地进入放大研究，提供样品，积极开拓市场是十分重要的。为了避免仅就实验室技术做出投资经营决策，许多企业在接受一项新产品或新技术前，往往要求技术方提供"大样"，以确定项目技术成熟性。放大包括从实验室走向工业化，也包括从小规模生产过渡到大规模生产。放大研究是在新的条件下，引入工程特征后进行的研究，要考虑在实验室中规模无法考查的问题。要解决包括可靠的原料来源、物料储存和运输、循环使用、加热和冷却、产品精制、热量回收、三废处理等一系列问题。

在原料药的工艺研究中,小试工艺的优化与中试是原料药制备从实验室阶段过渡到工业化阶段不可缺少的环节,也是该工艺能否工业化的关键,同时对评价工艺路线的可行性、稳定性具有重要的意义。

(1) 小试工艺与中试工艺的不同之处 药物新品过程开发的成果,首先是在实验室完成的。无论是合成一种新的化合物、从大量配方中筛选到一种最佳配方,还是提出一种新的生产方法、改造一台生产设备,都需要在实验室中对多种可能的方案进行比较实验,确定其中最优的方案。但是,这种实验室的小试研究结果,只能说明该方案的可能性,还不能直接用于工业设计。原因在于实验室研究与工业生产有许多明显的不同之处。

① 原料来源的不同 在实验室研究中,常常采用化学纯(Chemically Pure),甚至分析纯级试剂(Analysis Reagent)为原料,其中杂质受到较严格的控制。在工业生产中,工业级的原料中混入的微量杂质可能造成催化剂中毒、催化副反应、造成结晶形状、性质的改变。因此,在开发研究的深入阶段,必须采用廉价的工业原料进行重复实验,以考察过程的可靠性和技术经济性。为考察原料中杂质带来的影响及影响的程度,可采用向试剂级的原料中逐项添加杂质的方法进行系统的研究。当杂质的影响显著时,要研究可靠的净化工艺。

② 设备材质的不同 化学实验常采用玻璃仪器进行,腐蚀较少。工业生产在金属或非金属设备中进行,材料腐蚀对过程的影响不可小视。有时某种材质对某一化学反应有较大影响,甚至会使整个化学反应遭到破坏。如将对二甲苯、对硝基甲苯等苯环上的亚甲基空气氧化为羧基时,必须要在玻璃或钛质材料的容器中进行,若有不锈钢存在则整个反应会遭到破坏。

③ 杂质积累的不同 在连续生产中,杂质的积累到一定程度,就会产生质的变化。副反应的产物也可视为系统中的杂质,研究原料药小试工艺及在生产规模放大时中就要考虑杂质的分离方法,并采取措施减少杂质积累的影响。

研究原料药小试工艺及在生产规模放大时要解决的重要问题之一是掌握杂质积累情况和影响规律,寻找杂质脱出方法以实现结晶母液的再循环。

④ 传递规律变化的不同 实验室中设备规模较小,物料流动状态接近于理想状态。设备规模放大后,流动状态变化导致过程传递规律的变化,对单元操作设备和化学反应器的影响都是巨大的。

有机合成反应器中传热现象就是一例。实验室小型设备具有较大的比表面积,且直径小,即使是放热反应,热能都很容易通过表面传导或辐射等形式导出,因此小试过程中常常需要外加热量来维持反应所需的温度。但是,设备的尺寸增大了以后,参加反应物质的体积增大,所以反应热很难只靠反应器的表面导出。因此,小试中还需加热的放热反应,到中试和工业生产时,可能需要采取适当的措施除去热量。如果解决不当,反应热不能及时移出,会产生"飞温"现象,使反应失控,甚至有发生爆炸的危险。

另外,实验室研究的结果,只能说明该过程方法的可能性,但还不足以用来设计生产装置。从小试工艺到中试工艺转化的研究任务是将实验室的研究成果变为工业生产的现实。实验室研究和中试工艺研究是相互衔接的。一般讲,实验室研究以得到一种生产方法的"设想"而告终,而中试工艺的研究则要对这种生产方法的"设想"在技术上和经济上的可能性和合理性进行考核。为了进行试验而所需的模型装置或中试装置的设计、安装和开车均应包括在此研究阶段中。

(2) 原料药制备工艺优化与中试工艺研究的主要任务 在原料药的小试研究阶段,研究的目的主要是研究化学反应规律,主要包括以下几方面:①反应过程的特征。主反应是吸热还是放热,量级为多少,副反应是否存在,是串联还是并联,对主反应影响多大。②反应的影响因素。对于选定的反应器和催化剂,温度及温度分布、浓度及浓度分布等反应条件对反应结果的影响如何。③反应的特殊性。均相或拟均相;绝热或等温;反应控制或传递控制;高转化率或低转化率等。通过定量的研究,给出反应动力学特征。

在小型工艺实验中,研究人员要充分注重项目方案的创新性、先进性与实用性、经济性的关系,确保整个研究工作的连续进行。

在原料药的中试研究阶段,原料药制备工艺优化与中试的主要任务是:①考核实验室提供的工艺在工艺条件、设备、原材料等方面是否有特殊的要求,是否适合工业化生产;②确定所用起始原料、试剂及有机溶剂的规格或标准;③验证实验室工艺是否成熟合理,主要经济指标是否接近生产要求;④进一步考核和完善工艺条件,对每一步反应和单元操作均应取得基本稳定的数据;⑤根据中试研究资料制订或修订中间体和成品的分析方法、质量标准等;⑥根据原材料、动力消耗和工时等进行初步的技术经济指标核算;⑦提出"三废"的处理方案;⑧提出整个合成路线的工艺流程,各个单元操作的工艺规程。

一般来说，中试所采用的原料、试剂的规格应与工业化生产时一致。从动、植物中提取的有效单体和通过微生物发酵获得原料药的实验室研究和中试与合成药物相关单元操作要求基本相似。在工艺优化和放大过程中，中试规模的工艺在药物技术评价中具有非常重要的意义，是评价原料药制备工艺可行性、真实性的关键，是质量研究的基础。药物研发者应特别重视原料药的中试研究，中试规模工艺的设备、流程应与工业化生产一致。原料药的工艺优化是一个动态过程，随着工艺的不断优化，起始原料、试剂或溶剂的规格、反应条件等会发生改变，研发者应注意这些改变对产品质量（如晶型、杂质等）的影响。因此，应对重要的变化。如起始原料、试剂的种类或规格、重要的反应条件、产品的精制方法等发生改变前后对产品质量的影响，以及可能引入新的杂质情况进行说明，并对变化前后产品的质量进行比较。

（3）小试工艺放大成中试或工业化生产工艺的方法　药物或医药中间体生产过程的开发是从化学实验室成果开始，直至实现工业化的全部技术活动。一般来说，这一阶段需要经过小型试验和中间（工厂）试验等若干步骤，其中多层次的中间试验往往是一项耗资巨大、旷日持久的工作。采用科学的研究方法，减少中间试验的层次、缩小中间试验的规模，是一项重要任务。

小试工艺放大到中试或工业化生产工艺的过程中，所面临的实际问题往往非常复杂，主要表现是：化工过程涉及的物料种类众多，物性千变万化；过程进行的几何边界（如设备壁面、催化剂填充层中的孔道）十分复杂；动量传递、热量传递、质量传递和化学反应器等多种形式同时存在，互相影响。最基本的研究方法有逐级经验放大法和数学模型方法两类。

① 逐级经验放大法　对于某些较简单的药物或医药中间体的生产过程，往往求助于规模逐次放大的实验来搜索过程的规律，这种研究方法称为逐级经验放大法。在采用该方法来研究药物或医药中间体的工艺的放大过程时，通常首先进行小型的工艺试验，以确定优选的工艺条件，然后进行规模稍大的模型试验，验证小型试验的结果，再建立规模更大（如中间工厂规模）的装置。通过逐级搜索，最后才能设计出工业规模的大型生产装置。多层次的中间试验，每次放大倍数很低，显然是相当费时费钱的，但目前这种方法还不能完全排除。

② 数学模型方法　首先对实际过程做出合理的简化，然后进行数学描述、再通过实验求取模型参数。并对模型的适用性进行验证，这种研究方法称为数学模型方法。数学模型方法用于研究药物或医药中间体的工艺的放大过程时，其步骤为：a.将过程分解成若干个子过程。如将反应过程分解为化学反应和各种传递过程；b.分别研究各子过程的规律并建立数学模型，如反应动力学模型、流动模型、传热模型、传质模型等；c.过程综合，或称计算机模拟，即通过数值计算联立求解各子过程的数学模型，以预测在不同的条件下大型装置运行的性能，目的是优化设计和优化操作。

采用数学模型的优点是可以实现高倍数的放大，并且用数学模型在计算机上进行"试验"可大量节省人力、物力和时间。但是，数学模型放大并不意味着不要中试。相反，在许多情况下，一个正确的数学模型往往要经过小试、中试，甚至通过工业生产的检验后才能趋于完善。

目前，药物或医药中间体的工艺的放大过程开发处于逐步从经验过渡到科学的过程。长期以来制药工业中采用传统的相似模拟放大，这种放大方法在电子计算技术尚未得到广泛应用时，对于如何合理组织试验，以及解决一些变量不多的物理过程的放大问题，确实起了一定的作用。但是对于复杂的药物生产过程，由于无法同时满足各种相互矛盾的相似条件，逐级经验放大法是无能为力的。研发过程中数学模型化和计算机的应用，数学模型方法放大，无疑是药物或医药中间体的工艺放大过程开发研究中的一个重要方向。

由于制药过程反应的复杂性，在当前的研发过程中，还不能完全排斥逐级经验放大法，重要的是要通过各种研究方法，力求减少从实验室过渡到工业生产间的差异性。

（4）"三废"的处理　在原料药制备研究的过程中，"三废"的处理应符合国家对环境保护的要求。在工艺研究，必须对可能产生的"三废"进行考虑，尽可能避免使用有毒、严重污染环境的溶剂或试剂，应结合生产工艺制订合理的"三废"处理方案。

化学制药行业的"三废"除了具有毒性、刺激性和腐蚀性以外，还具有数量少、种类多、间歇排放、变动性大、COD（化学耗氧量）高、pH值偏低或偏高等特点。

因此，我们要从以下几个方面进行"三废"的控制。

① 革新工艺　通过选择绿色生产工艺从源头上遏制"三废"的产生。如采用更换合成路线、改进操作方法和调整配料比等措施。

② 循环使用和合理套用　反应母液通常可直接套用或经适当处理后加以套用。冷却水可以循环使用。

由生产系统排出的废水经处理后,也可采用闭路循环使用。

③ 回收利用和综合利用 回收利用所采用的方法包括蒸馏、结晶、萃取、吸收和吸附等。有些"三废"直接回收有困难,则可以先进行适当的化学反应处理(如氧化、还原、中和等),再加以回收利用。

④ 加强设备管理,杜绝"跑冒滴漏" 对于制药企业所产生的废水,一般采用物理法、化学法和生物法三种处理方法。其中,物理法包括均化、稀释、沉淀、上浮、过滤、浓缩结晶、吸附、萃取和反渗透等;化学法包括混凝沉淀、离子交换、电渗析、焚烧、中和及氧化等化学反应;生物法则包括好氧处理法(活性污泥和生物滤池)和厌氧处理等。

对于制药企业所产生的废气,主要有含悬浮物废气(也称粉尘)、含无机物废气和含有机物废气等三种。其中,含悬浮物废气和通过机械除尘、洗涤除尘、过滤除尘和静电除尘等方法加以去除;含无机物废气一般可以采用水或适当的酸性、碱性液体进行吸收处理;对于含有机物废气,一般采用冷凝、吸附、吸收以及燃烧等几种方法进行处理。

对于制药企业所产生的废渣,一般在回收了有用成分或进行了除毒处理以后,采用焚烧法和填土法进行后续处理。

(5) 工艺的综合分析 在原料药制备研究的过程中,工艺的综合分析是重要内容之一。通过综合分析可以使药物研发者对整个工艺的利弊有明确的认识,同时也有利于药品的技术评价工作。药物研发者在以上研究的基础上,经对实验室工艺、中试工艺和工业化生产工艺这三个阶段的深入研究,应对整个工艺有较全面的认识,从而对原料药的制备工艺从工艺路线、反应条件、产品质量、经济效益、环境保护和劳动保护等方面进行综合评价。

6.杂质的分析

原料药制备过程中产生的杂质是原料药杂质的主要来源,通过对工艺过程中产生的杂质进行详细的研究,药物研发者可以对工艺过程中产生的杂质有全面的认识,能对原料药工艺完善的研究具有指导意义,为最终产品的质量研究提供信息。这里所述的杂质不包括最终产品的降解物。

临床研究结束后,应将放大生产的样品与临床研究样品中的杂质进行详细比较,如因生产规模放大而产生了新的杂质,或已有杂质的含量超出原有的限度时,同样应根据有关规定来判断该杂质的含量是否合理,如不合理,则应考虑下一步解决问题的研究工作应如何开展。

第三节 药物中间体合成工艺实例分析

一、抗精神病药物阿立哌唑的生产工艺研究

(一)药物介绍

阿立哌唑,是日本大冢制药公司 1988 年开发的抗精神病药,商品名为博思清(Brisking)。阿立哌唑的化学名称为 7-[4-[4-(2,3-二氯苯基)-1-哌嗪基]丁氧基]-3,4-二氢-2(1H)-喹啉酮,CAS 号 129722-12-9,分子式 $C_{23}H_{27}Cl_2N_3O_2$,相对分子质量 448.39,为喹诺酮类衍生物。化学结构见图 9-2。

(二)现有生产工艺路线

(1) 以 1-(2,3-二氯苯基)哌嗪为起始原料,与 1,4-二溴丁烷发生烷基化反应以后,再与 7-羟基-3,4-二氢喹啉酮成醚得到阿立哌唑,总收率为 85%;也有以 1-(2,3-二氯苯基)哌嗪为起始原料,与 1,4-二溴丁烷发生烷基化反应以后,再与 3-氯-N-(3-羟基苯基)丙酰胺成醚,最后经傅-克反应环合得到阿立哌唑,总收率为 25%。

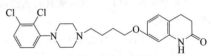

图 9-2 阿立哌唑的化学结构

(2) 以 7-羟基-3,4-二氢喹啉酮为起始原料,与 1,4-二溴-2-丁烯成醚,收率为 91%,再与 1-(2,3-二氯苯基)哌嗪缩合收率为 92%;得到的产物再用 Pd-C 或 Ni 催化氢化得到目标产物,文献报道收率为 95%。这条路线反应进行容易,条件温和,收率也较高。但该反应容易产生 1,4-二溴-2-丁烯分子两端都与 7-羟基-3,4-二氢喹啉酮缩合的杂质。另外,成本也比较高。

(3) 以哌嗪为起始原料,与 1,4-二溴丁烷缩合反应得到 1-(4-溴丁基)哌嗪,再与 7-羟基-3,4-二氢喹啉酮醚化,最后与三氯苯缩合得到终产物。此路线较长,可能会产生的杂质多,总收率很难提高。

(三)工艺路线确定

分别经过详细分析比较原料的成本、反应的难易程度和专利保护状况,我们设计如下合成路线,如图

9-3 所示。

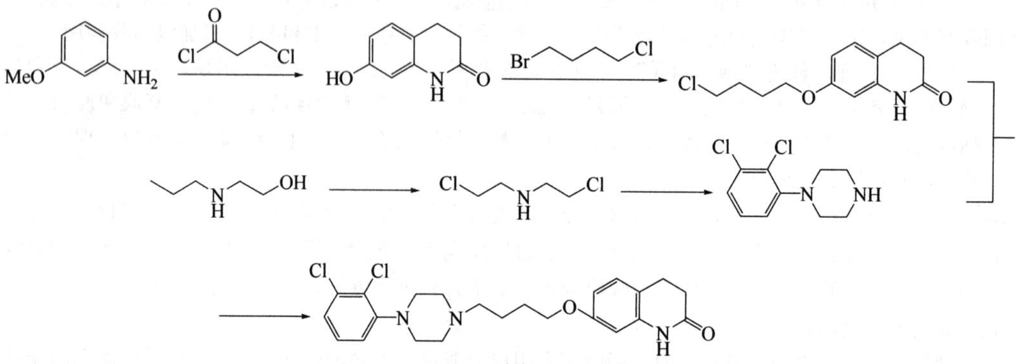

图 9-3 阿立哌唑经确定的合成路线

主要原因：此路线为汇聚式合成，比线性合成合理；间甲氧基苯胺代替间氨基苯酚可以防止后者与3-氯丙酰氯反应时的羟基上的酯化副反应，1,4-溴氯丁烷代替1,4-二溴丁烷可以防止反应生成二醚化的产物，二-(2-氯乙基)胺可通过便宜原料二-(2-羟基乙基)胺合成得到。反应涉及的反应条件较为温和，较少产生杂质。

（四）生产工艺研究

1. 3-甲氧基-3-氯丙酰苯胺的合成

（1）生产过程

① 在50L的反应釜里加入3.7L（4.625kg）二氯乙烷及3.750L（4.980kg）3-氯丙酰氯溶液，搅拌均匀抽至加料贮罐a待用。

② 在反应釜里溶液加入8.4L水和2.15kg碳酸钠，搅拌溶解，抽至加料贮罐b待用。

③ 另外在50L的反应釜打开冷冻盐水，加入4.2L（4.2kg，37mol）间氨基苯甲醚，15L（18.75kg）的二氯乙烷，搅拌冷却到5℃以下，将贮罐a的混合液慢慢滴入反应釜中，待a罐液加入10min后，开始滴加b罐的溶液，并不断放空生成的CO_2。滴加时间1h左右，滴加温度严格控制在10~20℃。

④ 滴加完毕后，关闭冷冻盐水，蒸汽慢慢升温控制到20~30℃，继续反应2h，然后打开冷冻盐水，控制温度在0~5℃，静置12h。

⑤ 放料后经过抽滤得到白色晶体，用水洗2次，离心，烘箱40~50℃下烘干，得白色晶体6.8~7kg。

（2）中试工艺说明

① 滴加过程中，一定要控制滴加速度，控制温度不超过20℃。

② 3-氯丙酰氯刺激性非常大，操作时要戴好防护工具。同时在滴加过程中，3-氯丙酰氯需要尽量避免与空气接触。

③ 滴加碳酸钠后，3-氯丙酰氯的滴加速度可以放快一些，但碳酸钠的滴加速度一定不能超过3-氯丙酰氯的滴加速度。

④ TLC跟踪：乙酸乙酯∶石油醚＝1∶4。

⑤ 烘干后的水分控制小于0.3%。

在本反应条件下，酰氯基本上能与氨基发生定量反应。由于溶剂中还含有较大量的产物，如果对纯化溶媒进行回收处理后，产物总收率可大大提高。

2. 7-羟基-3,4-二氢喹啉酮的合成

（1）生产过程

① 在10L的三口瓶里，加入3-甲氧基-3'-氯丙酰苯胺0.55kg，无水$AlCl_3$ 2.75kg。

② 油浴加热，打开搅拌，在89~103℃左右，反应混合物熔化成液体，有酸气生成，在103~140℃反应混合物又重新变成固体，140℃以上，反应混合物重新溶解反应，放出大量酸气，将生成的酸气吸走处理。

③ 内温严格控制在140~150℃（不能过高，也不能过低），反应1h（判断反应是否完全看在静止时，反应液是否冒泡沫，如果冒泡则说明未反应完，需要继续保温。HPLC监控反应完全）。

④ 在50L的反应釜中加入40kg冰，将反应液慢慢倒入冰中，并不断搅拌，打开排气系统，将生成的酸

气吸走。

⑤ 冰解完成后，关闭冷冻盐水，静置 3h 左右，抽滤.烘干得到 3.2kg 粗产品。

⑥ 将粗产品加入到结晶釜中，加入乙醇：水＝1∶1（体积比）混合溶剂 1.5L 回流全部溶解，稍微降温，加入 1g 保险粉，然后再加 1kg 活性炭，继续回流 1h，热抽滤，冷却到 0℃，抽滤得到产品。

(2) 需注意的问题

① 加料前要提前测好各个原料的水分，合格后才可以投料。

② 该反应是固-固熔融状态下反应，因此反应初期的搅拌难度较大。最好选择可调速锚式搅拌。

③ 在反应初期因搅拌速度较慢，故升温过程要缓慢，以防局部过热产生聚合物等杂质。

④ 在高温反应过程中，有部分无水 $AlCl_3$ 会升华，可能会堵住排气口。因此，为安全起见，反应罐上需设计两套排气口，排气管口径为常规的 2～3 倍。另外，反应过程中经常观察排气口是否正常排气，罐内压是否正常。

⑤ 乙醇水溶液重结晶一次就出来淡黄色晶体。

⑥ 反应中要 TLC 跟踪或 HPLC 跟踪。

3. 7-氯丁氧基喹啉酮的合成

(1) 将 10kg（60mol）7-羟基喹啉酮，132kg（120mol）1,4-溴氯丁烷，DMF 100L，NaOH 3kg 投入反应釜。

(2) 升温到 38～40℃，反应 4h，TLC 检测反应完全，后加 150L 水淬灭反应。

(3) 加入 200L 氯仿，萃取分层。

(4) 有机相用饱和 $NaHCO_3$ 洗涤，水洗，无水硫酸镁干燥，过滤。

(5) 滤液蒸除溶剂，减压蒸馏回收 1,4-溴氯丁烷 108.5kg。

(6) 残余物加 45mL 乙醇重结晶，抽滤，干燥得 10kg 产品。

4. 2,3-二氯苯基哌嗪盐酸盐的合成

(1) 在 200L 的反应釜里加入 2,3-二氯苯胺 60.6kg，二乙醇胺 39kg，混合搅拌 20min。然后加入 32L 浓盐酸，调 pH 值为 6～6.5。

(2) 打开导热油阀门升温到 220～225℃，保温 2.5h，不断蒸出反应生成的水。然后慢慢降温到 80℃，加入 20%NaOH（12kg NaOH 固体加入 45L 水配制而成），搅拌 30min。然后静置分出下面有机层。

(3) 水层用 20L 甲基叔丁醚萃取，合并有机相，用无水硫酸镁干燥，减压回收溶剂。

(4) 真空蒸馏出未反应的苯胺（267Pa，$T \leqslant 130℃$）34.4kg，然后停止蒸馏，降温，加入 15L 盐酸调 pH 为酸性。

(5) 升温至 160℃左右，慢慢加入 PPA 60kg，继续搅拌 30min，降温到 120℃，加入 150mL 水，慢慢加入浓氢氧化钠溶液（约需 80kg NaOH），再补加 150L 水，趁热分出下面油层，上层冷却到 0～60℃左右加入 150L 甲基叔丁醚分两次萃取，合并有机层减压蒸去醚。

(6) 油层高真空蒸馏收集（130～150℃/267Pa 馏分），得 16.6kg 产品，然后在反应釜里用 40L 乙醇溶解蒸馏出的产品，滴加入浓盐酸溶液 9.7L，pH 值为 2，抽滤干燥得产品 14.8kg（TLC：氯仿∶乙醇＝5∶1）。

5. 阿立哌唑的合成

(1) 在 200L 的反应釜甲加入 27.6kg K_2CO_3 和 110L 水，搅拌溶解。

(2) 然后加入 1-(2,3-二氯苯基)哌嗪单盐酸盐 26.8kg，打开蒸汽加热溶解。

(3) 在快速搅拌下加入 25.7kg 7-(4-溴丁氧基)-3,4-二氢喹诺酮，回流 2h。

(4) 冷却过滤，得到固体粗产品。

(5) 固体加入 443L 乙酸乙酯溶解，常压蒸掉 266L 的乙酸乙酯和水的共沸物，冷却抽滤得到固体，60℃烘 14h。

(6) 固体用乙醇重结晶 2 次（250L×2），第一次要活性炭脱色（2%）。

(7) 湿品在 80℃烘 40h，得产品 36kg。

在重结晶过程中，搅拌速度和结晶速度都会影响产品晶型的形成。因此，若要获得稳定的晶型，需对搅拌速度和结晶速度进行控制。

阿立哌唑的工艺流程示意如图 9-4 所示。

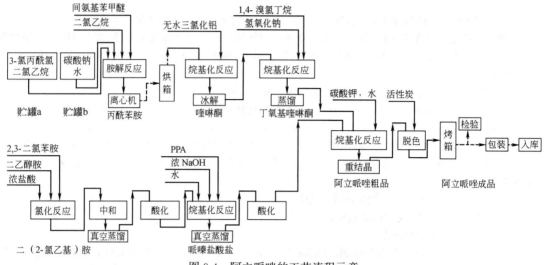

图 9-4 阿立哌唑的工艺流程示意

(五) 三废处理

1. 废气处理方案

第二步在生成 7-羟基-3,4-二氢喹啉酮的过程中产生的酸性气体可经碱液吸收，基本上无废气排放。

2. 废水处理方案

各步反应中产生的废水统一进入本公司的污水处理系统处理到三级排放标准后进入污水处理厂统一处理后排放。

3. 溶剂处理方案

各步反应中使用的溶剂如乙醇等均经蒸馏回收，脱水干燥后，用于本步套用。

4. 废渣处理方案

回收母液过程中产生的少量废渣及活性炭渣统一作填埋处理。

二、抗凝血药物氯吡格雷的生产工艺研究

(一) 概述

氯吡格雷，别名氯匹格雷，是一种血小板凝固抑制剂，化学名称为(S)-α-(2-氯苯基)-6,7-二氢噻吩并[3,2-c]吡啶-5(4H)乙酸甲酯，分子式 $C_{16}H_{16}ClNO_2S$，相对分子质量 321.83，为无色油状物，属噻氯匹定的乙酸衍生物。

硫酸氯吡格雷：$C_{16}H_{16}ClNO_2S \cdot H_2SO_4$。白色结晶，熔点 184℃。临床上应用于治疗动脉粥状硬化疾病、急性冠状动脉综合征、预防冠状动脉内支架植入术后支架内再狭窄和血栓性并发症等。氯吡格雷结构如图 9-5 所示。

图 9-5 氯吡格雷的化学结构

分子结构中有一个手性碳，为 S 构型。(+)-氯吡格雷显示出血小板凝聚的抑制作用活性，而 (−) 异构体没有活性。

(二) 现有生产工艺路线

(1) 第一种路线为氯吡格雷的早期合成方法。在 Sanofi 公司发表的专利上，是用 4,5,6,7-四氢噻吩并 [3,2-c] 吡啶与 α-氯(2-氯) 苯乙酸甲酯在碳酸钾和四氢呋喃存在下反应生成氯吡格雷的外消旋体，然后进行拆分。后改用 α-溴（2-氯）苯乙酸甲酯代替 α-氯(2-氯) 苯乙酸甲酯进行反应，产率有较大提高。该法工艺比较简单，原料价廉易得，其中中间体 4,5,6,7-四氢噻吩并 [3,2-c] 吡啶也是生产噻氯匹定的重要中间体，比较适合于生产噻氯匹定的药厂，虽然其工艺比较简单，原料价廉易得，但是收率还不是很理想，另外放在最后进行手性拆分，目标产物的收率最多仅为产物的 50%。

此路线的缺点是使用了价格高、用量大的三溴甲烷和 2-(2-噻吩基)乙胺，导致 α-溴(2-氯) 苯乙酸甲酯的制备成本较高，且难以制备。

(2) 1993 年，RPG 生命科学公司发表的路线是用邻氯苯甲醛与氰化钠和羟胺反应生成 α-氨基（2-氯）

苯乙酸，酯化后与对甲苯磺酸噻吩-2-乙酯反应，然后进行手性拆分。该路线拆分条件的选择很重要，否则拆分不彻底。

此路线的缺点是要使用剧毒的氰化钠，且要得到单一对映体，溶剂的选择非常重要，因为在大多数溶剂中都会使非对映体消旋化；另外，反应时间较长（40h），收率也不高（50%）。

（3）第三种路线是以邻氯扁桃酸为原料，首先进行拆分，甲酯化后与苯磺酰氯反应生成具有强的离去基团的手性中间体，然后与4,5,6,7-四氢噻吩并[3,2-c]吡啶在碳酸钾的催化下，发生双分子亲核取代反应，构型翻转生成氯吡格雷。有报道称该路线中甲酯化反应、生成磺酸酯的反应和最后一步的亲核取代反应，每步的收率都在90%以上。

（4）第四种路线是成都有机研究所发明的。这条路线是一步法直接从中间体腈基化合物转化成羧基化合物，整个氯吡格雷的合成只用四步（亦可以一锅煮），总收率在70%以上，然后用L-樟脑磺酸进行高效、高选择性动力学拆分，简化了工艺。整条路线具有环境友好、经济、适合工业化大生产的特点。合成路线如图9-6所示。

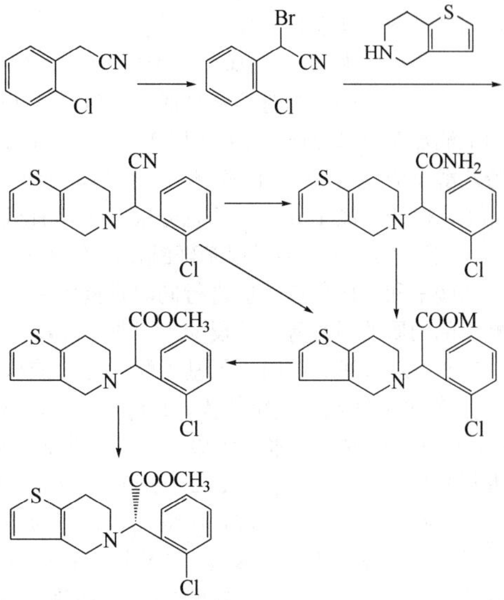

（三）工艺路线的确定

在选择氯吡格雷的合成路线时需考虑的原则是如下所述。

① 原料需价廉易得，反应条件要温和，实验操作需简便，收率要高。

图9-6 成都有机所发明的氯吡格雷的合成路线

② 合成中必须要进行手性拆分，拆分得到的目标产物最多仅为原料的一半，另一半一般无其他用途，所以应尽早进行拆分。

综合对上述路线进行综合比较，结合反合成分析方法，我们认为选择如下合成路线比较合理，如图9-7所示。

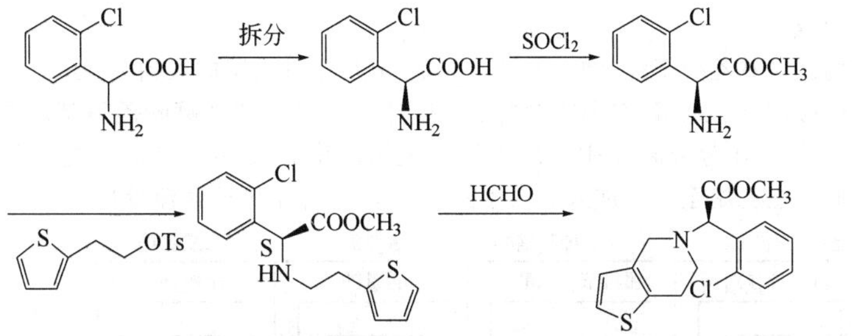

图9-7 氯吡格雷经确定的合成路线

该路线的主要优势在于采用汇聚合成方式，反应步骤短，邻氯苯甘氨酸价格便宜，拆分方法比较成熟，且拆分步骤放在前面有利于最终产物收率的提高，环化过程采用一锅法，收率较高。

（四）实验室合成工艺研究

1. (+)-α-氨基(2-氯苯基)乙酸甲酯盐酸盐的合成

（1）消旋体的合成 －10℃温度下将33g $SOCl_2$ 加入到装有75mL甲醇的500mL圆底烧瓶中，慢慢加入24.5g邻氯苯甘氨酸，室温搅拌24h，产生的挥发性组分减压抽入碱液吸收塔。加入100mL甲醇，活性炭过滤，将滤液倒入过量的异丙醚沉淀，干燥，得到29g固体，收率95%。熔点198℃。

（2）(+)-α-氨基（2-氯苯基）乙酸甲酯盐酸盐的合成 将64g邻氯苯甘氨酸1000mL水中，加热溶解，回流条件下向体系中加入80g(+)-10-樟脑磺酸，反应5h后冷却到室温结晶48h，沉淀过滤，滤液浓缩到150mL，产生的沉淀与前面的沉淀合并，合并的固体在水中重结晶，得到45g(+)邻氯苯甘氨酸樟脑磺酸盐，测得比旋光度 $[a]_D^{22} = +92°$（$c=1$，HCl）。将所得的盐溶于100mL甲醇中，加入等量的碳酸氢钠，－10℃温度下滴加33g氯化亚砜到反应混合物中，混合物升温到室温，反应48h。减压除去溶剂，残余物溶解在100mL甲醇中，将溶液倒入800mL异丙醚中，产生的沉淀过滤干燥得到（＋）α-氨基（2-氯苯基）乙酸甲酯盐酸盐。

工艺说明：要得到较好的拆分收率和纯的对映体，需要摸索不同的实验条件。文献报道可从酸拆分和也可成酯后再拆分。原则上拆分前面的酸有利，实际上由于从酸到酯的合成接近定量收率，所以从酸拆分或成酯后再拆分均可。文献也报道了用酒石酸或其他一些拆分方法，因拆分效率的高低与溶剂、拆分剂等有关系，因此需通过实验摸索反应条件。

2.（＋）α-(2-噻吩乙氨基)(2-氯苯基)乙酸甲酯盐酸盐的合成

（1）对甲苯磺酸噻吩乙醇合成　500mL三口瓶内加入2-噻吩乙醇128g与100mL二氯乙烷，搅拌，冰水冷却下滴加对甲苯磺酰氯210g与200mL二氯乙烷，控制内温低于5℃。滴加完毕后升温至20～25℃，至2-噻吩乙醇反应完全（TCL检测）。然后将反应液加入到1000mL三口瓶内，加入水200mL，二氯乙烷300mL，搅拌洗涤10min后静置分层。干燥有机层，减压回收二氯乙烷。

工艺说明：①滴加对甲苯磺酰氯应有氯化氢气体放出，需用水进行吸收；②反应中生成的氯化氢可以用三乙胺中和，以促进反应进行同时提高收率，三乙胺可以与噻吩乙醇同时加入，加入的物质的量与对甲苯磺酰氯的物质的量相等，此反应中可加111g；③减压回收二氯乙烷后，最好使产物结晶进行减压干燥。

（2）2-氯苯基-2-噻吩乙氨基乙酸甲酯盐酸盐合成

① 邻氯苯甘氨酸甲酯制备　128g邻氯苯甘氨酸甲酯酒石酸盐（0.367mol）与1000mL二氯乙烷加入到2000mL三口瓶内。在冰水冷却，搅拌条件下滴加碳酸钠水溶液（58g＋600mL水）。搅拌使邻氯苯甘氨酸甲酯酒石酸盐全部溶解。转移到2000mL分液漏斗中，静置分层，水层再用300mL二氯乙烷萃取一次。合并有机相，减压回收二氯乙烷，所得油状物即为邻氯苯甘氨酸甲酯。

② 2-氯苯基-2-噻吩乙氨基乙酸甲酯制备　将上步所得邻氯苯甘氨酸甲酯油状物，加入1500mL乙腈搅拌溶解，加入对甲苯磺酸噻吩酯130g。加热升温到73～77℃反应60h（用TLC检测跟踪），反应结束后，减压回收乙腈。冷却，加入水700mL，用乙酸乙酯萃取（1000mL×2）。用盐酸中和至pH为1～2，有白色结晶析出。加压抽滤，将滤饼烘干。

工艺说明：①在减压回收二氯乙烷时，内温不超过50℃。如温度太高可能会有副反应发生。与对甲苯磺酸乙酯进行胺交换时反应温度也不能太高，如太高可能会有副反应。②在胺交换时，反应时间长，可以用TLC检测确定反应是否完全，也可用高压液相跟踪。③反应时对甲苯磺酸噻吩乙醇过量，过量的部分在反应结束后可以考虑回收。

3. 氯吡格雷的合成

2-氯苯基-2-噻吩乙氨基乙酸甲酯盐酸盐120g与500mL二氯乙烷加入到2000mL三口瓶内，在搅拌和水冷却下，滴加37g碳酸钠与400mL水配成的溶液。搅拌使2-氯苯基-2-噻吩乙氨基乙酸甲酯盐酸盐全溶，水相pH值在10～12之间。在分液漏斗中分出下层有机相，并用300mL二氯乙烷萃取水相一次，合并有机相。有机相减压回收二氯乙烷至干。加入无水甲酸500g，然后加热至回流反应6h（可用TLC检测）。反应

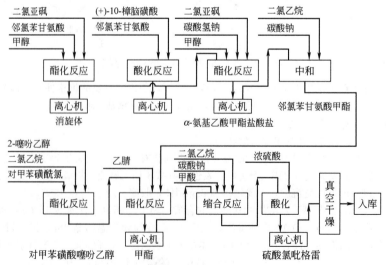

图9-8　氯吡格雷的工艺流程示意

结束后,减压回收甲酸约400g。用水冷却到内温至35~40℃,加入冰水500g。用二氯乙烷300mL×2萃取。合并有机相,并用水200mL洗涤一次。冷却至-10℃左右。开始滴加20g浓硫酸,控制滴加时内温在-10~-5℃之间。滴加完毕后,在0~5℃保温搅拌30h。过滤,并用乙酸乙酯50mL×4洗涤,在50~55℃真空干燥,得60g硫酸氢氯吡格雷。成品比旋度为53~55℃($c=1$,甲醇),熔点182~183℃,收率60%。

氯吡格雷的工艺流程示意如图9-8所示。

三、喹诺酮类抗菌药物加替沙星的生产工艺研究

(一) 概述

加替沙星,化学名称为1-环丙基-6-氟-1,4-二氢-8-甲氧基-7-(3-甲基-1-哌嗪基)-4-氧-3-喹啉羧酸,化学结构如下,如图9-9所示。

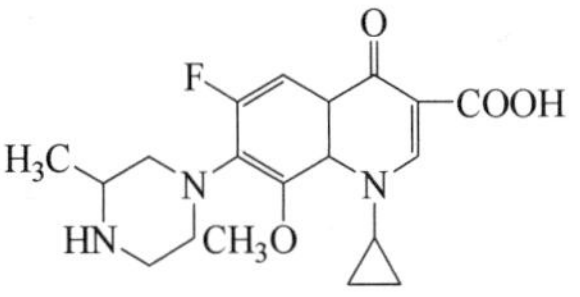

加替沙星是第四代氟喹诺酮类抗生素,具有抗菌作用强,抗菌谱广,毒性低的特点,口服给药,每天给药一次(400mg),易于使用。

喹诺酮类抗菌药已由第一代发展到第四代,还有一些颇具开发前景的品种正在研究中。第一代产品只对大肠杆菌、痢疾杆菌有效,包括萘啶酸(Nalidixic Acid)和吡咯酸等,因疗效不佳,现已少用。第二代产品在抗菌谱方面有所扩大,对枸橼酸杆菌、铜绿假单胞菌、沙雷杆菌也有一定抗菌作用;品种有吡哌酸,诺氟沙星(氟哌酸)其不良反应较多,目前已

图9-9 加替沙星的化学结构

渐被同类其他作用强大、不良反应少的药物取代。第三代产品的抗菌谱进一步扩大,对葡萄球菌等革兰阳性菌也有抗菌作用,对一些革兰阴性菌的抗菌作用进一步加强,是目前临床应用最多的喹诺酮类药物。国内已上市的品种有环丙沙星(环丙氟哌酸),氧氟沙星(氟嗪酸)。第四代产品从1987年化学家们在喹诺酮的骨架6位上添加氟原子,7位上引入哌嗪环或其他衍生物,构成新一代含氟喹诺酮类药,即莫昔沙星、加替沙星、克林沙星和帕珠沙星等。

(二) 现有生产工艺路线

1.生产方法一,如图9-10所示。

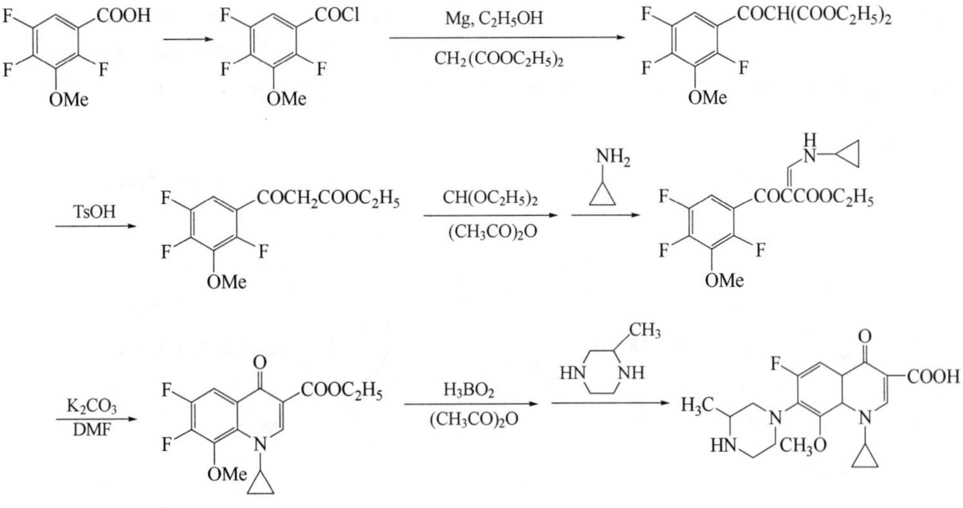

图9-10 加替沙星的生产方法一

该路线以3,4,5,6-四氟苯二甲酸为起始原料,与一些欧洲相关专利相比,避免使用三丁胺等贵重且有毒的原料,合成步骤较短,并对结晶条件进行了优化,同时采用硼螯合物缩哌的方法,提高了产物纯度,将总收率提高到18.3%。此工艺材料价廉易得,工艺较简便,适用于工业化大生产的需要。

2.生产方法二,如图9-11所示。

采用此工艺合成加替沙星,合成路线更为简便,减少了中间过程中化学原料的损失,使原子经济性提高,反应条件温和,容易控制操作,反应后处理方便,同时符合绿色化学发展的方向。

(三) 工艺路线的确定

以下介绍采用以3-甲氧基-2,4,5-三氟苯甲酸(A)为起始原料的路线。

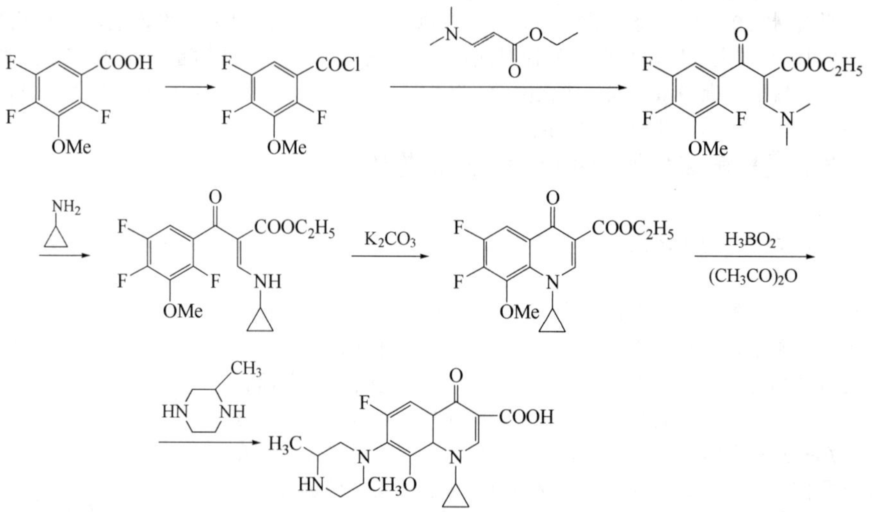

图 9-11 加替沙星的生产方法二

3-甲氧基-2,4,5-三氟苯甲酸（A）与氯化亚砜进行酰化反应制得 3-甲氧基-2,4,5-三氟苯甲酰氯（甲氧酰氯，B），与乙氧镁丙二酸二乙酯（由乙醇和镁制得）进行缩合反应，得 3-甲氧基 2,4,5-三氟苯甲酰丙二酸二乙酯（C）。在对甲苯磺酸的作用下脱去一个羧基得 3-甲氧基-2,4,5-三氟苯甲酰醋酸乙酯（醋酸酯，D），上述油状的醋酸酯（D）在醋酐的存在下与原甲酸三乙酯反应得 2-(3-甲氧基-2,4,5-三氟苯甲酰基)-3-乙氧基丙烯酸乙酯。上述产物在低温环境中与环丙胺反应，经结晶获得 2-(3-甲氧基-2,4,5-三氟苯甲酰基)-1-环丙氨基丙烯酸乙酯（丙胺酯，E）。丙胺酯（E）于碳酸钾作用下进行环合反应并结晶制得环合物酯（环合酯，F）。环合酯（F）与硼酸酯（由硼酸与醋酐制得）反应制得硼螯合物（硼酯），冲水析出结晶。硼酯与 2-甲基哌嗪于乙腈中室温下进行反应得 7-(2-甲基哌嗪基) 硼酯，蒸去溶剂后，加入碱液加热水解生成加替沙星，加入盐酸析出加替沙星盐酸盐。加替沙星盐酸盐溶于水后以碱液调 pH＝7 析出固体，过滤干燥后得加替沙星粗品。加替沙星粗品以乙醇热溶冷析精制，得加替沙星成品（G）。合成路线，如图 9-12 所示。

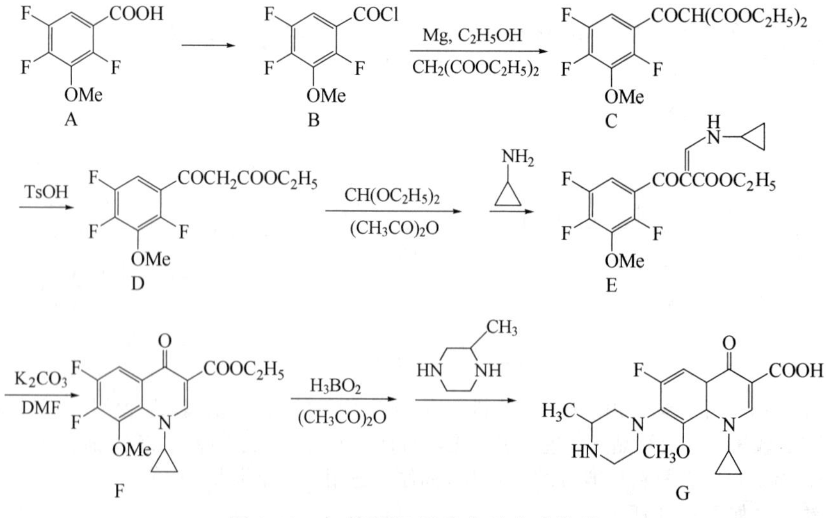

图 9-12 加替沙星经确定的合成路线

（四）生产工艺研究

1. 制备 3-甲氧基-2,4,5-三氟苯甲酰氯

将 3-甲氧基-2,4,5-三氟苯甲酸 6kg，氯化亚砜 46kg 投入 50L 反应罐，80℃反应 5h。常压后减压

20mmHg（2.67kPa）蒸除氯化亚砜，得甲氧酰氯（B）6.5kg，为油状物，HPLC检测90%以上。加入2.1kg甲苯混匀备用，收率95%。

2. 制备3-甲氧基-2,4,5-三氟苯甲酰醋酸乙酯

将镁条0.72kg，无水乙醇4kg，四氯化碳0.3kg投入50L反应罐中，升温至50℃。滴加5kg丙二酸二乙酯和12kg甲苯的混合液，控温60℃左右。滴完后于60～70℃，保温4h，然后降温冷却至0℃。滴加上步反应所得甲氧酰氯（B）8kg和甲苯混合液，滴完后于0℃搅拌30min，然后撤去冰盐水。加入硫酸溶液搅拌，静置分层，收集甲苯层。水层以3kg和2.2kg甲苯各提取一次，合并甲苯层，以6kg水洗两次，减压蒸除甲苯，得油状物。20L罐中加入7kg水和7kg对甲苯磺酸（TsOH），搅拌溶解，加入上述油状物。加热回流9h，然后分出油层，水层以3.15kg×2二氯乙烷提取，合并油层和二氯乙烷层，以碳酸氢钠溶液洗一次，饱和食盐水洗一次。减压30mmHg（4.0kPa）蒸除二氯乙烷，得醋酸酯（D）10kg，HPLC检测90%以上，收率90%。

3. 制备2-(3-甲氧基-2,4,5-三氟苯甲酰基)-1-环丙氨基丙烯酸乙酯

将上述反应中所得醋酸酯（D）10kg及6kg原甲酸三乙酯，8kg醋酐加入50L反应罐，升温110℃回流5h。常压蒸馏除去溶剂，得油状物，冷至室温。加入12kg二氯甲烷，降温至10℃以下。滴加2kg环丙胺，放去冷水，搅拌4h，减压蒸馏除去二氯甲烷。加入5kg乙醇，析结晶48h以上，过滤，得丙胺酯（E）5kg。HPLC检测95%以上，熔点55℃，收率90%。

4. 制备环合酯（F）

丙胺酯5kg，无水碳酸钾3kg，二甲基甲酰胺15kg放入50L反应罐回流150℃反应1h。然后降温，结晶24h，过滤，得4.8kg环合酯（F）。HPLC含量98.4%，收率89%。

5. 制备加替沙星粗品

将醋酸3kg，硼酸2kg，放入50L反应罐中，升温至80℃。滴加9kg醋酐，控温110℃以下。滴完后于110℃、保温30min。降温至80℃，加入上步反应中所得5kg环合酯（F），然后升温至110℃，保温2h。反应完后降温，加冷水约19h，过滤。水洗至中性，干燥得4.8kg硼酯，HPLC含量93%，收率92.73%。

将5.6kg硼酯，13kg乙腈，3kg 2-甲基哌嗪，加入50L反应罐，室温20℃搅拌12h。减压蒸除溶剂，加入10% NaOH溶液14.5kg，于90℃，加热1h。0.4kg活性炭脱色，过滤，浓盐酸调pH=1。冷至室温，放置结晶4h，过滤，得加替沙星盐酸盐（湿品）。

上述盐酸盐加入30L反应罐，加入17kg蒸馏水，微热使溶解，加入0.4kg活性炭，搅拌30min。过滤，用10% NaOH调pH=7，约耗2.1kg，室温结晶4h以上。过滤，适量蒸馏水洗，甩干。100℃烘干，得加替沙星粗品4kg，HPLC检测97%，收率77%。

6. 精制加替沙星

30L反应罐中加入上述所得加替沙星粗品4kg，30kg无水乙醇，加入活性炭0.5kg，搅拌，加热80℃回流30min。压滤，放置结晶12h，甩滤，烘干，得加替沙星成品（G）3.5kg，HPLC检测99%以上，收率88%。

加替沙星的工艺流程示意如图9-13所示。

（五）三废处理

1. 废气处理方案

第1步酰氯化反应中产生HCl和SO_2气体，用碱液将其吸收后的废液送废水处理厂。

2. 废液处理方案

（1）有机废液　有机废液主要为回收溶剂时产生的高、低沸点馏分以及含有机物较多的水溶液浓缩后的残渣，它们含二甲基甲酰胺、二氯甲烷、二氯乙烷、乙腈和乙醇等，数量比较少。采用焚烧处理工艺流程。

（2）废水处理　合成过程中产生一定量废水，主要为含乙醇、二甲基甲酰胺和醋酸的废水，浓度较低。采用二级曝气处理工艺流程。混合废水经格网自流至集水池，由提升泵进入调节池进行水质均衡和预曝，然后由输送泵送入一级兼气池和一级曝气池进行一级生化处理，其出水经沉淀池污泥分离后进入二级兼气池和二级曝气池进行二级生化处理，其出水经沉淀池污泥分离后由过滤泵提升至过滤器进行过滤，出水经过滤达标后排放。沉淀池产生的剩余污泥浓缩、加药凝聚、板框压滤脱水后送入焚烧炉焚烧。

3. 废渣

合成过程中产生的废渣为活性炭和溶剂回收后的残渣，经焚烧后去除有机物。

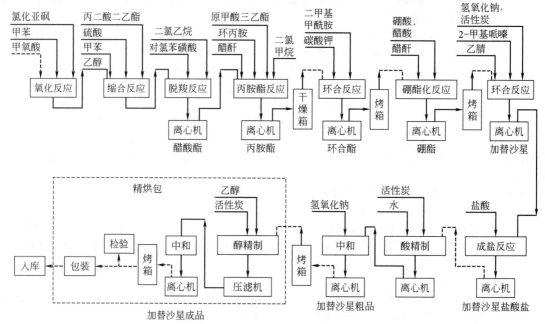

图 9-13 加替沙星的工艺流程示意

四、解热镇痛药对乙酰氨基酚（扑热息痛）的生产工艺研究

（一）概述

对乙酰氨基酚又称扑热息痛，是一种解热镇痛类药物，化学名称为 4-乙酰氨基苯酚或 N-(4-羟基苯基)乙酰胺。它的人工合成已有 100 多年的历史，至今仍被广泛使用。结构式见图 9-14 所示。

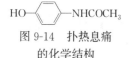

图 9-14 扑热息痛的化学结构

（二）现有生产工艺路线

生产扑热息痛有多条路线，但是无论采用哪条合成路线，其最后一步乙酰化都是相同的。因此下面主要介绍两种对氨基苯酚的合成路线。

1. 以对硝基苯酚或对亚硝基苯酚为原料的方法

该路线可采用多硫化钠、铁屑-盐酸或催化氢化还原制得对氨基苯酚。其中，采用多硫化钠还原法的缺点是成本高，而且会产生大量废水；而采用铁粉还原法的缺点是产率低、质量差，生成大量含芳胺的铁泥和废水，给环境带来严重影响，要进行三废处理较难，成本高。因此国外很少使用。我国目前已经取缔了这样的生产厂家。采用催化氢化还原是首选的方法，此法产率高、产品质量好、溶剂可回收，对环境污染少。

2. 以硝基苯为原料，通过还原经中间体苯基羟胺一步合成对氨基苯酚的方法

在还原过程中采用铝粉化学还原法、电化学还原法和催化加氢还原法。国外多采用以活性炭为载体和贵金属催化的催化加氢还原法，目前国内企业也采用此新工艺生产。

（三）工艺路线的确定

有以下两种工艺路线。

（1）以苯酚为原料，经亚硝化反应生成对亚硝基苯酚，然后继续被多硫化钠溶液还原生成对氨基苯酚，最后与醋酸或醋酐发生酰基化反应生成对乙酰氨基酚，即扑热息痛。合成路线见图 9-15 所示。

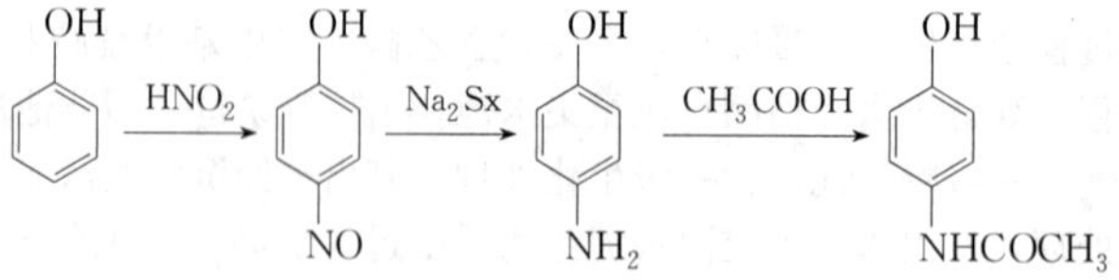

图 9-15 以苯酚为原料生产扑热息痛的合成路线

（2）以硝基苯为原料，经催化加氢生成苯基羟胺中间体，然后在硫酸的作用下发生重排反应得到对氨基苯酚，最后发生酰基化反应得到产物。合成路线见图 9-16 所示。

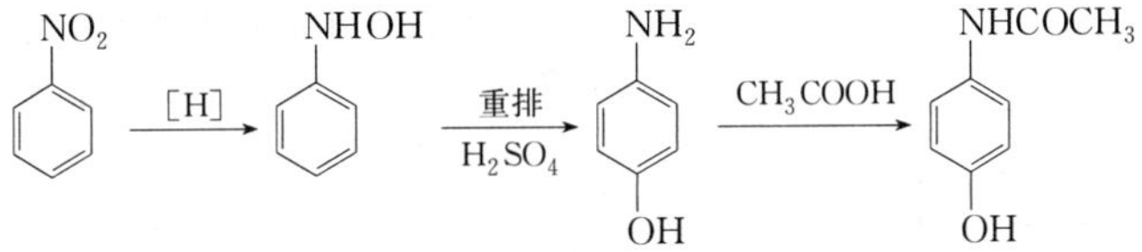

图 9-16 以硝基苯为原料生产扑热息痛的合成路线

(四) 生产工艺研究

1. 以苯酚为原料生成对氨基苯酚的生产工艺

(1) 生产过程 苯酚和亚硝酸钠的摩尔比为 1∶1.2。在硝化反应釜中开搅拌和冷冻,投入配量的水、苯酚和亚硝酸钠,冷至 0~5℃,滴加事先配好的用水 1∶1 体积稀释了的冷的稀硫酸。滴完后继续保温 1h。静置,抽滤,水洗滤饼 pH 值至 5 左右,甩干,所得对亚硝基苯酚的产率约 80%~85%。对亚硝基苯酚化学性质不稳定,应放入冰库避光保存,最好现做现用。

在搅拌下把对亚硝基苯酚慢慢投入到还原釜中,釜中存有事先准备好的浓度为 38%~45% 的硫化钠液,控制反应温度在 38~48℃ 之间。反应完成后,将反应液抽入中和釜,加 2~3 倍量的水稀释。在 40℃ 以下,用 20% 的硫酸中和到 pH 值为 9 左右。此时逐渐有硫化氢气体溢出。当达到中和终点时,有大量硫化氢泡沫形成。中和析出的对氨基苯酚粗品中含有少量硫黄,可以过滤收集。母液可回收副产硫代硫酸钠。对氨基苯酚粗品经沸水溶解、脱色、过滤、冷却和结晶可得精品,产率为 75%~78%。

工艺流程示意如图 9-17 所示。

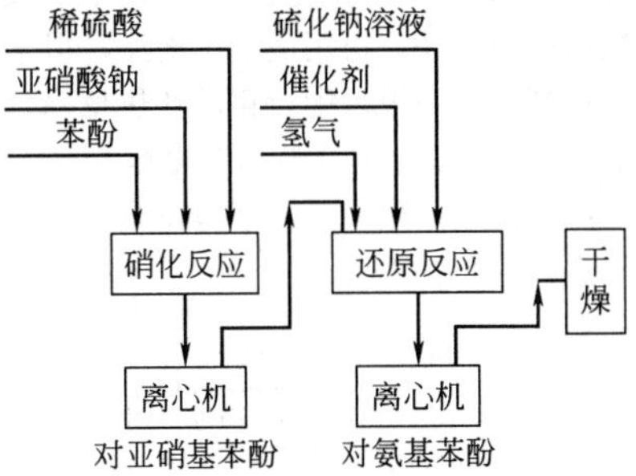

图 9-17 以苯酚为原料生产对氨基苯酚的工艺流程示意

(2) 注意事项

① 生产过程中要严格执行岗位生产工艺操作规程,尽量避免副反应的发生,发现问题要及时汇报,做到有问题早解决。

② 亚硝化反应时放热反应,因此滴加速度应均匀,尽量避免忽快忽慢而使反应温度较难控制。一般要求反应釜夹套通低于 -10℃ 的冰盐水。

③ 在亚硝化时,最好采用桨叶式搅拌器进行快速搅拌,以使物料能混合均匀,便于传热控制。另外,由于亚硝化反应是在固态的苯酚与液态的亚硝酸钠的水溶液之间进行的,而工业用苯酚的熔点为 40℃ 左右,如果投料前苯酚已经结成了大颗粒,则亚硝化反应只在晶粒表面一层进行,这样会影响对亚硝基苯酚的质量和产率。因此,必须采用强力搅拌使颗粒分散成松散的絮状结晶。

④ 在配料准备时,亚硝酸钠的用量应适当过量。这是因为在反应过程中难免会发生副反应,有部分亚硝酸分解为 NO 气体而逸出反应体系。

⑤ 把对亚硝基苯酚投入到硫化钠液的过程中药控制投料量,如果一次加料过多会导致形成釜内局部酸性过大,易析出硫黄,影响产品的质量与产率。

⑥ 理论上硫化钠与对亚硝基苯酚的配料量应为 1.0∶1.0。但实践证明,当硫化钠与对亚硝基苯酚的配料量应为 (1.16~1.23)∶1.00 比较好,若低于 1.05∶1.00,则反应不易进行完全,将影响产品质量。

⑦ 还原反应是放热反应。若反应温度超过 55℃ 时,不仅使生成的对氨基苯酚钠被氧化,而且对亚硝基苯酚也有自燃的危险;若反应温度低于 30℃ 时,则还原反应不易完成。所以生产中一般采取逐渐加入对亚硝基苯酚、加强搅拌和冷却等措施控制反应温度。

⑧ 当使用稀硫酸调节还原反应液时,反应液的 pH 值为 10 时对氨基苯酚已基本游离完全,当 pH 值为 9 时析出少量硫黄和少量的对氨基苯酚,当 pH 值为 7.0~7.5 时,则有大量硫化氢有毒气体生成。因此,在调节反应液的酸碱度时必须考虑加酸速度,注意避免硫黄局部析出或局部硫酸浓度大。

⑨ 生产中利用对氨基苯酚在沸水中溶解度比较大(110℃ 时为 59.95g/100mL 水,0℃ 时为 1.10g/100mL 水)的性质与活性炭和析出的硫黄分离。析出的对氨基苯酚的形状以颗粒状结晶为好。

2. 以硝基苯为原料生成对氨基苯酚的生产工艺

(1) 生产过程 在加氢反应釜中先投入 10% 的硫酸,然后加入配量的硝基苯和 Pd/C 催化剂,盖上人孔,用氮气赶尽空气后再用氢气赶氮气三遍后通入氢气,把釜压升至 0.2MPa,不能超过 0.5MPa。加热反应釜至 80~90℃ 至反应不再吸氢,把釜压降至 0.1MPa,用氮气赶尽氢气,趁热压滤,滤液进入冷却釜冷却结晶,抽滤、水洗、甩干得对氨基苯酚的粗品。

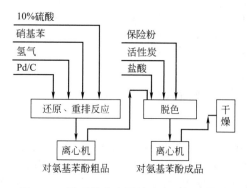

将粗品投入配量的盐酸水溶液中,加热溶解然后活性炭脱色,同时加少量保险粉防止氧化,压滤,滤液冷却结晶得对氨基苯酚的精品。工艺流程示意图如图9-18所示。

(2) 注意事项 在通氢气之前一定要试压防漏,然后用氮气赶尽空气,再用氢气赶尽氮气三遍,再加氢至规定压力进行反应。反应结束时同样要先用氮气赶尽氢气。这样做的目的是防止氢气和空气中混有的氧气混合爆炸。

3. 以对氨基苯酚为原料生成对乙酰氨基苯酚的生产工艺

(1) 生产过程 将配料对氨基苯酚、冰醋酸和含有50%以上的醋酸母液投入酰化釜中,对反应釜夹套通蒸汽,打开冷凝器的冷却水阀门,加热回流2h后,改蒸馏操作。控制蒸出醋酸的速度,要求为每小时蒸出的量为总

图9-18 以硝基苯为原料生产对氨基苯酚的工艺流程示意

量的10%左右。待内温升至135℃以上时,从底阀取样,检查原料残留含量低于2.0%时即为反应终点。如未达到,则补加醋酐使反应到达终点。反应结束后,加入含量为50%以上的醋酸,冷却结晶,甩滤,先用少量稀醋酸洗涤,再用适量水洗涤,甩干,得扑热息痛粗品。

在精制釜中投入配量粗品扑热息痛、水和活性炭,对反应釜夹套通蒸汽,加热至沸腾,用1:1盐酸调节pH值为5.5左右,然后升温至95℃趁热压滤,滤液冷却结晶,再加入亚硫酸氢钠,冷却结束后,甩滤,滤饼用水洗涤,甩干,烘干得扑热息痛成品。滤液经浓缩、结晶、甩滤后得粗品扑热息痛,再精制。工艺流程示意如图9-19所示。

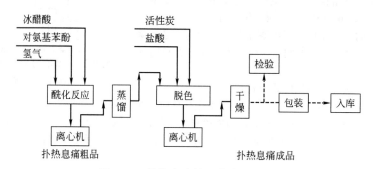

图9-19 扑热息痛的工艺流程示意

(2) 注意事项

① 反应终点要取样检测,也就是测定对氨基苯酚的剩余量以及反应液的酸度。只有保证对氨基苯酚的剩余量低于2.0%,才能确保扑热息痛成品的质量和产率。

② 由于反应在较高温度下(超过135℃)进行,未被酰基化的对氨基苯酚容易与空气中的氧气作用生成亚胺醌及其聚合物等,致使产品变成深褐色或黑色,故通常需加入少量抗氧剂(如亚硫酸氢钠等)。反应方程式见图9-20所示。

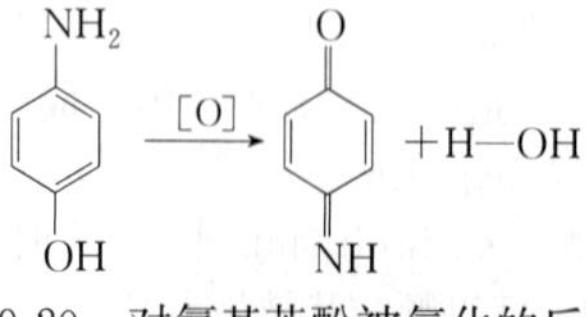

图9-20 对氨基苯酚被氧化的反应

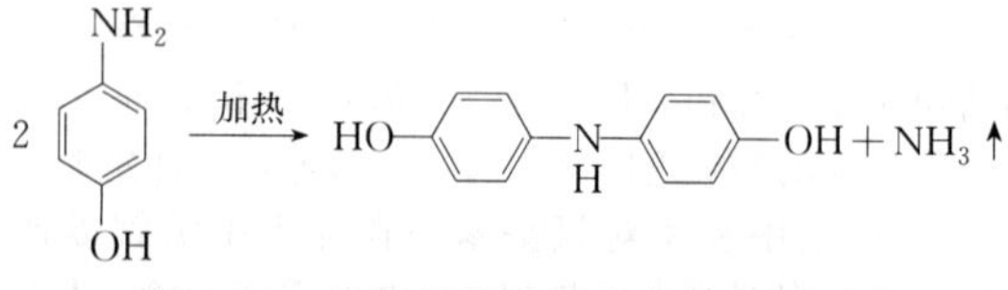

图9-21 对氨基苯酚发生的缩合副反应

③ 由于反应在较高温度下(超过135℃)进行,因此对氨基苯酚容易发生缩合副反应生成深灰色的4,4'-二羟基二苯胺。反应方程式见图9-21所示。

如果使用醋酐代替醋酸作为酰基化试剂,则反应可在较低温度下进行,容易控制副反应。如,采用醋酐-醋酸作为酰基化剂,可在80℃下进行反应。但是,由于醋酐的价格比醋酸较昂贵,所以生产上一般采用

稀醋酸（35～40%）与之混合使用，即先套用回收的稀醋酸，蒸馏脱水，再加入冰醋酸回流去水，最后加醋酐减压蒸出醋酸。该方法充分利用了原辅料醋酸，节约了开支。

④ 采用适当的分馏装置严格控制蒸馏速度和脱水量是反应的关键。也可利用三元共沸的原理把乙酰化生成的水蒸出，使反应完全。

（五）三废处理

1. 废液处理

洗涤用废水可循环使用，稀醋酸浓缩蒸馏脱水后回收套用。

2. 废气处理

主要为硫化氢、二氧化氮等酸性气体，可采用碱液吸收的方式排除。

五、咪唑类抗菌药物伏立康唑的生产工艺研究

（一）概述

咪唑及其衍生物不但是重要的药物中间体，同时也是重要的农药中间体。咪唑的衍生物存在于生物机体内，因此比咪唑本身更重要。N-1取代的咪唑衍生物为优良的杀（真）菌药物，如克霉唑、咪康唑（不仅抗霉菌，还可用于祛头皮屑洗发香波）、酮康唑、齐诺康唑、氟康唑和联苯苄唑等抑菌剂。其他二元或三元取代咪唑有：抗甲状腺药物甲巯咪唑、抗原虫及各种细菌药物二甲硝咪唑（达美索），抗猪寄生虫兼作生长促进剂洛硝唑、抗滴虫硝基咪吗啉、甲亢平等。硝基咪唑是优良的抗菌或抗原生物药。如硝苯唑、甲硝唑（又是放射致敏剂）、磺甲硝咪唑（又是抗滴虫药）、氯醇硝唑、卡咪唑（又是抗滴虫药）等。

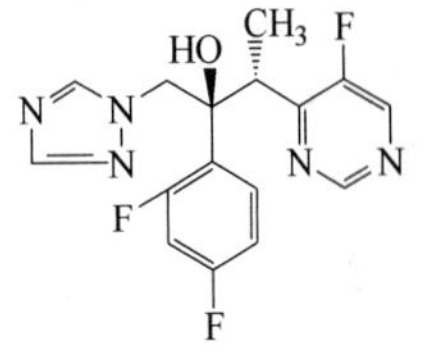

伏立康唑的化学名称为 2R,3S-2-(2,4-二氟苯基)-3-(5-氟嘧啶-4-基)-1-(1H-1,2,4-三唑-1-基)丁-2-醇，结构见图9-22所示。

图9-22 伏立康唑的化学结构

伏立康唑是第二代三唑类广谱、强效抗真菌药，由辉瑞公司研究开发。近年来随着器官移植、免疫抑制剂、肾上腺皮质激素、广谱抗生素应用的增多，真菌病的发病率呈上升趋势，因此有效控制真菌病发病具有重要的临床意义。咪唑类抗真菌药是近年来不断发展的一类药物，其抗真菌普广，真菌对其产生耐药性较缓慢，毒性小，可迅速吸收，生物利用度高。不良反应主要表现为视力障碍，但停药后即可恢复正常。

（二）现有生产工艺路线

(1) 有关中间体 6-(1-溴乙基)-4-氯-5-氟嘧啶的合成路线一，见图9-23所示。

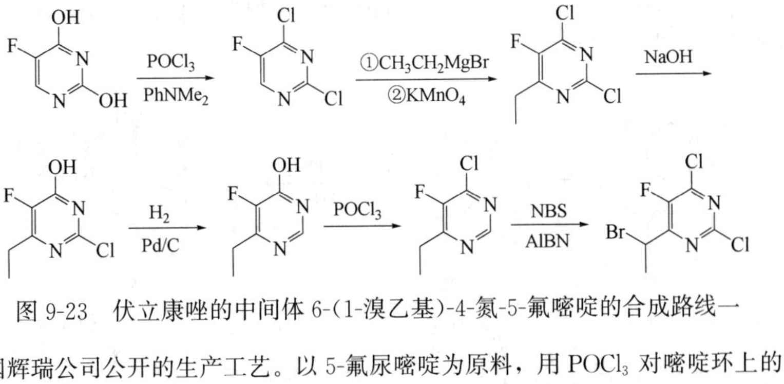

图9-23 伏立康唑的中间体 6-(1-溴乙基)-4-氯-5-氟嘧啶的合成路线一

该方法是美国辉瑞公司公开的生产工艺。以5-氟尿嘧啶为原料，用 $POCl_3$ 对嘧啶环上的两个羟基氯代，随后通过格氏反应引入乙基，在NaOH作用下氟邻位嘧啶环上的氯被羟基取代，在Pd/C催化加氢脱氯，再用 $POCl_3$ 氯化，然后在AIBN（偶氮二异丁腈）的作用下与NBS发生溴化反应，得到中间体 6-(1-溴乙基)-4-氯-5-氟嘧啶。

(2) 有关中间体 6-(1-溴乙基)-4-氯-5-氟嘧啶的合成路线二，见图9-24所示。

该方法以5-氟尿嘧啶为原料，用 $POCl_3$ 对嘧啶环上的两个羟基氯代，然后用α-甲基丙二酸二乙酯引入乙基，然后在AIBN的作用下与NBS发生溴化反应，得到中间体 6-(1-溴乙基)-4-氯-5-氟嘧啶。

(3) 以 6-(1-溴乙基)-4-氯-5-氟嘧啶为中间体继续往下反应得到伏立康唑的合成路线见图9-25所示。

在实际生产中，常采用的是合成路线一。因为该路线与其他路线相比，不仅反应条件相对温和，且产率也比较高，采用此路线得到伏立康唑的总收率可达到8.96%。所以，该路线是目前我国关于伏立康唑合成

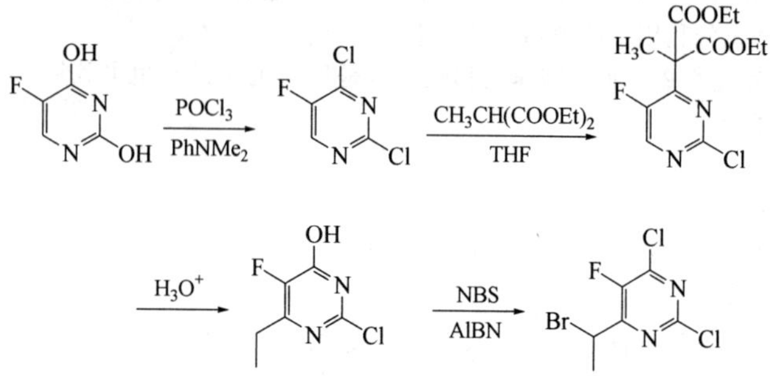

图 9-24 伏立康唑的中间体 6-(1-溴乙基)-4-氯-5-氟嘧啶的合成路线二

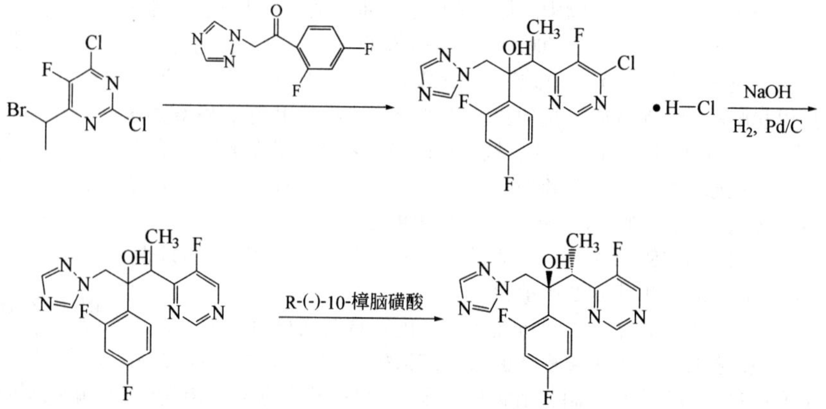

图 9-25 以 6-(1-溴乙基)-4-氯-5-氟嘧啶为中间体合成伏立康唑的合成路线

采用的最多、技术也较为成熟的一条路线。

(三) 工艺路线的确定

用金属锌配体催化剂催化定向合成制得 2R-2-(2',4'-二氟苯基)-3-(4-氯-5-氟嘧啶-6-基)-1-(1H-1,2,4-三唑-1-基)丁-2-醇盐酸盐,再经 R-(-)-樟脑-10-磺酸拆分得 2R,3S 型伏立康唑,伏立康唑粗品以乙醇热溶冷析精制得伏立康唑成品。见图 9-26 所示。

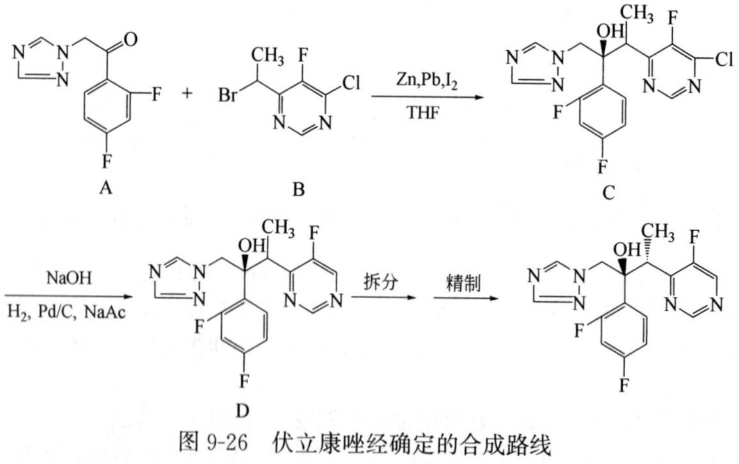

图 9-26 伏立康唑经确定的合成路线

(四) 生产工艺研究

1. 制备 2R-2-(2,4-氟苯基)-3-(4-氯-8-氟嘧啶-6-基)-1-(1H-1,2,4-三唑-1-基)丁-3-醇盐酸盐

在氮气下,将搅拌锌粉 19.3kg,铅粉(325 目)0.47kg 及四氢呋喃 43L 组成的混合物在 100L 反应罐,加热回流 3h。将混合物冷却至 25℃,继续搅拌 16h。在 80min 内加入碘 7.4kg 的四氢呋喃溶液 2L,加入过

程中使之升温至45℃。然后再将混合物冷却至0~-5℃。向其中加入1-(2,4-二氟苯基)-2-(1H-1,2,4-三唑-1-基)乙酮(A)6.53kg及6-(1-溴乙基)-4-氮-5-氟嘧啶(B)7kg的四氢呋喃溶液25L,加入过程中保持反应温度在5℃以下。将混合物加热至25℃,加入冰醋酸8.84kg和水84L,倾析分离出固体金属残渣,减压蒸除60L四氢呋喃。加入乙酸乙酯56kg,继续蒸馏除去溶剂。冷却混合物,用乙酸乙酯84L提取两次,合并提取液,用乙二胺四乙酸二钠3.22kg的水溶液16L洗涤,然后再用饱和盐水30L洗涤。含有机层的对映体对(C)的比例可用HPLC分析来决定,2R与2S的摩尔比例为9.9∶0.1。

将有机层浓缩至体积为56L,于25℃下加入盐酸1.2g、异丙醇6L的溶液。标题化合物以固体形式沉淀。滤集产品,用乙酸乙酯5L洗涤,干燥得化合物(C)7.8kg,收率65%,熔点126~130℃。

2. 制备2R-2-(2,4-二氟苯基)-3-(5-氟嘧啶-4-基)-1-(1H-1,2,4-三唑-1-基)丁-2-醇

将上步所得的产物6.2kg放入20L氢化罐,加入乙酸钠2.7kg,5%(质量比)Pd/C 0.2kg和乙醇12.4L组成的混合物,搅拌着在50℃及34kPa压力下氢化19h。将反应物冷却至25℃,滤除催化剂,用乙醇100mL洗涤。减压浓缩至干,残渣在二氯甲烷2L和10%碳酸钾溶液2L进行分配。分出有机层,用水洗涤,减压蒸发至干,得标题化合物(D)5.8kg,HPLC检测96%,此产品可直接用于下一步反应。

3. 制备2R,3S-2-(2,4-二氟苯基)-3-(5-氟嘧啶-4-基)-1-(1H1,2,4-三唑-1-基)丁-2-醇

将上部产品5.8kg,溶于丙酮12L中,放入100L罐中,加入R-(-)-樟脑-10-磺酸4.2kg的丙酮30L溶液。混合物在20℃下粒化18h,然后冷却至0℃,保持1h。滤集固体,用冷丙酮10L洗涤,干燥,得樟脑磺酸盐粗品8.4kg,HPLC分析纯度为91%。将此部分拆分盐8.4kg溶于加热回流下的甲醇21L和丙酮32L的混合物中,将溶液慢慢冷却至20℃。过夜使之粒化,收集固体。用丙酮5L洗涤,干燥,得2R,3S-2-(2,4-二氟苯基)-3-(5-氟嘧啶-4-基)-1-(1H-1,2,4-三唑-1-基)丁-2-醇 R-(-)-樟脑-10-磺酸盐为白色晶系7.7kg,熔点187℃。HPLC分析显示此物质为100%光学纯。

使此盐7.7kg在二氯甲烷18.5L与水18.5L之间进行分配,加入40%(质量比)NaOH溶液调其pH=11,溶液分层,用二氯甲烷20L提取水相。合并有机层,用水2×18L洗,甩滤,减压蒸除溶剂。加入异丙醇2.6L,冷却至0℃,使之粒化1h。过滤收集固体,用冷的异丙醇0.5L洗涤,50℃下减压干燥,得产物3.9kg,熔点133℃,HPLC分析99%以上,光学纯100%。

伏立康唑的工艺流程示意图见图9-27所示。

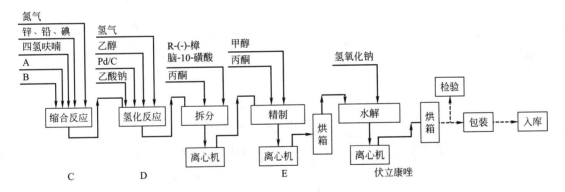

图中:
A:1-(2,4-二氟苯基)-2-(1H-1,2,4-三唑-1-基)乙酮
B:6-(1-溴乙基)-4-氮-5-氟嘧啶
C:2R-2-(2,4-氟苯基)-3-(4-氯-8-氟嘧啶-6-基)-1-(1H-1,2,4-三唑-1-基)丁-3-醇盐酸盐
D:2R-2-(2,4-二氟苯基)-3-(5-氟嘧啶-4-基)-1-(1H-1,2,4-三唑-1-基)丁-2-醇
E:2R,3S-2-(2,4-二氟苯基)-3-(5-氟嘧啶-4-基)-1-(1H-1,2,4-三唑-1-基)丁-2-醇 R-(-)-樟脑-10-磺酸盐

图9-27 伏立康唑的工艺流程示意

(五)三废处理

1. 废液处理方案

有机废液:溶剂回收套用剩余有机废液,主要为回收溶剂时产生的、低沸点馏分以及含有机物较多的水溶液浓缩后的残渣,它们含四氢呋喃、乙酸乙酯、异丙醇、乙醇、二氯甲烷、丙酮、甲醇等,数量比较少,

采用焚烧处理工艺流程。

废水处理：产生废酸水和碱水的浓度较低。经过碱、酸处理，出水经过滤达标后排放。沉淀池产生的剩余污泥浓缩、加药凝聚、板框压滤脱水后送入焚烧炉烧。

2.废渣处理方案

合成过程中产生的废渣为锌、铅、碳和溶剂回收后的残渣，锌、铅回收套用，剩余经焚烧后去除有机物。

六、治疗高血压和心绞痛药物苯磺酸氨氯地平的生产工艺研究

（一）概述

苯磺酸氨氯地平的化学名称为2-[(2-氨基乙氧基)甲基]-4-(2-氯苯基)-1,4-二氢-6-甲基-3,5-吡啶二羧酸-3-乙酯-5-甲酯苯磺酸盐，化学结构如图9-28所示。

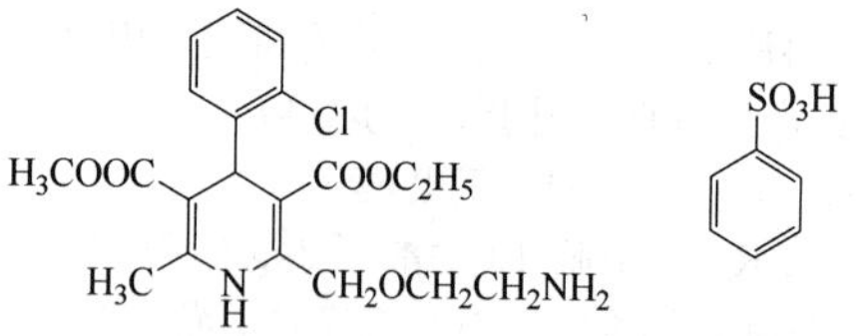

苯磺酸氨氯地平是二氢吡啶类的治疗高血压和心绞痛药物。苯磺酸氨氯地平具有生物利用度高、起效慢、作用持久、血浆半衰期36h等特点，高血压患者只需日服一次，一次一片，每片5mg，对心绞痛患者每天5～10mg。使用方便，确保24h有效血药浓度，从而避免高血压患者清晨的血压波动造成的心肌缺血猝死和脑中风，而不引起反射性心动过速。

图9-28 苯磺酸氨氯地平的化学结构

二氢吡啶类抗高血压药已经发展到四代，第一代药物有硝苯地平、尼卡地平等。第二代药物有尼群地平、尼莫地平、非洛地平、尼索地平等。第三代药物有氨氯地平、拉西地平、西尼地平等。

苯磺酸氨氯地平于1990年由美国辉瑞公司开发上市，属于钙拮抗剂，并有望用于治疗充血性心力衰竭和左心室功能减退的患者，市售商品名为络活喜。

（二）现有生产工艺路线

（1）以邻氯苯甲醛、氨基巴豆酸乙酯为原料和以不同基团保护氨基的β-二羰基化合物进行Hantzsch成环反应得到氨氯地平的衍生物，再脱掉保护基得到氨氯地平或再进一步反应得到氨氯地平的盐类产物。合成路线见图9-29所示。

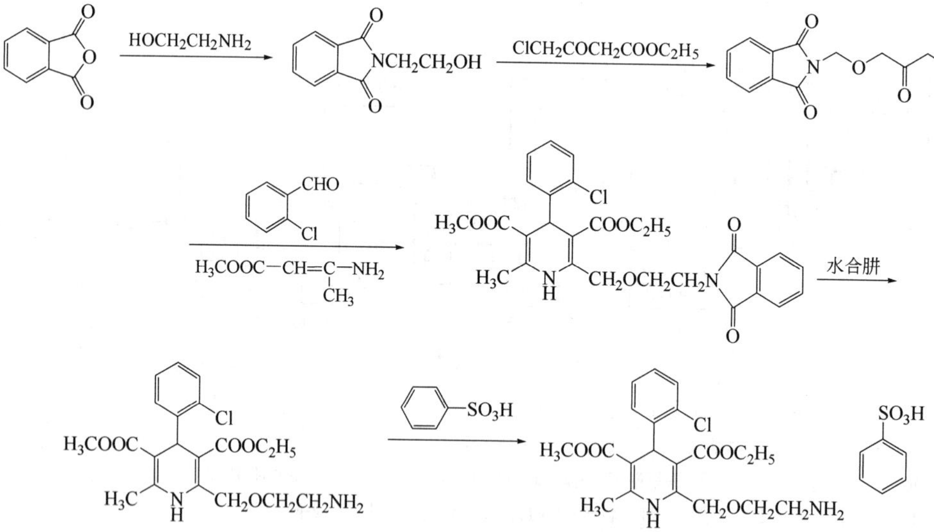

图9-29 苯磺酸氨氯地平的合成路线

该路线以邻苯二甲酰基作为氨基保护基，该法保护基原料易得。

（2）以不饱和氨类化合物和二羰基化合物为原料，经Michael加成反应构建二氢吡啶环得到关键中间体，最后水解和成盐得到氨氯地平苯磺酸盐。合成路线见图9-30所示。

（三）工艺路线的确定

以邻苯二甲酸酐和乙醇胺为原料，经酰化反应得苯二甲酰亚氨基乙醇，与氯乙酰乙酸乙酯进行烃化得4-

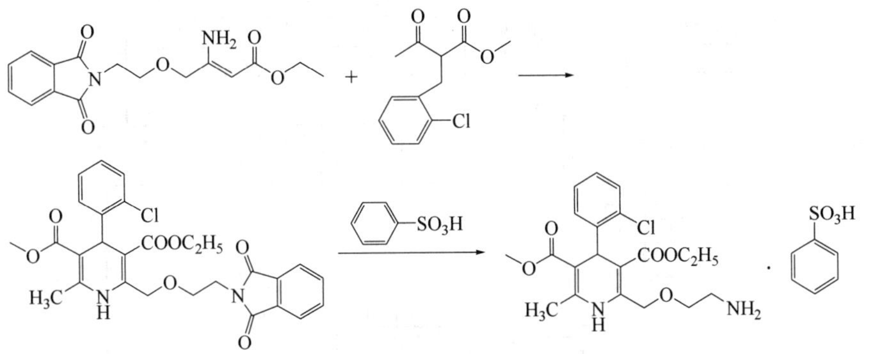

图 9-30　以不饱和氨类化合物和二羰基化合物为原料的苯磺酸氨氯地平的合成路线

[2-(苯二甲酰亚氨基)乙氧基]乙酰乙酸乙酯，与邻氯苯甲醛、3-氨基丁烯酸酯环合得 2-[2-(苯二甲酰亚氨基乙氧基)甲基]-4-(2-氯苯基)-1,4-二氢-6-甲基-3,5-吡啶二羧酸-3-乙酯-5-甲酯，经过肼解、成盐得苯磺酸氨氯地平。即合成路线一。

（四）生产工艺研究

1. 制备苯二甲酰亚氨基乙醇

将邻苯二甲酸酐 6kg（AR 级，熔点 146℃）放入 50L 反应罐，滴加乙醇胺 3kg，2h 加完（邻苯二甲酸酐全部熔化、放热、冒白烟）。内温 130℃，回流分水 4h。冷却至 50℃，加入水，加热溶解、搅拌，冷却析出白色结晶。次日，离心甩滤，少量水洗两次。抽干，真空干燥，即得样品 6.6kg，熔点 125～130℃。

2. 制备 4-[2-(苯二甲酰亚氨基)乙氧基]乙酰乙酸乙酯

在 50L 反应罐中，放入氢化钠（60%）1.8kg、无水四氢呋喃 20kg，搅拌 20min，35℃以下分三次加入苯二甲酰亚氨基乙醇 3.5kg，约 40min 加完毕。降至 18℃，滴加氯乙酰乙酸乙酯 2kg 和无水四氢呋喃 10kg 混合液，加完毕后搅拌反应 2kg。反应完毕后，将反应液倾入盐酸溶液中分离，水层用乙酸乙酯提取两次，合并油层用水洗。蒸馏除去溶剂，得黄色油（烃化物）4.2kg，薄层色谱（板层析）确定主斑点的位置及相对质量。

3. 制备 2-[2-(苯二甲酰亚氨基乙氧基)甲基]-4-(2-氯苯基)-1,4-二氢-6-甲基-3,5-吡啶二羧酸-3-乙酯-5-甲酯

在 50L 反应罐中，将上面烃化物 1kg 溶解于异丙醇 20kg 中，加热溶解。滴加邻氯苯甲醛 2kg，加入 3-氨基丁烯酸酯 2.2kg，反应液呈红棕色，回流 100℃反应 4h。减压抽除异丙醇，浓缩至恒重，得油状物。加冰醋酸溶解后，搅拌有结晶析出。冷却、离心甩滤，得淡黄色固体。加甲醇精制，过滤、即得粗品 2kg，熔点 143～144℃。

4. 制备苯磺酸氨氯地平

在 50L 反应罐中，放入环合物 4kg，加无水乙醇 30kg，搅拌下加入水合肼 3kg，加热至 80℃全部溶解。80℃回流、析出固体、共回流 2h。避光冰水冷却 4h，离心甩滤，滤饼用乙醇洗、弃去固状物。蒸干乙醇液，得略带黄色的固体。加入二氯甲烷 10kg，加热溶解，溶液用水洗、分离，蒸去二氯甲烷至干，加入无水乙醇加热全部溶解。将苯磺酸 3kg 溶于无水乙醇 10kg 溶液中，倾入上述乙醇液中，冷却，离心甩滤得白色结晶，将所得的产物用乙醇精制，得样品 3kg，熔点 196℃，HPLC 检测 99%以上。

注意，因氨氯地平对可见光和紫外线较敏感，因此在制备时要全程避光，原料和制得的中间体也要避光冷藏，长期存放时还须用 N_2 或 Ar 置换容器中的空气。对有光敏物质参加的回流反应或重结晶等温度较高操作过程，除避光外，也要用惰性气体进行保护。

苯磺酸氨氯地平的工艺流程示意图见图 9-31 所示。

（五）三废处理

1. 有机废液

四氢呋喃、乙酸乙酯、异丙醇、二氯甲烷、无水乙醇回收套用，有机废液主要为回收溶剂时产生的高沸点残油，处理厂焚烧处理。

2. 废水处理

产生的主要为含醋酸的废水，浓度较低，碱化后排入废水处理池。

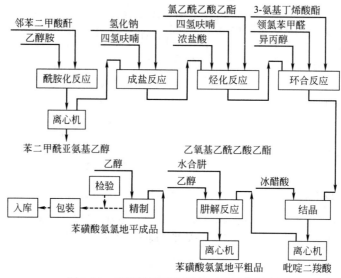

图 9-31 苯磺酸氨氯地平的工艺流程示意

3. 废渣处理

产生的废渣为活性炭和溶剂回收后的残渣，送焚烧处理厂。

七、抗消化系统溃疡药奥美拉唑的生产工艺研究

（一）概述

奥美拉唑的化学名称为 5-甲氧基-2-{[(4-甲氧基-3,5-二甲基-吡啶基)甲基]亚硫酰基}-1H-苯并咪唑，化学结构如图 9-32 所示。

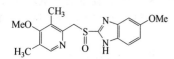

图 9-32 奥美拉唑的化学结构

奥美拉唑是质子泵抑制剂，能抑制胃酸活性，作用特异性高作用强大且时间长，广泛适用于与酸有关的各种紊乱性疾病，可治疗十二指肠溃疡、胃溃疡和食道炎。胃酸已确认为是消化性溃疡及酸有关的紊乱性疾病主要的致病因素，因此抑制胃酸分泌是治疗消化性溃疡的主要措施。以雷尼替丁为代表的 H_2 受体阻断药可抑制基础胃酸的活性，但抑酸作用不强，复发率高。1988 年瑞典 Astra 公司首次合成了奥美拉唑。此类的其他药物包括兰索拉唑，潘妥拉唑等。其抑酸作用极强，比 H_2 拮抗剂起效快，不良反应少，疗效显著。至 1999 年已在 26 个国家上市。

（二）现有生产工艺路线

1. 中间体 2-氯甲基-3,5-二甲基-4-甲氧基吡啶的合成路线

一种方法是以 2,3,5-三甲基吡啶为原料，经氮氧化、硝化、甲氧基化、重排、水解和氯化六步反应制得。合成路线见图 9-33 所示。

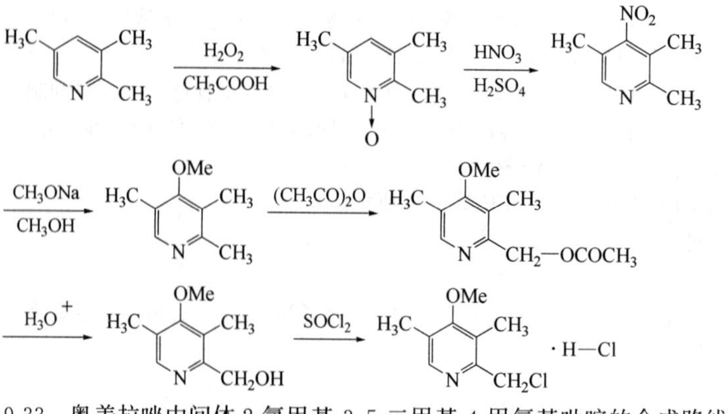

图 9-33 奥美拉唑中间体 2-氯甲基-3,5-二甲基-4-甲氧基吡啶的合成路线

另外一种是以 3,5-二甲基吡啶为原料,经氮氧化、硝化、甲氧基化、甲基化、重排、水解和氯化七步反应制得。该路线由于在硝化和甲氧基化时容易产生副产,甲氧基化时分离困难,且重排时收率较低,总收率只有 25%～28%。

还有一种是以 2-甲基乙酰乙酸乙酯和 2-甲基丙二酸二乙酯为主要原料,经高压氨化、环合、水解、脱羧、氯化、高压催化还原、甲氧基化以及氮氧化合成得到 4-甲氧基-2,3,5-三甲基吡啶-N-氧化物,再经重排、水解和氯化共十一步反应得到。该路线多步反应收率均较低,且需使用高压氨化和选择性还原,副反应严重,分离困难,由起始原料至 4-甲氧基-2,3,5-三甲基吡啶-N-氧化物八步反应的收率仅为 26%。

2.中间体 5-甲氧基-2[(3,5-二甲基-4-甲氧基-2-吡啶基)甲硫基]-1H 苯并咪唑氧化

采用不同的氧化剂如间氯过氧苯甲酸、C_6H_5IO、H_2O_2/V_2O_5、$NaIO_4$、单过氧苯二甲酸镁盐和光照氧化等,在温和的反应条件下,可将中间体 5-甲氧基-2[(3,5-二甲基-4-甲氧基-2-吡啶基)甲硫基]-1H 苯并咪唑选择性地氧化成亚砜产物,即奥美拉唑。

(三) 工艺路线的确定

以对氯硝基苯为原料的奥美拉唑的合成路线,见图 9-34 所示。

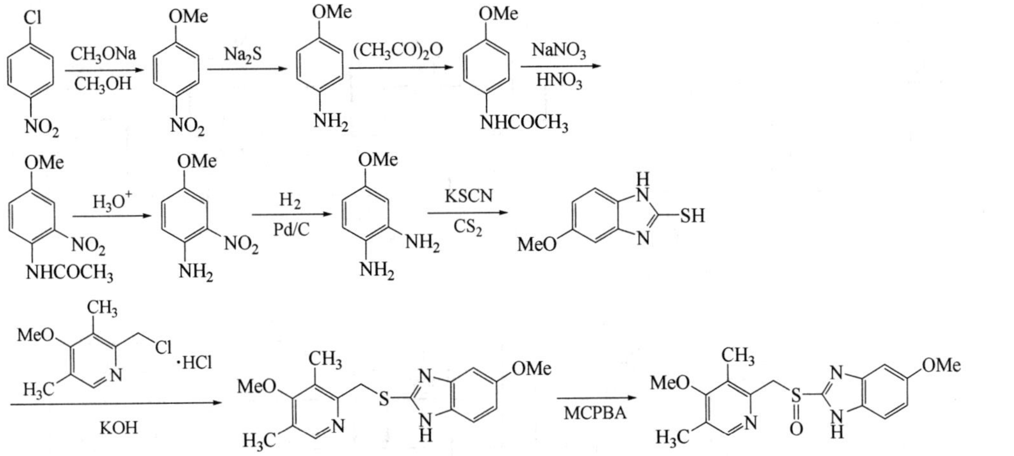

图 9-34 奥美拉唑经确定的合成路线

(四) 生产工艺研究

1.制备对甲氧基硝基苯

在 50L 反应罐中,用油浴,加入甲醇钠 1kg,甲醇 20kg,缓慢加对氯硝基苯 10kg。加完毕,搅拌 20r/min,110℃下回流 6h。冷却至室温,边搅拌边倒入碎冰,用浓氨水 10kg 中和。离心机甩滤,干燥,得浅黄色粉末状固体 8kg,熔点 124℃。

2.制备对甲氧基苯胺

在 50L 反应罐中,加入对甲氧基硝基苯 8kg、水 25kg、硫化钠 2kg,反应约 6.5h。密闭继续反应 24h。离心机甩滤得 7.6kg,干燥,得黄色粉末状固体 7kg,熔点 112℃。

3.制备对甲氧基乙酰苯胺

在 50L 反应罐中放入对甲氧基苯胺 7kg,无水甲醇 25kg,乙酸酐 5kg,55℃下回流 8h。蒸干溶剂,水洗,抽滤,干燥得白色结晶 8kg,熔点 132℃,HPLC 检测 95% 以上。

4.制备 2-硝基-4-甲氧基苯胺

在 50L 反应罐中,放入对甲氧基乙酰苯胺 8kg,硝酸钠 1.3kg,滴加发烟硝酸 1.5kg,反应 2h。加热 60℃继续反应 5h。水洗,冷冻,离心机甩滤,得 6.1kg 产品。加入 50% 硫酸,水解 30min,冷冻过滤,得到产品 5kg,熔点 160℃,HPLC 检测 95% 以上。

5.制备 4-甲氧基-邻苯二胺

在 20L 高压釜。放入 2-硝基-4-甲氧基苯胺 5kg,乙醇 13kg,5% 钯碳 0.2kg,氢气加压 20atm (2MPa),转速 200r/min,还原 8h。二氯甲烷 20kg 提取,水洗,干燥,蒸干溶剂,得固体 4.6kg,熔点 52℃。

6.制备 2-巯基-5-甲氧基苯并咪唑

4-甲氧基-邻苯二胺 4.6kg，在 N_2 保护下，加入硫氰酸钾 2kg，二硫化碳 20kg，以 1℃/min 升温到 75℃ 加热 8h。然后冷至室温，在水冷却下，用 5% 硫酸调节 pH=4。取出分离的结晶，水洗，干燥，以甲醇-水重结晶，得到无色结晶 4kg，熔点 261℃。

7. 制备 2-[2-(3,5-二甲基-4-甲氧基)吡啶基甲硫基]-5-甲氧基苯并咪唑

在 50L 反应罐中加入 2-巯基-5-甲氧基苯并咪唑 4kg、2-氯甲基-3,5-二甲基-4-甲氧基吡啶盐酸盐 4kg，无水乙醇 30kg，至 60℃ 搅拌反应 2h。稍经减压浓缩，残余物加入 2L 饱和碳酸氢钠溶液，搅拌至油状物变为固体。氯仿提取，提取液以无水硫酸钠干燥，减压蒸干，离心机甩滤，得类白色产物 6kg，熔点 154~155℃。HPLC 检测 95% 以上。

8. 制备奥美拉唑

将 2-[2-(3,5-二甲基-4-甲氧基)吡啶基甲硫基]-5-甲氧基苯并咪唑 3.8kg 溶于氯仿 20kg，缓慢加入间氯过苯甲酸（MCPBA）5kg，该温度下搅拌 10h，然后加入 5% 碳酸氢钾溶液，随后分出氯仿层，以无水硫酸钠干燥，减压蒸干，残余物以乙酸乙酯结晶，得本品 3kg，熔点 150℃，HPLC 检测 99% 以上。

奥美拉唑的工艺流程示意如图 9-35 所示。

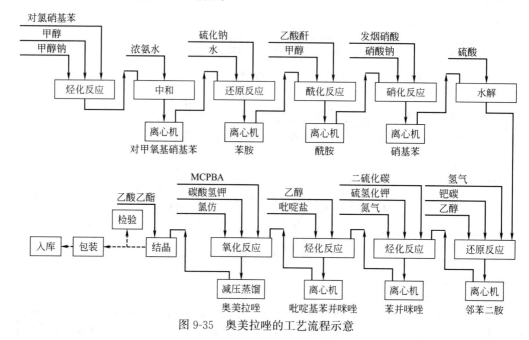

图 9-35 奥美拉唑的工艺流程示意

（五）三废处理

合成工艺中产生的废气 SO_2、NH_3，用水吸收；产生的废液中二氯甲烷、甲醇、乙醇、氯仿等废溶剂，经重新蒸馏后回收套用；实验室少量废钯碳可回收；其余残液、残渣集中收集，送三废处理厂处理。

八、降血糖药物格列吡嗪的生产工艺研究

（一）概述

格列吡嗪（又名格列甲嗪，国外商品名为美吡达）的化学名称为 1-环己基-3-[4-[2-(5-甲基吡嗪-2-酰胺)乙基]苯磺酰基]脲，化学结构如图 9-36 所示。

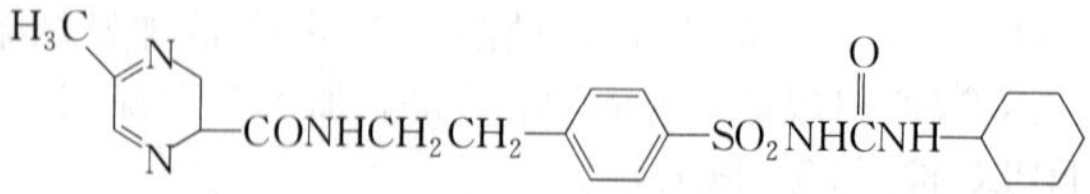

图 9-36 格列吡嗪的化学结构

格列吡嗪为第二代磺脲类降血糖新药，适用于非胰岛素依赖型糖尿病，吸收迅速，能有效控制餐后血糖高峰。因其代谢产物无活性且能迅速排出体外，故极少引起持久性低血糖的危险。该药的生物利用度完全和高度一致，疗效可靠，长期服用能逆转早期糖尿病微血管病变，降低血小板聚集，降低血清胆固醇和甘油三酯水平，提高高密度脂蛋白的组成。

磺酰脲类结构药物的作用及毒性相似，但作用强度、起效时间和持续时间不同。磺酰脲类药物的作用机制主要刺激胰岛素细胞释放胰岛素发挥降糖作用。甲苯磺丁脲（D860）和格列本脲（优降糖）是第一代磺酰脲类降糖药。第二代降糖药如格列吡嗪、格列齐特、格列喹酮（糖适平）等则作用强，其效能与第一代相似，而副作用较少发生。

（二）现有生产工艺路线

先合成中间体 2-甲基吡嗪-5-羧酸，再与氯甲酸乙酯作用生成中间体 2-甲基吡嗪-5-甲酰氯，然后与对氨乙基苯磺酰胺反应，最后和三氯乙酸环己胺或环己基异氰酸酯作用得到格列吡嗪。如图 9-37 所示。

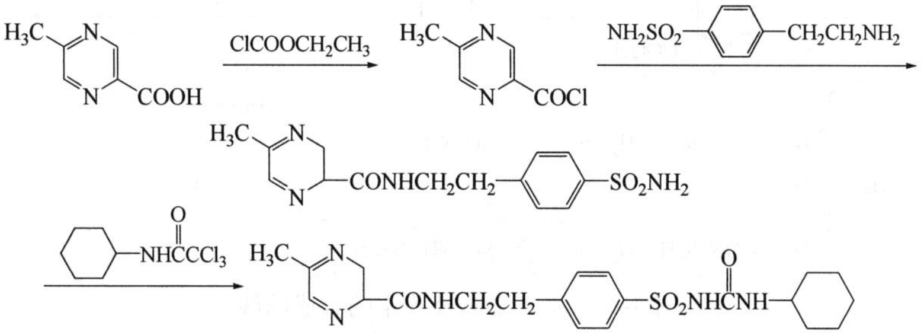

图 9-37　从中间体 2-甲基吡嗪-5-羧酸开始合成格列吡嗪的合成路线

至于 2-甲基吡嗪-5-羧酸的合成方法，主要有以下几种。

1. 合成路线一，如图 9-38 所示。

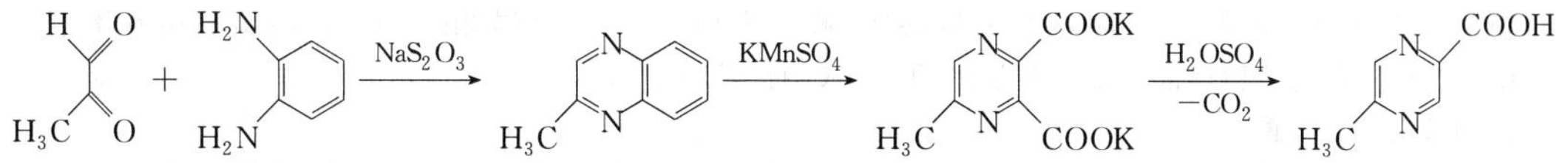

图 9-38　格列吡嗪的中间体 2-甲基吡嗪-5-羧酸的合成路线一

该方法以丙酮醛和邻苯二胺为原料，首先在催化剂焦亚硫酸钠的存在下，丙酮醛和邻苯二胺环合得到 2-甲基苯并吡嗪；然后用高锰酸钾氧化得到 5-甲基吡嗪-2,3-羧酸钾；再用硫酸进行酸化和脱羧得到目标化合物 2-甲基吡嗪-5-羧酸。

这种生产方法所用原料易得、合成工艺简便、生产规模灵活，目前该方法在国内已实现工业化生产，但反应的总收率有待提高。

2. 合成路线二，如图 9-39 所示。

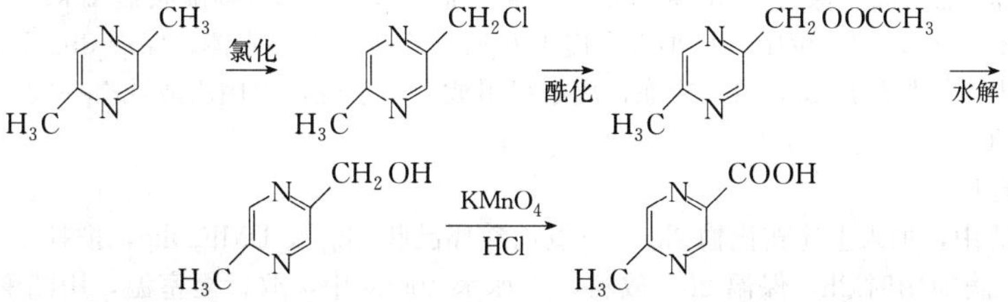

图 9-39　格列吡嗪的中间体 2-甲基吡嗪-5-羧酸的合成路线二

该方法以 2,5-二甲基吡嗪为原料，经过氯化、酰化、水解和氧化四步，得到目标产物 2-甲基吡嗪-5-羧酸，该路线的总收率为 47%。

3. 合成路线三，如图 9-40 所示。

这种方法是在 $NiO(OH)$，K_2CO_3 等催化剂作用下，由 2,5-二甲基吡嗪的单 R 基取代物在 30～70℃ 的温度下用 8～70mA/cm^2 的电流密度电解氧化得到。反应产物用盐酸酸化至 pH 值为 1.5，减压蒸馏除去水后用甲乙酮萃取残留物。萃取液经蒸馏除去溶剂后得到目标产物，收率一般在 80%～90%。

电化学方法所得到目标产物的收率较高，且不需要使用大量的化学氧化剂，污染较小，目前该方法的工艺已成熟，国外已有用于工业化生产的报道。但该方法消耗大量的电能，导致成本较高是目前国内无法实现工业化生产的制约性因素。

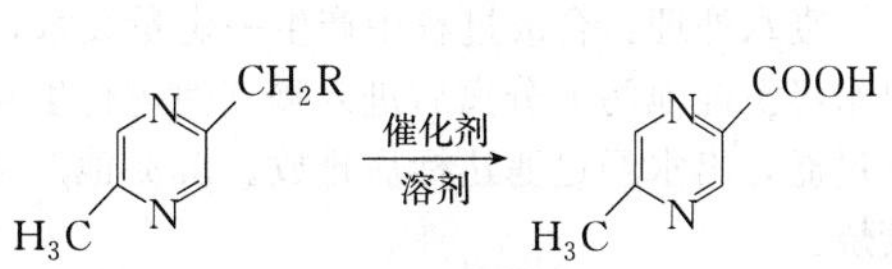

图 9-40　格列吡嗪的中间体 2-甲基吡嗪-5-羧酸的合成路线三

(三) 工艺路线的确定

本品以丙酮醛为起始原料，经与邻苯二胺环合、氧化、脱羧，再与对氨乙基苯磺酰胺缩合后再次缩合而得。该方法的反应条件简便，适合工业生产。合成路线如图9-41所示。

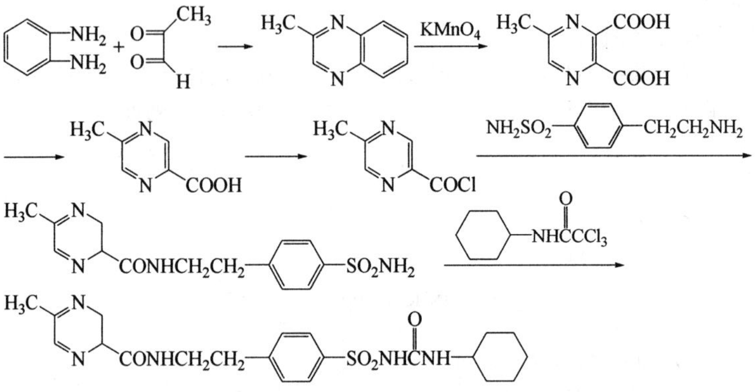

图9-41 格列吡嗪经确定的合成路线

(四) 生产工艺研究

1. 制备苯并吡嗪

将亚硫酸氢钠4kg和水20kg加入50L反应罐，搅拌成糊状，慢慢加入丙酮醛5kg，加热80℃，反应2h。析出白色结晶，保温4h。加入水15kg和邻苯二胺6kg，80℃保温2h。冷却，用碳酸钠水溶液中和pH＝8，离心机甩滤，得产品5kg，沸点260℃，GC测含量90%。

2. 制备吡嗪二羧酸

苯并吡嗪2kg与水36kg，加入50L反应罐混合，分次加入高锰酸钾3kg，70℃保温2h，检测反应终点。冷却，用盐酸调pH＝1，蒸去水分，析出结晶，用乙醇洗，离心机甩滤，得到产品1.6kg，熔点170℃。

3. 制备吡嗪单羧酸

在50L反应罐中，依次加入吡嗪二羧酸5kg、硫酸铵0.8kg，稀硫酸20kg，于80℃反应3h。冷却，倾入冰水100kg，用丁酮提取三次，蒸干丁酮，得到吡嗪单羧酸。熔点160℃，HPLC检测含量95%以上。

4. 制备4-[2-(5-甲基吡嗪-2-酰胺)乙基]苯磺酰胺

在50L反应罐中，投入吡嗪单羧酸5kg，丙酮30kg及三乙胺10kg，搅拌冷却10℃于30min。冷却下开始滴加氯甲酸乙酯溶液4kg，保持2.5h滴加完。在桶中加入对胺乙基苯磺酰胺盐10kg及水，使之溶解。加入氢氧化钠调pH＝9后，加入罐中。再小心缓慢地补加三乙胺，出现固体，保温3h。减压蒸除丙酮，将料液放入耐酸容器内，加盐酸调pH＝1。冷冻，离心机甩滤。用水洗，再用乙醇洗涤一次，出料，晾干，得干品7kg，熔点240℃。

5. 制备格列吡嗪

在50L反应罐中，加入上述胺化物2kg，三氯乙酸环己胺2kg及DMF 20kg，搅拌下加热至80℃，开始滴加甲醇钠3kg，滴加用时2h，保温2h。放料，入冰水100kg中，放置至室温，用醋酸酸化至pH＝4.4，放置过夜。次日离心机甩滤，得样品3kg，熔点208℃，HPLC检测含量99%以上。

格列吡嗪的工艺流程示意如图9-42所示。

(五) 三废处理

1. 废液处理方案

有机废液：丙酮、乙醇等有机溶剂回收套用，产生废液主要为回收溶剂时产生的高、低沸点馏分，采用焚烧处理工艺流程。

废水处理：合成过程中产生一定量废水，主要为含乙醇、二甲基甲酰胺和醋酸的废水，浓度较低。其出水经沉淀池污泥分离后进入曝气池进行生化处理，其出水经沉淀池污泥分离后由过滤泵提升至过滤器进行过滤，出水经过滤达标后排放。沉淀池产生的剩余污泥浓缩、加药凝聚、板框压滤脱水后送入焚烧炉焚烧。

2. 废渣

合成过程中产生的废渣为活性炭和溶剂回收后的残渣，经焚烧后去除有机物。废渣焦化后可与煤渣一起

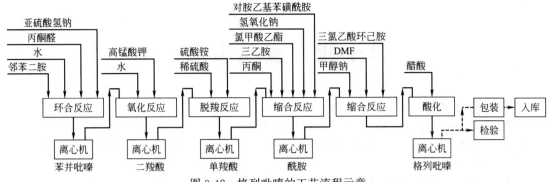

图 9-42 格列吡嗪的工艺流程示意

作为建材、路渣综合利用。

复习思考题

1. 如何对原料药反应过程中产生的杂质进行控制？
2. 喹诺酮类抗菌药目前发展到第几代？各代药物的合成工艺的特点是什么？
3. 阿立哌唑的生产过程分哪几步进行？操作中各有什么注意点？
4. 制备加替沙星过程中醋酐有什么作用？
5. 制备加替沙星缩合反应中乙氧镁丙二酸二乙酯有什么作用？
6. 在生产扑热息痛的加氢反应过程中，怎样操作以保证反应能安全进行？
7. 制备 2-巯基-5-甲氧基苯并咪唑时为什么要加入氮气保护？
8. 以丙酮醛为起始原料，经过几步反应合成格列吡嗪？
9. 制备格列吡嗪产生的废水有什么特点？如何进行处理？

第十章 食品添加剂

学习目的与要求
- 掌握食品添加剂代表品种的合成原理和生产技术要点。
- 理解防腐剂、抗氧化剂、酸味剂、甜味剂、增味剂、乳化剂、食用色素、增稠剂等的作用原理、分类、用途和发展趋势。
- 了解食品添加剂的主要类别和作用。

第一节 概 述

一、食品添加剂的定义

食品添加剂是以改善食品质量、方便加工、延长保存期、增加食品营养成分为目的,在食品加工、生产、储运过程中添加的精细化学品。目前,世界各国还没有一个食品添加剂的统一定义。我国食品法中的定义为:"食品添加剂:指为改善品质和色、香、味,以及为防腐和加工工艺的需要而加入食品中的化学合成或者天然物质。"一些食品配料如蔗糖、淀粉糖浆等尽管功用和食品添加剂一样,但习惯上把它们称为食品原料,而不是食品添加剂。随着人民生活水平的不断提高,对营养科学认识的不断深化,人们对食品提出了更新、更高的要求,而食品添加剂的加入,就可以满足食品的方便化、高档化、多样化和营养化。因此,没有食品添加剂便没有现代的食品工业。可以说开发更新、更安全的食品添加剂将是食品工业发展的重要课题。

二、食品添加剂的分类

食品添加剂有多种分类方法,如按来源分类,按应用特性分类、按功能分类等。

食品添加剂按照其原料和加工工艺,可以分为天然食品添加剂和合成食品添加剂。按照习惯,直接来自动物、植物、微生物和通过生物化学方法生产的食品添加剂都被归入天然食品添加剂,而通过化学反应方法生产的食品添加剂应为合成食品添加剂。

食品添加剂按照其应用特性,可以分为直接食品添加剂,例如,食用色素、甜味剂等;加工助剂(也称第二次直接食品添加剂),例如,消泡剂、脱膜剂等;间接添加剂,例如,用于食品容器和包装的一些添加剂。

食品添加剂最常见的分类方法是按其功能来分,我国将食品添加剂按其功能分为 21 大类,即酸度调节剂、抗结剂、消泡剂、抗氧化剂、漂白剂、膨松剂、胶姆糖基础剂、着色剂、护色剂、乳化剂、酶制剂、增味剂、面粉处理剂、被膜剂、水分保持剂、营养强化剂、防腐剂、稳定和凝固剂、甜味剂、增稠剂和其他。

三、对生产和使用食品添加剂的要求和管理

食品添加剂不是食品的正常成分,特别是化学合成品,若长期或不合理使用可能发生一些毒害作用,历史上曾出现过由于不合理使用而引起的中毒事件。食品添加剂的生产和安全使用非常重要,应由主管部门监管工厂生产,产品必须按质量标准检测,使用者要依据有关的法律法规,严格控制使用范围和使用量。对食品添加剂的具体要求有以下几方面:

① 必须经过严格的毒理学鉴定程序,保证在规定使用范围内,对人体无毒;
② 应有严格的质量标准,其有害杂质不得超过允许限量;
③ 进入人体后,能参与人体正常的代谢过程,或能经过正常解毒过程排出体外,或不被吸收而排出体外;
④ 应具有用量少,功效显著,能真正提高食品的内存质量和商品质量;
⑤ 价格低廉,使用安全方便。

食品添加剂应该是对人体有益无害的物质。但有些食品添加剂,特别是化学合成食品添加剂往往有一定的毒性,因此要严格控制使用量。

四、食品添加剂的使用标准

使用标准是提供使用食品添加剂的定量指标,包括允许使用的食品添加剂的种类、名称、使用范围、食品中的最大使用量等项目。

评价食品添加剂的毒性,首要标准是日容许摄入量(缩写为 ADI)。ADI 值指人一生连续摄入某物质而不致影响健康的每日最大允许摄入量,以每日每公斤体重摄入的毫克数表示,单位为 mg/kg。

判断食品添加剂安全性的第二个常用指标是半数致死量(缩写为 LD_{50})。通常指能使一群被试验动物中毒死亡一半所需的最低剂量,其单位是 mg/kg 体重。对食品添加剂,主要指经口的半数致死量。

五、食品添加剂的发展趋势

目前,各国都在致力于开发出新型的食品添加剂和新的食品添加剂生产工艺。食品添加剂的发展趋势如下。

1. 研究开发天然食品添加剂和研究改性天然食品添加剂

回归自然,绿色食品是当前食品发展的一大潮流。当前,人们对食用色素、防腐剂的安全问题越来越关注,大力发展天然色素、天然防腐剂等食品添加剂,不仅有益于消费者的健康,而且能促进食品工业的发展。

2. 大力发展生物食品添加剂

近年来,人们逐渐认识到天然食品添加剂一般都有较高的安全性。因此,天然食品添加剂的应用越来越广泛。但是,由于自然界的植物、动物生长周期较长,生产效率低。采用现代生物技术生产天然食品添加剂,不仅可以大幅度提高生产能力,而且还可以生产一些新型的食品添加剂,例如,红曲色素,乳酸链球菌素,黄原胶,溶菌酶等。

3. 开发专用食品添加剂

不同的应用场合往往要求不同性能的食品添加剂或食品添加剂组合,研究开发专用的食品添加剂或食品添加剂组合可以充分发挥食品添加剂的潜力,极大地方便使用,提高有关产品的质量,降低生产的成本。

4. 开发高分子型食品添加剂

增甜剂多数是天然的或改性天然水溶性高分子化合物,其他食品添加剂除了少数生物高分子化合物外,基本上都是小分子化合物。实践表明,若能把普通食品添加剂高分子化,往往可以具有如下优点:食用安全性提高,热值低,效用持久化。

5. 研究食品添加剂的复配

生产实践表明,很多食品添加剂进行复配,可以产生增效作用或派生出一些新的功用,研究食品添加剂的复配不仅可以降低食品添加剂的用量,而且还可以进一步改善食品的品质,提高食品的食用安全性。

6. 开发食品添加剂的生产新工艺

许多传统的食品添加剂具有良好的使用效果,但是,由于生产成本高,产品价格昂贵,使进一步推广应用受到了限制,迫切需要研究开发出一些节省能源、降低原料消耗的新工艺路线。例如,甜菊糖苷采用大孔树脂吸附生产工艺之后,产品质量和生产成本都有很大的改进,对甜菊糖苷的推广应用起到了良好的促进作用。

六、高新技术在食品添加剂生产中的应用

正是因为现代食品工业对食品添加剂的应用效果和安全性提出越来越严格的要求,促进了高新技术在食品添加剂中的研究开发与应用。采用现代发酵工程改造了传统的发酵食品生产,例如,在味精的生产中,用双酶法糖化工艺取代传统的酸法水解工艺,大大提高了原料利用率。在生物工程技术方面所取得的成就,使人们把食品添加剂的研究与开发重点由化学合成转向生物合成。目前,利用生物合成法已生产出品种繁多的低糖甜味剂、酸味剂、鲜味剂、维生素、活性多肽等现代发酵产品。利用细胞杂交和细胞培养技术还可以生产出独特的食品香味和风味的添加剂,如香草素、可可香素、菠萝风味剂以及天然色素(例如,咖喱黄、类胡萝卜素、紫色素、花色苷素、辣椒素、靛蓝等)。通过把风味前体转变为风味物质的酶基因的克隆或通过微生物发酵产生风味物质都可以使食品的芳香风味得到增强。另外,最近通过生物合成法制备的防腐剂、抗氧化剂等,在食品保鲜、保藏和延长货架期方面也发挥了重要作用。

利用萃取、蒸馏、浓缩、分级结晶和超临界萃取等单元操作从植物、动物中提取有效成分,提高了食品添加剂及饲料添加剂的产品质量,同样为提高产品附加值提供了条件。

第二节 防腐剂

防腐剂是通过抑制微生物繁殖，从而减少食品的腐败及延长食品保存期的一种添加剂。它还有防止食物中毒和杀菌的作用，已广泛应用于酱油、酱菜、饮料、葡萄酒、面包、糕点、罐头、果汁、蜜饯、果糖等诸多方面。

防腐剂可以分为有机防腐剂和无机防腐剂两大类。前者主要有苯甲酸及其盐类、山梨酸及其盐类、对羟基苯甲酸酯类、丙酸及其盐类等。无机防腐剂主要有亚硫酸盐类、游离氯酸盐类、硝酸盐及亚硝酸盐类、二氧化硫等。有些物质不仅可以作防腐剂用，在食品加工过程中，还具有其他的用途，如亚硝酸及其盐类常用作漂白剂，硝酸盐及亚硝酸盐用作肉类腌制发色等。

下面重点介绍有机防腐剂代表品种的生产技术。

一、对羟基苯甲酸酯类

对羟基苯甲酸酯类商品名为尼泊金酯，为对羟基苯甲酸与低碳醇所生成的酯，其通式为：ROOC—⟨⟩—OH，其中 R=—CH_3，—C_2H_5，—C_3H_7，—C_4H_9，$(CH_3)_3CCH_2CH$—。国内外已商品化的有对羟基苯甲酸的甲酯、乙酯、丙酯、丁酯、异丙酯等。国内使用得较多的是对羟基苯甲酸甲酯、对羟基苯甲酸乙酯和对羟基苯甲酸丙酯。

对羟基苯甲酸酯是国内外广泛应用的防腐剂之一，主要用于脂肪产品、乳制品、饮料、酱油、高脂肪含量的面包和糖果等。毒性 ADI 为 0～10mg/kg，LD_{50} 为 5～17g/kg（大鼠，经口）。它的最大特点是毒性低，能在非酸性条件下使用，因而使其具有一定的实用价值。

（一）生产技术

对羟基苯甲酸酯类的合成分为两步，中间体对羟基苯甲酸的合成和对羟苯甲酸酯化。对羟基苯甲酸合成的工业方法有邻羟基苯甲酸热转位法、对磺酰胺苯甲酸碱熔法和酚钾直接羧化法等。

1. 对羟基苯甲酸的生产

（1）邻羟基苯甲酸热转位法 常温下将邻羟基苯甲酸与氢氧化钾反应生成邻氧钾基苯甲酸钾盐后，以石蜡为热介质在高温下进行转位生成对氧钾基苯甲酸钾基，然后中和生成对羟基苯甲酸，其化学反应式如下：

$$\text{邻羟基苯甲酸} + KOH(K_2CO_3) \xrightarrow[\text{pH7～7.5}]{\text{成盐}} \text{邻氧钾基苯甲酸钾} \xrightarrow{\text{转位} \atop 230～238℃} \text{对氧钾基苯甲酸钾} \xrightarrow[\text{pH1～4}]{\text{中和}} \text{对羟基苯甲酸} \quad (10\text{-}1)$$

先将氢氧化钾、碳酸钾、水加入反应器中，在搅拌下加热使之溶解后，再缓缓加入邻羟基苯甲酸进行成盐反应，使反应液 pH 至 7～7.5，然后将反应液先在常压、后在减压下蒸发至干，进行粉碎、筛分得钾盐。在转位反应器中，将介质固体石蜡加热至 240℃ 以上全部熔化后，在搅拌下将干燥的邻氧钾基苯甲酸钾盐均匀加入。在 190℃ 左右有部分苯酚蒸出，随着反应温度逐渐升高，控制温度在 230～238℃ 搅拌下进行转位反应 1.5h。反应完毕，将反应液冷却后流入分液器中，分去石蜡层（石蜡回收使用），将液层加热至沸腾，用盐酸或硫酸调节至 pH 为 4，加活性炭在沸腾状态下脱色，趁热过滤。滤液再加酸至 pH 为 1，冷却至室温，析出对羟基苯甲酸，抽滤，滤饼用水洗 1～2 次，干燥后得对羟基苯甲酸。

（2）对磺酰胺苯甲酸碱性水解 对磺酰胺苯甲酸在高温下与强碱相作用，使磺酰氨基被羟基置换的水解反应叫碱熔。碱熔的方法主要有用熔融碱的常压高温碱熔法、用碱溶液的中温碱熔法和用稀碱的加压碱熔法。磺酰氨基的水解是用常压高温碱熔法。最常用的碱熔剂是氢氧化钠，熔点是 327.6℃，其次是氢氧化钾，熔点是 410℃，氢氧化钾的活性大于氢氧化钠，但氢氧化钾的价格比氢氧化钠贵得多。为了减少氢氧化钾的用量，可以使用氢氧化钠与氢氧化钾的混合碱。混合碱的另一个优点是熔点比单一碱低。

工业上用熔融碱的碱熔一般采用分批操作，碱熔温度控制在 358～380℃，为了保持一定的碱熔温度，对磺酰胺苯甲酸要用几个小时慢慢加到碱熔反应器中，加料完毕后，要快速升温，并保持十到几十分钟，使反应完全，并立即放料。碱的过量可以很少，为了保持熔融碱的流动性，一般含水质量分数 5%～10%。

在常压碱熔时，由于生成的酚易被空气氧化，所以要用水蒸气加以保护，在碱熔初期由原料带入的水和反应生成的水能起保护作用，但在碱熔后期，则需要在碱熔物的表面上通适量的水蒸气。

对磺酰胺苯甲酸碱性水解生产对羟基苯甲酸化学反应式如下：

$$\underset{SO_2NH_2}{\underset{|}{C_6H_4}}COOH + 2NaOH \xrightarrow{KOH} \underset{ONa}{\underset{|}{C_6H_4}}COONa \xrightarrow[pH8]{HCl} \underset{OH}{\underset{|}{C_6H_4}}COOH \quad (10\text{-}2)$$

两种生产路线相比较,邻羟基苯甲酸热转位法反应时间长,收率较低,但后处理工艺简单,对磺酰胺苯甲酸碱性水解法反应时间大大缩短,收率也较高,但是,后处理工艺复杂些。

2. 对羟基苯甲酸的酯化

对羟基苯甲酸与不同的醇反应可以生成相应的酯。以对羟基苯甲酸乙酯为例,用对羟基苯甲酸和无水乙醇作原料,醇与酸质量配比为 4∶1,常用的酯化剂硫酸存在下,控制反应温度为 75～85℃,在回流状态下反应 12h,酯化反应式如下:

$$\underset{COOH}{\underset{|}{C_6H_4}}OH + C_2H_5OH \underset{75℃,\text{回流} 12h}{\overset{H_2SO_4}{\rightleftharpoons}} C_2H_5OOC\text{-}C_6H_4\text{-}OH + H_2O \quad (10\text{-}3)$$

酯化反应法结束后,往反应产物中加入质量分数为 3% 的氢氧化钠水溶液,经中和除去残留的酸性催化剂后,将反应产物溶于质量分数为 5% 的乙酸热溶液中,加入活性炭脱色 30min,趁热过滤,滤饼用去离子水洗涤,在 70～80℃ 温度下干燥,粉碎,得产品。其生产工艺流程示意见图 10-1。

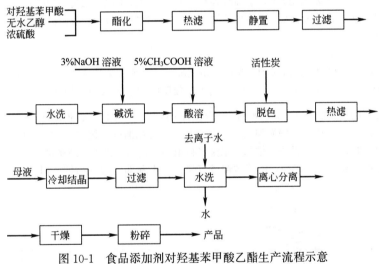

图 10-1　食品添加剂对羟基苯甲酸乙酯生产流程示意

为加速酯化反应的进行,通常采用硫酸等为催化剂。同时加入能与水形成共沸物的物质(如苯等),利用共沸精馏蒸水法将生成的水从反应体系引出,以提高反应物的转化率。但在生产固体酯时较少采用此法,而是采用过量的低碳醇的办法,以达到提高主要原料转化率的目的。此外,硫酸的用量也远远大于一般催化剂的用量,硫酸可以与反应生成的水水合,使平衡右移,也可以提高转化率。用硫酸等质子型催化剂具有价格低廉,酯的产率较高的优点,但是,对设备腐蚀较为严重。与其他酯化产品类似,对羟基苯甲酸酯类的开发也集中在加快反应速度和提高转化率等方面。工业生产正试图改用固体酸等作催化剂,采用分子筛脱水以提高转化率,达到简化生产流程的目的。

(二) 产品质量标准

食品添加剂对羟基苯甲酸乙酯和对羟基苯甲酸丙酯的技术指标,应符合 GB 8850—88 和 GB 8851—88 国家标准的技术要求。

二、山梨酸及其盐

山梨酸俗名花楸酸,学名 2,4-己二烯酸,为共轭双烯酸,分子式为 $C_6H_8O_2$,其结构式为:$CH_2CH=CH-CH=CHCOOH$。山梨酸为无色或白色晶体粉末,无臭或微带刺激性臭味,熔点 132～135℃,耐光、耐热性能较好,在 140℃ 下加热 3h 无明显变化,空气中长期放置则氧化着色,难溶于水,溶于乙醇、乙醚、丙二醇、花生油、乙酸。常用的山梨酸盐为山梨酸钾，山梨酸钾为白色或白色鳞片状结晶，或白色结晶粉末。而山梨酸钠因在空气中不稳定，故不采用。

山梨酸及其盐类毒性很低或无毒，与食盐相似，可在机体内被同化产生二氧化碳和水，是目前安全性最好的防腐剂。它的抗菌作用主要是与微生物酶系统中的巯基相结合，从而破坏许多主要酶系的作用。常用于调味品、罐头、果汁、汽酒、汽水等。ADI 为 0～25mg/kg 体重。可用于绿色食品的加工和保存。

（一）生产技术

目前山梨酸生产路线有：丁烯醛-乙烯酮缩合法，丁烯醛-丙酮缩合法，丁烯醛-丙二酸溶剂法，山梨醛微生物氧化法，丁二烯、乙酸法等。山梨酸钾及山梨酸钠等盐是由山梨酸与相应的碱或碳酸盐水溶液反应制备，经精制而成，其操作过程与苯甲酸钠的制备类似。下面着重介绍山梨酸的生产技术路线。

1. 丁烯醛-丙酮生产工艺

以丁烯醛和丙酮为原料，采用 $Ba(OH)_2 \cdot 8H_2O$ 为催化剂，于 60℃ 下进行醛酮交叉缩合反应，缩合成 2,4-二烯庚酮-2，然后用次氯酸钠氧化生成 1,1,1-三氯-3,5-二烯庚酮-2，再与氢氧化钠（钾）反应得山梨酸钠（钾），中和得山梨酸，收率可达 90%，同时获得副产物三氯甲烷。

$$CH_3CH=CH-CHO+CH_3COCH_3 \longrightarrow CH_3CH=CH-CH=CHCOCH_3 \qquad (10\text{-}4)$$

$$CH_3CH=CH-CH=CHCOCH_3+NaOCl \longrightarrow CH_3CH=CH-CH=CHCOC(Cl)_3+NaOH \qquad (10\text{-}5)$$

$$CH_3CH=CH-CH=CHCOC(Cl)_3+NaOH \longrightarrow CH_3CH=CH-CH=CHCOONa+CHCl_3 \qquad (10\text{-}6)$$

$$CH_3CH=CH-CH=CHCOONa+H_2SO_4 \longrightarrow CH_3CH=CH-CH=CHCOOH+Na_2SO_4 \qquad (10\text{-}7)$$

在强碱催化剂与较高的反应温度下，丁烯醛容易发生自身缩合生成一定量的聚醛树脂。因此，生产中一般采用丙酮过量以降低丁烯醛的浓度，而达到控制反应速度的目的。目前，我国和俄罗斯多采用此工艺生产山梨酸和山梨酸钾（钠）。

2. 丁烯醛-丙二酸生产路线

向反应器内依次加入原料丙烯醛和丙二酸以及溶剂吡啶，其质量配比为 1.0∶1.42∶1.42，在室温下搅拌 1h，然后缓慢加温至 90℃，维持 90～100℃ 下进下脱羧反应 4h。其反应式如下：

$$CH_3-CH=CH-CHO+CH_2(COOH)_2 \xrightarrow{\text{吡啶}} CH_3CH=CH-CH=CHCOOH+H_2O+CO_2\uparrow \qquad (10\text{-}8)$$

反应完毕，降温至 10℃ 以下，慢慢加入 10% 稀硫酸，并控制温度不超过 20℃，至反应物呈弱酸性，pH 值在 4～5 为止，冷却结晶 12h，过滤，结晶用水洗涤得山梨酸粗品，再用粗品质量的 3～4 倍的 60% 乙醇进行重结晶，得山梨酸产品。若需钾盐，用碳酸钾或氢氧化钾中和即得山梨酸钾。但是，本法山梨酸收率不

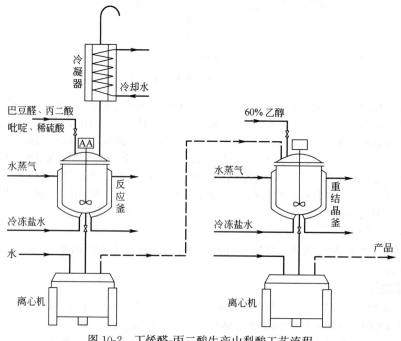

图 10-2　丁烯醛-丙二酸生产山梨酸工艺流程

高,仅 30%左右。丁烯醛-丙二酸生产山梨酸工艺流程如图 10-2 所示。

(二) 产品质量标准

国家标准 GB 1905—80 适用于以丁烯醛和丙酮反应制得的食品添加剂山梨酸。

第三节 抗氧化剂

食品在加工和储存过程中,将会发生一系列化学、生物变化,其中氧化反应尤为突出,它将使油脂及富脂食品色、香、味与营养等方面劣化。因此,防止油脂及富脂食品的氧化一直是食品工业中一个关键性的问题。

在酶或某些金属等的催化作用下,食品中所含易于氧化的成分与空气中的氧反应,将发生氧化反应,生成一系列能引起食品"酸败"的物质,如醛、酮、醛酸、酮酸等。产生的有害物质,能引起食物中毒。因此,添加一些安全性高、效果好的抗氧化剂是防止食品氧化、提高食品稳定性的有效办法之一。

能阻止或延迟食品氧化,提高食品质量的稳定性和延长储存期的食品添加剂称为抗氧化剂。抗氧化剂的种类繁多,抗氧化剂的作用机理也不尽相同,但都依赖自身的还原性。一种是抗氧化剂自身氧化,消耗食品内部和环境中的氧,从而保护食品组织不受氧化;另一种方式是抗氧化剂通过抑制氧化酶的活性从而防止食品组织氧化变质。

抗氧化剂依其溶解性大致可分为油溶性和水溶性两大类。国际上普遍使用的油溶性抗氧化剂有二叔丁基对甲苯酚、叔丁基对羟基茴香醚、没食子酸丙酯、维生素 E 等;水溶性抗氧化剂有抗坏血酸及其盐类、异抗坏血酸及其盐类、二氧化硫及其盐类等。

有一些物质,其本身虽没有能抗氧化作用,但与抗氧化剂混合使用,却能增强抗氧化剂的效果,这些物质统称为抗氧化剂的增效剂。现已被广泛使用的增效剂有:柠檬酸、酒石酸、苹果酸等。

一、丁基羟基茴香醚

丁基羟基茴香醚分子式为 $C_{11}H_{16}O_2$,有 2 种异构体:3-叔丁基-4-羟基茴香醚和 2-叔丁基-4-羟基茴香醚。

丁基羟基茴香醚(简写为 BHA)在加热后效果保持性较好,是目前国际上广泛应用的抗氧化剂之一,也是我国常用的抗氧化剂之一。丁基羟基茴香醚除抗氧化作用外,还有相当强的抗菌力,其抗霉效力比对羟基苯甲酸丙酯还大。

与其他抗氧化剂相比较,丁基羟基茴香醚不像没食子酸酯那样会与金属离子作用而着色,有使用方便的特点,缺点是成本较高。

丁基羟基茴香醚的生产路线有对羟基茴香醚法、对苯二酚法、对氯苯酚法、对氨基苯甲醚法等。

以对羟基茴香醚和叔丁醇为原料,生产丁基羟基茴香醚是常用的一种方法,该生产路线是以磷酸或硫酸为催化剂,以环己烷为溶剂,在 80℃左右进行 C-烷化反应 1～2h。反应制得 2-和 3-叔丁基-4-羟基茴香醚,其化学反应式如下:

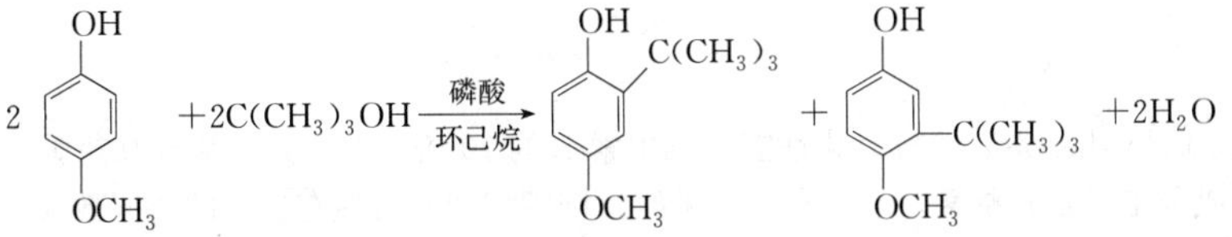

$$2 \underset{OCH_3}{\underset{|}{\bigcirc}}-OH + 2C(CH_3)_3OH \xrightarrow[\text{环己烷}]{\text{磷酸}} \underset{OCH_3}{\underset{|}{\bigcirc}}\!\!\!{}^{OH}_{C(CH_3)_3} + \underset{OCH_3}{\underset{|}{\bigcirc}}\!\!\!{}^{OH}_{C(CH_3)_3} + 2H_2O \qquad (10\text{-}9)$$

反应结束后,将所得反应物用质量分数为 10%的氢氧化钠溶液中和后,送入回收塔蒸馏回收溶剂环己烷供循环使用。将回收塔的釜液送入精馏塔进行水蒸气蒸馏,产物与水一起馏出,经过冷凝、冷却后,析出粗产品。然后进行精制,将粗产品用乙醇或乙醇水溶液进行溶解、过滤、结晶、重结晶、分离、干燥生产程序,得食品添加剂丁基羟基茴香醚产品。

二、维生素 E 混合物

维生素 E 即生育酚,有天然的 α-生育酚和合成的 dl-α-生育酚。天然维生素 E 广泛存在于绿色植物和动物体中,如小麦胚芽油、玉米油、猪油等中,具有抑制动植物组织内的脂溶性成分氧化的功能。

维生素 E 主要存在于各种植物原料中,特别是油料种子中。在各类植物油脂中以小麦胚芽油中的维生素 E 含量最高,约为每 100g 油中 180～450mg。目前,国内外主要以此类油为原料,进行天然维生素 E 的提取。提取工艺路线按原料不同可分为两种,即皂角提取工艺和馏出物提取工艺。

1. 皂角提取工艺

先将小麦等胚芽油碱炼时所得到的皂角料，用 0.5mol/L 的氢氧化钠乙醇溶液进行碱性水解-皂化，然后用极性溶剂（如甲醇、乙醇、丙醇等）进行萃取，将所得到的不皂化物溶液进行冷冻，除去蜡及部分甾醇，溶液经活性炭脱色，可得质量分数为 10%～15% 的维生素 E。然后，进行真空蒸馏或分子蒸馏得成品。生产工艺流程如图 10-3 所示。

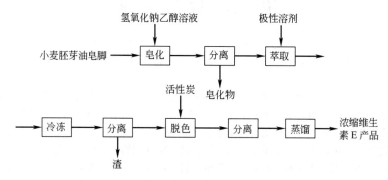

图 10-3 从皂脚提取浓缩维生素 E 工艺流程示意

也可以用冷冻法处理皂角后分离去沉淀，再用氢氧化钠的乙醇溶液进行皂化除去沉淀。然后，用石油醚萃取可溶部分；再用洋皂地黄苷处理萃取液，除去硬脂后，用热乙醇提取后，再进行高真空蒸馏即得成品。

2. 油脂馏出物提取工艺

在食用油脂生产过程中，油脂脱臭时所得馏出物的维生素 E 含量较高，例如大豆油脱臭时所得的馏出物中，维生素 E 质量分数高达 15%～17%。从油脂脱臭馏出物中提取维生素时，先往馏出物中加入 5 倍质量的甲醇，待全部溶解后，用浓硫酸作为催化剂，进行加热回流，使所含的脂肪酸进行酯化，反应完毕，用氢氧化钠中和硫酸，然后将甲醇溶液冷却至 5℃ 左右，过滤除去甾醇等结晶，将滤液蒸馏回收溶剂甲醇后，再在高真空度下蒸馏，则可将脂肪酸酯类与维生素 E 类的浓缩物分开。

食品添加剂维生素 E 的联合国粮食与农业组织和世界卫生组织的标准 FAO/WHO—1986。

三、茶多酚

天然抗氧化剂——茶多酚是茶叶中多酚类物质的总称，为白色粉末状物，易溶于水，可溶于乙醇、丙酮、乙醚、乙酸乙酯等，不易溶于油脂，对酸、热较稳定。

茶叶中多酚类物质大致可分为六类：黄烷醇类，4-羟基黄烷醇类，花色苷类，黄酮类，黄酮醇类和酚酸类。其中以黄烷醇类为主，占茶多酚总量的 60%～80%，主要为儿茶素类物质。儿茶素的结构通式如下：

茶多酚（Tea Pohyphenols）的抗氧化性能为维生素 E 的 10 倍以上，为丁基羟基茴香醚的数倍。茶多酚中抗氧化的作用成分主要是儿茶素。茶多酚与苹果酸、柠檬酸和酒石酸有良好的协同效应，与柠檬酸的协调效应最好。此外，与维生素 E、抗坏血酸也有很好的协同效应。茶多酚除了有很强的抗氧化作用外，近年来发现，茶多酚还有很强的医疗保健作用，可以抑制肿瘤、降低血压、降低血糖，利用茶多酚的多功能性质，制备各种功能食品大有可为。

茶多酚对人体无毒。我国食品添加剂使用卫生标准规定，茶多酚可用于油脂、火腿、糕点馅，用量为 0.49g/kg。使用方法是先将其溶于乙醇，加入一定量的柠檬酸配成溶液，然后用喷涂或添加的方式用于食品。

在茶叶中，绿茶的茶多酚含量最高，约占其干重的 15%～25%。通常采用绿茶叶末为原料提取茶多酚。茶多酚的生产提取工艺路线有多种，主要有有机溶剂提取法、离子沉淀提取法、吸附分离法、低温纯化酶提取法、盐析法等。

（一）有机溶剂提取茶多酚生产技术

可用于茶多酚提取的有机溶剂有三氯甲烷、乙酸乙酯等。提取工艺如下：先将绿茶末用热水或质量分数为 85% 乙醇溶液浸提 3 次，合并浸提液过滤。滤液经真空浓缩，用三氯甲烷萃取浓缩液，脱除其中的咖啡碱和色素等，并加以回收。水层用三倍容量的乙酸乙酯进行萃取，茶多酚转移到乙酸乙酯溶液中，经真空浓缩、干燥，得茶多酚粗品，溶剂回收再利用。粗茶多酚经凝胶柱层析等精制提纯，得茶多酚精品。

此工艺路线收率较低，溶剂耗量较大，回收溶剂的能耗也较多，但工艺简单，是目前使用较广的一种工业路线。其提取工艺路线如图10-4所示。

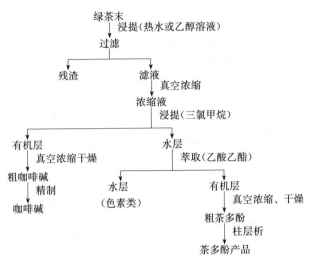

图10-4 有机溶剂提取茶多酚工艺路线

（二）离子沉淀提取茶多酚生产技术

先将绿茶末加入10～12倍的100℃沸水中搅拌浸提30min，过滤，向提取液中加入原来茶叶质量1/2的氯化钙，用质量分数为5%的氨水调pH至7.0～8.5，使茶多酚完全沉淀，用离心机进行离心分离。向分离得到的沉淀物中加入6mol/L盐酸，直至其完全溶解，得酸化液。再向酸化液中加入活性炭（20～50目）和硅藻土混合吸附剂（质量比1:1），然后用等体积的乙酸进行萃取、分离，保留萃取相，脱去溶剂后进行真空浓缩干燥，可得质量分数＞98%的近乎白色的粗晶态茶叶天然抗氧化剂——茶多酚。

不同的沉淀剂使茶多酚沉淀的最低pH值与茶多酚的提取率见表10-1。

表10-1 不同沉淀剂沉淀的最低pH值与提取率

沉淀剂	Al^{3+}	Zn^{2+}	Fe^{3+}	Mg^{2+}	Ba^{2+}	Zn^{2+}
最低pH值	5.1	5.6	6.6	7.1	7.6	8.5
提取率/%	10.5	10.4	8.6	8.1	7.4	7.0

离子沉淀提取工艺所得产品含量较高，可达95%以上，但是，工艺操作控制严格，废渣、废液处理量大。

第四节 调 味 剂

调味剂主要是增进食品对味觉的刺激，增加食欲，部分调味剂还有一定的营养价值和药理作用。调味剂包括酸味剂、咸味剂、甜味剂、增味剂和辛辣剂。

一、酸味剂

酸味剂即酸化剂，是指在食品中能产生过量氢离子以控制pH值并产生酸味的一类添加剂，主要用于提高酸度、改善食品风味，促进消化吸收，此外兼有抑菌、护色、缓冲、螯合、凝聚、凝胶、发酵等作用。常用的酸味剂有柠檬酸、乳酸、磷酸、醋酸、酒石酸、富马酸、苹果酸等。

（一）柠檬酸及柠檬酸钾

柠檬酸又称枸橼酸，学名为3-羟基-3-羧基戊二酸，分为无水物和一水合物两种。无色半透明或白色颗粒，或白色结晶性粉末，无臭，有强酸味；是酸味剂中用量最多的一种，约占酸味剂总耗量的2/3。

柠檬酸可以从水果中提取，也可以用化学法合成和发酵法生产。目前，以发酵生产为主。以下对发酵路线和提取路线生产技术分别介绍。

1.发酵生产柠檬酸技术

发酵生产柠檬酸生产工艺由原料及处理、菌种扩大培养和发酵及后处理3个主要操作单元组成。

（1）原料及处理 发酵法生产柠檬酸的原料可以是淀粉原料、糖蜜或石油等，淀粉原料主要有甘薯、木薯、马铃薯和玉米。不同的原料处理方法有所不同，国内主要使用薯类淀粉，液化后直接发酵，国外多用玉米淀粉，则先进行糖化，以缩短发酵时间。

淀粉等精原料中含氮物质较少，在发酵过程中需要补充较多的氮原，如硫酸铵等，其用量为原料质量分数的0.15%～0.35%左右，薯干等粗原料则含氮较多，用量只需要0.1%～0.25%，甚至可以不加。使用甘薯干生产柠檬酸采用酸法糖解的生产过程与工艺条件见图10-5。

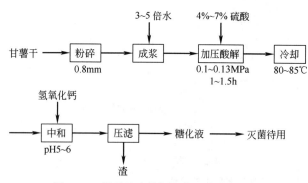

图10-5 薯干酸法糖解生产工艺流程示意

糖化过程的糖化率控制在70%～80%，糖化温度不宜过高，当糖化温度过高和压力升高达到0.2MPa，糖化液的颜色将会加深，并有胶体物质出现。糖化液杂质过多时，必须先进行纯化，然后再进入后续工段。纯化方法有离子交换法、碳酸铝聚沉法等。

（2）菌种扩大培养 发酵法生产柠檬酸工艺过程与发酵法生产其他产品基本类似（例如谷氨酸生产），最大的区别在于发酵微生物及其培养条件的不同。在利用淀粉质生产柠檬酸时一般使用的都是黑曲霉。黑曲霉不但能分解淀粉，而且对蛋白质、纤维素、果胶等有一定的分解能力，它的产酸能力也较高。

与一般菌种培养类似，黑曲霉菌种的扩大培养要经过三个阶段，即一级培养、二级培养、三级培养。

（3）发酵及后处理 柠檬酸的发酵是好氧性发酵，发酵时利用空气中氧或液相中的溶解氧均可。目前国内大多数工厂采用深层发酵法生产柠檬酸，所谓深层发酵，一般是指在带有通气与搅拌的发酵罐内，使菌体在液体内进行培养的发酵工艺。薯干粉深层发酵生产柠檬酸的工艺流程如图10-6所示。

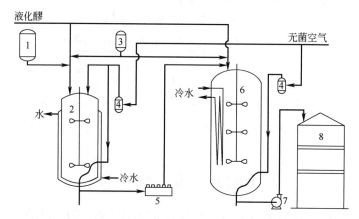

图10-6 薯干粉深层发酵生产柠檬酸工艺流程
1—硫酸铵罐；2—种子罐；3—消泡剂罐；4—分过滤器；5—接种站；6—发酵罐；7—泵；8—发酵醪贮罐

好氧性发酵过程，必须供给大量的经过滤和净化的空气，才能维持微生物的正常呼吸。

发酵达到工艺标准后，将发酵的物料进行加热至100℃，以杀死各种微生物，终止发酵过程。同时加热可以使蛋白质变性凝固有利于过滤操作，此外菌体受热膨胀后破裂释放出体内柠檬酸，可以提高产品收率。

柠檬酸的提取：经发酵所得的发酵液经过滤滤出菌体、残渣，再加入石灰乳中和，中和操作是为了生成柠檬酸钙从发酵液中沉淀出来，达到与其他可溶性杂质分离的目的。加硫酸酸解使柠檬酸钙生成柠檬酸以便于过滤，滤液用1%～3%的活性炭在85℃下脱色。脱色后过滤液中除柠檬酸外，还混有发酵和提取过程中带入的大量杂质，如钙、铁及其他金属离子。一般采用强酸性阳离子交换树脂去除杂质，其原理以钙盐为例说明。

通过离子交换，钙离子被吸附：

$$R-(SO_3H)_2 + CaSO_4 \longrightarrow R-(SO_3)_2Ca + H_2SO_4 \tag{10-10}$$

然后用盐酸洗涤，钙离子以氯化物形式分离：

$$R-(SO_3)_2Ca + 2HCl \longrightarrow R-(SO_3H)_2 + CaCl_2 \tag{10-11}$$

将柠檬酸浓缩至含水量低于20%时才能形成结晶析出，为减少副产物的形成，通常采用减压浓缩。影响结晶的主要因素有浓度、温度、结晶和搅拌速度等。将结晶后的物料经离心机分离得固体柠檬酸，柠檬酸的干燥一般在较低的温度下进行，否则会失去结晶水而影响产品色泽。

2. 提取法

以柠檬、橙子、橘子、苹果等柠檬酸含量较高的水果提取，为了降低生产成本，常采用落地果、质量差的果、碎果等不能直接食用的次果，先用来榨汁、放置发酵、沉淀、加石灰乳，取沉淀的柠檬酸钙，然后用硫酸交换分解后精制得产品柠檬酸。此法成本较高，但如果考虑生态果园时，提取法制取柠檬酸是一种综合利用的产品。

3. 柠檬酸钾

由柠檬酸和氢氧化钾或碳酸钾为原料，制得的食品添加剂柠檬酸钾在食品工业中作酸度调节剂、稳定剂和凝固剂以及品质改良剂等，其化学反应式如下：

$$\begin{array}{c} CH_2COOH \\ | \\ HO-C-COOH \\ | \\ CH_2COOH \end{array} + 3KOH \longrightarrow \begin{array}{c} CH_2COOK \\ | \\ HO-C-COOK \\ | \\ CH_2COOK \end{array} + 3H_2O \tag{10-12}$$

4. 产品质量标准

食品添加剂柠檬酸的国家质量标准见 GB 1987—86。

（二）乳酸及乳酸钙

乳酸学名为 2-羟基丙酸，分子式为 $C_3H_6O_3$，广泛地存在于发酵食品、腌渍物、乳制品中，为无色或淡黄色黏稠状液体，几乎无臭，有较强的吸湿性，通常和乳酰乳酸以混合物的形式存在，在受热浓缩时缩合成乳酰乳酸，用热水稀释又成为乳酸。纯乳酸可溶于水、乙醇，微溶于乙醚，不溶于三氯甲烷，石油醚和二硫化碳。乳酸的酸味阈值为 40mg/L，它具有较强的杀菌能力，能防止杂菌生长，抑制异常发酵。乳酸是食品的正常成分可参与人体的正常代谢，在糖果、饮料、罐头、果酱类食品中的使用量可根据正常生产需要使用。乳酸有替代柠檬酸作酸味剂的发展趋势。

工业乳酸的生产有发酵路线和化学合成路线，合成时根据所用原料不同又有乙醛-氢氰酸法、乙醛-CO法和丙酸法等。食用级的产品，主要利用发酵技术生产。

1. 发酵生产乳酸技术

发酵法生产不同有机酸的主要差别在于所使用的原料、菌种的不同，而生产工艺流程则大同小异。

用淀粉水解糖生产乳酸，生产时所用主要原料是淀粉水解糖或糖蜜、葡萄糖，乳酸发酵一般采用德氏乳杆菌。斜面培养基由葡萄糖、蛋白胨、酵母膏、柠檬酸铵、乙酸铵、磷酸氢二铵、硫酸镁、磷酸钙、碳酸氢钙等为主要成分。在 45～50℃下发酵约 4～5d，发酵过程中可缓慢搅拌，间断补加碳酸钙，使 pH 值保持在 6.5 左右。发酵完成后，用石灰乳调 pH 值 9～10 左右，升温澄清，从溶液中提取乳液，工艺流程示意见图 10-7。

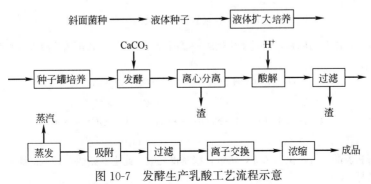

图 10-7 发酵生产乳酸工艺流程示意

2.化学合成路线

（1）乙醛-氢氰酸路线　乙醛和氢氰酸反应生成氰基乙醇，经水解可以制得乳酸。其反应式如下：

$$CH_3CHO + HCN \longrightarrow CH_3\underset{OH}{-}CHCN \tag{10-13}$$

$$CH_3\underset{OH}{-}CH-CN + H_2SO_4 \xrightarrow[\text{水解}]{H_2O} CH_3\underset{OH}{-}CH-COOH + NH_4HSO_4 \tag{10-14}$$

从化学反应式来看它已经完成了有机合成化学的制备表达式。但从生产工艺学来看，这种乳酸则只是含有许多杂质的粗乳酸。可以先让反应液中的粗乳酸与醇进行酯化反应，生成乳酸酯并从反应液中分离出来，再经水解反应可以得到纯乳酸。例如，工业上先让反应液中的乳酸与乙醇反应生成乳酸乙酯，精馏后，再水解得到纯乳酸，其化学反应式如下：

$$CH_3\underset{OH}{-}CH-COOH + C_2H_5OH \xrightarrow{\text{酯化}} CH_3\underset{OH}{-}CH-COOC_2H_5 + H_2O \tag{10-15}$$

$$CH_3\underset{OH}{-}CH-COOC_2H_5 + H_2O \xrightarrow{\text{水解}} CH_3\underset{OH}{-}CH-COOH + C_2H_5OH \tag{10-16}$$

乙醛、氢氰酸原料为有毒物质，尽管合成所得的乳酸符合要求，但其产品一般不用于食品方面，只用于制革工业和化学工业。

乙醛、氢氰酸合成乳酸的生产工艺流程如图 10-8 所示。

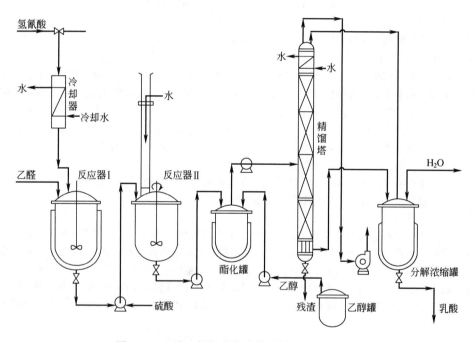

图 10-8　乙醛、氢氰酸合成乳酸的生产工艺流程

（2）丙酸路线　以丙酸为原料，通过氯化生成一氯丙酸，然后与氢氧化钠溶液进行水解反应，羟基将氯基取代即得粗乳酸：

$$2CH_3CH_2COOH + Cl_2 \longrightarrow 2CH_3\underset{Cl}{-}CH-COOH + H_2 \tag{10-17}$$

$$CH_3\underset{Cl}{-}CH-COOH + NaOH \longrightarrow CH_3\underset{OH}{-}CH-COOH + NaCl \tag{10-18}$$

同样，将所得粗乳酸进行酯化、精馏、水解，精制得乳酸，此生产路线在日本得到应用。

3.乳酸质量指标

食品添加剂乳酸的国家质量标准见 GB 2023—80。

二、甜味剂

甜味剂属于调味剂一种，是指能赋予食品甜味的一类添加剂，甜味剂有很多分类方法，按其来源可以分为两大类，天然甜味剂和合成甜味剂。

天然甜味剂，如蔗糖、淀粉糖浆、果糖、葡萄糖、麦芽糖、甘草甜素、甜菊糖苷、罗汉果等，以及从植物中提取的糖醇类。合成甜味剂，如糖精、甜蜜素、天门冬酰苯丙氨酸甲酯、乙酰醛胺酸钾等，具有低热量高甜质的特点。

甜味剂按其生理代谢特性还可以分为两类，营养性甜味剂和非营养性甜味剂。蔗糖、葡萄糖、果糖、山梨醇、木糖醇、麦芽糖醇、果葡糖浆等，是参加机体代谢并产生能量的甜味物质称营养性甜味剂。非营养性甜味剂是指不参加机体代谢，不产生能量的甜味剂，如甜叶菊、甜蜜素、糖精、天门冬酰苯丙氨酸甲酯等。常用甜味剂的甜度见表 10-2。

表 10-2　常用甜味剂的甜度

名　称	甜　度	名　称	甜　度	名　称	甜　度
蔗糖	1.00	半乳糖	0.63	糖精	300～500
乳糖	0.39	D-木糖	0.67	甜精	30～40
麦芽糖	0.46	转化糖	0.95	甜叶菊	150～300
D-甘露糖	0.59	D-果糖	1.14	天冬糖	100～200
D-山梨糖醇	0.51	葡萄糖	0.69		

（一）山梨糖醇与 D-甘露糖醇

糖醇是醛糖或酮糖的羰基被还原成羟基的衍生物。一部分糖醇广泛存在于植物以及微生物体内，存在的形式有游离态和化合态，但含量甚微，目前只有从棕褐藻中提取甘露糖醇具有提取的工业价值。其他工业生产糖醇均由糖加氢还原或利用生物工程技术转化而得到。已工业化生产和研制成功的糖醇有木糖醇、山梨糖醇、麦芽糖醇、异麦芽糖醇、甘露糖醇和乳糖醇等。

糖的分子结构一般为环状，糖醇的分子结构则为开环，其化学性质较糖稳定。糖醇一般甜度较低，在体内代谢与胰岛素无关，是糖尿病人的理想甜味剂。目前，已有四种糖醇的衍生物（D-木糖醇、D-山梨糖醇、D-甘露糖醇和麦芽糖醇）作为甜味剂投入实际应用。

D-山梨糖醇又称山梨醇或葡萄糖醇，与 D-甘露糖醇是同分异构体（以下简称山梨糖醇和甘露糖醇），为一种六元醇，分子式为 $C_6H_{14}O_6$，结构式如下：

$$HOH_2C-\underset{H}{\overset{OH}{C}}-\underset{HO}{\overset{H}{C}}-\underset{H}{\overset{OH}{C}}-\underset{H}{\overset{OH}{C}}-CH_2OH \qquad HOH_2C-\underset{HO}{\overset{H}{C}}-\underset{HO}{\overset{H}{C}}-\underset{H}{\overset{OH}{C}}-\underset{H}{\overset{OH}{C}}-CH_2OH$$

$$\text{D-山梨糖醇} \qquad\qquad\qquad \text{D-甘露糖醇}$$

山梨糖醇和甘露糖醇天然品广泛存在于植物界，山梨糖醇存在于海藻、苹果、梨、葡萄、红枣等植物中，甘露糖醇存在于洋葱、胡萝卜、菠萝、海藻及一些树木中。山梨糖醇与甘露糖醇具有凉爽的清甜，甜度分别为蔗糖的 0.5～0.7 倍。人们食用后在体内不转化为葡萄糖，不会引起血糖水平波动，不受胰岛素的影响，也不会引起牙齿龋变。由于它们是不挥发多元醇，所以还有保持食品香气的功能，并能防止盐、糖等析出结晶，能保持甜、酸、苦味强度的平衡，增强食品的风格。

1. 生产技术

蔗糖、葡萄糖和淀粉均是适宜生产山梨糖醇的原料。淀粉或蔗糖生产山梨醇分两个制备过程：淀粉酶法水解或酸解制得葡萄糖，然后催化加氢还原得产品，一般生产工艺流程示意如图 10-9 所示。

淀粉用 α-淀粉酶经液化和糖化，水解为葡萄糖，经脱色、过滤、离子交换、蒸发及调节酸度为 pH＝8 后，可用镍或雷尼镍作催化剂，在 7～14MPa 的压力下，经 120～160℃ 高温催化加氢，可得到质量分数为 75% 的山梨糖醇与 25% 的甘露糖醇的混合物。利用甘露醇溶解度小的特点，可以方便地将它从混合溶液中分离出来，然后进行精制可得产品。

2. 产品质量标准

食品添加剂山梨糖醇液体的国家产品质量标准是 GB 7658—87，食品添加剂山梨糖醇固体产品的联合国

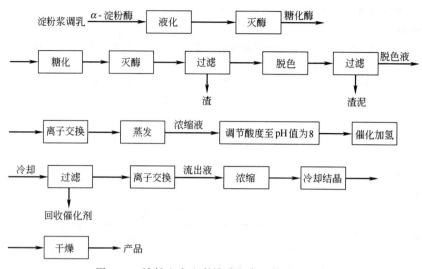

图 10-9 淀粉生产山梨糖醇生产工艺流程示意

粮食与农业组织（FAO）和世界卫生组织（WHO）质量标准见 FAO/WHO，1988。食品添加剂甘露醇的产品质量标准见美国世界卫生组织标准 FDA/WHO，1988。

（二）甘草甜素

甘草为豆科植物甘草的根及根茎，多年生草本，我国主产地为甘肃、内蒙等地。甘草作为中药材，性平、味甘，能补脾益气、清热解毒、祛痰咳、调和诸药，用于脾胃虚弱、倦怠乏力、心悸气短、咳嗽痰多及缓解药物毒性。甘草味甜而特殊，干粉可直接用作甜味剂。

甘草在祖国医学长期临床实践中，未见毒害作用的报告，是一种十分有前途的、高安全性的天然甜味剂。

1. 生产技术

甘草甜素目前主要从甘草中提取，提取的生产工艺主要有三种，水萃取、氨水萃取和超临界流体萃取。

(1) 水萃取生产路线　先将洁净的甘草粉碎，过 10～20 目筛进行筛选，得甘草粉。将甘草粉加入反应器中，加入草粉质量 5～7 倍的洁净水，在搅拌下于 85～100℃ 进行加热回流 2.5h；然后过滤，滤清再加入 3 倍量的水萃取，按上述条件萃取一次，合并滤液。滤液用薄膜蒸发器进行真空浓缩，当滤液的体积减小 80% 时，趁热过滤。滤液冷却后，加入质量分数为 95% 的乙醇，其体积为滤液的 1/2，静置 10～20h，过滤以除去植物蛋白、多糖等沉淀物。滤清液用 98% 的硫酸调其 pH 值为 3，使甘草酸沉淀析出，再用离心机分离，得粗甘草甜素。粗甘草甜素用 60～70℃ 的稀乙酸进行重结晶，减压过滤，滤饼在 70～80℃ 下真空干燥 40～60min，然后粉碎、过滤即得成品。

(2) 氨水萃取生产工艺　先将洗净的甘草切片后烘干，用质量分数为 20%～28% 的氨水作萃取剂，将两者等质量投入萃取器中，萃取 8～12h，然后过滤，再进行二次萃取过滤，合并 3 次滤液。再向滤液中加入质量分数为 10% 的稀硫酸至沉淀完全，静置 2～3h，结晶，过滤，用去离子水洗涤滤饼，干燥滤饼，然后再用质量分数为 70%～80% 乙醇重结晶，分离、干燥成成品。

(3) 超临界萃取生产工艺　在超临界状态下，用二氧化碳作萃取剂，用水-乙醇作挟带剂从甘草中萃取甘草甜素。萃取体系与原料甘草的质量比为（4～5）:1，萃取温度为 40℃，萃取时间为 5h。在萃取操作中，二氧化碳不与甘草中被萃取物有效成分发生化学反应，萃取剂无毒、无污染、无致癌性、沸点较低，便于从产品中清除，产品无菌，且价廉易得，故超临界萃取甘草甜素生产工艺具有潜在的发展前途。

2. 产品质量标准

食品添加剂甘草甜素的产品质量标准可参照日本 1983 年标准，其具体技术指标见表 10-3。

表 10-3　食品添加剂甘草甜素技术要求

项　目	指　标	项　目	指　标
含量/%	≥95	干燥失量/%	≤8.0
重金属（以 Pb 计）	≤0.002	灼烧残渣/%	≤9.0

(三) 甜菊糖苷

甜菊糖苷是从菊科植物甜叶菊的叶、茎中提取的甜味剂，白色的结晶性粉末，有清凉甜味，甜度约为蔗糖的 200～300 倍。

甜菊糖苷由于甜度高，不含热量，是最甜的天然甜味物质之一，受到各国消耗者欢迎。甜菊糖苷在饮料、糕点、罐头、医药、烟草、牙膏、啤酒、酱制品等方面有着广泛的应用。据文献报道，甜叶菊水浸液具有抗糖尿病的功效，而甜叶菊干粉末则有健胃、调节胃酸、促进新陈代谢、消除疲劳的功效。

1. 生产技术

目前，国内外从甜叶菊中提取甜菜苷的方法很多，有溶剂萃取法、离子交换法、透析法、分子筛法、乙酸铜法和硫化氢法等，其差别主要在分离、纯化操作方法。国内主要采用较为合理和经济的路线，用水作溶剂，用 CaO、$FeSO_4$ 等去除蛋白质、有色物、杂味物等杂质，然后再精制。

(1) 水萃取路线　对于较小批量的生产，可以采用成本低、工艺简单、效果尚可的水萃取生产路线，具体操作过程如下：干甜叶菊经粉碎后加入萃取器中，加入 10～15 倍质量的干净水，在 60～80℃下浸泡 4h，过滤；在 pH 值为 6～8 条件下，用硫酸铁、氧化钙将滤液中蛋白质、有色物等杂质去除后再进行过滤，滤液经蒸发浓缩后用等体积的正丁醇萃取，将萃取液经真空浓缩至 1/5 的体积、结晶、过滤干燥得黄色粗品。粗品再用甲醇溶解，过滤后重结晶，干燥可得成品。

(2) 沸水萃取生产路线　将粉碎的干甜叶菊用 20 倍质量的沸水蒸煮 40min，过滤，滤液中加入适量氧化钙粉末，过滤，再向滤液中加入适量硫酸铁溶液，过滤，滤液加热浓缩，加入质量分数为 95% 乙醇，过滤，滤液经离子交换树脂处理脱色、脱盐，处理液经浓缩回收乙醇后得到淡褐色浸膏，将浸膏放入质量分数为 5% 的甲醇溶液中进行重结晶，经离心机分离回收溶剂后得结晶体，在 55～60℃条件下进行真空干燥，经粉碎、筛分，包装得白色晶体成品。其工艺流程示意如图 10-10 所示。

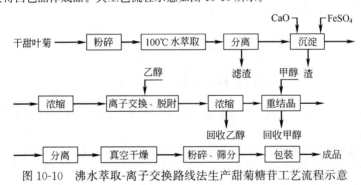

图 10-10　沸水萃取-离子交换路线法生产甜菊糖苷工艺流程示意

2. 产品质量标准

食品添加剂甜菊糖苷的国家质量标准见 GB 8270—87。

三、增味剂

具有增味的物质有：氨基酸、核苷酸、有机酸、肽、酰胺等。目前，应用得较为广泛的增味剂主要为 L-谷氨酸一钠（味精）、5-肌苷酸二钠等。

(一) L-谷氨酸一钠（味精）

L-谷氨酸一钠即谷氨酸钠，别名为味精，结构式为：$HOOC-CH-CH_2-CH_2-COONa \cdot 2H_2O$，有 3 种
$\qquad\qquad\qquad\qquad\qquad\qquad\qquad\quad |$
$\qquad\qquad\qquad\qquad\qquad\qquad\qquad\;\, NH_2$
旋光异构体，仅左旋 L-谷氨酸一钠具有增味功能。

1. 生产技术

(1) 水解法　水解小麦中的面筋，产生谷氨酸磷酸盐，加氢氧化钠调 pH 而游离出 L-谷氨酸一钠盐，此法生产成本太高。

(2) 发酵法　此法是 L-谷氨酸一钠工业生产的主要方法。以薯类、玉米、木薯、淀粉等的淀粉水解糖或糖蜜、乙酸、液态石蜡等为碳源，以铵盐、脲素等提供氮源，在无机盐类、维生素等存在情况下，加入谷氨酸产生菌，在大型发酵罐中通气搅拌发酵，发酵温度为 30～34℃，pH 值为 6.5～8.0，经 30～40h 发酵后，除去细菌，将发酵液中的谷氨酸提取出来，用氢氧化钠或碳酸钠中和，经脱色除铁、真空浓缩结晶、干燥后即得 L-谷氨酸一钠含量在 99% 的结晶体。

$$C_6H_{12}O_6 \xrightarrow[\text{微球菌类}]{\text{空气,NH}_3} HOOCCH_2CH_2-\underset{NH_2}{CH}-CH_2COOH \xrightarrow[\text{中和}]{NaOH} NaOOCCH_2CH_2-\underset{NH_2}{CH}-CH_2COOH + H_2O$$

(10-19)

2.产品质量标准

食品添加剂 L-谷氨酸一钠（味精）的国家质量标准见 GB 8967—88。

（二）5′-肌苷酸二钠

5′-肌苷酸二钠具有特殊的鲜味，一般可作为汤汁和烹调菜肴的调味用，较少单独使用，多与味精复合使用。5′-肌苷酸二钠和 5′-鸟苷酸钠与味精复配可得到超鲜（特鲜或强）味精，称为第二代味精或复合味精。

1.生产技术

（1）发酵技术 以葡萄糖为碳源，加入肌苷菌种，发酵 48h，用离子交换柱分离肌苷，浓缩、冷冻结晶、干燥得肌苷，将肌苷磷酸化得肌苷酸二钠。这一路线产率高，生产周期短，成本低，发酵条件易控制，用磷酸化提供了廉价的核苷酸原料，且磷酸化产物单一，转化率高达 98% 以上。

（2）发酵路线 糖发酵得肌苷酸，作选择性羟基磷酸化得肌苷酸二钠，再精制钠盐后结晶而得成品。此工艺简单，成本低廉，但由于是多重缺陷型菌株，需要丰富的培养基，培养时间也较长，不适宜工业化生产。

（3）核酸酶解路线 用质量分数为 20% 的氢氧化钠溶液将 0.5% 的核酸溶液的 pH 值调至 5.0~5.6，然后升温至 75℃，加入占核酸溶液 10% 量的 5′-磷酸二酯酶的粗酶液，于搅拌下 70℃ 酶解 1h 后，立即加热至沸腾进行灭酶 5min，冷却，调节 pH 值至 1.5，除去杂质，得核酸酶解液。将核酸酶解液通过阳离子树脂分离洗脱，收集到的腺苷酸洗脱液，在脱氨酶的作用下能定量地脱去腺苷酸组织中嘌呤碱基上的氨基，成为 5′-肌苷酸，加氨氧化溶液调 pH 至 7.0~8.0，减压浓缩、冷冻结晶，再经抽滤、干燥即得产品。酶解法工艺路线虽然较复杂，但生产操作较稳定，产率较高。

2.产品质量标准

食品添加剂 5′-肌苷酸二钠产品的国际标准见 FAO/WHO，1993。

第五节 乳 化 剂

乳化剂是一类分子中同时具有亲水和亲油性基团的表面活性剂，可以在油水界面定向吸附，起到稳定乳液和分散体系的作用。

乳化剂在食品工业中作为表面活性剂的应用效果是多重的，其主要功能有：乳化作用，湿润作用，调节黏度的作用，对淀粉食品的柔软、保鲜、对面团具有的调理作用，可作为脂溶性色素、香料、强化剂的增溶剂。此外在食品加工中也可用作破乳剂，某些乳化剂（如蔗糖酯），还有一定的抗菌性，天然磷脂乳化剂还有抗氧化等作用。

目前，国内外广泛应用食品乳化剂为甘油脂肪酸酯、脂肪酸蔗糖酯、山梨醇酐脂肪酸酯、丙二醇脂肪酸酯、酪蛋白酸钠和磷脂等。

一、蔗糖脂肪酸酯

蔗糖脂肪酸酯又称蔗糖酯，它是由蔗糖与羧酸反应生成的一类有机化合物的总称，常用的羧酸有硬脂酸、油酸等。蔗糖分子中有 8 个羟基，蔗糖脂肪酸酯可按蔗糖羟基与脂肪酸成酯的取代数不同分为单酯、双酯、三酯及多酯，其商品一般是它们的混合物。另外，还具有易于生物降解的特点，在医药、化妆品、洗涤剂、纺织等行业中同样受到重视和应用。

蔗糖酯在食品工业中应用极为广泛，可用于冰淇淋、奶油、奶糖等食品中作为乳化剂，用于巧克力、色拉油中作为结晶控制剂和黏度控制剂；用于片状糖果中作为润滑剂；用于饼干、糕点、面制品中作为淀粉的结合剂，可防止淀粉老化，提高面条的抗拉强度，减少面汤的混浊；用于乳粉中作润湿剂；用于水果、蔬菜、禽蛋作保鲜剂；还可以用作餐具、果蔬和食品加工器具的优良洗涤剂。

蔗糖酯在体内可分解为蔗糖水和脂肪酸，是一种十分安全的乳化剂。

（一）生产技术

蔗糖酯的生产路线较为复杂，近期开发了诸如溶剂法、无溶剂法、微生物发酵法等；但是，至今工业上仍以溶剂中酯交换法为主，只是在溶剂和催化剂方面作了改进。

1.酯交换操作过程

酯交换是目前工业上应用最广泛的生产路线。该路线按是否应用溶剂又可分为溶剂法和无溶剂法，按所用的脂肪酸低级醇酯不同，又可分为甲酯法和乙酯法。酯交换反应式如下：

$$C_{12}H_{22}O_{11} + RCOOCH_3 \rightleftharpoons C_{12}H_{21}O_{11}OCR + CH_3OH \tag{10-20}$$

酯交换生产工艺一般用碱性催化剂，如碳酸钾、硬脂酸钾、碳酸氢钾、氢氧化钠、碳酸氢钠等，也可以用707型阴离子交换树脂，以碳酸钾催化剂的综合性能最好。在溶剂中最常用的溶剂二甲基甲酰胺、二甲基亚砜等溶解性好，但其价格昂贵、易燃、有毒，不易从产品中除去，是早期研究最多的溶剂；现在，倾向于用丙二醇、水等作溶剂来生产蔗糖酯。

在反应过程中，可以通过采用控制脂肪酸与蔗糖投料的质量比和反应程度，控制蔗糖单酯、双酯、三酯等的生成量。

(1) 水溶剂酯交换路线　以适量的水为溶剂加入反应器中，加入约5%的中性软脂肪酸皂为乳化剂，将原料蔗糖和脂肪酸甲酯加入，加热搅拌形成均匀的乳状液，然后再减压、加热将大部分水蒸发出去，加入硬脂酸甲酯和约1%的催化剂碳酸钾或氢氧化钾，继续升温反应，在150℃、减压下反应2h，控制达到反应所要求的程度得粗品。操作中要注意避免出现蔗糖焦化、添加催化剂时与蔗糖脂肪酸单甘酯产生泡沫等现象。

(2) 丙二醇溶剂法　又称微乳法，以丙二醇为溶剂，以无水碳酸钾为催化剂，借助于脂肪酸皂的乳化作用，使蔗糖和脂肪酸低碳醇酯在微乳化状态下进行酯交换反应。先将溶剂丙二醇加入反应器，加入蔗糖配制成溶液，用脂肪酸钠作乳化剂，搅拌下将脂肪酸甲酯（或乙酯）加入并分散成乳浊微滴（液滴直径0.01~0.06μm），使之在约100℃下成为微乳状态。然后，加入催化剂无水碳酸钾，升温，在150~170℃和800Pa下进行酯交换反应，反应中生成的甲醇（乙醇）不断被蒸出，反应完毕后，继续减压蒸馏回收溶剂丙二醇。将所得粗产品溶在丙酮中，过滤除去产品中脂肪酸和蔗糖，再经洗涤、干燥得成品。这是目前工业上常用的生产路线。优点是丙二醇无毒，蔗糖过量不需太多，但是，丙二醇沸点较高，在回收时约有10%的蔗糖会被焦化。

(3) 乙醇溶剂法　利用乙醇作溶剂，其操作过程：在20L的反应器内，投入8.7kg乙醇和5kg硬脂酸、184.9g硫酸，在82℃下搅拌反应8h后，蒸馏出过量的乙醇，水洗至pH值为7，得到硬脂酸乙酯，转化率93%。再将硬脂酸乙酯198g、蔗糖200g、丙二醇623g、碳酸钾25g加入2L的反应器内，在85℃下搅拌反应7h，再加入8g酒石酸，减压回收溶剂，产物用质量分数为8%的氯化钠溶液洗涤，静置分层，上层产物经分离、干燥得成品，蔗糖酯含量为85.62%，转化率为91.26%。

2. 蔗糖酯的分离与精制

蔗糖与脂肪酸反应后的粗产物中含有未反应的糖、脂肪酸酯、催化剂、乳化剂和水等物质，应进行分离和精制，其操作方法主要有以下两种。

(1) 萃取法　萃取是目前工业上常用的方法。萃取法分离与精制的具体操作步骤如下：向蔗糖酯粗品中加入质量为5倍的乙酸乙酯溶剂和3倍的水，70℃下加热搅拌溶解，用柠檬酸调至pH为5，分离油相，并加入适量的氯化钠，加热下搅拌，然后冷却至5℃，蔗糖酯和盐共沉淀，滤除母液得滤饼，加入等质量的异丁醇水溶液，在65℃加热溶解，调pH至7，排出水层，将有机相减压回收溶剂，可得蔗糖酯产品。

(2) 压榨法　利用脂肪酸甲酯与蔗糖脂肪酸酯结晶温度的差异，将蔗糖酯粗品在30~35℃下经压缩机压榨可以回收大部分未反应的脂肪酸甲酯，得到含量在95%左右的块状蔗糖酯。将块状蔗糖酯溶于无水乙醇中，再进行压榨分离可得产品蔗糖脂肪酸酯。

（二）产品质量标准

采用非丙二醇法和丙二醇法生产的食品添加剂蔗糖脂肪酸酯的国家质量标准分别见GB 8272—87、GB 10617—89。

二、山梨醇酐脂肪酸酯

山梨醇酐脂肪酸酯，其商品名为斯盘。

由于斯盘所用的原料充足，易得，价格便宜，生产工艺简单，且产品无毒无害、应用面广；多年来世界各国都积极开发、引进该产品。

（一）生产技术

斯盘是由葡萄糖在一定压力下还原而成的山梨糖醇与脂肪酸直接加热进行酯化反应制得，其中山梨糖醇的脱水与脂肪酸的酯化同时进行；或者山梨糖醇先行脱水成山梨醇酐后，再与脂肪酸酯化生成山梨醇酐脂肪酸酯。斯盘20、斯盘40和斯盘60的生产路线基本一样。

1.一步法

将等物质的量的山梨醇和脂肪酸及0.5%的氢氧化钠加入反应器,在氮气保护下搅拌加热,于200~220℃反应,或者在86.66~89.32kPa的真空度下反应一定时间,至混合物酸值达到要求后,冷却到90℃左右,加入双氧水脱色30min,可得色泽较浅的产品。但总的来说,一步法产品质量略差。

2.两步法

(1) 脱水 山梨醇的脱水也称醚化,反应时向山梨醇中加入少量的酸性催化剂,如磺酸、磷酸等,在120℃及在一定真空度下反应3~4h,至羟值符合要求为止,用碱中和催化剂,得失水山梨醇。

(2) 酯化 向失水山梨醇中加入配比量的脂肪酸和催化剂,在200℃和真空条件下反应4h,然后中和;得到一定羟值和脱水成环状的产品,色泽呈黄棕色。为了得到浅色产品,可加入双氧水进行漂白,所得产品质量优于一步法。

3.分步催化法

山梨醇在反应器中进行加热熔化后,加入适量的脱水剂,充氮气并进行搅拌,于210℃左右使山梨醇进行脱水反应,待脱水至一定时间后,加入脂肪酸和适量的酯化催化剂,在210℃左右保温反应一定时间,得到产品。

分步催化法是在原有一步法的基础上,运用了既有抗氧化和又能使山梨醇脱水的催化剂,并与酯化催化剂相配合,研制开发出一套分步催化(先醚化后酯化)、连续(不换反应器)生产斯盘系列乳化剂的新工艺。此法具有一步法和两步法的优点,省去了传统的后处理脱色工序,操作简单,生产的产品在指标、色度和流动性上与国外产品相当。

(二) 产品质量标准

食品添加剂山梨糖醇酐脂肪酸酯的国家标准见 GB 13481—92(斯盘60)、GB 13482—92(斯盘80),国际标准见 FAO/WHO,1992(斯盘65)。

三、大豆磷脂

大豆磷脂又称大豆卵磷脂或简称磷脂,是食品工业中用得最多的天然食品乳化剂;它是生产大豆油的副产品,其主要成分是卵磷脂(约占24%)、脑磷脂(约占25%)和肌醇磷脂(约占33%),此外尚有少量的油。

大豆磷脂具有优良的乳化性、抗氧化性、分散性和保湿性,又能与淀粉和蛋白质结合,因而广泛用于烘烤食品、人造奶油、颗粒饮料等。它除了用作乳化剂外,还用作增溶剂、湿润剂、脱模剂、黏度改良剂和营养添加剂。大豆磷脂不只是一种添加剂,而且是一种食品;它能降低胆固醇,并在减轻神经紊乱症状上有一定疗效。

(一) 生产技术

大豆磷脂通常是制造大豆油的副产品,工业常用水合法提取大豆磷脂,生产工艺步骤如图10-11所示。

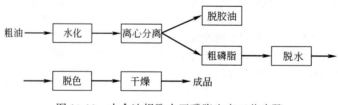

图 10-11 水合法提取大豆磷脂生产工艺步骤

水合法工业提取大豆磷脂生产流程见图10-12。

1.水合及脱胶过程

水合及脱胶过程可分为间歇操作和连续操作两种。常用的间歇操作是先将毛豆油加热至70~82℃,然后加入2%~3%的水以及一些助剂,在搅拌的情况下,油和水于反应器内充分进行水化反应30~60min。反应器的物料送入脱胶离心机。

用作脱磷脂的助剂,最常用的是乙酸酐;乙酸酐与磷脂反应生成某种乙酰化的磷脂酰乙醇胺。操作中要特别注意的是水应尽量少加,以使胶质沉淀为准;水如果过量,不但油会更多的参与水化反应而引起不必要的损失,而且还会影响磷脂的质量。

连续水合法脱胶是在管道式反应器中进行的,即原料毛豆油经过油脂水化、磷脂分离、成品入库等工序

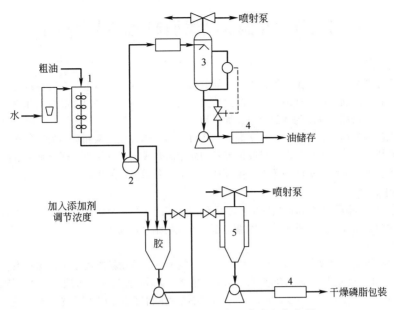

图 10-12　水合法工业提取大豆磷脂生产流程
1—混合器；2—脱胶离心机；3—脱胶油干燥器；4—冷却器；5—薄膜干燥器

基本实现连续生产。投料方式是将定量的水或水蒸气与油同时连续送入管道，在管道中使油与水充分混合。连续水合、脱胶工艺具有高功效、低能耗、质量稳定、操作方便、无污染和占地面积少等优点，但管道反应器及操作控制的技术要求较高。

2. 脱水过程

毛油脱胶后，经离心机分离出来的油和磷脂，必须用增浓设备（如薄膜蒸发器）进行脱水处理。脱水操作方式也可以采用间歇或连续，间歇脱水是 65～70℃ 下真空蒸发；连续脱水利用薄膜蒸发器，在 2.0～2.7kPa 的压力下于 115℃ 左右蒸发 2min，最终获得的产品水分含量可小于 0.5％。脱水后的胶状物必须迅速冷却至 50℃ 以下，以免颜色变深。由于胶状磷脂一般储存的时间要超过几个小时，因此为了防止细菌的腐败作用，常在湿胶中加入稀释的双氧水以起到抑菌的作用。

3. 脱色过程

为了获得较浅颜色的磷脂产品，还需要进行脱色处理。过氧化氢减少棕色色素，对处理黄色十分有效；过氧化苯甲酰减少红色素，对处理红色更有效。上述两种脱色剂一起应用，可得到颜色相当浅的大豆磷脂。脱色时，温度为 70℃ 最适宜。此外，也有采用次氯酸钠和活性炭等物质进行脱色的。

4. 干燥

将大豆磷脂进行分批干燥是最常用的方法，而真空进行干燥是最适宜的方法。由于大豆磷脂在真空干燥时操作上要防止泡沫产生，因此真空干燥时操作上有一定难度；操作时必须十分小心地控制真空度，并采用 3～4h 的较长时间干燥。另外，薄膜干燥也是一种很成功的操作方法，它可以通过冷却回路防止大豆磷脂变黑，并对除去脱胶过程中所加入的乙酸残存物也有良好效果。

5. 精制

为了将存在于粗大豆磷脂中的油、脂肪酸等杂质除去，提高产品的纯度，都需进行精制。精制操作时，将粗大豆磷脂和丙酮按质量配比为 1:(3～5) 的比例配制，在冷却的情况下进行搅拌，油与脂肪酸溶于丙酮，磷脂沉淀，用离心机将其分离出来；分离出的磷脂中再加入丙醇，同样地在搅拌下处理 2～3 次，直至磷脂搅拌成粉末状，除去绝大部分丙酮，再将粉末状磷脂揉松过筛，置于真空干燥器中干燥，真空度控制在 47.4kPa 左右，在 60～80℃ 下干燥至无丙酮气味即可包装。

除用丙酮进行精制外，还可用混合溶剂进行处理，混合溶剂的体积配比关系为己烷:丙酮:水＝29.5:68.0:2.5，处理后的产品纯度可高达 99％。还可以用氯化钙、三氧化二铝等进行精制。

（二）产品质量标准

食品添加剂大豆磷脂产品的国家质量标准见 GB 12486—90。

第六节　其他食品添加剂生产技术简介

一、食用色素

很多天然食品都会有天然色素，但在加工、储藏过程中，有的容易褪色，有的容易变色。为了保持或改善食品的色泽，在食品加工中往往需要对食品进行人工着色。食用色素是以食品着色和改善食品色泽为目的的食品添加剂，它可以提高食品的商品价值，促进消费。

食用色素也称为食用合成染料，按其来源和性质可分为食用合成色素和食用天然色素两大类。水溶性偶氮色素类较容易排出体外，毒性较低，目前世界各国使用的合成色素有相当一部分是水溶性偶氮类色素。食用天然色素主要是植物组织中提取的色素，也包括来自动物和微生物的色素。

（一）β-胡萝卜素

β-胡萝卜素是一种国际上公认的优秀天然食用色素，广泛地存在于胡萝卜、辣椒、南瓜、柑橘等蔬菜水果中，其分子式为 $C_{40}H_{56}$。β-胡萝卜素为红紫色至暗红色的结晶性粉末。

1. 生产技术

（1）从盐生杜氏藻、胡萝卜等植物中提取　海藻、胡萝卜等植物粉渣用 4%NaOH 甲醇溶液在 60～70℃ 皂化 1h，用 1∶1 的石油醚与乙醚混合溶剂反萃取，静置分层后，醚层先用水洗至中性，然后在 50～60℃ 下减压浓缩，稀释，经 Al_2O_3 或 MgO，用 7∶3 的石油醚与丙酮混合溶剂洗脱，浓缩后，视产品纯度和要求，可以重复层析提纯。

（2）从棕榈油中提取　棕榈毛油中 β-胡萝卜素的含量较高，达到 500～1000mg/kg，约为胡萝卜的 10 倍，因此是提取 β-胡萝卜素的好原料。其方法是：棕榈毛油与甲醇进行酯化反应，然后利用有机溶剂萃取出其中的 β-胡萝卜素，最后经过醇化精制，即可得纯度为 95% 的产品。

（3）化学合成法　以紫罗兰酮为原料，经过 C_{14}、C_{16}、C_{19} 的各种醛（碳链增长反应），两分子 C_{19} 醛经格利雅反应生成 C_{40} 二醇，部分氢化、脱水、重排反应，得到全反式 β-胡萝卜素。

2. 产品质量标准

食品添加剂 β-胡萝卜素国家质量标准 GB 8821—88 和 GB 1414—91（天然品）。国际标准 FAO/WHO，1984。

（二）姜黄色素

姜黄在我国福建、广东、广西、云南、四川等地区均有栽培生产，可以从天然品中提取姜黄色素。

1. 生产技术

（1）热水浸提工艺　将干净的原料经粉碎、过筛成粉末后再放入提取器中，按一定比例流加提取水，用氢氧化钠调节 pH=9，加热煮沸，搅拌下提取，总提取时间为 130min；各次提取液滤出后，立即加入 0.5%～1.0% 的抗氧化剂亚硫酸钠，合并提取液，用盐酸调节 pH=3～4，沉淀出姜黄素，过滤、干燥可得成品，收率可达 5%～6%。

（2）水蒸气蒸馏提取工艺　将干的黄块茎经粉碎机粉碎至颗粒状，用水蒸气蒸馏，将蒸馏的含水残渣在氢氧化钠浸泡下迅速搅拌，过滤、滤液酸化、陈化、过滤干燥即得粗品，精制后即可得棕黄色固体颗粒成品，产率为 22.5%～69.5%。

2. 产品质量标准

食品添加剂姜黄色素的产品质量标准见我国行业标准 QB 1415—91 和国际标准 FAO/WHO，1995。

（三）辣椒红

辣椒是人们长期喜爱食用的蔬菜，它含有丰富的天然红色素、辣味素和人体所需的多种微量元素及维生素。我国广泛种植辣椒，而且品质优良，长期出口辣椒粉，再花大量外汇进口辣椒红色素；因此研究开发、生产辣椒红色素，为利用自然资源发展天然红色素开辟了新途径。

辣椒红是存在于辣椒中的类胡萝卜素，分子式为 $C_{40}H_{56}O_3$，结构特征为共轭多烯烃，其中大量共轭双键形成发色基而产生颜色。

1. 生产技术

（1）溶剂萃取-碱分离法　先将经筛选洁净的干辣椒进行粉碎，投入萃取器中，加入适量的乙醇作萃取剂，经过萃取、沉降、压滤、除油后，再沉淀去微尘，将上层萃取液导入蒸发器中蒸去乙醇溶剂，得到的浓缩液导入分离器,用石油醚和氢氧化钠作为分离剂,分离后,上层为色素,下层为辣椒素。用乙醇反复清洗色素,进一步除去辣椒素,再经减压蒸馏除去溶剂和挥发物,即获得辣椒红色素成品。

(2) 溶剂萃取-盐析分离法　将筛选后的干辣椒粉碎后投入萃取器中,以石油醚或6号溶剂油为萃取剂进行萃取处理,得到含有辣椒红色素和辣椒素的提取液,用食盐水溶液和丙酮进行盐析、萃取处理,静置进行液-液分离,得到含有色素和辣椒素的两相液体,对含有色素相液体进行皂化纯化处理,得辣椒红色素成品。该工艺简单,色素和辣椒素收率均高于其他生产方法。

2. 产品质量标准

食品添加剂辣椒红的产品质量标准见联合国粮食与农业组织和世界卫生组织标准 FAO/WHO 1990。

二、增稠剂

能增加食品溶液的黏度,保持体系的相对稳定性的亲水性物质,称为食品增稠剂,也称糊料。增稠剂作用原理是其分子结构中含有许多亲水性基团,如羟基、羧基、羰基、氨基等,能与水分子发生水合作用,从而以分子状态高度分散于水中,形成高黏度的单相均匀分散体系。

增稠剂的种类很多,大多数是从含有多糖类黏稠物质的植物和海藻类,或从动物蛋白中提取,少数是人工合成的。由于天然增稠剂安全无害,资源广泛,因此世界各国都在积极研究天然增稠剂的开发和应用。我国生产增稠剂的主要品种有果胶、海藻酸钠、琼脂、明胶、羧甲基纤维素等。

(一) 果胶

果胶是从植物组织中提取的一种线型高分子聚合物,它的平均相对分子质量在50000~150000之间;白色或淡黄色的非晶状粉末,无味,口感黏滑;溶于热水,在冷水中微溶,几乎不溶于乙醇、醚等有机溶剂。粉末果胶的相对密度约为0.7,无固定的熔点和溶解度,水溶液呈酸性,胶体的等电点为3.5。

果胶作为一种食品添加剂,在我国食品工业中的应用日益扩大,用作增稠剂、稳定剂和胶凝剂,应用于果酱、果冻、软糖、冰淇淋等食品中。

1. 生产技术

柑橘类水果、苹果、向日葵等植物中含有丰富的果胶,但是其果胶不溶于水;在提取过程中必须将其转化成水溶性果胶,并使之与植物中的纤维素、淀粉、天然色素分离,再加入金属离子,使果胶生成不溶于水的果胶酸盐而沉淀出来,经分离后再将金属离子从果胶酸盐中置换出来,经压滤、洗涤、干燥、粉碎,可得成品。

(1) 从柑橘皮中提出果胶　将洗净的柑橘皮浸泡1~3h,使其充分吸水,用水漂洗后离心脱水,加入0.14%的盐酸于90℃下抽提半小时,过滤后加入硫酸铝或氨水和硫酸铁铵,再用大量清水洗涤后离心干燥,加入盐酸使其分解,然后用95%乙醇沉淀,经离心、干燥得产品。

(2) 从向日葵盘中提取果胶　将向日葵盘洗净,投入绞碎机绞碎,放入提取器中,再加入60℃左右的温水浸泡1.5h,加热煮沸数分钟后除去果胶霉,灭霉后漂洗数次,除去其中的淀粉、色素和苦味物质;然后加入去离子水,用盐酸调节pH值2左右,温度控制在85~92℃之间,时间为1.5h。趁热过滤,用少量热水洗涤;用10%的氢氧化钠溶液处理滤液至pH值4.5左右,再将预先配好的硫酸铝饱和溶液加到滤液中,搅拌,果胶形成絮状沉淀,静置后过滤、洗涤、离心,然后加入60%的乙醇与盐酸的混合物,搅拌1h左右,置换出铝离子,再离心分离、干燥得成品。

2. 产品质量标准

食品添加剂果胶的产品质量标准见国家质量标准GB 246—85。

(二) 海藻酸钠

海藻酸钠又名海带胶,具有良好的增稠性、成膜性、保形性、絮凝性及稳定性,作为食品添加剂,可改善食品结构,提高食品质量;在预防和治疗疾病方面,它具有降低人体的胆固醇含量、疏通血管、降低血液黏度、软化血管等的作用,被人们誉为保健长寿食品。同时,其优良的成膜性使其可用作食品包装中的可食性薄膜,此外,在啤酒生产中作为铜的固化去除剂,能把蛋白质、单宁一起凝聚除去。

海藻酸存在于多种棕色海藻中。海藻酸为不溶性物质,在食品工业中直接应用得较少。我国GB 2760—1996批准使用的海藻酸钾、海藻酸钠和一种半合成物海藻酸丙二醇酯,在海藻酸盐中使用得最多的是海藻酸钠。海藻酸钠的分子式为$(C_6H_7O_6Na)_n$,聚合度n一般180~930之间,其相对分子质量一般在32000~200000之间。海藻酸钠为白色或淡黄色的粉末,几乎无臭、无味,不溶于乙醇、乙醚、三氯甲烷和酸(pH<3),是亲水性高分子化合物,水合能力很强,有吸湿性,溶于热水和冷水,溶于水形成黏

稠状胶体凝胶。

1. 生产技术

（1）酸凝、酸化法 将原料海带或褐藻浸泡，去除机械杂质、褐藻糖胶、无机盐类等水溶性组分，然后将原料切成块状；在25℃下，用低于0.01mol/L的稀盐酸或稀硫酸处理，也可加入不超过所处理料液的3%甲醛溶液，以处理物料中带有的蛋白质，并防止海带中的色素被浸出而加深成品色泽。然后加入碳酸钠，在55～75℃搅拌情况下反应1～1.5h，把多价金属离子型的海藻酸转化成钠型，反应方式：

$$Ca(Alg)_2 + Na_2CO_3 \longrightarrow 2Na(Alg) + CaCO_3 \tag{10-21}$$

$$Mg(Alg)_2 + Na_2CO_3 \longrightarrow 2Na(Alg) + MgCO_3 \tag{10-22}$$

式中 Alg——表示海藻酸。

将原料消化液先过滤，除去其中的粗大颗粒，将其中未消化完全的残渣送回前一工序处理回收，过滤后的料液流入稀释池，加水稀释，同时通入压缩空气，以起到搅拌作用。缓缓加入稀盐酸沉降8～12h，最后可得50%～80%的清液。将料液先经鼓泡机或溶气罐溶气乳化后，再缓缓加入稀酸，调pH约为1～2，海藻酸即凝聚成酸块，流入酸化槽，并由于气浮作用上浮，酸块在槽中的停留时间控制在1h左右，反应式如下：

$$Na(Alg) + HCl \longrightarrow H(Alg) + NaCl \tag{10-23}$$

$$2Na(Alg) + H_2SO_4 \longrightarrow 2H(Alg) + Na_2SO_4 \tag{10-24}$$

收集酸块，洗涤、脱水、粉碎，拌入粉状碳酸钠，一般加碱量为8%左右，于搅拌下混合均匀，再静置4～6h，使其完成转化过程，生成海藻酸钠；中和后的产品含水量为65%～75%，pH值为6.0～7.5。

（2）钙凝、酸化法 原料处理、消化、澄清工艺与上述酸凝法相同，只是后面的凝固等工序不同；料液乳化后，放入钙化罐，pH值在6.0～7.0条件下，每立方米清胶液中加入10%氯化钙溶液，搅拌下凝聚。凝聚后得海藻酸钙，随母液从钙化罐溢口排出，在气浮作用下，海藻酸钙进一步凝聚，逐渐形成纤维状，然后进入一系列的母液分离、水洗、酸化、水洗等过程；钙凝得到的海藻酸钙经水洗除去残留的无机盐类后，用10%左右的稀酸化30min，使其转化成海藻酸，再用碳酸钠通过固相法或液相法转化成海藻酸钠。

2. 产品质量标准

食品添加剂海藻酸钠的产品质量标准见国家质量标准GB 1976—80。

复习思考题

1. 什么叫食品添加剂，其作用有哪些？
2. 食品添加剂如何进行分类？
3. 对生产和使用食品添加剂要求和管理有哪些？
4. 食品添加剂的作用标准是什么？
5. 食品添加剂的发展趋势有哪些？
6. 高新技术在食品添加剂生产中有哪些应用？
7. 什么是食品防腐剂，有哪些应用？
8. 苯甲酸的工业生产路线有哪些？
9. 画出甲苯液相空气氧化生产苯甲酸钠一般工艺流程图。
10. 什么是抗氧剂，其如何分类？
11. 天然抗氧化剂茶多酚具有哪些作用？
12. 调味剂包括哪些添加剂？
13. 什么是酸味剂，其作用是什么？
14. 论述柠檬酸的工业生产技术。
15. 论述乳酸的工业生产技术。
16. 甜味剂如何分类？
17. 论述甘草甜素的工业生产技术。
18. 什么是食品增味剂？
19. 乳化剂在食品工业中具有哪些功能？
20. 论述蔗糖酯的生产技术。

21. 山梨醇酐脂肪酸酯产品包装与储运的具体要求是什么?
22. 大豆磷脂具有哪些优良的性能?
23. 论述大豆磷脂的生产技术。
24. 论述 β-胡萝卜素的生产技术。
25. 生产辣椒红色素有哪些重要意义?
26. 什么是增稠剂?
27. 论述果胶的生产技术。
28. 论述海藻酸钠的生产技术。
29. 海藻酸钠具有哪些优良的性能?

第十一章 工业与民用洗涤剂

学习目的与要求
- 掌握液体洗涤剂，粉状洗涤剂和浆状洗涤剂的生产技术要点。
- 理解洗涤剂配方设计的基本原理。
- 了解影响去污作用的因素、洗涤剂的主要组成。

洗涤剂是按照配方制备的有去污洗净性能的产品，它以一种或数种表面活性剂为主要成分，并配入各种助剂，以提高与完善去污洗净能力。有时为了赋予多种功能，也可以加入织物柔软剂、杀菌剂或其他功能的物料。洗涤剂也称合成洗涤剂，以区别于传统惯用的以天然油脂为原料的肥皂。洗涤剂的产品形式常以粉状、液状、浆状或块状出现，其中颗粒粉状洗涤剂的产量最大。洗涤剂按用途分为民用（家用）洗涤剂和工业洗涤剂两大类。

民用洗涤剂是千家万户的日常必需品，长期以来为保护人体健康、清洁环境起着十分重要的作用。民用洗涤剂包括个人卫生清洁剂、衣物洗涤剂和家庭日用品清洁剂。工业用清洗剂供各行各业清洗之用。工业清洗剂的应用领域逐渐在扩大，从洗涤金属、毛纺品开始已发展到清洗内燃机、轴承、机床、锻压机械、飞机、汽车、火车、铲车、起重机、船舶锅炉及多种零部件。

第一节 洗涤作用

洗涤去污是将固体表面的污垢借助于洗涤浴从固体表面去除的过程，这种洗涤过程是一种物理化学作用过程。洗涤浴可以是有机溶剂也可以是水溶液，汽油、三氯乙烯等是金属清洗、毛料服装干洗的洗涤浴，在日常生活中使用最普及的洗涤浴是含表面活性剂的水溶液。去污是一个动态效应，首先要将污垢从固体表面脱除，然后是悬浮、乳化、分散在洗涤浴中，防止污垢从浴液中再沉积到固体表面，经过漂洗，得到预期的清洁表面。

去污作用是一个复杂的物理化学过程，涉及面较广，常受到洗涤剂组成的配比、机械力、水硬度、洗涤温度等的影响，要取得满意的去污程度，就要了解与处理好各种因素。

第二节 洗涤剂的主要组成

洗涤剂是按一定的配方配制的产品，配方的目的是提高去污力。洗涤剂配方的必要组分是表面活性剂，其辅助组分包括助剂、泡沫促进剂、配料、填料等。洗涤剂的去污力主要是由表面活性剂产生的，但其辅助组分也是不可少的。辅助组分包括大量的无机盐和少量的有机添加剂。这些物质在配方中的加入量虽不同，但各自都有其不可缺少的特殊作用，它们的共同点是提高洗涤效果，改善使用性能，提高商品价值。洗涤剂配方中除去起洗涤作用的表面活性剂外的其他组分都为辅助组分，称为助洗剂或洗涤助剂。洗涤助剂又分为无机助剂和有机助剂。一般洗涤剂配方中表面活性剂约占 10%～30%，洗涤助剂约占 30%～80%，助剂中的有机助剂通常所占的份额最小，但其作用却很重要。洗涤助剂有如下的一些作用：有增强表面活性的作用，增加污垢的分散、乳化、增溶等作用，防止污垢再沉积；有软化硬水，防止表面活性剂水解和提高洗涤液碱性的作用，并有碱性缓冲作用；还具有改善泡沫性能，增加物料溶解度，提高产品黏度等作用；有的助剂还能降低皮肤的刺激性，并对毛发或纺织品起柔软、抑菌、杀菌、抗静电、整饰等作用。洗涤助剂中相当部分是作为填充剂存在于产品的，它不仅可以使产品的成本降低，而且使产品得到稀释，便于应用。填充剂或稀释剂还经常使产品的外观得到改善，如防止粉状产品结块，增加其流动性；提高液体产品的透明度，改善其色泽等。改善产品的外观，赋予产品美观的色彩和优雅的香气；可使消费者喜爱选用，提高商品的商业价值，这一点在日用化学品的生产中是至关重要的。

洗涤剂性能的优劣，除取决于洗涤剂原料——表面活性剂和洗涤助剂的质量外，还必须依靠配方技术。

借助配方技术，可以根据不同的洗涤对象，生产出具有专门用途的专用洗涤剂；利用配方技术，可以生产出粉状、浆状、液体等多种形式的洗涤剂。配方技术的基础，一是取决于生产者对各种表面活性剂复配性能的掌握和了解；二是取决于生产者对各种洗涤助剂的作用和复配性能的掌握和了解。

一、表面活性剂的协同效应

相同或不同类型的表面活性剂配合应用，能够弥补各自欠缺的性能，从而使其某些性能显著提高，称为表面活性剂的协同效应。

1. 不同阴离子表面活性剂配合应用

以烷基苯磺酸钠为主体的洗涤剂加入适量的肥皂配合应用，具有低泡的协同效应。脂肪醇硫酸钠与少量的脂肪醇硫酸钙（或镁）配合应用由于中和的阳离子不同，混合物的临界溶解温度大大低于纯品。烷基苯磺酸钠与少量的烷基苯磺酸钙（或镁）配合应用时，能提高去污力和增溶作用。烷基苯磺酸钠与脂肪醇聚氧乙烯醚硫酸钠混合溶液的表面张力出现最低点，二者质量比为 4∶1 时，乳化效果最好；在去污力测定时，发现二者质量为 4∶1 或 5∶1 时效果最佳。

2. 阴离子表面活性剂与非离子表面活性剂配合应用

非离子表面活性剂在应用中往往因为浊点偏低受到限制，加入适量的阴离子表面活性剂，使非离子表面活性剂的胶束间产生静电排斥作用，阻止生成凝聚相，使浊点升高。壬基酚聚氧乙烯醚中加入 2% 的烷基苯磺酸钠，即可使溶液的浊点提高 20℃ 左右。烷基苯磺酸钠与醇醚型非离子表面活性剂配合应用，在洗涤时与污垢形成液晶，从而提高了去污力。餐具洗涤剂要求对油脂有良好的乳化力，同时要求在有油脂存在的情况下仍有良好的发泡力和洗净力。采用脂肪醇聚氧乙烯醚硫酸钠或十二烷基硫酸钠与烷基醇酰胺配合使用，在质量比为 (4∶1)～(2∶3) 范围内具有良好的协同效应，使发泡力和洗净力显著提高。

3. 阴离子表面活性剂与阳离子表面活性剂配合应用

阴离子表面活性剂与阳离子表面活性剂配合应用，传统的概念是两者在水溶液中相互作用产生沉淀从而失去表面活性。近年来许多研究报告认为阴、阳离子表面活性剂混合在一起必然产生强烈的电性相互作用，在适当条件下，有可能使表面活性极大提高。阴、阳离子表面活性剂混合溶液的表面吸附层有其特殊性，反映在泡沫、乳化及洗涤作用中均有极大提高。例如，烷基链较短的辛基三甲基溴化铵与辛基硫酸钠混合，相互作用十分强烈，具有很好的表面活性，表面膜强度极高，泡沫性很好，渗透性大大提高。又如，双十八烷基甲基羟乙氯化铵阳离子与十八碳脂肪酸钠或十八碳脂肪醇聚氧乙烯醚硫酸钠配合应用，其柔软性、抗静电效果比单独使用要好。

4. 阴离子表面活性剂与两性离子表面活性剂的配合应用

阴离子表面活性剂与两性离子表面活性剂混合时，可能由于阴离子表面活性剂的负电荷与两性离子表面活性剂中的正电荷之间相互作用，从而形成络合物；其乳化性、泡沫性均优于原来的阴离子表面活性剂或两性离子表面活性剂。例如，等摩尔的脂肪醇硫酸钠与十二烷基氨基丙酸钠混合，其解离常数和相对吸附力数据表明，这两种表面活性剂定量地形成络合物，在较低的浓度时，其表面张力很低，络合物的 CMC 约为原来表面活性剂的 1%，说明表面活性很大，具有很好的协同效应。

5. 同系物表面活性剂配合应用

同系物表面活性剂且为同系物的混合，其实用性也很大。例如，肥皂（长碳链脂肪酸钠）的烷基链以适当的链长比例混合，会比单一烷基链肥皂的发泡性、洗涤性能好；脂肪醇聚氧乙烯醚硫酸钠的烷基链长和聚氧乙烯链长不同的各种异构体，未中和物和未反应物混合在一起，对产品的乳化、分散、起泡、亲水亲油平衡值都会产生影响，赋予其单一成分所不具备的复合性能。

二、洗涤助剂

洗涤剂中添加的无机助剂和有机助剂与表面活性剂配合，能够发挥各组分互相协调，互相补偿的作用，进一步提高产品的洗净力，使其综合性能更趋完善，成本更为低廉。因此，生产洗涤剂时，正确选用和适当配入助剂具有十分重要的意义。

1. 无机助剂

助剂是增强表面活性剂去污力的物料，它最重要的作用是从洗涤浴中除去 Ca^{2+}、Mg^{2+}，使其螯合成可溶性的螯合物，从而防止 Ca^{2+}、Mg^{2+} 对表面活性剂的负作用。助剂还能减少不溶性沉淀物在织物和机器部件上的沉淀，以及减少多次洗涤不溶性沉淀物在织物和机器上的积壳。通常助剂提供洗涤液的碱度，可促进油污乳化和提高去污力等。并发挥悬浮、抗再沉积的作用，使污垢悬浮在洗涤液中。

(1) 磷酸盐　磷酸三钠（Na_3PO_4）常用作重垢碱性洗涤剂，具有软化硬水和促进分散污垢粒子的作用，同时可皂化脂肪污垢有利于去污。三聚磷酸钠（$Na_5P_3O_{10}$）对 Ca^{2+}、Mg^{2+} 的螯合能力强，它在 pH8～10 是相当稳定的，它的水解度是 15％，是配制液体洗涤剂的良好助剂。三聚磷酸钠是洗涤剂最常用的助剂，助剂性能全面，在洗衣粉中的加入质量通常在 15％～40％。磷酸盐作为洗涤助剂虽有许多优点，但也有其不可克服的缺点，即洗涤后的废水中存在含磷物质，导致水域"过肥化"。为减少水质污染，目前许多国家都在限磷、禁磷；并积极研制开发取代三聚磷酸的新助剂。

(2) 硅酸钠　硅酸钠（$Na_2O·nSiO_2$）通常称为水玻璃或泡花碱，它由不同比例的氯化钠与二氧化硅结合而成，应用最多的比值是 1∶3 范围内的中性及碱性硅酸钠。硅酸钠在洗涤液中起缓冲作用和悬浮、乳化作用，并对金属（如铁、铝、铜、锌等）具有防腐蚀作用，也能提高洗涤液的发泡性能，还能使粉状洗涤剂增加颗粒的强度、流动性和均匀性。硅酸钠在粉状洗涤剂中的加入量通常为 5％～10％。最近开发的粉状水合偏硅酸钠（$Na_2O·SiO_2·nH_2O$）可以部分取代三聚磷酸钠用于生产洗涤剂，特别适用于干洗成型的浓缩洗衣粉，具有良好的去污力。

(3) 硫酸钠　又称芒硝，分子式为 Na_2SO_4，是白色固体结晶或粉末。硫酸钠是合成洗涤剂的无机助剂与粉状洗涤剂的填料，在粉状洗涤剂中加入量为 20％～40％。硫酸钠是电解质，能提高表面活性剂的表面张力，改善洗涤液的润湿性能。硫酸钠与十二烷基苯磺酸盐混合使用，要比单独使用十二烷基苯磺酸钠的去污力大。

(4) 碳酸钠　分子式 Na_2CO_3，为白色粉状或结晶细粒，易溶于水。碳酸钠是洗涤剂的助剂，它有软水的作用，与硬水中的 Ca^{2+}、Mg^{2+} 反应生成不溶性碳酸盐，从而提高洗涤剂的去污力。碳酸钠在洗涤液中水解产生的 OH^- 使溶液呈碱性，可保持洗涤液的 pH 在 9 以上，对油垢的去除有利。

(5) 沸石　又名分子筛。沸石是结晶的硅铝盐，分子式可表示为：$Na_2O·Al_2O_3·nSiO_2·mH_2O$，其中 Al_2O_3 和 SiO_2 的摩尔比不同，可将沸石分为不同的类型。A 型沸石的 Al_2O_3 与 SiO_2 的摩尔比为 1.3～2.4。作为洗涤助剂的是 4A 沸石。4A 沸石具有较强的 Ca^{2+} 交换能力，经与 Ca^{2+} 交换生成钙沸石。为了减轻水质的营养化，一些工业发达国家用 4A 沸石代替三聚磷酸钠。但是 4A 沸石交换 Mg^{2+} 的能力弱，也不具备三聚磷酸钠对污垢的分散、乳化、悬浮作用。如果将 4A 沸石与三聚磷酸钠共同使用，则洗涤效果可以提高。

(6) 漂白剂　洗涤剂中配入的漂白剂主要是次氯酸盐和过酸盐两大类。次氯酸盐主要用次氯酸钠。次氯酸钠易溶于水，生成氢氧化钠和新生态氧，氧化力很强，因此次氯酸钠是强氧化剂，具有刺激性。次氯酸钠是单独加入洗涤液或漂白液中，用量为 50～400mg/L。过酸盐主要是过硼酸钠和过碳酸钠，过酸盐是在粉状洗涤剂生产的后配料工序加入，用量一般占粉质量的 10％～30％。洗涤剂的漂白剂溶于水后，经反应生成新生态氧，使污渍氧化，起到漂白和化学除污作用。

(7) 碱　用于配制洗涤剂的碱主要是氢氧化钠，常用于配制金属清洗剂、机洗餐具洗涤剂，它可以提高洗涤液的 pH 值，皂化含油污垢，去除硬表面的油污。

2. 有机助剂

洗涤剂组合除了大部分是表面活性剂与无机助剂外，为了更好地完备产品的性能常加入各种有机助剂，它们有各自的功能，加入量并不大。

(1) 羧甲基纤维素钠　结构式 $(C_6H_9O_5COONa)_n$，$n=100～200$。它是白色纤维状或颗粒粉末，无臭无味，有吸湿性。易分散于水中成胶体，对热不稳定。羧甲基纤维素钠的作用是基于它的胶体特性以及带负电荷的亲水基易为污垢或织物吸附，在吸附表面形成空间障碍，这种大分子的空间障碍作用，可使水中的微粒污垢悬浮分散在溶液中，不能凝聚而沉积到织物上去。故又称其为抗沉积剂，它在水溶液中的黏胶还可抑制表面活性剂对皮肤的刺激。

(2) 荧光增白剂　一种具有荧光性的无色染料，吸收紫外光线后发出青蓝色荧光。使用加有荧光增白剂的洗涤剂洗衣服后，荧光增白剂被吸附在织物上，能将光线中肉眼看不见的紫外线部分转变为可见光反射出来，因而使白色衣服显得更加洁白。洗涤剂用的荧光增白剂主要是二氨基芪二磺酸盐衍生物。洗衣粉中荧光增白剂的配入量为 0.1％～0.3％，最高用量也有 0.5％的。上述荧光增白剂的溶解度较低，往往是分散在水中，而制备液体洗涤剂就需用透明的溶液，二氨基芪四磺酸盐有较高的溶解性，可用于配制液体洗涤剂。

(3) 酶　一种生物催化剂，是由生物活细胞产生的蛋白质组成。用于洗涤剂的酶可以是蛋白酶、淀粉酶、脂肪酶，其中碱性蛋白酶是洗涤剂常用的酶，是从枯草杆菌或链丝菌发酵制得，这种碱性蛋白酶对碱类、过氧化物、阴离子表面活性剂都比较稳定。为了防止酶离析和保持其稳定性，须将酶附着在载体上，也可与熔点 38℃的非离子表面活性剂形成颗粒。制备加酶洗涤剂是将颗粒酶在后配料工序中掺入洗衣粉中。

配入洗涤剂中的蛋白酶，对蛋白质污垢有消化或降解作用，在pH4～12范围内均有效，最好在pH7.5～10，温度20～70℃范围内使用。

(4) 泡沫稳定剂与泡沫调节剂　高泡沫洗涤剂在配方中常加入少量泡沫稳定剂，使洗涤液的泡沫稳定而持久，常用的泡沫稳定剂有脂肪酸单乙醇酰胺、脂肪酸二乙醇酰胺或氧化叔胺。低泡洗涤剂在配方中需加入少量泡沫调节剂，常用的有二十二烷酸皂或硅氧烷，使水液消泡或低泡。泡沫稳定剂或泡沫调节剂都是洗涤剂的有效组分。

(5) 香精　一个受消费者欢迎的洗涤剂，不仅具有优良的性能，并且使人有愉快的香味，使织物、毛发洗涤后留有清新香味。香精是由多种香料组成，与洗涤剂组分有良好配伍性，在pH9～11是稳定的。洗涤剂中加入香精的质量一般小于1%。

(6) 助溶剂　为了使全部组分保持溶解状态就必须添加助溶剂。助溶剂一般是短链的烷基芳基磺酸盐，常用的是甲苯磺酸钠、二甲苯磺酸钠、对异丙基苯磺酸钠。此外，尿素也是常用的助溶剂。

(7) 溶剂　液体洗涤剂中需加入溶剂是不言而喻的。在新型洗涤剂中甚至粉状洗涤剂中也使用多种溶剂，若污垢是油脂性的，溶剂的存在将有助于将油性垢从被洗物上除去。常用的溶剂有以下几种。

① 松油　它是木材干馏时所得到的油品，主要成分是萜烯类化合物。松油一般不溶于水，但能使溶剂和水相互结合，制造溶剂-洗涤剂混合物时尤为有用。如不加松油，混合物便成两相。松油的类型及性质因油中萜烯醇的含量而异，萜烯醇含量越多，结合效应越大，松油的另一重要性质便是杀菌效应，对伤寒杆菌试验较酚强1.5～4倍。这一性质使松油成为液体洗涤剂的重要组成部分。

② 醇、醚和酯　醇、乙二醇、乙二醇醚、酯这些溶剂都有明显的极性，虽然不能完全溶解于水，但都能显示一定的水溶性，和大多数的芳烃、烷烃和氯化溶剂都能互溶，在一些特殊的清洗剂配方中常用作偶合剂，使水和溶剂结合起来。这些溶剂还可以用来降低脂肪醇聚氧乙烯醚的黏度或烷基苯磺酸盐的浊点。

③ 氯化溶剂　这种溶剂广泛用于特殊的清洁剂、油漆脱除剂和干洗剂。此种溶剂包括四氯化碳、二氯甲烷、二氯乙烷、三氯乙烷、三氯乙烯、四氯乙烯、邻二氯苯等。除二氯乙烷和邻二氯苯外，所有这些组分都是不燃的，但氯化溶剂或多或少有些毒性，其中四氯化碳毒性最高，应用时应多加注意。

(8) 抑菌剂　冷洗的粉状洗涤剂的洗涤能力令人满意，加酶后去污效果尤佳，唯一不足的是不具有杀菌力，洗后衣物不仅有被病菌感染的危险，而且在洗涤中细菌或毒菌还可能遗留下来，并会产生不良气味。所以，在冷洗中加入抑菌剂是很有必要的。抑菌剂的加入质量一般是千分之几，三溴水杨酰替苯胺、三氯碳酰替苯胺或六氯苯中的任一种都可作为抑菌剂应用，这些化学品不起抗菌作用，但在千分之几的质量分数下都可防止细菌的生成。

(9) 抗静电剂和织物柔软剂　织物洗涤干燥特别是棉、麻纤维织物洗涤后手感有明显的粗糙感，尤其是洗净后的棉织品内衣、床单、毛巾等使用时使人的皮肤感到不舒适；故在洗涤剂组分中可加入纤维柔软剂。合成纤维织物由于极性弱，绝缘性高，且摩擦系数较大，在穿或脱时易产生静电，使人的皮肤易感不适，为克服此缺点，可在洗涤剂中加入抗静电剂组分，作为改进织物手感和降低织物表面静电干扰的柔软剂。阳离子表面活性剂虽具有柔软和抗静电效应，但不能与家用洗涤剂中广泛使用的阴离子洗涤剂配用。为此应用此类化学品时需在织物洗涤和漂清之后再将柔软剂或抗静电剂加入洗液中，存在织物柔软剂在洗涤操作中需分步使用的问题。现在已开发出了可以同配有助剂的阴离子洗涤剂相互配伍的柔软抗静电剂，如二硬脂酰二甲基氯化铵，月桂基三甲基溴化铵和硬脂酰二甲基苄基溴化铵等；这类柔软剂同洗涤剂一起可使洗液有洗涤、柔软和抗静电效果，亦具有抗菌性，非离子表面活性剂作为柔软剂的有月桂基聚氧乙烯醚、肉豆蔻基二甲氧化铵、壬基苯氧乙基醚和聚氧乙烯山梨醇酐单硬脂酸酯。

第三节　洗涤剂的配方设计

洗涤剂的品种繁多，按洗涤对象民用的可以分为织物洗涤剂、餐具洗涤剂、居室硬表面洗涤剂等，工业洗涤对象可以分为金属清洗剂、锅炉除垢剂、油污清洗剂、机器冷洗剂、零部件冷洗剂、汽车洗净剂、火车车厢和飞机外壳清洗剂等若干类。其配方设计原则既有共性又有特定要求，同一洗涤对象也会因原料及成本，成型方式的不同构成互不相同的配方。由于篇幅所限，此处仅能列举比较成熟而典型的几类洗涤剂的配方设计原则及参考实例。

一、粉状衣物洗涤剂配方

洗涤剂根据需要可以制成粉状、液体和块状等形式。粉状衣物洗涤剂即合成洗衣粉。合成洗衣粉的配方是生产中很重要的一个环节。配方中，各组分原料之间的相互影响是比较复杂的。目前还没有完整的理论依据来指导配方。主要是根据实验和经验来决定。制定配方时对各种因素须全面综合地加以考虑。首先是根据用途及生产方法确定洗衣粉的质量标准，包括产品的理化指标和使用性能。

1. 洗衣粉标准

洗衣粉标准可参照标准 QB 510—84。

2. 洗衣粉配方

粉状洗涤剂是目前应用最普遍的洗涤剂，它的生产工艺及方法多种多样。另外它还可以添加各种助剂，制成不同性能和用途的洗涤剂。

(1) 单一表面活性剂配方　具体配方如下。

单一表面活性剂洗衣粉配方（质量分数）

组分/%	1	2	3	组分/%	1	2	3
烷基苯磺酸钠	30	25	20	羧甲基纤维素钠	1.4	1.0	0.5
三聚磷酸钠	30	16	10	荧光增白剂	0.1	0.02	—
碳酸钠	—	4	10	过硼酸钠			3
硫酸钠	25.5	42	46	香精	适量	适量	适量
硅酸钠	6	6	7				

这类洗衣粉的 pH 在 9.5～10.5 之间，碱性较强，适于洗涤棉、麻、黏胶纤维及聚酯、尼龙、丙烯腈等纤维织品，不适合洗涤对碱性不稳定的蛋白质类纤维如丝、毛织品。

(2) 复配型合成洗衣粉　近几年国内出现了用多种表面活性剂复配制造的复配洗衣粉。这些洗衣粉表面活性剂总量较低，产品去污力强，泡沫少，易漂洗，成本较低，洗涤效果好。随着我国醇系非离子表面活性剂生产能力的不断提高，复配洗衣粉的产量将有增加的趋势。目前国内生产厂家大多采用复配型配方。

复配型洗衣粉配方（质量分数）

组分/%	1	2	3	组分/%	1	2	3
烷基苯磺酸钠	20	18	10	硫酸钠	22.9	28	47
脂肪醇聚氧乙烯醚	1	2	0.3	羧甲基纤维素钠	1.4	1.2	1
壬基酚聚氧乙烯醚	1.5	—	2	荧光增白剂	0.2	0.1	
三聚磷酸钠	30	24	10	对甲基苯磺酸钠	2.4	1.5	
碳酸钠	—	5	15	水分	适量	适量	适量
硅酸钠	8	10	8		平衡	平衡	平衡

(3) 特殊功效的洗衣粉配方　在洗衣粉配方中加入酶制剂、过氧化物、聚醚及二氯异氰脲酸钠，制成的粉剂具有各自不同的特性，可以洗去奶渍、菜汁，也可使织物漂白，同时聚醚可以消泡，可制成低泡具有清毒杀菌功能的洗衣粉，其配方举例如下。

特殊功效的洗衣粉配方（质量分数）

组分/%	1	2	3	4	5
烷基苯磺酸钠	20	30	15	20	20
壬基酚聚氧乙烯醚	1.0	1.0	—	—	2.0
脂肪醇聚氧乙烯醚	0.5	0.5	—	1.0	—
三聚磷酸钠	15	—	15	25	15
硫酸钠	30	30	40	30	30
硅酸钠	8	8	6	6	6
碳酸钠	8	10	8	8	6
羧甲基纤维素钠	1.0	1.0	1.0	1.0	1.0
荧光增白剂	0.5	0.5	0.5	0.5	0.5
聚醚	—	2.0	—	—	2.0
酶制剂	2.0	—	—	—	—
过氧化物	—	—	4	—	—
二氯异氰脲酸钠	—	—	—	2.0	2.0
香精	0.1	0.1	0.1	0.1	0.1
水分			适量平衡		

(4) 浓缩洗衣粉配方　浓缩洗衣粉完全采用非离子表面活性剂,去污力强,泡沫低,漂洗容易,特别适宜于洗衣机应用。其配方如下:

浓缩洗衣粉配方(质量分数)

组分	/%	组分	/%
脂肪醇聚氧乙烯醚	6	荧光增白剂	0.7
壬基酚聚氧乙烯醚	9	香精	0.1
三聚磷酸钠	40	硫酸钠	22
碳酸钠	20	水分	平衡
羧甲基纤维素钠	1.0		

(5) 低磷和无磷洗衣粉配方　近年来,环境保护工作日益受到重视,一些国家掀起了限磷、禁磷热潮,纷纷采用4A沸石、偏硅酸钠等产品替代磷酸盐生产低磷和无磷洗衣粉,其去污力高,易溶解,属重垢型清洗剂。

低磷和无磷洗衣粉配方(质量分数)

组分/%	1	2	组分/%	1	2
低泡非离子表面活性剂	10	15	硅酸钠	—	5
三聚磷酸钠	10	—	磺酸	3	3
4A沸石	25	20	羧甲基纤维素钠	1	1
五水偏硅酸钠	10	20	荧光增白剂	0.5	0.5
碳酸钠	20	16	香精	0.1	0.1
硫酸钠	20	20	水分	平衡	平衡

(6) 粉状家用清洗剂　地板清洗剂添加碳酸钙作摩擦剂,适用于地板、墙壁等的清洗去污,可以采用擦洗或刷洗的方式进行清洗,其配方如下。

粉状地板清洗剂配方(质量分数)

组分	/%	组分	/%
烷基苯磺酸钠	10	黏土	3
硫酸钠	30	偏硅酸钠	25
碳酸钙	15	羧甲基纤维素钠	1
三聚磷酸钠	15	香精	适量

家具清洗剂以磷酸钙及碳酸钙作为摩擦剂,过氧化物反应放出活性氧有一定的漂白功能。其配方如下:

粉状家具清洗剂(质量分数)

组分	/%	组分	/%
烷基苯磺酸钠	10	碳酸钙	20
脂肪醇聚氧乙烯醚硫酸钠	10	荧光增白剂	0.5
三聚磷酸钠	20	过氧化物	4
磷酸钙	35	香料	适量

二、液体洗涤剂配方

液体洗涤剂是仅次于粉状洗涤剂的第二大类洗涤制品。洗涤剂由固态(粉状、块状)向液态发展也是一种必然趋势,因为液体洗涤剂与粉状洗涤剂相比,有如下优点:①节约资源,节省能源。液体洗涤剂的制造中不需添加对洗涤作用并无显著益处的硫酸钠,也不需要喷粉成型这一工艺过程,可节省大量的能源;②无喷粉成型工序即可避免粉尘污染,对于环境保护和操作人员的安全明显有利;③液体洗涤剂易于通过调整配方,加入各种不同用途的助剂,得到不同品种的洗涤制品,便于增加商品品种和改进产品质量;④液体洗涤剂通常以水作介质,具有良好的水溶性,因此适于冷水洗涤,省去洗涤用水的加热,应用方便,节约能源,溶解迅速。

1. 轻垢型家用液体洗涤剂

用于洗涤餐具、蔬菜、水果和精细纺织品(如羊毛,丝绸织物等),制造这一类洗涤剂所用的表面活性剂通常是烷基苯磺酸盐、脂肪醇聚氧乙烯醚硫酸盐和烷基磺酸盐,也可以用非离子表面活性剂和两性离子表面活性剂配制而成。最常用的是烷基苯磺酸钠,因为它价格便宜,性能完美,对人体和其他生物有较高的安全性，并被大量生物实验和长期使用实验所证实。用 SO_3 磺化制得的烷基苯磺酸中游离硫酸的含量低，中和后溶液中的硫酸钠含量也低，有利于液体洗涤剂的配制。无机硫酸盐的存在会使溶液的浊点和黏度提高。常用的烷基苯磺酸盐是十二烷基磺酸盐和十三烷基苯磺酸盐。洗涤剂的浊点是影响商品外观的一个重要因素。

脂肪醇硫酸酯钠盐或乙醇胺盐经常用于液体洗涤剂，它可单独使用，也可与烷基醇酰胺增泡剂共同使用。醇醚硫酸酯盐也是经常使用的表面活性剂之一，其中泡沫性能最好的是 $C_{12}\sim C_{14}$ 醇与 2mol 环氧乙烷加成所得的醇醚硫酸盐。烷基醇酰胺对醇醚硫酸盐的泡沫性能影响很小，可作为增稠剂提高黏度。为提高液体洗涤剂的黏度也可以加入无机盐。轻垢型家用液体洗涤剂的基本质量配方如下：烷基苯磺酸钠（SO_3 磺化）10%；三乙醇胺 2%；45%NaOH 水溶液 1.7%；10% 次氯酸钠溶液 0.6%；月桂酸二乙醇胺 1%；硫酸钠 10%；水 83.7%。

生产者可以按照需要的条件和原料情况对配方进行某些调整。

一些轻垢液体洗涤剂的典型配方（质量分数）

组分/%	1	2	3	4
烷基苯磺酸钠（以 100% 计）	6	—	—	—
十二烷基苯磺酸三乙醇胺盐（100% 计）	6	—	20	—
脂肪醇聚氧乙烯醚（100% 计）	—	12	—	—
脂肪醇聚氧乙烯醚硫酸酯盐（100% 计）	6	8	12	—
单乙醇胺或二乙醇胺的月桂醇硫酸盐	—	—	—	24
椰子油二乙醇酰胺	1	1.5	2	2
硫酸钠或氯化钠	适量	适量	适量	适量
颜料和香精	适量	适量	适量	适量
水加至	100	100	100	100

上述液体洗涤剂通常是透明溶液，为使其产生另外一种外观，即不透明性，可在配方中加入遮光剂。遮光剂是碱不溶性的水分散液，如苯乙烯聚合物、苯乙烯-乙二胺共聚物、聚氯乙烯或聚偏二氯乙烯等。不透明的轻垢液体洗涤剂质量配方如下：十二烷基苯磺酸 19.5%，单乙醇胺 4%，月桂酸单乙醇酰胺 1.5%，10% 次氯酸钠溶液 0.6%，硫酸钠 0.7%，水 73.5%，遮光剂适量，颜料和香精适量。

在液体洗涤剂中配入溶剂，特别是水溶性的脂肪溶剂如乙二醇单丁基醚，可以提高其使用性能，有利于油性污垢的去除。在生产液体洗涤剂时，如果其浊点较高，可以通过加入尿素来降低浊点；尿素与磺酸钠混合，会使黏度降低，添加脂肪酸二乙醇胺可以恢复黏度。总之了解配方中各组分的作用，在研制生产产品中，应根据使用目的和性能要求调整配方，以达到性能和经济的最优化。

2. 重垢型液体洗涤剂

衣用重垢型液体洗涤剂需要特殊的配方技术。重垢型液体洗涤剂配方中的问题是，既要把较高比例的表面活性物质和足够量的洗涤助剂配入溶液，又要不影响产品的外观使成品保持为低浊点的清亮液体，并且有良好稳定性。洗涤剂配方中的表面活性物通常用十二烷基苯磺酸钠，其钠盐在水中的溶解性优于钾盐，但不如乙醇胺盐；配方中使用的助剂包括螯合剂、碱、抗再沉积剂和增白剂等。在重垢洗衣粉配方中常以三聚磷酸钠作为螯合剂，但三聚磷酸钠在水中很易水解，因此不适于在液体洗涤剂中应用。焦磷酸四钠和焦磷酸四钾在水中的溶解度高，并且在常温下水解很慢，可使成品有很长的陈放时间，故可普遍应用。在配方中也可以用有机螯合剂［如二乙胺四乙酸钠（钾）］。配方中需要的碱主要来自胶体硅酸盐。硅酸钾在水中的溶解性优于硅酸钠。

烷基苯磺酸钠盐的溶解度优于钾盐，而无机盐在水中的溶解度则相反，钾盐优于钠盐。在配方中选用焦四磷酸钾和硅酸钾时，要注意烷基苯磺酸盐可能发生的复分解反应，使烷基苯磺酸钠盐的溶解度降低而析出。因此在配方中将表面活性物质和助剂在溶液中协调起来很好地溶解是需要认真研究的问题。为使上述三种组分都能充分进入溶液，需要采用助溶剂，后者既可以溶于溶剂，又能帮助其他组分溶于溶液中。常用的助溶剂二甲苯磺酸钾（钠）、甲苯磺酸钾（钠）或乙苯磺酸钾（钠）等，助溶剂的质量用量约为成品的 5%～10%。

重垢型液体洗涤剂中应加入抗再沉积剂如羧甲基纤维素钠，最好是将其单独配成质量分数为 10% 的水溶液，使其形成膨胀的胶体，再加入到配方中，便能得到不透明的悬浮液；如果希望全部组分存在下仍能使溶液保持透明状态，可以采用抗污垢再沉积能力强且溶解性较好的聚乙烯吡咯烷酮。

荧光增白剂在配方中所占份额很小，而且在水溶液中具有良好的稳定性，它的加入对配方中的其他物料没有影响。如果需要调入颜色和加香时，染料和香精应具有对碱性水溶液的化学稳定性。

现把国际标准（ISO 439—1977）推荐的衣用重垢液体洗涤剂列于表11-1，从中可以了解重垢液体洗涤剂的基本原则。重垢液体洗涤剂有高泡、中泡和低泡的，其中又包括含磷和不含磷的，加柔软剂的重垢液体洗涤剂兼有洗涤剂和柔软纤维的双重作用，可使织物在洗后有良好的手感和穿着舒适。加柔软剂的重垢液体洗涤剂通常用非离子表面活性剂作为起洗涤作用的组分，用阳离子表面活性剂作为起柔软作用的组分。另外，还可以配制具有漂白和清毒作用的重垢型液体洗涤剂，其配方（质量分数）如下：

| 60%的月桂醇醚硫酸钠溶液 | 20% | 10%有效氯的次氯酸钠溶液 | 75% |
| 甲苯磺酸钠 | 5% | | |

表 11-1　重垢液体洗涤剂配方（质量分数）/%

组　　分	配方1	配方2	配方3	配方4	配方5	配方6
烷基苯磺酸	10.0	20.0	9.0	12.0	10.0	—
烷基苯磺酸钠	—	—	—	—	—	10.0
月桂醇聚氧乙烯醚硫酸盐	—	—	—	—	—	14.0
壬基酚聚氧乙烯醚	2.0	—	4.0	—	—	—
二乙醇胺	3.6	4.2	3.3	4.0	—	—
单乙醇胺	—	—	—	3.0	2.5	2.0
椰子脂肪酸	—	—	—	—	8.0	—
氢氧化钾	—	—	—	—	2.0	—
聚乙烯吡咯烷酮	0.7	—	—	0.7	—	—
焦磷酸四钾	12.0	12.0	10.0	—	12.0	—
硅酸钾	4.0	3.0	4.0	—	4.0	—
羧甲基纤维素钠盐	—	1.0	1.0	—	1.5	—
乙二胺四乙酸钠	—	—	—	5.0	—	—
荧光增白剂	0.2	0.2	0.2	0.2	0.2	0.2
甲醛（质量分数为40%水溶液）	0.2	0.2	0.2	0.2	0.2	0.2
二甲苯磺酸钾	5.0	5.0	5.0	5.0	5.0	—
水分	余量	余量	余量	余量	余量	余量

三、家庭日用品洗涤剂配方

前面介绍了粉状、液体、膏状等不同形态的洗涤剂，这些洗涤剂在使用时往往具有通用性：例如轻垢型液体洗涤剂，可以用来洗涤污垢较轻的毛或丝织品，也可用来洗涤蔬菜、水果和餐具。重垢型洗涤剂主要用来洗涤棉麻织品衣物，也可以用它作为硬表面活性剂，擦拭固体表面，下面所介绍的洗涤剂配方决定了它的用途是专一的，属于专用化学品，但产品的形态按不同的配方可能是液体，也可能是固体。

日常生活时刻离不开清洗。现代化的设施和摆设是由玻璃、瓷砖、木材、塑料和金属等不同材质构成，为使居室窗明地净，生活舒适卫生，家庭日用品清洗剂即应运而生，并且品种日益繁多，其中有供居室清洗家具、地板墙壁、窗玻璃用的硬表面清洁剂和地毯清洁剂；有洗涤玻璃器皿、塑料用具、珠宝装饰品用的各种专用洗涤剂；有厨房里用的餐具洗涤剂、炉灶清洁剂、水果蔬菜的清毒净洗剂、冰箱清洗剂、瓷砖清洁剂；还有卫生间里用的浴盆清洁剂、便池清洁剂、卫生除臭剂等。

1. 地板和地毯及软垫清洁剂

用水泥或瓷砖铺成的地面可使用液体的地面清洁剂，其质量配方为：烷基苯磺酸钠2%～5%，异丙醇8%～15%，松油1%～2%，水加至100%。用木块拼装的地板，则可使用胶冻状地板清洁剂，其配方如下：

木地板及木制品清洁剂（质量分数）

组分	/%	组分	/%
烷基苯磺酸钠	5	磷酸三钠	3
脂肪酸二乙醇胺	5	亚硝酸钠	0.2
二甲苯磺酸钠	2	聚乙烯醇	5
焦磷酸钾	3	水	余量

制备地板清洁剂时，先将水加入反应器内，再加入原料并加热搅拌均匀，冷却后呈胶冻状，即可包装，产品外观为微黄色，质量分数为1%的溶液其pH为9～10，泡沫高度＞120mm，4～40℃下储存稳定性好，不分层。可用于地板、家具以及门窗等木制品的清洗，产品太稠时可加3倍水稀释，再用刷子或海绵配合进行刷洗。

地毯和软垫的清洗操作与洗涤其他物品不同，即被洗物很难漂清。为解决这一问题，采用呈现晶形的表面活性物作为香波的基料，例如用磺化琥珀酸半酯，或加入胶体二氧化硅，使吸附地毯纤维上的洗涤剂更加松脆，干燥时易被刷去或吸走，防止加速再污染。

地毯清洁剂配方（质量分数）

组分	/%	组分	/%
胶体二氧化硅	1	月桂醇硫酸钠	20
多聚糖增稠剂	0.3	N-月桂酰肌氨酸钠	15
苯乙烯顺丁烯二酸酐共聚物	1	香精、颜料	适量
NH_4OH	0.25	去离子水	62.45

2. 餐具洗涤剂

餐具洗涤剂所用的表面活性剂要求对人体安全，对皮肤无刺激，并且去油污快，容易冲洗。手洗餐具所用洗涤剂，应乳化力强，去油腻性能好，泡沫适中，带有水果香味，可洗碗碟、水果蔬菜，使用方便，容易过水，洗后不挂水迹，不影响瓷器光亮度。

手洗餐具洗涤剂配方（质量分数）

组分	/%	组分	/%
脂肪醇聚氧乙烯醚（$n=9$）	3	苯甲酸钠	0.5
脂肪醇聚氧乙烯醚（$n=7$）	2	香精	0.5
烷基苯磺酸钠	5	去离子水	85
三乙醇胺	4		

机械洗涤餐具所用的表面活性剂除应符合餐具洗涤剂的基本要求外，还应是完全无泡的，因为机械清洗作用是靠水的喷射。为减少泡沫，用憎水的醚基代替非离子表面活性物末端的羟基制得变性的环氧乙烷加成物。在净洗阶段，洗液中表面活性剂的质量浓度为 $(0.1～0.3)×10^{-3}kg/L$。冲洗剂多数是由混合型表面活性剂配成，冲洗剂的作用要求能冲净餐具，冲洗液易于从餐具表面流尽，以省去人工擦干操作，又比较卫生，但要求冲洗剂蒸发后的餐具表面特别是玻璃制品表面不留水纹膜。一般冲洗剂中表面活性剂质量浓度为 $(0.03～0.1)×10^{-3}kg/L$。

餐具洗净剂有粉状的和液体的两种形态，它们都是碱性配方。

机用粉状餐具洗净剂（质量分数）

组分	/%	组分	/%
三聚磷酸钠	30～40	聚醚	1～3
无水硅酸钠	25～30	磷酸三钠-水合物（$Na_3PO_4·H_2O$）	10～15
碳酸钠	10～20		

餐具洗净剂中的表面活性剂聚醚是低泡的，且所占比例较小，洗净力要由无机盐提供，碳酸钠和磷酸钠都可以使去污效率增强，磷酸盐还起软化水作用，水的硬度越高，磷酸盐的加入量应越多，否则餐具洗后易留下水纹膜或沉积碳酸钙。硅酸钠起缓蚀作用，防止某些金属材料特别是青铜或黄铜的腐蚀。餐具洗净剂中还可加入能放出活性氯的化合物如氯化磷酸三钠或二氯异氰尿酸盐等，活性氯可改善洗净效果，并具有除去蛋白质污渍的特殊作用，它能把蛋白质污渍氧化成可溶性的氨基酸。含氯的餐具洗净剂配方如下：

机用含氯餐具洗净剂配方（质量分数）

组分	/%	组分	/%
硅酸钠	25	三氯异氰尿酸钠	2.5
低泡型非离子表面活性剂	1.5	碳酸钠	余量
三聚磷酸钠	25～50		

洗液的pH保持在10.5以下，否则会对餐具上的瓷釉或细瓷产生碱蚀作用。为此可用碱性较弱的硅酸盐或用硼砂、硫酸钠等代替配方中的一部分碳酸钠。制备时按上述配方顺序加料，但二氯异氰尿酸钠需在最后加入。

冲洗剂一般是液体产品，含有低泡的表面活性剂聚醚，也可以用脂肪醇或烷基酚的聚氧乙烯加成物。通常末端的羟基要经过酯化、醚化或缩醛化进行封闭，聚醚为环氧乙烷（EO）和环氧丙烷（PO）的共聚物，其中EO/PO在1.8～2.2为宜；此比例低于1.8时，氧丙烯的链太长，易在玻璃器皿上形成水纹，比例高于2.2时，冲洗时产生泡沫也会引起玻璃器皿上的水纹，用聚醚作活性物配冲洗剂，其质量分数为60～100mg/kg，还要加入适量有机酸，如柠檬酸，加有机酸的酸性冲洗剂，可使食物污渍溶解，利于洗净。

3. 杀菌清洗剂

食品和饮料工业用的瓶、罐和各种贮器，宾馆和饭店用的饮料杯，不仅要求洗净，还必须做到无菌和卫生。医院所用的衣物和床上用品不仅需要清洗干净，而且需要杀菌消毒。使用杀菌清洗剂，清洗和杀菌两个目的可以在洗涤过程中一次达到，免去了蒸煮等既麻烦又费力的操作。因此，杀菌清洗剂现在已得到广泛的应用。杀菌清洗剂的配方原则上可以分为两类：一类是以季铵盐型阴离子表面活性剂作为杀菌剂与非离子表面活性剂复配而成；另一类是用非离子或阴离子表面活性剂做清洗剂配方的必要组分，再复配抑菌剂而成。

卤素是有效的杀菌剂，近来碘获得了较多的应用，尤其是碘与非离子表面活性剂结合使用。碘酚含碘质量分数为1%～3%，在质量浓度为$(0.012～0.25)×10^{-3}$kg/L时，便是有效的杀菌剂，并且在酸性环境中有最大的活性，质量分数为15%～20%的碘与壬基酚聚氧乙烯醚在50～60℃混合起化学反应制得碘酚，碘酚杀菌清洗剂配方如下：

碘酚杀菌清洗剂配方（质量分数）

组分	/%	组分	/%
壬基酚聚氧乙烯醚加20%有效碘	8.75	磷酸	8.0
壬基酚聚氧乙烯醚（EO=30）	5.0	水	78.25

4. 玻璃和瓷砖清洗剂

居室的窗玻璃、商店橱窗和车辆上的挡风玻璃的清洗、擦亮，较早使用的是用白垩粉作磨洗剂的温和型清洗剂，现在被液体的玻璃清洗剂所代替，其主要成分是表面活性剂、溶剂及其他辅助成分，表面活性剂起湿润、乳化和分散等作用，有机溶剂可降低溶液的冰点和增加透明度，氨水用于调节溶液的酸碱度。

玻璃清洗剂配方（质量分数）

组分	/%	组分	/%
脂肪醇聚氧乙烯醚	0.3	乙二醇单丁醚	3
聚氧乙烯椰油酸酯	3	香精	0.01
乙醇	3	颜料	适量
氨水（28%）	2.5	去离子水	余量

制备时可先将表面活性剂溶解于水中，搅拌均匀，加入乙二醇单丁醚和乙醇等溶剂，再加入颜料和氨水，最后加入香精，搅匀后即可灌装。使用时将液体喷洒于玻璃表面，再用布擦亮，用于大面积玻璃时，可加10倍水冲稀使用。

瓷砖清洗剂有极好的去污渍和油垢性能，能使瓷砖、玻璃、陶瓷洁净明亮，不留痕迹。

瓷砖清洗剂的配方（质量分数）

组分	/%	组分	/%
胶态铝硅酸镁	1.5	松油	5
水	≥1.5	香精	适量
羧基化聚电解质的盐	2	颜料	适量
辛基酚聚氧乙烯醚（$n=10$）	5	温和磨蚀剂	10
烷基苯磺酸钠	5		

制备时先将胶态铝硅酸镁缓慢加入水中，不断搅拌直至均匀，并于搅拌下依次加聚电解钠盐、表面活性剂和松油，继续搅拌并加入温和磨蚀剂，混均匀后再加入其他助剂，稍加搅拌即为成品。

5. 炉灶净洗剂

家庭（用）中的炉灶易受油渍等的污染，要经常清洗保持清洁卫生。炉灶净洗剂有溶剂型和强碱型两种；溶剂型常用的溶剂是溶纤维剂（$C_nH_{2n+1}OCH_2CH_2OH$）和二甘醇-乙醚，强碱型采用氢氧化钠。溶剂型炉灶净洗剂对人体皮肤安全性好，一般供家用，强碱型炉灶净洗剂主要用于工业炉灶的清洗。

炉灶净洗剂配方（质量分数）

组分	/%	组分	/%
溶剂型：乙二醇二丁醚	5	强碱型：烷基苯磺酸钠	5
聚氧乙烯高碳醇醚	2	氢氧化钠	25
单乙醇胺	4	乙二醇单甲醚	30
水	89	水	40

炉灶净洗剂的制备方法是先加水，然后顺次加入其他原料，搅拌均匀，即可灌装。产品为液体，不分层，抗滑性好，对油垢有极强的去污力。

6.冰箱清洗剂

储藏食品的冰柜等器具需要经常清洗，以免细菌污染食物，冰箱清洗剂是供冰箱、冰柜等清洗杀菌和去除异味的专用化学品，主要成分是烷基芳基三甲基氯化铵和碳酸氢钠。

冰箱清洗剂配方（质量分数）

组分	/%	组分	/%
烷基芳基三甲基氯化铵	1	去离子水	96
碳酸氢钠	3		

配方中的季铵盐阴离子表面活性剂是广泛应用的消毒剂、杀菌剂，它在细菌表面有强力吸附，从而阻止细菌的呼吸与糖解作用，促使其蛋白质变性，将氮和磷化合物排出，致使细菌被杀灭。将配方中的组分一起混合溶解，并搅拌均匀，所得液体产品，无分离和沉淀现象，安全性高，不污染食品，清洗、杀菌和去异味功能好。

7.卫生间清洗剂

卫生间清洗剂需要清洗的物品是便池和浴盆，便池的污垢主要是尿碱，可用粉状硫酸氢钠去除，其配方是在粉状的硫酸钠中加入松油，也可以加入同样量的松油和煤油的混合物，为改进清洗效果，还可以加入烷基苯磺酸。

便池清洁剂配方（质量分数）

组分	/%	组分	/%
硫酸氢钠	98～98.5	烷基苯磺酸	1
松油	0.5～1		

浴盆上的污垢主要是钙皂和油脂，可使用便池清洁剂清除皂垢，为改善去污能力可以加入少量去油污垢的溶剂如松油，也可以加入少量非离子表面活性剂、助洗剂、杀菌剂。根据浴盆污垢的性质分轻垢型和重垢型两种，其配方如下。

浴盆清洁剂配方（质量分数）

轻垢型组分	/%	重垢型组分	/%
烷基苯磺酸钠	10	壬基酚聚氧乙烯醚	12
硼酸	3	盐酸	10
草酸	3.5	硫脲	2
乙醇	10	缓蚀剂	1
水	余量	水	余量

制备轻垢型浴盆清洁剂时，将所需水量的2/3加入反应器中，依次加入烷基苯磺酸钠、硼酸；搅拌下加热至50～60℃，溶化后加入草酸；待草酸溶化后停止加热，加入剩余的水，并补充蒸发损失的水量，至物料降温至10℃后，再加入香精、乙醇及颜料，搅拌混合均匀后取澄清液，用塑料、搪瓷、玻璃、陶瓷制品包装。制备重垢型清洁剂时，先将全部水量加入反应器中，依次加入烷基酚聚氧乙烯醚、硫脲，搅拌至硫脲溶化后，再加入盐酸、香精，搅拌后即为成品，用塑料等制品包装。

轻垢型浴盆清洁剂用于代替去污粉清洗浴盆、面盆和地板等，用泡沫塑料蘸上清洁剂擦拭污垢处，随后用水冲洗。重垢型浴盆清洗剂适用于有重垢及水垢、铁锈的浴盆、面盆、痰盂、抽水马桶的清洗，用时将尼龙刷或泡沫塑料蘸上清洁剂，轻擦污垢处。

四、工业用清洗剂配方

工业用清洗剂是指各个工业部门在生产过程中所用的洗涤剂，发达国家工业表面活性剂占表面活性剂总产量的40%～60%，我国工业用表面活性剂的量和品种都比较少，远不能满足要求。工业清洗剂起到改进工艺过程，提高产品质量，促进技术创新等作用，进而可以收到极大的经济效益。

国内工业用清洗剂品种较为单一，用量较多的是毛纺用净洗剂和近年发展起来的金属清洗剂。今后发展方向应该是大力开发新型表面活性剂，不断提高复配技术，使产品逐渐专用化、系列化，以满足各个工业部门的要求。

（一）金属清洗剂

金属清洗是指清洗金属表面的污垢，金属表面的污垢包括液相污垢和固体污垢。金属表面污垢清洗有溶剂型清洗剂和水基型金属清洗剂。由于溶剂型清洗剂清洗金属表面时，毒性大，反应多，易着火和污染环境，浪费能源，因此目前推广应用水基型金属清洗剂。水基型金属清洗剂去污力强，安全性高，污染少，并有良好的缓蚀防锈作用，节约能源，经济效益高，适用于机械自动化等优点。

1. 溶剂型金属清洗剂

金属清洗剂所用溶剂分两类：石油烃类和氯代烃类。溶剂去污是靠其对油的溶解能力，溶解能力越高，清洗速度快，溶剂消耗量越小。用乳化剂或有机溶剂的水乳液清洗金属表面附着的污垢效果很好，煤油、汽油、高沸点烷烃均可作为溶剂，乳化剂则用非离子表面活性剂和阴离子表面活性剂的复配物，或用酯类、醚类或胺类环氧乙烷加成物或它们的混合物；加入少量助溶剂或一定量的缓蚀剂，可以防止金属表面的锈蚀。

有机溶剂中添加质量分数为0.1%～1%的非离子表面活性剂，或将溶剂与阳离子表面活性剂复配使用，可以提高去污效果。

能迅速除去厚封层存油，且具有短期防锈效果的溶剂型金属清洗剂的配方如下：

除厚封层存油的金属清洗剂配方（质量分数）

组分	/%	组分	/%
200号汽油	94	十二烷基醇酰胺	1
碳酸钠	1	苯并三氮唑的酒精溶液	1
失水山梨醇酯	1	水	2

对碳钢类非定型产品和部件进行涂装时，还需要对钢件进行除油后才能进行涂料施工。涂料施工除油较为理想的清洗剂，应在常温下即可清洗，例如：

涂料施工金属清洗剂配方（质量分数）

组分	/%	组分	/%
煤油	67	三乙醇胺	3.6
丁基溶纤剂	1.5	松节油	22.5
月桂酸	5.4		

乳化型金属清洗剂的配方如下：

乳化型金属清洗剂配方（质量分数）

组分	/%	组分	/%
Ⅰ.三氯乙烯	20～30	磺基琥珀酸单酯二钠盐	0.5～2
二氯甲烷	20～30	水	余量
烷基苯磺酸钠	0.5～2	含聚硅氧烷端基的三甲基硅烷	3.0
Ⅱ.N-三乙氧基或N-三乙氧基硬脂胺	2.2	二氧化硅	1.0
N-椰子基-N-甲基或N-二丙氧基		磷酸	15.3
甲基硫酸铵	2.2	水	27.3
石蜡烃	19.4		
三氧化铝	29.2		

2. 水基金属清洗剂

水基金属清洗剂是指以水为溶剂，表面活性剂为溶质的能清洗金属表面污垢的洗涤剂。此类洗涤剂有粉状、膏状和液状三种，一般呈弱碱性。根据不同的清洗对象可配成质量分数为1%～10%的水溶液，按污垢多少采用常温至80℃的不同温度进行清洗，清洗方式可采用刷洗、喷洗、浸泡和机械清洗等。

水基清洗剂常选用非离子表面活性剂和阴离子表面活性剂的复配物作溶质。为满足多种金属清洗剂的需要，水基金属清洗剂除表面活性剂外，必须添加各种助剂。助剂按其作用可分为助洗剂、缓蚀剂、消泡剂、稳定剂、增溶剂、软化剂等，常用的助洗剂有三聚磷酸钠、六偏磷酸钠、硅酸钠、乙二胺四乙酸钠等。缓蚀剂分黑色金属缓蚀剂和有色金属缓蚀剂两类，前者有磷酸盐、苯甲酸钠、亚硝酸盐、油酸三（或二）乙醇胺等；有色金属缓蚀剂有硅氟酸苯并三氮唑、硅酸钠、铬酸盐等，在酸性溶液中，可使用石油磺酸钡、有机酸的胺盐或酰胺、环氧酸锌、石油磺酸钠等有机缓蚀剂。消泡剂一般可使用憎水性的物质如硅油、失水山梨醇脂肪酸酯（商品名斯盘）类中的斯盘 20、斯盘 80、斯盘 85 以及乙醇等。稳定剂常用的大多是水溶性聚合物如羧甲基纤维素钠、三乙醇胺、烷基醇酰胺、聚乙烯吡咯烷酮等，稳定剂的作用是防止污垢沉积于金属表面。增溶剂可以增加水基金属清洗剂在水中溶解性和促进金属表面污垢在水中分解效果，常用的有尿素等。水基金属清洗剂除上述几种助剂外，还有填充剂、香精、颜料等。

对水基金属清洗剂的质量要求是：易溶于水，泡沫适宜，清洗便利，能迅速清除附着于金属表面的各种污垢和杂质；清洗过程对金属表面无腐蚀，无损伤，清洗后金属表面洁净，光亮并有一定的防锈作用，对人体无害，无污染，使用过程安全可靠，原料易得，价格便宜，适用于黑色金属的清洗，并有良好的防锈性能。

黑色金属清洗剂配方（质量分数）

组分	/%	组分	/%
脂肪醇聚氧乙烯醚	35	油酸三乙醇胺	30
二乙醇酰胺	15	稳定剂	15
油酸钠	5		

强力黑色金属清洗剂配方（质量分数）

组分	/%	组分	/%
三乙醇胺	1～3	亚硝酸钠	0.5～1.5
异丙醇	2～10	苯并三氮唑	0.01
硫酸化油	0.5～1.5	水	83～95.5
二丁基萘磺酸	0.5～1.5		

适用于钢铁及铝合金器件除油的金属清洗剂配方如下：

钢铁及铝合金清洗剂配方（质量分数）

组分	/%	组分	/%
烷基苯磺酸钠	0.5～1	硅酸钠	5～6
磷酸二钠	5～8	水	余量
磷酸二氢钠	2～3		

机械零件清洗时，通常是先将 1kg 水加热到 60～80℃，然后依次加入下述配方中的组分，搅拌均匀即可使用。用这种清洗剂清洗零件，捞出后晾干即可，一般情况下放置几个月也不会生锈。

机械零件清洗剂（质量分数）

组分	/%	组分	/%
无水碳酸钠	20	亚硝酸钠	1
乳化油	5	水	1000

擦洗各类机械设备外表的油渍、污秽时，可将下述有关配方中各组分溶于沸水中即可，效果十分理想。使用时温度不宜过低，以防止配方组分的析出。

机械设备清洗剂配方

组分	用量	组分	用量
油酸	15mL	三乙醇胺	30mL
无水碳酸钠	10g	水	2000g

银金属用的清洗上光剂配方（质量分数）

组分	/%	组分	/%
二硬脂酸二硫醚	3	磷酸	0.2
脂肪醇聚氧乙烯醚	3	水	93.8

磷化处理是指用酸性磷酸盐溶液处理金属，使其金属表面形成一层难溶的磷酸盐膜。磷化的目的是为了提高涂漆、涂搪瓷、电镀产品的外观和抗腐蚀性能，这一工艺目前已被广泛应用于自行车、洗衣机、电冰

箱、搪瓷制品、汽车车身和其他钢铁制品。

磷化金属用清洗剂配方（质量分数）

组分	/%	组分	/%
脂肪醇聚氧丙烯聚氧乙烯醚琥珀酸酯	5.3	氢氧化钾	19
烷基酚聚氧乙烯醚磷酸酯	0.8	硅酸钠	38.4
2,2′,2″-氨基三甲基磷酸酯钾	2.5	水	余量
乙二胺四乙酸钠	2.6		

（二）结垢清洗剂

结垢是指沉积在水冷却系统、锅炉壁上和蒸汽管上的重金属不溶物层（如碳酸钙沉积物形成的水垢），也包括在一定加热条件下，于钢铁表面形成的氧化层。清除结垢用的酸性清洗剂主要是酸浸浴中的酸，可以用稀的硫酸或稀的盐酸，除水垢时多用盐酸，在酸浸浴中需加入防止酸腐蚀的"抑制剂"，有效的抑制剂是苯硫脲和硫脲，它们都是固体，可配入粉状洗涤剂，以增加浸泡效应。

在酸浸浴型结垢清洗剂中必须加入耐酸的洗涤剂组分。洗涤剂没有明显的抑制效应，但有很强的润湿作用，润湿作用在一定程度上起到防止孔蚀的作用，这就是在酸浸浴中加入洗涤剂的一个重要原因。最有效的洗涤剂表面活性物是烷基苯磺酸盐，也可以采用石油磺酸盐或烷基萘磺酸盐。

用混合酸特别是固体的混合酸来清除结垢效果好，并可减少酸腐蚀。常用的固体酸性物质如氨基磺酸、草酸、柠檬酸、硫酸氢钠等。清洗汽车水冷却系统结垢用的酸性清洗剂配方如下：

汽车水冷却系统结垢酸性洗涤剂配方（质量分数）

组分	/%	组分	/%
草酸	80	十二烷基苯磺酸洗涤剂	10
硫酸氢钠	10		

按下述配方制得的酸性除垢剂来清除碳酸钙的结垢物效果很好。

清除碳酸钙结垢物清洗剂配方（质量分数）

组分	/%	组分	/%
氨基磺酸	95.8	脂肪酸酰胺聚氧乙烯基化合物	2.4
抑制剂	3.8		

用聚醚非离子表面活性剂、二甲苯磺酸钠、硫酸氢钠和酒石酸盐配制的除垢剂，用于锅炉除垢，比用加抑制剂的盐酸效果好，腐蚀性也小。

（三）汽车洗净剂和火车车厢及飞机外壳清洗剂

汽车洗净剂当用于喷射型的自动清洗系统时应是低泡的，为便于计量起见，常采用粉剂，配方实例如下：

粉状汽车洗净剂配方（质量分数）

组分	/%	组分	/%
脂肪酸硫酸盐	2	聚醚	7
烷基酚聚氧乙烯醚	3	聚合磷酸盐	86
脂肪酸聚氧乙烯醚	2		

德国巴斯夫（Badische Anilin und sodafabrik，简称为 BASF）公司的专利报道了具有生物降解性的汽车清洗剂，配方的基本质量组成如下：

组分	/%	组分	/%
脂肪酸聚氧乙烯醚	5～12	洗涤助剂	0～10
脂肪酸磷酸酯	2～7	碱	0～2
烷基苯磺酸盐	2～10	水	91～59

使用时1份洗涤剂加400份水。

另一种粉状汽车清洗剂，质量配方如下：

组分	/%	组分	/%
焦磷酸四钠	40	C_{12}～C_{13} 脂肪酸聚氧乙烯醚	17
月桂酸	4	磷酸钠	39

配制时将上述粉状清洗剂的5%～8%加入到总质量分数90%～92%的热水中（87～127℃）制成原液，使用时将原液稀释到质量分数0.2%～0.3%制成使用液，此使用液可直接喷在汽车的固体表面。

聚氧乙烯型非离子表面活性剂可用于交通工具的清洗。火车车厢的外壳通常均用酸性洗净剂清洗，所用表面活性剂为壬基酚聚氧乙烯醚和脂肪酸聚氧乙烯醚，以汽油作溶剂，再加硫酸氢钠和水。

飞机外壳则采用碱性水溶液或溶剂乳液最为有效，此种清洗剂生产成本低，清洗效果好，且能防火，其组成质量配方如下：

组分	/%	组分	/%
磷酸三钠（$Na_3PO_4 \cdot 12H_2O$）	10	乙二酸单乙醚	6
辛基酚聚氧乙烯醚	2	水	82

（四）金属切削液

金属切削液也称金属润滑冷却液，指金属材料按预定的形状进行切割、磨削加工时，在被切削、磨削的金属材料和工具间注入液体，注入金属润滑液的作用是为了减少工具与加工件间的摩擦，带走摩擦而产生的热量，具有良好的润滑性能和冷却性能；同时还有清洗性能和防锈性能，延长刀具和磨具的使用寿命，提高加工件的光洁度，降低切削、磨削力等。另外还要求金属切削液应具有优良的稳定性、耐硬水性、防腐性、无异味、无毒。

金属切削液的主要成分是矿物油、表面活性剂、极压添加剂、防锈添加剂、防腐剂等。常用的表面活性剂是阴离子表面活性剂和非离子表面活性剂。在水溶性金属切削液中，表面活性剂用作乳化剂、润湿剂、润滑剂和洁净剂。在化学溶解型金属切削液中，表面活性剂主要用作降低表面张力、增加润滑性能以防止烧伤等。在金属切削液中，要求所用的表面活性剂必须对碱和盐有良好的稳定性。

在金属切削液中，矿物油必须是黏度低、渗透性好。实践证明，石蜡烃系矿物油较为理想极压添加剂有硫、磷和氯的化合物。硫以硫化矿物油、硫化油脂形态加入，磷以有机磷和金属磷酸钠的形态加入。防锈剂有油溶性防锈剂和水溶性防锈剂两种。常用的是石油磺酸盐（钠、钡、钙盐），烷基苯磺酸盐、金属皂、氯化蜡和胺的衍生物，重铬酸钾、二乙醇胺、单乙醇胺、油酸三乙醇胺、十二烷基二乙醇酰胺、苯甲酸钠、甲苯酸胺、苯并三氮唑、碳酸铵、碳酸钠、亚硝酸钠等。

水溶性金属切削液可以分为乳化型、可溶型和化学溶解型三类。乳化型金属切削液以矿物油为基础成分，其质量分数为5%～20%，用非离子表面活性剂如烷基酚聚氧乙烯醚以及阴离子表面活性剂如石油磺酸盐、脂肪酸皂等作为乳化剂，用高级酸和脂肪酸为稳定剂，也可加入防锈剂、极压添加剂。使用时，把原液用水稀释10～30倍或稀释到50倍。基础矿物油也可加入质量分数1%～2%的硫，用以提高油性。可溶型金属切削液的组成中可以含矿物油也可不含矿物油，用水稀释后是一种透明或半透明溶液，能够看到工件，便于加工。使用时，可根据使用对象不同，用水稀释至30～100倍。化学溶解型金属切削液以亚硝酸盐为主要成分，质量分数20%～30%，添加表面活性剂，防锈剂等物质而制成，用量较大。使用时，用水稀释100倍左右。冷却金属切削液的质量配方举例如下：

组分（质量分数）	/%	组分（质量分数）	/%
磺化蓖麻油磷酸钠	6.0	三乙醇胺	1.0
聚乙二醇600（PEG600）	2.0	水	余量

本品适用于高速插齿等工序，代替机油、极压油等。

组分（质量分数）	/%	组分（质量分数）	/%
N-C_{18}-N-磺基琥珀酰门冬氨酸四钠盐	0.25～2.5	碳酸钠	0.2～0.4
PVC乳酸	0.25～2.5	苯甲酸钠	0.1～0.15
C_{12}烷基苯磺酸三乙酸胺	0.5～1.0	水	余量

此配方金属切削液稳定性好，保存3个月不变质，可提高工具耐用性和被加工表面质量。

组分（质量分数）	/%	组分（质量分数）	/%
10号机械油	39.8	石油磺酸钠	39.9
三乙醇胺	8.7	油酸	16.6

此配方金属切削液的制法是先将石油磺酸钠溶解于机械油中，边搅拌边加入油酸，再加入三乙醇胺，继续搅拌至膏状。应用时，取此油膏质量分数2%～5%，温水95%～98%，先用少量温水把油膏化开，再加

足量水,搅拌均匀即可;本品可用于车、铣、磨等金属加工工序中。

组分(质量分数)	/%	组分(质量分数)	/%
单酯❶	20.0	椰子油脂肪酸二乙醇酰胺	4.0
三乙醇胺	5.0	矿物油	55.5
己基胺	2.0	噻唑防腐剂	0.5
石油磺酸钠	7.0	水	余量
壬基酚$(EO)_9$醚	5.0		

本配方为一种水溶性金属切削液。

组分(质量分数)	/%	组分(质量分数)	/%
聚乙二醇二油酸酯	4	异丙醇胺	1.6
十二烷基(椰子油)二胺	0.6	油酸	7.1
三乙醇胺	1.7	矿物油	85

组分(质量分数)		/%
蓖麻油、棕榈油或椰子油		40~56
二甘酸二丁基醚、二丙二醇甲醚、四甘醇甲醚或三丙二酸甲醚		43.8~59.5
十二烷基苯磺酸钠、十二及十六烷基硫酸钠或脂肪酸钠		0.1~1.0

本品是一种有色金属(铜)的切削液。

组分(质量分数)	/%	组分(质量分数)	/%
亚硝酸钠	5.5	烷基酚聚氧乙烯(7)醚(乳化剂OPE-7)	0.2
氯化钡	0.5	水	93.8

本配方是一种超硬金属用金属切削液。

第四节 洗涤剂的生产技术

按洗涤剂产品的外观形式,可以分为液体洗涤剂、粉状洗涤剂和浆状洗涤剂三类,其生产技术分别阐述如下。

一、液体洗涤剂的生产技术

与粉状洗涤剂相比较,液体洗涤剂具有以下优点:第一,生产性投资低,设备少,工艺简单,节省大量能耗;第二,水溶迅速,使用方便,便于局部强化清洗;第三,具有吸引人的感官及引人注目的包装。

一般说来,市场上销售的液体合成洗涤剂外观清澈透明,不因天气的变化而浑浊,酸碱度接近中性或微碱性,对人体皮肤无刺激性,对水硬度不敏感,去污力较强。按洗涤对象的差异分为重垢和轻垢型两类产品。重垢型液体洗涤剂主要用于洗涤油污严重的棉麻纺织品,具有很强的去污力;其碱性助洗剂使产品pH值大于10,并配有螯合剂、抗污垢再沉积剂及增白剂等。轻垢型产品主要用于手洗羊毛、尼龙、聚酯纤维及丝织品等柔软性纺织物,也常用于餐具清洗。产品中一般不采用非离子型表面活性剂,用得最多的是直链烷基苯磺酸钠(LAS)与十二酸聚氧乙烯醚硫酸钠(AES)或十六烷基磺酸钠(SAS)与十二酸聚氧乙烯醚硫酸钠(AES)的复配物,前者与后者的最佳质量比为5:1。

在各种日用化工产品生产中,由于液体洗涤剂的生产过程中既没有化学反应,也不需要造型,只是几种物料的混合配制,制备出以表面活性剂为主的均匀溶液(大部分为水溶液)。因此,液体洗涤剂的生产一般采用间歇式批量化生产工艺,而不宜采用管道化连续生产工艺。

液体洗涤剂生产工艺所涉及的化工单元操作设备主要是带搅拌的混合罐、高效乳化或均质设备、物料输送泵和真空泵、计量泵、物料贮罐和计量罐、加热和冷却设备、过滤设备、包装和灌装设备。把这些设备用管道串联在一起,配以恰当的能源动力即组成液体洗涤剂的生产工艺流程。

生产过程的产品质量控制非常重要,主要控制手段是原料质量检验、加料配比、计量、搅拌、加热、降温、过滤等操作。液体洗涤剂生产工艺流程主要由以下几个操作程序所组成。

---

❶ 单酯的制法,以C_{16}链烯琥珀酸酐与C_{18}烷基$(EO)_{14}$醚按等摩尔比混合,在氮气流中于130~180℃下搅拌反应7h,得到的单酯,其酸价43.4,相对分子质量为1330。

（一）原料准备

液体洗涤剂产品实际上是多种原料的混合物。因此，熟悉所使用的各种原料物理化学特性，确定合适的物料配比以及加料顺序与方式是至关重要的。

生产过程都是从原料开始，按照工艺要求选择适当原料，还应做好原料的预处理。如有些原料应预先在暖房中溶化，有些原料应用溶剂预溶，然后才能在主配料罐中混合。操作规程中应按加料量确定称量物料的准确度和计量方式、计量单位，然后才能选择工艺设备。如用高位槽计量那些用量较多的液体物料；用计量泵输送并计量水等原料；用天平或磅秤衡器标量固体物料；用量筒计量少量的液体物料。有些粗制原料要求预先处理，如某些物应预先滤去机械杂质，使用的主要溶剂水，应进行去离子处理等。

（二）混合或乳化

大部分液体洗涤剂是制成均相透明混合溶液，另外一部分则制成乳状液。主要根据原料和产品特点选择不同工艺，还有一部分产品要制成微乳液或双层液体状态。

不论是混合，还是乳化，都离不开搅拌，只有通过搅拌操作才能使多种物料互相溶混成为一体，把所有成分溶解或分散在溶剂（主要是水）中。可见搅拌器的选择和搅拌工艺操作是十分重要的。

由于洗涤剂是由多种表面活性剂及各种添加剂组成的，所生产的产品又必须是均匀稳定的溶液，所以混合工艺是生产工艺流程中的关键工序。

1. 搅拌器的作用

在搅拌器作用下，容器内形成液体总体流动。各组分黏度不同，则必定存在着各成分间的速度梯度，形成液体互相分散时的剪切力。在这种剪切力作用下，液体被撕成微小液团，达到均匀混合的目的。可见搅拌器的作用，就是向液体提供能量，造成一种高度湍动的流动状态。这样每一种组分都会被均匀分布于容器各处，同时使液体微团尺寸减少，各组分间接触更紧密，接触面积更大，即混合的均匀度更高。

2. 机械搅拌器的分类及形式

机械搅拌是在能旋转的轴上安装不同几何形状的桨叶，以迫使接触的液体发生搅拌作用。适宜于液体洗涤剂混合的机械搅拌主要有桨叶式、旋桨式和涡轮式三类搅拌器。

3. 加热与冷却

液体洗涤剂的生产配制过程中，温度控制很重要，尤其是制备乳状液时，加热和冷却是至关重要的。混合过程不同于化学反应过程，加热温度一般不要求过高，最高120℃即可，所以生产过程中一般采用低压蒸气加热；生产规模小时，也可以采用热水或电直接加热。

4. 混合效果评价

生产操作中，一般用调匀度和混合尺度来评价搅拌混合的效果。调匀度是在混合后样品各处取样分析与其平均浓度之间的偏离程度。调匀度≤1，越接近于1，说明混合越均匀，这只是在宏观上评价均匀程度。如果缩小评价尺度，例如在分子尺度下考查溶液的调匀度，则就不均匀。也就是说，对于互不相溶的几种原料组成的溶液体系，无论是怎样的混合工艺和设备，都不可能实现微观上的调匀，只能达到宏观的，即大尺度上的均匀。

不同的生产过程对搅拌所造成的混合效果，即混合物的均匀程度有不同的要求。

（三）混合物料的后处理

无论是生产透明溶液还是乳化液，在包装前还要经过一些后处理，以便保证产品质量或提高产品稳定性。这些操作处理过程如下。

1. 过滤

在混合或乳化操作时，要加入各种各样物料，难免带入或残留一些机械杂质，或产生一些絮状物。这些都直接影响产品外观，所以物料包装前的过滤是非常必要的。因为滤渣相对来说很少，只需在混合乳化釜底的放料阀门之后加装一个管道过滤器，定期清理残渣即可。

2. 均质化

经过乳化的液体，其乳液稳定性往往较差，再经过均质化操作，使乳液中分散相的颗粒更细小，更均匀，得到高度稳定化的产品。

3. 排除气体

在搅拌的作用下，各种物料可以充分混合，但不可避免地将气体带入液体，另外由于物料中表面活性剂等的作用，产生大量的微小气泡混合在成品中。由于密度较低，气泡具有不断冲出液面的作用力，可以造成溶液稳定性较差，包装时计量产生误差。一般生产上采用抽真空排除气体，能快速将液体产品中的气泡排出。

4. 稳定

稳定，也称为老化，指的是将物料在老化罐中静置储存数小时，待其性能稳定后再进行包装。

由于在液体洗涤剂生产过程中，原料、中间品和成品的输送可以采用不同的操作方式。少量固体物料是通过人工输送，在设备手孔中加料；液体物料主要靠泵送或高位产生的重力来实现输送。重力输送主要涉及厂房高度和设备的立体布置，物料的流速则主要靠设备的位置差和管径的大小来决定。因此，通过各种方式输送过来的产品需要通过静置来稳定其性能。

（四）包装

对于绝大部分民用液体洗涤剂都使用塑料瓶小包装。因此，在生产过程的最后一道工序，包装操作的质量是非常重要的，否则将前功尽弃。正规的生产应使用灌装机，包装流水线。小批量生产可以采用借助位置差实现手工灌装。无论何种操作方式，都必须严格控制灌装量，做好封盖、贴标签、装箱和记载批号、合格证等工作。包装质量与产品内在生产质量同等重要。

液体洗涤剂工艺流程见图 11-1。

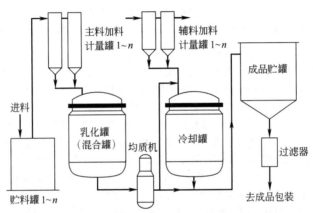

图 11-1 液体洗涤剂生产工艺流程

二、粉状洗涤剂的生产技术

粉状洗涤剂是最常见的合成洗涤剂成型方式，尤其在我国占洗涤剂总产量的 80% 以上，其优点是使用方便、产品质量稳定、包装成本较低、便于运输储存、去污效果好。

（一）高塔喷雾干燥法

高塔喷雾干燥法是目前生产空心颗粒粉状洗涤剂的主要方法。完整的高塔喷雾干燥成型工艺包括配料、喷雾干燥成型及后配料三部分。

1. 配料

所谓配料就是将单体活性物和各种助剂，根据不同品种的配方而计算的投料量，按一定次序在配料缸中均匀混合制成料浆的操作。料浆质量的好坏，直接影响到成品的质量。根据配料操作方式的不同，配料可以分为间歇配料和连续配料。

（1）间歇式配料　间歇式配料是根据配料锅的大小，将各种物料按配方比例一次投入，搅拌均匀，然后再将料浆放完后，再进行下一锅配料的操作。目前，国内大部分都采用这种方法，主要是因为设备简单，操作容易掌握。一般操作中，将固体总质量分数（料浆浓度）控制在 55%～65% 之间。间歇配料生产工艺流程如图 11-2 所示。

间歇配料，控制料浆温度是最重要的。一定的料浆温度有助于助剂的溶解，有利于搅拌和防止结块，使浆呈均匀状态。一般情况下，料浆温度提高，助剂容易溶解；但是，有的助剂例如，碳酸钠在 30℃ 时溶解度最大，温度再高，溶解度反而下降，温度太高可能会使五钠水合过快及加速水解，使料浆发松；温度过低时则助剂溶解不完全，料浆黏度大、发稠，影响料浆的流动性。根据国内全年生产积累的经验来看，料浆温度控制在 60℃ 左右为宜。

另外，配料时投料的顺序也会影响料浆的质量。一般情况下，按下述规律进行投料：先投入难溶的物料，后投易溶的物料；先投入相对密度小的物料，后投入相对密度大的物料；先投入用量少的物料，后投入

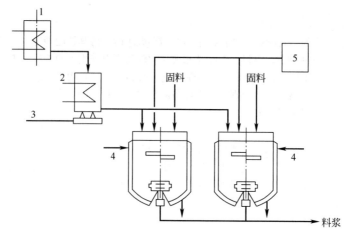

图 11-2　间歇配料生产工艺流程
1—单体贮槽；2—单体计量槽；3—单体计量秤；4—配料锅；5—硅酸钠贮槽

用量大的物料，边投料边搅拌，以求达到料浆均匀一致。

投料完成后，一般要对料浆进行后处理，使其变成均匀、细腻、流动性好的料浆。料浆后处理一般包括过滤、脱气和研磨。过滤是将料浆中的块团、大颗粒物质以及其他不溶于水的物质除掉，防止设备磨损及管道堵塞，常用的设备有过滤筛、真空过滤机等，所用滤网孔径一般在 3mm 以下。脱气是把料浆中的空气除去，以保障喷雾干燥后成品有合适的密度，常用的脱气设备是真空离心脱气机，实际生产中，也可以略去此工序。研磨是为了使料浆更均匀，防止喷雾干燥时堵塞喷枪孔，常用的设备是胶体磨。

（2）连续配料　连续配料是指各种固体和液体原料经自动计量后连续不断地加入配料锅内，同时连续不断地出料。采用连续配料，制得的料浆均匀一致，使成品质量稳定。由于是自动加料，这样既保证不会因疏忽而多加或少加某种原料，又可保证在称量上不发生错误。除此之外，由于自动配料一般在密封状态下操作，料浆混合时带气现象较少，可以使料浆流动性好。一般采用自动配料可以使固体质量分数增加 3%~6%，这样可以不增加任何能量消耗的情况下，使喷粉能力提高 30%~40%。连续配料生产工艺流程如图 11-3 所示。

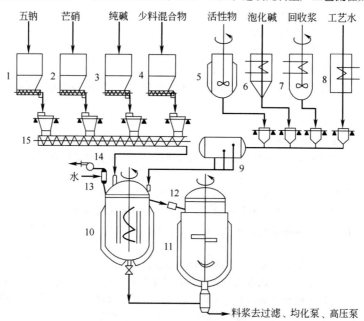

图 11-3　连续配料生产工艺流程
1~4—固体料仓及电子秤系统；5~8—液体料罐及电子秤系统；9—液体调整器；10—配料罐；
11—老化罐；12—磁滤器；13—水洗器；14—引风机；15—固体预混送料带

2.喷雾干燥成型

喷雾干燥包括喷雾及干燥两个生产过程。喷雾是将料浆经过雾化器的作用，喷洒成极细小的雾状液滴；干燥则是载热体——热空气与雾滴均匀混合进行热量交换和质量交换，使水发蒸发的过程。喷雾与干燥二者必须密切结合，才能取得良好的干燥效果和优质的产品。

(1) 喷雾干燥的特点　与干法生产粒状洗涤剂以及用冷拌结晶、干法中和、雾化干燥等方法生产粉状洗涤剂相比较，高塔喷雾干燥工艺具有如下特点。①干燥速度快。料浆经喷雾后被雾化成几十微米大小的液滴，热交换迅速水分蒸发极快，干燥过程一般几秒钟即可完成，最多也不过十几秒，具有瞬间干燥的特点。②干燥过程中液滴的温度比较低。喷雾干燥可以采用较高温度的热载体，但是干燥塔内的温度一般不会很高，而且料浆液滴在塔内停留时间又短，这样能防止温度过高而导致产品质量下降。③干燥得到的产品具有良好的分散性和溶解性。根据工艺上的要求，选用适当的雾化器可将料浆喷成球状液滴。由于干燥过程是在热空气中完成的，所得到的颗粒能保持与液滴相似的球状。因此产品具有良好的流动性、疏松性、分散性，在水中能迅速溶解。④产品纯度高，环境卫生好。这是因为干燥在密闭设备中进行，外来杂质不会混入，而且具备细粉回收装置的缘故。⑤容易改变操作条件，以便调节或控制产品的质量指标。如产品的颗粒度、相对密度及成品粉的水分含量。⑥喷雾干燥法由于采用干燥塔而缩减了工艺流程并且容易实现机械化、自动化。

当然，喷雾干燥法也有一些缺点，如投资大，能耗高，热敏性物料的应用受到限制，对气固分离的要求较高，为回收废气中的细粉需要安装较复杂的回收装置。

(2) 高塔喷雾干燥生产工艺将从工艺过程和工艺条件选择进行分述。

① 工艺过程　高塔喷雾干燥生产工艺流程见图 11-4。

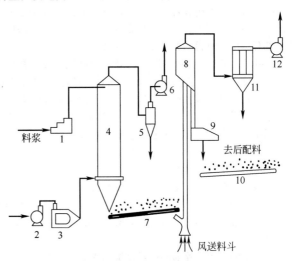

图 11-4　高塔喷雾干燥法生产洗衣粉的工艺流程
1—高压泵；2—二次风机；3—热风炉；4—喷粉塔；
5—旋风分离器；6—尾风机；7—皮带输送机；
8—风送分离器；9—振动筛；10—皮带运
输机；11—袋式过滤器；12—引风机

配制好的料浆用高压泵 1 以 3~8MPa 的压力通过喷嘴在喷粉塔 4 内雾化成微小的液滴，而干净的空气经热风炉 3 加热后送至喷粉塔 4 的下部，液滴和热空气在塔内相遇进行热交换而被干燥成颗粒状洗衣粉，再经风送老化，由振动筛 9 筛分后作为基础粉去后配料。喷粉塔顶部出来的尾气经尾气净化系统净化后放入空中。而风送分离器 8 顶部出来的热风经袋式过滤器 11（或子母式旋风分离器）除尘后排空或作为二次风送入热风炉。

② 工艺条件选择　在高塔喷雾干燥中，工艺和设备是影响成品粉含水量、相对密度、颗粒度及色泽等外观质量指标的重要因素。在一定的设备条件下，工艺条件又是影响成品粉质量的主要因素。影响粉体质量的因素很多，如料浆的成分、性质、热空气的温度、流速、流量、雾化粒子的大小、雾化状态以及成品老化效果等。

在生产过程中，各种工艺参数大部分是可变的，并且互相制约、互相影响，因而要求操作者一方面借助各种仪表，使各种参数维持在一定范围内，另一方面根据粉的进料情况进行综合分析，及时调节和调整有关参数，以保证产品质量并提高产量。

a.配方　配方的组成对成型影响很大，有效物含量高，成品密度下降；加入适量 Na_2SiO_3 有利于改善料浆的结构，增加颗粒的牢固度；Na_2SO_4、Na_2CO_3 加入的数量多，则会增加成品的密度；加入一部分对甲苯磺酸钠或二甲苯磺酸钠可增加料浆的流动性，有利于洗衣粉的成型，还可提高成品粉的含水率。因此，可通过调整配方来改善成品质量，提高产品量。

b.料浆的温度　实际操作时，料浆温度一般控制在 60~70℃。从理论上讲，温度越高，干燥时越节省热能。实际上，如果料浆温度超过或接近塔顶热风温度时，料浆雾滴表面气化速度会很快达到最大值，形成了壳膜，内部水分还没有蒸发。当雾滴继续下落干燥时，雾滴内部由于水分迅速蒸发，压力很大，而已经形成的膜壳尚未坚实，这样就极容易破裂碎成粉末而使成品粉含量增多，影响了外观质量。而料浆温度过低，黏度大，流动性差，喷雾时形成的颗粒大而重，因而沉降速度太快，也不易于干燥完全而成湿粉。实践证明，当料浆中总固体质量分数在60%时，温度在60～70℃，料浆黏度最低，流动性最好；料浆温度超过70℃时，料浆黏度反而增大变稠。

c. 料浆的浓度　料浆中固体质量分数一般控制在60%左右，有时也可以增加到65%，在保证料浆流动性良好的前提下，适当增加料浆的浓度有利于提高产量，增加产品密度，降低热能消耗。但为了便于输送和喷粉，提高料浆浓度是有一定限度的。料浆过稀会明显降低产量，浪费大量热能，蒸发多余的水分。

d. 料浆中的空气量　料浆在喷雾过程中，如果残留有空气，会使成品密度减小。不含空气的料浆，黏度低，容易喷雾，产品密度大，生产量也相应提高。

e. 塔温　为了使塔内操作正常，热风的供应要满足需要。一般热风进口温度控制在300～380℃，由于液滴蒸发吸热，塔内这部分平均温度为130～160℃；塔顶温度为90～100℃，喷嘴处约为100～110℃，物料冷却部分至出塔时粉的温度在60～80℃。

f. 风压、风量　热风进塔，是借助于进风口导向板调节风向的，使热风先向下走，然后沿塔壁切向进风，呈螺旋式上升，提高了热风和液滴之间的传热和传质效果，又可增加液滴在塔内的行程，加快了干燥时间，从而减少粘壁现象；几个进风口进塔的风量应该均匀，压力不宜过高，否则会把下降的液滴带向塔壁造成粘壁。如果进风口位置不当，会造成局部过热，出现焦粉，糊粉，也可能造成局部干燥不完全。同时，热风漩涡不能过大，否则，离心力会把料浆液滴直接甩在塔壁上，使喷出的料浆液滴集中粘在塔壁上。此外，不规则的热风进入塔中同样也会粘壁。此外，为使粉尘不逸出塔外，便于操作，也为了使冷空气从塔底顺利通入，塔内应保持负压操作。

风量大小对产量和尾气中含尘量都有一定影响。风量大，携带的热量大，干燥效果好，产量也大；如果产量不变，加大风量，会导致排风压力上升，旋风分离器进口风速过高，细粉沉淀不下来造成跑细粉。此外，热风量过高，热损失也大，会增加产品成本。当然，风量过小也不好，热量不足，粉的水分增高或者产量下降。

g. 喷嘴的位置　喷嘴的位置是根据塔的大小而定的，塔径小，喷嘴应位于中心；塔径大，则应环装于四周。喷嘴的数量由产量和塔顶决定，要保证塔的截面能完全为雾化的料浆液滴均匀覆盖，使料浆液滴与热风能紧密接触，获得最大的热效应，喷嘴数量与布局合理，可以获得较高的产量。

h. 雾化状态　雾化粒子的状态，与喷嘴的形式、孔径的大小、喷嘴角度、高压泵的压力有直接关系，在其他条件不变的情况下，压力越高，雾化的液滴越小，料浆液滴在塔内干燥的时间也就越长，成品含水量低，颗粒小，密度大；如果压力太低，则雾化不良，出现料浆流或较大液滴，使疙瘩粉量增多，产品潮湿结块。一般把高压泵出口压力控制在4～8MPa。喷嘴的孔径大小应与喷雾压力相配合，当雾化压力不变时，喷嘴孔径越大，则成品粉的密度越小；反之，孔径越小，密度则越大。只有当压力与喷嘴孔径配合得当，才能生产出理想的产品。

3. 后配料工艺

将一些不适宜在前配料加入的热敏性原料及一些非离子表面活性剂与喷雾干燥制得的洗涤剂粉（又称基础粉）混合，从而生产出多品种洗涤剂的过程叫后配料。其工艺流程如图11-5所示。

基础料、过碳酸钠、酶制剂等固体物料经各自的皮带秤计量后由预混合输送带送入旋转混合器；非离子表面活性剂、香精等液体物料计量后进入旋转混合器的一端喷成雾状与固体物料充分混合后而成产品，从另一端出料，收集到一个料斗里为包装工序供成品粉。

后配料不但可以提高粉的产量和节省能耗，而且还增加了品种。例如，后配酶制剂可生产出加酶洗涤剂，能去除血迹、果汁等；后配入过碳酸钠或过硼酸钠生产出具有漂白作用的粉状洗涤剂；后配入非离子表面活性剂生产出复配浓缩粉，可提高活性物含量，产生多种活性物协同效应，洗涤性能更完善；后配轻质无机盐可提高生产能力；后配消毒剂可制得洗涤和消毒双重功能的洗涤剂。

（二）膨胀成型法

膨胀法是料浆在干燥成型时，靠从外面送入气体或靠自身产生的气体使干燥中的料浆粒子膨胀，从而产生多孔性颗粒状粉，这样生产的洗衣粉不飞扬，易溶解。根据气体来源不同，膨胀法又可分为自热干燥成型和充气成型两种。

1. 自热干燥成型法

自热干燥成型是借助于在成型过程中放出的大量反应热，使水分蒸发成水蒸气，借水蒸气膨胀的料浆借

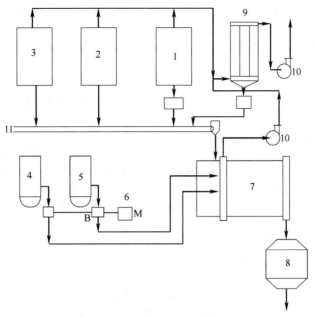

图 11-5 后配料系统示意

1—基础粉料罐；2—过碳酸钠料罐；3—酶制剂料罐；4—非离子贮罐；5—香精贮罐；6—比例泵；
7—旋转混合剂；8—成品粉料斗；9—袋式除尘器；10—引风机；11—固料预混输送带

反应热使料浆得到干燥。例如，三偏磷酸钠在碱溶液中水解时生成三聚磷酸钠并放出大量反应热。

$$Na_3P_3O_9 + 2NaOH \rightleftharpoons Na_5P_3O_{10} + H_2O + 89.8kJ/mol \tag{11-1}$$

当料浆中配用三偏磷酸钠而不是三聚磷酸钠时，在成型加工时加入碱液，借三偏磷酸钠水解放出的热量迅速产生水蒸气，此水蒸气先膨胀料浆，继而从高固体含量料浆中穿孔而出，反应生成的三聚磷酸钠经吸水后成为水合物。而料浆膨胀至原体积的 2~8 倍，在膨胀力的作用下粉碎成多孔性的颗粒状成品，所以，这种方法又称气胀法。其工艺流程如图 11-6 所示。

自热干燥成型法的优点是设备少，改产容易，成品细粒少，不结块，水分高，三聚磷酸钠分解也少，相对密度可控制在 0.3~0.4 之间，也可控制在 0.5 以上。

2. 充气成型法

这种成型法所用的料浆中除含有水、活性物及各种助剂外，还含有大量空气泡或其他能在一定时间内释放出大量气体的释气剂或发泡剂。料浆经高剪切速度充气混合或与发泡剂经高剪切速度混合后，料浆即行膨胀，空气或其他气体形成大量极细的微泡分散于料浆中。用此法生产时，料浆中的总固体质量分数应尽可能高，其中三聚磷酸钠吸水成六水合物，在室温下冷却后硬化，破碎成粉粒。成品相对密度为 0.3~0.35，经 60℃热空气干燥脱去一部分水，产品流动性良好，包装后不结块。

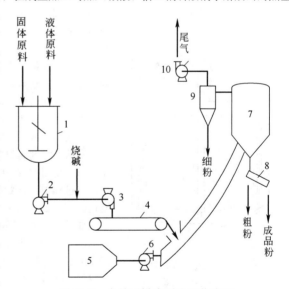

图 11-6 自然干燥成型法工艺流程

1—配料缸；2—送料泵；3—混合泵；4—反应带；
5—热风炉；6—热风机；7—干燥成型塔；8—振动筛；9—旋风分离器；10—尾风机

三、浆状合成洗涤剂的生产工艺

浆状合成洗涤剂又称为洗衣膏，是我国部分地区很受人们喜爱的洗涤用品，尤其在农村拥有相当大的市场。浆状洗涤剂一般由表面活性剂、助洗剂和无机盐三部分构成。表面活性剂主要选用以 LAS 为代表的阴离子表面活性剂品种，辅以少量的非离子表面活性剂（如 AEO-9、OP-10 等），可占配方总量的 15%～30%；助洗剂仍为三聚磷酸钠、碳酸钠、硅酸钠和（或）焦磷酸钠等碱性助剂，约占配方总量的 25%～40%；而无机盐则主要使用氯化钠和硫酸钠，其中氯化钠的增稠作用较硫酸钠要好，约占总配方量的 3% 左右，其余组成则为水，约占 20%～40%。

浆状洗涤剂一般有两种制法，其工艺核心是如何在使配方中含有一定无机盐和水分的情况下，保持膏体的长时间稳定。

（一）羧甲基纤维素钠法

该法是利用羧甲基纤维素钠作为胶黏剂，再配以阴离子和非离子表面活性剂及无机盐。

羧甲基纤维素钠易溶于水，并在水溶液中形成网状结构，能牢固地结合部分水；同时包覆大量的游离水，游离水又与无机盐组成网体骨架，使浆状膏体稳定。另一方面，表面活性剂在一定浓度下形成胶团，遇到无机盐后，胶团又聚集成有规则的层状胶束；该胶束亦能吸收大量的水，使浆状体的游离水减小，同样起着使膏体稳定的作用。

配方中的 CMC，需单独溶解。如果备有带慢速搅拌器的混合器，则将 10 倍于 CMC 质量的水加入该容器，一边搅拌，一边慢慢地倒入 CMC，继续搅拌到所有 CMC 团块都分散为止。此项操作需与膏状物制造过程同时进行。如果没有配备这样的混合器，则溶液可以用同一方法在一个 200 升的桶中制造，用手动搅拌器一边进行搅拌，一边加入 CMC。这种分散液最好是在需要的前一天制备，以便 CMC 能通宵膨胀和溶解。

CMC 分散液如果与铁或钢接触，便会腐蚀容器，同时被生成的铁锈所污染。因此，这种分散液必须在不腐蚀的容器（如不锈钢、石棉水泥或者是衬橡胶的钢容器）中制备。搅拌器本身也应该是耐腐蚀的。

（二）肥皂法

肥皂法是利用肥皂中高级脂肪酸钠的吸着作用，同时配以阴离子和非离子表面活性剂及无机盐等。肥皂分子的纤维结构及胶质作用使其能吸收其他微细物质，包覆游离水并产生凝聚，以减少整个浆状体系游离水的存在。经测试，以该法生成的浆状洗涤剂可耐 40℃ 高温 24h 而不变稀。

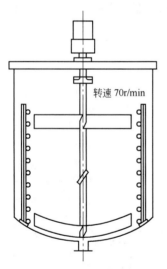

图 11-7　制造液体和膏状洗涤剂的中和器

上述两种方法无论采用哪一种，制备过程的加料顺序应为：阴离子表面活性剂→水→羧甲基纤维素钠（或肥皂）→非离子表面活性剂→可溶性硅酸钠→碳酸钠→碳酸氢钠→三聚磷酸钠→乙醇→香料→色素→氯化钠。

在上述加料顺序中需注意：非离子表面活性剂与可溶性硅酸钠不能同时加入，否则两者易形成难分散的凝胶体，使膏体不均匀；可溶性硅酸钠必须加在碳酸氢钠之前，使它能如期与硅酸钠作用，析出二氧化硅结合大量的水，使膏体稳定，氯化钠作为增稠剂，宜最后加入，方能有利于料浆的分散。

膏状洗涤剂的制造可以在一种特殊设计的、带有冷却夹套的中和器中进行，见图 11-7。中和器最好用不锈钢制造，但是如果采取预防措施，在制造过程中，膏状物的 pH 值不下降到 7 以下，则亦可采用低碳钢制造。

如果采用低碳钢的中和器来制造膏状物，而 LAS 又需用磺酸在中和器内以 NaOH 中和生成的话，则配方中所需的其余水量（不加 CMC 时的全部水量）和必需的 NaOH 溶液量要一起投入容器内，开始进行混合和冷却，同时加入磺酸，加酸速率控制在温度不致上升到 65℃ 以上（如果使用 100% 的磺酸，则反应热较低，只要有效率高的冷却盘管或夹套，温度便不会上升得很高。如果是使用 90% 的磺酸，反应热则相当高，必须调节加磺酸的速度），当 80% 以上的磺酸已经加入，而膏状物仍然明显地呈碱性时，则加入所需用量的次氯酸钠，并予以混合。然后将其余的磺酸加入，务必注意膏状物的 pH 值不致降至 7 以下。继续混合，直到膏状物均匀一致，再加 CMC 溶液。

当使用不锈钢中和器时，工艺过程大致相似，除次氯酸钠可以在开始时与水和 NaOH 一起加入外，并不需要采取特殊措施以防 pH 值呈酸性。如果达到酸性的 pH 值，则加入 1~2L NaOH 溶液，便可恢复所希望的 pH 值 7.5~8。

当需要一种高浓缩液体时，该膏状物的生产工艺略加改变即可，其办法是用乙醇胺来中和磺酸。在这种情况下，所需水（决定于所需的最终浓度）和乙醇胺均先加入容器，磺酸则在间歇搅拌下缓慢地加入，以防产生泡沫。反应是瞬间发生的，惟一的预防措施是避免产生泡沫和保持温度不致上升到60℃以上。

四、洗涤剂的分析方法

洗涤剂通常是由表面活性剂和各种助剂与有机添加剂配制而成的，它们之间的组成可以不断变化，而且相当复杂，选用合适的分析方法对产品质量控制与市场商品鉴定都是非常重要的。洗涤剂的分析方法按其使用范围可以分成以下3个方面。

1. 原料分析

作为原料的表面活性剂要分析活性物、无机盐和中性油的含量，分析方法有乙醇分离法、两相滴定法、溶剂萃取法，无机助剂如碳酸盐、硅酸盐、磷酸盐、氯化物以及羧甲基纤维素可用滴定法或重量法分析。原料分析还包括荧光增白剂分析与酶的分析。

2. 产品分析

用酸度计检测样品pH值与沉淀法测定机械杂质，用乙醇分离法将表面活性剂与无机不溶物分离，阴、阳离子表面活性剂与两性表面活性剂可用两相滴定法分析，用离子交换法分离出非离子表面活性剂，乙醇不溶无机物可用通常分析方法测定。

3. 表面活性剂的结构分析方法

常用的红外光谱分析法、紫外光谱分析法、核磁共振法。表面活性剂混合物的分析，有薄层色谱法、液相色谱法、气相色谱法。

复习思考题

1. 什么化学品称为洗涤剂？
2. 叙述洗涤的基本过程和去污机理。
3. 影响洗涤剂去污作用的因素有哪些？
4. 洗涤剂的主要组成是什么？
5. 叙述表面活性剂的协同效应。
6. 液体洗涤剂的生产主要由哪几个操作程序所组成？
7. 为什么说混合是液体洗涤剂生产中的关键工序？
8. 简述混合物料的后处理过程。
9. 粉状洗涤剂在进行配料操作时，应如何进行投料操作？
10. 喷雾干燥工艺具有哪些特点？
11. 空心粉状洗衣粉是如何形成的？
12. 高塔喷雾干燥生产洗衣粉时，应如何选择工艺条件？

第十二章 信息材料

学习目的与要求
- 掌握信息材料典型品种的性质及制备方法。
- 理解信息材料典型品种的工作原理。
- 了解信息材料的特点、分类及应用范围。

第一节 概　　述

现代信息技术是以微电子和光电子学为基础，以计算机与通信技术为核心，对各种信息进行收集、存储、处理、传递和显示的高技术群。本章所述的信息材料就是指与现代信息技术相关的，用于信息的收集、存储、处理、传递和显示的材料。

现代信息技术对各种信息的收集、存储、处理、传递和显示是通过各种信息功能器件来实现的，而这些信息功能器件又是以各种信息材料为主构成的。不同的信息功能器件具有不同的信息功能，因此，构成这些器件的信息材料也各不相同。

一、信息材料与信息功能器件

具有信息收集功能的器件主要是一些传感器和探测器，例如对力学量的变化有传感作用的器件有金属型力敏传感应变器的半导体应变计等；对温度变化有传感作用的器件有热敏电阻；对光有传感作用的器件有光敏电阻、光敏二极管、光敏三极管、光电探测器、红外探测器和CCD探测器等；对磁场变化有传感作用的器件有磁敏感电阻、磁敏二极管、磁敏三极管等；对气体种类和含量有传感作用的器件有气敏传感器；对温度变化有传感作用的器件有温敏传感器；对生物材料种类和含量有传感作用的器件有各种生物传感器如酶传感器、免疫传感器、DNA芯片等。

上述信息传感和探测器件都是用以信息传感材料为主的材料制成的，例如，用来制作力敏传感器的信息传感材料有金属应变电阻材料和半导体压阻材料等；用来制作热敏传感器的信息传感材料有正温度系数和负温度系数热敏材料等；用来制作光敏传感和探测器的信息传感材料有光敏电阻材料、光电导型和光伏型半导体光电探测器材料；用来制作磁敏传感器的信息传感材料有半导体磁敏电阻材料和强磁性薄膜磁敏电阻材料；用来制作气敏传感器的信息传感材料有 n 型或 p 型金属氧化物半导体气敏材料、金属氧化物气敏材料和高分子温敏材料；用来制作生物传感器的信息传感材料有生物酶、动植物组织、微生物、抗体、抗原和单链核酸。

信息传感材料中还包括各种光纤传感材料，光纤传感材料是指相位、极化、波长、幅度、模功率分布、光程等光学参数会随着被测环境或物体的物理量或化学量的变化而变化的一类光纤材料。

具有信息存储功能的器件主要是一些存储器，例如固定只读存储器（ROM）。相应地，用来制作这些信息存储器件的信息存储材料主要有半导体存储材料、铁电存储材料、磁存储材料、有机光存储染料、磁光存储材料、相变存储材料、光谱烧孔材料、光折变晶体和光折变聚合物材料、分子存储材料、纳米存储材料等。

具有信息处理功能的器件分为微电子信息处理器件和光信息处理器件两大类。微电子信息处理器主要是指可用来制作对电信号具有检波、倍频、混频、限幅、开关、放大功能的各种信息处理电路的晶体管（包括二极管）、双极型晶体管、点接触晶体二极管、肖特基势垒二极管、隧道二极管、变容二极管、雪崩二极管、体效应二极管等和以这些晶体管为基本细胞的各种模拟集成电路、数字集成电路和微波集成电路。光信息处理器件主要是指可用来对激光的相位、频率、偏振态和强度进行调制或对激光进行倍频、混频、光量放大及光量振荡等变频处理的器件，例如电光相位（频率）调制器。

用来制作微电子信息处理器件的信息材料主要有硅、锗等半导体材料和 GaAs 系列、InP 系列等半导体材料，二氧化硅等氧化物材料，微波铁氧体材料，铝、铜等金属电极、引线材料等。用来制作光信息处理器件的信息材料主要有电光调制材料，声光调制材料，磁光调制材料，非线性光学材料，GaAs 系列、InP 系列、GaN 系列等半导体激光器材料，二氧化硅等氧化物材料，LiNbO$_3$、PMMA 等波导材料等。

具有信息传输功能的器件主要是指用于光通信、微波通信、移动电话通信的一些器件。

用于光通信的信息材料主要是各种光纤材料、半导体激光器材料（用于提供传输信息用的载体——激光）、光耦合材料、光波导材料、电光材料、掺铒光纤放大器材料、半导体光电探测器材料等；用于微波通信的信息传输材料主要是微波相控阵天线材料、旋磁微波铁氧体材料和 Si 或 GaAs 微波收发集成电路材料；用于 GSM 蜂窝移动电话系统的信息传输材料主要是用于手机的天线材料、Si 基收发集成电路材料，用于基站子系统 BSS 和网络交换子系统 NSS 的 Si 基或 GaAs 基集成电路的材料等。

具有信息显示功能的器件主要是指阴极射线管和液晶显示（LCD）、等离子体显示、电致发光显示、场发射显示、真空荧光显示（VFD）等各种平板显示器。

用于上述显示器件的信息材料，因显示原理不同，也有很多种。例如用于液晶显示的是各种液晶的混合物及用来制作 TFT-LCD 中的薄膜晶体管的非晶硅、多晶硅和 CdSe 等半导体材料；用于等离子体显示的主要是能在真空中被紫外光高效激发的红、绿、蓝三基色荧光粉和用于放电辐射紫外光的 He：Xe 或 Ar：Hg 混合气体；用于交流粉末电致发光显示的是掺 Cu、Al、Mn 的 ZnS 基质发光粉；用于交流薄膜电致发光显示的有掺 Mn 或稀土元素的 Ⅱ-Ⅵ族化合物半导体、氧化物和氟化物基质发光材料；用于 LED 的有以 GaP 为衬底的 GaP 系列半导体发光层材料和分别以 Al$_2$O$_3$、ZnSe、SiC 为衬底的 InGa 系列、ZnSe 系列和 SiC 发光层材料。用于 OELD 的有机分子电致发光材料主要可分为低分子系和高分子系两大类。低分子系主要有电子传输发光材料、空穴传输发光材料、双极性发光材料和掺杂发光材料等；高分子系主要有 PPV 等 π 共轭聚合物的掺入低分子发色团的 PVK 聚合物等。

信息材料本身并不具备收集、存储、处理、传递和显示信息的功能，但以信息材料为主构成的某些器件却具有这些功能。有些信息材料如传感材料对外界物理或化学的变化十分敏感，它们在外界物理或化学变化的影响下会发生相应的物理或化学变化，通过测量这些材料物理的或化学的变化并找出这些变化与外界变化之间的关系，器件就能实现收集信息的功能。有些信息材料如存储材料在一定强度的外场（如光、电、磁、热等）的作用下才会发生从某种状态到另一种状态的快速变化，并能在变化后的状态保持比较长的时间，而且材料的某些物理性质在状态变化前后有很大差别。因此，在数字存储中，通过测量存储材料状态变化前后的这些物理性质，存储系统就能区别材料的这两种状态并用"0"和"1"来表示它们，也就是说实现了存储。如果存储材料在一不定期强度的外场作用下，能快速从变化后的状态返回原先的状态，那么这种存储就是可逆的。因此，存储材料与传感材料的重要区别是，存储材料发生状态变化所需的外场需要有一不定期的强度但外场作用的时间要短，存储材料的物理性质变化是突变性的并且即使撤去外场仍能长期保持变化后的状态。因此，存储材料与传感材料的作用是不一样的，它们不能互相替代，它们各自在对应的信息功能器件中发挥核心作用。像存储器和传感器这类信息功能器件具有的存储或传感功能，主要是基于它们所包含的信息材料的某种物理的或化学的特殊变化实现的。这类信息材料的特点是，它们的作用比较直观。类似地，显示器件中的液晶材料、发光材料等信息显示材料和光通信器件中的光导纤维等信息传输材料也具有这样的特点，它们的作用比较直观。

另一类信息材料，例如半导体激光器材料，它们作为半导体激光器的基质材料、有源区势阱或热垒材料等，似乎与信息的收集、存储、处理、传递和显示等并无直接关系，很难把它们归类于某种信息功能，但由它们构成的半导体激光器却是光电子信息技术必不可少的器件。例如在光通信中，半导体激光器发出的激光是信息的一种载体，信息通过调制器的调制被激光携带，然后通过激光在光纤内的全反射传输到信息接收方；虽然半导体激光器材料本身并没有传递信息，但由它构成的半导体激光器产生的激光起到了传递信息的作用，这样看来，似乎可以把半导体激光器材料归类于光通信所必需的材料，但它们又不是一般意义上的信息传输材料。又如在光存储中，半导体激光器材料并不直接存储信息，但它们构成的半导体激光器产生的激光能在与光存储材料的作用下实现对信息的存储。同样，信息传感、处理和显示等光电子功能器件中也有类似的情况。也就是说，光信息传感、存储、通信、显示器件并不是基于半导体激光器材料在外场的作用下发生某种物理或化学变化的原理来实现对信息的传达、存储、处理、通信、显示等功能的，但所有这些功能又都必须有半导体激光器产生的激光的参与才得以实现，因此可以认为，半导体激光器是所有这些光信息功能器件的核心器件和通用器件，半导体激光材料则是光电子信息功能器件通用的信息材料。

在微电子信息技术中也有类似的情况，硅材料是最重要的集成电路材料，而各种集成电路又是各种微电子信息功能器件的心脏。虽然硅材料并不一定直接参与实现某种信息功能，但几乎所有微电子信息功能都是在硅材料构成的各种集成电路的参与下实现的，因此可以认为硅材料是一种通用的微电子信息材料。

还有一些材料,例如集成电路芯片的封装材料、印刷电路板材料(包括导电部分和绝缘部分)等,也是信息器件中不可缺少的一个重要组成部分。它们在信息器件中主要起对电信号的连接、传导、隔绝作用和保护、支撑核心信息元件的作用,而且它们几乎在所有信息技术产品中都被广泛使用,故可以把它们也归类于通用信息材料。

综上所述,信息材料主要包括通用信息材料和专用信息材料两大类。通用信息材料并不一定直接参与实现信息的收集、存储、处理、传递和显示等功能,但以它们为主构成的器件直接参与实现所有这些功能。专用信息材料直接参与实现信息的收集、存储、处理、传递和显示等功能中的某一种信息功能。含有专用信息材料的信息功能器件都是基于专用信息材料在外界作用下会发生某种独特的物理或化学变化的原理来实现其专项信息功能的。

二、信息材料的应用

信息材料的应用范围非常广泛。信息材料是信息技术的基础和先导,任何信息技术都离不开信息材料。广义上所有应用信息技术的领域,都是信息材料的应用范围。信息技术的应用主要可分为军用和民用两大类。军用主要包括侦察、监视、夜视、电子对抗、武器精确制导、飞机和导弹的惯性导航、火炮控制、军事通信、模拟训练等;民用主要包括通信、广播、办公室自动化、工业生产自动化、医学诊断和治疗、遥感测绘、音像娱乐、科学研究等。以上应用信息技术的各个领域,是信息材料的主要应用范围。

就使用信息材料的具体器件而言,也可以按照军用和民用分成两大类。使用信息材料的军用器件主要有半导体红外器件,电荷耦合器件(CCD),半导体激光器件,各种微波毫米波器件,各种存储、显示器件以及各种军用集成电路等。使用信息材料的军用半导体红外器件主要包括用于侦察的车载、舰载、机载或单兵手持式热像仪,用于空中侦察的红外系统包括红外扫描仪、红外热像仪、低空光电传感器、中空光电传感器,用于侦察卫星的实时传输多传感器,用于预警卫星的多元双波段红外探测器等。

第二节 微电子芯片技术材料

众所周知,半导体是电导率介于良导体和绝缘体之间的一类物质。人们习惯上称电阻率(电导率的倒数)数值为 $10^{-8} \sim 10^{-5}$ 的材料为半导体。但随着半导体材料科学的不断发展,人们发现这种分类还不够严格,因为一些半金属与半绝缘材料,其导电过程也呈现出半导体的特性。

那么究竟半导体有哪些特性呢?这里可以简单归纳如下:电导率随温度的升高而迅速地增大;光照能使其电导率明显地增加;杂质能在很大范围改变其性质。

一、元素半导体材料

元素半导体是指由单一元素构成的具有半导体性质的材料,如硅、锗、硼、硒、碲、碳(金刚石及石墨)、碘等七种元素以及磷、砷、锑、锡、硫的某种同素异形体。但迄今为止,已获得应用的主要是硅、锗、硒三种元素,其中硅在整个半导体材料中占绝对优势,80%以上已有的半导体器件都是用硅来制作的。金刚石薄膜具有优良的物理、化学性能,有着广泛的应用前景。下面简单介绍硅、锗、硒和金刚石等四种元素半导体材料。

1. 硅材料

硅主要以氧化物和硅酸盐的形式存在。由于储量非常丰富,硅原料是半导体原料中最便宜的。

硅有很多重要优点。硅的禁带宽度为 1.1eV,硅器件的最高工作温度可达到 200℃。故在功率器件的研究中硅明显优于锗。硅的另一个重要优点是能在高温下氧化生成二氧化硅薄膜。这种二氧化硅薄膜可以用作杂质扩散的掩护膜,从而能和光刻、扩散等工艺结合起来制成各种结构的器件和电路。而且氧化硅层又是一种性能很好的绝缘体,在集成电路制造中可以用它作为电路互连的载体。氧化硅膜还是一种很好的保护膜,它能防止器件工作时受周围环境影响而导致性能退化。硅的第三个优点是,硅的受主和施主杂质有几乎相同的扩散系数,这就为硅器件和电路的工艺制作提供了更大的自由度。硅材料的这些优点促进了平面工艺的发展,简化了工艺程序,降低了制造成本,改善了可靠性,并大大提高了集成度,使超大规模集成电路得到了迅猛的发展。

硅材料是半导体集成电路、半导体器件和硅太阳能电池的重要基础材料。例如,直拉法硅单晶的切片可用来制作二极管、晶体管、MOS、CMOS 型集成电路、小功率晶闸管和太阳能电池;区熔法硅单晶的切片可用来制作整流器、晶闸管、GTO、射线探测器和空间用太阳能电池;磁控直拉法硅单晶的抛光片可用来制作 CCD;硅外延片可用来制作平面晶体管、双极型集成电路、MOS 和 CMOS 型集成电路、双极 MOS、功率 MOS、绝缘栅晶闸管、电力晶体管、CCD、蓝宝石上硅外延和绝缘体上硅外延；非晶硅薄膜可用来制作太阳能电池和薄膜晶体管（TFT）等。

2. 锗材料

锗为稀有元素，是较早开发的半导体材料，例如早在1941年，西门子公司就已发明了点接触锗二极管；1948年诞生了第一支锗晶体管。但是，与硅相比，锗有一系列弱点。例如，锗器件的最高工作温度只有85℃，锗器件的热稳定性不如硅；锗无法形成如二氧化硅那样的优质的氧化膜；锗中施主杂质的扩散远比受主杂质快，工艺制作的自由度小。所以20世纪60年代开始，逐渐被单晶硅所取代。

然而应当指出，锗也有自己的优越之处。例如，锗的载流子迁移率比硅高，在相同条件下，具有较高的工作频率、较低的饱和压降、较高的开关速度和较好的低温性能，适于红外探测器和低温温度计等。锗单晶具有高折射率和低吸收率的优点，适于制作红外透镜、光学窗口和滤光片等。

3. 硒材料

无定形硒是棕色固体，接近绝缘体性质；结晶型硒具有金属光泽，对光很敏感，是一种光电半导体材料。利用硒和金属间的势垒，可实现整流，故从1920年开始硒就被用来制作整流器，但现在大功率硒整流器已几乎全被硅整流器取代。近年来，硒主要用于复印行业，几乎硒产量的一半用于复印机光电转换元件硒鼓上。有些可擦重写相变光盘的光记录膜中也用到硒。

4. 金刚石

金刚石的显著特点是高硬度和高强度，作为高级钻饰和磨料早已闻名于世，但由于其在地球上的储量少，价格特别昂贵。20世纪70年代以来，人们设法生长出多种金刚石薄膜，尝试将金刚石的优点应用到更多的领域。二十多年来的研究表明，金刚石确实有许多超乎寻常的优点。例如，金刚石集成电路的密度可比硅集成电路高出10倍，使计算机的时钟频率速度高达100GHz；用金刚石天线罩装备弹头，可使导弹的飞行速度达到或超过4.5马赫，并可耐1100℃高温；金刚石膜能透射远红外光到紫外光，可用于制作紫外探测器、各种透镜的保护膜及窗口材料；金刚石质地坚硬，具有良好的传声效能，声速高达18.5km/s，可制作高保真扬声器和新一代音响设备；金刚石硬度比硅高4倍，是理想的切削工具材料。金刚石的缺点是不易制膜和掺杂。

二、化合物半导体材料

由两种或两种以上元素以确定的原子配比形成的化合物并具有确定的禁带宽度和能带结构等半导体性质的称为化合物半导体材料。

按照化合物半导体材料各组成元素在周期表中所在的族来分类，可分为Ⅲ-Ⅴ族、Ⅱ-Ⅵ族、Ⅳ-Ⅳ族和Ⅰ-Ⅲ-Ⅵ族等。

1. Ⅲ-Ⅴ族化合物半导体材料

Ⅲ-Ⅴ族化合物半导体材料是指元素周期表中ⅢA族元素与ⅤA族元素化合而成的化合物。大部分具有闪锌矿结构。

Ⅲ-Ⅴ族化合物半导体材料具有如下特点：禁带宽度大于硅，高温动作性能、热稳定性和耐辐射性好；电子迁移率大于硅，适于制作高频、高速开关；各种化合物间可形成固熔体，可制成禁带宽度、点阵常数、迁移率等连续变化的半导体材料。

2. Ⅳ-Ⅳ族化合物半导体材料

Ⅳ-Ⅳ族化合物半导体材料是指元素周期表中两种Ⅳ族元素化合而成的化合物。主要有SiC和Ge-Si合金等。

3. 三元化合物半导体材料

三元化合物半导体材料中研究较多的有 $A^{Ⅰ}B^{Ⅲ}C_2^{Ⅵ}$、$A^{Ⅰ}B^{Ⅷ}C_2^{Ⅵ}$、$A^{Ⅱ}B^{Ⅳ}C_2^{Ⅴ}$ 等多晶材料（上标Ⅰ、Ⅱ、Ⅲ、Ⅳ、Ⅴ、Ⅵ和Ⅶ为元素周期表中的族序号）。较著名的有以下几种：$CuInSe_2$ 的光电转换效率大于10%，在薄膜太阳能电池方面有较好的应用前景；$ZnSiP_2$、$CdSiP_2$、$ZnGeP_2$ 等有较好的发光效率和非线性光学性能；$CdGaS_4$、$CdInS_4$ 和 $ZnInS_4$ 则可用于制作光电阻和光开关等器件。制备三元化合物半导体材料的主要困难是材料的纯度和化学配比等不易控制。

三、固熔体半导体材料

通常把具有半导体性质的固态熔体称为固熔体半导体材料。这类材料的特点是其性质可随成分连续变化，因此可根据需要调节成分，制备符合各种要求的材料。固熔体半导体材料主要有如下几种：元素间固熔体如Si-Ge材料，Ⅲ-V族固熔体如（$Ga_{1-x}Al_x$）As，Ⅱ-Ⅵ族固熔体$Hg_xCd_{1-x}Te$、$Pb(Se_{1-x}Te_x)$等。

四、集成电路互连材料

1. 局域互连材料

多晶硅是早期集成电路工艺最常用的局域互连材料。随着集成电路的发展，局域互连材料线条的尺寸变得越来越小。由于多晶硅电阻率较高，已难以满足亚微米集成电路的要求。

目前广泛应用于亚微米集成电路的栅和局域互连材料主要是多晶硅/硅化物复合结构材料。这是因为，硅化物的电阻是多晶硅的1/10，硅化物同Al的接触电阻率比硅同Al的低一个数量级，故硅化物是亚微米集成电路较理想的局域互连材料。但由于硅化物在生成过程中会产生较大应力，容易在薄栅SiO_2中及其Si衬底表面造成缺陷，固采用复合结构。其中硅化物是指高熔点金属Mo、W、Ta、Ti等高熔点金属的硅化合物，如$TaSi_2$、$TiSi_2$、$MoSi_2$、WSi_2等。

当集成电路发展到深亚微米和线宽小于$0.1\mu m$时，上述硅化物的桥接问题总是变得很严重。今后的发展方向是$CoSi_2$或$TiSi_2/CoSi_2$复合结构。

2. 互连材料

在VLSI及其以前的集成电路中，Al连线基本可以满足电路性能的要求。但当集成电路技术发展到ULSI水平时，器件尺寸已进入深亚微米领域，互连延迟及互连可靠性的问题变得十分突出。

与Al相比，Cu具有室温电阻率低、抗电迁移和应力迁移特性好等优点。因而，用Cu取代Al是减小集成电路互连延迟并提高其互连可靠性的有效途径之一。但采用作为集成电路连线存在三个方面的问题：①Cu极易在硅和SiO_2中扩散，造成Cu污染；②Cu与SiO_2的黏附性较差；③在反应离子干法刻蚀工艺中，尚未找到合适的刻蚀Cu金属的反应刻蚀气体。因此Cu引线的布线成了问题。这三个问题中，Cu的布线问题是最难解决的难题。

用增加扩散阻挡层的方法，可解决Cu污染和Cu与SiO_2的黏附性较差等问题。TiW、TiN_x、Ta、TaN_x、WN_x、MoN_x、Ti和W等都是例行的阻挡层材料。近年来，人们通过淀积化学机械抛光技术（CMP）停止层材料，在需要布线的位置处刻槽、淀积扩散阻挡层、淀积Cu金属层以及CMP过程等，避开利用反应离子刻蚀技术对Cu材料进行刻蚀的工艺步骤，也成功地解决了Cu引线的布线问题。

第三节 信息传感材料

信息传感材料是指用于信息传感器和探测器的一类对外界信息敏感的材料。在外界信息如力学、热学、光学、磁学、电学、化学或生物信息的影响下，这类材料的物理性质或化学性质（主要是电学性质）会发生相应的变化。因此通过测量这些材料的物理性质或化学性质（主要是电学性质）随外界信息的变化，我们就能方便而精确地探测、接收和了解外界信息及其变化。信息传感材料主要包括力敏传感材料、气敏材料、湿敏材料、压敏材料、生物传感材料和光纤传感材料等。

一、力敏传感材料

力敏传感材料是指那些在外力作用的情况下电学性质会发生明显变化的材料。主要分为金属应变电阻材料和半导体压阻材料两大类。灵敏系数K是描述力敏传感材料性能的一个重要指标。一般说来，用半导体压阻材料制成的力敏传感应变器的灵敏系数都大于金属型力敏传感应变器。

由于半导体压阻材料可采用扩散型的平面制备工艺，便于力敏传感器件的微型化和集成化，故有相当多常温下使用的金属型应变计已被半导体应变计取代。但金属应变电阻材料的电阻温度系数、灵敏度温度系数等都比半导体材料的好，并且具有很高的延展性和抗拉强度，故在耐高温、大应变、抗辐射等场合仍得到广泛使用。

二、热敏传感材料

热敏传感材料是指对温度变化具有灵敏响应的材料。广义上介电常数、电流、电阻或磁化强度分别对温度敏感的铁电材料、热释电陶瓷、半导体陶瓷和磁性材料都可以说是热敏传感材料。但由于绝大多数实用的热敏传感器件都是基于电阻-温度特性的热敏电阻器，故在实际生产中，热敏传感材料主要是指电阻值随温度显著变化的半导体热敏电阻陶瓷。

根据电阻温度系数的正负，可将热敏传感材料分为正温度系数（PTC）热敏材料和负温度系数（NTC）热敏材料两类。

三、光学传感材料

光学传感材料主要是指在光的辐照下会因各种效应产生光生载流子，用于制作光敏电阻、光敏二极管、光敏三极管、光电耦合器和光电探测器的一些半导体材料。

(1) 光敏电阻材料　光敏电阻材料主要是指在光的辐照下会产生光电导效应的一些半导体材料，如锗、硅和Ⅱ-Ⅵ族、Ⅳ-Ⅵ族中的一些半导体化合物等。其中最常用的是CdS、CdSe和PbS等半导体化合物。

(2) 光敏二极管和光敏三极管用光敏材料　用于光敏二极管的光敏材料主要是Si和CdS等。

为了有效地利用入射光，用Si材料制作npn结构的光敏三极管时，一般都尽量扩大基区面积、缩小发射区面积。

(3) 半导体光电探测器材料　根据使用波长的不同，半导体光电探测器材料可分宽禁带紫外光电探测器材料，短波红外光电探测器材料和中波、长波红外量子阱光电探测器材料等。

四、磁敏传感材料

材料的电阻率随外加磁场变化而变化的现象称为磁阻效应。磁敏传感材料主要是指具有磁阻效应的一类磁敏电阻材料，分为半导体磁敏电阻材料和强磁性薄膜磁敏电阻材料两种。

五、光纤传感材料

光纤传感材料是指相位、极化、波长、幅度、模功率分布、光程等光学参数会随着被测环境或物体的物理量或化学量的变化而变化的一类光纤材料。按照材质分类可分为全石英光纤材料、掺杂石英光纤材料、微晶玻璃光纤材料等。执照用途分类主要可分为用于电场、磁场测量的光纤传感材料，用于压力、弯曲和旋转测量的光纤传感材料，用于温度测量的光纤传感材料和用于有害气液体测量的光纤传感材料等。

用于电场、磁场测量的光纤传感材料主要有石英全光纤材料和蓝宝石等块状晶体材料等。基于克尔电光效应或法拉第磁光效应，这类材料在电流或磁场的影响下会使线性极化光的极化角发生偏转，从而起到探测作用。

用于压力、弯曲和旋转测量的光纤传感材料主要分为几何变形类、斯纳格效应类和光栅型等三类。几何变形类材料是外力（例如呼吸）作用下会弯曲的一些大芯径玻璃光纤，光纤弯曲会使纤芯内的能量耦合至光纤包层并造成外泄，导致光能量的变化。斯纳格效应类材料是指采用不同结构的掺杂石英材料制成的双折射保偏光纤，例如用于光纤压力传感器的光纤环和用于光纤陀螺（测量旋转速度）的光纤共振环。典型材料是硼硅酸盐玻璃。

用于温度测量的光纤传感材料分为两类。一类用于高温测量，例如可用于2000℃高温测量的蓝宝石单晶光纤，它根据不同温度时准黑体腔（覆盖了铜或Al_2O_3薄膜的光纤端头）发射出的两个波长的红外光比值测量温度；另一类用于分布式多点同时温度测量，根据不同温度时光脉冲的光纤中激发的拉曼散射光子数的比值测量温度。

用于有害气液体测量的光纤传感材料的工作原理是，光纤中的光能量会随着液体、气体分子折射率的变化而变化，根据光能量的检测结果，即可测知有关液体、气体的含量。

第四节　信息存储材料

信息存储材料是指用于各种存储器的一些能够用来记录和存储信息的材料。这类材料在一定强度的外场（如光、电、磁或热等）作用下会发生从某种状态到另一种状态的突变，并能在变化后的状态保持比较长的时间，而且材料的某些物理性质在状态变化前后有很大差别。因此，通过测量存储材料状态变化前后的这些物理性质，数字存储系统就能区别材料的这两种状态并用"0"和"1"来表示它们，从而实现存储。如果存储材料在一定强度的外场作用下，能快速从变化后的状态返回原先的状态，那么这种存储就是可逆的。

信息存储材料的种类很多，主要包括半导体存储器材料、磁存储材料、无机光盘存储材料、有机光盘存储材料、超高密度光存储材料和铁电存储材料等。它们实现信息存储的原理各不相同，存储性能也有很大差异。因此，不同场合应选用不同的信息存储材料。因受篇幅所限，下面仅介绍磁存储材料和光存储材料主要品种的结构、分子式、相对分子质量、性状、性能、生产技术原理、规格、用途等。

一、磁存储（记录）材料

磁存储材料又称为磁记录材料。磁记录过程是电子自旋的翻转过程，同其他记录方法比较，磁记录的输入和输出的速度快，存储的信息可长期保留，又可多次重录使用、一步记录、可及时检验所录信息，也适用于全息法记录信息，记录成本低，维护简单，宜于大批量生产和应用。磁记录已广泛应用于声音、图像、计算机用数字信息，测量用模拟数据的存储等领域。

磁记录产品是借磁性介质储存信息，磁性介质主要有金属薄膜和涂布型磁粉两大类，本节主要介绍涂布型磁记录用磁粉材料。

磁记录用磁粉包括针状的 $\gamma\text{-}Fe_2O_3$，$Co\text{-}\gamma\text{-}Fe_2O_3$，$CrO_2$，$Co\text{-}Fe_3O_4$，$Fe_3O_4$ 和金属磁粉，立方状的 Fe_3O_4，以及六角片状的钡铁氧体 $BaO \cdot 6Fe_2O_3$，锶铁氧体 $SrO \cdot 6Fe_2O_3$ 和 Co-Ti 钡铁氧体等。

磁记录介质按实际应用分为纵向磁记录和垂直磁记录。纵向记录介质的易磁化轴平行于记录介质表面，而垂直记录介质的易磁化轴则垂直于记录介质表面。

涂布型磁性介质可以分为形状各向异性为主的磁粉和磁晶各向异性为主的磁粉。

（一）纵向磁记录用磁粉材料

纵向磁记录按记录信息种类分为模拟和数字记录两类。模拟记录后介质的剩余磁化强度 Mr 与记录信号的幅度呈线性关系。数字记录是将电流讯号转换成二进制方式，记录后介质只有两种剩磁状态。

纵向磁记录用磁粉的矫顽力大部分来自形状各向异性，磁粉的形状为针状，易磁化轴与针轴基本平行。这类磁粉以 $\gamma\text{-}Fe_2O_3$ 和 CrO_2 为代表。

纵向记录用磁粉的主要趋势是实现颗粒的超细化，以获得较高磁记录密度和磁带表面光洁度，减小间隙损失。超顺磁临界尺寸是颗粒超细化的下限，对针状 $\gamma\text{-}Fe_2O_3$ 超顺磁的临界尺寸为长轴 75nm，轴径 15nm。细微 $\gamma\text{-}Fe_2O_3$ 磁粉的平均长度约为 $0.3\sim0.4\mu m$，超微粒磁粉约为 $0.1\sim0.2\mu m$。

（二）垂直磁记录用磁粉

垂直磁记录的基本特点是退磁场 Hd 随着记录波长变小而减小，因此在高密度记录时不需要薄的介质，可以大大提高信噪比。

垂直磁记录用磁粉的矫顽力主要来自磁场各向异性，磁粉的形状为六角片状。这类磁粉以六角晶系钡铁氧体 $BaO \cdot 6Fe_2O_3$、锶铁氧体 $SrO \cdot 6Fe_2O_3$ 和 Co-Ti 钡铁氧体等为代表。制成的涂布磁带矩形比高，化学稳定性优良，价格较低，是有发展前景的高密度垂直记录介质。

与纵向记录用磁粉不同的是，纯的六角晶系钡铁氧体磁粉的本征矫顽力在 400kA/m 左右，作为一般的磁记录介质，矫顽力太高，通常用 Co^{2+} 和 Ti^{4+} 离子组合来代换 Fe^{3+} 离子，以降低矫顽力。颗粒尺寸也会影响钡铁氧体的矫顽力，单磁畴颗粒尺寸大致为 $1\mu m$，此时的矫顽力最大。随着颗粒尺寸增大，由单磁畴转变为多磁畴状态，矫顽力明显下降。如果颗粒尺寸远小于 $1\mu m$，亦会导致内禀矫顽力急剧下降。达到超顺磁临界尺寸约为 10nm。

二、光存储材料

光盘存储技术是从 20 世纪 70 年代初期开始发展起来的一种新型信息存储技术。1972 年荷兰飞利浦公司率先提出了一种利用激光束读取信息的新型存储媒体，称为激光反射式视盘（LD）。1982 年，随着数据压缩技术水平的提高，荷兰飞利浦公司和日本索尼联合推出了又一种称为缩微光盘（CD）的数字化新型光盘，从而开创了激光数字光盘的新纪元。随后，各种 CD 系列光盘如雨后春笋般地相继问世，形成了一个庞大的 CD 家族。CD 家族光盘以红外半导体激光器作为光源，聚焦物镜的数值孔径为 0.45mm。光盘直径为 120mm，一般都采用聚碳酸酯为盘基材料，盘基厚度为 1.2mm。CD 家族光盘的单面存储容量为 650MB，按照读、写、擦等功能分类，可分为只读式光盘、一次写入光盘（CD-R）和可擦重写光盘等三大类。

随着红外半导体激光器（$\lambda=650$nm）的商品化和数字压缩技术、编码技术的提高，20 世纪 90 年代后期又出现了单面存储容量约为 CD 家族光盘 7 倍的 DVD 家族光盘。DVD 光盘使用的聚焦物镜的数值孔径已增大到 0.60。其标准直径与 CD 光盘的相同，也是 120mm，其厚度也是 1.2mm，但 DVD 是用两块厚度为 0.6mm 的盘基黏合而成的。与 CD 家族类似，DVD 家族光盘也可按照读、写、擦功能分为只读式 DVD 光盘、一次写入 DVD 光盘（DVD-R）和可擦重写 DVD 光盘。

第五节 信息显示材料

信息显示材料主要是指用于阴极射线管和各类平板显示器件的一些发光显示材料。按照显示原理分类，信息显示材料主要可分为液晶显示材料、等离子体显示材料、阴极射线管显示材料、场发射显示材料、真空荧光显示材料、无机电致发光显示材料和有机电致发光显示材料等。下面按显示分类主要介绍液晶显示材料、无机电致发光显示材料等主要品种的性质及其生产方法。

一、液晶显示材料

(一) 定义及分类

物质有固态、液态和气态三种聚集状态，固态又分为晶态与非晶态。在外界条件变化时，物质可以在三种相态之间进行转换，即发生相变。大多数物质发生相变时直接从一种相态转变成另一种相态，中间不存在过渡态，如冰受热后从有序的固态晶体直接转变成分子呈无序状态的液态。而某些物质的晶体受热熔融或溶解后，虽然失去了固态的大部分特性，外观呈液态的流动性，但与正常的液态物质不同，仍然保留着晶态物质分子的有序排列，从而在物理性质上呈现出各向异性，形成兼有晶体和液体部分性质的中间过渡相态，这种中间相态被称为液晶态。处于这种状态下的物质称为液晶。其主要特征是在一定程度上类似于晶体，分子呈有序排列；另一方面类似于各向同性的液体，有一定的流动性。如果将这类液晶分子连接成大分子，或者将其连接到聚合物骨架上，并仍保持其液晶特性，称为高分子液晶。

根据液晶分子链的长短不同可以分成两大类，即单体型液晶和聚合物液晶。前者属于小分子，不属于功能高分子材料范畴，但其分类方法与聚合物液晶类似。高分子液晶的分类方法主要有两种，即依据液晶分子的结构特征分类和根据形成液晶的形态分类。

(1) 根据液晶分子特征分类　研究表明，能形成液晶的物质分子通常由刚性和柔性两部分组成，刚性部分多由芳烃和脂环构成，柔性部分多由可以自由旋转 σ 键连接起来的饱和链构成。高分子液晶是将上述结构通过交联剂连接成大分子，或将上述结构连接到聚合物骨架上实现高分子化。根据刚性结构在分子中的相对位置和连接次序，可将其分成主链型高分子液晶和侧链型高分子液晶，分别表示分子的刚性部分处于主链上和连于侧链上，后者也称为梳状液晶。

(2) 按液晶的形态分类　液晶的形成也称为液晶相，与液晶密切相关的物理化学性质一般都与液晶的晶相结构有关。液晶的晶相有三类：向列型晶相液晶，近晶型晶相液晶和胆甾醇型液晶。

除上述两种分类方法外，根据形成液晶的条件还可分成溶液型液晶和热熔型液晶。前者是溶解过程中液晶分子在溶液中达到一定浓度时形成有序排列，产生各向异性构成液晶。后者是加热熔融过程中，不完全失去晶体特征，保持一定有序性的三维各向异性的晶体所构成的液晶。

(二) 结构特征

液晶物质分子结构中的刚性部分，从外形上看，呈现近似棒状或片状，这是液晶分子在液晶状态下维持某种有序排列所必须的结构因素。高分子液晶中的刚性部分被柔性链以各种方式连接在一起。

常见液晶中的刚性结构通常由两个苯环，或者脂肪环，或者芳烃杂环，通过一个刚性连接桥键 X 连接起来。这个刚性连接桥键包括常见的亚氨基、偶氮基、氧化偶氮基、酯基和反式乙烯基等。端基 R 可以是各种极性或非极性基团。

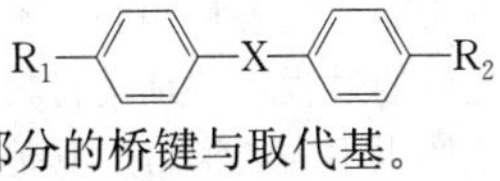

$$R_1-\!\!\!\!\bigcirc\!\!\!\!-X-\!\!\!\!\bigcirc\!\!\!\!-R_2$$

表 12-1 中给出液晶分子中棒状刚性部分的桥键与取代基。

表 12-1　液晶分子中棒状刚性部分的桥键与取代基

R_1	X	R_2
$C_nH_{2n-1}-$ $C_nH_{2n-1}O-$ $C_nH_{2n-1}OCO-$	 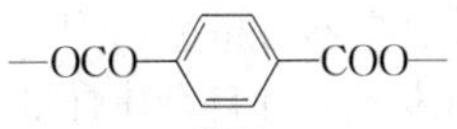 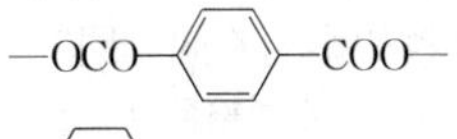 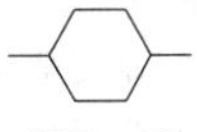 ─◯─ ─OCO─◯─COO─ ─OCO─◯─COO─ ─◯─(环己烷) ─CH=N─, ─N=N─ ─N→N─, ─COO─ 　　↓ 　　O ─CH=CH─, ─C≡C─	─R, ─F ─C, ─B ─CN, ─NO ─N(CH_3)_2

对于高分子液晶来说，如果刚性部分处在聚合物主链上，即称为主链型液晶；如果刚性部分是通过一段柔性链与主链相连，构成梳状，则称为侧链液晶。主链液晶和侧链液晶不仅在形态上有差别，而且在物理化学性质方面表现出相当大的差异。

（三）液晶的性质与应用

高分子液晶具有良好的热及化学稳定性，优异的介电、光学和力学性能，低燃烧性和极好的尺寸稳定性等许多特殊的性能，因而在许多领域获得了广泛应用。

1. 在图形显示方面的应用

在电场作用下聚合物液晶具有从无序透明态到有序非透明态的转变能力，从而用于显示器件。在此利用向列型液晶（主要包括侧链高分子液晶）在电场作用下的快速相变和表现出的光学特点制成的。把透明的各向同性液晶前体放在透明电极之间，施加电压，受电场作用液晶前体迅速发生相变，分子按有序排列成为液晶态。有序排列部分不透明从而产生与电极形状相同的图像。据此原理可以制成数码显示器、电光学快门、电视屏幕和广告牌等显示器件。液晶显示器件的最大优点在于耗电极低，可以实现微型化和超薄型化。

2. 作为信息存储介质

以热熔型侧链高分子液晶为基材制作信息存储介质已经引起人们的重视。这种存储介质的工作原理是制成透光的向列型晶体，在测试光照射下，光将完全透过，证实没有信息记录；当用激光照射存储介质时，局部温度升高使聚合物熔融成各向同性熔体，聚合物失去有序；在激光消失后，聚合物凝结成不透光的固体，信号被记录，记录的信息在定温下可永久保存。此时如果有测试光照射，将仅有部分光透过。当将整个存储介质重新加热到熔融态，可以将分子重新排列有序，消除记录信息，等待新的信息录入。同目前常用的光盘相比，由于依靠记忆材料内部特性的变化存储信息，因此液晶存储材料的可靠性更高，而且不怕灰尘和表面划伤，更适合于重要信息的长期保存。

二、常用发光材料及其制备方法

在各种类型的激发作用下能发光的物质叫发光材料。自然界中的许多物质，包括无机化合物和有机化合物，都或多或少可以发光。发光材料在工业、农业、医学、交通、军事等领域均有重要应用，是一种精细高技术产业。

在实际应用中，因激发方式及具体应用场合的不同，对发光材料的性能都会有不同的要求。因而首先要根据要求，设计或选择所要制备的材料体系，使之能有效地吸收外界的激发能，并有效地转换成所需要的光能。对发出的光能通常也都有一定的要求，诸如发光的光谱（或颜色）、余辉的长短、发光随周围环境条件（温度）的变化以及寿命等。应从发光的三个基本环节：激发过程、激发态的运动和发光特性来考虑选择合适的基质和发光中心以及其他具有特定功能的中心，例如敏化中心、储能中心等。发光材料的制备过程就是要找出一种基质材料，并在其中适量地掺进所需要的各种中心。不管哪种发光材料，一个共同的要求，就是发光效率要高。所以要设法抑制各种损耗能量的过程，特别是材料中各种缺陷造成的猝灭中心，即要尽量减少各种有害的结构缺陷和那些使发光猝灭或产生不需要谱带的其他杂质。

发光材料按其组分可分为无机发光材料和有机发光材料。

目前应用的发光材料主要是无机发光材料，并且主要是固体材料（少数为气体和液体）。在固体材料中，用得最多的是粉末状多晶，其次是薄膜和单晶。

(1) 原料的制备和提纯　要获得好的发光材料，首先要求原料有很高的纯度。有害杂质对发光材料性能的影响极为敏感。不同的发光材料有不同的要求，如以 ZnS 为基质的发光材料，其硫化物原料中 Fe、Co、Ni、Mn 的含量不得超过 $1\times10^{-5}\%$；Cu 含量不得超过 $5\times10^{-6}\%$（制备过程中要避免接触这些金属器皿）。而磷酸盐、硅酸盐、钨酸盐为基质的发光材料，允许杂质含量不超过 $2\times10^{-4}\%$；稀土发光材料的原料纯度一般是 99.99% 以上。各种杂质对发光材料的影响不同，同一杂质对不同发光材料的影响也不一样。惰性杂质对发光性能影响较小，分离比较复杂，可不必严格除去。

总之，在制备发光材料时，若没有足够纯的原料，就要先对原料提纯，或专门制备纯的原料。对不同的杂质，提纯的方法也不同，如蒸馏、升华、重结晶、沉淀反应、杂质的色层分离等。

(2) 配料　发光材料的基本原料为基质和激活剂。基质是组成发光材料主体的化合物，原本不发光或发光很弱。激活剂是掺入到基质中能形成发光中心的杂质。激活剂的用量一般都很少，为基质的 $10^{-5}\%\sim 10^{-2}\%$。发光材料的化学表示式中一般都写出基质和激活剂，如 Zn_2SiO_4：Mn 中正硅酸锌是基质，锰是激活剂。发光材料中常常还含有敏化剂、共激活剂（与激活剂协同激活基质的杂质，增强激活剂引起的发光），这些杂质也常出现在化学表示式中。制备发光材料时，除了这些基本原料外，常加有助溶剂、还原剂、疏松剂等，以改善发光粉的质量。

具体过程是先按化学表示式计算好各种原料，以基质为100%，确定激活剂、助熔剂等的含量；再将它们均匀地混合在一起，可以把固态原料混合物长时间地研磨，也可把原料配成溶液互相混合。如制备ZnS（49.5%），CdS（49.5%），Ag（1%），将0.5kg ZnS、0.5kg CdS（基质）和含有20g NaCl（助熔剂）和0.15g激活剂$AgNO_3$（内含0.1g Ag）的溶液混合均匀。

(3) 灼烧　灼烧是把配好的原料在一定的环境气氛、一定温度下加热处理一定时间，使原来不发光的配料变成发光材料。灼烧过程中的主要作用是：基质组分间的化学反应，形成结晶的基质，激活剂进入基质形成要求的发光中心。显然灼烧是很关键的一步，灼烧条件（温度、气氛、时间等）直接影响着发光性能的好坏，都需要根据所需制备的材料仔细选择。

灼烧温度主要依赖于基质特性，取决于组分的熔点、扩散速度和结晶能力，一般在800～1400℃之间。有的材料灼烧温度不同，就具有两种不同的晶体结构，发光性能也差别很大。如$NaYF_4$低温相（α相）为六方结构，高温相（β相）为立方结构，当掺入稀土Eu^{3+}后，前者发红色光，后者则发橙色光。

灼烧时的环境气氛对发光性能影响很大。比如炉丝金属气体会使发光体"中毒"，氧化会使一些材料氧化发黄，硫系化合物对氧特别敏感，即使只有微量氧气和水分都会使发光性能显著变坏，所以需要根据基质和激活剂的性质，选定保护气氛。有的用N_2或Ar等惰性气体，有的用还原性气氛H_2、H_2S、S等，也有需要氧化气氛气体。

灼烧时间的长短，取决于原料间的反应速度、原料的数量。而影响反应速度的主要因素是温度，还与原料颗粒大小、混合均匀程度有关，通常根据实验确定最佳值。

灼烧是个很复杂的过程。除了上述三个影响因素外，装料方式、进炉及出炉的时间、冷却的快慢等，都对发光性能有影响。

(4) 后处理　后处理包括选粉、洗粉、包裹、筛选等工艺。这些环节常常直接影响发光材料的特性。

在灼烧过程中，由于器皿内壁及气氛等原因，会有一些不合格的产物，它们的发光不强，或者颜色不对，或体色不好，或有其他杂物，需在紫外灯下根据发光情况进行剔除。洗粉是洗去助熔剂、过量的激活剂和其他可溶性杂质，它们往往会使发光材料在使用中发黑变质，稳定性降低，寿命缩短。洗粉的方法有水洗、酸洗、碱洗，但并非所有发光材料都需要这一工艺。清理之后，得到的发光材料再进行研磨、过筛，有的还要按粒度分选。有些发光材料还要在颗粒表面包敷上一层由某些化合物形成的保护膜，以防止发光材料在使用环境中或在制作发光屏过程中，与周围的某些化合物发生化学反应而被破坏。有时也可改善发光材料的黏着性质，如Y_2O_3：Eu的包膜是将该粉放入硅酸钾$K_2O \cdot xSiO_2$和硫酸铝溶液中，混合搅拌几分钟后，静置澄清，倒去清液，水洗2～3次，再加GeO_2的饱和溶液充分搅拌（不水洗）。$Al_2(SiO_3)_3$沉淀在Y_2O_3：Eu的颗粒表面上。GeO_2的作用是防止Y_2O_3：Eu在感光胶中水解。

(5) 设备要求　在用高温固相反应制取发光材料过程中，所使用的设备及器具都有严格的要求。盛溶液的设备最合适的材料是高质量的瓷器、石英、化学上稳定的玻璃或聚四氟乙烯塑料等。现在灼烧时几乎惟一的办法是用石英器皿。这种材料具有耐热性，因为它的线膨胀系数低，在0～1300℃温度范围内，平均为$1 \times 10^{-6}/℃$；同时软化温度高（约1400℃）。在800～1300℃时（在这一温度范围内大部分发光材料都能形成）石英最合适。因为与合成发光材料所用的具有各种性能物质的反应混合物比较，它有较高的化学稳定性；按其杂质含量来说它有很高的纯度。坩埚、试管、舟皿、管子及其他物品也可用石英制作。尽管石英有很高的化学稳定性，但在高温下某些固态、液态或气态产物在灼烧配料时仍对它有很大的腐蚀性，因此很快就会损坏，在某些场合石英坩埚仅能灼烧1次。

在灼烧过程中有的固相反应要求绝氧。除了向炉膛通入氮气外，还可在坩埚内放置1个盛有碳粉的小坩埚，上面再盖上坩埚盖，万一反应器内残存有极少的氧气，在高温下它将先与碳发生反应生成一氧化碳而被除去。有的灼烧升温或降温按要求分步进行，且每步升温或降温的速度不同，这就要求进行灼烧的炉子要具有程序控温装置，且控温误差较小。

无论是选择生产使用的设备材料（使外来杂质不能带到原料、配料和发光材料中），还是对工作系统输送或排风，空气都需要保持清洁。一定要仔细排除空气中的灰尘。对水有更高的要求，它影响液体的配料，并用它来洗涤制成的发光材料。可用离子交换塔或用蒸馏装置专门净化水（水中重金属杂质允许的含量不得超过10^{-8}%～10^{-7}%）。

复习思考题

1. 什么叫现代信息技术?
2. 什么叫信息材料?
3. 信息材料的主要应用范围有哪些?
4. 什么叫信息传感材料,主要包括哪些材料?
5. 什么叫信息储存材料,主要包括哪些材料?
6. 磁存储材料有哪些特点?
7. 用于磁光盘的磁光存储材料可分为哪几类材料?
8. 什么叫信息显示材料,按照显示原理可分哪几类?
9. 什么物质叫液晶,其有什么结构特征?

第十三章　绿色精细化学工业与节能减排技术

学习目的与要求

- 掌握绿色精细化工的含义、研究内容及原则。
- 理解绿色精细化工的评价指标有原子经济性、环境因子和质量强度等，理解节能减排的含义及重要性。
- 了解我国的节能减排政策，明确绿色可持续发展的重要性。

第一节　概　　述

一、精细化学工业现状

精细化工是当今化学工业中最具活力的新兴领域之一，是新材料的重要组成部分。精细化工产品种类多、附加值高、用途广、产业关联度大，直接服务于国民经济的诸多行业和高新技术产业的各个领域。大力发展精细化工已成为世界各国调整化学工业结构、提升化学工业产业能级和扩大经济效益的战略重点。精细化工率（精细化工产值占化工总产值的比例）的高低已经成为衡量一个国家或地区化学工业发达程度和化工科技水平高低的重要标志。

但是，我国精细化工的发展由于受到了种种因素的制约，目前尚存在以下主要问题：①生产技术水平低，技术开发力量弱，产品以仿制为主，品种少，低档次旧品种较多，缺乏国际市场竞争的能力。②生产规模小，企业分散，设备陈旧，资源配置效率低，缺少上规模、上档次、技术先进的精细化工骨干企业，低水平重复多。③粗放经营，管理落后，市场开发环节薄弱，只顾经济效益，忽视环境保护，资源、能源利用率低，成为我国环境污染的主要根源之一。

环境污染已成为精细化工发展的重要制约因素。我国染料、农药、医药等生产过程中产生大量的"三废"，据统计每吨产品需各类化工原料 20t 以上，其中较大部分都作为"三废"排放，已成为重要的污染源，加之企业规模小、生产布局分散，"三废"治理已成为企业的沉重负担。

精细化工产品包括各类中间体的生产过程中也产生大量"三废"，这些化工"三废"有害物质进入环境造成环境污染，所排放出的多样化的污染物影响到人类生产和生活的各个方面，破坏生态平衡，威胁人和自然环境，使人类受害，生物受害，带来了难以挽回的巨大损失。

1. 水污染

水是环境问题的焦点，是生态环境中最活跃的因素。1993 年国家环保总局统计结果是：全国重点污染企业有 300 家，化工企业占 90 家，其中中小型精细化工行业的废水，成分复杂、化学需氧量（简写为 COD）浓度高、色泽深、毒性大，内含有不少难以生物降解的物质，因而引起的水污染尤为突出。2005 年 11 月松花江的污染，2007 年夏季太湖、巢湖因水污染爆发的蓝藻以及 2010 年安徽潜山县自来水出现农药味使数百万人喝不上合格的饮用水，严重影响了人们的生活水平，并对生态环境造成了严重影响。

环境中的污染物彼此互相联系，污染物在水中、大气和土壤中相互迁移、循环。废料随风飘扬，进入水体和大气；水中污染物转入土壤，一部分挥发逸入大气；大气中的污染物通过雨雪或自然沉降进入水体和土壤；土壤中的污染物随水渗入地下水中。污染物通过水、空气、食物等媒体进入人体或进入动植物体内，使器官受到毒害而产生功能障碍变化，危害人体健康，人体癌症等恶性病发病率逐年升高，这一切都与环境污染密切相关。

2. 大气污染

化学工业是进行各种资源化学加工的行业，在对自然资源进行开发利用时，许多深埋的化学元素被开采出来进行化学加工，其产品废弃物有些是有害的，有的还是剧毒物质。这些有毒物质流散于地表，进入环境，进入水体、大气、土壤，造成污染。

二氧化硫和氮氧化物含量超标，大气二氧化碳浓度剧增，造成了温室效应，致使气候变暖，旱情加重，沙漠蔓延，两极冰雪消融，导致海平面升高，水灾频繁发生；空气中氟利昂、氮氧化物的存在，致使臭氧层出现空洞。这些问题的产生,对人类和大地生物圈的生存与发展造成了巨大的威胁。有毒污染物通过呼吸道、消化道、皮肤进入人体,经血液循环于全身。有些毒物与血液中的红细胞或血浆中的某些成分结合,破坏输氧功能,抑制血红蛋白的合成代谢,产生溶血。癌症的发病率与有毒污染物有关,人类癌症的60%~90%是环境污染引起的。

3. 固体废物

农药、染料等精细化工产品原料利用率仅为20%~30%（工业发达国家达80%以上）。我国工业固体废物产生量以平均2×10^7t/a的速度在增长,它们大多露天堆放,严重污染了土壤、空气和周围的水体环境。

废渣中的有害物质随水渗入地层,就会造成大面积的土壤污染,一些有毒物还会严重杀伤土壤中的细菌微生物,使土壤丧失腐解能力。天晴后,堆放的废渣扬起大量尘土,随风飘扬,污染大气。废渣堆集日久腐烂变质,分解产生大量臭气,影响人体健康。废渣排入水体,就会污染水质,使水浑浊。有些如硝酸盐、磷酸盐等无机盐类就会使水体富营养化,造成藻类畸形发展,破坏水生物的生存环境;有些有机物大量消耗水中的溶解氧,破坏水域的生态平衡。

为此,这就需要我们抢时间、争速度,围绕我国精细化工发展的战略目标和存在的问题研究其对策,用科学发展观来研究发展精细化工的新模式,加快发展,使其成为新的经济增长点。

二、可持续发展的绿色精细化学工业

我国在可持续发展战略的指引下,清洁生产、环境保护受到各级政府部门的高度重视。1994年,国务院常务会议通过了《中国21世纪议程》,并把它作为中国21世纪人口、环境与发展的白皮书,在其第3部分"经济可持续发展"中明确指出,"改善工业结构与布局,推广清洁生产工艺和技术"。

但是,由于人口基数大,工业化进程的加快,大量排放的工业污染物和生活废弃物使我们面临日益严重的资源短缺和生态环境危机。化学工业由于化工生产自身的特点,品种多,合成步骤多,工艺流程长,加之中小型化工企业占大多数,长期以来采用高消耗、低效益的粗放型生产模式,使我国化学工业在不断发展的同时,也对环境造成了严重的污染,成为"三废"排放的大户。在工业部门中,化工排放的汞、铬、酚、砷、氟、氰、氨、氮等污染物居第一位。例如,染料行业每年排放的工业废水1.57×10^8t,废气2.57×10^{10}m^3,废渣2.8×10^5t;染料废水COD浓度高,色度深,难于生物降解。农药生产目前以有机磷农药为主要品种,全行业每年排放的废水上亿吨,这类废水含有机磷和难生物降解物质,还没有很成熟的处理方法,给地下水质和人体健康造成严重的危害。化学工业是我国工业污染的大户,化工生产造成的严重环境污染已成为制约化学工业可持续发展的关键因素之一。而精细化工由于品种繁多,合成工艺精细,生产过程复杂,原材料利用率低,对生态环境造成的影响最为严重。

2007年3月14日,十届全国四次会议通过了《中华人民共和国国民经济和社会发展第十一个五年规划纲要》。我国国民经济和社会发展第十一个五年规划纲要的指导原则：必须加快转变经济增长方式。要把节约资源作为基本国策,发展循环经济,保护生态环境,加快建设资源节约型、环境友好型社会,促进经济发展与人口、资源、环境相协调。推进国民经济和社会信息化,切实走新型工业化道路,坚持节约发展、清洁发展、安全发展,实现可持续发展。我国国民经济和社会发展第十一个五年规划纲要的政策导向：立足节约资源保护环境推动发展,把促进经济增长方式根本转变作为着力点,促使经济增长由主要依靠增加资源投入带动向主要依靠提高资源利用效率带动转变。

落实节约资源和保护环境基本国策,建设低投入、高产出,低消耗、少排放,能循环、可持续的国民经济体系和资源节约型、环境友好型社会。因此,发展绿色精细化工具有重要的战略意义,是时代发展的要求,也是我国化学工业可持续发展的必然选择!

第二节 绿色精细化学工业与技术

一、绿色精细化学工业的研究内容

绿色化学工业又称为环境无害化学工业、环境友好化学工业、洁净化学工业。从环境友好的观点出发,绿色化学工业是利用现代科学技术的原理和方法,减少或消灭对人类健康、社区安全、生态环境有害的原料、催化剂、溶剂、助剂、产物、副产物等的使用和产生,突出从源头上根除污染,研究环境友好的新原料、新反应、新过程、新产品,实现化学工业与生态协调发展的宗旨。

绿色精细化学工业就是运用绿色化学的原理和技术,尽可能选用无毒无害的原料,开发绿色合成工艺和环境友好的化工过程,生产对人类健康和环境无害的精细化工品。绿色精细化学工业的内涵在于实现精细化工原料的绿色化，合成技术和生产工艺的绿色化以及精细化工产品的绿色化。

绿色精细化学工业的主要研究内容包括以下三个方面。

(1) 精细化工原料的绿色化　精细化工原料的绿色化就是尽可能选用无毒无害的化工原料和可再生资源进行精细化学品的合成与制备。以碳酸二甲酯代替硫酸二甲酯进行甲基化有机合成，以二氧化碳代替光气合成异氰酸酯，苄氯羰基化合成苯乙酸等都是典型的实例。目前人们使用的 90% 以上的有机化学品及相关制品都是以石油为原料进行加工合成的。而石油储量有限，需寻求一些可持续再生的资源代替石油作为各种化学品的原料以保证人类社会的可持续发展。比如将以纤维和淀粉水解得到的葡萄糖为原料，经微生物催化作用，得到己二烯二酸，再在温和条件下催化加氢得到己二酸。己二酸是生产尼龙、聚氨酯以及增塑剂的重要原料，目前主要以苯为原料进行生产。还有在聚乳酸的生产中，利用玉米谷物为原料，通过微生物发酵生产乳酸，采取熔融态聚合生产聚乳酸，产率高达 90%。和常规方法相比，该方法可节约化石燃料 20%～50%。

(2) 精细化工工艺技术的绿色化　精细化工工艺技术的绿色化，要求化学化工科学工作者从可持续发展的高度来审视传统的化学研究和化工过程，以环境友好为出发点，提出新的化学理念，改进传统合成路线，创造出新的环境友好的化工生产过程。

(3) 精细化工产品的绿色化　精细化工产品的绿色化，就是要根据绿色化学的新观念、新技术和新方法，研究和开发无公害的传统化学用品的替代品，设计和合成更安全的化学品，采用环境友好的生态材料，实现人类和自然环境的和谐共处。

二、绿色精细化学工业原则

1998 年，阿纳斯塔斯（P. T. Anaatas）和沃纳（J. C. Warner）提出了绿色化学的 12 条原则，并得到了国际化学界的广泛认可。Winterton 于 2002 年又提出了绿色化学的 12 条附加原则。而阿纳斯塔斯于 2003 年又针对化学工程技术在绿色化学中的作用提出了 12 条原则，用于指导和控制化学工程设计活动。绿色精细化工是介于化学和化学工程之间的学科，是具有明确的社会需要和科学目标的新兴交叉学科。其发展规律自然应遵循以上各种原则。

1. 绿色化学 12 条原则

① 防止环境污染优于污染治理，从源头上制止污染，而不是末端治理。

② 提高合成反应的原子经济性，即尽量使参加反应的原子都进入最终产物。

③ 在合成过程中，其中的原料和产物要尽可能是对人体健康无害和对环境无毒或低毒。

④ 设计安全的化学品，使产品具备高级使用高效和低毒性。

⑤ 使用安全的溶剂和助剂，或尽量不使用溶剂和助剂。

⑥ 提高能源经济性，合理使用和节省能源。

⑦ 尽量使用可再生原料，用生物质代替化石原料。

⑧ 减少衍生物。

⑨ 使用高选择性催化剂。

⑩ 设计可降解的化学品，化学品在使用完后应能够降解为无毒无害的物质并进入自然界的生态循环。

⑪ 开发防止污染的快速检测和监控技术。

⑫ 开发防止事故和隐患的安全生产工艺。

当新的工艺技术完成实验室研究阶段后，就面临着放大或中试及应用实施的要求，按照这种需求，化学工作者又提出了"绿色化学 12 条附加原则"。

2. 绿色化学 12 条附加原则

① 鉴别副产品，尽可能使其定量化。了解、控制和检测副产品的产出情况以及其所产生的影响。

② 报告转化率、选择性和产率。

③ 确立过程的完全质量平衡。

④ 所用催化剂和溶剂损耗的定量化。

⑤ 研究基础热化学，鉴别潜在的有害放热效应。

⑥ 预测其他的潜在质量和能量的传递限制。

⑦ 向化工工程师咨询。

⑧ 化学选择对整体工程影响的考虑。

⑨ 促进开发和应用可持续性测量方法。

⑩ 使用的公共设施和其他投入要定量化和最小化。

⑪ 要承认并考虑操作的安全性和浪费的减少可能是不相容的。
⑫ 监测、报告和减少来自个别试验或实验室向大气和水源或作为固体排放的废物。

根据以上原则，人们可以依据化学反应过程制定和鉴别那些潜在的可持续性的定性衡量标准和允许进行估量新技术绿色程度的原则指标。为了指导和控制化学工程设计活动，化学工作者还提出了"绿色化学工程技术 12 原则"，用于实现绿色化学反应工艺的优化。

3. 绿色化学工程技术 12 条原则

① 要尽量保证所有输入和输出的能量与材料尽可能无内在固有危险。
② 污染防止优于污染形成后的治理。
③ 产品分离与纯化的设计要尽量减少能量与材料的消耗。
④ 质量、能量、空间和时间效率的最大化。
⑤ 强化输出的牵引，不要输入的推动。
⑥ 保留复杂性。
⑦ 强调耐久性而非永久性。
⑧ 满足需要，使过量最小化。
⑨ 减少物质的多样性。
⑩ 当地物质流和能量流的整合。
⑪ 商品后期设计。
⑫ 使用可再生而非耗竭材料。

这些原则主要体现了要充分关注环境的友好和安全、能源的节约、生产的安全性等问题，它们对绿色化学而言是非常重要的。在实施化学生产的过程中，应该充分考虑以上这些原则。

三、绿色精细化学工业的评价指标

绿色化工技术的研究与开发主要是围绕"原子经济"反应、提高化学反应的选择性、无毒无害原料、催化剂和溶剂、可再生资源为原料和环境友好产品开展的。"原子经济性"是指在化学反应过程中有多少原料的原子进入到所需的产品中。并用"选择性"和"原子经济性"指标这新概念来评估化学工艺过程。因此要求：①尽可能节约那些不可再生的原料和资源；②最大限度减少废料排放；③尽可能采用无毒、无害的原料、催化剂、溶剂和助剂；④使用生物质作原料，因为生物质是可再生性的资源，是取之不尽永不枯竭的，用它代替矿物资源可大大减轻对资源和环境的压力；⑤应设计、生产和使用环境友好产品，如塑料、橡胶、纤维、涂料及黏合剂等高分子材料和医药、农药及各种燃料等，这些产品在其制造、加工、应用及功能消失之后均不会对人类健康和生态环境产生危害。

人类从无视自然到善待自然，从被动治理污染到主动保护环境，标志着人类社会发展到了新的文明时代。现在人们越来越注意到采用不产生"三废"的原子经济反应才能实现化工过程及材料制备过程废物的"零排放"。化学反应不仅要有高选择性和高产率，还应使原料分子中原子的有效利用率最高。

(1) 原子经济性　原子经济性是在设计化合物的合成时就必须设法使原料分子中的原子更多或全部地变成最终希望的产品中的原子。

① 传统反应

$$A+B \longrightarrow C+D$$

式中　A，B——起始原料；
　　　C——所希望的最终产品；
　　　D——伴生的副产物（可能是有害的，或无害而浪费）。

② 原子经济性反应

$$E+F \longrightarrow C$$

式中　E，F——原料；
　　　C——所希望的最终产品。

所谓原子经济性反应即使用 E 和 F 作为起始原料，整个反应结束后只生成 C，E 和 F 中的原子得到了 100% 利用，亦即没有任何副产物生成。

上述原子经济性概念可表述为：

原子经济性或原子利用率(%)＝(被利用原子的质量/反应中所使用全部反应物分子的质量)×100%

化工生产上常用的产率或收率则是用下式表示：

$$产率或收率(\%) = (目的产品的质量/理论上原料变为目的产品所应得产品的质量) \times 100\%$$

可以看出：原子经济性与产率或收率是两个不同的概念，前者是从原子水平上来看化学反应，后者则从传统宏观量上看化学反应。例如一个化学反应，尽管反应的产率或收率很高，但如果反应分子中的原子很少进入最终产品中，即反应的原子经济性很差，那么意味着该反应将会排放出大量的废弃物。因此，只用反应的产率或收率来衡量一个反应是否理想显然是不充分的。要消除废弃物的排放，只有通过实现原料分子中的原子百分之百地转变成产物，才能达到不产生副产物或废物，实现废物"零排放"的要求。

原子经济性是一个有用的评价指标，正为化学化工界所认识和接受。但是，用原子经济性来考察化工反应过程过于简化，它没有考察产物收率、过量反应物、试剂的使用，溶剂的损失以及能量的消耗等，单纯用原子经济性作为化工反应过程"绿色性"的评价指标还不够全面，应结合其他评价指标才能做出科学的判断。

(2) 环境因子（E-因子） 环境因子是荷兰有机化学教授 R. A. Sheldon 在 1992 年提出的一个量度标准，定义为每产出 1kg 产物所产生的废弃物的总质量，即将反应过程中废弃物的总质量除以产物的质量，其中废弃物是指目标产物以外的任何副产物。E-因子越大意味着废弃物越多，对环境负面影响越大，因此 E-因子为零是最理想的。Sheldon 教授相信环境系数及相关方案将成为评价一个化工反应过程绿色性的重要指标。

(3) 质量强度 为了较全面评价有机合成反应过程的绿色性，A. D. Curzons 和 D. J. C. Constable 等提出了反应的质量强度（简称 MI）概念，即获得单位质量产物所消耗的原料、助剂、溶剂等物质的质量，包括反应物、试剂、溶剂、催化剂等，也包括所消耗的酸、碱、盐以及萃取、结晶、洗涤等所用的有机溶剂质量，但是不包括水，因为水本质上对环境是无害的。

由此可见，质量强度越小越好，这样生产成本低，能耗少，对环境的影响就比较小。因此，质量强度是一个很有用的评价指标，对于合成化学家特别是企业领导和管理者来说，评价一种合成工艺或化工生产过程是极为有用的。

D. J. C. Constable 等对 28 种不同类型化学反应的化学计量、产率、原子经济性、反应质量效率、质量强度和质量产率等评价指标进行了大量的实验研究，结果表明：由于化学反应的类型和评价指标的对象不同，质量强度、产率、原子经济性、反应质量效率等评价指标往往不能呈现出相关性，因而不能用单一指标来评价一个化工反应过程的绿色性，必须结合其他评价指标进行综合考虑。例如，对于化学计量反应，将反应质量效率结合原子经济性、产率等评价指标一起用于判断化工反应过程的绿色性是有帮助的，又如质量强度作为评价化工过程绿色性是一个很有用的指标，但是不可用单一数据就进行评判，它有一个概率分布范围。

另外，还必须考虑成本和技术因素。实践表明，对于精细化学品尤其是药物的合成，通常合成步骤多，工艺技术复杂，原材料（包括试剂、溶剂等）用量大，原材料的成本占药物合成材料总成本的比重很大，在讨论化学化工反应过程的评价指标时，必须考虑所用原材料的成本影响。对于药物合成，改变药物的合成路线、利用不对称催化合成替代手性拆分、采用清洁合成工艺将是提高合成反应原子经济性和降低生产成本更为有效的途径。

其次，技术因素。一个理想的化工过程应该在全生命周期都是环境友好的过程，这里包括原料的绿色化、化学反应和合成技术的绿色化、工程技术的绿色化以及产品的绿色化等。为此，需要合成化学家和化学工程师们的通力合作，加强绿色化学工艺和绿色反应工程技术的联合开发，例如产品的绿色设计、计算机过程模拟、系统分析、合成优化与控制，实现高选择性、高效、高新技术的优化集成，以及设备的高效多功能化和微型化。

四、精细化学工业生产中的绿色技术

研究、开发和应用绿色化工技术的目的在于最大限度地节约资源、防治化学化工污染、生产环境友好产品，服务于人与自然的长期可持续发展。绿色化工技术的内容极其广泛，当前比较活跃的有如下方面。

(1) 新技术 催化反应技术、新分离技术、环境保护技术、分析测试技术、微型化工技术、空间化工技术、等离子化工技术、纳米技术等。

(2) 新材料 功能材料（如光敏树脂、高吸水性树脂、记忆材料、导电高分子）、纳米材料、绿色建材、特种工程塑料、特种陶瓷材料、甲壳素及其衍生物等。

(3) 新产品 水基涂料、煤脱硫剂、生物柴油、生物农药、磁性化肥、生长调节剂、无土栽培液、绿色制冷剂、绿色橡胶、生物可降解塑料、纳米管电子线路、新配方汽油、新的海洋生物防垢产品、新型天然杀虫剂产品等。

(4) 催化剂　生物催化剂、稀土催化剂、低害无害催化剂（如以铑代替汞盐催化制乙醛）等。
(5) 清洁原料　农林牧副渔产品及其废物、清洁氧化剂（如双氧水、氧气）等。
(6) 清洁能源　氢能源、醇能源（如甲醇、乙醇）、生物质能（如沼气）、煤液化、太阳能等。
(7) 清洁溶剂　无溶剂、水为溶剂、超临界流体为溶剂等。
(8) 清洁设备　特种材质设备（如不锈钢、塑料）、密闭系统、自控系统等。
(9) 清洁工艺　配方工艺、分离工艺（如精馏、浸提、萃取、结晶、色谱等）、催化工艺、仿生工艺、有机电合成工艺等。
(10) 节能技术　燃烧节能技术、传热节能技术、绝热节能技术、余热节能技术、电力节能技术等。
(11) 节水技术　咸水淡化技术、避免跑冒滴漏技术、水处理技术、水循环使用和综合利用技术等。
(12) 生物化工技术　生物化工合成技术、生物降解技术、基因重组技术等。
(13) "三废"治理　综合利用技术、废物最小化技术、必要的末端治理技术等。
(14) 化工设计　绿色设计、虚拟设计、原子经济性设计、计算机辅助设计等。

总之，绿色精细化工技术基本具有如下6个特点：①它将是能持续利用的；②它以安全的用之不竭的能源供应为基础；③高效率地利用能源和其他资源；④高效率地回收利用废旧物质和副产品；⑤越来越智能化；⑥越来越充满活力。

精细化工品种多，更新换代快，合成工艺精细，技术密度高，专一性强。加快发展绿色精细化工技术，必须优先发展绿色合成技术。例如，新型催化技术就是实现高原子经济性反应、减少废物排放的关键技术之一，还有电化学合成技术、超临界流体技术等。

（一）绿色催化技术

催化剂是化学工艺的基础，是使许多化学反应实现工业应用的关键。催化作用包括化学催化和生物催化，它不仅可以极大地提高化学反应的选择性和目标产物的产率，而且从根本上抑制副反应的发生，减少或消除副产物的生成，最大限度地利用各种资源，保护生态环境，这正是绿色化学所追求的目标。

1. 相转移催化技术

相转移催化（简称为PTC）是指由于相转移催化剂的作用使分别处于互不相溶的两相体系中的反应物发生化学反应或加快其反应速率的一种有机合成方法。相转移催化具有一系列显著的特点。①反应条件温和，能耗较低，能实现一般条件下不能进行的化学合成反应。②反应速率较大，反应选择性好，副反应较少，能提高目标产物的产率。③所用溶剂价格较便宜，易于回收，或者直接将液体反应物作溶剂，无需昂贵的无水溶剂。④普通的相转移催化剂价廉，易于获得。⑤能用碱金属氢氧化物的水溶液替代醇盐、氨基钠、金属钠等试剂。这些正是绿色化学追求的目标，提高反应的选择性，抑制副反应，减少有毒溶剂的使用，减少废弃物的排放。因此，相转移催化作为一种绿色催化技术大量用于精细化学品的合成。

2. 酶催化技术

酶是存在于生物体内且具有催化功能的特殊蛋白质，通常所讲的生物催化主要指酶催化。生物催化因其具有催化活性高、反应条件温和、能耗少、无污染等优点，已成为绿色化学化工的关键技术之一。

3. 不对称催化技术

手性化合物在医药工业、农用化学品、香料、光电材料、手性高分子材料等领域得到了广泛的应用。手性物质的获得从化学角度来说有外消旋体拆分、化学计量的不对称反应和不对称催化合成等3种方法，其中不对称催化合成是获得单一手性分子的最有效方法。因为不对称催化合成很容易实现手性增值，一个高效率的催化剂分子可产生上百万个光学活性产物分子，达到甚至超过了酶催化水平。通过不对称催化合成不仅能为医药、农用化学品、香料、光电材料等精细化工提供所需要的关键中间体，而且可以提供环境友好的绿色合成方法。

4. 二氧化碳作为一种新型温和氧化剂

二氧化碳是一种温室气体，它导致全球变暖，给生态环境带来严重破坏，使全球性气候异常，引发频繁的自然灾害。因此如何控制温室气体的排放已经引起世界范围的广泛关注，目前世界各国均投入大量人力物力进行治理，同时限制企业排放。目前，有效利用二氧化碳的方法主要有物理方法和化学方法。物理方法就是充分利用二氧化碳是无毒、惰性气体的特点，直接将二氧化碳用于碳酸饮料、气体保护焊接、食品加工、烟草、采油等行业，此法只是二氧化碳的简单再利用，没有从根本上解决问题。化学方法在于如何使惰性二氧化碳活化参与化学反应，转化为可以为人们所用的产品，将其作为一种资源加以综合利用，这是科技界、产业界和环境学家梦寐以求的目标。二氧化碳作为一种碳氧资源，将二氧化碳直接作为化工原料合成化学品，这是最主要、也是较有价值的利用二氧化碳的方式。在特殊催化体系下，二氧化碳可以作为温和氧化剂发生许多化学反应，从而可以固定为高分子材料、化学中间体、油品添加剂、乙烯、羧酸酯等。目前，该领域的研究非常活跃，其关键在于选择合适的目标产品、制备方式和催化剂体系等，这直接决定着产品的性能指标和成本及其终端市场，在理论上和实践中都有深刻的意义和前景。作为大量存在的廉价碳资源的有效利用，CO_2 的催化转化无疑具有环境、资源和经济效益等多重意义，同时要实现经济的可持续发展，就必须以循环经济的理念来规划产业，以清洁化、规模化、特色化的发展原则来开发 CO_2 资源，构筑二氧化碳—碳—化工产业链，通过产业链规划与资源再生循环利用，以尽可能少的资源消耗、尽可能小的环境代价实现最大的经济效益、社会效益和环境效益。

（二）电化学合成技术

电化学合成技术是在电化学反应器（习惯称为电解池或电解槽）内进行以电子转移为主的合成有机化合物的清洁生产技术。有机电化学合成相对于传统有机合成具有以下显著的优点：①电化学反应是通过反应物在电极上得失电子实现的，因此，有机电化学合成反应无需有毒或危险的氧化剂和还原剂，电子就是清洁的反应试剂。在反应体系中，除了反应物和生成物外，通常不含其他反应试剂，减少了副反应的发生，简化了分离过程，产物容易分离和精制，产品纯度高，减少了环境污染。②用传统化学合成方法需要多步骤反应才能获得的产品在电化学反应器中可一步完成。因为在电化学合成过程中，通过控制电极电位，使反应按预定的目标进行，从而制备高纯度的有机产物；也可以通过改变电极电位合成不同的有机产品，因此，电化学合成的产率和选择性均较高。③有机电化学合成可在常温常压下进行，一般无需特殊的加热和加压设备，这对节省能源、降低设备投资、简化工艺操作、实施安全生产等都是十分有利的，也符合绿色化学的基本原则。④电化学合成反应容易控制，可以根据实际需要改变氧化或还原反应速率，或者随时终止反应的进行，因此，有利于实现有机电化学合成过程的在线监控，预防意外事故的发生。

综上所述，应该说电化学合成技术是绿色化学技术的重要组成部分，发展有机电化学合成是实现绿色化学合成工业尤其是精细化工绿色化的重要目标。电化学合成主要有燃料电池法、牺牲阳极电化学合成法、SPE 法有机电化学合成、配对电化学合成法、间接电化学合成法等。

1. 燃料电池技术

许多有机化合物可以利用燃料电池法进行合成制得。在燃料电池中发生电池反应生成的产物就是所需要的有机产品，同时还提供了电能，属于自发电化学合成法。

2. 牺牲阳极电化学合成技术

采用无隔膜电解槽，以牺牲阳极方法，用卤代物为原料，可以合成一系列重要中间体产物。牺牲阳极法的优点是电解槽结构简单，操作方便，产率高。不足之处是消耗较贵的金属阳极和金属盐的回收。

3. SPE 法有机电化学合成技术

该法利用 SPE 复合电极进行电化学合成。SPE 膜一方面起隔膜作用，将含有反应物的有机相与电极室的水相溶液（或另一有机相）分开，同时作为传递带电离子的作用，电解反应在 SPE、金属催化剂和有机相溶液三相界面进行。在反应体系中不需要支持电解质，可以直接对纯反应物进行电解，产物纯度高，分离和提纯过程简单，减少了副反应的发生和废弃物的排放。

4. 配对电化学合成技术

在通常的电化学合成中，生成产物的电极反应只发生在某一电极（阳极或阴极），而另一电极（阴极或阳极）上发生的电极反应未被利用，显然是不经济的。如果在阳、阴两极上同时生成两种目的产物，则电能效率可以提高 1 倍。因此，同时利用阴、阳两极反应的合成方法称为配对电化学合成法。例如，葡萄糖在阳极上氧化成葡萄酸，同时在阴极上还原为山梨醇，就是配对电化学合成法的典型实例。

5. 间接电化学合成技术

该法是通过一种传递电子的媒质与反应物生成目的产物。与此同时，发生价态变化的媒质，又通过电极反应得到再生，再生后的媒质又可重新与反应物反应，生成目的产物，如此往复循环。其特点是反应物不直接电解，而是通过与媒质的化学反应不断转变为产物；通过电极反应，媒质不断地得到或失去电子进而再生。例如，以 Ce^{4+} 为媒质，间接电化学氧化对甲基苯甲醚，生产大茴香醛。

（三）超临界流体技术

近些年来，超临界流体技术尤其是超临界二氧化碳流体技术发展很快，如超临界二氧化碳萃取在提取生理活性物质方面具有广阔的发展前景；超临界二氧化碳作为环境友好的反应介质以及超临界二氧化碳参与的化学反应，可以实现通常难以进行的化学反应；超临界流体技术在薄膜材料和纳米材料等制备上崭露头角，提供了一个全新的制备方法。因此，超临界流体技术作为一种绿色化学化工技术在精细化学工业、医药工业、食品工业以及高分子材料制备等领域具有广泛的应用。

1. 超临界流体的特性

超临界流体（简称为 SCF）是物质处于其临界点（T_c, p_c）以上状态时所呈现出的一种无气液相界面、兼具气液两重性的流体。超临界流体具有独特的物理化学性质，兼具气体和液体的优点，如密度接近于液体，具有与液体相近的溶解能力和传热系数，对于许多固体有机物都可以溶解，使反应在均相中进行；又具有类似气体的黏度和扩散系数，这有助于提高超临界流体的运动速度和分离过程的传质速率。同时它又具有区别气态和液态的明显特点：①可以得到处于气态和液态之间的任一密度；②在临界点附近，压力和温度的微小变化将导致密度发生较大的变化，从而引起溶解度的变化。通常，超临界流体的密度越大，其溶解能力就越大。在温度一定时，随着压力的升高，溶质的溶解度增大；在恒压下随着温度的升高，溶质的溶解度减小。利用这一特性可从物质中萃取某些易溶解的成分。而超临界流体的扩散性和流动性则有助于所溶解的各组分彼此分离，达到萃取与分离的目的。

2. 超临界二氧化碳萃取的特点

超临界流体萃取的原理是在超临界状态下，将超临界流体与待萃取的物质接触，利用 SCF 的高渗透性、高扩散性和高溶解能力，对萃取物中的目标组分进行选择性提取，然后借助减压、升温的方法，使 SCF 变为普通气体，被萃取物质则基本或完全排出，从而达到分离提纯的目的。在超临界流体萃取技术中，研究最多、应用最广的是超临界二氧化碳。超临界二氧化碳萃取的特点主要有如下几个。

① 超临界 CO_2（$SCCO_2$）的临界压力和临界温度较低，CO_2 的 T_c 为 31.1℃，p_c 为 7.38MPa。因此，可在较低温度下进行萃取操作，同时它又是惰性气体，被萃取物很少发生热分解或氧化等变质现象，不会破坏生理活性物质，特别适合于热敏性物质和天然物质的萃取和精制。② 超临界 CO_2 流体具有极高的扩散系数和较强的溶解能力，其密度接近液体，黏度接近气体，扩散能力约为液体的 100 倍，有利于快速萃取和分离。③ $SCCO_2$ 流体具有良好的萃取分离选择性，通过压力和温度的简单调节可以使 $SCCO_2$ 的密度发生较大的变化，因此选择适当的温度、压力或夹带剂，可提取高纯度的产品，尤其适用于中草药和生理活性物质的萃取和精制，工艺操作简便。④ 萃取和蒸馏操作合二为一，极易与萃取物分离，不存在溶剂残留问题。⑤ 无味、无臭、无毒、不燃烧，安全性好，特别适用于香料和食品成分的萃取与分离。⑥ 在超临界流体萃取操作中，一般没有相变的过程，只涉及显热，且溶剂在循环过程中温差小，容易实现热量的回收，可以节省能源。⑦ $SCCO_2$ 价廉易得，甚至可以利用其他工业的副产品 CO_2；而且 CO_2 回收容易，可反复使用。

3. 超临界二氧化碳萃取技术

自 20 世纪 60 年代 Zosel 博士首先提出超临界萃取工艺并从咖啡中提取咖啡因后，超临界流体特别是超临界二氧化碳萃取作为一种具有十分诱人的分离提纯技术，在提取中草药有效成分、天然色素、天然香料、生理活性物质以及金属离子分离等方面得到了广泛的应用，有的已达到了工业化。例如，银杏叶有效成分银杏黄酮和萜内酯的提取，紫苏籽油的提取，β-胡萝卜素的提取，天然香料的提取。

4. 超临界流体中的有机合成技术

在精细化学品合成中常用的溶剂多是挥发性有机化合物，对人类健康和生态环境有较大的影响。在全球环保意识日益增强的今天，寻找新的污染小的或无污染的清洁反应介质替代常规溶剂是国内外化学化工科技工作者极为关注的研究领域。超临界流体尤其是超临界二氧化碳作为绿色溶剂在有机合成中正发挥越来越重要的作用。

在超临界流体状态下进行化学反应，由于超临界流体的高溶解能力和高扩散性，能将反应物甚至将催化剂都溶解在 SCF 中，可使传统的多相反应转化为均相反应，消除了反应物与催化剂之间的扩散限制，有利于提高反应速率。同时，在超临界状态下，压力对反应速率常数有较强烈的影响，微小的压力变化可使反应速率常数发生几个数量级的变化，利用超临界流体对温度和压力敏感的溶解性能，选择合适的温度和压力条件，有效地控制反应活性和选择性，及时分离反应产物，促使反应向有利于目标产物的方向进行。近 10 年来，在超临界流体特别是 $SCCO_2$ 中进行有机合成的文献报道很多，在催化氢化、催化氧化、烷基化以及高分子聚合、酶催化等方面取得令人瞩目的进展。应该指出，超临界流体在高分子材料的聚合和纳米材料的制备等方面也具有重要的应用，展示出广阔的发展前景。

（四）精细生物工程技术

生物工程与生物技术的应用，使精细化学反应过程的选择性更强，即原子经济性体现得更加充分。现代生物工程技术与传统化学合成方法相比有诸多优点：反应条件温和、选择性强，应用广泛，可利用再生资源作原料，对环境影响小。现代生物工程技术的发展将对精细化学工业的发展产生重大影响。在未来的化工生物工程技术发展过程中主要有三大重点。

(1) 改进精细生物化学加工工艺 对组合的生物学和化学过程进行在线检测；生物反应的高效、完全、连续操作技术、生物和化学操作的接合技术、有效的分离和高效反应器设计等。

(2) 提高生物催化剂的性能 从尚未开发的或新发现的微生物门类中分离出新型酶；强化已知酶的被作用特性和活性；运用分子生物学有目标的分子演变技术，提高生物催化剂的环境耐受性；按照酶代谢途径使生物催化剂能简化合成过程，廉价高效地制造新化合物。

(3) 纤维素酶（催化）技术 除了以上独立的酶催化剂以外，对未来化工发展影响较大的是纤维素酶催化技术的开发应用。在此领域，近年来研究较为活跃，主要是围绕选择性、活跃度等方面进行突破，有的已进入中试阶段。在不久的将来，如果纤维素酶真正实现了大规模工业化应用，将给化学工业带来一次实质性的变革，原料及能源的再生将成为现实，可使化学工业真正全面走上绿色的道路。除此之外，菌种培养技术、产品分离和精制技术、发酵设备大型化技术、自控技术及外围相关配套技术也是生物工程技术方面需要突出的重点。

(五) 生命科学技术

近年来，生命科学研究开发的水平已经成为各国对精细化工科技发展的重要标志。其主要原因是，在通过对生命的研究的同时并推进仿生技术的应用步伐，在不断改善自然环境的同时进一步提高人类生存的整体素质。精细化工科技在生命领域的作用，主要是揭示生命的起源和仿生技术的应用。

目前，人类已经掌握了从糖类到蛋白质，从脂类到核酸，以至到 DNA 密码的破译技术，它代表了当代科技的最高水平。生命科学的仿真化过程，将精细化工科技整体水平推向新的高度。生命科学应用于精细化工方面的重点是，将通过采用细胞工程技术来获得一些复杂化合物。主要过程是对动、植物细胞大规模培养，并利用生物反应器进行工厂化生产，特别是在一些贵重药品和特殊化学品的制取过程中，将会取得事半功倍的效果。

(六) 促进精细化学产品分离及相关配套技术的发展

(1) 膜及其他新型分离技术 在精细化工生产中除了化学合成过程外，产品分离也是不可缺少的重要步骤，主要包括蒸馏、萃取、结晶等技术的应用。在传统生产过程中，特别是工艺技术相对落后的一些装置，其设备往往都很庞大，能耗高，有时所需产品还达不到所要求的纯度。新的化工分离技术主要是在针对减少设备投资、降低能耗和实现高纯度分离等方面进行研究和开发。这些分离技术、分子蒸馏等均已取得一定的进展，其中膜分离技术被称为 21 世纪初最有发展前途的高新技术之一。超临界萃取技术也是近年来兴起的一种新型分离技术，它是利用物质在临界点附近发生显著变化的特性进行物质的分离提取，不仅适用于提取和分离难挥发和热敏性物质，而且对于进一步开发利用能源、保护环境等都具有潜在的重要意义。

目前全球已有 30 多个国家和地区的 2000 多个科研机构从事膜技术研究和应用开发，已形成了一个较为完整的边缘学科的新型产业，并正逐步有针对性地替代一些传统分离净化工艺，而且朝反应-分离耦合、集成分离技术等方面发展。其技术开发重点是：对膜分离过程传质机理的研究及相应数学模型的建立；新型高效的高分子及复合膜材料的研制；生产工艺、膜的污染及清洗等。

另外，世界上研究开发的分离技术还有超重力场分离技术、精细和催化及分子蒸馏技术。除此之外，超临界萃取技术、变压吸附分离技术也是今后新分离技术主攻的重点。

(2) 计算机及其他电子应用技术 20 世纪末信息技术的迅猛发展使人类朝着所谓"信息"社会迈出了一大步。化学工业中计算机的应用领域将会越来越广泛。对化学工业至关重要的计算机应用技术主要有：计算分子科学；计算流体力学；过程模拟；操作优化和控制；化工生产全过程的计算机管理等。新世纪计算机化工应用技术的发展方向是计算机应用工具和化学工业完美结合，使计算机不仅能对分子结构、化学合成和化工工艺进行模拟，而且能对多点的、多产物的国际性环境进行模拟，并将计算机系统的大规模集成化与计算机的人工智能化相结合，使人工智能咨询系统在整个化工企业的综合管理中发挥重要作用。

近期计算机化工应用技术的重点主要有：计算机生产控制与优化技术、集成制造技术、化工故障诊断技术、监控与安全系统技术、工程设计技术、分子设计技术和仿真技术等。

(3) 专用化学品后处理和新材料合成及其加工技术 随着精细化学品的使用范围不断扩大，专用功能也在不断强化。特别是随着电子科学、生命科学等相关技术领域的迅速发展，除了对其化学品的基本特性提出更高的要求外，对其产品某些物理性能也提出了新的要求。所以，必须对化学专用品合成及相配套的产品后处理加工等方面采用全新的技术，方能满足现代工业及科学技术发展的需要。在新材料合成及精细加工技术方面的重点是：新的功能聚合物、复合材料、导电高分子、超微细粉体、可降解塑料、精密陶瓷、液晶材料；超真空技术、定向合成技术、表面处理和改性技术、插层化学技术、纳米级产品生产及应用技术、超纯物质加工与纯化技术等。

（4）其他相关技术　在精细化工生产过程中，不仅仅是反应物与产物的转换过程，大多数情况下也是能量转换的过程。特别是在许多化学反应过程中可释放出大量的热能，如何对其能量进行综合利用，不仅可以降低产品的生产成本，更重要的是对降低总体资源的消耗及平衡具有深远意义。所以，节能技术是精细化工科技发展过程中的重要一环。近期在节能方面的重点技术主要有热管技术、热泵技术、储氢技术、新型氧化技术等。

另外，燃料电池作为动力源产品，已经开始在汽车及某些方面进入工业化的试验阶段，并已初显出诱人的魅力。近来已有研究人员在进行电化学合成与发电联合运行的应用开发研究，其目的是使将来的精细化工生产与发电过程建成一体化的联合装置。此项新技术的突破，将是原子经济理论的重大实践，真正促使精细化工科技产生新的革命性变化。

五、精细化学工业绿色生产实例

1. 苯酚的绿色生产

苯酚是重要的芳香族中间体。传统的制备方法是以苯和丙烯为原料，经三氯化铝催化烷基化制得异丙苯，再经氧化、酸催化水解制得。此方法步骤较多，其中第一步需无水操作，氧化步骤转化率低，选择性差，副产物多。后来，Enichem公司用一种新的铁催化剂催化苯的过氧化氢氧化，使制备工艺大大简化，苯酚的转化率也高达80%，选择性达到97%。

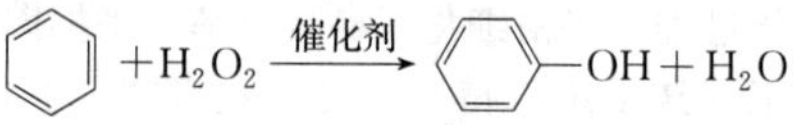

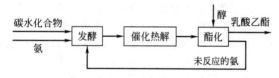

2. 乳酸乙酯的绿色生产

乳酸乙酯是被美国FDA极力推荐的食品添加剂，也用作医药、农业的中间体，并可用作溶剂、清洁剂、润滑剂等。它有较好的温度表现范围，与水和有机体系兼容，易生物降解，可代替大多数含卤的和有毒的溶剂。在美国市场上每年约销售9070t乳酸乙酯。

乳酸乙酯的传统制备方法是乳酸在浓硫酸催化下酯化生成的。此工艺路线长，副产物多，分离困难，产品收率低，且对设备腐蚀严重，产污系数高。现在人们对此工艺进行了大量研究改造。其中的膜法生产乳酸乙酯的路线绿色化程度最高。此法以碳水化合物为起始原料，在氨存在下发酵制取乳酸铵，乳酸铵被催化和热解生产乳酸，与加入的醇作用生成酯。此种选择膜只使氨和水高效率通过，而留下醇、酸和酯。氨可回收重新用于发酵制乳酸铵。该方法能耗低，效率高，消除了废盐的生成和废盐水的排放。生产工艺流程见图13-1。

图13-1　乳酸乙酯生产工艺流程简图

3. 1,2-环氧丙烷的绿色生产

1,2-环氧丙烷是非常重要的中间体和有机化工原料，用于塑料工业中制造聚酯，以及用于纺织助剂、表面活性剂、酸性气体脱除剂等。

环氧丙烷的传统制法是由氯代醇经石灰水处理制得的。此方法中每生产1t环氧丙烷要消耗1.4～1.5t氯气，反应后转化为3.5t的氯化钙，并产生约40倍体积的废水。原子利用率低，污染大。

工业上多采用过氧化法，即将异丁烷或乙苯液相氧化为过氧化物，再利用生成的过氧化物氧化丙烯。此法虽比氯醇法有较大改进，仍存在工艺复杂，污染大等问题。

后来人们试图用过氧化氢直接氧化丙烯，但常规方法预制备过氧化氢的费用太高。化学工作者花费大量时间研究了催化剂、溶剂等对这一反应的影响。终于发现，CO_2是氢和氧现场制取过氧化氢并氧化丙烯制环氧丙烷的最佳溶剂；在钯/硅酸钛催化下，丙烯被现场由氢和氧生成的过氧化氢高选择性的氧化为1,2-环氧丙烷。CO_2提供了一个两相混合物，完全消除了气液界面，减少了界面数，避免了氧化降解，进一步增加了反应的选择性，显然此种方法是一条绿色程度很高的方法。

另外还有公司发明了在葡萄糖存在下的多酶催化体系用氧化丙烯的路线，原料价廉易得，原子利用率高，无毒物生成，大大减少了污染，也是一条绿色合成路线。

第三节　精细化学工业生产中的绿色节能减排技术

一、我国三废排放和治理现状

近年来我国城市化和工业化的进程加快，但由于历史政治等多种原因，我国城市的空间分布不均匀，工业发展水平地区差异显著。由于工业起步较晚，与工业发展相配套的环境工程设施建设也不够健全，导致了我国工业发展中各种工业废弃物的产生量较大，处理和循环利用的程度也不高。

目前，工业三废中的废水改善情况最好，废气处理情况相对改善最小。废水对日常生活的影响最为明显，因而也最容易引起舆论和民众的关注，管理部门相对更重视废水的处理和排放，同时，对于企业来说，同样的资金，投入到废水处理上能获得的社会效益也是最高的。相对而言，废气的可视程度比废水要低一些，除非是重大生产事故，否则较不容易引起公众和媒体的关注，而固体废物的影响需要较长的作用时间才能明显表现出来，投资于固体废物处理的效果见效较慢，且固体废物的处理难度相对较高，所需投入的资金量较大，除非形成较大的处理规模，否则容易对企业的资金流动造成负担。因此，从投资与社会效益的比值来看，对废水处理进行投资是产出相对较高的选择。

我国对工业三废的治理仍然较多地采用处理至达标后排放，而不是环境亲和性更高的回收和回用。究其原因，主要是因为回收和回用的技术门槛较高，需要有比较完善的工业结构、健全的回收体系和相关的法律法规制度等规范。此外，企业往往重视回收回用的成本和收益间的利益关系，因此，投入小且能达标的处理排放被更多的企业所采用。

改善工业三废的治理情况是一项需多方协作的工作，需要从政策、经济等多方面入手才能取得较大的突破。政策上，需要进一步完善工业三废的相关排放标准，以便强化对企业行为的规范和指导作用。经济上，可以采取给予企业相关的处理费用补偿。但比补偿更重要的是要让企业能够从工业三废的治理中获得切实的经济利益，这就要求发展好相关产业链，完善区域工业结构，尤其是三废处理之后的下游产业。而对于地区差异，由于我国幅员辽阔，政治、经济、文化和历史地理上的差异性十分显著，导致各地区发展水平存在较大差异。要改变这一现状，缩小地区差距，一方面，落后地区应向发达地区学习，努力完善自身的工业产业结构，提高本地区企业整体的环保意识；另一方面，发达地区应该帮扶落后地区，在类似产业间进行经验交流和技术支持。

二、精细化学工业生产中的节能减排技术

节能减排是我国一项长期战略任务。我国"十一五"规划纲要提出的"节能减排"有广义和狭义定义之分。广义而言，节能减排是指节约物质资源和能量资源，减少废弃物和环境有害物（包括三废和噪声等）排放；狭义而言，节能减排是指节约能源和减少环境有害物排放。《中华人民共和国节约能源法》所称节约能源（简称节能），是指加强用能管理，采取技术上可行、经济上合理以及环境和社会可以承受的措施，从能源生产到消费的各个环节，降低消耗、减少损失和污染物排放、制止浪费，有效、合理地利用能源。这两个指标结合在一起，即我们所说的"节能减排"。

2011年3月5日，温家宝总理在政府工作报告中正式披露，单位国内生产总值能耗和二氧化碳排放分别降低16%和17%，非化石能源占一次能源消费比重提高到11.4%，主要污染物排放总量减少8%～10%，森林蓄积量增加6亿立方米，森林覆盖率达到21.66%。"十二五规划"继续关注了节能减排。"加快建设资源节约型、环境友好型社会，提高生态文明水平"是"十二五规划"重要内容。主要包括以下几个方面：①积极应对全球气候变化。把大幅降低能源消耗强度和二氧化碳排放强度作为约束性指标，有效控制温室气体排放。②以提高资源产出效率为目标，大力发展循环经济。③加强资源节约和管理。④加大环境保护力度。⑤加强生态保护和防灾减灾体系建设。节能减排在促进我国产业升级、经济和社会转型，为我们创造更美好生活的同时，也为众多行业带来了重大的发展机遇，当然，也为资本市场提供了良好的长期投资机会。

从"十一五"实践看，节能减排是涵盖能源生产消费各个环节、涉及经济社会各个领域的一项复杂系统工程，与转变发展方式、优化经济结构、提升发展质量密切相关。深入推进节能减排工作，需要不断提高认识、健全法规、完善体制、创新机制，需要各级政府、企业、居民共同努力，必须作为一项长期战略任务，常抓不懈。

"十二五"时期，随着工业化和城镇化继续推进，居民、商业和交通等终端能源需求呈刚性增长，能源资源和环境的约束更趋强化。2010年，我国一次能源消费量已达32.4亿吨标准煤，石油对外依存度已达52.6%，如果能源生产和消费继续快速增长，无论从能源供应能力和生态环境容量，还是从实现到2020年

单位GDP二氧化碳排放比2005年下降40%~45%的目标看,都面临空前压力。初步测算表明,"十一五"时期节能降耗对碳排放强度下降的贡献率接近94%,未来十年的贡献率也将维持在90%左右。同时,考虑到可再生能源和核能的供应能力有限,要实现2020年非化石能源在我国能源消费总量中的比重达到15%的目标,就迫切要求对能源需求增速进行合理控制。为此,必须增强危机意识,树立绿色、低碳发展理念,以节能减排为重点,健全激励和约束机制,加快构建资源节约、环境友好的生产方式和消费模式,增强可持续发展能力。在把大幅降低能源消耗强度和二氧化碳排放强度作为约束性指标的同时,要合理控制能源消费总量,抑制高耗能产业过快增长,提高能源利用效率。要实现"十二五"规划的节能减排计划,必须从以下几点着手。

提升对节能减排工作的认识。各级政府要进一步统一思想,落实责任,把节能减排放在中心工作位置,在制定和实施发展战略、专项规划、产业政策以及财政、税收、金融和价格等政策中,切实体现节能减排目标要求。

推动节能减排技术进步。加大科技研发投入,完善节能环保技术创新体系,力争在节能环保关键技术领域取得突破,提升科技支撑能力。支持节能环保先进技术应用示范,发布节能环保技术推广目录,加快推广先进、成熟的新技术、新工艺、新设备和新材料。鼓励发达地区和城市加快推广先进电动汽车、绿色建筑技术、高效环保产品,提高自主创新能力。

完善节能减排激励政策。加快资源性产品和要素市场改革,理顺煤、电、油、气、水等产品价格关系,鼓励地方政府扩大差别电价、峰谷电价、惩罚性电价实施范围和力度。加大财政投入力度,完善资金管理办法,提高资金使用效率。落实支持节能减排的税收优惠政策,全面改革资源税,研究开征环境税。调整进出口税收政策,严格控制高载能产品出口。

健全节能减排体制、机制。进一步深化经济体制改革,完善中央和地方财权事权分配制度,从根本上抑制地方政府片面追求GDP的发展冲动。加强和改善宏观调控,强化节能减排监督管理,推动节能法制化、制度化建设。加快推广合同能源管理、节能发电调度、能效标志等节能新机制,鼓励有条件的地区积极创新,试行节能量、能源消费总量配额、排污权交易等,不断完善适应社会主义市场经济要求的节能长效机制。

三、精细化学工业生产中的节能减排实例

精细化工产品品种多,规模小,资源和能源消耗的总量没有大宗基础化工产品多,故其带来的环境问题往往没有得到足够的重视。但就单位产品而言,精细化工产品生产的资源和能源消耗要远远高于大宗基础化工产品,所带来的环境污染也要严重得多。因此,在精细化工生产中采取措施降低资源消耗,减少污染物排放显得尤为重要。

目前,造成精细化工单位产品能耗高、污染大的原因主要在于:①一般精细化工产品采用间歇操作生产,自动化程度低;②工艺技术和装备落后,工艺参数没有得到优化;③合成工艺的研发过程往往只重收率和质量,忽视污染物的治理;④生产中没有进行工艺废水和低浓度废水的分流;⑤缺乏高浓度废水预处理技术。

为了实现节能减排的目的,必须在工业生产中采用清洁工艺,减少污染物排放直至零排放;大力发展处理废弃物的绿色工艺,即对生产、消费化工产品过程中的废弃污染物处理完全化,不伴生新的污染物,杜绝污染物在不同介质中转移;对目前技术难以实现零排放的污染物,想方设法变废为宝;对无法资源化处理的污染物,使其从有毒转化为无毒,有害变无害。下面介绍两个实现绿色节能减排的生产实例。

1. 乙草胺的生产

乙草胺是一种重要的酰胺类除草剂。由美国孟山都公司于1971年开发成功,是目前世界上最重要的除草剂品种之一,也是目前我国使用量最大的一种除草剂。乙草胺是选择性芽前处理除草剂,主要通过单子叶植物的胚芽鞘或双子叶植物的下胚轴吸收,吸收后向上传导,主要通过阻碍蛋白质合成而抑制细胞生长,使杂草幼芽、幼根生长停止,进而死亡。禾本科杂草吸收乙草胺的能力比阔叶杂草强,所以防除禾本科杂草的效果优于阔叶杂草。乙草胺在土壤中的持效期45d左右,主要通过微生物降解,在土壤中的移动性小,主要保持在0~0.03m土层中。

其他名称:禾耐斯、消草安

英文名称:acetochlor

化学名称:2′-乙基-6′-甲基-N-(乙氧基甲基)-2-氯乙酰苯胺

分子式:$C_{14}H_{20}ClNO_2$

相对分子质量：269.77

结构式：

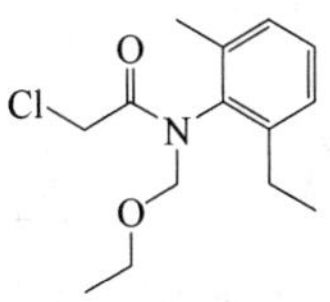

物化性质：纯品为淡黄色液体，原药外观为棕色或紫色均相透明液体，不易挥发，不易光解，熔点 0℃，沸点大于 162.5℃/0.9kPa，相对密度 1.11。25℃时水中溶解度为 223mg/L。在碱性时相对稳定，酸性强时不稳定，溶于乙醚、丙酮、氯仿、苯、甲苯、乙醇、乙酸乙酯等大多数有机溶剂。室温下蒸汽压很低。常用剂型：90%乙草胺乳油、50%乙草胺乳油。

乙草胺毒性按我国农药分类标准属低毒农药，纯品对大白鼠经口毒性 LD_{50} 为 2148mg/kg，50%乳油对大白鼠急性经口毒性 LD_{50} 为 2593mg/kg，家兔急性经皮毒性 LD_{50} 为 4166mg/kg，对眼睛和皮肤有轻微刺激作用。

下面对我国乙草胺生产的两种主要工艺进行比较：三氯氧磷工艺和氯乙酰氯工艺。

(1) 三氯氧磷工艺生产乙草胺由酰化、醚化和缩合三个步骤完成。

① 酰化工段　首先将原料 2-甲基-6-乙基苯胺、氯乙酸和三氯氧磷在溶剂中进行酰化反应，反应生成的氯化氢气体用管道输送至下一工段，反应结束后加水萃取分层。溶剂相在上，进入缩合工段使用，下层水相为磷酸废液，转化率≥99%，收率约 97%。反应方程式如下：

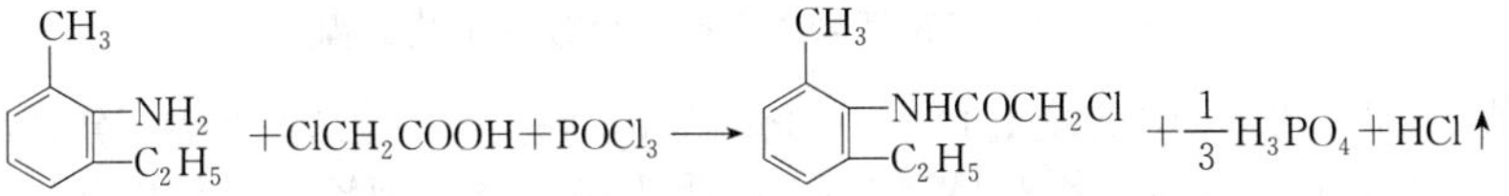

$$\text{ArNH}_2 + \text{ClCH}_2\text{COOH} + \text{POCl}_3 \longrightarrow \text{ArNHCOCH}_2\text{Cl} + \frac{1}{3}\text{H}_3\text{PO}_4 + \text{HCl}\uparrow$$

② 醚化工段　将乙醇和多聚甲醛及酰化工段来的氯化氢气体在一定温度下进行醚化，反应至终点，静置分层，上层为氯甲基乙基醚，进入缩合工序使用，下层水相为废盐酸。以甲醛计算的收率≥95%。反应方程式如下：

$$3\text{C}_2\text{H}_5\text{OH} + (\text{CH}_2\text{O})_3 + 3\text{HCl} \longrightarrow 3\text{ClCH}_2\text{OC}_2\text{H}_5 + 3\text{H}_2\text{O}$$

③ 缩合工段　由酰化工段生成的伯酰胺、醚化工段生成的氯甲基乙基醚及氢氧化钠在溶剂中进行缩合反应，至反应终点后加水分层，转化率≥99%，收率约 93%。上层有机相经脱溶后得乙草胺原油，下层为废碱液。反应方程式如下：

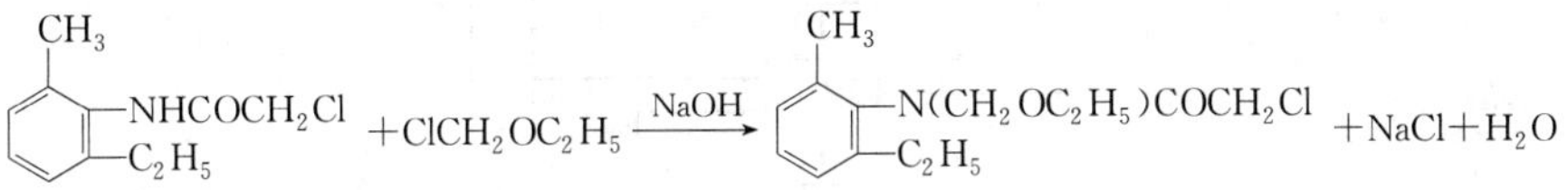

$$\text{ArNHCOCH}_2\text{Cl} + \text{ClCH}_2\text{OC}_2\text{H}_5 \xrightarrow{\text{NaOH}} \text{ArN}(\text{CH}_2\text{OC}_2\text{H}_5)\text{COCH}_2\text{Cl} + \text{NaCl} + \text{H}_2\text{O}$$

三氯氧磷工艺生产乙草胺的流程见图 13-2，在此过程中，每生产 1t 乙草胺产品，需消耗 2-甲基-6-乙基苯胺为 577.4kg、氯乙酸为 447.2kg、三氯氧磷为 366.8kg、乙醇为 264kg、多聚甲醛为 171.2kg、碱为 813.8kg。反应过程中每一步都会产生废水，成分复杂，治理难度大。实际生产中，每生产 1t 乙草胺，需排放工艺废水约为 4~8m³，且含磷废水量较大。

(2) 氯乙酰氯工艺生产乙草胺主要也分为三步：酰化、醚化和缩合。

① 酰化工段　首先将原料 2-甲基-6-乙基苯胺、氯乙酰氯在溶剂中进行酰化反应，反应生成的伯酰胺进入缩合工段进行缩合反应；生成的氯化氢气体进入醚化工序使用，转化率≥99%。反应方程式如下：

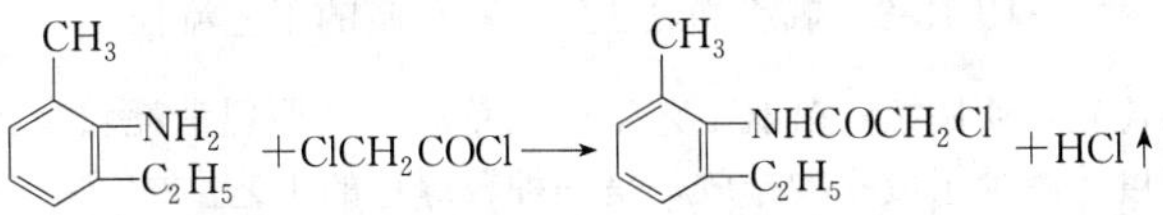

$$\text{ArNH}_2 + \text{ClCH}_2\text{COCl} \longrightarrow \text{ArNHCOCH}_2\text{Cl} + \text{HCl}\uparrow$$

② 醚化工段　将乙醇和多聚甲醛及酰化工段来的氯化氢气体在一定温度下反应，反应至终点静置分层，上层有机相为氯甲基乙基醚，进入缩合工段使用，下层水相为废盐酸，以甲醛计算的收率≥95%。反应方程式如下：

$$3\text{C}_2\text{H}_5\text{OH} + (\text{CH}_2\text{O})_3 + 3\text{HCl} \longrightarrow 3\text{ClCH}_2\text{OC}_2\text{H}_5 + 3\text{H}_2\text{O}$$

③ 缩合工段　由酰化工段生成的伯酰胺、醚化工段生产的氯甲基乙基醚和氢氧化钠在溶剂中进行缩合反应，至终点后加水萃取分层，转化率≥98.5%，收率为 96%。上层有机相经脱溶后得乙草胺原油，下层为废碱液。反应方程式如下：

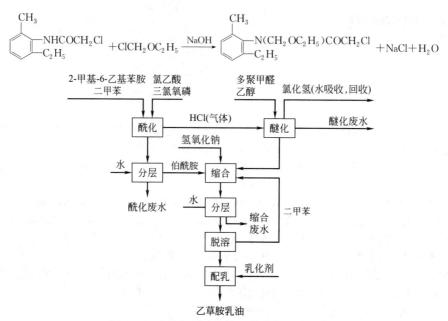

图 13-2 三氯氧磷法生产乙草胺的工艺流程

氯乙酰氯工艺生产乙草胺的流程见图 13-3，在此过程中，每生产 1t 乙草胺产品，需消耗 2-甲基-6-乙基苯胺为 563.7kg、乙醇为 268.7kg、多聚甲醛为 131kg、碱为 831.7kg、氯乙酰氯为 477kg。酰化工段在溶剂中进行，无废水产生。反应过程中的三废主要来源于醚化和缩合分层废水以及醚化反应所用氯化氢气体发生过程中产生的酸性废水。实际生产中，每生产 1t 乙草胺，需排放酸性废水约为 $0.3m^3$，无含磷废水。

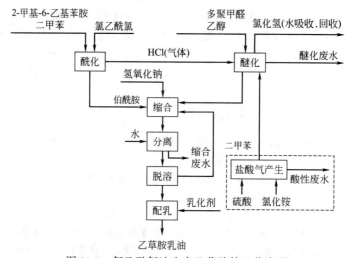

图 13-3 氯乙酰氯法生产乙草胺的工艺流程

根据以上两种工艺的比较，使用氯乙酰氯工艺生产乙草胺，其原料消耗较少，避免了酰化废水的产生，且无含磷废水，在一定程度上减少了废水的排放，是一种较绿色的工艺。

2. 福美锌的生产

福美锌即二甲基二硫代氨基甲酸锌，分子式为 $C_6H_{12}N_2S_4Zn$，是低毒广谱类杀菌剂和杀虫剂，亦做天然胶、合成胶用促进剂以及乳胶用促进剂。白色粉末，溶于稀碱、二硫化碳、苯、丙酮和二氯甲烷，微溶于氯仿，难溶于乙醇、四氯化碳、醋酸乙酯，不溶于水，受高热分解，放出有毒的烟气。粉体与空气可形成爆炸性混合物，当达到一定的浓度时，遇火星会发生爆炸。

我国生产福美锌的传统工艺是以福美钠与硫酸锌进行反应。生产原理如下：

$$(CH_3)_2NH + CS_2 + NaOH \longrightarrow (CH_3)_2N-CSSNa + H_2O$$

$$2(CH_3)_2N-CSSNa + ZnSO_4 \longrightarrow [(CH_3)_2N-CSS]_2Zn + NaSO_4$$

此工艺每生产1t福美锌，原料成本为9620元，耗时8h，能耗高。废水排放量大，每吨产品排放硫酸钠废水20t，且不能回用。

后来的新工艺以氧化锌为原料，与二甲胺、二硫化碳进行反应，直接生产福美锌。反应原理如下：

$$2(CH_3)_2NH + 2CS_2 + ZnO \longrightarrow [(CH_3)_2N-CSS]_2Zn + H_2O$$

新工艺省去了合成福美钠的步骤，一步生产福美锌，即节省了氢氧化钠，又减少了硫酸钠的排放，是节能环保型新工艺。此工艺每生产1t福美锌的原料成本为9505元，耗时2.2h，能耗低。废水处理量小，每t产品排放含福美锌的废水1.55t，且能够回用。生产工艺流程见图13-4。

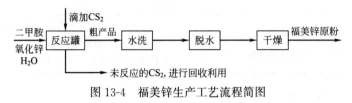

图13-4 福美锌生产工艺流程简图

3. 草甘膦的生产

草甘膦（$C_3H_8NO_5P$），是由美国孟山都公司开发的除草剂。又称：镇草宁、农达（Roundup）、草干膦、膦甘酸。是目前世界上应用最广、产量最大的除草剂。纯品为非挥发性白色固体，密度为0.5g/mL，大约在230℃左右熔化，并伴随分解。25℃时在水中的溶解度为1.2%，不溶于一般有机溶剂，其异丙胺盐完全溶解于水。不可燃、不爆炸，常温储存稳定。对中碳钢、镀锌铁皮（马口铁）有腐蚀作用。

草甘膦为内吸传导型慢性广谱灭生性除草剂，主要抑制生物体内烯醇丙酮基莽草素磷酸合成酶，从而抑制莽草素向苯丙氨酸、酪氨酸及色氨酸的转化，使蛋白质的合成受到干扰导致植物死亡。草甘膦是通过茎叶吸收后传导到植物各部位的，可防除单子叶和双子叶、一年生和多年生、草本和灌木等40多科的植物。草甘膦入土后很快与铁、铝等金属离子结合而失去活性，对土壤中潜藏的种子和土壤微生物无不良影响。

草甘膦的合成工艺路线较多，下面就目前国内外工业生产上普遍采用的亚氨基二乙酸（IDA）路线进行分析。

（1）生产工艺

亚氨基二乙酸（IDA）路线用IDA在强酸环境下（31%盐酸）与亚磷酸、甲醛缩合反应生成双甘膦（PMIDA），PMIDA再氧化生成草甘膦。IDA法目前是主导工艺，占草甘膦总产量的约75%。国内应用IDA法生产草甘膦，因地制宜，多种方法并存。

第一步，合成IDA。以原料不同可分为不同的工艺，主要有氯乙酸法、氢氰酸法、次氨基三乙酸法、羟基乙腈法、二乙醇胺法和亚氨基二乙腈法。然后由IDA合成双甘膦，再由双甘膦氧化生成草甘膦。表13-1是不同原料合成IDA的工艺比较。

表13-1 不同原料生产IDA的工艺比较

主要原料	工艺	优缺点
氯乙酸法	氯乙酸法是国内最早研究和投产的IDA生产方法，用氯乙酸和NH_3、$Ca(OH)_2$反应制得IDA钙盐，再用盐酸酸化即可得IDA	该法优点是工艺简单，缺点是收率低、产生大量含氯化钙强酸性废水、劳动条件差
氢氰酸法	用氢氰酸、CH_2O和$(CH_2)_6N_4$凡经过缩合、水解、酸化等反应，制得IDA。该工艺优点是产率高，IDA浓度95%以上	该法缺点是氢氰酸由天然气和氨合成，浓度较低；氢氰酸剧毒，操作难度大
次氨基三乙酸法	以次氨基三乙酸[$N(CH_2COOH)_3$]为起始原料，用浓硫酸氧化脱去—CH_2COOH生产IDA	该工艺优点是原料价廉，合成路线短，设备简单，操作方便安全，缺点是原子经济性差，IDA收率低，只适合于生产10%草甘膦水剂
羟基乙腈法	采用羟基乙腈（$HOCH_2CN$）与NH_3反应生成亚氨基二乙腈，再经NaOH水解、浓硫酸酸化得到IDA	该法是耗能低、对环境友好的IDA合成新工艺。另一方面，由于合成反应的第一步氨解易于发生聚合副反应导致IDA收率低。利用阻聚剂（N-亚硝基二苯胺与间甲酚混合物）阻断聚合副反应，IDA收率从原来的62.6%提高到85%

主要原料	工艺	优缺点
二乙醇胺法	用二乙醇胺[NH(CH$_2$OH)$_2$]在高压、催化剂作用下与NaOH溶液反应脱氢,得到亚氨基二乙酸二钠盐(MSIDA),再用浓盐酸酸化制取IDA	该工艺优点是IDA收率高,产品获国际认可,副产物H$_2$可回收利用。缺点是原料二乙醇胺主要依赖进口,价格高;需要高压反应釜,设备投资大,安全要求高;能耗大,与Gly法和亚氨基乙腈法相比成本较高。据报道,用HCl气体代替31%盐酸,用于脱氢反应的酸化。工艺改进后,脱水时间节省了5~6h,蒸汽消耗减少20%以上,节能效果较为明显
亚氨基二乙腈法	NH(CH$_2$CN)$_2$经在催化剂作用下经NaOH碱解、浓盐酸酸化合成IDA	该工艺的优点是原料价廉易得,催化剂选择性好,收率较二乙醇胺法高,设备投资少,生产成本较低,经济效益好。但是该法是新兴工艺,生产规模不大

第二步,由IDA合成草甘膦。

① 亚氨基二乙酸合成双甘膦　IDA在强酸性条件下与CH$_2$O、H$_3$PO$_3$缩合生成双甘膦。反应原理如下:

$$NH(CH_2COOH)_2 + H_3PO_3 + CH_2O \xrightarrow{H^+} HO-P(O)(OH)-CH_2-N(CH_2COOH)_2 + H_2O$$

用三氯化磷代替常规使用的亚磷酸。该工艺直接将三氯化磷用于双甘膦的合成,采用先将三氯化磷水解制成亚磷酸和盐酸的混合溶液,再生产双甘膦。提高了反应的安全性和操作稳定性,反应收率达到了94%以上,生产成本每吨下降了718元。按生产1t草甘膦固体消耗双甘膦1.7t计算,可降低草甘膦原材料成本1220元,具有明显的经济效益。缺点是三氯化磷在潮湿的空气中易吸水变质;三氯化磷原料含有游离磷,有自燃爆炸的危险。

② 双甘膦氧化生成草甘膦　双甘膦在催化剂的作用下氧化生成草甘膦。反应原理如下:

$$HO-P(O)(OH)-CH_2-N(CH_2COOH)_2 \xrightarrow{O} HO-P(O)(OH)-CH_2-NH-CH_2COOH + H_2O + CO_2$$

(2) IDA法生产草甘膦的绿色节能减排技术

IDA法生产草甘膦的绿色节能减排技术主要体现在催化剂的选择,废气、废水和废渣的回收利用,以及利用膜技术分离提高草甘膦溶液浓度等方面。

① 根据催化剂的不同有如下几种催化方法:浓硫酸氧化法、电解氧化法、过氧化氢氧化法、活性炭空气氧化法、过渡金属络合物催化氧化法和贵金属催化氧化法。

其中贵金属催化剂和活性炭催化剂存在下的空气(或含氧气体)氧化法合成草甘膦属于绿色化学过程,从环保和经济的角度看,该催化剂无疑是最理想的,在工业生产中得到了广泛应用。该法具有以下优点:

a. 原料绿色,生产安全:空气(或含氧气体)代替双氧水,属于绿色原料,原料价廉易得,也克服了双氧水易燃易爆、危险性大的突出问题,提高了生产安全性。

b. 产品质量好:此法生产的草甘膦原药含量可以达到97%以上,比双氧水法和亚磷酸二烷基酯法高2%左右。

c. 三废少:反应产生的甲醛可以回收利用,或在贵金属催化剂存在下氧化成二氧化碳排放。生产成本低、资源综合利用、节能、"三废"量少。

② 对脱氢反应的氢气尾气进行回收利用。尾气中含氢约90%以上,其中夹带着少量的碱性液体、氮气和微量的氧气。对该尾气进行冷凝除去液体,再经水洗、酸洗、二次水洗、除氧、干燥得到96%以上的氢气,再对该氢气进行变压吸附提纯,可以得到99.99%的氢气。

③ 优化双甘膦制备工艺,处理利用废液。传统的做法是用IDA-钠盐加亚磷酸和甲醛反应生成双甘膦或者是用IDA二钠盐与PCl$_3$、甲醛反应生成双甘膦,再用碱中和结晶析出双甘膦,经分离、水洗、离心得到成品。该法的缺点是废水中含有大量的氯化钠及双甘膦、甲醛、亚磷酸等无法利用,造成资源的浪费,同时废水的处理方法存在着碱消耗量大、污染物多、可生化性差等缺点。

采用固体 IDA 法生产双甘膦可以有效地解决以上存在的问题。固体 IDA 与亚磷酸、甲醛反应生成双甘膦，经浓缩后析出双甘膦，该步反应收率高达 97%。体系中蒸出的废液含有盐酸、甲醛、亚磷酸以及少量的双甘膦等，由于其中含有甲醛，不能直接回收用到合成双甘膦的反应体系中，也不能作为商品出售。而亚磷酸、双甘膦的存在不会影响其回收用到原反应体系中，因此只要将盐酸和甲醛分离就可以。

④ 利用膜技术分离提浓草甘膦溶液。膜分离过程集分离、浓缩、净化为一体，在常温下操作，没有相变化，避免了高温蒸发浓缩对草甘膦的分解和氨释放，有效地提高了产品质量和收率，降低了能耗，运行成本较低，具有高效、节能、环保、资源循环利用等优点。

⑤ 空气（或含氧气体）氧化法制备草甘膦。由双甘膦氧化制成草甘膦，根据氧化法大致可分为化学氧化法和催化氧化法。化学氧化法的氧化剂有浓硫酸、过氧化氢等，也可以用电解氧化，它的关键在于催化剂的选取、制备、使用次数和再生问题。从目前环保和经济的角度看，利用空气或含氧气体作为氧化剂无疑是最理想的。

⑥ 连续化、大规模化生产，采用自动控制系统，搞好设备管理。生产企业，尤其是万吨级草甘膦产量的企业可通过实现大型化、连续化、自动化生产来提高产品产量、质量、降低生产成本来做强做大。反应设备的大型化、自动化有以下几方面的好处：a. 在生产量达到一定规模以后，反应釜不实现大型化，就很难实行单元操作的自动控制；b. 在产品的生产过程中，由于操作者之间水平不齐而客观上存在着差距，这种无法克服的人为的差距就很难真正实现稳产，而实行设备大型化后，进行自动控制就从根本上消除了人为的影响生产因素，稳产就有了可靠的保证；c. 明显地减少了反应釜的占地面积和操作人数；d. 改善了劳动条件。

我国经济快速增长，各项建设取得巨大成就，但也付出了巨大的资源和环境被破坏的代价，这两者之间的矛盾日趋尖锐，群众对环境污染问题反应强烈。这种状况与经济结构不合理、增长方式粗放直接相关。不加快调整经济结构、转变增长方式，资源支撑不住，环境容纳不下，社会承受不起，经济发展难以为继。只有坚持节约发展、清洁发展、绿色发展、安全发展，才能实现经济又好又快发展。同时，温室气体排放引起全球气候变暖，备受国际社会广泛关注。进一步加强节能减排工作，也是应对全球气候变化的迫切需要。

复习思考题

1. 目前我国精细化工的发展受到了哪些因素的制约？
2. 为什么说绿色精细化工是可持续发展的必然选择？
3. 绿色化工的定义是什么？
4. 绿色化学的原则是什么？
5. 绿色化学的特点是什么？
6. 绿色精细化工含义是什么？
7. 绿色精细化工技术是什么？
8. 原子经济性的目标是什么？
9. 绿色精细化工的评价指标有哪些？
10. 发展绿色精细化工的关键技术有哪些？
11. 绿色精细化工技术应具有哪些特点？
12. 节能减排的含义是什么？
13. 环氧丙烷实现绿色生产主要采用了哪些技术？
14. 苯酚实现绿色生产主要采用了哪些技术？
15. 乳酸乙酯实现绿色生产主要采用了哪些技术？
16. 请从减排的角度比较乙草胺的两种生产工艺？
17. IDA 法生产草甘膦的减排技术有哪些？

附录一 精细化学工业产品与化学工业相关重要中文期刊

1.《精细化工》

《精细化工》是中国化工学会精细化工专业委员会会刊、中国化学工业类核心期刊、中国轻工业类核心期刊、中国创办最早的精细化工专业技术刊物。本刊宗旨是精细化工界的学术交流园地；科技成果转化为生产力的桥梁；宣传中国精细化工技术政策的喉舌；了解世界精细化工发展动态的窗口。本刊报道范围涉及当代中国精细化工科学与工业的众多新兴领域，主要栏目有：表面活性剂、皮革化学品、香料与香精、淀粉化学品、有机电化学与工业、水处理技术、橡胶助剂、塑料助剂、纺织染整助剂、丙烯酸系列化学品、油田化学品、生物工程、功能材料、食品添加剂、饲料添加剂、胶黏剂、抗氧防霉防腐剂、精细化工中间体、精细化工新兴产业等，研究报告为主，市场动态、文献综述兼容。本刊是《中国学术期刊（光盘版）》（CAJ-CD）首批入编期刊之一；是美国《化学文摘》（CA）全球摘用频度最大的1000种期刊之一；部分文章已由美国《工程索引》（EI）、日本《科学技术文献速报》（CBST）、俄罗斯《文摘杂志》（РЖ）等摘用。

2.《精细石油化工》

《精细石油化工》为专业技术性刊物。主要发表油田化学品、日用化工产品、纺织染整性助剂、胶黏剂、表面活性剂、合成洗涤剂、催化剂、合成材料助剂、炼油精细化学品、石化副产品综合利用以及中间体的研究、开发、生产、应用等方面的成果，介绍国内外发展精细化工工业的经验及精细石油化工领域的新成就和技术进展。主要栏目有专辑、研究与开发、综述、分析与测试、国内外动态等。主要读者对象为从事精细石油化工研究的科技人员以及相关专业大专院校师生。

3.《精细与专用化学品》

面向从事精细与专用化学品生产、建设、科研、营销、管理的各层次人员，以综合性、专业性、信息性和实用性为特色，介绍我国本专业发展的政策和趋势，国内外技术进展、产业现状、新建项目、市场供求、新品开发，以及终产品的消费态势和对原材料的需求。设有：专家论坛、行业综述、市场分析、消费导向、开发指南、技术进展、新品介绍、行业动向及综合信息等栏目。内容涉及：涂料、农药、染料、合成药品、中间体、颜料、胶黏剂、饲料添加剂、食品添加剂、日用化学品、工业表面活性剂、化学试剂、催化剂、合成材料助剂及电子、造纸、油田、汽车维护保养、皮革、水处理、生物化学等品种。

4.《精细化工中间体》

《精细化工中间体》是中国科技论文统计源期刊（中国科技核心期刊），中国化工学会精细化工专业委员会中间体协作网专业期刊，美国《化学文摘》（CA）全球重点收录期刊。主办单位为湖南化工研究院。刊物着重报道国内外精细化工领域重点/热点产品或方向的研究开发进展情况；农药和医药及其中间体的研究开发、技术创新及分析测试；染料及其中间体的研究开发、应用研究及分析测试；其他多用途有机中间体的新产品/新工艺/新技术/新设备的研究开发成果；最新有机和无机功能材料的研究开发成果；精细有机化工行业设计、生产等领域的新工艺、新技术、新设备、新材料；精细有机化工生产企业的生产操作经验、技术改造、化工环保、资源再生、循环经济及生产节能；精细有机化工中间体新建项目可行性探讨、工艺技术路线选择与评价、新建项目的投资效益分析。主要栏目有：综述与专论、农药及中间体、医药及中间体、功能材料、有机合成原料、香精香料、表面活性剂、染料颜料涂料、水处理剂、分析测试等等。

5.《精细石油化工进展》

本刊由中国石化集团金陵分公司和中国石化集团精细石油化工科技情报中心站联合主办。坚持以新颖性、实用性、及时性特色，致力于新成果向生产力的转化；重点报道国内外精细石油化工领域的新技术、新工艺和新产品，以及产品市场状况的研究、企业技术改造方面的先进经验等。主要面向全国相关企业的生产、科研、管理及销售等方面的人员，以及大专院校和科研院所的有关专业人士。

6.《无机材料学报》

《无机材料学报》创刊于1986年，由中国科学院上海硅酸盐研究所主办，科学出版社出版，郭景坤院士任主编，主要报道包括人工晶体、特种玻璃、高温结构陶瓷、功能陶瓷（铁电、压电、热释电、PTC、温敏、热敏、气敏等）、非晶态半导体材料、环保材料、生物材料、特种无机涂层材料、功能梯度材料以及无机复合材料等方面的最新研究成果，上述材料性能的最新检测方法以及获得上述材料的新工艺等。该学报立足于先进性和科学性，报道国家攻关、国家自然科学基金项目的阶段成果和总结性成果，大部分文章具有创新性、探索性、实用性，立论科学、论据充分、预见准确，有较高的学术价值。《无机材料学报》被美国科学引文索引数据库（SCI-E），美国工程索引数据库（EI），美国化学文摘（CA），科技部中国科技论文与引文数据库（CSTPCD），中国科学院文献情报中心中国科学引文数据库（CSCD），中国核心期刊数据库，中国学术期刊文摘，中国科技期刊精品数据库，中文科技期刊数据库，中国学术期刊综合评价数据库（CAJCED），中国期刊全文数据库（CJFD）等所收录。

7.《无机盐工业》

《无机盐工业》是由国家科委批准出版的中国无机化工行业唯一的全国性科技刊物。主要报道我国无机化工行业的科研与生产情况、最新科技成果、发展趋势、市场动向、行业重要活动等；大力推广新技术、新工艺、新产品、新设备、新用途；交流经验，传播知识；介绍世界各国无机化工行业的技术水平和发展动向；促进我国无机化工行业的技术进步和生产发展，以适应国民经济发展的需要。设有综述与专论、研究与开发、工业技术、应用技术、环境·健康·安全、化工分析与测试、化工装备与设计、化工标准化、综合信息等栏目。适合从事无机盐生产、科研、经营、管理等单位的广大科技人员、技术工人、管理干部及大、中专学校师生使用。

8.《高分子材料科学与工程》

《高分子材料科学与工程》是由教育部主管，由中国石油化工股份有限公司科技开发部、国家自然科学基金委员会化学科学部、高分子材料工程国家重点实验室和四川大学高分子研究所主办的全国性专业期刊。以专论与综述、研究论文、研究简报、教学讨论、工业技术与开发等栏目报道与高分子材料科学与工程领域有关的高分子化学、高分子物理和物化、反应工程、结构与性能、成型加工理论与技术、材料应用与技术开发的最新研究成果，报道在高分子材料与工程学科及其相关的交叉学科、新兴学科、边缘学科所开展的科研成果。

9.《高分子学报》

《高分子学报》是1957年创办的中文学术期刊，曾用名《高分子通讯》，月刊，中国化学会、中国科学院化学研究所主办，中国科学院主管。主要刊登高分子化学、高分子合成、高分子物理、高分子物理化学、高分子应用和高分子材料科学等领域中，基础研究和应用基础研究的论文、研究简报、快报和重要专论文章。读者对象主要为国内高分子学科的研究人员、工程技术人员、高等院校的教师和学生。该刊被《SCIE》、《CA》、《科技文献速报》（日本）、《文摘杂志》（俄罗斯）、万方数据库、中国科学引文数据库、中国期刊网等重要检索系统所收录。该刊曾多次荣获国家、中国科学院和中国科协颁发的优秀期刊奖；2001年获得"国家期刊方阵双百期刊"，并于2003年在国家期刊奖评选活动中荣获"国家期刊奖提名奖"；2005年荣获第三届国家期刊奖。

10.《聚氨酯工业》

《聚氨酯工业》（双月刊），系中国聚氨酯工业协会和江苏省化工研究所有限公司共同主办的国内外公开发行的正式刊物，是中国聚氨酯工业协会会刊。内容主要为有关聚氨酯行业的专题综述、研究报告、技术交流、科技论文、生产与应用以及消息动态等；读者对象主要是从事聚氨酯及相关专业的科研院所、大专院校及企事业单位的科研技术人员等。《聚氨酯工业》曾获第二、第三和第四届江苏省优秀期刊；入围首届江苏期刊方阵，并获得双十佳期刊称号；被评为第三届华东地区优秀期刊；获第五届全国石油和化工行业优秀期刊一等奖；获第二届江苏期刊方阵优秀期刊奖等等。被收录为科技部中国科技论文统计源期刊（中国科技核心期刊）。

11.《合成橡胶工业》

《合成橡胶工业》是中国石油兰州石化公司主办的高分子弹性体材料科学与工程技术领域内的专业性科学技术刊物。本刊坚持工业与学科相结合，合成与加工应用相结合的办刊思想，始终坚持为国内读者服务、为工业技术进步服务的宗旨，以从事工业生产和技术开发研究的工程技术人员为主要读者对象，也可供从事本专业的科学研究工作者和高等院校师生阅读。本刊坚持以刊物为本的办刊原则，使刊物质量一直保持上升的势头，杂志的影响力不断扩大，在合成橡胶行业领域具有较高的知名度。自创刊以来，已连续17次荣获国家、省部级的奖励。

12.《高科技纤维与应用》

《高科技纤维与应用》创刊于1976年。由国家有关部委、国内外有关高校及科研机构的专家组成顾问委员会和编委会，以配合我国高科技纤维科研攻关的决策和实施，开展高科技纤维学术研讨和交流，把握和传递国内外在此方面研发的最新信息动态，介绍高科技纤维及其先进复合材料研发及产业应用领域的新技术、新工艺、新设备、新品种、新用途，促进我国高科技纤维及其先进复合材料的产业化。目前本刊设有专家论坛、专题综述、试验研究、工程研究、信息动态等八大栏目。

13.《塑料助剂》

《塑料助剂》是中国工程塑料工业协会塑料助剂专业委员会会刊，是集塑料助剂的新品开发、生产技术改造、应用研究和市场信息为一体的实用性技术刊物，是目前国内唯一一份公开发行的有关塑料助剂的专业刊物。面向广大的塑料助剂科研、生产、贸易以及应用单位和科研院所，对加强塑料助剂科研、生产及应用单位之间的相互了解起着桥梁和沟通作用，受到了广大读者的好评。

14.《中国胶黏剂》

《中国胶黏剂》是国内外公开发行的胶黏剂专业性刊物。主要报道国内外胶黏剂最新研究成果、基础研究、分析测试技术、生产应用技术、发展动态、综述、专利介绍、会议信息等。涉及领域主要有：化工、轻工、纺织、建筑、机械、电子、冶金、汽车、航天、船舶、包装、林木、家具、印刷等。主要读者对象：胶黏剂管理、销售、生产、研究、信息行业从业人员及大专院校师生。

15.《有机硅材料》

《有机硅材料》是由中国氟硅有机材料工业协会有机硅专业委员会、中蓝晨光化工研究院、国家有机硅工程技术研究中心共同主办的有机硅专业技术期刊。该刊重点报道国内外有机硅方面的新技术、新工艺、新产品及有机硅产品的新应用等；及时提供有机硅材料市场、会议及国内外信息。刊物设有基础研究、生产工艺、专论·综述、研究快讯、分析测试、产品应用、国内外信息等栏目，是读者了解国内外有机硅工业、技术及应用最新进展的重要窗口。《有机硅材料》作为全国唯一的有机硅专业技术期刊，深得用户的喜爱。覆盖面广，信息量大，是了解国内外有机硅行业最新技术进展的重要窗口。它是中国科技论文统计源期刊（中国科技核心期刊）、美国《化学文摘》收录期刊、中国期刊数据库收录期刊，并已入编"中国学术期刊光盘版"。

16.《化学与生物工程》

《化学与生物工程》是化工专业综合性科技期刊，1984年创刊，国内外公开发行。《化学与生物工程》坚持为经济建设服务的方针，坚持实事求是的科学态度，以扩大技术交流、促进科研成果转化为生产力、提高我国化学工业科技水平为办刊宗旨，以化学化工与生物化学领域的发展动向及研究成果为主要报道方向，重点突出化学在生物领域及生物在化学领域中的应用方面的发展动态、研究成果、技术进展等内容。

17.《表面活性剂工业》

主要介绍有关表面活性剂的物理化学原理和理论基础，生产原料和工艺设备，新品种与新技术在各个应用领域的开发，产品测试和分析方法，环境保护与"三废"治理等。

18.《皮革科学与工程》

《皮革科学与工程》以发展皮革科学、振兴皮革产业为宗旨，登载皮革化学与工程领域（制革、毛皮、鞣料、皮革化学品、皮革机械及皮革制品等）及相关学科的基础理论、应用技术、实验研究方法、分析测试技术的研究论文和研究报告；对我国皮革科学及工程的发展有重大意义的专题论述（包括政策性）和有参考价值的译文；实用制革工艺技术、皮革化工材料生产技术及工程问题等方面；对皮革及相关行业有参考价值的信息（会议信息、新产品、新技术研制开发信息、有关经济信息及文摘等）。

19.《皮革与化工》

该刊是中国皮革协会、皮革化工专业委员会会刊，全国皮革化工材料研究开发中心主办，国内外公开发行的中文核心期刊。该刊是国内唯一的皮革化工专业技术刊物，重点报道国内外有关皮革化工等精细化工方面的新技术、新工艺、新产品及国内外皮革化工材料发展动态。

20.《日用化学品科学》

《日用化学品科学》是一本围绕国内外日化相关市场趋势与国外前沿科技进展、技经结合、面向广大管理人员、市场营销商、销售人员、技术人员、政府官员、国内外公开发行的专业月刊，已进入中国期刊方阵"双效期刊"，并被俄罗斯《文摘杂志》全文收录。《日用化学品科学》由中国日用化学工业研究院主管，中国日用化学工业信息中心主办，融趋势预测的科学严谨、技术评述的权威前瞻、市场分析的独到精辟、热点探索的深度力度、产品介绍的创新超前、信息报道的全面及时等特点为一体，经过多年的发展，已在读者心目中树立了权威形象，成为日化领域的首选刊物。《日用化学品科学》（行业版）主要报道表面活性剂、洗涤剂及其功能性助剂、肥（香）皂、化妆品、口腔卫生用品及其他个人护理用品等国内外科技发展前沿、国内外相关领域的行业形势、经济动态、热点探讨及政策法规等内容，为业内人士提供快捷、准确、全面、权威的日化领域的科技资讯。

21.《日用化学工业》

《日用化学工业》（简称《工业》，双月刊）是国内外公开发行的全国中文核心期刊、中国科技核心期刊和 RCCSE 中国核心学术期刊。《日用化学工业》创刊三十多年来，不论是刊物质量，还是国内外影响，不论是社会效益，还是经济效益，都在与时俱进地飞速发展。《工业》始终紧密结合日化行业科研与生产的实践，满足日化市场的需要，面向行业，面向市场，以学术界、企业界、产业界的广大科研人员、管理人员等为主要服务对象，及时报道和传递日化行业的基础理论、科技成果、生产技术、发展趋势及有指导意义或应用价值的科技知识等，大力推动我国日化行业的科技进步和经济繁荣。

22.《中国化妆品》

本刊全国众多化妆品刊物中唯一的由国家一级学会创办的、代表我国现代化妆品科学技术发展水平的纯学术期刊，刊载内容主要有：化妆品工业发展相关的原辅料、工艺、包装、机械、检测、安全、流通、综合利用等方面的研究报告以及国内外化妆品科技发展动态等方面的综述文章。读者对象为从事化妆品及相关行业的生产、科研、设计和管理的人员。

23.《香料香精化妆品》

本刊为行业领导的决策、促使科研成果转化为生产力提供服务；为科研和生产单位提供科技信息、交流生产管理经验、介绍国外先进科学技术；为发展国民经济和美化人民生活服务。主要读者对象：香料香精化妆品行业管理人员，经销人员、技术人员及相关大专院校师生。

24.《磁性材料及器件》

创刊于 1970 年，是由中国西南应用磁学研究所、经国家新闻出版署批准的磁性行业唯一的国内外公开发行的学术、技术综合性刊物。三十多年来，《磁性材料及器件》致力于报道国内外磁学、磁性材料研究开发进展和大生产技术与发展动态，以及在电机、电感和电子变压器等方面的应用科技成果和创新知识，坚持以科研促技术、以技术促应用的办刊宗旨，为我国磁性及相关行业服务。读者对象为从事磁学、磁性材料和应用及相关领域的教学、科研、生产、设计、应用、管理等方面的广大人员。

25.《半导体学报》

《半导体学报》是中国电子学会和中国科学院半导体研究所主办的学术刊物。它报道半导体物理学、半导体科学技术和相关科学技术领域内最新的科研成果和技术进展，内容包括半导体超晶格和微结构物理、半导体材料物理，包括量子点和量子线等材料在内的新型半导体材料的生长及性质测试，半导体器件物理，新型半导体器件，集成电路的 CAD 设计和研制，新工艺，半导体光电子器件和光电集成，与半导体器件相关的薄膜生长工艺，性质及应用等。该刊与物理类期刊和电子类期刊不同，是以半导体和相关材料为中心的，从物理，材料，器件到应用的，从研究到技术开发的，跨越物理和信息两个学科的综合性学术刊物。《半导体学报》发表中、英文稿件。《半导体学报》被世界四大检索系统［美国工程索引（EI），化学文摘（CA），英国科学文摘（SA），俄罗斯文摘杂志（РЖ）］收录。

《半导体学报》1980 年创刊。现为月刊，每期 190 页左右，国内外公开发行。每期均有英文目次，每篇中文论文均有英文摘要。《半导体学报》主编为王守武院士。主要读者对象是从事半导体科学研究、技术开发、生产及相关学科的科技人员、管理人员和大院校的师生。

26.《感光科学与光化学》

《感光科学与光化学》是由中国科学院理化技术研究所与中国感光学会联合创办的学报。主要刊登感光科学和光化学领域的研究成果，同时刊登有关信息科学及信息材料，包括信息储存和记录、信息的处理和加工及信息显示材料等；光/电化学及光电子技术，包括光/电转换及储存材料、电光材料、非线性光学材料、电致发光材料及器件研究以及化学和物理发光等领域；光生物，光医学及生命科学与环境科学中的有关问题的新理论、新概念、新技术和新方法，以促进国内外的学术交流。

27.《涂料工业》

《涂料工业》1959 年创刊，1982 年由原国家科委批准成为第一批向国外公开发行的专业刊物，大 16 开本，是融学术性、实用性、知识性和信息于一体的综合性涂料刊物。《涂料工业》是涂料行业唯一的核心期刊。多年来，《涂料工业》坚持正确的办刊方针，密切科研与生产实践相结合，提高与普及并重，国内外技术兼收并蓄，传播涂料及相关行业的科技信息，使刊物的学术性、导向性和实用性，以及刊物的标准化、规范化、装帧质量和发行量居国内同类期刊之首。多年来，《涂料工业》多次获化工部和江苏省嘉奖。《涂料工业》作为中国科技论文统计用刊，刊登的文章已被美国化学文摘（CA）、美国工程索引（EI）及科学引文索引（SCI）摘录。《涂料工业》在传播先进生产技术和科研成果中起到了桥梁和纽带的作用，取得了良好的社会和经济效益。《涂料工业》已被誉为中国权威性涂料科技刊物，成为中外读者喜闻乐见的刊物。

28.《中国涂料》

《中国涂料》是由原国家科委批准出版、中国涂料工业协会主办，在国内涂料行业颇具影响的综合型科技期刊。1986年2月创刊，是以涂料、涂料原材料、涂料机械设备、涂料助剂、油墨、胶黏剂、防腐蚀、检测仪器等涂料相关行业为主要读者对象的中国涂料行业专业刊物。国内外公开发行。办刊宗旨：反映行业发展动态、透视产品最新走势、跟踪涂料高新技术、传递国外科技信息，融权威性、专业性、指导性为一体。

29.《现代涂料与涂装》

《现代涂料与涂装》是全国性科技期刊。主要报道涂料、颜料及辅助材料的研究、开发、产业化及应用的创新情况；侧重报道涂装工艺、设备国内外最新进展。内容丰富、新颖、信息量大，覆盖面广。是涂料与涂装企业、科研机构、工程技术人员、施工人员及大专院校相关专业师生的良师益友。

30.《上海涂料》

快速、翔实地报道国内外涂料、颜料、助剂及相关领域的科研成果、涂装施工、技术发展、市场动态，发行范围遍布海内外。

31.《涂料技术与文摘》

《涂料技术与文摘》分为技术和文摘两部分，是国内外公开发行期刊。是进行涂料，油墨、黏合剂、颜料及其他相关产品研究开发的有力工具，是启迪产品更新换代的思路，报道了国内外最新的涂料科技信息。

32.《中国医药工业杂志》

《中国医药工业杂志》为全国医药卫生类中文核心刊物，是广大科技人员交流成果，探讨经验，发表学术论文的园地，主要栏目有：工艺研究，药物研究，制剂研究，生物技术，药物分析与质量，药理与临床，制药设备，试剂与中间体、综述与专论等。

33.《医药工程设计》

该刊宗旨是立足于医药工程设计研究的特点和科技实力，面向全国交流医药工程设计经验与成果，力求内容与质量达到国内外水平，并以临床实用性为重点，旨在更新医药工程设计工作者的知识，提高医药工程设计水平，以服务于人民保健事业。在国内医药、制药界颇受欢迎，该期刊历史悠久，发表的文章、论文在医药工程领域具有广泛的指导意义，并具有权威性。

34.《中国医药生物技术》

《中国医药生物技术》经国家新闻出版总署批准，中国医药生物技术协会会刊《中国医药生物技术》杂志于2006年12月10日正式创刊。2007年6月本刊被收录为"中国科技论文统计源期刊"（中国科技核心期刊）。在现代生物产业已经成为当今世界经济中最富有活力的先导性、战略性新兴产业并被世界各国视为21世纪的"朝阳产业"的时代背景下，《中国医药生物技术》杂志的创刊可以说是应运而生，为繁荣我国医药生物技术领域的学术交流提供了新的平台。办刊宗旨是及时全面地反映我国医药生物技术研发成果和行业动态，积极推进医药生物技术研发及产业化发展。本刊将致力于快速传递世界医药生物技术前沿信息，大力推广先进医药生物技术，及时交流应用医药生物技术预防、诊断和治疗疾病的经验，为推动科技自主创新服务，为加强科研人员、企业、政府之间有效沟通、促进行业发展服务，为提高全民健康水平服务。

35.《印染助剂》

《印染助剂》为专业技术性期刊。报道纺织印染助剂新品种的研制与开发成果，介绍印染助剂生产新工艺、新技术及分析测试新方法。读者对象为从事印染助剂研究、生产的科技人员、技术工人和相关专业的大专院校师生。

36.《染料与染色》

该刊创刊于1958年，是经国家科委和化工部两部委共同批准的，国内外公开发行的科技学校期刊。该刊由沈阳化工研究院主办，主要内容包括：国内外精细化工领域特别是染料、有机颜料、染整技术、染料和染整工业及相关领域的最新发展动态、研究成果、科技进步以及新产品、新技术、新设备等。该刊文章被《美国化学文摘》（CA）、《美国工程索引》（EI）、《中国化工文摘》等大量摘录。《染料工业》是精细化工领域，尤其是染料和纺织印染行业的核心期刊。

37.《工业水处理》

《工业水处理》1981年创刊已满二十年，国家一级期刊，中国期刊方阵双效期刊，中国科技论文统计源期刊，海内外公开发行。订户遍及化工、石油、冶金、机械、电力、电子、纺织、印染、制药、轻工、医院、食品、饮料酿酒、造纸、环保等系统，自来水公司、污水处理厂、水处理设备工程公司，以及大专院校等。读者对象为技术主管、技术人员、采购主管、经理人。

38.《农药》

主要报道农药科研、生产、加工、分析、应用等方面的新成果、新技术、新知识、新动态、新经验等内容，包括农药生产过程的三废治理及副产物的综合利用，国内外农药新品种、新剂型和新用法，国内病虫草害发生趋势，农药药效试验、田间应用、使用技术改进及毒性、作用机制、残留动态等。

39.《现代农药》

该刊由国家新闻出版总署批准国内外公开发行。是美国《化学文摘》收录期刊，也为中国核心期刊（遴选）数据库、中国学术期刊综合评价数据库、中国期刊全文数据库、中文科技期刊数据库等所收录；2007年6月被收录为中国科技论文统计源期刊（中国科技核心期刊）；及时报道我国农药研究技术最新进展，着力展示行业发展水平，促进技术交流，倡导技术创新，并密切关注世界农药发展动态，是颇受农药科研、教学、生产、管理、推广和应用等领域人员欢迎的农药专业技术类刊物。主要栏目有：专论与综述、研究与开发、创制与生测、分析与残留、环境与毒理、加工与助剂、生物农药与生物技术、新品种新技术、原料与中间体、工艺与设备、药效试验、专题讲座、国外信息等。

40.《世界农药》

《世界农药》本着信息共享、交流合作、务实创新的发展观，以促进农药行业科技进步和国际交流为宗旨，在国内外一直享有很高的声誉。

41.《工业用水与废水》

《工业用水与废水》杂志是经国家科学技术部批准，东华工程科技股份有限公司主办，1970年创刊并公开发行的专业性期刊。该刊为中国土木工程学会水工业分会工业给水排水委员会的会刊，是中国科技论文统计源期刊（科技核心期刊）。报道范围涉及工业水处理技术及设备的所有领域，主要栏目有：专论与综述、给水处理、废水处理及回用、技术与经验、设备与材料、冷却塔、工程实例、消防设计、计算机应用、标准规范、科技信息等。该刊发行量大，订户覆盖面广，遍及化工、石油、石化、环保、市政、冶金、轻工、电力、纺织等行业的科研、设计、大专院校、设备生产及运营等部门，深受广大工程技术人员好评。

42.《化工环保》

《化工环保》由中国石化集团北京化工研究院、中国化工学会环保专业委员会、中国化工防治污染协会联合主办，是中国化工学会会刊、全国中文核心期刊和科技核心期刊。该刊的办刊方针：努力宣传国家的环保方针政策，促进我国环保科技信息与学术交流，介绍国内外先进的环保科技与管理经验，为我国的环保管理机构、环保科研机构、环保企业及工业企业的环保管理人员、科研人员及环保工作者提供环保科研与科技信息，推动我国环保事业的快速发展。《化工环保》是一本理论性与实用性相结合的期刊，在化工、石油化工、纺织、冶金、煤炭、制药、市政等行业有着广泛的影响。所设栏目有：研究报告、专论与综述、治理技术、综合利用、分析与检测、清洁生产、环境评价、环保设备、材料与药剂、信息与动态等。

43.《化工学报》

《化工学报》是由中国化工学会和化学工业出版社共同主办、化学工业出版社出版的学术刊物。是国内最具影响的化工学术刊物之一，主要刊载化工及相关领域具有创造性的、代表我国基础与应用研究水平的学术论文；报道有价值的基础数据；扼要报道阶段性研究成果；快速报道重要研究工作的最新进展；接受读者来信，展开学术讨论；选载对学科发展起指导作用的综述与专论。按研究领域分成如下栏目：①热力学；②传递现象；③多相流和计算流体力学；④催化、动力学与反应器；⑤分离工程；⑥过程系统工程；⑦表面与界面工程；⑧生物化学工程与技术；⑨能源和环境工程；⑩材料化学工程与纳米技术；⑪现代化工技术；⑫其他。该刊在《中文核心期刊要目总览》中名列化工类第一名，在化工界享有很高声誉，在期刊评比中多次获奖，被很多国际重要检索系统收录，如美国《CA》、《EI》，俄罗斯《文摘杂志》，日本《科学技术文献速报》等。读者对象为过程科学与技术领域和相关过程工业的科研、设计人员，大专院校师生，以及有关工程技术人员。

44.《石油化工》

《石油化工》为工业技术性科技刊物，是中文核心期刊。由中国石化集团资产经营管理有限公司北京化工研究院和中国化工学会石油化工专业委员会联合主办，国内外公开发行，月刊。主要报道我国石油化工领域的科研成果、新技术、新进展。主要版块栏目包括研究与开发、精细化工、工业技术、分析测试、进展与述评、国内简讯、国外动态、专科文摘。

45.《化工进展》

《化工进展》为中国科学技术协会批准，中国化工学会、化学工业出版社主办，化学工业出版社出版，国内外公开发行的技术信息型刊物，为中国化工学会会刊，全国中文核心期刊。《化工进展》以反映国内外化工行业最新成果、动态，介绍高新技术，传播化工知识，促进化工科技进步为办刊宗旨。所刊内容涵盖石油化工、精细化工、生物与医药、新材料、化工环保、化工设备、现代化管理等学科和行业。《化工进展》杂志将继续倡导工业媒体为产业服务的理念，注重实用性和先进性，关注新技术、新产品及新设备。《化工进展》面向过程工业中的技术和管理部门，读者群包括化工、石油化工行业及过程工业中的企业技术和管理人员，以及高等院校及科研院所的科研人员和学生。

46.《现代化工》

《现代化工》是中国化工信息中心主办的公开发行的大型综合性化工科技刊物。自1980年创刊以来，一贯坚持大化工、全方位的服务方向，以战略性、工业性和情报性为特色，以国内外化工的新技术、新工艺、新兴边缘学科及高新技术成就为报道重点，涵盖石油、石化、高分子化工、有机化工、无机化工、精细化工、生物化工、日用化工及边缘学科。读者对象为化工科研及设计人员、大专院校师生、化工行业管理干部以及化工企业的厂长经理及营销人员。主要栏目有专论与评述、技术进展、科研与开发、化工行业设备、市场研究、环保与安全、海外纵横、知识介绍、国内简讯、国外动态、专利集锦及服务窗等。

47.《化学工程》

该刊是全国化工化学工程设计技术中心站及中国石油和化工勘察设计协会化学工程设计专业委员会主办的化工行业学术性及技术应用性刊物，是国内创刊最早的化学工程专业刊物。

48.《高校化学工程学报》

《高校化学工程学报》的办刊宗旨是：全心全意为化学工程与技术学科的教育和科学研究服务，全面、正确、迅速地反映我国化学工程与技术学科各个领域的科学研究成果，为专家、学者及他们的研究生提供一个进行学术交流的平台。今天，《高校化学工程学报》已经成了我国化学工程与技术学科最重要的学术期刊之一，也受到了国际学术界的重视。学报刊登的论文已经被国内外许多著名的检索机构收录，如：美国《工程索引》(EICompendex)、美国《化学文摘》(CA)、俄罗斯《文摘杂志》(AJ)、英国皇家化学会《化学工程文摘》、中国科学院《中国科学引文索引》、中国化工信息中心《中国化学化工文摘》、《万方数据库》等。

49.《化工新型材料》

《化工新型材料》创刊于1973年，系中国化工信息中心主办的化工科技类刊物。《化工新型材料》为中文核心期刊，《美国化学文摘（CA）》收录期刊，主要报道国内外新近发展和正在开发的具有某些优异性能或特种功能的先进化工材料的研究开发、技术创新、生产制造、加工应用、市场动向及产品发展趋势等方面内容。读者和服务对象主要有化工科技人员、生产加工企业的管理和营销人员、大专院校师生等，及关注化工新材料的各界人士。为化工新材料领域中唯一一本全面报道化工新材料行业市场发展、科研动向、技术创新的技术类刊物。

50.《化学试剂》

《化学试剂》及时报道和介绍化学试剂、精细化学品、专用化学品及相关领域的最新研究进展、理论知识、科研成果、技术经验、新产品的合成、分离、提纯以及各种分析测试技术、分析仪器、行业动态等，及时反映国内外的发展水平。主要栏目：研究报告与简报、专论与综述、分析测试研究、试剂介绍、仪器介绍、经验交流、生产与提纯技术、动态与信息等。

51.《化学反应工程与工艺》

该刊主要反映我国化学反应工程和有关工艺方面的科技成果，促进国内外学术交流，并为我国社会主义现代化建设服务。本刊主要内容包括：化学反应动力学、反应工程技术及其分析、反应装置中的传递工程、催化剂及催化反应工程、流态化及多相流反应工程、聚合反应工程、生化反应工程、反应过程和反应器的数学模型及仿真、工业反应装置结构特性的研究、反应器放大和过程开发以及特约论著等。

52.《化学工程与装备》

化学、化工科技类核心刊物。该刊以当代化学、化工领域的新理论，新成果、新工艺、新装备、新产品、新材料为报道内容，以促进科技成果向生产力转化为办刊方向，以提高行业科技水平，提升行业综合竞争力为奋斗目标。本刊具有较强的指导性、权威性、学术性、专业性、理论性和实用性，是政府部门、科研院所、教育教学和实践领域的全国广大读者重要的参考资料和学术研究阵地。省级优秀科技期刊。

53.《过程工程学报》

《过程工程学报》重点刊登材料、化工、生物、能源、冶金、石油、食品、医药、农业、资源及环境等领域中涉及过程工程共性问题的原始创新论文，主要涉及物质转化过程中流动、传递和反应及相互关系以及有关物质转化的独特的工艺、设备、流程和使之工业化的设计、放大和调控的理论和方法等。

54.《分析化学》

《分析化学》是中国科学院和中国化学会共同主办的专业性学术刊物，主要报道我国分析化学学科具有创新性的研究成果，反映国内外分析化学的进展和动态，发现和扶植人才，推动和促进分析化学学科的发展。该刊设研究报告、研究简报、仪器装置与实验技术、评述与进展、来稿摘登等栏目。

55.《催化学报》

《催化学报》于1980年3月创刊，是中国化学会和中国科学院大连化学物理研究所主办，科学出版社出版的学术性刊物。主要刊登催化领域有创造性，立论科学、正确、充分，有较高学术价值的论文，反映我国催化学科的学术水平和发展方向，报道催化学科的科研成果与科研进展；跟踪学科发展前沿，注重理论与应用结合，促进国内外学术交流与合作。该刊开辟有研究快讯、研究论文和综述等栏目。内容主要包括多相催化、均相络合催化、生物催化、光催化、电催化、表面化学、催化动力学以及有关边缘学科的理论和应用的研究成果。该刊以催化学术领域从事基础研究和应用开发的科研人员及工程技术人员为读者对象，也可供大专院校有关催化专业的本科生及研究生参考。《催化学报》现被十余种国内外重要检索系统和数据库收录，它们是：美国《科学引文索引（扩展版）》（SCIE）、美国《化学文摘》（CA）、美国《剑桥科学文摘》（CSA）、日本《科学技术文献速报》（CBST）、俄罗斯《文摘杂志》（AJ）、英国《催化剂与催化反应》（CCR）以及国内的《中国科学引文数据库》、《中国学术期刊文摘》、《中国学术期刊综合评价数据库》、《中国化学文献数据库》、《中国化学化工文摘》、《中国学术期刊（光盘版）》和《万方数据数字化期刊群》等。

56.《应用化学》

《应用化学》创刊于1983年，是经国家科委批准向国内、国外公开发行的化学类综合性学术期刊。其中包括有机化学、无机化学、高分子化学、物理化学、分析化学，与材料科学、信息科学、能源科学生命科学互相关联和渗透，涉及的专业面广。

57.《化学世界》

该刊为化学化工综合性技术刊物。报道化学、化工领域的科研技术与应用成果。栏目有综述专论、有机工业化学、无机工业化学、工业分析、化学工程、新技术、新成果、新信息、化学天地、学会活动。读者对象为化学化工专业科研技术人员及大学、中学教师。

58.《应用化工》

《应用化工》主要报道化工领域重大科研成果和技术应用成果、化工企业急需的易于工业化的成果、对生产具有普遍指导意义的技术改造成果。对国家、部省级的自然科学基金资助项目、科技攻关项目优先报道。

59.《离子交换与吸附》

该刊旨在反应国内外离子交换剂、吸附剂、高分子催化剂、高分子试剂、医用高分子材料以及其他功能高分子材料在科研、生产、应用和应用基础研究诸方面的进展和动向。发表科研论文和科研成果，探讨应用基础理论，介绍新的实验技术，生产技术和应用技术，交流工作经验，促进反应性高分子科学技术的发展。

60.《化工生产与技术》

《化工生产与技术》是经科技部批准公开发行的化工技术性期刊，该刊坚持大化工方向，突出实用性和先进性，及时报道化工及相关行业的国内外科技成就、发展动态，提供新产品、新技术、推广实用技术和企业技改、革新经验，是化工企事业单位科技人员、高等院校师生的得力助手。

61.《化工技术与开发》

《化工技术与开发》创刊于1972年，是经科技部批准、国家新闻出版署注册、国内外公开发行的综合性化工科技期刊，是由广西化工研究院主办的全国省（市）化工研究所协作网专业期刊。有综述与进展、工艺与设备、环保与安全、实验室与分析、研究与开发、知识窗、国内外动态、专利集锦、技术交流等栏目，沟通石油和化工行业的信息渠道，宣传、推广国内外石油和化工新产品、新工艺、新设备、新成果，促进行业技术创新，推进技术产业化开发，是一本实用性很强的专业技术刊物，可供从事科研、生产、应用部门的科技人员、管理工作者及有关大专院校的师生参阅。

62.《当代化工》

《当代化工》定位在新字上，及时介绍国内外石油和化工行业的新技术、新成果、新信息、新态势。刊物设有：专家论坛、科研与开发、石油化工、应用技术、综合评述、化工设备、绿色化工、行业精英、石化传真等栏目。

63.《化工中间体》

《化工中间体》是由中国化工报社主办的、国内唯一的主要报道化工中间体的国家性专业期刊，兼顾上游化工原料和下游精细化工及其他化工产品。该刊全面、系统地报道国内外化工中间体及精细化工的生产、市场、建设、规划、科技开发、供求、进出口、价格、上下游产品的专家论文、信息发布和产品动态等。该刊主要栏目有综述与专论、产业与市场、科技与开发、综合信息、重要文章导读工业成果集萃、新品研发辑要、进出口态势、价格与走势等。

附录二 国内、国际精细化学与化工相关网址

一、信息网

1. http://www.jxhgw.com/ 中国精细化工网
2. http://www.cnfinechem.net 中国精细化工商务网
3. http://www.chemnews.com.cn 《中国化工信息》周刊
4. http://www.chemnet.com.cn 中国化工网
5. http://www.cncic.gov.cn 中国化工信息中心网
6. http://www.ccen.net 中国化工设备网
7. http://www.chemdoc.org.cn 中国石油和化工文献资源网
8. http://www.chinweb.com.cn 化学信息网
9. http://www.cheminfo.gov.cn 中国化工信息网
10. http://chemonline.net 化学在线
11. http://www.cnki.net 中国知识资源总库
12. http://www.nstl.gov.cn 国家科技图书文献中心
13. http://union.csdl.ac.cn 中国科学院联合服务系统
14. http://www.chemnews.com.cn 《中国化工信息》周刊
15. http://www.chemnet.com.cn 中国化工网
16. http://www.cncic.gov.cn 中国化工信息中心网
17. http://www.ccen.net 中国化工设备网
18. http://www.cpcp.com.cn 中国化工企业互联网
19. http://www.chemdoc.org.cn 中国石油和化工文献资源网
20. http://www.zhb.gov.cn 中国环境保护部
21. http://www.chinweb.com.cn 化学信息网
22. http://www.cheminfo.gov.cn 中国化工信息网
23. http://www.chemweb.com，Beilstein Abstracts：1980 开始、140 多种有机化学及其相关的核心期刊约 60 万篇期刊论文
24. http://www.nlc.gov.cn 国家图书馆
25. http://www.cip.com.cn 化学工业出版社
26. http://www.caas.net.cn 中国农业科学院图书馆馆藏书目数据的网上查询系统
27. http://www.fao.org 联合国粮食与农业组织（FAO）
28. http://www.usda.gov 美国农业部（USDA）
29. http://www.nalusda.gov 美国国家农业图书馆（NAL）
30. http://www.metalinfo.com.cn 中国冶金文摘数据库
31. http://emuch.net/bbs/ 小木虫论坛——学术科研第一站
32. http://bbs.hcbbs.com/ 海川化工论坛——化工技术交流社区
33. http://www.wcoat.com/club/ 万客化工论坛——精细化工、高分子材料化工专业论坛
34. http://www.ccebbs.com/ 中国化学化工论坛
35. http://bbs.chemnet.com/ 中国化工论坛
36. http://bbs.yaozh.com/ 药智论坛
37. http://www.24chem.com/ 化工之家

二、专利数据库网站

1. http://www.uspto.gov 美国专利及商标局

2. http://www.europa.com 欧盟专利机构
3. http://www.jpo.go.jp 日本专利局
4. http://www.patent.com.cn 中国专利信息网
5. http://www.cnipr.com 中国知识产权网
6. http://www.sipo.gov.cn 中国国家知识产权局
7. http://ep.espacenet.com 欧洲专利局专利数据库网站
8. http://www.nano.gov 美国国家纳米技术计划网（免费）
9. http://bds.cetin.net.cn 北京文献服务处（收费）
10. http://www.nast.org.cn 国家科技成果网
11. http://www.patent.com.cn 中国专利信息网（收费）
12. http://www.casnano.ac.cn 中国科学院纳米科技网
13. http://ipdl.wipo.int，世界知识产权组织
14. http://patents1.ic.gc.ca/intro-e.html 加拿大专利局（免费）
15. http://www.depatisnet.de 德国专利网站

三、标准网

1. http://www.aimchina.org.cn 中国自动识别技术协会的网址，可以查到各类编码标准
2. http://www.ancc.org.cn 中国物品编码中心网站
3. http://www.cqc.com.cn 中国质量认证中心（CQCchina quality certification centre）
4. http://www.chinajlonline.org 中国计量在线
5. http://www.longjk.com 亚太管理训练网
6. http://www.chinaqg.cn 东方管理网
7. http://www.wssn.net 世界标准服务网
8. http://www.iso.ch 国际标准化组织 ISO
9. http://www.nssn.org 美国国家标准系统网
10. http://www.cssn.net.cn 中国标准服务网
11. http://www.zgbzw.com 中国标准网
12. http://www.cqi.gov.cn 中国质量信息网
13. http://www.nist.gov NIST（美国标准与技术研究院）
14. http://www.who.int/en 世界卫生组织

附录三　国际精细化学与化工文献重要检索系统

1. CA（化学文摘）

美国化学文摘（Chemical Abstracts）简称 CA，由美国化学会（The American Chemical Society，ACS）的化学文摘社（Chemical Abstracts Service，简称 CAS，http://www.cas.org）编辑出版。创刊于 1907 年。

期索引：CA 每年两卷，每卷 26 期，共 52 期；卷索引：每卷出齐后随即出版；积累索引：每隔 10 年（1956 年以前，1～4 次累积索引）或 5 年（1957 年以后，从第 5 次累积索引开始）出版一次。目前已出版了 13 次累积索引（Collective Index，1992～1996）。

指导性索引：索引指南（Index Guide，简称 IG）、资料来源索引（CAS Source Index）和化学物质登记号手册等。

学科领域：化学、化工、生物化学、生物遗传、农业和食品加工、医用化学、药物、毒物学、环境化学、地球化学以及材料科学等。

2. EI（工程索引）

EI 作为世界领先的应用科学和工程学在线信息服务提供者，一直致力于为科学研究者和工程技术人员提供最专业、最实用的在线数据、知识等信息服务和支持。

EI Compendex 是全世界最早的工程文摘来源。EI Compendex 数据库每年新增的 50 万条文摘索引信息分别来自 5100 种工程期刊、会议文集和技术报告。EI Compendex 收录的文献涵盖了所有的工程领域，其中大约 22% 为会议文献，90% 的文献语种是英文。

EI 公司在 1992 年开始收录中国期刊。1998 年 EI 在清华大学图书馆建立了 Ei 中国镜像站。

3. SCI（科学引文索引）

《科学引文索引》（Science Citation Index，SCI）是由美国科学信息研究所（ISI）1961 年创办出版的引文数据库，其覆盖生命科学、临床医学、物理化学、农业、生物、兽医学、工程技术等方面的综合性检索刊物，尤其能反映自然科学研究的学术水平，是目前国际上三大检索系统中最著名的一种，其中以生命科学及医学、化学、物理所占比例最大，收录范围是当年国际上的重要期刊，尤其是它的引文索引表现出独特的科学参考价值，在学术界占有重要地位。许多国家和地区均以被 SCI 收录及引证的论文情况来作为评价学术水平的一个重要指标。从 SCI 的严格的选刊原则及严格的专家评审制度来看，它具有一定的客观性，较真实地反映了论文的水平和质量。根据 SCI 收录及被引证情况，可以从一个侧面反映学术水平的发展情况。特别是每年一次的 SCI 论文排名成了判断一个学校科研水平的一个十分重要的标准。SCI 以《期刊目次》（Current Content）作为数据源，目前自然科学数据库有五千多种期刊，其中生命科学辑收录 1350 种；工程与计算机技术辑收录 1030 种；临床医学辑收录 990 种；农业、生物环境科学辑收录 950 种；物理、化学和地球科学辑收录 900 种期刊。各种版本收录范围不尽相同：

印刷版（SCI）双月刊 3500 种

联机版（SciSearch）周更新 5600 种

光盘版（带文摘）（SCICDE）月更新 3500 种（同印刷版）

网络版（SCIExpanded）周更新 5600 种（同联机版）

20 世纪 80 年代末由南京大学最先将 SCI 引入科研评价体系。主要基于两个原因，一是当时处于转型期，国内学术界存在各种不正之风，缺少一个客观的评价标准；二是某些专业国内专家很少，国际上通行的同行评议不现实。

"SCI 目前已成为衡量国内大学、科研机构和科学工作者学术水平的最重要的甚至是唯一尺度"。

然而 SCI 原本只是一种强大的文献检索工具。它不同于按主题或分类途径检索文献的常规做法，而是设置了独特的"引文索引"，即将一篇文献作为检索词，通过收录其所引用的参考文献和跟踪其发表后被引用的情况来掌握该研究课题的来龙去脉，从而迅速发现与其相关的研究文献。"越查越旧、越查越新、越查越深"这是科学引文索引建立的宗旨。SCI 是一个客观的评价工具，但它只能作为评价工作中的一个角度，不能代表被评价对象的全部。

参 考 文 献

[1] 化学化工大辞典编委会，化学工业出版社辞书编辑部.化学化工大辞典.北京：化学工业出版社，2003.
[2] 刘德峥.精细化工生产工艺.第2版.北京：化学工业出版社，2008.
[3] 李和平.精细化工工艺学.第2版.北京：科学出版社，2007.
[4] 贡长生，单自兴.绿色精细化工导论.北京：化学工业出版社，2005.
[5] 宋启煌.精细化工绿色生产工艺.广州：广东科技出版社，2006.
[6] 刘德峥.目前我国精细化学工业的发展重点.平原大学学报，2004，21，(3)：1.
[7] 李勇武.化工为经济发展作出重要贡献.中国化工报，2011-04-11.
[8] 刘延东.充分发挥化学的引领作用.中国化工报，2011-04-11.
[9] 中国涂料工业协会秘书处.中国涂料行业"十二五"规划（之一）.中国涂料，2011，26（3）：41.
[10] 中国涂料工业协会秘书处.中国涂料行业"十二五"规划（之二）.中国涂料，2011，26（4）：1.
[11] 李闻芝.我国加快开发推广新型阻燃剂.中国化工报，2011-03-31.
[12] 孔凡涛.建材工业迎来重大转型期，节能环保新需求拓宽化工施展舞台.中国化工报，2011-02-22.
[13] 孔凡涛.现代电子信息产业体系加速构建，铺就电子化学品振兴之路.中国化工报，2011-03-01.
[14] 姜红.石化"十二五"发展指南今日出炉，六大战略目标引领向石化强国迈进.中国化工报，2011-05-27.
[15] 中国石油和化学工业联合会.石油和化学工业"十二五"发展指南.中国化工报，2011-05-27.
[16] 贺英等.涂料树脂化学.北京：化学工业出版社，2007.
[17] Zeno W.有机涂料科学和技术.经桦亮，姜英涛译；虞兆年校.北京：化学工业出版社，2002.
[18] 郑顺兴.涂料与涂装科学技术基础.北京：化学工业出版社，2007.
[19] 倪玉德.涂料制造技术.北京：化学工业出版社，2003.
[20] 闫福安.涂料树脂合成及应用.北京：化学工业出版社，2007.
[21] 刘登良.涂料工艺（上册）.第4版.北京：化学工业出版社，2010.
[22] 童忠良.涂料生产工艺实例.北京：化学工业出版社，2010.
[23] 李道荣.水处理剂概论.北京：化学工业出版社，2008.
[24] 何铁林.水处理化学品手册.北京：化学工业出版社，2000.
[25] 严瑞瑄.水处理剂应用手册.北京：化学工业出版社，2000.
[26] 洪碧红.阿立哌唑的合成研究及中试技术总结.厦门：厦门大学.2008.
[27] 李倩.加替沙星合成工艺改进研究.天津：天津理工大学.2010.
[28] Beller, Matthias, et al. Eur. pat. Appl. EP582929.（CA120：2244365k）.
[29] Czech. Cs 248864 15 Jan 1988.（CA110：p57319e）.
[30] WO 9325515 23 Dec 1993.（CA120：p249683b）.
[31] 陈文华，郭丽梅.制药技术.北京：化学工业出版社，2003.
[32] 元英进，赵广荣，孙铁民.制药工艺学.北京：化学工业出版社，2007.
[33] 王利民，邹刚.精细有机合成工艺.北京：化学工业出版社，2008.
[34] 计志忠.化学制药工艺学.北京：化学工业出版社，2008.
[35] 贡长生.绿色化学化工过程的评估.现代化工，2005，25（2）.
[36] 纪红兵，佘远斌.绿色化学化工基本问题的发展与研究.化工进展，2007，26（5）.
[37] 姚克俭，沈绍传，张颂红，彭文平.减少化工过程对环境的影响—绿色化学工程的目标.化工进展，2004，23（11）.
[38] 陈蓓怡，于文利，赵亚平.超临界抗溶剂技术在药物微粒化领域的研究进展.现代化工，2005，25（2）.
[39] 李奋明.原子经济将促进化工高新技术发展.现代化工，2005，25（1）.

[40] 董发勤，朱桂平，徐光亮，何登良. 符合生态建筑的新型环保涂料. 现代化工，2006，26（1）.
[41] 孙果宋，黄科林，杨波等. 二氧化碳作为温和氧化剂的研究进展. 化工进展，2007，26（2）.
[42] Rouhi A M. Chemical and Engineering News，2002，7（22）：45.
[43] Hans-Ulrich Blaser. Catalysis Today，2002，(60)：161.
[44] Stinson S C. Chemical and Engineering News，2001，7（9）：65.
[45] Anastas P T，Warner J C. Green Chemistry：Theory and practice. Oxford：oxford unir press，1998.
[46] Clark J H. Green Chemistry，1999，(1)：1.
[47] Ritter S K. Chemical and Engineering News，2002，7（1）：26.
[48] 程迪，罗海章. 农药生产节能减排技术. 北京：化学工业出版社，2009.
[49] 梁朝林，谢颖，黎广贞. 绿色化工与绿色环保. 北京：中国石化出版社，2002.
[50] 贡长生，张克立. 绿色化学化工实用技术. 北京：化学工业出版社，2002.
[51] 朱宪，张彰，王勇. 绿色化工工艺导论. 北京：中国石化出版社，2009.
[52] 单永奎. 绿色化学的评估准则. 北京：中国石化出版社，2006.
[53] 唐林生，冯柏成. 绿色精细化工概论. 北京：化学工业出版社，2008.
[54] 李群，代斌. 绿色化学原理与绿色产品设计. 北京：化学工业出版社，2008.
[55] 田恒水，李峰等. 发展二氧化碳的绿色高新精细化工产业链促进产业结构优化节能减排. 化工进展，2010，29（6）.
[56] 姜红波，赵卫星等. 离子液体及其催化有机还原反应. 化学与生物工程，2011，28（3）.
[57] 赵卫星，姜红波，张来新. 离子液体在萃取分离中的研究应用. 应用化工，2010，39（7）.
[58] 杜平，胡维等. 离子液体在萃取分离中的应用研究进展. 分析科学学报，2009，25（5）.
[59] 郭艳微，朱志良. 绿色化学的发展趋势. 清洗世界，2011，27（2）.